本书获国家自然科学基金项目(11661023)资助

有限群构造新论

A New Perspective on the Structures of Finite Groups

陈松良　著

内 容 简 介

有限群理论是研究对称性的重要数学基础，在理论物理、量子化学、晶体学、计算机编码、量子通信、信息加密等领域有重要应用。本书介绍了作者在有限群构造领域的主要研究成果。为了便于读者阅读，本书详细介绍了有限群论的基本概念、基本定理及其证明，内容是自封的。主要内容为：群的基本知识，群的作用，有限幂零群与超可解群，阶为 p^2q^2，pq^3，p^2q^3，p^3q^3 的有限群的完全分类(这里 p，q 是不同的素数)。

本书可以作为理工科专业高年级本科生、研究生参考用书，也可以作为自然科学工作者的参考读物。

图书在版编目(CIP)数据

有限群构造新论/陈松良著. —北京：北京大学出版社, 2023.12

ISBN 978-7-301-34746-1

Ⅰ. ①有…　Ⅱ. ①陈…　Ⅲ. ①有限群-研究　Ⅳ. ①O152.1

中国国家版本馆 CIP 数据核字（2024）第 004844 号

书　　名　有限群构造新论
YOUXIANQUN GOUZAO XINLUN
著作责任者　陈松良　著
策 划 编 辑　郑　双
责 任 编 辑　巨程晖　郑　双
标 准 书 号　ISBN 978-7-301-34746-1
出 版 发 行　北京大学出版社
地　　址　北京市海淀区成府路 205 号　100871
网　　址　http://www.pup.cn　新浪微博：@北京大学出版社
电 子 邮 箱　编辑部 pup6@pup.cn　总编部 zpup@pup.cn
电　　话　邮购部 010-62752015　发行部 010-62750672　编辑部 010-62754819
印 刷 者　三河市北燕印装有限公司
经 销 者　新华书店
787 毫米×1092 毫米　16 开本　21 印张　312 千字
2023 年 12 月第 1 版　2023 年 12 月第 1 次印刷
定　　价　88.00 元

前　　言

群的起源可追溯至拉格朗日 (Lagrange). 1770 年, 拉格朗日在他的论文《关于代数方程解法的思考》中开创性地将多项式方程的解的研究与根的置换的研究联系起来, 并首次指出一般的四次以上的代数方程没有根式解, 但拉格朗日没能证明这一结论. 在拉格朗日工作的启发下, 鲁菲尼 (Ruffini) 和阿贝尔 (Abel) 各自独立地证明了一般的五次及五次以上的代数方程没有根式解. 然而, 某些特殊的高次方程是有根式解的, 如高斯 (Gauss) 就证明了二项方程 $x^n - t = 0$ ($n > 4$) 在某些条件下有根式解. 那么, 什么样的方程才有根式解呢? 即方程有根式解的充要条件是什么? 这个问题的最终解决, 归功于伟大的天才数学家伽罗瓦 (Galois).

伽罗瓦在 1829—1831 年间完成的几篇论文中, 改进了拉格朗日、鲁菲尼、阿贝尔等人的研究方法, 首次明确提出了群的概念, 即定义群为一组关于乘法封闭的有限置换, 并且他已经认识到一个代数方程的大多数重要性质与由它所唯一决定的群的某些性质的对应关系. 为了描述这些关系, 伽罗瓦还引进了子群、正规子群、可解群、基域、同构等多个抽象代数概念, 并由此建立和证明了判别代数方程存在根式解的充要条件. 伽罗瓦的工作没有立即得到人们的认可, 直到 1846 年才被刘维尔 (Liouville) 认识到它的重要意义.

19 世纪上半叶, 柯西 (Cauchy) 也为抽象群论的诞生作出了自己的贡献: 他引入了我们今天使用的置换的记号, 并把置换表示成轮换的乘积; 证明了每个偶置换都是 3-轮换的积; 证明了现在群论中称为柯西定理的结论; 还确定了 3 次、4 次、5 次、6 次对称群的所有子群; 等等. 19 世纪下半叶, 在若尔当 (Jordan)、克罗内克 (Kronecker)、克莱因 (Klein)、戴德金 (Dedekind)、凯莱 (Cayley)、哈密顿 (Hamilton)、赫尔德 (Hölder)、弗罗贝尼乌斯 (Frobenius)、伯恩赛德 (Burnside) 等众多数学家的努力下, 抽象群论正式成为数学的一个重要分支.

在整个 20 世纪, 群论得到了极大的发展, 成为枝繁叶茂的参天大树, 取得了丰硕的成果. 特别是在 1981 年完成的有限单群分类定理, 是有限群论发展史上的一座里程碑. 如今, 群论不仅在众多数学分支中有广泛而深入的应用, 而且在理论物理、量子科学、信息科学等领域也有着重要的应用.

抽象群论一经问世, 一个重要的问题就被凯莱提了出来, 即找出给定阶数的所有有限群. 但数学家们很快发现这个问题是如此难以解决, 以至于到目前为止, 人们也只在一些特别情况下解决了这个问题. 本书作者从事有限群论研究已经有二十余年, 在各种期刊上发表了若干有限群构造的研究成果. 这些成果散落在各式期刊上, 查找起来很不方便. 而且, 有些期刊论文的结论或推理过程还存在不足, 给读者带来了困扰. 近来, 作者重新整理了自己的工作, 编成此书, 以飨读者. 为了便于阅读, 本书列出了有限群论的最基本知识, 而且除了定理 2.5.8、定理 2.5.9 和定理 3.3.5 没有给出证明, 其余结论均给出了证明, 因此读者只要学过线性代数和初等数论就可以读懂本书.

在本书的写作过程中, 得到了贵州师范学院数学与大数据学院等部门的领导和老师的大力支持, 在此表示衷心感谢. 北京大学出版社的编辑为本书的出版给予了无私的帮助, 作者表示诚挚的谢意. 作者还要感谢国家自然科学基金项目（11661023）为本书的出版提供资金支持. 限于作者水平, 书中不足之处在所难免, 希望读者批评指正.

作者: 陈松良

2023 年 6 月于贵阳

目　　录

第一章　群的基本知识

本章介绍群论的最基本的概念与知识, 包括群、子群、正规子群、商群、群的同态与同构、群的直积等, 也简要讨论了循环群、置换群、可解群的初步性质, 最后阐明了有限交换群的构造.

§1.1　群的定义及其例子

群的定义有多种叙述形式, 最经典的叙述形式之一如下.

定义 1.1.1　设 G 是一个非空集合, 如果在 G 中定义了一个二元运算 $\circ$, 使得

(1) 对任何 $a, b \in G$, 有 $a \circ b \in G$(封闭性);

(2) 对任何 $a, b, c \in G$, 有 $(a \circ b) \circ c = a \circ (b \circ c)$(结合律);

(3) 对任何 $a \in G$, 有 $e \in G$, 使 $e \circ a = a$ 恒成立 (有左单位元);

(4) 对任何 $a \in G$, 有 $a^{-1} \in G$, 使 $a^{-1} \circ a = e$ 恒成立 (有左逆元).

我们就说 G 关于这个二元运算构成一个群, 简称 G 是一个群.

通常把群 G 中的二元运算称为乘法, 并把运算符号省略掉. 由数学归纳法, 不难证明, 对于群 G 中任意有限多个元素 $a_1, a_2, \cdots, a_n$, 乘积 $a_1 a_2 \cdots a_n$ 的任何一种“有意义的加括号方式”都得出相同的值, 因而上述乘积是有意义的. 我们说, 一个群中任何元素 a 的左逆元 a^{-1} 也是 a 的右逆元, 事实上, 因为 $a^{-1} \in G$, 于是存在 $a' \in G$, 使 $a'a^{-1} = e$, 所以 $aa^{-1} = (ea)a^{-1} = ((a'a^{-1})a)a^{-1} = (a'(a^{-1})a)a^{-1} = (a'e)a^{-1} = a'a^{-1} = e$. 一个群中左单位元 e 也必是一个右单位元, 因为对任何元素 a, 有 $ae = a(a^{-1}a) = (aa^{-1})a = ea = a$.

定义 1.1.2　设 G 是一个群, 如果 G 中元素 e 既是左单位元又是右单位元, 则称 e 为 G 的一个单位元; 对于群 G 中元素 a, 如果 a^{-1} 既是 a 的左逆元又是其右逆元, 则称 a^{-1} 为 a 的一个逆元.

不难证明, 群中的单位元是唯一的, 群中任何元的逆元也是唯一的.

今后, 用“1”表示群的单位元.

例 1　全体整数集 $\mathbb{Z}$, 全体有理数集 $\mathbb{Q}$, 全体实数集 $\mathbb{R}$, 全体复数集 $\mathbb{C}$, 关于普通数的加法都分别构成群, 但它们关于普通数的乘法都不能构成群. 全体非零有理数 $\mathbb{Q}^*$, 全体非零实数 $\mathbb{R}^*$, 全体非零复数 $\mathbb{C}^*$, 关于普通数的乘法都构成群.

如果群 G 中的运算满足交换律, 即对任何 $a,b \in G$, 有 $ab = ba$, 则称 G 为*交换群*或 *Abel 群*, 并且群的运算可称做加法. 如果群 G 中的元素个数是有限的, 则称 G 为一个有限群, 并且把元素个数叫做*群 G 的阶*, 记为 $|G|$ 或 $o(G)$.

例 2　对于任何正整数 n, 设 G 是复数域内所有 n 次单位根的集合, 则 G 关于数的乘法就是一个阶为 n 的 Abel 群.

例 3　由高等代数知识容易验证, 有理数域 $\mathbb{Q}$ 上的所有 2 阶可逆矩阵对于矩阵乘法构成一个非交换群, 记为 $GL(2,\mathbb{Q})$.

§1.2　子群与陪集

定义 1.2.1　*如果群 G 的一个非空集合 H 对于 G 的运算也构成一个群, 那么 H 称为 G 的一个子群, 记为 $H \leqslant G$ 或 $G \geqslant H$.*

在群 G 中, 仅由单位元组成的子集合 $\{1\}$ 显然是 G 的一个子群, 记为 1_G 或简记为 1. 群 G 本身也是 G 的子群. 群 G 的这两个子群称为 G 的平凡子群, 其余的子群称为非平凡的. 如果 $H \leqslant G$ 但 $H \neq G$, 则称 H 为 G 的一个真子群, 记为 $H < G$ 或 $G > H$.

例 1　由高等代数知识容易验证, 有理数域 $\mathbb{Q}$ 上的所有行列式为 1 的 2 阶矩阵对于矩阵乘法构成一个非交换群, 记为 $SL(2,\mathbb{Q})$, 显然, $SL(2,\mathbb{Q}) < GL(2,\mathbb{Q})$.

定理 1.2.1　*群 G 的一个非空集合 H 是一子群的充要条件是: $\forall a, b \in H$, 有 $ab^{-1} \in H$.*

证明　必要性是显然的, 只需证明充分性. 因为 H 是非空集合, 任取 H 中一元 a, 则 $aa^{-1} = 1 \in H$, 而 1 显然是 H 中的单位元, 由此又得 $1a^{-1} = a^{-1} \in H$, 即 H 中任一元 a 都有逆. 又 $\forall a,b \in H$, 由 $b^{-1} \in H$, 得 $a(b^{-1})^{-1} = ab \in H$, 即对于 H, 群的运算是封闭的. 最后, 因

为 $H \subset G$, 而 G 中结合律成立, 所以 H 中结合律也成立. 综上所述, 得 H 是 G 的一个子群. □

不难证明, 任意多个子群的交还是一个子群.

定义 1.2.2 设 G 是一个群, M 是 G 的一个子集, 则称 G 的所有包含 M 的子群的交为由 M 生成的子群, 记为 $\langle M\rangle$.

如果 $\langle M\rangle = G$, 则称 M 为 G 的一个生成系, 或称 G 是由 M 生成的. 如果 G 可由一个元素 a 生成, 则记为 $G = \langle a\rangle$, 并称 G 是循环群. 可由有限多个元素生成的群叫做有限生成群. 有限群显然是有限生成群. 对于群 G 的任意一个元素 a, 子群 $\langle a\rangle$ 的阶称为元素 a 的阶, 记作 $o(a)$ 或 $|a|$. 不难证明, 元素 a 的阶就是满足 $a^n = 1$ 的最小正整数 n, 而如果这样的正整数不存在, 我们就说 $o(a) = \infty$.

设 G 是群, H, K 是 G 的非空子集, 规定 H, K 的乘积为

$$HK = \{hk|h \in H, k \in K\}.$$

如果 K 仅含有一个元素 a, 即 $K = \{a\}$, 则 $HK = H\{a\}$ 简记为 Ha; 类似地有 aH 等. 我们还规定 $H^{-1} = \{h^{-1}|h \in H\}$. 显然, 子集的乘法满足结合律, 因此可定义子集 H 的正整数次幂 H^n.

定理 1.2.2 群 G 的一个非空集合 H 是一子群的充要条件是: $H^2 \subset H$, 且 $H^{-1} \subset H$.

证明 必要性是显然的, 只需证明充分性. 因为 H 是非空集合, $\forall a$, $b \in H$, 由 $H^{-1} \subset H$ 得 $b^{-1} \in H$. 再由 $H^2 \subset H$, 得 $ab^{-1} \in H$. 因此由定理 1.2.1 知, H 是一子群. □

定理 1.2.3 群 G 的一个非空有限子集 H 是群 G 的一子群的充要条件是: $H^2 \subset H$.

证明 必要性是显然的, 只需证明充分性. 显然, 在 H 中, 乘法的封闭性、结合律都成立. 又设 $H = \{a_1, a_2, \cdots, a_n\}$, 则由 $H^2 \subset H$ 可知, $\forall a_i \in H$, 有 $a_iH \subset H$, 于是有某个 $a_j \in H$, 使 $a_ia_j = a_i$, 从而 $a_j = 1 \in H$, 即 H 中有单位元. 又必有某个 $a_k \in H$, 使 $a_ia_k = 1$, 这说明 H 中任意元都有逆. 因此 H 是一子群. □

定理 1.2.4 设 G 是群, $H \leqslant G$, $K \leqslant G$, 则 HK 是一子群的充要条件是: $HK = KH$.

证明　必要性: 因为 $H \leqslant G$, 于是 $H^{-1} \subset H$. 另外, $\forall a \in H$, 有 $a = (a^{-1})^{-1} \in H^{-1}$, 从而 $H \subset H^{-1}$. 因此 $H = H^{-1}$. 同理, $K = K^{-1}$. 所以当 $HK \leqslant G$ 时, $HK = (HK)^{-1} = K^{-1}H^{-1} = KH$.

充分性: 因为 $HK = KH$, 所以 $(HK)^2 = HKHK = H(KH)K = H(HK)K \subset HK$, 且 $(HK)^{-1} = K^{-1}H^{-1} = KH = HK$, 由定理 1.2.2 得, HK 是一子群. □

定义 1.2.3　设 G 是一个群, $H \leqslant G$, $\forall a \in G$, 子集 aH 称为 H 的一个左陪集, 子集 Ha 称为 H 的一个右陪集.

定理 1.2.5　设 G 是群, $H \leqslant G$, 则 H 的任意两个左 (右) 陪集或者相等或者不相交 (即无公共元素).

证明　设 aH, bH 是两个左陪集, 如果它们相交, 则存在 $h_1, h_2 \in H$, 使得 $ah_1 = bh_2$, 于是 $a = bh_2h_1^{-1} = bh_3$, 其中 $h_3 = h_2h_1^{-1} \in H$. 从而由 $ah = bh_3h \in bH$ 得, $aH \subset bH$. 同理, $bH \subset aH$. 故 $aH = bH$. □

推论 1.2.6　设 G 是群, $H \leqslant G$, 则群 G 可以表示为若干个不相交的左 (右) 陪集之并. □

显然, $h \longmapsto ah$ 是子群 H 到左陪集 aH 的一个一一对应, 同样, $h \longmapsto ha$ 是子群 H 到右陪集 Ha 的一个一一对应, 于是有

推论 1.2.7 (Lagrange 定理)　设 G 是一个有限群, $H \leqslant G$, 则 $|H|$ 是 $|G|$ 的因子. □

对于有限群 G 的子群 H, 我们称 $|G|/|H|$ 为 H 在 G 中的指数, 并记为 $|G:H|$.

由 Lagrange 定理可知, 对于有限群 G 的任何元素 a, 必有 $o(a)$ 整除 $|G|$. 今后, 当一个整数 m 整除整数 n 时, 我们用 $m|n$ 表示, 否则用 $m \nmid n$ 表示. 又对于正整数 p 和 m, 当 $p^m|n$, 但 $p^{m+1} \nmid n$ 时, 我们用符号 $p^m||n$ 表示.

定理 1.2.8 (Dedekind 模律)　设群 G 有子群 H, K, L, 使得 $K \subseteq L$, 则 $(HK) \cap L = (H \cap L)K$.

证明　首先, $(H \cap L)K \subseteq HK$ 且 $(H \cap L)K \subseteq LK = L$, 从而 $(H \cap L)K \subseteq HK \cap L$. 反之, 设 $x \in HK \cap L$, 则存在 $h \in H$, $k \in K$ 使 $x = hk$, 于是 $h = xk^{-1} \in LK = L$, 所以 $h \in H \cap L$, 因而 $x \in (H \cap L)K$. 故 $(HK) \cap L = (H \cap L)K$. □

§1.3 群的同态与同构

设 σ 是群 G 到群 H 的一个映射, 对任意 $a \in G$, a 的像是 H 的一个确定的元素, 记作 a^σ. 令

$$\sigma(G) = \{a^\sigma | \forall a \in G\},\ \ker(\sigma) = \{a \in G | a^\sigma = 1\}$$

分别称 $\sigma(G)$ 与 $\ker(\sigma)$ 为 σ 的像与核.

如果映射 σ 满足: $(ab)^\sigma = a^\sigma b^\sigma$, $\forall a, b \in G$, 则称 σ 是群 G 到群 H 的一个同态映射, 记为 $G \sim H$. 如果同态映射 σ 是满 (单) 射, 则称为满 (单) 同态; 如果同态映射是双射, 则称其为群 G 到群 H 的一个同构映射, 记为 $G \cong H$. 如果群 H 与群 G 的一个子群同构, 则记为 $H \lesssim G$.

群 G 到它自身的同态映射、同构映射分别称为群 G 的自同态和自同构. 我们记群 G 的全体自同态组成的集合为 $\mathrm{End}(G)$, 而记群 G 的全体自同构组成的集合为 $\mathrm{Aut}(G)$. 不难验证, 对于映射的合成运算, $\mathrm{Aut}\ (G)$ 是一个群, 称为群 G 的自同构群.

$\forall g \in G$, 我们定义群 G 到自身的一个映射 $\sigma(g)$: $a \mapsto a^g = g^{-1}ag$, $\forall a \in G$. 显然, $\sigma(g)$ 是 G 的一个自同构, 叫做由 g 诱导的 G 的内自同构, 而且 G 的全体内自同构组成的集合 (记为 $\mathrm{Inn}(G)$) 是 $\mathrm{Aut}(G)$ 的一个子群, 映射 φ: $g \mapsto \sigma(g)$ 是 G 到 $\mathrm{Aut}(G)$ 的一个同态.

定义 1.3.1 设 G 是群, $N \leqslant G$, 如果 $\forall \alpha \in \mathrm{Inn}\ (G)$, 均有 $N^\alpha \subseteq N$, 则称 N 为 G 的正规子群 (或不变子群), 记为 $N \trianglelefteq G$. 如果 $\forall \alpha \in \mathrm{Aut}\ (G)$, 均有 $N^\alpha \subseteq N$, 则称 N 为 G 的特征子群, 记为 $N \operatorname{char} G$. 如果 $\forall \alpha \in \mathrm{End}\ (G)$, 均有 $N^\alpha \subseteq N$, 则称 N 为 G 的全不变子群.

定理 1.3.1 设 $N \leqslant G$, 则 $N \trianglelefteq G$ 的充要条件是下列条件之一成立:

(i) $xN = Nx$, $\forall x \in G$.

(ii) $x^{-1}Nx = N$, $\forall x \in G$.

证明 (i) 若 $xN = Nx$, $\forall x \in G$, 则 $x^{-1}Nx = x^{-1}(Nx) = x^{-1}(xN) \subseteq N$, 故 $N \trianglelefteq G$. 反之, 若 $N \trianglelefteq G$, 则 $\forall x \in G$, 有 $x^{-1}Nx \subseteq N$, 把 x 换成 x^{-1}, 又得 $xNx^{-1} \subseteq N$, 即 $N \subseteq x^{-1}Nx$. 故 $x^{-1}Nx = N$, 即 $xN = Nx$.

(ii) 与 (i) 的等价性是显然的. □

定理 1.3.2　设 $H \leqslant G$, $N \trianglelefteq G$, 则 $NH \leqslant G$.

证明　因为 $N \trianglelefteq G$, 所以由定理 1.3.1 知, N 的左陪集也是右陪集, 于是, $HN = \bigcup\limits_{h\in H} hN = \bigcup\limits_{h\in H} Nh = NH$, 再由定理 1.2.4 知, $NH \leqslant G$. □

定理　1.3.3　设 $H \trianglelefteq G$, N char H, 则

(i) $N \lhd G$.

(ii) 如果 H char G, 那么 N char G.

证明　(i) $\forall a \in G$, 设 σ_a 是由 a 诱导的 G 的内自同构. 由于 $H \trianglelefteq G$, 所以 σ_a 在 H 上的限制是 H 的一个自同构. 但 N char H, 于是 $\sigma_a(N) = N$, 即 $a^{-1}Na = N$, 因此 $N \lhd G$.

(ii) $\forall \alpha \in \mathrm{Aut}(G)$, 由 H char G 可知, $\alpha(H) = H$, 即 α 在 H 上的限制是 H 的一个自同构. 但 N char H, 于是 $\alpha(N) = N$, 故 N char G. □

不难证明, 一个群 G 的任意多个正规子群的交, 还是正规子群; 任意多个正规子群的积, 还是正规子群. 交换群的任何子群都是正规子群. 任何群都有两个正规子群, 即单位元群与群本身, 称为平凡正规子群. 我们把只有平凡正规子群的群称为单群.

定义 1.3.2　设 G 是群, 对于 G 的任何元素 a, b (或子群或子集 H, K), 如果存在元素 $g \in G$, 使 $a^g = b$ (或 $H^g = K$), 则称 a, b (或 H, K) 在 G 中是共轭的.

不难验证, 元素间的共轭关系是一个等价关系. 于是我们可把群 G 的元素分为若干个互不相交的共轭等价类 (简称共轭类) $C_1 = \{1\}, C_2, \cdots,$ C_k, 则 $G = \bigcup\limits_{i=1}^{k} C_i$, 而 $|G| = \sum\limits_{i=1}^{k} |C_i|$, 此方程叫做 G 的类方程, 而 k 叫做 G 的类数. 共轭类 C_i 包含的元素个数 $|C_i|$ 叫做共轭类 C_i 的长度.

设 G 是群, H 是子集, 令

$$N_G(H) = \{g \in G | H^g = H\}, \quad C_G(H) = \{g \in G | h^g = h, \forall h \in H\}$$

分别把 $N_G(H)$, $C_G(H)$ 称为 H 在 G 中的正规化子和中心化子, 并规定 $Z(G) = C_G(G)$, 称之为 G 的中心.

不难验证, 对于群 G 的任意子集 H, $N_G(H)$, $C_G(H)$ 都是 G 的子群. 并且, 当 $H \leqslant G$ 时, $H \trianglelefteq N_G(H)$. 对于单个元素的集合, 如 $\{a\}$, 其正规化子与中心化子分别简记为 $N_G(a)$, $C_G(a)$, 这时显然有 $N_G(a) = C_G(a)$.

定理 1.3.4 (N/C 定理) 设 $H \leqslant G$, 那么 $C_G(H) \trianglelefteq N_G(H)$, 并且 $N_G(H)/C_G(H)$ 同构于 Aut (H) 的一个子群.

证明 $\forall g \in N_G(H)$, 映射 $\sigma(g): h \mapsto h^g = g^{-1}hg$ 是 H 的自同构, 并且映射 $g \mapsto \sigma(g)$ 是 $N_G(H)$ 到 Aut (H) 内的一个同态映射, 易见这个同态的核是

$$\{g \in N_G(H) | h^g = h, \forall h \in H\} = C_G(H) \cap N_G(H) = C_G(H)$$

所以 $C_G(H) \trianglelefteq N_G(H)$, 且 $N_G(H)/C_G(H)$ 同构于 Aut (H) 的一个子群.

□

§1.4 商群与群的同态定理

设 $H \trianglelefteq G$, 令 G/H 代表 H 的全部不同左陪集组成的集合. 由定理 1.3.1 及子集乘法的定义有: $(aH)(bH) = a(Hb)H = a(bH)H = (ab)H$, 于是, 子集的乘法在 G/H 中是封闭的, 且显然满足结合律, H 是单位元, aH 的逆元是 $a^{-1}H$. 由于正规子群的左陪集也是右陪集 (以后统称陪集), 因此, G/H 关于陪集的乘法构成一个群.

定义 1.4.1 正规子群 H 的全部不同陪集组成的集合 G/H 关于陪集的乘法构成的群, 称为 G 对 H 的商群, 仍记为 G/H.

对于群 G 的正规子群 H, 我们定义 $G \to G/H$ 的映射 φ 为

$$\varphi(a) = aH, \ \forall a \in G$$

易见, φ 是 G 到 G/H 的一个满同态, 称为 G 到它的商群的自然同态 (或典型同态).

定理 1.4.1 设 σ: $G \to G'$ 是一满同态, 则 σ 的核 (记为 $\ker(\sigma)$) N 是 G 的正规子群, 且 G/N 与 G' 同构.

证明 因为 $\forall g \in G$, 有

$$\sigma(g^{-1}Ng) = \sigma(g^{-1})\sigma(N)\sigma(g) = \sigma(g)^{-1} \cdot 1 \cdot \sigma(g) = 1$$

这说明 $g^{-1}Ng \subset N$, 所以 N 是 G 的正规子群.

设 φ 是 G 到 G/N 的自然同态, 再定义映射 $\psi(aN) = \sigma(a)$, 由于 σ 是满同态, 所以 ψ 是满射. 又若 $aN \neq bN$, 则 $a^{-1}b \notin N$, 于是 $\sigma(a^{-1}b) \neq 1$, 从而 $\sigma(a) \neq \sigma(b)$, 这说明 ψ 也是单射. 因此, ψ 是一一映射. 又 $\forall a, b \in G$, 有

$$\psi(aNbN) = \psi(abN) = \sigma(ab) = \sigma(a)\sigma(b) = \psi(aN)\phi(bN)$$

故 ψ 是 G/N 到 G' 的同构. □

定理 1.4.2 设 σ: $G \to G'$ 是一满同态, 而 $\ker(\sigma) = K$, 于是 σ 给出了 G 中所有包含 K 的子群与 G' 中全部子群之间的一个一一对应, 即对于 $H < G$, $H \supset K$,

$$H \mapsto \sigma(H) = H' < G'.$$

在这个对应下, $H \lhd G$ 当且仅当 $H' \lhd G'$. 如果 $H \lhd G$, $H \supset K$, $\sigma(H) = H'$, 那么有

$$G/H \cong G'/H'.$$

证明 因为 σ 是满同态, 所以 $G/K \cong G'$. 显然, 对于 G 中任何一个包含 K 的子群 H, $\sigma(H)$ 是 G' 中一个子群. 而对于 G' 中任一个子群 H', 令

$$\sigma^{-1}(H') = \{x \in G | \sigma(x) \in H'\}$$

显然, $\sigma^{-1}(H')$ 是 G 的一个子群, 而且包含 $\sigma^{-1}(1) = K$. 又 σ 是满同态, 所以 $\sigma(\sigma^{-1}(H')) = H'$. 而由 σ^{-1} 的定义, 有 $\sigma^{-1}(\sigma(H)) \supset H$. 当 $H \supset K$ 时, $\forall x \in \sigma^{-1}(\sigma(H))$, 有 $\sigma(x) \in \sigma(H)$, 因而有 $h \in H$ 使 $\sigma(x) = \sigma(h)$. 由 σ 的定义得 $x \in hK \subset H$, 于是 $\sigma^{-1}(\sigma(H)) \subset H$. 因此, 当 $H \supset K$ 时, $\sigma^{-1}(\sigma(H)) = H$. 这就证明了 σ 给出了 G 中所有包含 K 的子群与 G' 中全部子群之间的一个一一对应.

如果 H 是 G 的包含 K 的正规子群, 即 $\forall x \in G$, 有 $x^{-1}Hx = H$, 那么 $H' = \sigma(H) = \sigma(x^{-1}Hx) = \sigma(x)^{-1}H'\sigma(x)$. 由 σ 是满同态知, H' 在 G' 中也正规. 反之, 如果 $H' \lhd G'$, 那么 $\forall x \in G$, $\sigma(x^{-1}\sigma^{-1}(H')x) = \sigma(x)^{-1}H'\sigma(x) = H'$, 即 $x^{-1}\sigma^{-1}(H')x \subset \sigma^{-1}(H')$. 这说明 $\sigma^{-1}(H')$ 也是 G 的正规子群.

对于 G' 的正规子群 H', 作商群 G'/H', 令 φ: $G' \to G'/H'$ 为自然同态. 于是 $\varphi\sigma$ 是群 G 到 G'/H' 的满同态. 又 $\ker(\varphi) = H'$, 所以 $\ker(\varphi\sigma) = \sigma^{-1}(H') = H$. 由定理 1.4.1 得, $G/H \cong G'/H'$. □

下面来考虑同态映射对于任意一个群的作用. 设 $N \lhd G$, π: $G \to G/N$ 是自然同态, 而 H 是 G 的任意一个子群. 显然, $\pi(H)$ 是 G/N 的一个子群. 限制在 H 上, π 的核为 $H \cap N$, 而 $H \cap N \lhd H$, 由定理 1.4.1 得, $H/H \cap N \cong \pi(H)$.

另外, 由定理 1.3.2 知 $HN < G$, 显然有 $N \subset HN$, 且 $\pi(HN) = \pi(H)$. 再由定理 1.4.1 得, $HN/N \cong \pi(H)$.

综上所述, 我们得到下面的结论.

定理 1.4.3 设 $H < G$, $N \lhd G$, 则有 $HN/N \cong H/H \cap N$.

推论 1.4.4 设 $H < G$, $N \lhd G$, 则 G 的子群 HN 的阶为 $|HN| = |H| \cdot |N|/|H \cap N|$.

对于任意群 G, 我们在 § 1.3 中已经定义了 G 的自同构群 $\mathrm{Aut}(G)$ 和内自同构群 $\mathrm{Inn}(G)$. $\forall g \in G$, 令 σ_g 表示 G 的内自同构: $a \mapsto g^{-1}ag$, $\forall a \in G$, 则 φ: $g \mapsto \sigma_g$ 是 G 到 $\mathrm{Inn}(G)$ 的满同态, 且同态的核为 $Z(G)$, 因此由定理 1.4.1 得出下面的结论.

定理 1.4.5 对于任意群 G, 有 $G/Z(G) \cong \mathrm{Inn}(G)$.

定理 1.4.6 对于任意群 G, 有 $\mathrm{Inn}(G) \trianglelefteq \mathrm{Aut}(G)$.

证明 设 α 是 $\mathrm{Aut}(G)$ 任意元. 因为 $\forall g \in G$ 和 $\forall a \in G$, 有

$$(\alpha^{-1}\sigma_g\alpha)(a) = \alpha^{-1}(g^{-1}\alpha(a)g) = \alpha^{-1}(g^{-1})a\alpha^{-1}(g) = \sigma_{\alpha^{-1}(g)}(a)$$

所以 $\alpha^{-1}\sigma_g\alpha \in \mathrm{Inn}(G)$, 故 $\mathrm{Inn}(G) \trianglelefteq \mathrm{Aut}(G)$. □

由此定理, 我们可作商群 $\mathrm{Aut}(G)/\mathrm{Inn}(G)$, 称之为 G 的外自同构群, 记为 $\mathrm{Out}(G)$.

§1.5 循 环 群

由一个元素生成的群称为循环群, 如果循环群 G 的生成元为 a, 那么 G 的每个元素都可表示成 a 的方幂, 因而循环群是交换群. 对于交换群, 群的运算可写成加法, 单位元常用 0 表示, 元素的逆元称为负元. 当

运算写成加法时, 循环群的每个元素都可写成其生成元的倍元. 本节介绍循环群的基本结果.

定理 1.5.1 整数加群 $\mathbb{Z}$ 是循环群, 并且它的子群都是由某一非负整数 m 生成的循环群. 对于 $m, n \geqslant 0$, $n\mathbb{Z} \supset m\mathbb{Z}$ 当且仅当 $n \mid m$, 即 n 是 m 的因子.

证明 显然, 整数加群 $\mathbb{Z}$ 中的每个元素都是 1 的倍数, 所以它是生成元为 1 的循环群. 设 H 是 $\mathbb{Z}$ 的一个子群. 如果 H 不是由单个 0 组成的群, 那么 H 中含有非零数, 因而含有正数. 在 H 所含的正数中, 令 m 为最小数, 则 $H = m\mathbb{Z}$. 事实上, $\forall x \in H$, 由整数的性质得, 存在 q, $r \in \mathbb{Z}$ 使

$$x = qm + r,\ 0 \leqslant r < m$$

$r = x - qm \in H$, 如果 $r \neq 0$, 则 r 是 H 中一个比 m 更小的正数, 这与 m 的选择不符. 因而 $r = 0$, 即 $x = qm$. 既然 m 在 H 中, m 的倍数当然也在 H 中, 故 $H = m\mathbb{Z}$.

当 $H = \{0\}$ 时, 就取 $m = 0$.

当 $n\mathbb{Z} \supset m\mathbb{Z}$ 时, $m \in n\mathbb{Z}$, 所以 $n|m$. 反之, 由 $n|m$ 可知 $m \in n\mathbb{Z}$, 故 $n\mathbb{Z} \supset m\mathbb{Z}$. □

定理 1.5.2 无限循环群都与整数加群 $\mathbb{Z}$ 同构, 阶为 n 的循环群 $G = \langle a \rangle$ 同构于模 n 的剩余类加群 $\mathbb{Z}/n\mathbb{Z}$.

证明 定义整数加群 $\mathbb{Z}$ 到群 $G = \langle a \rangle$ 的映射 φ 为

$$\varphi(n) = a^n,\ \forall n \in \mathbb{Z}$$

显然 $\mathbb{Z}$ 是满同态. 如果 G 是无限循环群, 则 φ 是一一映射, 因而 $G \cong \mathbb{Z}$.

如果 $G = \langle a \rangle$ 是 n 阶的循环群, 那么 $a^m = 1$, 当且仅当 $n|m$, 从而 $\ker(\varphi) = n\mathbb{Z}$, 故 $G \cong \mathbb{Z}/n\mathbb{Z}$. □

设 σ 是循环群 $G = \langle a \rangle$ 的一个自同构, 则不妨设 $\sigma(a) = a^r$, 但 $a \in \sigma(G)$, 于是存在 $x \in \mathbb{Z}$ 使 $\sigma(a^x) = a^{xr} = a$. 若 G 是无限循环群, 则 $xr = 1$, 于是 $r = 1$ 或 -1. 这就证明了 G 的自同构群是 2 阶循环群. 若 G 是 n 阶循环群, 则

$$xr \equiv 1 (\mathrm{mod}\ n)$$

由初等数论知识可知, 当 $(r,n)=1$ 时, 上述同余方程有唯一解. 因此, G 有 $\varphi(n)$ 个不同的自同构, 这里 $\varphi(n)$ 是欧拉 (Euler) 函数, 表示不大于 n 的正整数中与 n 互素的个数. 不难验证, 模 n 的简化剩余系关于剩余类乘法构成一个交换群. 规定映射 f 如下

$$f:\ \sigma\mapsto r,\ (r,n)=1,\ \forall\sigma\in\mathrm{Aut}(G)$$

显然, f 是一个同构映射, 所以 n 阶循环群 G 的自同构群是 $\varphi(n)$ 阶交换群. 再由初等数论知识知, 模 n 的简化剩余系关于剩余类乘法构成的群是循环群的充要条件是: $n=2,4,p^\alpha,2p^\alpha$, 其中 p 是奇素数, α 为正整数. 综上所述, 我们得到如下定理.

定理 1.5.3 无限循环群的自同构群是 2 阶循环群, 对于正整数 n, 阶为 n 的循环群 G 的自同构群同构于模 n 的简化剩余系关于剩余类乘法构成的交换群, 并且它是 $\varphi(n)$ 阶循环群的充要条件是: $n=2,4,p^\alpha$, $2p^\alpha$, 其中 p 是奇素数, α 为正整数.

今后, 我们记 $C_n=\mathbb{Z}/n\mathbb{Z}$. 设 $G=\langle a\rangle$ 为 n 阶循环群, 由定理 1.5.2 知, $G\cong C_n$. 再由定理 1.4.2 得, G 的全部子群与整数加群 $\mathbb{Z}$ 的包含 $n\mathbb{Z}$ 的子群是一一对应的. 而定理 1.5.1 指出, $\mathbb{Z}$ 的包含 $n\mathbb{Z}$ 的子群为 $m\mathbb{Z}$, 其中 $m|n$. 设 G 的与 $m\mathbb{Z}$ 对应的子群为 H, 则 $H=\langle a^m\rangle$, 阶为 $\dfrac{n}{m}$. 因此, 我们有如下定理.

定理 1.5.4 对于正整数 n 的每一个正因数 d, n 阶循环群 $G=\langle a\rangle$ 有唯一一个 d 阶子群 $\langle a^{\frac{n}{d}}\rangle$. 因而 n 阶循环群 G 的子群的个数等于 n 的不同正因子的个数.

例 1 全体非零复数关于复数乘法构成一个群 $\mathbb{C}^*$, 群 $\mathbb{C}^*$ 的任何有限子群都是循环群. 事实上, 不妨设 $\mathbb{C}^*$ 的一个有限子群 H 的阶为 n, 则 $\forall x\in H$, 必有 $x^n=1$. 但在复数域内, 这个方程恰有 n 个根, 而且必有 n 次本原单位根 $\xi=\mathrm{e}^{\frac{2\pi i}{n}}$. 这说明 $H=\langle\xi\rangle$, 因而是循环群.

定理 1.5.5 交换群 $G\neq 1$ 是单群的充要条件是 G 为素数阶循环群.

证明 因为在交换群中, 所有子群都正规, 所以在交换单群中没有非平凡的子群. 当交换群 G 为单群时, $\forall g\in G$, 当 $g\neq 1$ 时, $G=\langle g\rangle$,

即 G 为循环群. 再由定理 1.5.4 得, G 只能是素数阶循环群. 反之显然成立. □

§1.6　置　换　群

一个非空集合到自身的一一映射称为这个集合的一个一一变换. 设 σ, τ 是非空集合 M 的任意两个一一变换, $\forall x \in M$, 我们规定 $x^{\sigma\tau} = (x^\sigma)^\tau$, 则 $x \mapsto x^{\sigma\tau}$ 也是 M 的一一变换, 称为 σ 与 τ 的积. 由群的定义容易验证, 一个非空集合 M 的全体一一变换关于映射的上述乘法构成一个群, 记为 S_M. S_M 的任意一个子群都称为 M 的一个变换群.

定理 1.6.1(Cayley 定理)　任何群 G 都同构于一个变换群.

证明　$\forall g \in G$, 定义集合 G 的一个变换 R_g: $x \mapsto xg$, $\forall x \in G$. 于是 $\forall g, h \in G$, 有 R_{gh}: $x \mapsto x(gh) = (xg)h = (x^{R_g})^{R_h} = x^{R_g R_h}$, $\forall x \in G$, 即 $R_{gh} = R_g R_h$. 因而, $g \mapsto R_g$ 是 G 到变换群 S_G 的同态映射, 又显然这个映射是单射, 故群 G 同构于 S_G 的一个子群. □

今后, 我们称一个有 n 个元素的集合的一一变换为 n 元置换, 有限集合上的变换群就称为置换群.

由于置换群只关注有限集合的置换, 而不关注这个集合是由哪些元素组成的, 因此对于一个由 n 个元素组成的集合 M, 我们不妨令 $M = \{1, 2, \cdots, n\}$, 并称 M 的全体置换作成的群为 n 次对称群, 记为 S_n. 显然, n 个元素的置换共有 $n!$ 个, 因此 n 次对称群的阶是 $n!$. 由 Cayley 定理可知, 任何有限群都同构于 S_n 的一个子群.

设 σ 为 M 的一个置换, $i^\sigma = k_i$, 并记

$$\sigma = \begin{pmatrix} 1 & 2 & \cdots & n \\ k_1 & k_2 & \cdots & k_n \end{pmatrix}$$

在这种表示方法里, 第一行的 n 个数字的次序显然没有什么关系, 因此每一个置换有 $n!$ 种表示方法. 由于这种表示置换的方法需要用两行来表达, 比较烦琐, 通常我们用另一种更节省的方式来表示一个置换. 为此, 我们给出如下定义.

定义 1.6.1　如果一个 n 元置换 σ 把 i_1 映成 i_2, 把 i_2 映成 i_3, $\cdots$, 把 i_{r-1} 映成 i_r, 把 i_r 映成 i_1, 并且保持其他的元素不变, 则称这个置换

为一个 r-轮换, 简称轮换, 记作 $(i_1i_2i_3\cdots i_{r-1}i_r)$, 也可写成 $(i_2i_3\cdots i_{r-1}i_ri_1)$, $\cdots$, $(i_ri_1i_2\cdots i_{r-1})$, 等等. 特别地, 2-轮换也称对换.

如果两个轮换之间没有公共的元素, 则称它们不相交. 可以证明不相交的两个轮换对乘法是可交换的. 事实上, 设 $A=\{i_1,i_2,\cdots,i_{r-1},i_r\}$, $B=\{j_1,j_2,\cdots,j_{s-1},j_s\}$, $A\cap B=\phi$, 令

$$\sigma=(i_1i_2\cdots i_{r-1}i_r),\ \tau=(j_1j_2\cdots j_{s-1}j_s)$$

于是, 当 $i\in A$ 时, $i^\sigma\in A$, 而 $i^{\sigma\tau}=(i^\sigma)^\tau=i^\sigma=(i^\tau)^\sigma=i^{\tau\sigma}$; 当 $i\in B$ 时, $i^\tau\in B$, 而 $i^{\sigma\tau}=(i^\sigma)^\tau=i^\tau=(i^\tau)^\sigma=i^{\tau\sigma}$; 当 $i\notin A\cup B$ 时, 有 $i^{\sigma\tau}=i^{\tau\sigma}=i$. 因此 $\sigma\tau=\tau\sigma$.

定理 1.6.2 任何一个 n 元置换都能表示成一些两两不相交的轮换的乘积, 并且除了轮换的排列次序外, 表示法是唯一的.

证明 如果 n 元置换是恒等置换, 则它是 1-轮换, 可写成 (1) 或 (2), $\cdots$, (n), 定理成立.

记 $\Omega=\{1,2,\cdots,n\}$, 如果 n 元置换 σ 不是恒等置换, 则至少有一个 $i_1\in\Omega$ 使得 $\sigma(i_1)\neq i_1$. 设 $\sigma(i_1)=i_2$, $\sigma(i_2)=i_3$, $\cdots$. 由于只有有限个元素, 所以在有限步后所得的象必与前面的重复. 设 i_r 是其象与前面出现的元素重复的第一个元素, 设 i_r 的象 $i_{r+1}=i_j$, $j<r$. 我们断定 $j=1$. 假如 $j>1$, 则 $\sigma^r(i_1)=i_{r+1}=i_j=\sigma^{j-1}(i_1)$, 于是在此式两边再作用 σ^{-1} 得, $\sigma^{r-1}(i_1)=\sigma^{j-2}(i_1)$, 即 $i_r=i_{j-1}$. 这与 i_r 的选择矛盾. 因此 $j=1$. 从而 $i_{r+1}=i_1$. 于是得到一个轮换 $\sigma_1=(i_1i_2\cdots i_r)$.

在 $\Omega\backslash\{i_1,i_2,\cdots,i_r\}$ 中重复上述步骤, 便可得到 σ 的轮换分解式

$$\sigma=\sigma_1\sigma_2\cdots\sigma_t$$

易见分解式中的轮换是两两不相交的.

下面证明表示法是唯一的. 假设还有

$$\sigma=\tau_1\tau_2\cdots\tau_s$$

其中 $\tau_1,\tau_2,\cdots,\tau_s$ 是两两不相交的轮换. 任取在 σ 下变动的元素 a, 则在 $\sigma_1,\sigma_2,\cdots,\sigma_t$ 中存在唯一的 σ_l, 使得 $\sigma_l(a)\neq a$. 同理, 在 $\tau_1,\tau_2,\cdots,\tau_s$ 中存在唯一的 τ_k, 使得 $\tau_k(a)\neq a$, 但 $\sigma_l^m(a)=\sigma^m(a)=\tau_k^m(a)$,

$m = 0, 1, 2, \cdots$. 而 $\sigma_l = (a\ \sigma_l(a)\ \sigma_l^2(a)\ \cdots)$, $\tau_k = (a\ \tau_k(a)\ \tau_k^2(a)\ \cdots)$, 因此 $\sigma_l = \tau_k$. 继续这样的讨论, 可得 $t = s$, 并且在适当排列 $\tau_1, \tau_2, \cdots, \tau_s$ 的次序后, 有 $\sigma_i = \tau_i$, $i = 1, 2, \cdots, t$. 故唯一性成立. □

不难验证, $(i_1 i_2 i_3 \cdots i_{r-1} i_r) = (i_1 i_2)(i_1 i_3) \cdots (i_1 i_r)$, 由此可知, 每个置换都可表为若干个对换的乘积.

定义 1.6.2 如果一个 n 元置换 σ 能表示成 t 个两两不相交的轮换的乘积 (包含 1-轮换), 即 $\sigma = \sigma_1 \sigma_2 \cdots \sigma_t$, 则定义 σ 的符号为 $\mathrm{sgn}(\sigma) = (-1)^{n-t}$.

如果 $\sigma = e$ 是恒等映射, 则它是 n 个 1-轮换的乘积, 于是 $\mathrm{sgn}(e) = (-1)^{n-n} = 1$. 如果 σ 是一个对换, 则它是一个 2-轮换与 $n-2$ 个 1-轮换的乘积, 于是 $\mathrm{sgn}(\sigma) = (-1)^{n-((n-2)+1)} = -1$. 不难看出, 对于任意一个 r-轮换 σ, 当 r 是奇数时 $\mathrm{sgn}(\sigma) = 1$, 当 r 是偶数时 $\mathrm{sgn}(\sigma) = -1$.

定理 1.6.3 对于任何两个 n 元置换 σ 与 τ, 有

$$\mathrm{sgn}(\sigma\tau) = \mathrm{sgn}(\sigma)\mathrm{sgn}(\tau).$$

证明 设 σ 分解为对换的乘积时, 有 $\sigma = \sigma_1 \sigma_2 \cdots \sigma_m$, 这里 m 为对换的最小个数. 又设 τ 分解为不相交的轮换的表达式为 $\tau = \tau_1 \tau_2 \cdots \tau_s$. 我们对 m 作归纳法. 当 $m = 1$ 时, 设 $\sigma = (ab)$, 这时若 a, b 同时出现在 τ 的分解式中的某个轮换中, 不妨设这个轮换为 $\tau_1 = (ac_1 \cdots c_k b d_1 \cdots d_l)$, 这里 k, $l \geqslant 0$. 由于

$$\sigma\tau_1 = (ad_1 \cdots d_l)(bc_1 \cdots c_k)$$

所以 $(\sigma\tau)$ 分解为不相交的轮换的表达式为

$$\sigma\tau = (ad_1 \cdots d_l)(bc_1 \cdots c_k)\tau_2 \cdots \tau_s$$

因此 $\mathrm{sgn}(\sigma\tau) = (-1)^{n-(s+1)} = -(-1)^{n-s} = \mathrm{sgn}(\sigma)\mathrm{sgn}(\tau)$. 若 a, b 出现在 τ 的分解式中的两个不同轮换中, 不妨设这两个轮换为 $\tau_1 = (ac_1 \cdots c_k)$, $\tau_2 = (bd_1 \cdots d_l)$, 这里 k, $l \geqslant 0$. 由于 $\sigma\tau = (\sigma\tau_1\tau_2)\tau_3 \cdots \tau_s$, 而

$$\sigma\tau_1\tau_2 = (ad_1 \cdots d_l bc_1 \cdots c_k)$$

所以 $(\sigma\tau)$ 分解为不相交的轮换的表达式为

$$\sigma\tau = (ad_1 \cdots d_l bc_1 \cdots c_k)\tau_3 \cdots \tau_s$$

因此 $\mathrm{sgn}(\sigma\tau) = (-1)^{n-(s-1)} = -(-1)^{n-s} = \mathrm{sgn}(\sigma)\mathrm{sgn}(\tau)$. 这就证明了当 $m = 1$ 时, 定理成立.

当 $m > 1$ 时, 显然 $\sigma_2 \cdots \sigma_m$ 是对换个数最小的表达式, 由归纳假设有 $\mathrm{sgn}((\sigma_2 \cdots \sigma_m)\tau) = \mathrm{sgn}(\sigma_2 \cdots \sigma_m)\mathrm{sgn}(\tau)$, 于是

$$\begin{aligned}\mathrm{sgn}(\sigma\tau) &= \mathrm{sgn}(\sigma_1\sigma_2 \cdots \sigma_m\tau) \\ &= -\mathrm{sgn}(\sigma_2 \cdots \sigma_m\tau) \\ &= -\mathrm{sgn}(\sigma_2 \cdots \sigma_m)\mathrm{sgn}(\tau) \\ &= \mathrm{sgn}(\sigma_1\sigma_2 \cdots \sigma_m)\mathrm{sgn}(\tau) \\ &= \mathrm{sgn}(\sigma)\mathrm{sgn}(\tau).\end{aligned}$$

因此, 当 $m > 1$ 时, 定理成立. □

由定理 1.6.3 及对换的符号是 -1 可见: 一个置换的符号为 1, 当且仅当它能表示成偶数个对换的乘积; 而一个置换的符号为 -1, 当且仅当它能表示成奇数个对换的乘积. 今后, 称符号为 1 的置换为偶置换, 符号为 -1 的置换为奇置换. 显然, sgn 是对称群 S_n 到 2 阶循环群 $\{1, -1\}$ (关于数的普通乘法) 的一个同态映射, 映射的核是全体偶置换组成的集合, 记为 A_n, 并称其为 n 次交错群, 简称交错群. 由同态基本定理知, $A_n \lhd S_n$, 且 $|A_n| = \dfrac{1}{2}n!$.

设 i, j, k, l 是四个不同的数, 不难看出

$$(ij)(ik) = (ijk), \quad (ij)(kl) = (ij)(jk)(jk)(kl) = (ikj)(jlk).$$

由此可见, 每个偶置换都可表示成一些 3-轮换的乘积, 所以 A_n 是由 3-轮换生成的. $\forall \sigma \in S_n$ 和任何一个 r-轮换 $(i_1 i_2 \cdots i_r)$, 我们不难证明

$$\sigma^{-1}(i_1 i_2 \cdots i_r)\sigma = (\sigma(i_1)\sigma(i_2) \cdots \sigma(i_r))$$

由上式易得, $(ij) = (1i)(1j)(1i)$, 所以

$$S_n = \langle (12), (13), \cdots, (1n) \rangle.$$

又设 $1 \leqslant i < j \leqslant n$, 则

$$(ij) = (i\ i+1)(i+1\ i+2)\cdots(j-1\ j)(j-2\ j-1)\cdots(i\ i+1)$$

而

$$(i\ i+1) = (12\cdots n)^{-i+1}(12)(12\cdots n)^{i-1}$$

所以又有

$$S_n = \langle (12), (23), \cdots, (n-1\ n)\rangle = \langle (12\cdots n),\ (12)\rangle$$

当 i, j, k 大于 2 且互不相同时

$$(1j2) = (12j)^2 = (12j)^{-1}, (1ij) = (12j)(12i)(12j)^2$$

$$(ijk) = (12i)(1jk)(12i)^2$$

因此得

$$A_n = \langle (123), (124), \cdots, (12n)\rangle.$$

现在我们来证明下面的定理.

定理 1.6.4 对于 $n \geqslant 5$, 交错群 A_n 是单群.

证明 设 $H \lhd A_n$, 且 $H \neq 1$. 我们只需要证明 H 包含全体 3-轮换就可以了. 设 $(i_1 i_2 i_3)$ 与 $(j_1 j_2 j_3)$ 是任意两个 3-轮换. 作置换 π, 使得

$$\pi(i_k) = j_k,\quad k = 1,\ 2,\ 3$$

而 π 在其他数字上的作用适当定义. 因为 $n \geqslant 5$, 所以在 i_1, i_2, i_3 之外至少还有两个数字 l, m. 如果 π 是偶置换, 则令 $\varphi = \pi$; 如果 π 是奇置换, 则令 $\varphi = \pi(lm)$, 我们总有 $\varphi \in A_n$, 且

$$\varphi^{-1}(i_1 i_2 i_3)\varphi = (j_1 j_2 j_3)$$

所以由 $H \lhd A_n$ 可知, 只要 H 包含一个 3-轮换, H 就包含全部 3-轮换. 因此, 我们只须证明 H 至少包含一个 3-轮换就可以了.

对于一个置换 σ, 如果 $\sigma(i) = i$, 那么 i 就称为 σ 的一个不动点. 在正规子群 H 中, 对于所有非单位的置换, 我们取一个不动点个数最多的

置换 τ. 因为对换是奇置换, 所以 τ 的不动点的个数不可能是 $n-2$, 一定小于或等于 $n-3$. 如果 τ 的不动点个数等于 $n-3$, 那么 τ 就是一个 3-轮换, 定理就得到了证明. 假如 τ 的不动点的个数小于 $n-3$, 则把 τ 分解为不相交的轮换的乘积时, 按分解式中是否含有长度 $\geqslant 3$ 的轮换, 有以下两种可能

$$\tau=(123\cdots)\cdots \tag{1.1}$$

$$\tau=(12)(34)\cdots \tag{1.2}$$

在情况 (1.1), τ 的不动点的个数一定小于 $n-4$, 因为 $(123j)$ 是奇置换. 无妨设 4, 5 在 τ 下不是不动的. 不论情形 (1.1) 还是情形 (1.2), 我们取 $\varphi=(345)$, 则 $\varphi^{-1}\tau\varphi=(124\cdots)\cdots$, 或者 $\varphi^{-1}\tau\varphi=(12)(45)\cdots$. 令 $\tau_1=\varphi^{-1}\tau\varphi\tau^{-1}$. 在情形 (1.1), $\tau_1(1)=1$; 在情形 (1.2), $\tau_1(1)=1$, $\tau_1(2)=2$. 而在这两种情形下, 所有 τ 的不动点仍然是 τ_1 的不动点. 因此不论哪种情形, τ_1 的不动点都比 τ 的不动点多, 并且 $\tau_1\neq(1)$, 这与 τ 的选择矛盾. 这说明 τ 一定是一个 3-轮换. □

直接计算可得

$$\begin{aligned}
A_3&=\{(1),(123),(132)\}\\
A_4&=\{(1),(123),(132),(124),(142),(134),(143),\\
&\qquad(234),(243),(12)(34),(13)(24),(14)(23)\}
\end{aligned}$$

显然, A_3 是 3 阶循环群, 是交换单群. 但 A_4 不是单群, 它有非平凡正规子群

$$K=\{(1),(12)(34),(13)(24),(14)(23)\}.$$

§1.7 可 解 群

设 G 是群, $\forall a,b\in G$, 称 $a^{-1}b^{-1}ab$ 为群 G 的一个换位子, 记为 $[a,b]$. 由所有换位子生成的子群称为 G 的换位子群, 记为 $G^{(1)}$ 或 G'.

一般地, 我们归纳地定义 G 的 n 阶换位子群如下

$$G^{(0)}=G,\quad G^{(n)}=(G^{(n-1)})',\quad n\geqslant 1.$$

显然, $G^{(k)}$ 都是 G 的全不变子群.

定义 1.7.1　对于群 G, 如果存在正整数 n, 使 $G^{(n)}=1$, 则称群 G 为可解群.

如果 G 是交换群, 则显然 $G^{(1)}=1$, 所以交换群都是可解群.

定理 1.7.1　设 G 是群, 且 $N\lhd G$, 则 G/N 是交换群当且仅当 $G^{(1)}\leqslant N$.

证明　如果 G/N 是交换群, 则 $\forall a,b\in G$, 有 $aN\cdot bN=bN\cdot aN$, 即 $abN=baN$, 于是 $a^{-1}b^{-1}ab\in N$, 从而 $G^{(1)}\leqslant N$.

反之, 如果 $G^{(1)}\leqslant N$, 则 $\forall a,b\in G$, 有 $a^{-1}b^{-1}ab\in N$, 所以 $a^{-1}b^{-1}abN=N$, 即 $abN=baN$, 因此 G/N 是交换群. □

定理 1.7.2　群 G 是可解群, 当且仅当存在一递降的子群列

$$G=G_0>G_1>G_2>\cdots>G_s=1 \tag{1.3}$$

其中 $G_i\lhd G_{i-1}$, 且 G_{i-1}/G_i 是交换群, $i=1,2,\cdots,s$.

证明　当群 G 是可解群时, 存在正整数 n, 使 $G^{(n)}=1$. 令 $G_i=G^{(i)}$, $i=1,2,\cdots,n$, 则群列

$$G=G_0>G_1>G_2>\cdots>G_n=1$$

满足定理的要求, 结论成立.

反之, 如果群 G 存在子群列 (1.3), 则 G/G_1 交换, 于是由定理 1.7.1 得, $G^{(1)}\leqslant G_1$, 从而 $G^{(2)}\leqslant G_1^{(1)}$. 同理, 由 G_1/G_2 交换得, $G_1^{(1)}\leqslant G_2$, 于是 $G^{(2)}\leqslant G_2$. 由归纳法可得

$$G^{(k)}\leqslant G_k,\quad k=1,2,\cdots,s. \tag{1.4}$$

但 $G_s=1$, 所以 $G^{(s)}=1$, 故群 G 是可解群. □

例 1　讨论对称群 S_n 的可解性.

S_2 是 2 阶群, 显然是交换群, 因而是可解群.

S_3 是可解群, 因为 S_3 有子群列

$$S_3>A_3>1$$

满足定理 1.7.2 的条件.

S_4 也是可解群, 因为 S_4 有满足定理 1.7.2 中条件的子群列

$$S_4 > A_4 > N > 1$$

其中 $N = \{(1), (12)(34), (13)(24), (14)(23)\}$.

当 $n \geqslant 5$ 时, S_n 不是可解群, 因为 S_n 中每个换位子都是偶置换, 所以 $S_n^{(1)} \leqslant A_n$. 但 S_n 是非交换群, 所以 $S_n^{(1)} \neq 1$. 又 A_n 是非交换单群, 必有 $S_n^{(1)} = A_n$, $S_n^{(2)} = A_n^{(1)} = A_n \neq 1$, 因此当 $n \geqslant 5$ 时, S_n 不是可解群.

定义 1.7.2 对于群 G, 如果存在一个集合 Ω 使 $\forall \alpha \in \Omega$, 都存在 G 的自同态: $g \mapsto g^\alpha$, $\forall g \in G$, 则称群 G 为具有算子集 Ω 的算子群, 或称 G 是一个 Ω-群. 如果 $H < G$ 且 $\forall h \in H$ 与 $\forall \alpha \in \Omega$ 都有 $h^\alpha \in H$, 那么称 H 为 G 的一个 Ω-子群, 或称子群 H 为 Ω-可容许的.

如果 N 是 Ω-群 G 的正规 Ω-子群, 则当规定 $(Ng)^\alpha = Ng^\alpha$ 时, 商群 G/N 也是一个 Ω-群.

定义 1.7.3 对于两个 Ω-群 G 与 H, 如果同态 (同构) 映射 $\varphi : G \mapsto H$ 满足: $(g^\alpha)^\varphi = (g^\varphi)^\alpha$, $\forall g \in G$ 和 $\forall \alpha \in \Omega$, 则称 φ 为 G 到 H 的一个 Ω-同态 (同构), 记为 $G \sim {}^\Omega H (G \cong {}^\Omega H)$.

易见, 对于 Ω-同态 $\varphi : G \to H$, $\mathrm{Im}(\varphi)$ 是 H 的 Ω-子群, 而 $\mathrm{Ker}(\varphi)$ 是 G 的正规 Ω-子群, 且有 Ω-同构: $G/\mathrm{Ker}(\varphi) \cong \mathrm{Im}(\varphi)$. 对于任何 Ω-群 G, 单位元群 1 和 G 本身都是它的正规 Ω-子群, 称为 G 的平凡正规 Ω-子群. 如果 Ω-群 G 没有非平凡的正规 Ω-子群, 则称 G 为不可约 Ω-群或 Ω-单群.

定义 1.7.4 设 G 是一个 Ω-群, 则 G 的一个 Ω-列是包含 1 和 G 的一个有限 Ω-子群列, 且子群列中每个成员均是它的后继者的 Ω-正规子群, 即

$$1 = G_0 \lhd G_1 \lhd G_2 \lhd \cdots \lhd G_l = G. \tag{1.5}$$

其中 Ω-群 G_i 叫做这个列中的项, 而商群 G_{i+1}/G_i 叫做这个列的因子. 如果所有的项 G_i 都是不同的, 则整数 l 叫做这个列的长度.

由于群的正规性不是传递的, 所以群列 (1.5) 中的 G_i 不必是 G 的正规子群. 如果 G 的某个子群至少出现在 G 的一个 Ω-子群列中, 那么

这个子群就称为 G 的 Ω-次正规子群. 因此, 子群 H 是 G 的 Ω-次正规子群, 当且仅当存在不同的 Ω-子群 $H_0=H$, H_1, $\cdots$, $H_n=G$ 使得 $H_0=H\lhd H_1\lhd\cdots\lhd H_n=G$. 通常, 当 Ω 是空集时, Ω-群列就简称为群列, 而 Ω-次正规子群就简称为次正规子群. 如果 Ω 分别是 G 的全部内自同构、自同构、自同态组成的集合, 则 Ω-群列中的项分别称为在 G 中是正规的、特征的、全不变的, 而 Ω-群列也分别称为正规列、特征列、全不变列.

考虑 Ω-群 G 的所有 Ω-群列的集合 (显然它包含群列: $1\lhd G$), 如果其中一个 Ω-群列中的每一项都是另一个 Ω-群列中的项, 则说后者是前者的一个加细; 而若后者中至少有一项不属于前者, 则说后者是前者的一个真加细.

如果 Ω-群 G 的两个 Ω-群列的各自因子的集合之间存在双射, 而且对应的因子是 Ω-同构的, 那么我们就说这两个 Ω-群列是 Ω-同构的.

定理 1.7.3 (Zassenhaus 引理)　*设 A_1, A_2, B_1, B_2 是 Ω-群 G 的 Ω-子群, 且 $A_1\lhd A_2$, $B_1\lhd B_2$. 令 $D_{ij}=A_i\cap B_j$, 则 $A_1D_{21}\lhd A_1D_{22}$, $B_1D_{12}\lhd B_1D_{22}$. 并且商群 A_1D_{22}/A_1D_{21} 与 B_1D_{22}/B_1D_{12} 是 Ω-同构的.*

证明　因为 $B_1\lhd B_2$, 所以 $D_{21}\lhd D_{22}$. 又因为 $A_1\lhd A_2$, 所以 $\forall a\in A_1$ 与 $\forall d\in D_{22}=A_2\cap B_2$, 有

$$\begin{aligned}(A_1D_{21})^{ad}&=(A_1)^{ad}(D_{21})^{ad}=A_1((A_2)^{ad}\cap(B_1)^{ad})\\&=A_1(A_2\cap(B_1)^{ad})\subset A_1(A_2\cap(A_1B_1A_1)^d)=A_1(A_2\cap(A_1B_1A_1))\end{aligned}$$

再由 Dedekind 模律得

$$A_2\cap(A_1B_1A_1)=A_1(A_2\cap B_1)A_1=A_1(A_2\cap B_1)=A_1D_{21}$$

于是 $(A_1D_{21})^{ad}\subseteq A_1D_{21}$, 这说明

$$A_1D_{21}\lhd A_1D_{22}.$$

类似地, 有

$$B_1D_{12}\lhd B_1D_{22}.$$

令 $H = D_{22}$, $N = A_1D_{21}$, 则

$$HN = A_1D_{22},\ N \cap H = A_1D_{21} \cap D_{22} = (A_1 \cap D_{22})D_{21} = D_{12}D_{21}$$

且 $N \lhd HN$, 于是应用定理 1.4.3 得

$$NH/N = A_1D_{22}/A_1D_{21} \cong^{\Omega} D_{22}/D_{12}D_{21}.$$

类似地, 可得

$$B_1D_{22}/B_1D_{12} \cong^{\Omega} D_{22}/D_{12}D_{21}$$

因此

$$A_1D_{22}/A_1D_{21} \cong^{\Omega} B_1D_{22}/B_1D_{12}.$$ □

定理 1.7.4 (Schreier 加细定理) *Ω-群 G 的任何两个 Ω-群列都有 Ω-同构的加细.*

证明 设

$$1 = H_0 \lhd H_1 \lhd \cdots \lhd H_l = G$$

与

$$1 = K_0 \lhd K_1 \lhd \cdots \lhd K_m = G$$

是 Ω-群 G 的两个 Ω-群列. 定义 $H_{ij} = H_i(H_{i+1} \cap K_j)$ 与 $K_{ij} = K_j(H_i \cap K_{j+1})$. 对 $A_1 = H_i$, $A_2 = H_{i+1}$, $B_1 = K_j$, $B_2 = K_{j+1}$ 应用定理 1.7.3 得: $H_{ij} \lhd H_{i,j+1}$, $K_{ij} \lhd K_{i+1,j}$, 并且 $H_{i,j+1}/H_{ij} \cong^{\Omega} K_{i+1,j}/K_{ij}$. 因此, 群列 $\{H_{ij} | i = 0, 1, \cdots, l-1; j = 0, 1, \cdots, m\}$ 与群列 $\{K_{ij} | i = 0, 1, \cdots, l; j = 0, 1, \cdots, m-1\}$ 分别是群列 $\{H_i | i = 0, 1, \cdots, l\}$ 与 $\{K_j | j = 0, 1, \cdots, m\}$ 的 Ω-同构的加细. □

我们称没有真加细的 Ω-群列为 Ω-合成群列, 其中的商因子 G_{i+1}/G_i 称为 Ω-合成因子. 有限 Ω-群总有 Ω-合成群列. 通常, 当 Ω 是空集时, Ω-合成群列就简称为合成群列, Ω-合成因子简称为合成因子. 如果 Ω 分别是 G 的全部内自同构、自同构、自同态组成的集合, 则 Ω-合成群列分别称为主群列、主特征列、主全不变列, Ω-合成因子分别简称为主因子、特征因子、全不变因子.

定理 1.7.5 一个 Ω-群列是 Ω-合成群列的充要条件是它的所有因子都是 Ω-单的.

证明 如果 Ω-群 G 的一个 Ω-群列的某个因子 X/Y 不是 Ω-单的, 那么 X/Y 就一定有一个非平凡的 Ω-正规子群 W/Y 使 $Y < W < X$. 将 W 添加到这个列中就产生了这个 Ω-群列的一个真加细, 所以原来的 Ω-群列不是 Ω-合成群列. 反之, 如果一个 Ω-群列不是 Ω-合成群列, 那么它就有一个真加细, 即必存在相邻项 $Y < X$ 使得在 Y 与 X 之间存在 G 的 Ω-正规子群 W 使 $Y < W < X$. 于是 W/Y 是 X/Y 的非平凡的 Ω-正规子群, 因而 X/Y 不是 Ω-单的. □

定理 1.7.6 (Jordan-Hölder 定理) 有限 Ω-群 G 的任何两个 Ω-合成群列有相同的长度, 且它们的合成因子都是 Ω-同构的.

证明 由定理 1.7.4 得, 有限 Ω-群 G 的任何两个 Ω-合成群列有 Ω-同构的加细. 但 Ω-合成列没有真加细, 因此两个 Ω-合成群列必是 Ω-同构的, 从而任何 Ω-合成群列的长度是相同的. □

今后, 我们把 Ω-群 G 的 Ω-合成群列的长度称为 G 的 Ω-合成长度.

定理 1.7.7 有限群 G 可解的充要条件是它的合成因子都是素数阶循环群.

证明 如果有限群 G 可解, 则由定理 1.7.2 知, 存在 G 的群列

$$1 = G_0 < G_1 < \cdots < G_l = G$$

使得 $G_{i+1}/G_i, i = 0, 1, \cdots, l-1$, 都是交换群. 这个群列可加细成 G 的合成群列, 合成因子必都是交换单群, 因而都是素数阶循环群. 反之, 当有限群 G 的合成因子都是素数阶循环群时, 合成因子必是交换的, 因而由定理 1.7.2 知 G 是可解的. □

定理 1.7.8 对有限群 G, 如果 $H < G$, $N \lhd G$, 则当 G 可解时, H, G/N 均可解. 反之, 当 N, G/N 均可解时, G 必可解.

证明 当 G 可解时, 存在正整数 n, 使得 $G^{(n)} = 1$, 于是由 $H^{(n)} \subset G^{(n)}$ 知, $H^{(n)} = 1$, 于是 H 可解. 又 $(G/N)^{(n)} = G^{(n)}N/N = 1$, 因而 G/N 也可解. 反之, 当 N, G/N 均可解时, 存在 N 的合成群列

$$1 = N_0 < N_1 < \cdots < N_l = N$$

使得合成因子 N_{i+1}/N_i 都是素数阶循环群. 又存在 G/N 的合成群列

$$1 = G_l/N < G_{l+1}/N < \cdots < G_{l+m}/N = G/N$$

使得合成因子 $(G_{l+i+1}/N)/(G_{l+i}/N) \cong G_{l+i+1}/G_{l+i}$ 都是素数阶循环群. 由此可知, G 存在合成群列

$$1 = G_0 < G_1 = N_1 < \cdots < G_l = N < G_{l+1} < \cdots < G_{l+m} = G$$

其合成因子 G_{i+1}/G_i, $i = 0, 1, \cdots, l+m-1$, 都是素数阶循环群, 因此 G 可解. □

设 $1 \neq N \trianglelefteq G$ 且 G 中不存在非平凡正规子群真包含于 N, 则称 N 为 G 的极小正规子群. 显然任何非单位的有限群都有极小正规子群, 单群有唯一的极小正规子群, 即单群本身.

定理 1.7.9 任何有限群 G 都有主群列, 而且 G 的每个主因子都是 G 的某商群的极小正规子群.

证明 当 G 是有限 Ω-群时, 它的 Ω-群列: $G \trianglerighteq 1$ 可加细为 Ω-合成群列. 取 Ω 为全体内自同构组成的集合, 则可知任何有限群 G 都有主群列. 设 $G = G_0 > G_1 > \cdots > G_r = 1$ 是 G 的一个主群列, 则由定理 1.4.2 知, 主因子 G_i/G_{i+1} 是商群 G/G_{i+1} 的极小正规子群. □

§1.8 群 的 直 积

群的直积是群论中的重要概念, 也是研究群的主要手段之一. 利用群的直积, 可以将若干个小群构造出一个大群, 也可以把一个大群分解成一些子群的乘积.

定义 1.8.1 对于 n 个群 G_1, G_2, $\cdots$, G_n, 令

$$G = G_1 \times G_2 \times \cdots \times G_n = \{(g_1, g_2, \cdots, g_n) | g_i \in G_i\}$$

并规定

$$(g_1, g_2, \cdots, g_n)(h_1, h_2, \cdots, h_n) = (g_1h_1, g_2h_2, \cdots, g_nh_n)$$

则 G 关于上述运算构成一个群, 我们称 G 为群 G_1, G_2, $\cdots$, G_n 的直积.

当群 G 为群 G_1, G_2, $\cdots$, G_n 的直积时, 若令

$$G_i^* = \{(g_1, g_2, \cdots, g_n) | g_j = 1, \forall j \neq i\}$$

则容易验证, $G_i^* \cong G_i$ 且 $G_i^* \trianglelefteq G$, $G = G_1^* G_2^* \cdots G_n^*$,

$$G_i^* \cap \prod_{j \neq i} G_j^* = 1, \quad i = 1, 2, \cdots, n$$

定理 1.8.1 设群 G 有子群 G_i, $i = 1, 2, \cdots, n$, 使得:

(i) $G = G_1 G_2 \cdots G_n$;

(ii) $G_i \trianglelefteq G$, $i = 1, 2, \cdots, n$;

(iii) $G_i \cap \prod_{j \neq i} G_j = 1$, $\quad i = 1, 2, \cdots, n$.

则 $G \cong G_1 \times G_2 \times \cdots \times G_n$.

证明 我们来证明映射

$$\alpha: \quad (g_1, g_2, \cdots, g_n) \mapsto g_1 g_2 \cdots g_n$$

是 $G_1 \times G_2 \times \cdots \times G_n$ 到 G 的一个同构映射.

首先, 由 (i) 可知 α 是满射. 其次, 不难证明 α 是同态映射. 为此, 令

$$[G_i, G_j] = \langle [g_i, g_j] | g_i \in G_i, g_j \in G_j \rangle, i \neq j, \ i, j = 1, 2, \cdots, n.$$

由 (ii) 可知, $[G_i, G_j] \subset G_i$, $[G_i, G_j] \subset G_j$, 于是 $[G_i, G_j] \subset G_i \cap G_j$. 但由 (iii) 可知, 当 $i \neq j$ 时, $G_i \cap G_j = 1$, 因而 $[G_i, G_j] = 1$, 故 $\forall g_i, h_i \in G_i, i = 1, 2, \cdots, n$, 必有

$$(g_1 g_2 \cdots g_n)(h_1 h_2 \cdots h_n) = (g_1 h_1)(g_2 h_2) \cdots (g_n h_n)$$

即

$$\begin{aligned} & \alpha((g_1, g_2, \cdots, g_n)(h_1, h_2, \cdots, h_n)) \\ = & \alpha((g_1 h_1, g_2 h_2, \cdots, g_n h_n)) \\ = & \alpha((g_1, g_2, \cdots, g_n)) \alpha((h_1, h_2, \cdots, h_n)) \end{aligned}$$

这就证明了映射 α 是一个同态映射.

最后证明 α 是单射. 若 $(g_1, g_2, \cdots, g_n) \in \ker(\alpha)$, 则 $g_1 g_2 \cdots g_n = 1$, 于是

$$g_i^{-1} = g_1 \cdots g_{i-1} g_{i+1} \cdots g_n \in G_i \cap \prod_{j \neq i} G_j.$$

再由 (iii) 知, $g_i = 1$, $i = 1, 2, \cdots, n$, 因此 α 是单射. 综上所述得 α 是同构映射. □

定义 1.8.1 中的直积 G, 常称为外直积, 而定理 1.8.1 中的群 G, 常称为子群 $G_1, G_2, \cdots, G_n$ 的内直积, 并直接记 $G = G_1 \times G_2 \times \cdots \times G_n$. 通常, 内直积与外直积可不加区分, 而统称为直积. 因此, 我们有如下定理.

定理 1.8.2 设 $G > G_i$, $i = 1, 2, \cdots, n$, 则 $G = G_1 \times G_2 \times \cdots \times G_n$ 的充要条件是:

(i) $G = G_1 G_2 \cdots G_n$;

(ii) $G_i \trianglelefteq G$, $i = 1, 2, \cdots, n$;

(iii) $G_i \cap \prod_{j \neq i} G_j = 1$, $i = 1, 2, \cdots, n$.

定理 1.8.3 群 G 是子群 G_i, $i = 1, 2, \cdots, n$ 的直积, 即 $G = G_1 \times G_2 \times \cdots \times G_n$ 的充要条件是下列两条件同时成立:

(i) G 的每个元素可唯一地表示为 $g = g_1 g_2 \cdots g_n$, $g_i \in G_i$;

(ii) $[G_i, G_j] = 1$, $i \neq j$.

证明 先证必要性: 如果 $G = G_1 \times G_2 \times \cdots \times G_n$, 则显然 $[G_i, G_j] = 1$, $i \neq j$, 且 G 的每个元素可表示为 $g = g_1 g_2 \cdots g_n$, $g_i \in G_i$. 而若 $g = g_1 g_2 \cdots g_n = h_1 h_2 \cdots h_n$, $g_i, h_i \in G_i$, 则对每一个 i,

$$g_i h_i^{-1} = (g_1^{-1} h_1) \cdots (g_{i-1}^{-1} h_{i-1})(h_{i+1} g_{i+1}^{-1}) \cdots (h_n g_n^{-1}) \in G_i \cap \prod_{j \neq i} G_j$$

但 $G_i \cap \prod_{j \neq i} G_j = 1$, 故 $g_i = h_i, i = 1, 2, \cdots, n$, 即表示法是唯一的.

再证充分性: 由 (i) 可知 $G = G_1 G_2 \cdots G_n$, 由 (ii) 可知 $G_i \trianglelefteq G$, $i = 1, 2, \cdots, n$, 又若 $x \in G_i \cap \prod_{j \neq i} G_j$, 则存在 $g_j \in G_j$, $j \neq i$, 使

$$x = g_1 \cdots g_{i-1} \cdot 1 \cdot g_{i+1} \cdots g_n = 1 \cdot \cdots \cdot 1 \cdot x \cdot 1 \cdot \cdots \cdot 1$$

于是由表示的唯一性, 得 $x = g_j = 1,\ j \neq i$, 所以 $G_i \cap \prod\limits_{j\neq i} G_j = 1$. 根据定理 1.8.2, 得 $G = G_1 \times G_2 \times \cdots \times G_n$. □

定理 1.8.4 设群 G 是子群 $G_i,\ i = 1, 2, \cdots, n$ 的直积, 即 $G = G_1 \times G_2 \times \cdots \times G_n$. 则:

(i) $Z(G) = Z(G_1) \times Z(G_2) \times \cdots \times Z(G_n)$;

(ii) $G' = G_1' \times G_2' \times \cdots \times G_n'$;

(iii) 如果 $G_i,\ i = 1, 2, \cdots, n$ 是群 G 的特征子群, 那么

$$\mathrm{Aut}\ (G) = \mathrm{Aut}\ (G_1) \times \mathrm{Aut}\ (G_2) \times \cdots \times \mathrm{Aut}\ (G_n).$$

证明 (i) $(g_1, g_2, \cdots, g_n) \in Z(G) \iff$

$$(g_1, g_2, \cdots, g_n)(h_1, h_2, \cdots, h_n) = (h_1, h_2, \cdots, h_n)(g_1, g_2, \cdots, g_n)$$

$\forall h_i \in G_i, i = 1, 2, \cdots, n \iff g_i h_i = h_i g_i, \forall h_i \in G_i, i = 1, 2, \cdots, n$
$\iff g_i \in Z(G_i), i = 1, 2, \cdots, n.$
由此可见, $Z(G)$, $Z(G_i), i = 1, 2, \cdots, n$, 满足定理 1.8.1 的条件, 因此 $Z(G) = Z(G_1) \times Z(G_2) \times \cdots \times Z(G_n)$.

(ii) 记 $g = (g_1, g_2, \cdots, g_n)$, $h = (h_1, h_2, \cdots, h_n)$, 则

$$[g, h] = ([g_1, h_1], [g_2, h_2], \cdots, [g_n, h_n])$$

由上式可见, $G' \subset G_1'G_2' \cdots G_n'$. 另外, G_i' char $G_i \lhd G$, 于是由定理 1.3.3 得, $G_i' \lhd G$, $i = 1, 2, \cdots, n$, 所以 $G_i' \lhd G'$, 从而 $G_1'G_2' \cdots G_n' \subset G'$, 因此 $G' = G_1'G_2' \cdots G_n'$. 又显然 $[G_i', G_j'] = 1$, $i \neq j$, 且 $G_i' \cap \prod\limits_{j\neq i} G_j' = 1$, $i = 1, 2, \cdots, n$. 故 $G' = G_1' \times G_2' \times \cdots \times G_n'$.

(iii) 如果 $G_i,\ i = 1, 2, \cdots, n$ 是群 G 特征子群, 那么 $\forall \alpha_i \in \mathrm{Aut}(G_i)$, 令

$$(g_1, g_2, \cdots, g_n)^\alpha = (g_1^{\alpha_1}, g_2^{\alpha_2}, \cdots, g_n^{\alpha_n})$$

则不难验证, α 是 G 的一个自同构. 并且映射

$$\varphi:\ (\alpha_1, \alpha_2, \cdots, \alpha_n) \mapsto \alpha$$

是 $\mathrm{Aut}\,(G_1)\times\mathrm{Aut}\,(G_2)\times\cdots\times\mathrm{Aut}\,(G_n)$ 到 $\mathrm{Aut}\,(G)$ 的一个单同态. 又因为 G_i char G, 所以 $\forall\alpha\in\mathrm{Aut}\,(G)$, α 在 G_i 上的限制都是 G_i 的一个自同构, 令 $\alpha_i=\alpha|_{G_i}$, 则 $\alpha=(\alpha_1,\alpha_2,\cdots,\alpha_n)^{\varphi}$, 这说明 φ 又是满同态. 所以 φ 是同构, 故 $\mathrm{Aut}\,(G)=\mathrm{Aut}\,(G_1)\times\mathrm{Aut}\,(G_2)\times\cdots\times\mathrm{Aut}\,(G_n)$.

□

定理 1.8.5 对于任意 n 个群 G_i, $i=1,2,\cdots,n$, 我们有

$$G_1\times G_2\times\cdots\times G_n\cong G_{\sigma(1)}\times G_{\sigma(2)}\times\cdots\times G_{\sigma(n)},\forall\sigma\in S_n.$$

证明 容易验证映射

$$\varphi:\ (g_1,g_2,\cdots,g_n)\mapsto(g_{\sigma(1)},g_{\sigma(2)},\cdots,g_{\sigma(n)})$$

是一个同构映射. □

定理 1.8.6 对于群 G, 若 $a,b\in G$, 且 $ab=ba$, $(o(a),o(b))=1$, 则

$$\langle ab\rangle=\langle a\rangle\times\langle b\rangle$$

且 $o(ab)=o(a)o(b)$.

证明 设 $o(a)=k,o(b)=m,H=\langle a,b\rangle$, 由 $ab=ba$ 知 H 是一个交换群, 而且因 $(o(a),o(b))=1$, 于是 $H=\langle a\rangle\times\langle b\rangle$, 且 $|H|=km$. 令 $g=ab$, 则 $g\in H$. 不难看出, 若定义同态映射

$$\varphi:\langle g\rangle\to H/\langle a\rangle,\ \text{使}\ g^i\mapsto\langle a\rangle g^i=\langle a\rangle b^i$$

则 φ 必是满同态. 于是 $|\varphi(\langle g\rangle)|=m$ 是 $|\langle g\rangle|$ 的一个因子. 同理, k 也是 $|\langle g\rangle|$ 的一个因子. 但 $(m,k)=1$, 因此 $o(g)=km=|H|$, 即 $H=\langle g\rangle$.

□

§1.9 有限交换群的构造

对于有限群 G, 设 $|G|=n$, 若 $G\geqslant H$, 则由 Lagrange 定理得 $|H|$ 是 $|G|$ 的因数. 反之, 对于 n 的任意一个因数 m, G 不一定有 m 阶子群. 例如, 5 次交错群 A_5 的阶为 60, 而 30 是 60 的因数, 但 A_5 没有 30 阶子群, 因为 60 阶群的 30 阶子群必是正规子群, 然而 A_5 是单

群. 可见, Lagrange 定理的逆定理一般地不成立. 在定理 1.5.4 中, 我们已经证明: 对于任意 n 阶循环群 $G=\langle a\rangle$, 当正整数 m 整除 n 时, G 恰有唯一的 m 阶子群. 对于有限交换群, 我们有下面的结论.

定理 1.9.1 对于任意 n 阶有限交换群 G, 当正整数 m 整除 n 时, G 必有 m 阶子群 H.

为了证明上述定理, 我们先来证明下面的引理.

引理 1.9.2 对于任意 n 阶有限交换群 G, 设 $n=pm$, p 为素数, 则在 G 中存在 p 阶元素.

证明 对 m 作归纳法. 当 $m=1$ 时, 结论显然成立. 当 $m>1$ 时, 在 G 中任取一非单位元 a, 令 $H=\langle a\rangle$. 若 p 整除 $|H|$, 则因 H 是循环群, 由定理 1.5.4 知, 在 H 中存在 p 阶元素, 从而在 G 中存在 p 阶元素. 若 p 不整除 $|H|$, 则考虑商群 $\overline{G}=G/H$. 设 $|\overline{G}|=|G|/|H|=pm'$, 则 $1\leqslant m'<m$. 由归纳假设知, 存在 $b\in G$ 使得 bH 在 $\overline{G}$ 中的阶为 p. 于是 $b\notin H$ 但 $b^p\in H$. 设 a 的阶为 k, 则 p 不整除 k 且 $(b^k)^p=(b^p)^k=1$. 但因 p 与 k 互素, 我们有整数 s,t 使 $sp+tk=1$, 从而当 $b^k=1$ 时, 有 $b=b^{sp+tk}=(b^p)^s\in H$, 这与 $b\notin H$ 的假定是矛盾的. 因此 $b^k\neq 1$ 且 b^k 的阶是 p. □

定理 1.9.1 的证明 对 m 应用归纳法. 不妨设 $m>1$. 设 p 为 m 的一个素因数. 由引理 1.9.2 知, G 中存在阶为 p 的元素, 任取一个 p 阶元素 a. 考虑商群 $\overline{G}=G/\langle a\rangle$. 由 $\dfrac{m}{p}$ 整除 $\dfrac{n}{p}$ 和归纳假设知 $\overline{G}$ 中存在阶为 $\dfrac{m}{p}$ 的子群 $\overline{H}$. 设 H 是 $\overline{H}$ 在 G 到 $\overline{G}$ 的自然同态下的完全原像. 由定理 1.4.2 知, H 是 G 的子群, 且 G 到 $\overline{G}$ 的自然同态在 H 上的限制是 H 到 $\overline{H}$ 的满同态且核也是 $\langle a\rangle$. 因此 $|H|=|\langle a\rangle|\cdot|\overline{H}|=p\cdot\dfrac{m}{p}=m$, 即 H 是 G 的 m 阶子群. □

设 $\mathbb{P}$ 是全体正素数的集合, 对于任何正整数 n, 令

$$\pi(n)=\{p\in\mathbb{P}|p|n\}$$

对于有限群 G, 令

$$\pi(G)=\pi(|G|)$$

对于由某些素数组成的集合 π, 我们用 π' 表示它在 $\mathbb{P}$ 中的补集. 如果 $H \leqslant G$ 且 $\pi(H) \subseteq \pi$, 则说 H 是 G 的 π-子群. 当 $\pi = \{p\}$ 时, 则用 p' 表示 π 的补集. 如果有限群 G 中的一个元素 g 的阶是 p 的幂, 则称 g 是一个 p-元, 而如果 $(|g|, p) = 1$, 则说 g 是一个 p'-元. 若 $\pi(G) = \{p\}$, 即 G 的阶是 p 的方幂, 则称 G 是一个 p-群. 显然, p-群的每个元素都是 p-元. 对任意素数 p, 单位元都是 p-元. 如果群 G 的子群是 p-群, 则这样的子群称为群 G 的 p-子群.

定理 1.9.3 对于有限交换群 G, 设 p 为素数, 且 $p||G|$, 令

$$G_p = \{x \in G |\ x \text{ 是 } p\text{-元}\}$$

则 G_p 是 G 的 $|G|_p$ 阶特征子群, 这里 $|G|_p$ 表示能整除 $|G|$ 的 p 的最大方幂.

证明 $\forall x, y \in G_p$, 由 $xy = yx$ 可知, $o(xy) = \max\{o(x), o(y)\}$, 所以 xy 也是 p-元, 即 $xy \in G_p$, 故由定理 1.2.3 得 G_p 是 G 的子群. 由于自同构将 p-元映为 p-元, 故 G_p 是 G 的特征子群.

又由定理 1.9.1 知, G 有 $|G|_p$ 阶子群 P. 显然 P 是 p-群, 因而 P 的每个元都是 p-元, 这说明 $P \leqslant G_p$. 如果 $P \neq G_p$, 那么设

$$k = |G_p : P| \neq 1$$

由 Lagrange 定理得 $(k, p) = 1$, 于是由定理 1.9.1 知, G_p 有一个 k 阶子群 K. 然而 K 中任何非单位元的阶是 k 的一个大于 1 的因子而不可能是 p 的方幂, 这与 $K < G_p$ 矛盾. 因此 $P = G_p$, 即 G_p 是 $|G|_p$ 阶的. □

定理 1.9.4 设有限交换群 G 的阶是 $p_1^{\alpha_1} p_2^{\alpha_2} \cdots p_k^{\alpha_k}$, 其中 p_1, p_2, $\cdots$, p_k 是互不相等的素数, α_1, α_2, $\cdots$, α_k 均为正整数. 则

$$G = G_{p_1} \times G_{p_2} \times \cdots \times G_{p_k}.$$

证明 当 $i \neq j$ 时, $G_{p_i} \cap G_{p_j}$ 既是 G_{p_i} 的子群, 又是 G_{p_j} 的子群, 于是由 Lagrange 定理得, $|G_{p_i} \cap G_{p_j}|$ 既整除 G_{p_i} 的阶 $p_i^{\alpha_i}$, 也整除 G_{p_j} 的阶 $p_j^{\alpha_j}$. 但 $(p_i^{\alpha_i},\ p_j^{\alpha_j}) = 1$, 从而 $|G_{p_i} \cap G_{p_j}| = 1$. 因此 $G_{p_i} \cap G_{p_j} = 1$. 由定理 1.8.2 得

$$G_{p_1} G_{p_2} \cdots G_{p_k} = G_{p_1} \times G_{p_2} \times \cdots \times G_{p_k}$$

但显然 $G_{p_1}G_{p_2}\cdots G_{p_k}$ 是 G 的子群, 且其阶与 G 的阶相等, 故 $G = G_{p_1}\times G_{p_2}\times\cdots\times G_{p_k}$. □

设 H 为群 G 的子群, 如果存在 G 的子群 K, 使 $G=HK$ 且 $H\cap K=1$, 那么我们称 K 为 H 在 G 中的补或补子群.

定理 1.9.5　设 U 是有限交换群 G 的最大阶循环子群, 则

$$o(y) \mid |U|, \quad \forall y\in G$$

而且在 G 中存在 U 的补 V, 使 $G=U\times V$ 且 $|G|=|U||V|$.

证明　$\forall y\in G$, 设 p 为任意素数, $p^r|o(y)$, $|U|=p^e m$, 其中 $(p,m)=1$. 由定理 1.5.4, 存在 $a\in\langle y\rangle$, $b\in U$, 使得 $o(a)=p^r$, $o(b)=m$. 而由定理 1.8.6 得, $o(ab)=p^r m$. 于是由 $|U|$ 的最大性, 得 $p^r|p^e m$. 再由 p 的任意性, 得 $o(y)||U|$.

下面证明在 G 中存在 U 的补 V, 使 $G=U\times V$ 且 $|G|=|U||V|$.

如果 $G=U$, 那么 $V=1$ 就是所求的补. 如果 $G\neq U$, 那么在 $G-U$ 中可选取一个元素 y 使 $o(y)$ 最小. 于是有 $y\neq 1$ 但对 $o(y)$ 的每个素因子 p, 有 $\langle y^p\rangle<\langle y\rangle$. 而且由 y 选取的条件知, $\langle y^p\rangle\leqslant U$.

设 $U=\langle u\rangle$. 因 $o(y)||U|$, 由定理 1.5.4 知, U 恰有一个阶为 $o(y)$ 的子群. 从而 $\langle u^p\rangle$ 中有一个阶为 $\dfrac{o(y)}{p}$ 的子群, 即 $\langle y^p\rangle$. 于是, 存在 $i\in\mathbb{N}$, 使得 $u^{pi}=y^p$. 由此得 $(yu^{-i})^p=1$, 但因 $y\notin U$, 知 $yu^{-i}\notin U$. 故由 $o(y)$ 的极小性得 $o(y)=p$.

因此, $N=\langle y\rangle$ 是 G 的一个非平凡子群, 且 $U\cap N=1$.

记 $\overline{G}=G/N$. 对于 $\langle\overline{x}\rangle\leqslant\overline{G}$, 我们有

$$o(\overline{x})=|\langle\overline{x}\rangle|=\min\{n\in\mathbb{N}|x^n\in N\}\leqslant|\langle x\rangle|=o(x)$$

而且因为 $UN/N\cong U/U\cap N\cong U$, 有 $|\overline{U}|=|U|$, 所以 $\overline{U}$ 是 $\overline{G}$ 中的一个最大阶的循环群. 由对 $|G|$ 的归纳法可知, 在 $\overline{G}$ 中存在 $\overline{U}$ 的补子群 $\overline{V}$.

由定理 1.4.2 知, 在 G 中存在子群 V, 使得 $N\leqslant V\leqslant G$ 且 $\overline{V}=V/N$. 但这里 $U\cap V\leqslant U\cap N=1$, 因此 V 是 U 在 G 中的补子群. □

重复应用定理 1.9.5, 可得如下定理.

定理 1.9.6　任意有限交换群 G 都可表示为若干循环群的直积. 更准确地说, 如果有限交换群 G 的阶为 n, 那么存在 r 个正整数 $n_1,n_2,\cdots,$

n_r, 使 $n = n_1 n_2 \cdots n_r$, $n_{i+1} | n_i, i = 1, 2, \cdots, r-1$, 并且

$$G \cong C_{n_1} \times C_{n_2} \times \cdots \times C_{n_r}.$$

推论 1.9.7 任意有限交换 p-群 G 都可表示为若干循环 p-群的直积, 即若 $|G| = p^n$, 则

$$G \cong C_{p^{\alpha_1}} \times C_{p^{\alpha_2}} \times \cdots \times C_{p^{\alpha_r}}$$

其中 $\alpha_1 \geqslant \alpha_2 \geqslant \cdots \geqslant \alpha_r > 0, \alpha_1 + \cdots + \alpha_r = n.$ □

定理 1.9.6 中的数 $n_1, n_2, \cdots, n_r$ 称为有限交换群 G 的不变因子. 不难证明, 两个有限交换群同构的充要条件是它们有相同的不变因子. 因此, 由推论 1.9.7 知, 阶为 p^n 的有限交换 p-群的个数恰是 n 的分析数. 当 G 是 n 个 p 阶循环群的直积时, 我们称其为 p^n 阶初等交换 p-群.

引理 1.9.8 设有限群 G 有正规子群 H 与 K, 使得 $G = HK$. 那么 $G/H \cap K \cong H/H \cap K \times K/H \cap K$.

证明 显然 $L = H \cap K$ 是 G 的正规子群. 由定理 1.4.2 知, H/L 与 K/L 都是 G/L 的正规子群, 且 $(H/L) \cap (K/L) = 1$. 又 $\forall g \in G$, 由 $G = HK$ 知, 存在 $h \in H$ 与 $k \in K$ 使得 $g = hk$, 于是 $gL = hkL = hLkL \in (H/L)(K/L)$. 所以 $G/L = (H/L)(K/L)$. 再由定理 1.8.2 得, $G/L = (H/L) \times (K/L)$, 即 $G/H \cap K \cong H/H \cap K \times K/H \cap K$. □

定理 1.9.9 有限群 G 的极小正规子群是相互同构的单群的直积.

证明 设 N 是有限群 G 的极小正规子群. 再设 N_1 是 N 的最大正规子群, 即 N 若存在真包含 N_1 的正规子群 M, 则 $M = N$. 于是 N/N_1 是单群. 设 G 中与 N_1 共轭的全部子群是: $N_1, N_2, \cdots, N_r$, 由于 $N \trianglelefteq G$, 所以每个 N_i 都是 N 的最大正规子群. 存在 $x \in G$, 使 $N_i = x^{-1} N_1 x$, 作 N/N_1 到 N/N_i 的映射 φ: $gN_1 \mapsto x^{-1} g x N_i$, $\forall g \in N$, 则 φ 是一个同构映射. 事实上, 如果 $gN_1 = hN_1$, 那么存在 $n \in N_1$ 使 $g = hn$, 于是 $x^{-1} g x N_i = x^{-1} h n x N_i = (x^{-1} h x)(x^{-1} n x) N_i = x^{-1} h x N_i$, 即 $\varphi(gN_1) = \varphi(hN_1)$, 这说明 φ 的定义是合理的, 且 φ 是单射. 又 $\varphi(x g x^{-1} N_1) = gN_i$, 所以 φ 也是满射. 易见, φ 保持运算, 故 φ 是一个同构映射. 由此可知 $N/N_i, i = 1, 2, \cdots, r$, 是相互同构的. 既然 N_i 都是 N_1 在 G 中的共轭, 所以 $\forall g \in G$, 有 $g^{-1}\{N_1, N_2, \cdots, N_r\} g =$

$\{N_1, N_2, \cdots, N_r\}$, 从而

$$g^{-1}(N_1 \cap \cdots \cap N_r)g = (g^{-1}N_1g) \cap \cdots \cap (g^{-1}N_rg) = N_1 \cap \cdots \cap N_r.$$

因此 $N_1 \cap \cdots \cap N_r \trianglelefteq G$. 但 $N_1 \cap \cdots \cap N_r < N$, 而 N 是 G 的极小正规子群, 所以 $N_1 \cap \cdots \cap N_r = 1$.

我们现在用归纳法证明: 对于每个 $1 \leqslant i \leqslant r$, 群 $N/(N_1 \cap \cdots \cap N_i)$ 都是若干个同构于单群 N/N_1 的群的直积. 显然, 当 $i = 1$ 时, 此结论成立. 当 $i > 1$ 时, 假设此结论对 $i-1$ 成立. 这时若 $N_1 \cap \cdots \cap N_{i-1} \leqslant N_i$, 则 $N_1 \cap \cdots \cap N_i = N_1 \cap \cdots \cap N_{i-1}$, 从而由归纳假设知, 此结论对 i 也成立. 因此, 假设 $N_1 \cap \cdots \cap N_{i-1} \nleqslant N_i$, 于是 $N_i < (N_1 \cap \cdots \cap N_{i-1})N_i \trianglelefteq N$. 由于 N_i 是 N 的最大正规子群, 所以 $(N_1 \cap \cdots \cap N_{i-1})N_i = N$. 从而由引理 1.9.8 得

$$N/(N_1 \cap \cdots \cap N_i) = (N_1 \cap \cdots \cap N_{i-1})/(N_1 \cap \cdots \cap N_i) \times N_i/(N_1 \cap \cdots \cap N_i).$$

然而

$$\begin{aligned} &(N_1 \cap \cdots \cap N_{i-1})/(N_1 \cap \cdots \cap N_i) \\ \cong\ &(N_1 \cap \cdots \cap N_{i-1})N_i/N_i = N/N_i \cong N/N_1, \\ &N_i/(N_1 \cap \cdots \cap N_i) \cong N/(N_1 \cap \cdots \cap N_{i-1}). \end{aligned}$$

故由归纳假设知, $N/(N_1 \cap \cdots \cap N_i)$ 是若干个同构于单群 N/N_1 的群的直积. 因而 $N = N/(N_1 \cap \cdots \cap N_r)$ 是若干个同构于单群 N/N_1 的群的直积. □

推论 1.9.10 *有限可解群 G 的每个主因子都是初等交换 p-群. 特别地, 有限可解群 G 的极小正规子群是初等交换 p-群.*

证明 由定理 1.7.9 知, G 的每个主因子都是 G 的某个商群的极小正规子群, 于是根据定理 1.9.9 得, 有限可解群 G 的每个主因子都是若干个同构单群的直积. 但可解群的主因子都是交换群, 而交换单群都是素数阶循环群, 因此, 有限可解群 G 的每个主因子必是初等交换 p-群. □

第二章　群 的 作 用

本章利用群在集合上的作用的有关知识, 证明有限 p-群的一些基本结果和著名的 Sylow 定理. 我们还将讨论群的半直积、转移映射和群在群上的作用, 由此我们给出了 p^3 阶群、12 阶群、pq 阶群、60 阶群、$2p^2$ 和 $4p$ 阶群的完全分类, 这里 p 和 q 是奇素数. 当 p 是大于 3 的奇素数时, 我们还讨论 Sylow p-子群循环的 $12p^n$ 阶与 $18p^n$ 阶群的构造. 为了今后讨论更复杂的有限群的构造, 我们将在本章最后一节介绍线性群的初步知识.

§2.1　群在集合上的作用

定义 2.1.1　设 X 是一个集合, 而 G 是一个群, 如果存在一个映射 f: $G\times X\to X$ (为简化记号, 通常记 $f(g,x)=gx,\forall g\in G,\forall x\in X$), 使得:

(i) $1x=x$, $\forall x\in X$;

(ii) $g(hx)=(gh)x$, $\forall g,h\in G,\forall x\in X$.

则称 f 为群 G 在集合 X 上的一个作用, 而且称 X 为一个 G-集. 当 $|X|=n$ 时, 称 n 为 G-集 X 的次数.

例 1　设 $X=\{1,2,\cdots,n\}$, $G\leqslant S_n$, 则 $\forall\sigma\in G$ 与 $\forall x\in X$, 定义 $f(\sigma,x)=\sigma(x)$. 易验证, f 是 G 在 X 上的一个作用.

例 2　设 G 是一个群, 令 $X=G$. 定义 f: $G\times X\to X$ 为

$$f(g,x)=gx,\quad \forall g,x\in G$$

则 f 是群 G 在集合 G 上的作用, 这个作用也称为 G 的左平移.

例 3　设 G 是一个群, 令 $X=G$. 定义 f: $G\times X\to X$ 为

$$f(g,x)=g^{-1}xg,\quad \forall g,x\in G$$

则 f 是群 G 在集合 G 上的作用, 这个作用也称为 G 的共轭变换. 若取 Y 为 G 的所有非空子集的集合, 则对任何 $H \in Y$, 令 $g(H) = g^{-1}Hg$. 显然, 这是 G 在 Y 上的一个作用.

例 4 设 G 是一个群, $H < G$, X 是子群 H 的全体左陪集的集合, 即 $X = \{xH \mid x \in G\}$. 定义

$$g(xH) = gxH, \ \forall g, x \in G.$$

这就确定了群 G 在集合 X 上的一个作用.

定理 2.1.1 设 f 是群 G 在集合 X 上的一个作用, 则存在同态 $\widetilde{f}: G \to S_X$, 使 $\widetilde{f}(g) = \sigma_g: x \mapsto gx = f(g, x)$. 反之, 对于 G 到 S_X 的任何一个同态 φ, 可定义群 G 在集合 X 上的一个作用: $gx = \varphi(g)x$.

证明 设群 G 作用在集合 X 上, 则 $\forall g \in G$, $\widetilde{f}(g)$ 是 X 的一个到自身的映射 $\sigma_g: x \mapsto gx$. 而且

$$\widetilde{f}(g^{-1})\widetilde{f}(g) : x \mapsto \widetilde{f}(g^{-1})(gx) = g^{-1}(gx) = (g^{-1}g)x = 1x = x$$

这说明 $\widetilde{f}(g) = \sigma_g$ 是 X 的一个一一变换, 且其逆变换是 $\widetilde{f}(g^{-1}) = \sigma_{g^{-1}}$. 再由定义 2.1.1 的条件 (ii) 知, $\widetilde{f}(gh) = \widetilde{f}(g)\widetilde{f}(h)$, 所以 $\widetilde{f}: G \to S_X$ 是同态映射.

对于任何一个同态 $\varphi : G \to S_X$, 定义 $gx = \varphi(g)x$, 则这就是群 G 在集合 X 上的一个作用. □

定理 2.1.1 中群 G 到 S_X 的同态: $g \mapsto \sigma_g$ 不一定是单射. 例如在上面的例 3 中, 如果群 G 的中心包含单位元以外的元素, 那么中心中的元素全对应 G 的恒等映射. 如果同态: $g \mapsto \sigma_g$ 是单射, 那么我们称群 G 在集合 X 上的作用是忠实的. 或者说, 群 G 忠实地作用在集合 X 上. 显然, 上述例 2 中的作用是忠实的, 但例 1, 例 3, 例 4 中的作用就不一定是忠实的.

定义 2.1.2 设 X 是一个 G-集合, 对于 $x \in X$, 则定义 x 的 G-轨道为

$$O_x = \{gx \mid g \in G\} \subset X.$$

显然, X 的所有不同轨道构成了 X 的一个分析. 对于任何 $x, y \in X$,

若存在 $g \in G$ 使 $y = gx$, 则定义 $x \sim y$. 那么容易验证 "$\sim$" 是 X 中的一个等价关系, 而一个等价类就是一条轨道.

轨道 O_x 可能只包含一个元素 x, 这时元素 x 就称为 G 的不动元素. 例如, 在上面例 3 中, 因为 $\forall g, x \in G$, 有 $g(x) = g^{-1}xg$, 所以当 $x \in Z(G)$ 时, $O_x = \{x\}$; 反之, 由 $O_x = \{x\}$ 也可知 $x \in Z(G)$.

如果 $\forall x, y \in X$, 都有 $g \in G$ 使 $y = gx$, 那么 X 本身就是一个轨道. 这时我们说, 群 G 在集合 X 上的作用是传递的. 例如在上面例 2 与例 4 中的作用都是传递的.

当群 G 作用在集合 X 上时, $\forall x \in X$, 容易验证集合

$$\{g \in G \mid gx = x\}$$

是 G 的一个子群, 我们用 G_x 表示这个子群, 称之为元素 x 的稳定子群.

定理 2.1.2 设有限群 G 作用在集合 X 上, 则 $\forall x \in X$, 有

$$|O_x| = [G : G_x].$$

证明 设 $x \in X$, 令 G/G_x 表示 G_x 在 G 中的所有左陪集的集合. 作映射 f: $O_x \mapsto G/G_x$ 使 $f(ax) = aG_x$. 如果 $a, b \in G$ 时, 有 $ax = bx$, 则 $b^{-1}ax = x$, 于是 $b^{-1}a \in G_x$, 从而 $aG_x = bG_x$. 这说明 f 的定义是合理的. 又若存在 $c \in G$, 使 $aG_x = f(ax) = f(cx) = cG_x$, 则 $c^{-1}a \in G_x$, 于是 $c^{-1}ax = x$, 从而 $ax = cx$. 这说明 f 是单射. 易见, f 也是满射. 因此 f 是双射, 故 $|O_x| = [G : G_x]$. □

推论 2.1.3 设有限群 G 作用在集合 X 上, 则任何一个轨道中的元素个数都是 $|G|$ 的因子. □

推论 2.1.4 对于有限群 G, $\forall x \in G$, 在 G 中与 x 共轭的元素个数是 $[G : C_G(x)]$.

证明 令 $X = G$, 考虑 G 在 X 上的共轭作用, 则 $\forall x \in G$, 则 x 的稳定子群 $G_x = C_G(x)$, 而 x 所在的轨道恰是 G 中与 x 共轭的全部元素. 所以由定理 2.1.2 知该推论成立. □

推论 2.1.5 对于有限群 G, 设 $H \leqslant G$, 则在 G 中与 H 共轭的子群个数是 $[G : N_G(H)]$.

证明 令 X 为 G 的所有子群的集合, $\forall g \in G$, 当 $H \in X$ 时, 定义 g 对 H 的作用为 $g^{-1}Hg$. 对于这个作用, H 所在的轨道是 G 中与 H 共轭的全部子群, 而 H 的稳定子群是 $\{g \in G \mid g^{-1}Hg = H\}$, 即 $N_G(H)$. 因此由定理 2.1.2 知该推论成立. □

定理 2.1.6 设群 G 作用在集合 X 上, 对于 $x, y \in X$, 如果存在 $g \in G$ 使 $y = gx$, 那么 $G_y = gG_xg^{-1}$.

证明 $\forall h \in G_x$, $hx = x$, 于是

$$(ghg^{-1})y = (ghg^{-1})(gx) = ghx = gx = y$$

这说明 $ghg^{-1} \in G_y$, 从而

$$gG_xg^{-1} \leqslant G_y.$$

由 $y = gx$ 得 $x = g^{-1}y$, 于是应用上面证明的结论得 $g^{-1}G_yg \leqslant G_x$, 即

$$G_y \leqslant gG_xg^{-1}.$$

因此 $G_y = gG_xg^{-1}$. □

定理 2.1.7 (Burnside) 对于有限群 G, 设 X 是 G-集, N 是 X 的 G-轨道个数, 则

$$N = \frac{1}{|G|}\sum_{\tau \in G} F(\tau)$$

其中 $F(\tau)$ 是 X 中被 τ 固定的元素的个数, $\forall \tau \in G$.

证明 在和式 $\sum\limits_{\tau \in G} F(\tau)$ 中, 对每个 $x \in X$, 都计算了 $|G_x|$ 次. 又若 x 与 y 属于同一轨道, 则由定理 2.1.6 知 $|G_x| = |G_y|$, 于是在和式 $\sum\limits_{\tau \in G} F(\tau)$ 中, x 所在的轨道的 $[G : G_x]$ 个元素共计算了 $[G : G_x]|G_x| = |G|$ 次. 这说明每条轨道在和式中都计算了 $|G|$ 次, 因此 $\sum\limits_{\tau \in G} F(\tau) = N|G|$. □

推论 2.1.8 如果 X 是有限传递的 G-集, 且 $|X| > 1$, 那么存在 $\tau \in G$ 使 τ 没有不动点.

证明 因为 X 是有限传递的, 所以 X 的轨道数是 1, 于是由定理 2.1.7 得

$$1=\frac{1}{|G|}\sum_{\tau\in G}F(\tau).$$

但 $F(1)=|X|>1$; 如果 $\forall\tau\in G$ 有 $F(\tau)>0$, 则上式右边就会大于 1. 因此存在 $\tau\in G$ 使 $F(\tau)=0$, 即 τ 没有不动点. □

设群 G 在集合 X 上有一个作用 f, 令 $\operatorname{Ker}(f)=\{g\in G|gx=x,\forall x\in X\}$, 则 $\operatorname{Ker}(f)$ 是 G 的子群, 称为作用 f 的核. 易见

$$\operatorname{Ker}(f)=\bigcap_{x\in X}G_x.$$

因此, 作用 f 是忠实的, 当且仅当 $\operatorname{Ker}(f)=1$.

设 G 是一个群, $H<G$, $X=\{xH\mid x\in G\}$, 定义作用 $g(xH)=gxH$, $\forall g,x\in G$. 则这个作用的核为 $\bigcap\limits_{x\in G}x^{-1}Hx$, 它是包含在 H 中的 G 的极大正规子群, 我们称它为 H 在 G 中的核, 记作 H_G 或 $\operatorname{Core}_G(H)$. 由定理 2.1.1 知, 群 G 在 X 上的作用对应着 G 到 S_X 的一个同态, 所以当 $[G:H]=n$ 时, 由定理 1.4.1 得, G/H_G 同构于对称群 S_n 的一个子群, 因而 $|G/H_G|$ 必是公因数 $(n!,\ |G|)$ 的因数.

定理 2.1.9 如果 H 是有限群 G 的子群, $[G:H]=p$, p 是 $|G|$ 的最小素因子, 那么 $H\trianglelefteq G$.

证明 由于 $|G/H_G|$ 是 $(p!,\ |G|)$ 的因数, 而 p 是 $|G|$ 的最小素因子, 所以 $(p!,\ |G|)=p$, 从而 $|G/H_G|=[G:H]=p$, 故只能 $H_G=H$, 即 $H\trianglelefteq G$. □

定义 2.1.3 设 G 是有限群, X 是一个 G-集, $\forall(x_1,x_2),(y_1,y_2)\in X\times X$, 如果当 $x_1\neq x_2$ 且 $y_1\neq y_2$ 时, 总存在 $g\in G$, 使 $gx_1=y_1$ 且 $gx_2=y_2$, 那么称 G 在 X 上的作用是双传递的, 或者说 X 是双传递的 G-集.

定义 2.1.4 如果 H 是群 G 的真子群且 G 中不存在真包含 H 的真子群, 则称 H 为 G 的极大子群.

定理 2.1.10 如果 G 是有限群, X 是双传递的 G-集, 那么 $\forall x\in X$, G_x 是 G 的极大子群.

证明 假设存在 $x \in X$, G_x 不是 G 的极大子群. 即存在 G 的子群 K, 使 $G_x < K < G$. 于是, 存在 $g \in G$ 和 $k \in K$ 使 $g \notin K$ 而 $k \notin G_x$. 由此可知, $gx \neq x$, $kx \neq x$. 但 X 是双传递的 G-集, 所以存在 $u \in G$, 使 $ux = x$ 且 $u(kx) = gx$. 显然, $u \in G_x$, 从而 $uk \in K$. 又 $g^{-1}uk \in G_x$, 因而 $g \in K$, 矛盾. 故 G_x 是 G 的极大子群. □

§2.2 有限 p-群

本节中, 总假定 p 是一个素数.

定理 2.2.1 (Cauchy 定理) 如果有限群 G 的阶能被素数 p 整除, 则 G 中包含阶为 p 的元.

证明 令

$$X = \{(a_1, a_2, \cdots, a_p) \mid a_1 a_2 \cdots a_p = 1, a_i \in G, 1 \leqslant i \leqslant p\}.$$

对于 $(a_1, a_2, \cdots, a_p)$, 当我们任意选定了前面 $p-1$ 个分量后, 则最后一个分量就唯一确定了, 因为 $a_p = (a_1 a_2 \cdots a_{p-1})^{-1}$. 所以 $|X| = |G|^{p-1}$. 由于 $a_1 a_2 \cdots a_p = 1$, 所以 $\forall 1 \leqslant k \leqslant p$, 有

$$a_k \cdots a_p a_1 \cdots a_{k-1} = (a_k \cdots a_p)(a_1 a_2 \cdots a_p)(a_k \cdots a_p)^{-1} = 1.$$

即 $(a_1, a_2, \cdots, a_p) \in X$ 时, 必有 $(a_k, \cdots, a_p, a_1, \cdots, a_{k-1}) \in X$. 由此, $\forall \overline{k} \in \mathbb{Z}_p$, 令

$$\overline{k}(a_1, a_2, \cdots, a_p) = (a_k, \cdots, a_p, a_1, \cdots, a_{k-1})$$

则显然上式定义了 p 阶循环群 $\mathbb{Z}_p$ 在 X 上的一个作用. 由定理 2.1.2 知, X 的每个轨道或者含有 p 个元素, 或者只含有一个元素. 若 X 的轨道只有一个元素, 则这个元素的每个分量必定都相同, 设 $a_i = a$, 于是这样的轨道对应于 G 中有元素 a 满足 $a^p = 1$. 易见, $(1, 1, \cdots, 1)$ 就是只含有一个元素的轨道. 如果仅有一条只含有一个元素的轨道, 则存在整数 $m \geqslant 0$, 使

$$|X| = |G|^{p-1} = 1 + mp$$

但已知 $p||G|$, 于是由上式得 $p|1$, 矛盾. 因此 G 中必有元素 $a \neq 1$ 满足 $a^p = 1$. □

推论 2.2.2 有限群 G 是 p-群的充要条件是群 G 的每个元的阶都是 p 的方幂.

证明 如果群 G 是 p-群, 则 $|G| = p^n$, 于是由 Lagrange 定理得, G 的每个元的阶都是 p 的方幂. 反之, 若群 G 的每个元的阶都是 p 的方幂, 则由 Cauchy 定理可知, 不同于 p 的素数不可能整除群 G 的阶, 从而 $|G| = p^n$, 即 G 是 p-群. □

定理 2.2.3 有限 p-群 $G \neq 1$, 则 G 的中心 $Z(G) \neq 1$.

证明 考虑 G 的类方程

$$|G| = |Z(G)| + \sum [G : C_G(x_i)]$$

对于 $x_i \notin Z(G)$, $C_G(x_i)$ 都是 G 的真子群. 由推论 2.2.2 知, $[G : C_G(x_i)]$ 都是 p 的方幂, 即 p 整除每个 $[G : C_G(x_i)]$, 从而 p 整除 $|Z(G)|$. □

推论 2.2.4 所有有限 p-群 G 都是可解群.

证明 如果 G 是交换群, 则 G 显然是可解群. 当 G 不是交换群时, 对群 G 的阶应用归纳法. 这时由定理 2.2.3 知 $1 < |Z(G)| < |G|$, 于是由归纳法得, $Z(G)$ 与 $G/Z(G)$ 均可解, 因此由定理 1.7.8 得 G 是可解群. □

引理 2.2.5 如果群 G 是非交换群, 则 $G/Z(G)$ 不是循环群.

证明 如果 $G/Z(G)$ 是循环群, 则存在 $g \in G$, 使 $G/Z(G) = \langle \overline{g} \rangle$, 即 $G = \langle g, Z(G) \rangle$. 于是 $\forall x, y \in G$, 存在整数 m, n 与 $a, b \in Z(G)$, 使 $x = g^m a, y = g^n b$, 从而 $xy = (g^m a)(g^n b) = g^m g^n ba = g^n g^m ba = g^n b g^m a = yx$, 这说明 G 是交换群. □

定理 2.2.6 如果有限 p-群 G 的阶是 p^2, 则 G 必是交换群.

证明 如果 G 不是交换群, 则 $Z(G) < G$. 又由定理 2.2.3 得, $Z(G) \neq 1$, 所以必有 $|Z(G)| = p$. 由此又得 $|G/Z(G)| = p$, 从而 $G/Z(G)$ 是循环群. 据引理 2.2.5 得, G 是交换群. □

由定理 2.2.6 及推论 1.9.7, 易得下面的推论.

推论 2.2.7 阶为 p^2 的 p-群只有两种不同构的类型: 循环群 C_{p^2} 或两个 p 阶循环群的直积 $C_p \times C_p$.

定理 2.2.8 设 G 是有限 p-群, 则:

(i) 如果 H 是 G 的真子群, 则 $H < N_G(H)$;

(ii) G 的每个极大子群都是正规子群且指数为 p;

(iii) 设 N 是 G 的正规子群, 若 $N \neq 1$, 则 $N \cap Z(G) \neq 1$.

证明 (i) 如果 $H \lhd G$, 那么 $N_G(H) = G$, 结论成立. 当 $H \ntriangleleft G$ 时, 记 X 为 H 在 G 中的所有共轭的集合, 由推论 2.1.5 知 $|X| = [G : N_G(H)] > 1$. 显然, H 通过共轭作用在 X 上, 而且 H 是 p-群, 所以 X 的每个轨道的长度都是 p 的幂. 但 $\{H\}$ 是长度为 1 的轨道, 因此至少还存在 $p-1$ 个长度为 1 的轨道. 于是, 存在 $g^{-1}Hg \neq H$ 且 $\{g^{-1}Hg\}$ 也是长度为 1 的轨道. 从而, $\forall a \in H$ 有 $a^{-1}g^{-1}Hga = g^{-1}Hg$. 由此得, $gag^{-1} \in N_G(H), \forall a \in H$. 但 $g^{-1}Hg \neq H$, 所以至少存在一个 $a \in H$ 使 $gag^{-1} \notin H$, 从而 $H < N_G(H)$.

(ii) 如果 H 是 G 的极大子群, 那么由 $H < N_G(H)$ 得 $N_G(H) = G$, 这说明 $H \lhd G$. 而 G/H 也是 p-群, 如果 $|G/H| > p$, 那么由 Cauchy 定理, G/H 有 p 阶元, 如 K/H, 于是 G 有子群 K, 使 $G > K > H$, 这与 H 是 G 的极大子群矛盾. 因此 $|G/H| = p$.

(iii) 考虑 G 在 N 上的共轭作用, 则由定理 2.1.2 知, 当轨道中的元素个数大于 1 时, 必是 p 的倍数, 但 N 是 p-群, 因而只有一个元素的轨道个数也必是 p 的倍数. 显然, 单位元所在的轨道只含有一个元素, 于是只有一个元素的轨道个数必大于 1. 又 $x \in N \cap Z(G)$ 当且仅当 x 所在的轨道只含有一个元素, 故 $N \cap Z(G) \neq 1$. □

由此定理, 容易得到下面几个推论.

推论 2.2.9 有限 p-群 G 的极小正规子群必是 p-阶群, 且包含在 G 的中心中.

推论 2.2.10 有限 p-群 G 的主群列也是它的合成群列.

证明 设 $G = G_r > G_{r-1} > \cdots > G_2 > G_1 > G_0 = 1$ 是群 G 的一个主群列, 则 G_i/G_{i-1} 是 G/G_{i-1} 的极小正规子群, $\forall i = 1, 2, \cdots, r-1$. 由推论 2.2.9 知 G_i/G_{i-1} 都是 p-阶群, $\forall i = 1, 2, \cdots, r-1$. 又由主群列的定义得, G_{r-1} 是 G 的极大正规子群, 再由定理 2.2.8 得 G_{r-1} 也是 G 的极大子群, 即 G/G_{r-1} 也是 p-阶群. 故 $G = G_r > G_{r-1} > \cdots > G_2 > G_1 > G_0 = 1$ 也是群 G 的一个合成群列. □

推论 2.2.11 有限 p-群 G 的每个子群必是 G 的次正规子群.

引理 2.2.12 设 G 是群, $a, b \in G$ 且 $[a, b] \in Z(G)$, 则:

(i) $[a^n,b]=[a,b^n]=[a,b]^n$, 对任意正整数 n;

(ii) $(ab)^n=a^nb^n[b,a]^{\binom{n}{2}}$, 当正整数 $n\geqslant 2$ 时.

证明 (i) 对 n 应用数学归纳法. 当 $n=1$ 时, 结论显然成立. 假设 $n=k$ 时结论成立, 即 $[a^k,b]=[a,b^k]=[a,b]^k, k\in\mathbb{N}$, 则因为 $[a,b]\in Z(G)$, 所以

$$[a^{k+1},b]=a^{-(k+1)}b^{-1}a^{k+1}b=a^{-1}(a^{-k}b^{-1}a^kb)(b^{-1}ab)$$

$$=a^{-1}[a^k,b](b^{-1}ab)=a^{-1}[a,b]^k(b^{-1}ab)$$

$$=[a,b]^k(a^{-1}b^{-1}ab)=[a,b]^{k+1}$$

而

$$[a,b^{k+1}]=a^{-1}b^{-1}b^{-k}ab^kb=(a^{-1}b^{-1}a)(a^{-1}b^{-k}ab^k)b$$

$$=(a^{-1}b^{-1}a)[a,b^k]b=(a^{-1}b^{-1}a)[a,b]^kb$$

$$=[a,b]^k(a^{-1}b^{-1}ab)=[a,b]^{k+1}$$

这说明当 $n=k+1$ 时结论仍成立, 因此对任何正整数 n, (i) 都成立.

(ii) 对 n 应用数学归纳法. 注意到 $[b,a]=[a,b]^{-1}\in Z(G)$, 所以当 $n=2$ 时, $(ab)^2=a^2b(b^{-1}a^{-1}ba)b=a^2b[b,a]b=a^2b^2[b,a]$, 即结论成立. 假设 $n=k\geqslant 2$ 时结论成立, 即 $(ab)^k=a^kb^k[b,a]^{\binom{k}{2}}$, 则

$$(ab)^{k+1}=(ab)^k(ab)=a^kb^k[b,a]^{\binom{k}{2}}(ab)=(a^kb^kab)[b,a]^{\binom{k}{2}}$$

$$=a^{k+1}(a^{-1}b^kab^{-k})b^{k+1}[b,a]^{\binom{k}{2}}=a^{k+1}[a,b^{-k}]b^{k+1}[b,a]^{\binom{k}{2}}$$

$$=a^{k+1}[a,b^{-1}]^kb^{k+1}[b,a]^{\binom{k}{2}}=a^{k+1}(b[b,a]b^{-1})^kb^{k+1}[b,a]^{\binom{k}{2}}$$

$$=a^{k+1}[b,a]^kb^{k+1}[b,a]^{\binom{k}{2}}=a^{k+1}b^{k+1}[b,a]^{\binom{k+1}{2}}.$$

这说明 $n=k+1$ 时结论仍成立. 由数学归纳法知, 对任何正整数 $n\geqslant 2$, (ii) 都成立. □

定理 2.2.13 设 p 是素数, G 是 p^3 阶 p-群, 则 G 恰有 5 种不同构的类型: 除 3 种不同构的交换群 (C_{p^3}, $C_{p^2}\times C_p$, $C_p\times C_p\times C_p$) 外, G 还有 2 种不同构的非交换群, 即

$$G\cong\langle a,b|a^{p^2}=b^p=1,b^{-1}ab=a^{1+p}\rangle \tag{2.1}$$

或

(i) 当 $p=2$ 时,

$$G \cong \langle a,b|a^4=1,b^2=a^2,b^{-1}ab=a^3\rangle \tag{2.2}$$

(ii) 当 $p\neq 2$ 时,

$$G \cong \langle a,b,c|a^p=b^p=c^p=1,[a,b]=c,[a,c]=[b,c]=1\rangle \tag{2.3}$$

证明 对于 p^3 阶交换 p-群, 由推论 1.9.7 易得, G 有 3 种不同构的类型: C_{p^3}, $C_{p^2}\times C_p$, $C_p\times C_p\times C_p$. 当 G 是非交换的 p^3 阶群时, 由定理 2.2.3 与引理 2.2.5 知, G 的中心 $Z(G)$ 必是 p 阶循环群, 且 $G/Z(G)$ 是 p^2 阶初等交换 p-群. 显然 G 换位子群 $G'\neq 1$, 再由定理 1.7.1 知 $G'=Z(G)$. 又 G 中无 p^3 阶元, 而当 G 中有 p^2 阶元 a 时, $\langle a\rangle$ 是 G 的极大子群, 于是 $\langle a\rangle \lhd G$. 而 $\langle a^p\rangle$ char $\langle a\rangle$, 故由定理 1.3.3 得 $\langle a^p\rangle \lhd G$, 从而 $G'=\langle a^p\rangle$. 取 $b_1\in G-\langle a\rangle$, 并假定 $o(b_1)=p$, 则 $G=\langle a,b_1\rangle$. 显然 $[a,b_1]\neq 1$, 于是 $[a,b_1]=a^{kp}$ 且 $(k,p)=1$. 因而存在整数 i 使 $ik\equiv 1 \pmod p$. 令 $b=b_1^i$, 则由引理 2.2.12 得, $[a,b]=[a,b_1^i]=[a,b_1]^i=a^{ikp}=a^p$, 于是

$$G=\langle a,b_1\rangle=\langle a,b|a^{p^2}=b^p=1,b^{-1}ab=a^{1+p}\rangle$$

如果 $o(b_1)=p^2$, 则因为 $G/Z(G)$ 是 p^2 阶初等交换 p-群, 所以 $b_1^p\in Z(G)=\langle a^p\rangle$. 设 $b_1^p=a^{kp}$, 当 $p\neq 2$ 时, 由引理 2.2.12 得

$$(b_1a^{-k})^p=b_1^pa^{-kp}[a,b_1]^{\binom{p}{2}}=1$$

于是在 $\langle a\rangle$ 之外有 p 阶元 b_1a^{-k}, 从而可化为刚才已经讨论过的情形. 而当 $p=2$ 时, 可设 $b_1^2=a^2$, $[a,b_1]=a^2$. 这时若以 b 代替 b_1, 则得 G 的构造为

$$G=\langle a,b|a^4=1,b^2=a^2,b^{-1}ab=a^3\rangle$$

即 G 与群 (2.2) 同构.

如果 G 中无 p^2 阶元素, 则当 $p=2$ 时, G 中任意元素 x 都满足 $x^2=1$, 即 $x=x^{-1}$. 于是 $\forall a,b\in G$, 有 $ab=(ab)^{-1}=b^{-1}a^{-1}=ba$,

从而 G 是交换群. 而当 $p \neq 2$ 时, 可设 $G/G' = \langle aG', bG' \rangle$, 于是 $G = \langle a, b, G' \rangle$. 但 G 非交换, 所以 $[a,b] \neq 1$, 从而 $G' = \langle [a,b] \rangle$, 且 $G = \langle a, b \rangle$. 令 $c = [a,b]$, 得

$$G = \langle a, b, c | a^p = b^p = c^p = 1, [a,b] = c, [a,c] = [b,c] = 1 \rangle \qquad \square$$

定理 2.2.13 中的群 (2.2), 常称为四元数群, 记为 Q_8. 而当 $p = 2$ 时, 定理 2.2.13 中的群 (2.1), 是 8 阶二面体群, 记为 D_8.

§2.3 Sylow 定理

定义 2.3.1 设 G 是有限群, p 是一个素数, P 是 G 的 p-子群, 如果 G 中没有真包含 P 的 p-子群, 则称 P 为 G 的一个 Sylow$p$-子群.

由此定义可见, G 的 Sylow p-子群就是 G 的 p-子群组成的集合中的极大元 (按包含关系). 今后, 我们用 $\mathrm{Syl}_p(G)$ 表示 G 的全体 Sylow p-子群组成的集合.

定理 2.3.1 (Sylow 定理) 设 G 是有限群, p 是一个素数, $|G| = p^a m$, 其中 $(m,\ p) = 1$, 则:

(i) G 中存在阶为 p^a 的子群 P, 于是 $P \in \mathrm{Syl}_p(G)$, 而且 G 的任何一个 p-子群均包含在某个 Sylow p-子群中;

(ii) G 的 Sylow p-子群的个数 n_p 满足 $n_p | m$ 和 $n_p \equiv 1 (\mathrm{mod}\ p)$;

(iii) G 的所有 Sylow p-子群在 G 中是共轭的.

证明 设 X 是 G 的恰包含 p^a 个元素的全部子集的集合, 定义 G 在集合 X 上的作用 f 为

$$f(P) = gP,\ \forall P \in X,\ \forall g \in G.$$

显然, 作用 f 的次数为

$$n = \binom{mp^a}{p^a} = \frac{m(mp^a - 1) \cdots (mp^a - p^a + 1)}{1 \cdot 2 \cdot \cdots \cdot (p^a - 1)}.$$

对于有理数 $\dfrac{mp^a - i}{i}$, $1 \leqslant i < p^a$, 如果 $p^j | i$, 那么 $j < a$ 且 $p^j | mp^a - i$. 反之, 如果 $p^j | mp^a - i$, 那么 $j < a$ 且 $p^j | i$. 由此可见, 整数 $mp^a - i$ 与 i 的

算术分解式中所含的 p 的幂是相同的, 因此 p 不能整除 n. 显然 X 是由 G-轨道的不交并组成的, 于是必有一个 G-轨道 O_1 使得 p 不能整除 $|O_1|$. 取 $A \in O_1$, 令 P 为 A 的稳定子群, 由定理 2.1.2 得 $|O_1| = [G : P]$, 从而 p 不能整除 $[G : P]$, 故 $p^a \| |P|$. 另外, 对于 A 中任何一个固定元素 x, 集合 $\{xg | x \in A,\ g \in P\}$ 恰含有 $|P|$ 个元素, 于是 $|P| \leqslant |A| = p^a$. 因此 $|P| = p^a$, 即 P 是 G 的 Sylow p-子群.

对于 G 的任何一个阶为 $p^k (k \leqslant a)$ 的 p-子群 Q, 令 X 是 G 的 Sylow p-子群 P 的左陪集所成的集合, 定义 Q 在集合 X 上的作用: $h(gP) = hgP,\ \forall h \in Q,\ g \in G$, 则因为 $|X| = m$, $|Q| = p^k$, 所以由推论 2.1.3 知, 在 X 中至少有一个不动点, 即存在左陪集 gP 使 $QgP \subset gP$. 由此得 $Q \subset gPg^{-1}$, 但显然 gPg^{-1} 也是 G 的 Sylow p-子群. 特别地, 当 Q 也是 G 的 Sylow p-子群时, 必有 $Q = gPg^{-1}$. 总之, G 的任何一个 p-子群均包含在某个 Sylow p-子群中, 而且 G 的所有 Sylow p-子群在 G 中是共轭的.

现在令 X 是 G 的全部 Sylow p-子群的集合, 考虑 G 在 X 上的共轭作用: $g(Q) = gQg^{-1},\ \forall Q \in X,\ g \in G$. 由上段的证明过程可见, 这个作用是传递的. 而对于 $Q \in X$, Q 的稳定子群是 $N(Q)$, 于是 $n_p = |X| = [G : N(Q)] | [G : Q]$, 即 $n_p | m$. 如果只考虑 G 的 Sylow p-子群 P 在 X 上的这个共轭作用, 那么 P 是这个作用的唯一不动点. 事实上, 对任何 $Q \in X$, 由 $Q \trianglelefteq N(Q)$ 可知 Q 是 $N(Q)$ 的唯一的 Sylow p-子群, 若 Q 是 P 在 X 上的共轭作用的不动点, 则 $P \subset N(Q)$ 中, 从而 $P = Q$. 再根据推论 2.1.3 得, $n_p \equiv 1 (\bmod\ p)$. □

令 $O_p(G)$ 为 G 的全部 Sylow p-子群的交, 由 Sylow 定理可知, $O_p(G) \trianglelefteq G$. 注意到 G 的任何自同构, 必然把 G 的 Sylow p-子群变成 G 的 Sylow p-子群, 因而 $O_p(G)$ 为 G 的特征子群. 特别地, 我们有下面的推论.

推论 2.3.2 有限群 G 的 Sylow p-子群的个数等于其正规化子的指数, 从而 G 的 Sylow p-子群是正规子群的充要条件是 G 只有唯一一个 Sylow p-子群. 而且当 Sylow p-子群正规时, 它也是 G 的特征子群. □

定理 2.3.3 (Frattini 论断) (i) 有限群 G 作用在集合 X 上, 并且 G 有一个子群 N 在 X 上的作用是传递的, 则 $G = G_x N,\ \forall x \in X$;

(ii) 如果 $N \trianglelefteq G$, $P \in \mathrm{Syl}_p(N)$, 那么 $G = N_G(P)N$.

证明 (i) 任取 $g \in G$, 对于 $x \in X$, 设 $x^g = y$. 由于 N 在 X 上的作用是传递的, 所以存在 $n \in N$ 使 $x^n = y$. 于是 $x^{gn^{-1}} = x$, 即 $gn^{-1} \in G_x$, 因此 $g = (gn^{-1})n \in G_xN$. 由 g 的任意性得 $G = G_xN$, $\forall x \in X$;

(ii) 令 $X = \mathrm{Syl}_p(N)$, 由 $N \trianglelefteq G$ 可知, G 通过共轭变换作用在 X 上, 且由 Sylow 定理可知, N 在 X 上的作用是传递的. $\forall P \in \mathrm{Syl}_p(N)$, P 在 G 中的稳定子群是 $N_G(P)$, 因此由 (i) 得, $G = N_G(P)N$. □

定理 2.3.4 设 $N \trianglelefteq G$, $P \in \mathrm{Syl}_p(G)$, 那么:

(i) $PN/N \in \mathrm{Syl}_p(G/N)$ 且 $P \cap N \in \mathrm{Syl}_p(N)$;

(ii) $N_G(P)N/N = N_{G/N}(PN/N)$.

证明 (i) 由 $[G/N : PN/N] = [G : PN]$ 整除 $[G : P]$ 可知, $|PN/N|$ 是整除 $|G/N|$ 的最大的 p 的幂, 故 PN/N 是 G/N 的 Sylow p-子群. 由定理 1.4.3 得, $PN/N \cong P/P \cap N$. 于是 $|PN|/|N| = |P|/|P \cap N|$, 从而 $[N : P\cap N] = |PN|/|P|$ 是与 p 互素的, 因而 $P\cap N$ 是 N 的 Sylow p-子群.

(ii) 因为 $\forall x \in G$, 若 $x \in N_G(P)$, 则 $x^{-1}Px = P$, 于是 $x^{-1}N \cdot PN \cdot xN = x^{-1}Px \cdot N = PN$, 即 $xN \in N_{G/N}(PN/N)$, 从而 $N_G(P)N/N \subset N_{G/N}(PN/N)$. 反之, 若 $xN \in N_{G/N}(PN/N)$, 则 $(xN)^{-1} \cdot PN \cdot (xN) = x^{-1}Px \cdot N = PN$, 于是 $x^{-1}Px$ 是 PN 的 Sylow p-子群, 从而由定理 2.3.1 知, 存在 $s \in P$ 与 $a \in N$, 使 $x^{-1}Px = (sa)^{-1}P(sa) = a^{-1}Pa$, 故 $xa^{-1} \in N_G(P)$, 即 $xN \in N_G(P)N/N$, 亦即 $N_{G/N}(PN/N) \subset N_G(P)N/N$. □

§2.4 群的半直积

定义 2.4.1 设 G 是有限群, $H \leqslant G$, 若存在 G 的子群 K, 使 $K \cap H = 1$ 且 $G = HK$, 则称 K 为 H 在 G 中的一个补子群, 简称 H 的补.

一个群的子群, 即使是正规的, 也不一定有补子群; 当有补子群时, 其补子群不必是唯一的. 例如, 四元数群 Q_8 的每个 4 阶子群都正规, 但都没有补子群. 又如, 在对称群 S_3 中, Sylow 3-子群 P 是正规的, S_3 的每个 2 阶子群 Q 都是 P 的补, 是不唯一的. 另外, 如果 G 的正规子

群 H 有补 K, 则补是同构的, 因为 $G/H = HK/H \cong K/(H \cap K) = K/1 \cong K$.

如果 $H \trianglelefteq G$, $K \trianglelefteq G$, $G = HK$ 且 $H \cap K = 1$, 则由定理 1.8.1 知, G 是直积 $H \times K$.

定义 2.4.2 设 G 是有限群, 如果 $H \triangleleft G$, 且 H 在 G 中的有补子群 K, 则称 G 是 H 被 K 的半直积, 记为 $G = H \rtimes K$ 或 $G = K \ltimes H$. 这时也称 G 在 H 上分裂.

例 1 对称群 S_n 是交错群 A_n 被循环群 $\mathbb{Z}_2$ 的半直积. 事实上, 取 $K = \langle (12) \rangle$, 则 $K \cong \mathbb{Z}_2$ 而 $S_n = A_n \rtimes K$.

例 2 设群 $D_{2n} = \langle a, x \rangle$, 而 $|a| = n$, $|x| = 2$, $a^x = a^{-1}$, 则 D_{2n} 是一个 $2n$ 阶群, 且 $D_{2n} = \mathbb{Z}_n \rtimes \mathbb{Z}_2$. 今后称 D_{2n} 为二面体群. 显然, 二面体群都是可解群.

例 3 设 H 和 K 是两个抽象群, $\theta : K \to \mathrm{Aut}(H)$ 是同态映射, 令

$$G = \{(a, x) | a \in H, x \in K\}$$

对于任意的 $a, b \in H$ 和任意的 $x, y \in K$, 规定

$$(a, x)(b, y) = (ab^{\theta(x)^{-1}}, xy)$$

则这个运算满足结合律, 事实上

$$((a, x)(b, y))(c, z) = (ab^{\theta(x)^{-1}}, xy)(c, z) = (ab^{\theta(x)^{-1}} c^{\theta(xy)^{-1}}, xyz)$$

而

$$(a, x)((b, y)(c, z)) = (a, x)(bc^{\theta(y)^{-1}}, yz) = (a(bc^{\theta(y)^{-1}})^{\theta(x)^{-1}}, xyz)$$

由此易见, $((a, x)(b, y))(c, z) = (a, x)((b, y)(c, z))$, 又

$$(1, 1)(a, x) = (1a^{\theta(1)^{-1}}, 1x) = (a, x), (a^{\theta(x)^{-1}}, x^{-1})(a, x) = (1, 1)$$

即 G 关于这个运算还有左单位元, 每个元素都有左逆, 因此 G 关于上面规定的运算构成一个群.

显然, 如果同态映射 θ 是零同态, 即 $\theta(K)$ 仅包含 H 的恒等自同构, 那么上面构造的群就是 H 与 K 的直积; 如果同态映射 θ 不是零同态, 那么上面构造的群就是 H 被 K 的半直积.

作映射 $\varphi: G \to K$, 使 $\varphi((a,x)) = x$, $\forall (a,x) \in G$. 易见, φ 是满同态, 且 $\mathrm{Ker}(\varphi) = H_1 = \{(a,1)|a \in H\}$, 于是 $G/H_1 \cong K$. 不难看出, $H \cong H_1$, 而 $K \cong K_1 = \{(1,x)|x \in K\}$, 且 $G = H_1K_1$, $H_1 \lhd G$, $K_1 < G$, $H_1 \cap K_1 = 1$, 因此 $G = H_1 \rtimes K_1$ 是半直积. 如果将 H_1, K_1 分别等同于 H, K, 那么 G 也就是群 H 被 K 的半直积.

定理 2.4.1 12 阶群 G 恰有如下 5 个互不同构的类型:

(i) $G \cong C_3 \times C_4 \cong C_{12}$;

(ii) $G \cong C_3 \times C_2 \times C_2 \cong C_6 \times C_2$;

(iii) $G \cong A_4 = \langle a,b,x|a^2 = b^2 = 1 = x^3, [a,b] = 1, a^x = b, b^x = ab\rangle$;

(iv) $G \cong \langle a,b|a^6 = 1 = b^2, a^b = a^{-1}\rangle$;

(v) $G \cong \langle a,b|a^3 = 1 = b^4, a^b = a^{-1}\rangle$.

证明 如果 G 是交换群, 则由定理 1.9.6 得, $G \cong C_{12}$ 或 $G \cong C_6 \times C_2$, 即得 (i) 与 (ii).

如果 G 不是交换群, 则由 Sylow 定理, G 有 4 个 Sylow 3-子群或有唯一的 Sylow 3-子群. 当 G 有 4 个 Sylow 3-子群时, 由于每个 Sylow 3-子群都是 3 阶循环群, 所以任何两个不同的 Sylow 3-子群的交都是 1, 于是 G 中恰有 8 个 3 阶元, 因而 G 只有 1 个 Sylow 2-子群. 设 P, Q 分别是 G 的 Sylow 3-子群和 Sylow 2-子群, 于是 G 是 Q 被 P 的半直积. 又因为 G 是非交换的, 所以 Q 必有一个 3 阶自同构, 从而 Q 是 4 阶初等交换 2-群. 设 $Q = \langle a,b|a^2 = b^2 = 1 = [a,b]\rangle$, $P = \langle x|x^3 = 1\rangle$, 而 x 对应于 Q 的一个 3 阶自同构, 所以可设 $a^x = b$, $b^x = ab$, 于是 G 就是 (iii). 当 G 是只有 1 个 Sylow 3-子群的非交换群时, G 是 P 被 Q 的半直积. 由于 P 是 3 阶循环群, 其自同构群是 2 阶循环群, 所以当 Q 是 4 阶初等交换 2-群时, 即 $Q = \langle a,b|a^2 = b^2 = 1 = [a,b]\rangle$ 时, 可设 $[a,x] = 1$, $x^b = x^{-1}$. 但这里 ax 是 6 阶元, 且 $(ax)^b = ax^{-1} = (ax)^{-1}$. 因而, 得 $G \cong C_6 \rtimes C_2$, 把 ax 换成 a, 即得 (iv). 当 Q 是 4 阶循环群时, 设 $Q = \langle b|b^4 = 1\rangle$, 而设 $P = \langle a|a^3 = 1\rangle$, $a^b = a^{-1}$, 即 $G \cong C_3 \rtimes C_4$, 即得 (v). □

定理 2.4.2 设 p, q 是不同的素数, $p > q$, 则当 $(p-1,\ q) = 1$ 时, pq 阶群 G 必是循环群, 即 $G \cong C_{pq}$; 当 $(p-1,\ q) = q$ 时, pq 阶群 G 恰

有 2 个互不同构的类型, 除循环群 C_{pq} 外, 还有非交换群

$$G = \langle a, b | a^p = 1 = b^q, a^b = a^k \rangle$$

这里 $k = \sigma^{\frac{p-1}{q}}$, 而 σ 是素数 p 的一个原根.

证明 设 P, Q 分别是 pq 阶群 G 的 Sylow p-子群和 Sylow q-子群, 则由定理 2.3.1 及推论 2.3.2 得, $P \lhd G$. 又 $|P| = p$, $|Q| = q$, 且 $P \cap Q = 1$, 所以 $G = PQ$.

当 $(p-1, q) = 1$ 时, G 的 Sylow q-子群恰有 1 个, 从而 $Q \lhd G$, 因而 $G = P \times Q$. 但 $P \cong C_p$, $Q \cong C_q$, 故 $G \cong C_p \times C_q \cong C_{pq}$.

当 $(p-1, q) = q$ 时, 如果 G 是交换群, 那么显然有 $G \cong C_{pq}$. 如果 G 不是交换群, 那么 $G = P \rtimes Q$, 且存在非零同态 $\theta : Q \to \mathrm{Aut}(P)$. 但 Q 是单群, 于是 $\ker \theta = 1$, 即 θ 是单同态. 设 σ 是素数 p 的一个原根, 则

$$\mathrm{Aut}\ (P) \cong \langle \sigma \rangle = \{1, \sigma, \sigma^2, \cdots, \sigma^{p-2}\}$$

于是, $\theta(Q)$ 是由 $k = \sigma^{\frac{p-1}{q}}$ 关于模 p 的乘法生成的 q 阶循环群. 设 $P = \langle a \rangle, Q = \langle b \rangle, \theta(b) = k^r, 1 \leqslant r \leqslant q-1$, 则 $a^b = a^{k^r}$. 由初等数论的知识可知, 存在整数 s, 使 $rs \equiv 1 (\mathrm{mod}\ q), 1 \leqslant s \leqslant q-1$. 而 $\theta(b^s) = k^{rs} \equiv k (\mathrm{mod}\ p)$, $a^{b^s} = a^{k^{rs}} = a^k$, 且 b^s 也是 Q 的生成元, 因而可把 b^s 当成 b, 即可设 $a^b = a^k$. 这就证明了非交换群 G 必有构造: $G = \langle a, b | a^p = 1 = b^q, a^b = a^k \rangle$. □

定义 2.4.3 设 π 是某些素数的集合, π' 是 π 在全体素数集合中的补集. 若 π 只由一个素数 p 组成, 则集合 $\{p\}$ 及其补集分别简记为 p 和 p'.

若有限群 G 的子群 H 满足: $\pi(H) \subseteq \pi$, 则称 H 是 G 的一个 π-子群; 而若 $\pi(H) \cap \pi = \phi$, 则称 H 是 G 的一个 π'-子群. 又若 $\pi(H) \cap \pi([G : H]) = \phi$, 则称 H 为 G 的 Hall π-子群, 简称为 Hall 子群.

引理 2.4.3 设 π 是某些素数的集合, $O_\pi(G)$ 表示 G 的最大正规 π-子群, 那么 $O_\pi(G)$ 是 G 的所有 Hall π-子群的交, 且 $O_\pi(G)$ 是 G 的特征子群. 特别地, $O_p(G)$ 是 G 的所有 Sylow p-子群的交, 且 $O_p(G)$ 是 G 的特征子群.

证明 设 H 是 G 的任意一个 Hall π-子群, 则由推论 1.4.4 知, $HO_\pi(G)$ 也是 G 的一个 π-子群, 即 $\pi(H)=\pi(HO_\pi(G))$. 但 $H\leqslant HO_\pi(G)$, 所以 $\pi([G:H])\supseteq\pi([G:HO_\pi(G)])$, 从而 $\pi(HO_\pi(G))\cap\pi([G:HO_\pi(G)\subseteq\pi(H)\cap\pi([G:H])=\phi$, 于是 $HO_\pi(G)$ 也是 G 的一个 Hall π-子群. 因此 $HO_\pi(G)=H$, 即 $O_\pi(G)\leqslant H$. 另外, G 的每个 Hall π-子群在 G 中的共轭也是 Hall π-子群, 于是 G 的所有 Hall π-子群的交是 G 的正规 π-子群, 从而必包含于 $O_\pi(G)$. 显然 G 的任何自同构必然把 G 的每个 Hall π-子群映为 G 的一个 Hall π-子群, 因此 $O_\pi(G)$ 是 G 的特征子群. □

定理 2.4.4 (Schur-Zassenhaus 定理) *有限群 G 的正规 Hall 子群 N 一定有补子群, 而且当 N 与 G/N 至少有一个可解时, N 的任何两个补子群在 G 中是共轭的.*

证明 因为 N 是 G 的正规 Hall 子群, 如果 G 有一个子群 K 的阶 $|K|=n=[G:N]$, 则易见 $G=NK$, 而 K 是 G 关于 N 的补子群. 因此, 只要证明 G 有一个 n 阶子群就可以了. 我们将用归纳法证明这个结论. 我们的归纳假定是: 任何阶小于 $|G|$ 的有限群, 如果它有一个正规 Hall 子群, 那么它一定有一个阶为这个正规 Hall 子群指数的子群.

设 P 是 N 的 Sylow p-子群, 由定理 2.3.3 知 $G=N_G(P)N$. 显然

$$N_N(P)=N_G(P)\cap N\trianglelefteq N_G(P)$$

于是

$$G/N=N_G(P)N/N\cong N_G(P)/N_G(P)\cap N=N_G(P)/N_N(P)$$

所以 $[N_G(P):N_N(P)]=n$, 而且 $|N_N(P)|$ 整除 $|N|$, 由此可知 $N_N(P)$ 是 $N_G(P)$ 的正规 Hall 子群. 如果 $N_G(P)<G$, 那么由归纳假设, $N_N(P)$ 有 n 阶子群, 因而 G 也有 n 阶子群. 因此, 可假设 $N_G(P)=G$, 即 $P\trianglelefteq G$.

假设 $P\trianglelefteq G$, 则 $P\trianglelefteq N$. 显然, $N/P\trianglelefteq G/P$ 且 $[G/P:N/P]=[G:N]=n$. 又因为 $|N/P|$ 整除 $|N|$, 而 $|G/P|<|G|$, 所以由归纳假设, G/P 有 n 阶子群 L/P, 这里 $P\trianglelefteq L\leqslant G$. 显然 $|L\cap N|$ 整除 $(n|P|,|N|)$, 而 $(n,|N|)=1$, 所以 $|L\cap N|\leqslant|P|$. 但 $P\leqslant L\cap N$, 从而 $L\cap N=P$, 且特别地 $L<G$. 因为 $|P|$ 与 $|L/P|=n$ 互素, 由归纳假设知, L 有 n 阶子群, 因而 G 也有 n 阶子群. 因此, 我们可假设 $N=P$.

假设 N 不是交换群, 令 $Z=Z(N)$, 因为 N 是 p-群, 由定理 2.2.3 得, $1<Z\lhd N$. 又因为 Z char N, $N\lhd G$, 所以由定理 1.3.3 得, $Z\lhd G$. 于是 G/Z 有指数为 n 的正规子群 N/Z, 从而由归纳假设, G/Z 有 n 阶子群 L/Z, 这里 $Z\trianglelefteq L\leqslant G$. 显然 $|L\cap N|$ 整除 $(n|Z|,|N|)$, 而 $(n,|N|)=1$, 所以 $|L\cap N|\leqslant|Z|$. 但 $Z\leqslant L\cap N$, 从而 $L\cap N=Z$, 且特别地 $L<G$. 因为 $|Z|$ 与 $|L/Z|=n$ 互素, 由归纳假设知, L 有 n 阶子群, 因而 G 也有 n 阶子群.

因此, 我们只需证明: 如果群 G 有一个交换的正规 Hall 子群 A, 那么在 G 中 A 就有补子群. 为此, 我们令 $H=G/A$. 对于 $x\in H$, 我们把 x 看成 A 在 G 中的陪集, 其陪集代表记为 t_x, 于是, 集合 $\{t_x|x\in H\}$ 是 A 在 G 中的所有不同陪集的代表组成的集合, 称为 A 的一个陪集代表系. 由于 A 是交换群, 所以同一个陪集中的每个元素对 A 中元素的共轭作用的结果都相同, 从而可定义 H 在 A 上的作用, 使 $a^x=a^{t_x}$, $\forall a\in A$. 因为 t_xt_y 属于陪集 $t_xt_yA=t_{xy}A$, 所以存在 A 中的元素 $c(x,y)$ 使得

$$t_xt_y=t_{xy}c(x,y)$$

又 G/A 的运算有结合律, 即 $(t_xt_y)t_z=t_x(t_yt_z)$, 于是由上式得

$$c(xy,z)\cdot c(x,y)^{t_z}=c(xy,z)\cdot c(x,y)^z=c(x,yz)\cdot c(y,z) \tag{2.4}$$

此式对于任何 $x,y,z\in H$ 都成立.

定义

$$d(y)=\prod_{x\in H}c(x,y).$$

于是 (2.4) 式两边对所有 H 中元素 x 求积, 并注意到 A 的交换性得 $d(z)\cdot d(y)^z=d(yz)\cdot c(y,z)^n$, 因此

$$d(yz)=d(y)^zd(z)c(y,z)^{-n} \tag{2.5}$$

因为 $(|A|,n)=1$, 所以存在 $e(y)\in A$ 使得 $e(y)^n=d(y)^{-1}$, 于是 (2.5) 式可写成 $e(yz)^{-n}=(e(y)^ze(z)c(y,z))^{-n}$. 因此

$$e(yz)=e(y)^ze(z)c(y,z).$$

令 $s_x = t_x e(x)$, 则

$$s_y s_z = t_y t_z e(y)^z e(z) = t_{yz} c(y,z) e(y)^z e(z) = t_{yz} e(yz) = s_{yz}.$$

由此知, H 到 G 内的映射 $\theta : x \mapsto s_x$ 是同态映射, 而且当 $s_x = 1$ 时, 必有 $t_x \in A$, 从而 $x = A = 1_H$. 故 θ 是单同态, 于是 $\mathrm{Im}\,\theta \cong H$ 且 $|\,\mathrm{Im}\,\theta| = n$, 即 G 有 n 阶子群.

下面来证明 N 的任何两个补子群在 G 中必共轭.

首先证明在 N 为交换群 A 时结论成立. 假定 J 和 K 是 A 的两个补子群, 则 $G = JA = KA$ 且 $J \cap A = 1 = K \cap A$. 对于 $x \in H$, 在自然同态 $H = JA/A \to J$ 和 $H = KA/A \to K$ 下, 设 x 的象分别是 s_x 和 s_x^*. 则 $s_x^* = s_x a(x)$, 其中 $a(x) \in A$. 但 $s_{xy}^* = s_x^* s_y^* = s_x a(x) s_y a(y) = s_{xy} a(x)^y a(y)$, 因而

$$a(xy) = a(x)^y a(y)$$

于是 $\prod\limits_{x\in H} a(xy) = \prod\limits_{x\in H} (a(x)^y a(y))$. 若令 $b = \prod\limits_{x\in H} a(x)$, 则 $b = b^y a(y)^n$. 因为 $(|A|, n) = 1$, 所以存在 $c \in A$ 使得 $b = c^n$, 再由 $b = b^y a(y)^n$ 得, $c = c^y a(y)$, 又注意到 $c^y = c^{s_y}$, 于是 $a(y) = c^{-s_y} c$. 因此 $s_y^* = s_y a(y)$ $= s_y c^{-s_y} c = c^{-1} s_y c$, 故 $K = c^{-1} J c$.

其次, 当 N 非交换时, 分两种情况来证明所要的结论.

(i) G/N 是可解群的情况.

记 $\pi = \pi(n)$, $R = O_\pi(G)$. 设 J 与 K 是 N 在 G 中的两个补子群, 则 J 与 K 都是 G 的 Hall π-子群. 由引理 2.4.3 得, $R \leqslant J \cap K$. 于是 G/R 也满足定理的条件, 且 $O_\pi(G/R) = 1$. 所以, 不妨设 $R = 1$. 又显然可假定 $n > 1$, 否则 $N = G$.

设 L/N 是 可解群 G/N 的极小正规子群, 则 L/N 是初等交换 p-群, 这里 $p \in \pi$. 因为 $J \cap L \cong (J \cap L)N/N \leqslant L/N$, 而 $[L : J \cap L] = [JL : J]$ 与 n 互素, 当然有 p 不整除 $[L : J \cap L] = [JL : J]$, 所以 $J \cap L$ 是 L 的 Sylow p-子群. 同理, $K \cap L$ 是 L 的 Sylow p-子群. 于是, 根据 Sylow 定理, 存在 $g \in G$ 使 $J \cap L = (K \cap L)^g = K^g \cap L$. 记 $S = J \cap L, T = \langle J, K^g \rangle$, 则 $S \lhd T$. 事实上, 因为 $L \lhd G$, 所以 $S \lhd J$ 且 $S \lhd K^g$, 因而 $S \lhd T$.

如果 $T=G$, 那么 $S\lhd G$. 然而 S 是 π-群, 于是 $S\leqslant R=1$; 因此 L 是 p'-群. 这与 L/N 是 p-群矛盾. 由此得出 $T\neq G$. 现在对群的阶 $|G|$ 应用归纳法, 得 J 与 K^g 在 T 中是共轭的, 从而 J 与 K 在 G 中共轭.

(ii) N 是非交换的可解群的情况.

设 L 是 G 在 N 中的极小正规子群, 因为 N' char $N\lhd G$, 所以 $N'\lhd G$, 可知 $N>L>1$. 群 G/L 有正规的 Hall 子群 N/L. 当 J,K 是 N 在 G 中的两个补子群时, $JL/L, KL/L$ 是 N/L 在 G/L 中的两个补子群, 因而由归纳法知 JL/L 和 KL/L 是共轭的, 即存在 $g\in G$ 使得 $JL=(KL)^g=K^gL$. 显然, J 与 K^g 是 L 在 JL 中的两个补子群, 而 $JL<G$, 所以由归纳法得, J 与 K^g 在 JL 中的是共轭的, 故 J 与 K 在 G 中也是共轭的. □

推论 2.4.5　*设 H 是有限群 G 的正规子群, K 是 H 的正规 Hall 子群 N 的补子群, 则 $G=N_G(K)N$.*

证明　显然 N char H, 于是由 $H\unlhd G$ 得, $N\lhd G$. 又因为 $H=K\ltimes N$, 所以对任何 $g\in G$, 有 $H=H^g=K^g\ltimes N$, 即 K^g 也是 H 的正规 Hall 子群 N 的补子群. 于是由定理 2.4.4, 存在 $n\in N$, $k\in K$, 即 $h=kn$, 使 $K^g=K^h=K^n$, 从而 $gn^{-1}\in N_G(K)$, 即 $g\in N_G(K)N$, 故 $G=N_G(K)N$. □

§2.5　转移映射

设 G 是有限群, $H\leqslant G$, 令 $\Omega=\{Hx_1, Hx_2, \cdots, Hx_n\}$ 为 H 在 G 中的所有不同的右陪集组成的集合. $\forall g\in G$, 令 $P(g)=\begin{pmatrix}Hx_i\\Hx_ig\end{pmatrix}$, 则 P 是集合 Ω 的一个置换, 通常称其为 G 在 H 上的一个置换表示. 假定

$$Hx_ig=Hx_{i^{\tau(g)}},\quad i=1,\ 2,\ \cdots,\ n$$

则 $\tau(g)$ 是集合 $\{1, 2, \cdots, n\}$ 的一个置换, 且不难验证 $\tau(g)$ 是群 G 到对称群 S_n 内的一个同态映射. 显然存在 $h_i(g)\in H$, 使 $x_ig=h_i(g)x_{i^{\tau(g)}}$.

定义 2.5.1 作 G 到商群 H/H' 内的映射

$$V_{G\to H}(g)=\prod_{i=1}^{n}x_i g x_{i^{\tau(g)}}^{-1}H'=\prod_{i=1}^{n}h_i(g)H',\quad g\in G$$

称映射 $V_{G\to H}$ 为 G 到 H 内的转移映射, 其中 H' 为 H 的换位子群.

定理 2.5.1 群 G 到其子群 H 内的转移映射 $V_{G\to H}$ 有下列性质:

(i) $V_{G\to H}$ 是 G 到商群 H/H' 内的同态映射;

(ii) $V_{G\to H}$ 不依赖于 H 的陪集代表的选取;

(iii) 设 $K\leqslant H\leqslant G$, $g\in G$. 如果 $V_{G\to H}(g)=hH'$, 那么 $V_{G\to K}(g)=V_{H\to K}(h)$.

证明 (i) 注意到 H/H' 是交换群, 因此 $\forall g_1,g_2\in G$, 有

$$V_{G\to H}(g_1g_2)=\prod_{i=1}^{n}h_i(g_1g_2)H'=\prod_{i=1}^{n}x_ig_1g_2x_{i^{\tau(g_1g_2)}}^{-1}H'$$

$$=\prod_{i=1}^{n}x_ig_1x_{i^{\tau(g_1)}}^{-1}x_{i^{\tau(g_1)}}g_2x_{i^{\tau(g_1g_2)}}^{-1}H'$$

$$=\prod_{i=1}^{n}x_ig_1x_{i^{\tau(g_1)}}^{-1}H'\prod_{i=1}^{n}x_{i^{\tau(g_1)}}g_2x_{i^{\tau(g_1g_2)}}^{-1}H'$$

$$=\prod_{i=1}^{n}h_i(g_1)H'\prod_{i=1}^{n}h_{i^{\tau(g_1)}}(g_2)H'$$

$$=V_{G\to H}(g_1)\cdot V_{G\to H}(g_2)$$

所以 $V_{G\to H}$ 是同态映射.

(ii) 设 $\{y_1,\ y_2,\ \cdots,\ y_n\}$ 是 H 在 G 中的另一组右陪集代表, 且 $Hx_i=Hy_i$. 于是, 存在 $t_i\in H$, 使 $y_i=t_ix_i$. $\forall g\in G$, 由 $Hy_ig=Hy_{i^{\tau(g)}}$ 知, 存在 $k_i(g)\in H$, 使 $y_ig=k_i(g)y_{i^{\tau(g)}}$. 所以, 若用 $\widetilde{V}_{G\to H}$ 表示用这组陪集代表得到的转移映射, 则

$$\widetilde{V}_{G\to H}(g)=\prod_{i=1}^{n}k_i(g)H'=\prod_{i=1}^{n}y_igy_{i^{\tau(g)}}^{-1}H'$$

$$=\prod_{i=1}^{n}t_ix_igx_{i^{\tau(g)}}^{-1}t_{i^{\tau(g)}}^{-1}H'$$

$$= \prod_{i=1}^{n} t_i H' \prod_{i=1}^{n} h_i(g) H' \prod_{i=1}^{n} t_{i^{\tau(g)}}^{-1} H'$$

$$= \prod_{i=1}^{n} h_i(g) H' = V_{G\to H}(g).$$

这就说明转移映射不依赖于陪集代表的选取.

(iii) 设 $\{Hx_1, Hx_2, \cdots, Hx_n\}$ 为 H 在 G 中的所有不同的右陪集组成的集合, $\{Ky_1, Ky_2, \cdots, Ky_m\}$ 为 K 在 H 中的所有不同的右陪集组成的集合, 则 $\{Ky_1x_1, Ky_1x_2, \cdots, Ky_1x_n, Ky_2x_1, \cdots, Ky_2x_n, \cdots, Ky_mx_n\}$ 为 K 在 G 中的所有不同的右陪集组成的集合.

$\forall h \in H$, 设 $y_jh = k_j(h)y_{j^{\sigma(h)}}$, 其中 $k_j(h) \in K$, 而 σ 是 H 到对称群 S_m 的同态映射. 于是

$$y_jx_ig = y_jh_i(g)x_{i^{\tau(g)}} = k_j(h_i(g))y_{j^{\sigma(h_i(g))}}x_{i^{\tau(g)}}.$$

令 $V_{G\to H}(g) = hH'$, 即 $\prod\limits_{i=1}^{n} h_i(g)H' = hH'$, 则存在 $h' \in H'$, 使 $\prod\limits_{i=1}^{n} h_i(g) = hh'$, 从而

$$V_{G\to K}(g) = \prod_{i=1}^{n}\prod_{j=1}^{m} k_j(h_i(g))K' = \prod_{i=1}^{n} V_{H\to K}(h_i(g))$$

$$= V_{H\to K}(\prod_{i=1}^{n} h_i(g)) = V_{H\to K}(hh')$$

$$= V_{H\to K}(h) \cdot V_{H\to K}(h').$$

由于 K/K' 是交换群, 所以 $\forall a, b \in H$, 有 $V_{H\to K}([a,b]) = K'$, 于是得 $V_{H\to K}(H') = K'$, 进而有 $V_{H\to K}(h') = K'$, 故 $V_{G\to K}(g) = V_{H\to K}(h)$. □

根据此定理, 转移映射不依赖于陪集代表的选取, 所以我们可以选取适当的 H 的陪集代表, 以便能将置换 $P(g)$ 表示为 k 个轮换的乘积, 即设

$$P(g) = \prod_{i=1}^{k}(Hx_i, Hx_ig, \cdots, Hx_ig^{l_i-1})$$

这里 g^{l_i} 是 g 的第一个正整数次幂使 $Hx_ig^{l_i}=Hx_i$, 而且 $\sum\limits_{i=1}^{k}l_i=n$. 这时, 我们有

$$\begin{aligned}V_{G\to H}(g)&=\prod_{i=1}^{k}((x_i)g(x_ig)^{-1}\cdot(x_ig)g(x_ig^2)^{-1}\cdot\cdots\cdot(x_ig^{l_i-1})gx_i^{-1})H'\\&=\prod_{i=1}^{k}x_ig^{l_i}x_i^{-1}H'\end{aligned}$$

定理 2.5.2 如果 H 是有限群 G 的指数为 n 的交换子群, 并且 $H\leqslant Z(G)$, 则 $V_{G\to H}(g)=g^n$, $\forall g\in G$.

证明 由 H 的交换性得, $H'=1$. 又由定理前面的讨论知, $\forall g\in G$, 有 $V_{G\to H}(g)=\prod\limits_{i=1}^{k}x_ig^{l_i}x_i^{-1}$. 而且由 $Hx_ig^{l_i}=Hx_i$ 得, $x_ig^{l_i}x_i^{-1}\in H$. 另外, 因为 $H\leqslant Z(G)$, 所以 H 是 G 的正规子群. 于是 $g^{l_i}=x_i^{-1}(x_ig^{l_i}x_i^{-1})$ $x_i\in H$, 从而 $g^{l_i}=x_ig^{l_i}x_i^{-1}\in H$.

因此, $V_{G\to H}(g)=\prod\limits_{i=1}^{k}x_ig^{l_i}x_i^{-1}=\prod\limits_{i=1}^{k}g^{l_i}=g^n$. □

引理 2.5.3 设 P 是有限群 G 的 Sylow p-子群, 如果 $g,h\in C_G(P)$ 在 G 中是共轭的, 则它们在 $N_G(P)$ 中也是共轭的.

证明 存在 $x\in G$ 使 $h=x^{-1}gx$, 于是 $h\in x^{-1}C_G(P)x=C_G(x^{-1}Px)$, 从而 P 与 $x^{-1}Px$ 都是 $C_G(h)$ 子群. 但 P 与 $x^{-1}Px$ 都是 G 的 Sylow p-子群, 也必然都是 $C_G(h)$ 的 Sylow p-子群. 所以由 Sylow 定理知, 存在 $c\in C_G(h)$ 使 $P=c^{-1}x^{-1}Pxc$. 显然 $xc\in N_G(P)$ 且 $c^{-1}x^{-1}gxc=c^{-1}hc=h$. □

定义 2.5.2 设 P 是有限群 G 的 Sylow p-子群, 如果 G 有正规子群 N 满足 $N\cap P=1$ 和 $G=NP$, 则称 G 是 p-幂零群, 而称 N 为 G 的正规 p-补.

定理 2.5.4 (Burnside 引理) 如果有限群 G 的 Sylow p-子群 P 满足 $N_G(P)=C_G(P)$, 则 G 是 p-幂零群.

证明 显然 P 是 G 的交换子群. 考虑 G 到 P 的转移映射, 可设 $[G:P]=n$, 对每个 $g\in G$, $V_{G\to P}(g)=\prod\limits_{i=1}^{k}x_ig^{l_i}x_i^{-1}$, 其中 $\sum\limits_{i=1}^{k}l_i=n$.

如果 $g \in P$, 则 g^{l_i} 与 $x_i g^{l_i} x_i^{-1}$ 都是 P 中的元素, 显然它们也都是 $C_G(P)$ 中的元素. 于是由引理 2.5.3 得, g^{l_i} 与 $x_i g^{l_i} x_i^{-1}$ 在 $N_G(P)$ 中是共轭的, 即存在 $c \in N_G(P) = C_G(P)$, 使 $x_i g^{l_i} x_i^{-1} = c g^{l_i} c^{-1} = g^{l_i}$. 由此得, $V_{G\to P}(g) = \prod_{i=1}^{k} x_i g^{l_i} x_i^{-1} = g^n, \forall g \in P$. 设 $|P| = q$, 则 $(n, q) = 1$, 于是存在整数 α, β 使 $\alpha n + \beta q = 1$. 因而, 当 $g \in P$ 时, $g = g^{\alpha n} g^{\beta q} = (g^{\alpha})^n$, 故 $V_{G\to P}(g^{\alpha}) = g^{\alpha n} = g$. 由 g 的任意性, 可知 $V_{G\to P}$ 是 G 到 P 的满同态. 设 $V_{G\to P}$ 的核为 K, 则由定理 1.4.1 知, $K \lhd G$, 且 $G/K \cong P$. 显然, K 是 G 的正规 p-补, 这就证明了 G 是 p-幂零群. □

定理 2.5.5 *设 p 是有限群 G 的阶的最小素因子, 如果 G 的 Sylow p-子群 P 是循环群, 那么 G 是 p-幂零群.*

证明 由定理 1.3.4 知, $N_G(P)/C_G(P)$ 同构于 Aut (P) 的一个子群. 又由于 P 是循环群且 $P \in \mathrm{Syl}_p(G)$, 可设 $|P| = p^m$, 则由定理 1.5.3 得, $|\mathrm{Aut}(P)| = p^{m-1}(p-1)$. 又显然 $P \leqslant C_G(P)$, 所以 $p \nmid |N_G(P)/C_G(P)|$, 从而 $|N_G(P)/C_G(P)| \mid (p-1)$, 但 $|N_G(P)/C_G(P)|$ 是 $|G|$ 的因子且 p 是 $|G|$ 的最小素因子, 因而 $|N_G(P)/C_G(P)| = 1$, 故 $N_G(P) = C_G(P)$. 最后由 Burnside 引理得, G 是 p-幂零群. □

定理 2.5.6 *如果有限群 G 的每个 Sylow 子群都是循环群, 那么 G 一定是可解群.*

证明 设 p 是 $|G|$ 的最小素因子, P 是 G 的一个 Sylow p-子群. 由定理 2.5.5 知, G 有正规 p-补 K, 并且 $P \cong G/K$. 显然 K 的每个 Sylow 子群都是循环群, 于是由对群阶的归纳法得, K 是可解群. 又 P 是 p-群, 当然是可解群. 再由定理 1.7.8 得, G 是可解群. □

显然, 如果群的阶是无平方因子数, 那么它的 Sylow 子群都是循环群, 所以我们有下面的推论.

推论 2.5.7 *阶为无平方因子数的有限群一定是可解群.*

关于有限群的可解性, 还有下面两个著名的结果.

定理 2.5.8 (Burnside 定理) *设 p, q 是两个不同的素数, a, b 为正整数, 则 $p^a q^b$ 阶群皆是可解群.*

定理 2.5.9 (Feit-Thompson 定理) *奇数阶有限群都是可解群.*

由于以上两个定理的证明需要较深刻的群论知识, 这里就不给出其证明了.

定理 2.5.10 设 G 是阶为 60 的单群, 则必有 $G\cong A_5$.

证明 设 P 是 G 的一个 Sylow 2-子群, $H=N_G(P)$. 因 G 是单群, 由 Sylow 定理可知, G 的 Sylow 2-子群的个数 n_2 只能是 3, 5 或 15. 若 $n_2=3$, 则 $[G:H]=3$, 于是 G/H_G 同构于 S_3 的一个子群, 从而 H_G 是 G 的一个非平凡正规子群, 矛盾. 所以 $n_2\neq 3$. 如果 $n_2=15$, 则显然 $N_G(P)=C_G(P)=P$. 于是由 Burnside 引理得, G 有正规 p-补, 矛盾. 因此必有 $n_2=5$. 而显然 $H_G=1$, 所以 G 同构于 S_5 的一个子群, 但 S_5 只有唯一的 60 阶子群, 即 A_5, 故得 $G\cong A_5$. □

定理 2.5.11 设 p 是奇素数且 $p>5$, 如果有限群 G 的阶为 $12p^n$ 且 Sylow p-子群是循环群, 则:

(i) 当 $p\equiv 1 \pmod{12}$ 时, G 恰有 18 个彼此不同构的类型;

(ii) 当 $p\equiv 5 \pmod{12}$ 时, G 恰有 12 个彼此不同构的类型;

(iii) 当 $p\equiv 7 \pmod{12}$ 时, G 恰有 15 个彼此不同构的类型;

(iv) 当 $p\equiv 11 \pmod{12}$ 时, G 恰有 10 个彼此不同构的类型.

证明 对于任意正整数 n, 由初等数论知识得, 模 p^n 有共同的原根, 设 σ 是 p^n 的一个原根. 因为 $|G|=12p^n$ 且 $p>5$, 所以由推论 2.3.2 得, 当 $p\neq 11$ 时, G 的 Sylow p-子群 P 必正规. 这时由 Schur-Zassenhaus 定理知, G 有 12 阶子群, 用 H 表示. 根据定理 2.4.1, H 必为下列 5 种类型之一:

(i) $H\cong C_3\times C_4\cong C_{12}=\langle a|a^{12}=1\rangle=H_1$;

(ii) $H\cong C_3\times C_2\times C_2\cong C_6\times C_2=\langle a,b|a^6=1=b^2,a^b=a\rangle=H_2$;

(iii) $H\cong A_4=\langle a,b,c|a^2=b^2=1=c^3,[a,b]=1,a^c=b,b^c=ab\rangle=H_3$;

(iv) $H\cong\langle a,b|a^6=1=b^2,a^b=a^{-1}\rangle=H_4$;

(v) $H\cong\langle a,b|a^3=1=b^4,a^b=a^{-1}\rangle=H_5$.

当 $p=11$ 时, 若 G 的 Sylow p-子群 P 不正规, 则由定理 2.3.1 得, G 应有 12 个 Sylow p-子群, 于是 $N_G(P)=P$. 但 P 是循环群, 于是由 Burnside 引理知, G 有 12 阶正规子群 H, 从而 $G=H\rtimes P$. 由半直积的定义, 存在 P 到 Aut (H) 的同态映射 θ, 且若 θ 不是零同态, 则 11 整除 Aut (H) 的阶. 根据 12 阶群的构造, 不难算出 Aut (H) 的阶. 事实上,

H_1 是 12 阶循环群, 所以 $|\operatorname{Aut}(H_1)| = \varphi(12) = 4$; H_2 的 6 阶元有 4 个, 即 a, a^5, ab, a^5b, 有 2 阶元有 3 个: b, a^3, a^3b, 而每个 6 阶循环子群中恰有一个 2 阶元, H_2 由一个 6 阶元与不属于这个 6 阶元生成的子群的 2 阶元唯一生成, 因此 $|\operatorname{Aut}(H_2)| = 4\times 2 = 8$; H_3 由两个 2 阶元与一个 3 阶元唯一生成, 而 H_3 中有 3 个 2 阶元与 8 个 3 阶元, 因此 $|\operatorname{Aut}(H_3)| = C_3^2 \times C_8^1 = 24$; H_4 由一个 6 阶元与不属于这个 6 阶元生成的子群的一个 2 阶元唯一生成, 而 H_4 中有 2 个 6 阶元 (即 a, a^5) 与 7 个 2 阶元 (即 $a^3, b, ba, ba^2, \cdots, ba^5$), 因此 $|\operatorname{Aut}(H_4)| = 2 \times (7-1) = 12$; H_5 由一个 3 阶元与一个 4 阶元唯一生成, 而 H_5 中有 2 个 3 阶元 (即 a, a^2) 与 6 个 4 阶元 (即 $b, b^3, ab, a^2b, ab^3, a^2b^3$), 因此 $|\operatorname{Aut}(H_5)| = 2\times 6 = 12$. 由上可知, 对于任何 12 阶群 H, 都有 11 不整除 $\operatorname{Aut}(H)$ 的阶. 故 P 到 $\operatorname{Aut}(H)$ 的同态映射 θ 只能是零同态, 从而 $P \lhd G$. 总之, 阶为 $12p^n$ 的群 G 的 Sylow p-子群 ($p > 5$) 都是正规的, 因此存在补子群 H 并且 $G = P \rtimes H$. 由 N/C 定理, $G/C_G(P)$ 同构于 $\operatorname{Aut}(P)$ 的一个子群. 但由 P 是循环群可知 $P \subseteq C_G(P)$, 于是根据定理 1.2.8 得, $C_G(P) = G \cap C_G(P) = (PH) \cap C_G(P) = P(H \cap C_G(P)) = PC_H(P)$, 所以 $G/C_G(P) \cong (G/P)/(C_G(P)/P) \cong H/C_H(P)$. 又 $\operatorname{Aut}(P)$ 是 $p^{n-1}(p-1)$ 阶循环群, 因而 $H/C_H(P)$ 也是一个循环群且其阶为 $(12, p-1)$ 的一个因数. 我们令 $P = \langle g \| g| = p^n\rangle$, σ 是 p^n 的一个原根, 并记 $r = p^{n-1}(p-1)/12$, $s = 2r$, $t = 3r$, $u = 4r$, $v = 6r$. 由原根的定义易得, $\sigma^v \equiv -1 (\bmod p^n)$, 所以 $g^{\sigma^v} = g^{-1}$, $\forall g \in P$. 又 $\forall g \in P$, 令 $\rho(g) = g^\sigma$, 则 $\rho \in \operatorname{Aut}(P)$ 且 $\operatorname{Aut}(P) = \langle \rho \rangle$.

情形 1: 如果 $H \cong H_1$, 那么:

1) 当 $p \equiv 1 (\bmod 12)$ 时, 可得 G 的 6 种构造

$$G_1 = \langle a, g \| a| = 12, |g| = p^n, g^a = g^{\sigma^r}\rangle \tag{2.6}$$

$$G_2 = \langle a, g \| a| = 12, |g| = p^n, g^a = g^{\sigma^s}\rangle \tag{2.7}$$

$$G_3 = \langle a, g \| a| = 12, |g| = p^n, g^a = g^{\sigma^t}\rangle \tag{2.8}$$

$$G_4 = \langle a, g \| a| = 12, |g| = p^n, g^a = g^{\sigma^u}\rangle \tag{2.9}$$

$$G_5 = \langle a, g \| a| = 12, |g| = p^n, g^a = g^{-1}\rangle \tag{2.10}$$

$$G_6 = \langle a, g || a| = 12, |g| = p^n, g^a = g\rangle \cong C_{12p^n} \tag{2.11}$$

上述 6 种构造是彼此不同构的, 因为 $H/C_H(P)$ 的阶是互不相同的;

2) 当 $p \equiv 5 \pmod{12}$ 时, 可得 G 的 3 种构造: (2.8), (2.10), (2.11);

3) 当 $p \equiv 7 \pmod{12}$ 时, 可得 G 的 4 种构造: (2.7), (2.9), (2.10), (2.11);

4) 当 $p \equiv 11 \pmod{12}$ 时, 可得 G 的 2 种构造: (2.10), (2.11);

事实上, 1) 若 $p \equiv 1 \pmod{12}$, 则 $\mathrm{Aut}(P)$ 有 12 阶子群 $\langle \rho^r \rangle$, 6 阶子群 $\langle \rho^s \rangle$, 4 阶子群 $\langle \rho^t \rangle$, 3 阶子群 $\langle \rho^u \rangle$, 2 阶子群 $\langle \rho^v \rangle$, 1 阶子群 1, 且这些子群都是唯一的. 与此对应, $C_H(P)$ 有 6 种不同的选择: 1, $\langle a^6 \rangle$, $\langle a^4 \rangle$, $\langle a^3 \rangle$, $\langle a^2 \rangle$, $\langle a \rangle$, 所以 G 有 6 种不同的构造: (2.6)~(2.11).

2) 若 $p \equiv 5 \pmod{12}$, 则 $(12, |\mathrm{Aut}(P)|) = (12, p-1) = 4$, 于是 $H/C_H(P)$ 可以是 4 阶循环群, 2 阶循环群或单位元群. 与此对应, $C_H(P)$ 有 3 种不同的选择: $\langle a^4 \rangle$, $\langle a^2 \rangle$, $\langle a \rangle$, 因此 G 有 3 种不同的构造: (2.8), (2.10), (2.11).

3) 若 $p \equiv 7 \pmod{12}$, 则 $(12, |\mathrm{Aut}(P)|) = 6$, 于是 $H/C_H(P)$ 可以是 6 阶循环群, 3 阶循环群, 2 阶循环群或单位元群. 与此对应, $C_H(P)$ 有 4 种不同的选择: $\langle a^6 \rangle$, $\langle a^3 \rangle$, $\langle a^2 \rangle$, $\langle a \rangle$, 因此 G 有 4 种不同的构造: (2.7), (2.9), (2.10), (2.11).

4) 若 $p \equiv 11 \pmod{12}$, 则 $(12, |\mathrm{Aut}(P)|) = 2$, 于是 $H/C_H(P)$ 可以是 2 阶循环群或单位元群. 与此对应, $C_H(P)$ 有 2 种不同的选择: $\langle a^2 \rangle$, $\langle a \rangle$, 因此 G 有 2 种不同的构造: (2.10), (2.11).

情形 2: 如果 $H \cong H_2$, 那么:

1) 当 $p \equiv 1 \pmod{12}$ 或 $p \equiv 7 \pmod{12}$ 时, 恰有 4 种构造

$$G_7 = \langle a, b, g || a| = 6, |b| = 2, |g| = p^n, b^a = b^g = b, g^a = g^{\sigma^s}\rangle \tag{2.12}$$

$$G_8 = \langle a, b, g || a| = 6, |b| = 2, |g| = p^n, b^a = b^g = b, g^a = g^{\sigma^u}\rangle \tag{2.13}$$

$$G_9 = \langle a, b, g || a| = 6, |b| = 2, |g| = p^n, b^a = b^g = b, g^a = g^{-1}\rangle \tag{2.14}$$

$$G_{10} = \langle a, b, g || a| = 6, |b| = 2, |g| = p^n, b^a = b^g = b, g^a = g\rangle \cong C_2 \times C_{6p^n} \tag{2.15}$$

2) 当 $p \equiv 5 \pmod{12}$ 或 $p \equiv 11 \pmod{12}$ 时, 恰有 2 种构造: (2.14), (2.15).

事实上, 1) 若 $p \equiv 1 \pmod{12}$ 或 $p \equiv 7 \pmod{12}$, 则当 $H/C_H(P)$ 是 6 阶循环群时, $C_H(P)$ 必是 2 阶循环群, 不妨设 $C_H(P) = \langle b \rangle$, 从而 $g^a = g^{\sigma^s}$, 于是 G 的构造是 (2.12); 当 $H/C_H(P)$ 是 3 阶循环群时, $C_H(P)$ 必是 4 阶初等交换群, 必有 $C_H(P) = \langle a^3, b \rangle$, 从而 $g^a = g^{\sigma^u}$, 于是 G 的构造是 (2.13); 当 $H/C_H(P)$ 是 2 阶循环群时, $C_H(P)$ 必是 6 阶循环群, 不妨设 $C_H(P) = \langle a \rangle$, 于是必有 $g^b = g^{-1}$, 因此 G 的构造是 (2.14); 当 $H/C_H(P)$ 是单位元群时, 易见 G 是交换群, 且构造为 (2.15).

2) 若 $p \equiv 5 \pmod{12}$ 或 $p \equiv 11 \pmod{12}$, 则 $H/C_H(P)$ 可为 2 阶循环群或单位元群两种情况. 所以 G 只有两种构造: (2.14), (2.15).

情形 3: 如果 $H \cong H_3 \cong A_4$, 那么:

1) 当 $p \equiv 1 \pmod{12}$ 或 $p \equiv 7 \pmod{12}$ 时, 恰有 2 种构造

$$\begin{aligned} G_{11} = \langle & a, b, c, g \,|\, |a| = |b| = 2, |c| = 3, |g| = p^n, \\ & a^b = b, a^c = b, b^c = ab, g^a = g^b = g, g^c = g^{\sigma^u} \rangle \end{aligned} \tag{2.16}$$

$$G_{12} = A_4 \times C_{p^n} \tag{2.17}$$

2) 当 $p \equiv 5 \pmod{12}$ 或 $p \equiv 11 \pmod{12}$ 时, 恰有 1 种构造: (2.17).

事实上, 1) 由于 A_4 的商群只能是 3 阶循环群或单位元群, 所以若 $p \equiv 1 \pmod{12}$ 或 $p \equiv 7 \pmod{12}$, 则 $C_H(P) = \langle a, b \rangle$ 或 A_4. 当 $C_H(P) = \langle a, b \rangle$ 时, 必有 $g^c = g^{\sigma^u}$, 于是 G 的构造是 (2.16). 当 $C_H(P) = A_4$ 时, 显然 G 的构造是 (2.17).

2) 若 $p \equiv 5 \pmod{12}$ 或 $p \equiv 11 \pmod{12}$, 则 $H/C_H(P)$ 只能是单位元群, 从而 G 的构造必是 (2.17).

情形 4: 如果 $H \cong H_4$, 那么 G 恰有 3 种构造

$$G_{13} = \langle a, b, g \,|\, |a| = 6, |b| = 2, |g| = p^n, a^b = a^{-1}, g^a = g, g^b = g^{-1} \rangle \tag{2.18}$$

$$G_{14} = \langle a, b, g \,|\, |a| = 6, |b| = 2, |g| = p^n, a^b = a^{-1}, g^a = g^{-1}, g^b = g \rangle \tag{2.19}$$

$$G_{15} = \langle a, b \,|\, |a| = 6, |b| = 2, a^b = a^{-1} \rangle \times C_{p^n} \tag{2.20}$$

事实上, 我们只能取 H_4 的商群为 2 阶循环群或单位元群. 而当 $H/C_H(P)$ 是 2 阶循环群时, $C_H(P) = \langle a\rangle$ 或 $C_H(P) = \langle a^2, b\rangle$. 当 $C_H(P) = \langle a\rangle$ 时, 可设 $g^b = g^{-1}$, 从而 G 的构造是 (2.18); 当 $C_H(P) = \langle a^2, b\rangle$ 时, 可设 $g^a = g^{-1}$, 从而 G 的构造是 (2.19); 当 $H/C_H(P)$ 是单位元群时, G 的构造必是 (2.20). 又 (2.18) 与 (2.19) 是不同构的, 因为在 (2.18) 中, $C_H(P) = \langle a\rangle$ 是 6 阶循环群, 而在 (2.19) 中, $C_H(P) = \langle a^2, b\rangle$ 不是 6 阶循环群. 所以当 $H \cong H_4$ 时, G 有 3 种不同的构造.

情形 5: 如果 $H \cong H_5$, 则:

1) 当 $p \equiv 1 (\mathrm{mod}\ 12)$ 或 $p \equiv 5 (\mathrm{mod}\ 12)$ 时, G 恰有 3 种构造

$$G_{16} = \langle a, b, g \mid |a| = 3, |b| = 4, |g| = p^n, a^b = a^{-1}, g^a = g, g^b = g^{-1}\rangle \tag{2.21}$$

$$G_{17} = \langle a, b, g \mid |a| = 3, |b| = 4, |g| = p^n, a^b = a^{-1}, g^a = g, g^b = g^{\sigma^t}\rangle \tag{2.22}$$

$$G_{18} = \langle a, b \mid |a| = 3, |b| = 4, a^b = a^{-1}\rangle \times C_{p^n} \tag{2.23}$$

2) 当 $p \equiv 7 (\mathrm{mod}\ 12)$ 或 $p \equiv 11 (\mathrm{mod}\ 12)$ 时, G 恰有 2 种构造: (2.21), (2.23).

事实上, 1) 当 $p \equiv 1 (\mathrm{mod}\ 12)$ 或 $p \equiv 5 (\mathrm{mod}\ 12)$ 时, 由于 $H/C_H(P)$ 除了是单位元群外, 也可以是 2 或 4 阶循环群. 当 $H/C_H(P)$ 是 2 阶循环群时, $C_H(P) = \langle a, b^2\rangle$, 可设 $g^b = g^{-1}$, 从而 G 的构造是 (2.21); 当 $H/C_H(P)$ 是 4 阶循环群时, $C_H(P) = \langle a\rangle$, 可设 $g^b = g^{\sigma^t}$, 从而 G 的构造是 (2.22); 当 $H/C_H(P)$ 是单位元群时, G 的构造必是 (2.23);

2) 当 $p \equiv 7 (\mathrm{mod}\ 12)$ 或 $p \equiv 11 (\mathrm{mod}\ 12)$ 时, $H/C_H(P)$ 只能是 2 阶循环群或单位元群, 所以 G 恰有 2 种构造 (2.21) 与 (2.23).

综上可知, 定理成立. □

定理 2.5.12 设 G 是 60 阶群, 那么 G 共有 13 个互不同构的类型, 其中 Sylow 5-子群正规的有 12 个, 而 Sylow 5-子群不正规的仅有 1 个.

证明 由于 2 是素数 5 的原根, 所以当 Sylow 5-子群正规时, 类似定理 2.5.11, 可得 60 阶群 G 的 12 个不同构的类型, 它们分别对应于定理 2.5.11 的 (2.8), (2.10), (2.11), (2.14), (2.15), (2.17), (2.18), (2.19), (2.20), (2.21), (2.22), (2.23). 为了读者阅读方便, 我们将它们具体列出

如下

$$G_1 = \langle a, g || a| = 12, |g| = 5, g^a = g^2 \rangle$$

$$G_2 = \langle a, g || a| = 12, |g| = 5, g^a = g^{-1} \rangle$$

$$G_3 = C_{12} \times C_5 \cong C_{60}$$

$$G_4 = \langle a, b, g || a| = 6, |b| = 2, |g| = 5, b^a = b^g = b, g^a = g^{-1} \rangle$$

$$G_5 = C_2 \times C_{30}$$

$$G_6 = A_4 \times C_5$$

$$G_7 = \langle a, b, g || a| = 6, |b| = 2, |g| = 5, a^b = a^{-1}, g^a = g, g^b = g^{-1} \rangle$$

$$G_8 = \langle a, b, g || a| = 6, |b| = 2, |g| = 5, a^b = a^{-1}, g^a = g^{-1}, g^b = g \rangle$$

$$G_9 = \langle a, b || a| = 6, |b| = 2, a^b = a^{-1} \rangle \times C_5 = D_{12} \times C_5$$

$$G_{10} = \langle a, b, g || a| = 3, |b| = 4, |g| = 5, a^b = a^{-1}, g^a = g, g^b = g^{-1} \rangle$$

$$G_{11} = \langle a, b, g || a| = 3, |b| = 4, |g| = 5, a^b = a^{-1}, g^a = g, g^b = g^2 \rangle$$

$$G_{12} = \langle a, b, g || a| = 3, |b| = 4, a^b = a^{-1} \rangle \times C_5.$$

下面假定 G 的 Sylow 5-子群 P 不正规. 由 Sylow 定理可知

$$|\mathrm{Syl}_5(G)| = 6.$$

于是 $N_G(P)$ 是 G 的 10 阶子群. 设 Q, R 分别为 G 的 Sylow 3-子群与 Sylow 2-子群, 则 Q, R 都不是 G 的正规子群. 事实上, 如果 $Q \lhd G$ (或 $R \lhd G$), 那么 $P \lhd PQ$ (或 $P \lhd PR$), 从而 $Q \leqslant N_G(P)$(或 $R \leqslant N_G(P)$). 这与 $N_G(P)$ 是 G 的 10 阶子群相矛盾.

既然 G 的 Sylow 2-子群 R 不正规, 所以由 Sylow 定理得 $|\mathrm{Syl}_2(G)| = 5$, 3 或 15. 如果 $|\mathrm{Syl}_2(G)| = 3$, 则 $N_G(R)$ 是 G 的 20 阶子群, 于是 $N_G(R)$ 有一个正规 5 阶子群, 不妨设为 P, 从而又有 $R \leqslant N_G(P)$, 矛盾. 如果 $|\mathrm{Syl}_2(G)| = 15$, 则 $N_G(R) = C_G(R) = R$, 于是由 Burnside 引理得, G 有正规 2-补, 即 15 阶正规子群, 因而 G 有 5 阶正规子群, 矛盾. 故必有 $|\mathrm{Syl}_2(G)| = 5$, 而 $N_G(R)$ 是 G 的 12 阶子群.

由于 G 的 Sylow 3-子群 Q 不正规, 所以由 Sylow 定理得 $|\mathrm{Syl}_3(G)| = 10$, 或 4. 如果 $|\mathrm{Syl}_3(G)| = 4$, 则 $N_G(Q)$ 是 G 的 15 阶子群, 于是 $N_G(Q)$ 有一个正规 5 阶子群, 不妨设为 P, 从而又有 $Q \leqslant N_G(P)$, 矛盾. 故必有 $|\mathrm{Syl}_3(G)| = 10$, 而 $N_G(Q)$ 是 G 的 6 阶子群.

设 $O_2(G)$ 是 G 的最大正规 2-子群, 则 $|O_2(G)| \leqslant 2$. 若 $O_2(G)$ 是 2 阶子群, 则由正规子群的定义, 不难得出 $O_2(G) \leqslant Z(G)$. 于是 $N_G(Q)$ 必是 6 阶交换子群, 再由 Burnside 引理得, G 有正规 3-补, 即 20 阶正规子群, 记为 A. 显然 A 有正规 5 阶子群, 因而 G 有 5 阶正规子群, 矛盾. 因此 $O_2(G) = 1$.

现在令 $B = N_G(R)$, $\Omega = \{Bg | g \in G\}$, 考虑 G 在 Ω 上的作用, 得 G/B_G 同构于 S_5 的子群, 且由上面的证明过程知 $B_G = 1$, 因此 G 同构于 S_5 的 60 阶子群, 即 A_5.

由 § 1.6 节知 $A_5 = \langle (123), (124), (125) \rangle$, 令 $a = (123), b = (124)$, $c = (125)$, 则 ab, ac, bc 都是 2 阶元, 因此 G 的构造可写为

$$G_{13} = \langle a, b, c \,|\, |a| = |b| = |c| = 3, (ab)^2 = (ac)^2 = (bc)^2 = 1 \rangle. \qquad \square$$

根据定理 2.5.12, 下面的推论显然成立.

推论 2.5.13 设 G 是 60 阶群, 那么下列说法是等价的:

(i) G 的 Sylow 5-子群不正规;

(ii) G 同构于 5 次交错群 A_5;

(iii) G 是不可解的.

例 1 作为转移映射的一个应用, 我们来证明初等数论中的高斯引理.

设 p 是一个奇素数, 令 G 为模 p 的简化剩余系关于剩余类乘法构成的群, 则

$$G = \{\overline{1}, \overline{2}, \cdots, \overline{p-1}\} = \left\{\pm\overline{1}, \pm\overline{2}, \cdots, \pm\overline{\frac{p-1}{2}}\right\}$$

对于任何与 p 互素的整数 a, $\overline{a} \in G$, 于是 $\overline{a}^{p-1} = \overline{1}$, 即 $a^{p-1} \equiv 1 (\mathrm{mod} p)$, 这就是初等数论中的 Fermat 小定理. 由初等数论的知识可知, G 是一个循环群, 因而 G 有唯一的 $\dfrac{p-1}{2}$ 阶子群, 又模 p 的所有二次剩余关于剩

余类的乘法构成 G 的 $\frac{p-1}{2}$ 阶子群, 因此, 任何与 p 互素的整数 a 是模 p 的二次剩余的充要条件是 $\overline{a}^{\frac{p-1}{2}}=\overline{1}$, 即 $a^{\frac{p-1}{2}}\equiv 1(\text{mod}p)$, 这就是二次剩余的 Euler 判别法则. 利用 Legendre 符号, 就有

$$a^{\frac{p-1}{2}}\equiv\left(\frac{a}{p}\right)(\text{mod}p).$$

显然, $H=\{\overline{1},-\overline{1}\}$ 是 G 的 2 阶子群, 且 H 的陪集代表可取为 $\overline{1},\overline{2},\cdots,\overline{\frac{p-1}{2}}$. 考虑 G 到 H 内的转移映射 $V_{G\to H}$, 并注意到 $\overline{i}$ 跑遍 $\overline{1},\overline{2},\cdots,\overline{\frac{p-1}{2}}$ 时, $\overline{i}^{\tau(\overline{a})}$ 也跑遍 $\overline{1},\overline{2},\cdots,\overline{\frac{p-1}{2}}$, 所以

$$V_{G\to H}(\overline{a})=\prod_{i=1}^{\frac{p-1}{2}}\overline{i}\overline{a}\left(\overline{i}^{\tau(\overline{a})}\right)^{-1}=\overline{a}^{\frac{p-1}{2}}.$$

另外, 当 $i\in\left\{1,2,\cdots,\frac{p-1}{2}\right\}$ 时, 如果 ia 关于模 p 的最小绝对剩余是正的, 则 $\overline{i}\overline{a}\left(\overline{i}^{\tau(\overline{a})}\right)^{-1}=\overline{1}$; 如果 ia 关于模 p 的最小绝对剩余是负的, 则 $\overline{i}\overline{a}\left(\overline{i}^{\tau(\overline{a})}\right)^{-1}=-\overline{1}$. 令 m 为 $a,2a,\cdots,\frac{p-1}{2}a$ 中关于模 p 的最小绝对剩余为负数的个数 (等价地 m 是 $a,2a,\cdots,\frac{p-1}{2}a$ 中关于模 p 的最小非负剩余中的大于 $\frac{p-1}{2}$ 的个数), 则 $V_{G\to H}(\overline{a})=(-\overline{1})^m$. 因此

$$\left(\frac{a}{p}\right)=(-1)^m$$

这就是初等数论中著名的高斯引理.

§2.6 群在群上的作用

定义 2.6.1 设 G 和 A 都是有限群. 若存在 A 到 $\text{Aut}\,(G)$ 内的一个同态映射 θ, 则称 θ 为群 A 在群 G 上的一个作用, 或者说群 A (通过 θ) 作用在群 G 上.

根据这个定义, 如果 θ 为群 A 在群 G 上的一个作用, 则 $\forall a \in A$, 有 $\theta(a) \in \mathrm{Aut}\,(G)$. 又 $\forall g \in G$, 我们用 g^a 来表示 g 在同构映射 $\theta(a)$ 下的像, 即规定 $g^a = g^{\theta(a)}$. 如果 $\ker\theta = 1$, 则称 θ 为忠实作用; 如果 $\ker\theta = A$, 则称 θ 为平凡作用.

根据 §2.3 的例 3 知, 如果存在群 A 在群 G 上的一个作用 θ, 则可构造出半直积

$$S = G \rtimes A = \{(g,a) | g \in G, a \in A\}.$$

在 S 中, $(1,a)^{-1}(g,1)(1,a) = (1,a^{-1})(g,a) = (g^{\theta(a^{-1})^{-1}}, 1) = (g^{\theta(a)}, 1) = (g^a, 1)$. 而在 $S = G \rtimes A$ 中, $(g,1), (1,a)$ 分别等同于 g, a, 所以 $g^a = a^{-1}ga$, 即群 A 在群 G 上的一个作用, 可以看成半直积 $S = G \rtimes A$ 中 A 在 G 上的共轭变换. 显然, 半直积是直积的充要条件为群 A 在群 G 上的作用是平凡作用.

设群 A 作用在群 G 上, $H \leqslant G$, $B \leqslant A$, 我们规定:

$N_B(H) = \{b \in B | H^b \subseteq H\}$;

$C_B(H) = \{b \in B | h^b = h, \forall h \in H\}$;

$C_H(a) = \{h \in H | h^a = h\}$ $(a \in A)$;

$C_H(B) = \bigcap\limits_{b \in B} C_H(b)$.

定义 2.6.2 设 θ 为群 A 在群 G 上的一个作用, 如果 G 的子群 H 满足 $N_A(H) = A$, 则称 H 是 A-不变的.

显然, $C_G(A)$ 是 G 中不动点的集合, 且 $C_G(A)$ 是 G 的 A-不变子群; 而 $C_A(G)$ 叫做群 A 在群 G 上的作用的核, 如果将作用 θ 限制在 $C_A(G)$ 上, 则得到 $C_A(G)$ 在群 G 上的作用, 这个作用是平凡的.

定理 2.6.1 设 θ 是群 A 在群 G 上的作用.

(i) 若 H 是 G 的 A-不变子群, 则 $C_G(H)$ 与 $N_G(H)$ 也是 G 的 A-不变子群;

(ii) 若 H 是 G 的 A-不变正规子群, 则 θ 诱导出 A 在 G/H 上的作用 $\widetilde{\theta}: a \mapsto \widetilde{\theta}(a)$, 这里 $\widetilde{\theta}(a): gH \mapsto g^a H$, $\forall g \in G$.

证明 (i) 设 G, H 都是群 S 的子群, 且 $H \leqslant G$, α 是 S 的自同构, 我们有

$$C_G(H)^\alpha = C_{G^\alpha}(H^\alpha), \quad N_G(H)^\alpha = N_{G^\alpha}(H^\alpha)$$

事实上, 由 $g \in C_G(H) \Leftrightarrow g \in G$, 且 $gh = hg, \forall h \in H \quad \Leftrightarrow g^\alpha \in G^\alpha$, 且 $g^\alpha h^\alpha = h^\alpha g^\alpha, \forall h \in H \quad \Leftrightarrow g^\alpha \in C_{G^\alpha}(H^\alpha)$, 知 $C_G(H)^\alpha = C_{G^\alpha}(H^\alpha)$. 类似地, 由 $g \in N_G(H) \Leftrightarrow g \in G$, 且 $gH = Hg \quad \Leftrightarrow g^\alpha \in G^\alpha$, 且 $g^\alpha H^\alpha = H^\alpha g^\alpha \quad \Leftrightarrow g^\alpha \in N_{G^\alpha}(H^\alpha)$, 知 $N_G(H)^\alpha = N_{G^\alpha}(H^\alpha)$.

现在设 S 是由作用 θ 确定的半直积 $G \rtimes A$, 而 α 是由 A 中元素 a 诱导出的 S 的内自同构, 注意到 H 是 G 的 A-不变子群, 我们有 $H^a = A, G^a = G$, 因此由上面证明的结论得, $C_G(H)^a = C_{G^a}(H^a) = C_G(H)$, $N_G(H)^a = N_{G^a}(H^a) = N_G(H)$, 再由 a 的任意性, 知 $C_G(H)$ 与 $N_G(H)$ 都是 G 的 A-不变子群.

(ii) 设 $g_1, g_2 \in G$, $g_1H = g_2H$, $a \in A$, 则 $(g_1H)^a = (g_2H)^a$, 即 $g_1^aH = g_2^aH$. 反之, 若 $g_1^aH = g_2^aH$, 则 a^{-1} 作用于此式两边后, 得 $g_1H = g_2H$. 可见, 映射 $\widetilde{\theta}(a)$ 是有意义的, 且 $\widetilde{\theta}(a)$ 是 G/H 到自身的单射. 又当 g 跑遍 G 时, g^a 也跑遍 G, 所以 $\widetilde{\theta}(a)$ 也是满射. 而且 $((g_1H)(g_2H))^{\widetilde{\theta}(a)} = ((g_1^aH)(g_2^aH)) = (g_1H)^{\widetilde{\theta}(a)}(g_2H)^{\widetilde{\theta}(a)}$, 因此 $\widetilde{\theta}(a) \in \mathrm{Aut}(G/H)$. 最后, 对于 $a, a' \in A$, 有

$$(gH)^{\widetilde{\theta}(aa')} = g^{aa'}H = (g^aH)^{a'} = (gH)^{\widetilde{\theta}(a)\widetilde{\theta}(a')}$$

故 $\widetilde{\theta}$ 是 A 在 G/H 上的一个作用. □

当群 A 作用在群 G 上时, 对于 $a \in A$, $g \in G$, $H \subseteq G$, $B \subseteq A$, 我们还常用下面的记号:

$[g, a] = g^{-1}g^a$, $[a, g] = g^{-a}g$;

$[H, a] = \langle [g, a] | g \in H \rangle$, $[a, H] = \langle [a, g] | g \in H \rangle$;

$[H, B] = \langle [H, a] | a \in B \rangle$, $[B, H] = \langle [a, H] | a \in B \rangle$.

为了今后叙述的方便, 我们需要更多有关换位子的知识.

定义 2.6.3　设 G 是群, $a_1, a_2, \cdots, a_n \in G$, $n \geqslant 2$, 则我们递归地定义 $a_1, a_2, \cdots, a_n$ 的简单换位子 $[a_1, a_2, \cdots, a_n]$: 当 $n = 2$ 时, $[a_1, a_2] = a_1^{-1}a_2^{-1}a_1a_2$; 而当 $n > 2$ 时, $[a_1, a_2, \cdots, a_n] = [[a_1, a_2, \cdots, a_{n-1}], a_n]$.

引理 2.6.2　设 G 是群, $a, b, c \in G$, 则:

(i) $a^b = a[a, b]$;

(ii) $[a, b]^c = [a^c, b^c]$;

(iii) $[a, b]^{-1} = [b, a] = [a^{-1}, b]^a = [a, b^{-1}]^b$;

(iv) $[ab,c]=[a,c]^b[b,c]=[a,c][a,c,b][b,c]$;

(v) $[a,bc]=[a,c][a,b]^c=[a,c][a,b][a,b,c]$;

(vi) (Witt 公式) $[a,b^{-1},c]^b[b,c^{-1},a]^c[c,a^{-1},b]^a=1$;

(vii) $[a,b,c^a][c,a,b^c][b,c,a^b]=1$.

证明 (i) $a^b=b^{-1}ab=a(a^{-1}b^{-1}ab)=a[a,b]$.

(ii) $[a,b]^c=c^{-1}(a^{-1}b^{-1}ab)c=(c^{-1}ac)^{-1}(c^{-1}bc)^{-1}(c^{-1}ac)(c^{-1}bc)$ $=[a^c,b^c]$.

(iii) $[a,b]^{-1}=(a^{-1}b^{-1}ab)^{-1}=b^{-1}a^{-1}ba=[b,a]$,

$[a^{-1},b]^a=a^{-1}(ab^{-1}a^{-1}b)a=b^{-1}a^{-1}ba=[b,a]$,

$[a,b^{-1}]^b=b^{-1}(a^{-1}bab^{-1})b=b^{-1}a^{-1}ba=[b,a]$.

(iv) $[ab,c]=(ab)^{-1}c^{-1}(ab)c=(c^{-1})^{ab}c=(a^{-1}c^{-1}a)^bc^bc^{-b}c$ $=(a^{-1}c^{-1}ac)^b[b,c]=[a,c]^b[b,c]=[a,c][a,c,b][b,c]$.

(v) $[a,bc]=a^{-1}(bc)^{-1}a(bc)=a^{-1}(b^{-1}ab)^c=a^{-1}a^c(a^{-1}b^{-1}ab)^c$ $=[a,c][a,b]^c=[a,c][a,b][a,b,c]$.

(vi) 令 $x=aca^{-1}ba,\ y=bab^{-1}cb,\ z=cbc^{-1}ac$. 则

$$\begin{aligned}[a,b^{-1},c]^b&=b^{-1}[a,b^{-1}]^{-1}c^{-1}[a,b^{-1}]cb\\&=b^{-1}ba^{-1}b^{-1}ac^{-1}a^{-1}bab^{-1}cb\\&=(aca^{-1}ba)^{-1}(bab^{-1}cb)=x^{-1}y\end{aligned}$$

同理可得

$$[b,c^{-1},a]^c=y^{-1}z,\quad [c,a^{-1},b]^a=z^{-1}x$$

于是

$$[a,b^{-1},c]^b[b,c^{-1},a]^c[c,a^{-1},b]^a=x^{-1}yy^{-1}zz^{-1}x=1$$

(vii) 因为

$$[a,b,c^a]=[[b,a]^{-1},c^a]=[[b,a^{-1}]^a,c^a]=[b,a^{-1},c]^a$$

同理

$$[c,a,b^c]=[a,c^{-1},b]^c,\quad [b,c,a^b]=[c,b^{-1},a]^b$$

所以由 Witt 公式得

$$[a,b,c^a][c,a,b^c][b,c,a^b]=[b,a^{-1},c]^a[a,c^{-1},b]^c[c,b^{-1},a]^b=1.$$ □

定义 2.6.4 设 G 是群, $A_1, A_2, \cdots, A_n$ 为 G 的子群, $n \geqslant 2$, 则当 $n=2$ 时, 规定 $[A_1, A_2] = \langle [a_1, a_2] | a_1 \in A_1, a_2 \in A_2 \rangle$; 而当 $n > 2$ 时, $[A_1, A_2, \cdots, A_n] = [[A_1, A_2, \cdots, A_{n-1}], A_n]$.

引理 2.6.3 (三子群引理) 设 X, Y, Z 为群 G 的子群. 如果 $[X, Y, Z] = [Y, Z, X] = 1$, 那么 $[Z, X, Y] = 1$.

证明 由 Witt 公式易得. □

定理 2.6.4 设群 A 作用在群 G 上. 则 $[G, A]$ 是 G 的 A-不变正规子群, 且 A 平凡作用在 $G/[G, A]$ 上. 又如果 N 是 G 的 A-不变正规子群, 使 A 平凡作用在 G/N 上, 那么 $[G, A] \leqslant N$.

证明 $\forall g, g_1 \in G$ 与 $\forall a, a_1 \in A$, 由引理 2.6.2 的 (ii) 与 (iv), 我们有

$$[g, a]^{a_1} = [g^{a_1}, a^{a_1}] \in [G, A]$$

$$[g, a]^{g_1} = [gg_1, a][g_1, a]^{-1} \in [G, A]$$

所以 $[G, A]$ 是 G 的 A-不变正规子群. 又因为

$$(g[G, A])^a = g^a[G, A] = g[g, a][G, A] = g[G, A]$$

所以 A 平凡作用在 $G/[G, A]$ 上.

假定 N 是 G 的 A-不变正规子群, 使 A 平凡作用在 G/N 上, 那么

$$(gN)^a = g^a N = gN, \ \forall g \in G, \ a \in A.$$

于是 $g^{-1}g^a N = N$, 即 $[g, a] \in N$, 因而 $[G, A] \leqslant N$. □

定理 2.6.5 设 p-群 A 作用在群 G 上, 则存在 G 的 Sylow p-子群是 A-不变的.

证明 设 $S = G \rtimes A$, Q 是 S 的一个 Sylow p-子群且 $Q \supseteq A$. 由定理 2.3.4 知, $P = Q \cap G$ 是 G 的 Sylow p-子群, 而 $\forall a \in A$, 有 $P^a = Q^a \cap G^a = Q \cap G = P$, 即 P 是 G 的 A-不变 Sylow p-子群. □

定义 2.6.5 设群 A 作用在群 G 上, 如果 $(|A|, |G|) = 1$, 并且 A 与 G 中至少有一个是可解的, 则称这个作用是互素的.

定理 2.6.6 设群 A 作用在群 G 上, N 是 G 的 A-不变正规子群. 如果 A 在 N 上的作用是互素的, 则:

(i) $C_{G/N}(A) = C_G(A)N/N$;

(ii) 如果 A 平凡作用在 N 与 G/N 上, 那么 A 也平凡作用在 G 上.

证明 (i) $\forall g \in G$, 若 $Ng \in C_{G/N}(A)$, 则由 $N^A = A$ 与 $(Ng)^A = Ng$ 得, $g^a g^{-1} \in N$, $\forall a \in A$. 于是在半直积 $G \rtimes A$ 中有: $a^{-1}gag^{-1} \in N$, 从而 $A^{g^{-1}} \leqslant N \rtimes A$, 因而 A 与 $A^{g^{-1}}$ 都是 N 在 $N \rtimes A$ 中的补子群. 根据 Schur-Zassenhaus 定理, A 与 $A^{g^{-1}}$ 在 $N \rtimes A$ 中是共轭的, 所以存在 $x \in N$ 使 $A^x = A^{g^{-1}}$. 令 $c = xg$, 则 $c \in N_{N \rtimes A}(A) \cap Ng$ 且 $[A, c] \leqslant A \cap G = 1$. 由此得 $c \in C_G(A)$ 且 $Nc = Ng$, 因此 $Ng \in C_G(A)N/N$.

反之, 当 $c \in C_G(A)$ 时, 显然有 $(Nc)^a = Nc, \forall a \in A$, 所以 $Nc \in C_{G/N}(A)$. 故 $C_{G/N}(A) = C_G(A)N/N$.

(ii) 如果 A 平凡作用在 N 与 G/N 上, 则 $C_{G/N}(A) = G/N$ 且 $N \leqslant C_G(A)$. 于是由 (i) 得 $C_G(A)N/N = C_G(A)/N = G/N$, 从而 $C_G(A) = G$, 故 A 平凡作用在 G 上. □

定理 2.6.7 设群 A 在群 G 上的作用是互素的, 则:

(i) $G = C_G(A)[G, A]$;

(ii) $[G, A] = [G, A, A]$.

证明 (i) 由定理 2.6.4 得, $[G, A]$ 是 G 的 A-不变正规子群, 且 A 平凡作用在 $G/[G, A]$ 上, 即 $C_{G/[G,A]}(A) = G/[G, A]$. 既然 A 在群 G 上的作用是互素的, 所以 A 在群 $[G, A]$ 上的作用也是互素的. 于是再由定理 2.6.6 得, $C_{G/[G,A]}(A) = C_G(A)[G, A]/[G, A]$. 因此 $G/[G, A] = C_G(A)[G, A]/[G, A]$, 从而 $G = C_G(A)[G, A]$.

(ii) 由引理 2.6.2 的 (iv) 或 (v) 可知, $[G, A, A] \subseteq [G, A]$. 另一方面, 由于 $[G, A]$, $[G, A, A]$, $C_G(A)$ 都是 A-不变的, 于是将 (i) 中的 G 换成 $[G, A]$ 并注意到 $C_{[G,A]}(A) = C_G(A) \cap [G, A]$ 得, $[G, A] = (C_G(A) \cap [G, A])[G, A, A]$, 从而有 $G = C_G(A)[G, A, A]$. $\forall g \in G$, 存在 $c \in C_G(A)$, $x \in [G, A, A]$, 使 $g = cx$. 于是 $\forall a \in A$, 有 $[g, a] = x^{-1}c^{-1}(cx)^a = x^{-1}c^{-1}c^a x^a = x^{-1}x^a$, 但 $x^{-1}x^a \in [G, A, A]$, 所以 $[G, A] \subseteq [G, A, A]$. 故 $[G, A] = [G, A, A]$. □

定理 2.6.8 设群 A 在交换群 G 上的作用是互素的, 则

$$G = C_G(A) \times [G, A].$$

证明 由引理 1.9.8 和定理 2.6.7 (i) 知, 我们只需证明 $C_G(A)\cap[G,A]=1$. 为此, 作 G 到自身的映射

$$\varphi:\ \ g\mapsto\prod_{x\in A}g^x,\ \forall g\in G.$$

因为 G 是交换群, 不难验证 φ 是 G 的自同态. 于是, 对于 $[G,A]$ 中任意一个元素 $g=[h,a]$, 有

$$g^{\varphi}=h^{-\varphi}(h^a)^{\varphi}=\left(\prod_{x\in A}h^{-x}\right)\left(\prod_{x\in A}h^{ax}\right)=1$$

由此得 $[G,A]\leqslant \mathrm{ker}\varphi$. 另外, 如果 $g\in C_G(A)$, 那么 $g^{\varphi}=g^{|A|}$. 但 $(|A|,|G|)=1$, 所以不难得出

$$g^{|A|}=1\ \Leftrightarrow\ g=1.$$

因此, 当 $g\in C_G(A)\cap[G,A]$ 时, 必有 $g=1$. 故 $C_G(A)\cap[G,A]=1$. □

设 G 是一个 p-群, 令

$$\Omega_i(G)=\langle x\in G|x^{p^i}=1\rangle,\ i=0,1,2,\cdots$$

易见, $\Omega_i(G)$ 是 G 的特征子群, 且显然有 $\Omega_{i-1}(G)\leqslant\Omega_i(G)$, $i=1,2,\cdots$.

当 G 是交换 p-群时, 易见 $\Omega_i(G)=\{x\in G|x^{p^i}=1\}$, 而 G 是初等交换 p-群的充要条件是 $G=\Omega_1(G)$.

定理 2.6.9 *设群 A 在交换 p-群 G 上的作用是互素的, 如果 A 在 $\Omega_1(G)$ 上的作用是平凡的, 那么 A 在 G 上的作用也是平凡的.*

证明 当 A 平凡作用在 $\Omega_1(G)$ 上时, $\Omega_1(G)\leqslant C_G(A)$, 于是 $\Omega_1([G,A])\leqslant C_G(A)$, 从而 $\Omega_1([G,A])\leqslant C_G(A)\cap[G,A]$. 但由定理 2.6.8 得, $C_G(A)\cap[G,A]=1$. 所以 $\Omega_1([G,A])=1$, 故必有 $[G,A]=1$, 即 A 在 G 上的作用是平凡的. □

定义 2.6.6 *设群 A 作用在群 G 上, 如果 G 中存在非平凡的 A-不变子群, 则称这个作用是可约的, 否则称它是不可约的. 如果 G 可表示成两个非平凡的 A-不变子群的直积, 则称这个作用是可分解的, 否则称它是不可分解的.*

定义 2.6.7 设群 A 作用在交换群 G 上, 如果对 G 的任何 A-不变子群 H, 总存在 G 的 A-不变子群 K, 使 $G = H \times K$, 则称这个作用是完全可约的, 或者称它是半单的.

定理 2.6.10 设群 A 在交换群 G 上的作用是互素的, H 是 G 的 A-不变子群. 如果 H 在 G 中存在补子群, 那么 H 在 G 中一定存在 A-不变的补子群.

证明 设 K 是 H 在 G 中的一个补子群, 则 $G = H \times K$. 如果 $G = H$, 那么显然 $K = 1$ 是 G 的 A-不变子群. 所以, 可假设 $G \neq H$. 作投射变换 $\eta\colon G \to H$, 使 $\eta(hk) = h$, $\forall h \in H, k \in K$. 显然, η 是 G 的一个自同态. 令

$$\eta_A(g) = \prod_{x \in A} g^{x^{-1}\eta x}, \ \forall g \in G.$$

则 η_A 也是 G 的一个自同态. 由于 H 是 G 的 A-不变子群, 所以

$$\eta_A(h) = \prod_{x \in A} h^{x^{-1}x} = h^{|A|}, \ \forall h \in H.$$

但 $(|A|, |H|) = 1$, 于是存在整数 r, s, 使 $r|A| + s|H| = 1$, 从而 $\forall h \in H$, 有 $h = (h^r)^{|A|} = \eta_A(h^r)$, 因而 $H \leqslant \eta_A(G)$. 另外, 显然有 $\eta_A(G) \leqslant H$. 故 $H = \eta_A(G)$.

若 $h \in H \cap \ker\eta_A$, 则 $h = (h^r)^{|A|} = \eta_A(h^r) = 1$, 所以 $H \cap \ker\eta_A = 1$. 由定理 1.4.1 得, $G/\ker\eta_A \cong H$, 再由引理 1.9.8 得, $G = H \times \ker\eta_A$. 又对任何 $k \in \ker\eta_A$ 与任何 $y \in A$, 有

$$\eta_A(k^y) = \prod_{x \in A} (k^y)^{x^{-1}\eta x} = \prod_{xy^{-1} \in A} (k^{yx^{-1}\eta x y^{-1}})^y = (\eta_A(k))^y = 1$$

所以 $\ker\eta_A$ 是 H 在 G 中的 A-不变的补子群. □

由于初等交换 p-群的任何子群都有补子群, 所以由定理 2.6.10 可立即得到下面的著名定理.

定理 2.6.11 (Maschke 定理) 如果群 A 互素作用在初等交换 p-群 G 上, 那么这个作用是完全可约的. □

例 1 设 p 是奇素数, $G = \langle a, b \mid |a| = p^2, |b| = p, [a, b] = 1\rangle$, $A = \langle x\rangle$ 是 2 阶循环群. $\forall g \in G$, 令 $g^x = g^{-1}$, 则我们定义了 A 在 G 上的一

个互素作用. 容易验证, $H=\langle a^p\rangle$ 是 G 的 A-不变子群. 但 H 在 G 中没有 A-不变的补子群.

例 1 说明, 在一般交换群上的互素作用不必是完全可约的.

定理 2.6.12 对任何奇素数 p, $2p^2$ 阶群 G 恰有如下 5 个互不同构的类型:

(i) $G\cong C_{p^2}\times C_2\cong C_{2p^2}$;

(ii) $G\cong C_p\times C_p\times C_2\cong C_{2p}\times C_p$;

(iii) $G\cong D_{2p^2}=\langle a,x||a|=p^2,|x|=2,a^x=a^{-1}\rangle$;

(iv) $G\cong D_{2p}\times C_p\cong\langle a,b,x||a|=|b|=p,|x|=2,a^x=a^{-1},[a,b]=[b,x]=1\rangle$;

(v) $G\cong\langle a,b,x||a|=|b|=p,|x|=2,[a,b]=1,a^x=a^{-1},b^x=b^{-1}\rangle$.

证明 当 G 是交换群时, 由定理 1.9.4 与推论 1.9.7 知, G 有 2 种互不同构的类型, 即 (i) 和 (ii). 当 G 是非交换群时, 由 Sylow 定理可知, G 的 Sylow p-子群 P 是正规的. 又设 K 是 G 的 Sylow 2-子群, 则 K 是 2 阶循环群, 令 $K=\langle x\rangle$. 显然, K 非平凡互素作用在 P 上, 而 P 恰有 2 种不同构的类型: C_{p^2}, $C_p\times C_p$. 当 $P\cong C_{p^2}=\langle a\rangle$ 时, P 有唯一的 2 阶自同构: $a\mapsto a^{-1},\forall a\in P$, 于是可令 $a^x=a^{-1}$, 从而得 G 的构造为 (iii). 当 $P\cong C_p\times C_p=\langle a\rangle\times\langle b\rangle$ 时, 根据定理 2.6.8 知, $P=C_P(K)\times[P,K]$, 但 G 是非交换群, 所以必然 $C_P(K)=1$ 而 $P=[P,K]$, 或者 $C_P(K)$ 与 $[P,K]$ 为不同的 p 阶群. 如果 $C_P(K)$ 与 $[P,K]$ 为不同的 p 阶群, 则不妨设 $C_P(K)=\langle b\rangle$, $[P,K]=\langle a\rangle$, 于是 $b^x=b,a^x=a^{-1}$, 从而 G 的构造为 (iv). 如果 $C_P(K)=1$ 而 $P=[P,K]$, 那么应有 $a^x=a^{-1},b^x=b^{-1}$, 从而 G 的构造为 (v). □

定理 2.6.13 设 p 为奇素数且 $p>3$, G 为 $4p$ 阶群, 则有如下结论.

1) 当 $p\equiv 3(\mathrm{mod}\ 4)$ 时, G 恰有如下 4 个互不同构的类型:

(i) $G\cong C_p\times C_4\cong C_{4p}$;

(ii) $G\cong C_p\times C_2\times C_2\cong C_2\times C_{2p}$;

(iii) $G\cong D_{4p}=\langle a,x||a|=2p,|x|=2,a^x=a^{-1}\rangle$;

(iv) $G\cong\langle a,x||a|=2p,|x|=4,x^2=a^p,a^x=a^{-1}\rangle$.

2) 当 $p\equiv 1(\mathrm{mod}\ 4)$ 时, G 恰有 5 个互不同构的类型, 即除了上面的 4 种构造, 还有下面一种构造:

(v) $G\cong\langle a,x\,||a|=p,|x|=4,a^x=a^r\rangle$,
这里 $r=\sigma^{\frac{p-1}{4}}$, 而 σ 是模 p 的一个原根.

证明 设 P,Q 分别是 G 的 Sylow p-子群与 Sylow 2-子群. 因为 p 为奇素数且 $p>3$, 所以由 Sylow 定理得, $P\lhd G$, 于是显然有 $G=PQ$, 从而 Q 互素作用在循环群 P 上. 由于 Q 有两种互不同构的类型: C_4 与 $C_2\times C_2$, 所以当 Q 平凡作用在 P 上时, 可得 G 为交换群, 有两种不同构的类型, 即 (i) 和 (ii). 又 P 的自同构群是 $p-1$ 阶循环群, 因此可作以下讨论.

1) 当 $p\equiv 3 \pmod 4$ 时, P 有唯一的 2 阶自同构, 于是 $G/C_G(P)$ 是 2 阶群, 从而 $C_G(P)$ 是 $2p$ 阶交换群, 因而 $C_G(P)$ 是循环群, 设 $C_G(P)=\langle a\rangle$.

当 Q 是循环群时, 设 $Q=\langle x\rangle$. 又 $G/C_G(P)=QC_G(P)/C_G(P)\cong Q/Q\cap C_G(P)$, 而 $Q\cap C_G(P)=\langle a^p\rangle$ 是 Q 的唯一的 2 阶子群, 所以 $x^2=a^p$. 但 x 非平凡作用在 $C_G(P)$ 上, 所以 $a^x=a^{-1}$. 总之 G 有构造 (iv).

当 Q 是初等交换群时, $Q\cap C_G(P)=\langle a^p\rangle$ 是 Q 的一个 2 阶子群, 于是可设 $Q=\langle a^p\rangle\times\langle x\rangle$. 由于 x 非平凡作用在 $C_G(P)$ 上, 所以 $a^x=a^{-1}$, 因此 G 有构造 (iii).

2) 当 $p\equiv 1 \pmod 4$ 时, P 也有唯一的 2 阶自同构, 所以 G 必有构造 (iii) 与 (iv). 但 P 还有唯一的 4 阶自同构, 从而当 Q 是循环群时, 设 $Q=\langle x\rangle$, 则 x 作用在 P 上时, 诱导出 P 的一个 4 阶自同构. 设 σ 是模 p 的一个原根, 令 $r=\sigma^{\frac{p-1}{4}}$, 则可设 $a^x=a^r$, 于是 G 有构造 (v). □

定理 2.6.14 设 p 为奇素数且 $p>3$, n 为任意正整数, G 为 Sylow p-子群循环的 $18p^n$ 阶群, 则可得以下结果.

1) 当 $p\equiv 1 \pmod{18}$ 时, G 恰有如下 19 个互不同构的类型:

(i) $G_1=\langle a,g\,||a|=18,|g|=p^n,g^a=g^r\rangle$;

(ii) $G_2=\langle a,g\,||a|=18,|g|=p^n,g^a=g^s\rangle$;

(iii) $G_3=\langle a,g\,||a|=18,|g|=p^n,g^a=g^t\rangle$;

(iv) $G_4=\langle a,g\,||a|=18,|g|=p^n,g^a=g^u\rangle$;

(v) $G_5=\langle a,g\,||a|=18,|g|=p^n,g^a=g^{-1}\rangle$;

(vi) $G_6=\langle a,g\,||a|=18,|g|=p^n,g^a=g\rangle\cong C_{18p^n}$;

(vii) $G_7 = \langle a, b, g \| a| = 6, |b| = 3, |g| = p^n, b^a = b^g = b, g^a = g^t \rangle$;

(viii) $G_8 = \langle a, b, g \| a| = 6, |b| = 3, |g| = p^n, a^b = a^g = a, g^b = g^u \rangle$;

(ix) $G_9 = \langle a, b, g \| a| = 6, |b| = 3, |g| = p^n, b^a = b^g = b, g^a = g^{-1} \rangle$;

(x) $G_{10} \cong C_6 \times C_3 \times C_{p^n}$;

(xi) $G_{11} = \langle a, b, c, g \| a| = |b| = 3, |c| = 2, |g| = p^n, a^b = a^c = a,$

$$b^c = b^{-1}, g^a = g^u, g^b = g, g^c = g^{-1} \rangle;$$

(xii) $G_{12} = \langle a, b, c, g \| a| = |b| = 3, |c| = 2, |g| = p^n, a^b = a^c = a,$

$$b^c = b^{-1}, g^a = g^u, g^b = g^c = g \rangle;$$

(xiii) $G_{13} = \langle a, b, c, g \| a| = |b| = 3, |c| = 2, |g| = p^n, a^b = a^c = a,$

$$b^c = b^{-1}, g^b = g^u, g^a = g^c = g \rangle;$$

(xiv) $G_{14} = \langle a, b, c, g \| a| = |b| = 3, |c| = 2, |g| = p^n, a^b = a^c = a,$

$$b^c = b^{-1}, g^a = g^b = g, g^c = g^{-1} \rangle;$$

(xv) $G_{15} \cong C_3 \times S_3 \times C_{p^n}$;

(xvi) $G_{16} = \langle a, b, c, g \| a| = |b| = 3, |c| = 2, |g| = p^n, a^b = a,$

$$a^c = a^{-1}, b^c = b^{-1}, g^a = g^b = g, g^c = g^{-1} \rangle;$$

(xvii) $G_{17} = \langle a, b, c \| a| = |b| = 3, |c| = 2, a^b = a, a^c = a^{-1},$

$$b^c = b^{-1} \rangle \times C_{p^n};$$

(xviii) $G_{18} = \langle a, b, g \| a| = 9, |b| = 2, |g| = p^n, a^b = a^{-1},$

$$g^a = g, g^b = g^{-1} \rangle;$$

(xix) $G_{19} = \langle a, b \| a| = 9, |b| = 2, a^b = a^{-1} \rangle \times C_{p^n}$;

这里 $k = \dfrac{p^{n-1}(p-1)}{18}$, $r = \sigma^k$, $s = r^2$, $t = r^3$, $u = r^6$, $v = r^9$, 而 σ 是模 p^n 的一个原根.

2) 当 $p \equiv 7$ 或 13 (mod 18) 时, G 恰有 17 个互不同构的类型: G_3 至 G_{19}.

3) 当 $p \equiv 5$ 或 11 或 17 (mod 18) 时, G 恰有 10 个互不同构的类型: $G_5, G_6, G_9, G_{10}, G_{14}, G_{15}, G_{16}, G_{17}, G_{18}, G_{19}$.

证明 设 σ 是模 p^n 的一个原根, G 的 Sylow p-子群 $P = \langle g || g| = p^n \rangle$. 由定理 1.5.3 知, P 的自同构群 $\mathrm{Aut}(P)$ 是 $p^{n-1}(p-1)$ 阶循环群. 为简化记号, 我们令 $k = p^{n-1}(p-1)/18$, $r = \sigma^k$, $s = r^2$, $t = r^3$, $u = r^6$, $v = r^9$, 易见 $v \equiv -1 (\mathrm{mod}\ p^n)$. 又 $\forall g \in P$, 令 $\rho(g) = g^\sigma$, 则 $\rho \in \mathrm{Aut}\ (P)$ 且 $\mathrm{Aut}\ (P) = \langle \rho \rangle$. 首先, 设 H 是一个 18 阶的有限群, 则由定理 2.6.12 知 H 必为下列 5 种类型之一:

(a) $H \cong H_1 = C_{18} = \langle a \rangle$;

(b) $H \cong H_2 = C_6 \times C_3 = \langle a, b || a| = 6, |b| = 3, b^a = b \rangle$;

(c) $H \cong H_3 = C_3 \times S_3 = \langle a, b, c, || a| = |b| = 3, |c| = 2, a_b = a^c = a, b^c = b^{-1} \rangle$;

(d) $H \cong H_4 = \langle a, b, c, || a| = |b| = 3, |c| = 2, a^b = a, a^c = a^{-1}, b^c = b^{-1} \rangle$;

(e) $H \cong H_5 = \langle a, b || a| = 9, |b| = 2, a^b = a^{-1} \rangle$.

显然, H 的 Sylow 3-子群是 H 的特征子群, 因此不难证明 $\mathrm{Aut}(H_i)$, $i = 1, 2, 3, 4, 5$, 的阶分别是 6, 48, 12, 432, 54. 其次, 我们证明 G 的 Sylow p-子群必正规. 事实上, 若 $p \neq 5, 17$, 则由 Sylow 定理可知, 必然有 $P \lhd G$. 当 $p = 17$ 时, 若 G 的 Sylow 17-子群不正规, 则由 Sylow 定理可知, G 恰有 18 个 Sylow 17-子群, 且对任意 Sylow 17-子群 P, 有 $N_G(P) = P$. 于是由 Burnside 引理 (定理 2.5.4) 知, G 有 18 阶正规子群, 记为 H. 又易见, P 非平凡作用在 H 上, 从而 17 必整除 $\mathrm{Aut}(H)$ 的阶, 但这显然是不可能的, 因此 G 的 Sylow 17-子群必正规. 当 $p = 5$ 时, 若 G 的 Sylow 5-子群不正规, 则 G 恰有 6 个 Sylow 5-子群 P, 于是 $N_G(P)$ 的阶为 $3 \cdot 5^n$. 由于 $\mathrm{Aut}\ (P)$ 是阶为 $4 \cdot 5^{n-1}$ 的循环群, 而 $|N_G(P)/C_G(P)|$ 又是 $4 \cdot 5^{n-1}$ 的因数, 从而 $N_G(P) = C_G(P)$. 于是再由 Burnside 引理知, G 有 18 阶正规子群, 记为 H. 又易见, P 非平凡作用在 H 上, 从而 5 必整除 $\mathrm{Aut}(H)$ 的阶, 但这也是不可能的, 因此 G 的 Sylow 5-子群必正规. 总之, 我们证明了 G 的 Sylow p-子

群必正规. 由此可见 G 是可解群, 于是由定理 2.4.4 得, G 的 Hall p'-子群 H 存在. 显然 $G = HP$ 且 H 是 18 阶群, 由 N/C 定理 (定理 1.3.4) 知 $G/C_G(P)$ 同构于 $\mathrm{Aut}(P)$ 的一个子群. 又 $P \leqslant C_G(P)$, 于是 $G/C_G(P) \cong (G/P)/(C_G(P)/P) \cong H/C_H(P)$, 因此知 $H/C_H(P)$ 是一个循环群且阶为 $(18,\ p-1)$ 的一个因数.

情形 1: 如果 $H \cong H_1$, 那么, 1) 当 $p \equiv 1 (\mathrm{mod}\ 18)$ 时, G 恰有 6 种构造: (i), (ii), (iii), (iv), (v), (vi); 2) 当 $p \equiv 5$ 或 11 或 17 (mod 18) 时, G 恰有 2 种构造: (v), (vi); 3) 当 $p \equiv 7$ 或 13 (mod 18) 时, G 恰有 4 种构造: (iii), (iv), (v), (vi).

事实上, 1) 若 $p \equiv 1 (\mathrm{mod}\ 18)$, 则 $\mathrm{Aut}(P)$ 有 18 阶子群 $\langle \rho^k \rangle$, 9 阶子群 $\langle \rho^{2k} \rangle$, 6 阶子群 $\langle \rho^{3k} \rangle$, 3 阶子群 $\langle \rho^{6k} \rangle$, 2 阶子群 $\langle \rho^{9k} \rangle$, 1 阶子群 1, 且这些子群都是唯一的. 与此对应, $C_H(P)$ 有 6 种不同的选择: 1, $\langle a^9 \rangle$, $\langle a^6 \rangle$, $\langle a^3 \rangle$, $\langle a^2 \rangle$, $\langle a \rangle$, 所以 G 有 6 种不同的构造: (i)～(vi).

2) 若 $p \equiv 5$ 或 11 或 17 (mod 18), 则 (18, $o(\mathrm{Aut}(P))$)= $(18, p-1) = 2$, 于是 $H/C_H(P)$ 可以是 2 阶循环群或单位元群. 与此对应, $C_H(P)$ 有 2 种不同的选择: $\langle a^2 \rangle$, $\langle a \rangle$, 因此 G 有 2 种不同的构造: (v), (vi).

3) 若 $p \equiv 7$ 或 13 (mod 18), 则 (18, $o(\mathrm{Aut}(P))$)=6, 于是 $H/C_H(P)$ 可以是 6 阶循环群, 3 阶循环群, 2 阶循环群或单位元群. 与此对应, $C_H(P)$ 有 4 种不同的选择: $\langle a^6 \rangle$, $\langle a^3 \rangle$, $\langle a^2 \rangle$, $\langle a \rangle$, 因此 G 有 4 种不同的构造: (iii), (iv), (v), (vi).

情形 2: 如果 $H \cong H_2$, 那么, 1) $p \equiv 1$ 或 7 或 13 (mod 18) 时, 恰有 4 种构造: (vii), (viii), (ix), (x); 2) 当 $p \equiv 5$ 或 11 或 17 (mod 18) 时, 恰有 2 种构造: (ix), (x).

事实上, 1) 若 $p \equiv 1$ 或 7 或 13 (mod 18), 则当 $H/C_H(P)$ 是 6 阶循环群时, $C_H(P)$ 必是 3 阶循环群, 不妨设 $C_H(P) = \langle b \rangle$, 从而 $g^a = g^t$, 于是 G 的构造是 (vii); 当 $H/C_H(P)$ 是 3 阶循环群时, $C_H(P)$ 必是 6 阶循环群, 不妨设 $C_H(P) = \langle a \rangle$, 从而 $g^b = g^u$, 于是 G 的构造是 (viii); 当 $H/C_H(P)$ 是 2 阶循环群时, $C_H(P)$ 必是 9 阶初等交换群, 必有 $C_H(P) = \langle a^2, b \rangle$, 于是必有 $g^a = g^{-1}$, 因此 G 的构造是 (ix); 当 $H/C_H(P)$ 是单位元群时, 易见 G 是交换群, 且构造为 (x).

2) 若 $p \equiv 5$ 或 11 或 17 (mod 18), 则 $H/C_H(P)$ 可为 2 阶循环群或单位元群两种情况. 所以 G 只有两种构造 (ix), (x).

情形 3: 如果 $H \cong H_3$, 那么, 1) 当 $p \equiv 1$ 或 7 或 13 (mod 18) 时, G 恰有 5 种构造: (xi), (xii), (xiii), (xiv), (xv); 2) 当 $p \equiv 5$ 或 11 或 17 (mod 18) 时, G 恰有 2 种构造: (xiv), (xv).

事实上, 1) 若 $p \equiv 1$ 或 7 或 13 (mod 18), 则当 $H/C_H(P)$ 是 6 阶循环群时, $C_H(P)$ 必是 3 阶循环群 $\langle b \rangle$, 从而 $g^a = g^u$, $g^c = g^{-1}$, 于是 G 的构造是 (xi); 当 $H/C_H(P)$ 是 3 阶循环群时, $C_H(P)$ 是 H 的 6 阶子群, 但 H 有两个 6 阶子群, 一个是 6 阶非交换群 $\langle b, c \rangle$, 另一个是 6 阶循环群 $\langle a, c \rangle$. 当 $C_H(P) = \langle b, c \rangle$ 时, $g^a = g^u$, 从而 G 的构造是 (xii). 当 $C_H(P) = \langle a, c \rangle$ 时, $g^b = g^u$, 从而 G 的构造是 (xiii); 当 $H/C_H(P)$ 是 2 阶循环群时, $C_H(P)$ 必是 9 阶初等交换群, 必有 $C_H(P) = \langle a, b \rangle$, 于是必有 $g^c = g^{-1}$, 因此 G 的构造是 (xiv); 当 $H/C_H(P)$ 是单位元群时, 易见 G 是交换群, 且构造为 (xv).

2) 若 $p \equiv 5$ 或 11 或 17 (mod 18), 则 $H/C_H(P)$ 可为 2 阶循环群或单位元群两种情况. 所以 G 只有两种构造 (xiv), (xv).

情形 4: 如果 $H \cong H_4$, 那么 G 恰有 2 种构造.

事实上, 由于 H_4 的商群中, 只有 2 阶循环群或单位元群, 所以 G 只有两种不同的构造. 当 $H/C_H(P)$ 是 2 阶循环群时, $C_H(P) = \langle a, b \rangle$, 且 $g^c = g^{-1}$, 从而 G 的构造是 (xvi); 当 $H/C_H(P)$ 是单位元群时, G 的构造必是 (xvii).

情形 5: 如果 $H \cong H_5$, 那么 G 恰有 2 种构造 (xviii), (xix).

事实上, 由于 $H/C_H(P)$ 必须是循环群, 不难证明必有 $C_H(P) = \langle a \rangle$ 或 $C_H(P) = H$, 从而 G 只有两种构造 (xviii) 与 (xix). □

§2.7 线 性 群

设 $\mathbb{F}$ 是一个域, 对于任何正整数 n, 域 $\mathbb{F}$ 上的所有 n 阶矩阵的集合, 记为 $M_n(\mathbb{F})$. 不难验证, $M_n(\mathbb{F})$ 中全体可逆矩阵的集合关于矩阵乘法组成一个群, 称为 $\mathbb{F}$ 上的 n 维一般线性群, 记为 $GL(n, \mathbb{F})$. 又 $M_n(\mathbb{F})$ 中全体行列式为 1 的矩阵组成的集合关于矩阵乘法也组成一个群, 称为 $\mathbb{F}$ 上

的 n 维特殊线性群, 记为 $SL(n,\mathbb{F})$. 由高等代数知识可知, $SL(n,\mathbb{F})\trianglelefteq GL(n,\mathbb{F})$. 当 $\mathbb{F}$ 是有限域时, $\mathbb{F}$ 的元素个数是一个素数的幂, 而且在同构意义下, $\mathbb{F}$ 完全由其所含元素个数所决定. 设 p 是一个素数, q 为 p 的某个幂, 若 $|\mathbb{F}|=q$, 则 $\mathbb{F}$ 上的 n 维一般线性群和特殊线性群, 分别记为 $GL(n,q)$ 和 $SL(n,q)$.

定理 2.7.1 设 n 是正整数, q 是素数幂, 则

$$|GL(n,q)|=\prod_{i=1}^{n}(q^n-q^{i-1})=q^{\frac{n(n-1)}{2}}(q^n-1)\cdots(q-1).$$

证明 设 $\mathbb{F}$ 是 q 个元素的域, 要计算 $|GL(n,q)|$, 只要计算 $M_n(\mathbb{F})$ 中行向量都是线性无关的矩阵的个数. 而要构造这样的矩阵, 我们可以在 $\mathbb{F}$ 上的 n 维向量空间 $\mathbb{F}^n$ 中选取任意一个非零向量作为矩阵的第一行, 有 q^n-1 种选法. 对于 $1<i\leqslant n$, 这个矩阵的第 i 行可以是与前面 $i-1$ 个行向量都线性无关的任何一个向量, 而前面 $i-1$ 个行向量的线性组合共有 q^{i-1} 个不同的向量, 所以第 i 行的选法有 q^n-q^{i-1} 种. 因此, $M_n(\mathbb{F})$ 中行向量都是线性无关的矩阵的个数为 $\prod\limits_{i=1}^{n}(q^n-q^{i-1})$. □

记 $G=GL(n,\mathbb{F})$, B 为 $M_n(\mathbb{F})$ 中所有可逆的上三角矩阵组成的集合. 由高等代数知识易知, 关于矩阵乘法, B 是 G 的子群, 称为 G 的标准 Borel 子群. 一般地, G 中与 B 共轭的任何子群都叫做 G 的一个 Borel 子群.

如果一个矩阵的每行和每列都有唯一一个非零元且非零元都是 1, 那么称这个矩阵为一个置换矩阵. 显然, 单位矩阵就是一个置换矩阵. 对于任何一个 n 阶置换矩阵 $\boldsymbol{P}=(p_{ij})$, 若 $p_{nn}\neq 1$, 则存在 $1\leqslant j<n$ 使 $p_{nj}=1$, 将 $\boldsymbol{P}$ 的第 j 列与第 n 列交换, 得到一个新的置换矩阵, 其主对角线的最后一个元素是 1. 在这个新置换矩阵中, 若 $p_{n-1,n-1}\neq 1$, 则存在 $1\leqslant j<n-1$ 使 $p_{n-1,j}=1$, 将 $\boldsymbol{P}$ 的第 j 列与第 $n-1$ 列交换, 又得到一个新的置换矩阵, 其主对角线的最后两个元素都是 1. 重复此步骤若干次, 最后得到的置换矩阵必是单位矩阵. 反之, 通过交换单位矩阵的列, 可以得到任何一个置换矩阵. 类似地, 通过交换单位矩阵的行, 也可以得到任何一个置换矩阵. 由此可见, 置换矩阵都是可逆矩阵, 即都

是 G 中的元素. 如果一个矩阵 $\boldsymbol{M}$ 不是单位矩阵, 但 $\boldsymbol{M}^2$ 是单位矩阵, 则称 $\boldsymbol{M}$ 是一个对合矩阵, 简称对合. 显然, 所有对合都是 G 中的元素.

定理 2.7.2 *所有 n 阶置换矩阵的集合关于矩阵乘法是 G 的一个子群, 叫做 Weyl 子群, 记为 W.*

证明 显然, 一个置换矩阵与它的转置矩阵的乘积是单位矩阵, 而置换矩阵的转置矩阵仍然是置换矩阵, 所以置换矩阵的逆也是置换矩阵, 即它的转置. 下面只要再证明两个置换矩阵的乘积还是置换矩阵即可. 设 $\boldsymbol{A}=(a_{ij})$, $\boldsymbol{B}=(b_{ij})$ 是两个置换矩阵, 记 $\boldsymbol{C}=\boldsymbol{AB}=(c_{ij})$. 因为对于任意 i, 存在唯一的 k, 使 $a_{ik}=1$. 又存在唯一的 j, 使 $b_{kj}=1$. 所以, $\boldsymbol{C}$ 的第 i 行只有唯一的非零元, 即 $c_{ij}=\sum\limits_{k=1}^{n}a_{ik}b_{kj}=1$. 类似地, 可证明 $\boldsymbol{C}$ 的第 j 列也只有唯一的非零元且为 1, 因此 $\boldsymbol{C}$ 是置换矩阵. □

定理 2.7.3 *G 的 Weyl 子群 W 与对称群 S_n 同构.*

证明 设 $V_n(\mathbb{F})$ 表示域 $\mathbb{F}$ 上的 n 维列向量空间, $\boldsymbol{v_1},\boldsymbol{v_2},\cdots,\boldsymbol{v_n}$ 为 $V_n(\mathbb{F})$ 的标准基. 显然, 对于任何矩阵 $\boldsymbol{M}$, $\boldsymbol{Mv_i}$ 就是 $\boldsymbol{M}$ 的第 i 列. 于是, 对于置换矩阵 $\boldsymbol{P}$, $\boldsymbol{Pv_i}$ 就是某个 $\boldsymbol{v_k}$. 令 $\Omega=\{1,2,\cdots,n\}$. $\forall\boldsymbol{w}\in W$, 我们定义一个映射 $\varphi(\boldsymbol{w})$: $\Omega\to\Omega$. $\forall 1\leqslant i\leqslant n$, 当 $\boldsymbol{wv_i}=\boldsymbol{v_k}$ 时, 令 $\varphi(\boldsymbol{w})(i)=k$. 由于 $\boldsymbol{w}$ 是置换矩阵, 我们不难证明 $\varphi(\boldsymbol{w})$ 是 Ω 的一个一一变换, 因而我们定义了 W 到 S_n 的一个映射 φ: $\boldsymbol{w}\mapsto\varphi(\boldsymbol{w})$. 如果存在 $\boldsymbol{w},\boldsymbol{w}'\in W$, 使 $\varphi(\boldsymbol{w})=\varphi(\boldsymbol{w}')$, 则对所有 $i\in\Omega$, 有 $\boldsymbol{wv_i}=\boldsymbol{w}'\boldsymbol{v_i}$, 从而对所有 $i\in\Omega$, $\boldsymbol{w}$ 和 $\boldsymbol{w}'$ 的第 i 列都是相同的, 因而 $\boldsymbol{w}=\boldsymbol{w}'$. 故 φ 是单射. 反之, 如果 $\sigma\in S_n$, 则存在一个置换矩阵 $\boldsymbol{w}$, $\boldsymbol{w}$ 的第 i 列为 $\boldsymbol{v_{\sigma(i)}}$, $\forall i\in\Omega$. 于是 $\varphi(w)=\sigma$, 故 φ 也是满射. 对任意的 $\boldsymbol{w},\boldsymbol{w}'\in W$, 设 $\boldsymbol{w}=(a_{ij}),\boldsymbol{w}'=(b_{ij}),\boldsymbol{ww}'=(c_{ij})$, 不妨设 $a_{ik}=b_{kj}=1$, 则 $(\boldsymbol{ww}')\boldsymbol{v_j}=\boldsymbol{w}(\boldsymbol{w}'\boldsymbol{v_j})=\boldsymbol{wv_k}=\boldsymbol{v_i}$, 这说明 $\varphi(\boldsymbol{ww}')(j)=i=\varphi(\boldsymbol{w})(k)=\varphi(\boldsymbol{w})\varphi(\boldsymbol{w}')(j)$. 所以 $\varphi(\boldsymbol{ww}')=\varphi(\boldsymbol{w})\varphi(\boldsymbol{w}')$, 即 φ 是同构映射. □

为了叙述简便, 我们定义 $\boldsymbol{e}_{ij}$ 为只在 (i,j) 处的元素是 1 而其余所有元素都是 0 的 n 阶矩阵, $1\leqslant i,j\leqslant n$. 则对于任意 n 阶矩阵 $\boldsymbol{A}=(a_{ij})$, 有

$$\boldsymbol{A}=\sum_{i,j}a_{ij}\boldsymbol{e}_{ij}$$

由矩阵乘法的定义, 易知

$$\boldsymbol{e}_{ij}\boldsymbol{e}_{kl} = \delta_{jk}\boldsymbol{e}_{il}$$

这里 δ_{jk} 是 Kronecker 符号, 即 $\delta_{jj}=1$, 而当 $j\neq k$ 时 $\delta_{jk}=0$.

设 $1\leqslant i,j\leqslant n$ 且 $i\neq j$, $\alpha\in\mathbb{F}$. 令 $\boldsymbol{X}_{ij}(\alpha)$ 是一个 n 阶矩阵, 它的 (i,j) 处的元素等于 α, 主对角线上的元素全为 1, 除此之外, 其他元素全为 0. 我们不妨用 1 来表示单位矩阵, 即 $1=\boldsymbol{e}_{11}+\boldsymbol{e}_{22}+\cdots+\boldsymbol{e}_{nn}$. 于是, $\boldsymbol{X}_{ij}(\alpha)=1+\alpha\boldsymbol{e}_{ij}$. 例如, $\boldsymbol{X}_{12}(\alpha)\in M_3(\mathbb{F})$ 就是矩阵

$$\begin{pmatrix} 1 & \alpha & 0 \\ 0 & 1 & 0 \\ 0 & 0 & 1 \end{pmatrix}$$

显然, $\boldsymbol{X}_{ij}(\alpha)\in G$ 且 $\boldsymbol{X}_{ij}(\alpha)$ 的行列式等于 1. 我们把这样的矩阵 $\boldsymbol{X}_{ij}(\alpha)$ 以及它们在 G 中的共轭叫做平延.

引理 2.7.4　设 $\alpha,\beta\in\mathbb{F}$, $\Omega=\{1,2,\cdots,n\}$, $i,j\in\Omega$ 且 $i\neq j$, 则:

(i) 若 $\alpha\neq 0$, 则 $\boldsymbol{X}_{ij}(\alpha)\in B$ 当且仅当 $i<j$;

(ii) $\boldsymbol{X}_{ij}(\alpha)\boldsymbol{X}_{ij}(\beta)=\boldsymbol{X}_{ij}(\alpha+\beta)$, 从而 $\boldsymbol{X}_{ij}(\alpha)^{-1}=\boldsymbol{X}_{ij}(-\alpha)$;

(iii) $[\boldsymbol{X}_{ij}(\alpha),\boldsymbol{X}_{jk}(\beta)]=\boldsymbol{X}_{ik}(\alpha\beta)$, 只要 $i,j,k\in\Omega$ 且互不相同;

(iv) 如果 $\boldsymbol{w}\in W$, 那么 $\boldsymbol{w}\boldsymbol{X}_{ij}(\alpha)\boldsymbol{w}^{-1}=\boldsymbol{X}_{\boldsymbol{w}(i)\boldsymbol{w}(j)}(\alpha)$;

(v) $\boldsymbol{X}_{ij}(\alpha)\boldsymbol{v_j}=\boldsymbol{v_j}+\alpha\boldsymbol{v_i}$, 而 $\boldsymbol{X}_{ij}(\alpha)\boldsymbol{v_k}=\boldsymbol{v_k}$ 当 $k\neq j$ 时;

(vi) 如果 $\boldsymbol{A}\in M_n(F)$, 则 $\boldsymbol{X}_{ij}(\alpha)\boldsymbol{A}$ 的第 i 行等于 $\boldsymbol{A}$ 的第 i 行与 $\boldsymbol{A}$ 的第 j 行的 α 倍之和, 而当 $k\neq i$ 时, $\boldsymbol{X}_{ij}(\alpha)\boldsymbol{A}$ 的第 k 行等于 $\boldsymbol{A}$ 的第 k 行.

证明　(i) 显然.

(ii) 因为

$$\boldsymbol{X}_{ij}(\alpha)\boldsymbol{X}_{ij}(\beta)=(1+\alpha\boldsymbol{e}_{ij})(1+\beta\boldsymbol{e}_{ij})$$

$$=1+\alpha\boldsymbol{e}_{ij}+\beta\boldsymbol{e}_{ij}+\alpha\beta\boldsymbol{e}_{ij}^2=1+(\alpha+\beta)\boldsymbol{e}_{ij}=\boldsymbol{X}_{ij}(\alpha+\beta).$$

于是得, $\boldsymbol{X}_{ij}(\alpha)\boldsymbol{X}_{ij}(-\alpha)=\boldsymbol{X}_{ij}(0)=1$, 所以 $\boldsymbol{X}_{ij}(\alpha)^{-1}=\boldsymbol{X}_{ij}(-\alpha)$.

(iii) 当 $i,j,k\in\Omega$ 且互不相同时,

$$\begin{aligned}&[\boldsymbol{X}_{ij}(\alpha),\boldsymbol{X}_{jk}(\beta)]\\&=\boldsymbol{X}_{ij}(\alpha)^{-1}\boldsymbol{X}_{jk}(\beta)^{-1}\boldsymbol{X}_{ij}(\alpha)\boldsymbol{X}_{jk}(\beta)\\&=(1-\alpha\boldsymbol{e}_{ij})(1-\beta\boldsymbol{e}_{jk})(1+\alpha\boldsymbol{e}_{ij})(1+\beta\boldsymbol{e}_{jk})\\&=(1-\alpha\boldsymbol{e}_{ij}-\beta\boldsymbol{e}_{jk}+\alpha\beta\boldsymbol{e}_{ik})(1+\alpha\boldsymbol{e}_{ij}+\beta\boldsymbol{e}_{jk}+\alpha\beta\boldsymbol{e}_{ik})\\&=1+\alpha\beta\boldsymbol{e}_{ik}=\boldsymbol{X}_{ik}(\alpha\beta).\end{aligned}$$

(iv) 因为 $\boldsymbol{w}$ 是置换矩阵, 不妨设 $\boldsymbol{w}=\sum\limits_{i=1}^{n}\boldsymbol{e}_{w(i)i}$, 于是 $\boldsymbol{w}^{-1}=\sum\limits_{j=1}^{n}\boldsymbol{e}_{jw(j)}$. 所以

$$\begin{aligned}&\boldsymbol{w}\boldsymbol{X}_{ij}(\alpha)w^{-1}\\&=\boldsymbol{w}(1+\alpha\boldsymbol{e}_{ij})\boldsymbol{w}^{-1}=1+\alpha\boldsymbol{w}\boldsymbol{e}_{ij}\boldsymbol{w}^{-1}\\&=1+\alpha\left(\sum_{i=1}^{n}\boldsymbol{e}_{w(i)i}\right)\boldsymbol{e}_{ij}\left(\sum_{j=1}^{n}\boldsymbol{e}_{jw(j)}\right)\\&=1+\alpha\boldsymbol{e}_{w(i)w(j)}=\boldsymbol{X}_{w(i)w(j)}(\alpha).\end{aligned}$$

(v) $\boldsymbol{X}_{ij}(\alpha)\boldsymbol{v}_{\boldsymbol{k}}=(1+\alpha\boldsymbol{e}_{ij})\boldsymbol{v}_{\boldsymbol{k}}=\boldsymbol{v}_{\boldsymbol{k}}+\alpha\boldsymbol{e}_{ij}\boldsymbol{v}_{\boldsymbol{k}}=\begin{cases}\boldsymbol{v}_{\boldsymbol{j}}+\alpha\boldsymbol{v}_{\boldsymbol{j}}, & k=j;\\ \boldsymbol{v}_{\boldsymbol{k}}, & k\neq j.\end{cases}$

(vi) 由矩阵乘法即得. □

设 $i\neq j$, 令 $X_{ij}=\{\boldsymbol{X}_{ij}(\alpha)|\alpha\in\mathbb{F}\}$. 由引理 2.7.4 的 (ii) 可知, X_{ij} 是 G 的子群, 称为 G 的根子群.

引理 2.7.5 $\forall\boldsymbol{M}\in G$, 存在若干个上三角平延之积 $\boldsymbol{b}$, 使得对每个 i $(1\leqslant i\leqslant n)$, $\boldsymbol{bM}$ 恰有一行, 它的前面 $i-1$ 个元素全是 0 而它在第 i 列处的元素不为 0.

证明 设 $\boldsymbol{M}=(m_{ij})\in G$. 因为 $\boldsymbol{M}$ 是可逆的, 它的第 1 列必有某个非零元, 不妨设 $m_{k_11}\neq 0$ 而 $m_{i1}=0$ 当 $i>k_1$ 时. 如果 $i<k_1$ 时有 $m_{i1}\neq 0$, 则令 $\alpha=-\dfrac{m_{i1}}{m_{k_11}}$, 于是矩阵 $\boldsymbol{X}_{ik_1}(\alpha)\boldsymbol{M}$ 在 $(i,1)$ 处的元素是 0, 且 $\boldsymbol{X}_{ik_1}(\alpha)$ 是一个上三角平延. 如果矩阵 $\boldsymbol{X}_{ik_1}(\alpha)\boldsymbol{M}$ 的第 1 列除 $(k_1,1)$ 处的元素不是 0 以外还有其他非零元, 那么这个矩阵再连续左

乘若干个适当的上三角平延后, 得到的新的矩阵 $\boldsymbol{M}'$ 的第 1 列必只有一个元素不为 0, 即 $(k_1,1)$ 处的元素不是 0. 显然 $\boldsymbol{M}'=(m'_{ij})$ 也是可逆的, 因此存在 $k_2\neq k_1$, 使 $m'_{k_2 2}\neq 0$ 而 $m_{i2}=0$ 当 $i>k_2$ 但 $i\neq k_1$ 时. 于是, $\boldsymbol{M}'$ 连续左乘若干个上三角平延 $X_{ik_2}(\alpha)$ $(i<k_2$ 且 $i\neq k_1)$ 后, 可使得到的矩阵 $\boldsymbol{M}''$ 的第 2 列除 $(k_1,2)$ 与 $(k_2,2)$ 处的元素外其余元素全为 0. 继续这一过程, 可知 $\boldsymbol{M}$ 在左乘若干个适当的上三角平延后, 最后得到一个矩阵, 必具有引理中所描述的性质. 即存在矩阵 $\boldsymbol{b}\in B$, 使 $\boldsymbol{bM}$ 具有引理中所描述的性质. □

定理 2.7.6（Bruhat 分解定理） $G=BWB$.

证明 设 $\boldsymbol{M}\in G$, 由引理 2.7.5 知, 存在矩阵 $\boldsymbol{b}\in B$ 以及 $1,2,\cdots,n$ 的一个重排 $k_1,k_2,\cdots,k_n$, 使 $\boldsymbol{bM}$ 的第 k_i 行的前面 $i-1$ 个元素都是 0 而在 (k_i,i) 处的元素不为 0. 设 $\boldsymbol{w}$ 是一置换矩阵, 它的第 k_i 列是基向量 $\boldsymbol{v_i}$. 于是, 对于每个 i, 矩阵 $\boldsymbol{wbM}$ 的第 i 行就是 $\boldsymbol{bM}$ 的第 k_i 行, 即 $\boldsymbol{wbM}$ 是上三角矩阵. 因此 $\boldsymbol{wbM}\in B$, 故 $\boldsymbol{M}\in \boldsymbol{b}^{-1}\boldsymbol{w}^{-1}B\subseteq BWB$. □

引理 2.7.7 *设 $\boldsymbol{b}\in B$, 则存在若干个上三角平延之积 $\boldsymbol{t}$, 使得 $\boldsymbol{tb}$ 是一对角矩阵, 恰这个对角矩阵与 b 有相同的对角线元素.*

证明 因为 $\boldsymbol{b}\in B$, 所以 $\boldsymbol{b}$ 的对角元素都不为 0. 如果 $\boldsymbol{b}$ 的第 n 列除对角元素外, 还有 (i,n) 处的元素不为 0, 那么 $\boldsymbol{b}$ 左乘平延 $\boldsymbol{X}_{in}(\alpha)$ 后（α 等于 (i,n) 处的元素与 (n,n) 处的元素之商的反数）, 可得一个新的上三角矩阵, 使其 (i,n) 处的元素为 0. 重复此过程, 可知 $\boldsymbol{b}$ 至多左乘 $n-1$ 个形如 $\boldsymbol{X}_{in}(\alpha)$ 的平延后, 可得一个新的上三角矩阵 $\boldsymbol{b}_1$, 且 $\boldsymbol{b}_1$ 的对角元素与 $\boldsymbol{b}$ 的相同, 而第 n 列的其他元素全为 0. 类似地, 可知 $\boldsymbol{b}_1$ 至多左乘 $n-2$ 个形如 $\boldsymbol{X}_{i,n-1}(\alpha)$ 的平延后, 可得一个新的上三角矩阵 $\boldsymbol{b}_2$, 且 $\boldsymbol{b}_2$ 的对角元素与 b 的相同, 而第 n、$n-1$ 列上的非对角元素全为 0. ……. 由此可见, 存在至多 $\frac{1}{2}n(n-1)$ 个上三角平延之积 $\boldsymbol{t}$, 使得 $\boldsymbol{tb}$ 是一对角矩阵, 恰这个对角矩阵与 $\boldsymbol{b}$ 有相同的对角线元素. □

定理 2.7.8 *G 是由所有可逆对角矩阵与所有平延生成的.*

证明 由定理 2.7.6 得, $G=BWB$, 所以只需要证明 B 和 W 可由可逆对角矩阵与平延生成即可. 而由引理 2.7.7 知, B 可由可逆对角矩阵与平延生成. 下面再证明 W 也具有这一性质.

由定理 2.7.3 知, $W \cong S_n$, 而由置换群的知识可知, S_n 中的每个元素都是若干个对换的乘积, 而每个对换对应于 W 中的置换矩阵必是单位矩阵交换其中两列后得到的矩阵. 因此, 只需证明由单位矩阵交换其中两列后得到的每个矩阵都可由可逆对角矩阵和平延生成即可. 设 $\boldsymbol{v_1}$, $\boldsymbol{v_2}, \cdots, \boldsymbol{v_n}$ 为域 $\mathbb{F}$ 上的 n 维列向量空间 $V_n(\mathbb{F})$ 的标准基. 当 $i \neq j$ 时, 不难验证, $\boldsymbol{X}_{ji}(1)\boldsymbol{X}_{ij}(-1)\boldsymbol{X}_{ji}(1)\boldsymbol{v_i} = \boldsymbol{v_j}$, $\boldsymbol{X}_{ji}(1)\boldsymbol{X}_{ij}(-1)\boldsymbol{X}_{ji}(1)\boldsymbol{v_j} = -\boldsymbol{v_i}$, 而当 $k \neq i$ 或 j 时, $\boldsymbol{X}_{ji}(1)\boldsymbol{X}_{ij}(-1)\boldsymbol{X}_{ji}(1)\boldsymbol{v_k} = \boldsymbol{v_k}$. 于是, 矩阵

$$(1-2e_{ii})\boldsymbol{X}_{ji}(1)\boldsymbol{X}_{ij}(-1)\boldsymbol{X}_{ji}(1)$$

必是由单位矩阵交换其中第 i 列与第 j 列后得到的置换矩阵. □

下面来讨论域 $\mathbb{F}$ 上的 n 维特殊线性群 $SL(n,\mathbb{F})$. 由于对 n 阶矩阵取行列式是群 $GL(n,\mathbb{F})$ 到 $\mathbb{F}$ 的非零元的集合 $\mathbb{F}^*$ 关于域的乘法构成的群的一个同态映射, 用 det 表示这个映射, 则 $SL(n,\mathbb{F})$ 是这个同态 det 的核, 因此有 $SL(n,\mathbb{F}) \trianglelefteq GL(n,\mathbb{F})$.

定理 2.7.9 设 n 是正整数, q 是素数幂, 则

$$|SL(n,q)| = \prod_{i=1}^{n-1}(q^{n+1}-q^i) = q^{\frac{n(n-1)}{2}}(q^n-1)\cdots(q^2-1).$$

证明 设 $\mathbb{F}$ 是 q 个元素的域, 因为 det 是 $GL(n,\mathbb{F})$ 到 $\mathbb{F}^*$ 的满同态, 所以 $|GL(n,q):SL(n,q)| = |\mathbb{F}^*| = q-1$. 再由定理 2.7.1 知结论成立. □

定理 2.7.10 特殊线性群 $SL(n,\mathbb{F})$ 是由根子群 X_{ij} 生成的.

证明 由引理 2.7.5 得, $SL(n,\mathbb{F})$ 中的每个元素都可以左乘若干个平延后得到具有下列性质的矩阵:

对于每个 i, 这个矩阵恰有一行的前 $i-1$ 个元素都是 0, 而第 i 个元素不是 0.

由定理 2.7.6 的证明过程可见, 上述矩阵再左乘一个适当的置换矩阵, 可得到一个上三角矩阵. 而由定理 2.7.8 的证明过程又可知, 每个置换矩阵必是若干个形如 $\boldsymbol{X}_{ji}(1)\boldsymbol{X}_{ij}(-1)\boldsymbol{X}_{ji}(1)$ 的矩阵与对角对合矩阵的乘积. 因此, $SL(n,\mathbb{F})$ 中的每个元素都可以左乘若干个平延, 化为一个上三角矩阵. 由于每个平延都是 $SL(n,\mathbb{F})$ 中的元素, 所以这样得到的上三

角矩阵也必是 $SL(n,\mathbb{F})$ 中的元素. 设这个上三角矩阵的主对角线上的元素依次为: $\lambda_1,\lambda_2,\cdots,\lambda_n$, 则它们的乘积必是 1. 于是矩阵 $\boldsymbol{X}_{n,n-1}(-1)$ $\boldsymbol{X}_{n-1,n}(1-\lambda_n^{-1})\boldsymbol{X}_{n,n-1}(\lambda_n)$ 左乘上述上三角矩阵后, 可得一新的上三角矩阵, 其主对角线上的元素依次为: $\lambda_1,\lambda_2,\cdots,\lambda_{n-1}\lambda_n,1$. 重复这一过程若干次后, 我们将得到一个主对角线元素全为 1 的上三角矩阵. 而主对角线元素全为 1 的上三角矩阵可以左乘若干个平延化为单位矩阵. 最后, 由于平延的逆仍是平延, 因此 $SL(n,\mathbb{F})$ 中的每个元素都可以写成若干个平延之积. □

定理 2.7.11 根子群 X_{ij} 在 $SL(n,\mathbb{F})$ 中是相互共轭的.

证明 设 X_{ij} 和 $X_{i'j'}$ 是两个任意的根子群. 由于存在置换矩阵 $\boldsymbol{w}$ 使 $\boldsymbol{wv_i}=\boldsymbol{v_{i'}}$ 且 $\boldsymbol{wv_j}=\boldsymbol{v_{j'}}$, 所以 $\forall\alpha\in\mathbb{F}$, 根据引理 2.7.4, 有 $\boldsymbol{wX}_{ij}(\alpha)$ $\boldsymbol{w}^{-1}=\boldsymbol{X}_{i'j'}(\alpha)$. 又因为 $\boldsymbol{w}$ 的逆就是它的转置, 于是有 $|\boldsymbol{w}|=\pm1$. 当 $|\boldsymbol{w}|$ $=1$ 时, $\boldsymbol{w}\in SL(n,\mathbb{F})$, 从而 $\boldsymbol{X}_{ij}(\alpha)$ 与 $\boldsymbol{X}_{i'j'}(\alpha)$ 在 $SL(n,\mathbb{F})$ 中是共轭的. 当 $|\boldsymbol{w}|=-1$ 时, 设 $\boldsymbol{d}$ 是一个对角矩阵, 它仅在 $(1,1)$ 的位置处元素为 -1 而其他对角元素全为 1. 显然, $\boldsymbol{dw}\in SL(n,\mathbb{F})$, 且 $\forall\alpha\in\mathbb{F}$, 有

$$(\boldsymbol{dw})\boldsymbol{X}_{ij}(\alpha)(\boldsymbol{dw})^{-1}=\boldsymbol{dX}_{i'j'}(\alpha)\boldsymbol{d}^{-1}=\begin{cases}\boldsymbol{X}_{i'j'}(-\alpha), & \text{当 } i'=1;\\ \boldsymbol{X}_{i'j'}(\alpha), & \text{当 } i'\neq 1.\end{cases}$$

综上所述, 知 X_{ij} 和 $X_{i'j'}$ 在 $SL(n,F)$ 中是共轭的. □

设 Z 是域 $\mathbb{F}$ 上所有 n 阶可逆数量矩阵的集合. 显然, $Z\leqslant GL(n,\mathbb{F})$, 且 $Z\cong\mathbb{F}^*$.

定理 2.7.12 $GL(n,\mathbb{F})$ 的中心是 Z, 而 $SL(n,\mathbb{F})$ 的中心是 $Z\cap SL(n,\mathbb{F})$.

证明 当 $n=1$ 时, 结论显然. 下面设 $n>1$. 显然, 由矩阵乘法的性质, 易知 $GL(n,\mathbb{F})$ 的中心包含 Z. 又若 $\boldsymbol{M}=(m_{ij})$ 与 $GL(n,\mathbb{F})$ 的每个元素可交换, 则 $\boldsymbol{M}$ 也必与 $SL(n,\mathbb{F})$ 的每个元素可交换. 特别地, 当 $1\leqslant i,j\leqslant n$ 且 $i\neq j$ 时, $\boldsymbol{MX}_{ij}(1)=\boldsymbol{X}_{ij}(1)\boldsymbol{M}$. 比较此式两边 (i,i) 和 (i,j) 处的元素, 得 $m_{ii}=m_{ii}+m_{ji}$ 与 $m_{ii}+m_{ij}=m_{ji}+m_{jj}$, 于是由 i,j 的对称性, 可知 $m_{ij}=m_{ji}=0$ 且 $m_{ii}=m_{jj}$. 因此 $\boldsymbol{M}$ 是数量矩阵. 这说明 $GL(n,\mathbb{F})$ 的中心是 Z. 又上面的证明也说明 $SL(n,\mathbb{F})$ 的中心元只能是数量矩阵, 故 $SL(n,\mathbb{F})$ 的中心是 $Z\cap SL(n,\mathbb{F})$. □

我们把商群 $GL(n,\mathbb{F})/Z$ 称为一般射影线性群, 用 $PGL(n,\mathbb{F})$ 表示之; 而把商群 $SL(n,\mathbb{F})/Z\cap SL(n,\mathbb{F})$ 称为特殊射影线性群, 用 $PSL(n,\mathbb{F})$ 来表示之. 如果 $|\mathbb{F}|=q$, 那么 $\mathbb{F}$ 上的一般射影线性群和特殊射影线性群常分别表示为 $PGL(n,q)$ 和 $PSL(n,q)$.

引理 2.7.13 如果 $n>2$, 或者 $n=2$ 但 $|\mathbb{F}|>3$, 那么每一个平延 $\boldsymbol{X}_{ij}(\alpha)$ 都是 $SL(n,\mathbb{F})$ 的一个换位子.

证明 当 $n>2$ 时, 对于 $1\leqslant i,j\leqslant n$, 存在 $1\leqslant k\leqslant n$, 使 $i\neq k\neq j$, 于是由引理 2.7.4 的 (iii) 得, $[\boldsymbol{X}_{ik}(\alpha),\boldsymbol{X}_{kj}(1)]=\boldsymbol{X}_{ij}(\alpha)$. 当 $n=2$ 时, 因为

$$\begin{pmatrix}\beta & 0\\ 0 & \beta^{-1}\end{pmatrix}^{-1}\begin{pmatrix}1 & \gamma\\ 0 & 1\end{pmatrix}^{-1}\begin{pmatrix}\beta & 0\\ 0 & \beta^{-1}\end{pmatrix}\begin{pmatrix}1 & \gamma\\ 0 & 1\end{pmatrix}$$

$$=\begin{pmatrix}1 & (\beta^2-1)\gamma\\ 0 & 1\end{pmatrix}$$

所以, 当 $|\mathbb{F}|>3$ 时, 存在 $\beta\in\mathbb{F}^*$, 使 $\beta^2\neq 1$, 从而存在 $\gamma\in\mathbb{F}$, 使 $\alpha=(\beta^2-1)\gamma$, 因而由上式知, $\boldsymbol{X}_{12}(\alpha)$ 是一个换位子. 类似地, 可知 $\boldsymbol{X}_{21}(\alpha)$ 也是一个换位子. □

由引理 2.7.13 和定理 2.7.10 可知, 除了 $n=2$ 且 $|\mathbb{F}|=2$ 或 3, $SL(n,\mathbb{F})$ 的换位子群就是它本身, 而它也是 $GL(n,\mathbb{F})$ 的换位子群.

容易验证, $\forall g\in SL(n,\mathbb{F})$ 和 $\forall \boldsymbol{v}\in V_n(\mathbb{F})$, 有 $g\boldsymbol{v}\in V_n(\mathbb{F})$, 而且这是 $SL(n,\mathbb{F})$ 在 $V_n(\mathbb{F})$ 的一个作用. 又当 $\boldsymbol{v}\neq\boldsymbol{0}$ 时, 有 $g\boldsymbol{v}\neq\boldsymbol{0}$, 从而这个作用可诱导出 $SL(n,\mathbb{F})$ 在 $V_n(\mathbb{F})$ 的一维子空间上的作用

$$g(\mathbb{F}\boldsymbol{v})=\mathbb{F}(g\boldsymbol{v}),\ \forall\boldsymbol{v}\in V_n(\mathbb{F}).$$

引理 2.7.14 如果 $n\geqslant 2$, 则 $SL(n,\mathbb{F})$ 在 $V_n(\mathbb{F})$ 的一维子空间上的作用是双传递的.

证明 设 V_1,V_2,W_1,W_2 都是 $V_n(\mathbb{F})$ 的一维子空间, 且 $V_1\neq V_2$, $W_1\neq W_2$. 又设 V_1,V_2,W_1,W_2 分别由向量 $\boldsymbol{c_1},\boldsymbol{c_2},\boldsymbol{d_1},\boldsymbol{d_2}$ 生成, 于是 $\boldsymbol{c_1}$ 和 $\boldsymbol{c_2}$ 是线性无关的, 同时 $\boldsymbol{d_1}$ 和 $\boldsymbol{d_2}$ 也是线性无关的. 将 $\boldsymbol{c_1}$ 和 $\boldsymbol{c_2}$ 扩充成 $V_n(\mathbb{F})$ 的一组基: $\{\boldsymbol{c_1},\boldsymbol{c_2},\cdots,\boldsymbol{c_n}\}$; 同时将 $\boldsymbol{d_1}$ 和 $\boldsymbol{d_2}$ 也扩充成 $V_n(\mathbb{F})$ 的一组基: $\{\boldsymbol{d_1},$

$\boldsymbol{d_2},\cdots,\boldsymbol{d_n}\}$. 分别以 $\boldsymbol{c_i}$ 和 $\boldsymbol{d_i}$ 作为矩阵的第 i 列可得两个可逆矩阵 $\boldsymbol{C}$ 和 $\boldsymbol{D}$, 即 $\boldsymbol{C},\boldsymbol{D}\in GL(n,\mathbb{F})$. 令 $e=|\boldsymbol{D}|/|\boldsymbol{C}|$, $\boldsymbol{P}$ 为 n 阶对角矩阵 $\mathrm{diag}[e,1,\cdots,1]$, 则 $\boldsymbol{DP}^{-1}\boldsymbol{C}^{-1}\in SL(n,\mathbb{F})$. 而且 $\boldsymbol{DP}^{-1}\boldsymbol{C}^{-1}\boldsymbol{c_1}=e^{-1}\boldsymbol{d_1}$, $\boldsymbol{DP}^{-1}C^{-1}\boldsymbol{c_2}=\boldsymbol{d_2}$, 即 $\boldsymbol{DP}^{-1}C^{-1}$ 将 V_1,V_2 分别变换为 W_1,W_2. □

定理 2.7.15 *若 $n>2$, 或者 $n=2$ 但 $|\mathbb{F}|>3$, 则 $PSL(n,\mathbb{F})$ 是单群.*

证明 设 $\boldsymbol{v_1},\boldsymbol{v_2},\cdots,\boldsymbol{v_n}$ 为域 $\mathbb{F}$ 上的 n 维列向量空间 $V_n(\mathbb{F})$ 的标准基. 当 $SL(n,\mathbb{F})$ 作用在 $V_n(\mathbb{F})$ 的一维子空间组成的集合上时, 设 P 是 $F\boldsymbol{v_1}$ 的稳定子. 由引理 2.7.14 和定理 2.1.10 知, P 是 $SL(n,\mathbb{F})$ 的极大子群. 设 K 是由 $SL(n,\mathbb{F})$ 中主对角线元素全为 1 而其他非零元素全在第一行上的上三角矩阵组成的集合, 则 K 是交换群, 且 $K\trianglelefteq P$. 事实上, 对任何 $\boldsymbol{A},\boldsymbol{B}\in K$, 设

$$\boldsymbol{A}=\begin{pmatrix}1&\boldsymbol{a}'\\\boldsymbol{0}&I_{n-1}\end{pmatrix},\quad \boldsymbol{B}=\begin{pmatrix}1&\boldsymbol{b}'\\\boldsymbol{0}&I_{n-1}\end{pmatrix}$$

则

$$\boldsymbol{AB}=\begin{pmatrix}1&\boldsymbol{a}'+\boldsymbol{b}'\\\boldsymbol{0}&I_{n-1}\end{pmatrix}=\boldsymbol{BA}.$$

这里 $\boldsymbol{a},\boldsymbol{b}$ 都是 $n-1$ 维列向量, $\boldsymbol{0}$ 为 $n-1$ 维零列向量, I_{n-1} 为 $n-1$ 阶单位矩阵.

又对于任何 $\boldsymbol{M}\in P$, $\boldsymbol{M}$ 必有下列形状

$$\boldsymbol{M}=\begin{pmatrix}m_{11}&\boldsymbol{v}'\\\boldsymbol{0}&M_{22}\end{pmatrix}$$

这里 $\boldsymbol{v}$ 是 $n-1$ 维列向量, $\boldsymbol{0}$ 为 $n-1$ 维零列向量, $\boldsymbol{M}_{22}$ 为 $n-1$ 阶可逆矩阵且 $|m_{11}\boldsymbol{M}_{22}|=1$. 于是我们有

$$\boldsymbol{M}^{-1}\boldsymbol{AM}=\begin{pmatrix}1&m_{11}^{-1}\boldsymbol{a}'\boldsymbol{M}_{22}\\\boldsymbol{0}&I_{n-1}\end{pmatrix}\in K$$

这就证明了 K 是交换群, 且 $K\trianglelefteq P$.

设 $N \trianglelefteq SL(n,\mathbb{F})$. 如果 $N \leqslant P$, 那么 N 稳定 $\mathbb{F}\boldsymbol{v_1}$, 从而由定理 2.1.6 知, $\forall s \in SL(n,\mathbb{F})$, $N = sNs^{-1}$ 稳定 $s(\mathbb{F}\boldsymbol{v_1})$. 又由引理 2.7.14 知, $SL(n,\mathbb{F})$ 在 $V_n(\mathbb{F})$ 的一维子空间上的作用是传递的, 因此 N 稳定 $V_n(\mathbb{F})$ 的每个一维子空间. 特别地, N 稳定每个 $\mathbb{F}\boldsymbol{v_i}$, 这表明 N 中的元素都是对角矩阵. 又 N 也稳定每个 $\mathbb{F}(\boldsymbol{v_i}+\boldsymbol{v_j})$, 因此 N 中的元素必是数量矩阵, 即 $N \leqslant Z \cap SL(n,\mathbb{F})$.

如果 $N \not\leqslant P$, 那么 $P < PN \leqslant SL(n,\mathbb{F})$. 但 P 是 $SL(n,\mathbb{F})$ 的极大子群, 所以 $PN = SL(n,\mathbb{F})$. 设 ρ: $SL(n,\mathbb{F}) \to SL(n,\mathbb{F})/N$ 是自然映射, 则 $\rho(P) = PN/N = SL(n,\mathbb{F})/N = \rho(SL(n,\mathbb{F}))$, 且 $\rho(K) = KN/N = \rho(KN)$. 因为 $K \trianglelefteq P$, 所以 $\rho(K) \trianglelefteq \rho(P)$, 从而 $\rho(KN) \trianglelefteq \rho(SL(n,\mathbb{F}))$, 因此由定理 1.4.2 得, $KN \trianglelefteq SL(n,\mathbb{F})$. 显然, K 包含根子群 $X_{12}, X_{13}, \cdots, X_{1n}$, 于是 KN 包含这些根子群在 $SL(n,\mathbb{F})$ 中的所有共轭子群. 再由定理 2.7.10 与定理 2.7.11 得 $KN = SL(n,\mathbb{F})$, 故 $SL(n,\mathbb{F})/N = KN/N \cong K/K\cap N$. 又 K 是交换群, 从而 $K/(K\cap N)$ 与 $SL(n,\mathbb{F})/N$ 都是交换群, 因而由引理 2.7.13 及定理 2.7.10 得, $N = SL(n,\mathbb{F})$. □

定理 2.7.16 *若 G 是 168 阶单群, 则 $G \cong PSL(2,7)$.*

证明 设 $\mathbb{F} = \{0,1,2,3,4,5,6\}$ 是 7 个元素的域, 由于方程 $x^2 = 1$ 在 $\mathbb{F}$ 中恰有两个根, 即 $x = 1, 6$, 所以 $SL(2,7)$ 的中心只有 2 个元, 从而 $|PSL(2,7)| = 168$, 再由定理 2.7.15 知, $PSL(2,7)$ 是 168 阶单群.

设 G 是任意的 168 阶单群, 则由 Sylow 定理知, G 的 Sylow 7-子群的个数为 8. 令 $P = \langle u\rangle$ 为 G 的一个 Sylow 7-子群, $H = N_G(P)$, 则 G 在 H 上的置换表示是忠实的和传递的, 因此 G 同构于 8 次对称群 S_8 的一个子群. 不妨设 G 作用在 8 个元素的集合 $\Omega = \{\infty\} \cup \mathbb{F}$ 上, 而 u 必是一个 7-轮换, 所以不妨设 $u = (\infty)(0123456)$. $\forall a \in \mathbb{F}$, 规定 $\infty + a = \infty$, $a/\infty = 0$, $0 \cdot \infty = 0$ 而当 $a \neq 0$ 时规定 $a \cdot \infty = \infty$. 于是, 集合 Ω 就是域 $\mathbb{F}$ 上的一维射影空间, 而 u 是一维射影变换: $x \mapsto x+1$. 由 G 的单性及定理 2.5.4 知, H 是 21 阶非交换群. 设 $H = \langle u, n\rangle$, 其中 n 的阶为 3, 且 $u^n = u^2 = (0246135)$. 另外, n 作为集合 Ω 上的置换, 有 $u^n = (\infty^n)(0^n1^n2^n3^n4^n5^n6^n)$, 所以 $n = (\infty)(0)(124)(365)$, 即 n 是一维射影变换: $x \mapsto 2x$.

设 $K=N_G(Q)$ 是 G 的 Sylow 3-子群 $Q=\langle n\rangle$ 的正规化子, $|G:K|=s$. 如果 K 中含有一个 7 阶元素 x, 那么 $x\in C_G(n)$, 从而 nx 是一个 21 阶的元素. 但在 S_8 中, 这是不可能的. 于是有 7 整除 s. 由 Sylow 定理又可知, s 整除 56, 且 $s\equiv 1(\text{mod}3)$. 因此, $s=7$ 或 $s=28$.

若 $|G:K|=7$, 则由推论 2.3.2 知 G 恰有 7 个 Sylow 3-子群. 但 $H=N_G(P)$ 中已经有 7 个 Sylow 3-子群, 而且 H 是由这 7 个 Sylow 3-子群生成的. 于是必有 $H\lhd G$, 这与 G 的单性矛盾.

因此必有 $|G:K|=28$, 于是 $|K|=6$, 从而 K 中有一个 2 阶元 t. 又由 G 的单性及定理 2.5.4 知, $n^t=n^{-1}$. 又 G 是 Ω 上的传递置换群, 根据定理 2.1.2, Ω 中每个点的稳定子群的阶都是 21, 所以 t 没有不动点. 因为 $n^t=(\infty^t)(0^t)(1^t2^t4^t)(3^t6^t5^t)$, 而 $n^{-1}=(0)(\infty)(356)(142)$, 所以 $t=(0\infty)(13)(25)(46)$ 或 $(0\infty)(15)(26)(34)$ 或 $(0\infty)(16)(23)(45)$. 不妨设 $t=(0\infty)(13)(25)(46)$, 则不难验证 t 是一维射影变换: $x\mapsto \dfrac{3}{x}$.

令 $U=\langle u,n,t\rangle$, 则 U 的阶是 $|u|\cdot|n|\cdot|t|=42$ 的倍数, 于是 $|G:U|\leqslant 4$, 从而 G/U_G 同构于 S_n $(n\leqslant 4)$ 的一个子群. 但 G 是单群, 因而必有 $U=G$. 由于 u,n,t 都是域 $\mathbb{F}$ 上的一维射影空间 Ω 的分式线性变换, 而 Ω 的所有分式线性变换组成的群与 $PGL(2,7)$ 是同构的. 这说明 G 同构于 $PGL(2,7)$ 的一个指数为 2 的子群. 又由于 n 对应的分式线性变换也可写为: $x\mapsto \dfrac{4x}{2}$, 而 t 对应的分式线性变换也可写为: $x\mapsto \dfrac{2}{3x}$, 所以 u,n,t 对应的矩阵分别是

$$u=\pm\begin{pmatrix}1&1\\0&1\end{pmatrix},\quad n=\pm\begin{pmatrix}4&0\\0&2\end{pmatrix},\quad t=\pm\begin{pmatrix}0&2\\3&0\end{pmatrix}$$

注意到在域 $\mathbb{F}$ 上这些矩阵的行列式都是 1, 而 $Z(SL(2,7))=\{I_2,-I_2\}$ (这里 I_2 是 2 阶单位矩阵), 因而又说明 G 同构于商群 $SL(2,7)/Z(SL(2,7))$, 即 $G\cong PSL(2,7)$. □

第三章　有限幂零群与超可解群

本章主要介绍有限幂零群和有限超可解群的初步知识, 并讨论了有限群的 Fitting 子群和 Frattini 子群, 给出了 Dedekind 群的构造. 本章还介绍了 Frobenius 群的一些常用结论和有限 p-群的自同构群的几个结果. 当 p 是奇素数时, 本章给出了阶为 $4p^2$, $4p^3$, $2p^3$, $8p$, $8p^2$, $8p^3$, $24p$ 的群的完全分类及其构造.

§3.1　有限幂零群

定义 3.1.1　*设 G 是有限群. 若 $\forall p \in \pi(G)$, G 都是 p-幂零的, 则称群 G 是幂零群.*

根据这个定义, 显然可得下述结论.

定理 3.1.1　*有限 p-群是幂零群.*

引理 3.1.2　*有限 p-幂零群的子群和商群都是 p-幂零群.*

证明　设 G 是 p-幂零群, G 的正规 p-补为 K, $H \leqslant G$. 于是 G/K 是 p-群, 再由 $HK/K \cong H/H \cap K$ 与 $HK/K \leqslant G/K$ 可知, $H/H \cap K$ 也是 p-群. 又 p 不整除 $|K|$, 因而 p 也不整除 $|H \cap K|$, 从而 $H \cap K$ 是 H 的正规 p-补, 因此 H 是 p-幂零群.

又设 $N \lhd G$, 则 $KN \lhd G$, 所以 $KN/N \lhd G/N$. 又 $[G/N : KN/N] = [G : KN] | [G : K]$, 所以 $(G/N)/(KN/N)$ 是 p-群. 而 $KN/N \cong K/(K \cap N)$, 且 p 不整除 $|K/K \cap N|$, 于是 KN/N 是 G/N 的正规 p-补, 因此 G/N 是 p-幂零群. □

推论 3.1.3　*有限幂零群的子群和商群都是幂零群.*

定理 3.1.4　*对于有限群 G, 下面的叙述是等价的:*

(i) G 是幂零群;

(ii) G 的 Sylow 子群都是 G 的正规子群;

(iii) G 是 G 的 Sylow 子群的直积.

证明 (i) $\Rightarrow$ (ii). 设 G 的阶 $|G|$ 的不同的素因子的个数为 k. 当 $k=1$ 或 2 时, 结论显然成立. 当 $k>2$ 时, 设 $|G|$ 的不同的素因子为 p_1, p_2, $\cdots$, p_k, P_i 为 G 的 Sylow p_i-子群, H_i 为 G 的正规 p_i-补, $i=1,2,\cdots,k$. 由推论 3.1.3 得, H_i 也是幂零群, 但 $|H_i|$ 的不同素因子个数为 $k-1$, 由归纳法知, H_i 的 Sylow 子群都是 H_i 的正规子群, 而且也是 H_i 的特征子群. 因而由定理 1.3.3 得, H_i 的 Sylow 子群都是 G 的正规子群. 又由于 H_i 为 G 的正规 p_i-补, 所以 H_i 的 Sylow 子群也都是 G 的 Sylow 子群, 故当 $j\neq i$ 时, $P_j \trianglelefteq G$. 另外, H_j 的 Sylow p_i-子群必是 G 的正规子群, 且 H_j 的 Sylow p_i-子群也是 G 的 Sylow p_i-子群, 因而也有 $P_i \trianglelefteq G$. 这就证明了 G 的 Sylow p-子群都是 G 的正规子群.

(ii) $\Rightarrow$ (iii). 由定理 1.8.2 即得.

(iii) $\Rightarrow$ (i). 当 G 是 G 的 Sylow p-子群的直积时, G 显然是 p-幂零的, $\forall p\in\pi(G)$, 故 G 是幂零群. □

推论 3.1.5 *有限幂零群都是可解群.*

证明 设 p 是有限幂零群 G 的阶 $|G|$ 的任何一个素因子, 则 G 有正规 p-补 H. 于是, G/H 是 p-群, 因而由推论 2.2.4 得 G/H 是可解群. 由推论 3.1.3 得 H 也是幂零群, 于是由归纳法知, H 是可解群. 最后由定理 1.7.8 得, G 是可解群. □

推论 3.1.6 *设 G 是有限幂零群, 若 $G\neq 1$, 则 G 的中心 $Z(G)\neq 1$.*

证明 由定理 1.8.4、定理 2.2.3、定理 3.1.4 可知结论成立. □

推论 3.1.7 *设 G 是有限幂零群, N 是 G 的正规子群. 若 $N\neq 1$, 则 $N\cap Z(G)\neq 1$.*

证明 由定理 1.8.4、定理 2.2.8、推论 3.1.3、定理 3.1.4 可知结论成立. □

定义 3.1.2 *设 G 是有限群. 若 G 有一个正规群列*

$$1=A_0<A_1<A_2<\cdots<A_t=G \tag{3.1}$$

使 $A_i/A_{i-1}\leqslant Z(G/A_{i-1})$, $i=1,2,\cdots,t$, 则称群列 (3.1) 为 G 的一个上中心列, 简称为中心列.

若 G 有一个群列

$$G = K_1 > K_2 > \cdots > K_{s+1} = 1 \tag{3.2}$$

使 $[K_i, G] \leqslant K_{i+1}$, $i = 1, 2, \cdots, s$, 则称群列 (3.2) 为 G 的一个下中心列.

引理 3.1.8 有限 p-群必有上、下中心列.

证明 设 G 是有限 p-群, 由定理 2.2.3 得, $Z_1 = Z(G) > 1 = Z_0$. 又 G/Z_1 也是有限 p-群, 所以 G/Z_1 的中心 $Z_2/Z_1 > 1$, 即 $Z_2 > Z_1$. 同理, G/Z_2 也是有限 p-群, 所以 G/Z_2 的中心 $Z_3/Z_2 > 1$, 即 $Z_3 > Z_2$. 重复这一过程, 由于 G 是有限 p-群, 所以一定有正整数 t, 使得 $Z_t = G$. 显然, $1 = Z_0 < Z_1 < Z_2 < \cdots < Z_t = G$ 是 G 的上中心列.

设 $G = K_1 > K_2 > \cdots > K_s > K_{s+1} = 1$ 是 G 的主群列, 则由推论 2.1.10 得, 这也是 G 的一个合成群列. 于是, $\forall i = 1, 2, \cdots, s$, K_i/K_{i+1} 都是 G/K_{i+1} 的极小正规子群且 $K_i/K_{i+1} \leqslant Z(G/K_{i+1})$, 从而 $[K_i, G] \leqslant K_{i+1}$, 因此 $G = K_1 > K_2 > \cdots > K_s > K_{s+1} = 1$ 是 G 的下中心列. □

引理 3.1.9 设 P 为有限群 G 的 Sylow p-子群, $H \leqslant G$ 且 $H \supseteq N_G(P)$, 则 $N_G(H) = H$.

证明 由于 $H \supseteq N_G(P)$, 所以 P 也是 H 的 Sylow p-子群. $\forall x \in N_G(H)$, 则 $x^{-1}Px$ 是 $x^{-1}Hx = H$ 的 Sylow p-子群, 从而由 Sylow 定理知, 存在 $h \in H$ 使 $x^{-1}Px = h^{-1}Ph$, 于是 $xh^{-1} \in N_G(P) \leqslant H$, 因而 $x \in Hh = H$, 故 $N_G(H) \subseteq H$. □

定理 3.1.10 设 G 是有限群, 则下列叙述等价:

(i) G 是幂零群;

(ii) G 有上中心列;

(iii) G 有下中心列;

(iv) 对于 G 的每个真子群 U, 必有 $U < N_G(U)$;

(v) G 的每个极大子群都是 G 的正规子群;

(vi) G 的每个子群都是 G 的次正规子群.

证明 (i) $\Rightarrow$ (ii) 设 G 是幂零群, 则由推论 3.1.6 与推论 3.1.3, 可知 G 有上中心列.

(ii) $\Rightarrow$ (iii) 设

$$1 = A_0 < A_1 < A_2 < \cdots < A_t = G$$

是 G 的一个上中心列, 则 $A_i/A_{i-1} \leqslant Z(G/A_{i-1})$, $i = 1, 2, \cdots, t$, 于是 $[A_i, G] \leqslant A_{i-1}$. 令 $K_i = A_{t-i+1}$, $i = 1, 2, \cdots, t+1$, 则群列

$$G = K_1 > K_2 > \cdots > K_{t+1} = 1$$

是 G 的一个下中心列.

(iii) $\Rightarrow$ (iv) 设 $G = K_1 > K_2 > \cdots > K_{t+1} = 1$ 是群 G 的下中心列, $U < G$, 则存在正整数 i 使 $U \geqslant K_{i+1}$, 但 $U \ngeqslant K_i$. 由于 $K_i/K_{i+1} \leqslant Z(G/K_{i+1})$, 所以 $N_{G/K_{i+1}}(U/K_{i+1}) \geqslant K_i/K_{i+1}$, 于是 $N_G(U)/K_{i+1} \geqslant K_i/K_{i+1}$, 从而 $N_G(U) \geqslant K_i$, 因而 $N_G(U) > U$.

(iv) $\Rightarrow$ (v) 是显然的.

(v) $\Rightarrow$ (i) 设 P 是 G 的 Sylow p-子群, $N_G(P) < G$, 则令 M 为包含 $N_G(P)$ 的 G 的一个极大子群, 于是 $M \trianglelefteq G$, 即 $N_G(M) = G$. 但由引理 3.1.9 知 $N_G(M) = M < G$, 矛盾. 因此必有 $N_G(P) = G$. 再由定理 3.1.4 得 G 是幂零的.

(iv) $\Rightarrow$ (vi) 是显然的.

(vi) $\Rightarrow$ (i) 只需证明 G 的每个 Sylow p-子群 P 都是正规的. 如果 $N_G(P) < G$, 则存在 G 的合成列

$$1 < \cdots < N_G(P) < A_1 \leqslant \cdots < G.$$

于是由 $N_G(P) \lhd A_1$ 与 $N_G(P) < A_1$ 知 $N_G(N_G(P)) > N_G(P)$, 但这与引理 3.1.9 矛盾. 故应有 $N_G(P) = G$, 即 $P \trianglelefteq G$. □

引理 3.1.11　设 G 是有限群, 令 $G_1 = G$, 当正整数 $n > 1$ 时, 令 $G_n = [G, G, \cdots, G]$, 则显然 G_n 都是 G 的全不变子群, 且 $[G_n, G] = G_{n+1}$ 及 $G_1 \geqslant G_2 \geqslant \cdots \geqslant G_n \geqslant \cdots$.

证明　由引理 2.6.2 (iii) 得, $[a^{-1}, b] = [a, b]^{-a^{-1}}$, 因此, $\forall g_i \in G$, $i = 1, 2, \cdots, n, n+1$, 有

$$[[g_1, \cdots, g_n]^{-1}, g_{n+1}] = [g_1, \cdots, g_n, g_{n+1}]^{-[g_1, \cdots, g_n]^{-1}} \in G_{n+1}.$$

因为 G_{n+1} 是由形如 $[c_1c_2\cdots c_s, g_{n+1}]$ 的元素生成的, 其中 $c_i=[g_1,\cdots,g_n]$ 或 $[g_1,\cdots,g_n]^{-1}$, 所以只要证明: 对任何正整数 s, 有 $[c_1c_2\cdots c_s, g_{n+1}]\in G_{n+1}$, 就可得 $[G_n,G]\leqslant G_{n+1}$. 为此, 我们对 s 作归纳法. 当 $s=1$ 时, 前面已经证明结论成立; 当 $s>1$ 时, 因为

$$[c_1c_2\cdots c_s, g_{n+1}]=[c_1c_2\cdots c_{s-1}, g_{n+1}]^{c_s}[c_s, g_{n+1}]$$

于是由归纳假设及 $G_{n+1}\trianglelefteq G$, 得 $[c_1c_2\cdots c_s, g_{n+1}]\in G_{n+1}$.

另外, 显然有 $G_{n+1}\leqslant[G_n,G]$. 故 $[G_n,G]=G_{n+1}$. 再因 G_n 都是 G 的全不变子群知, $[G_n,G]\leqslant G_n$, 从而 $G_n\geqslant G_{n+1}$ 对任何正整数 n 成立. □

定理 3.1.12 设 G 是有限幂零群, 令 $1=Z_0<Z_1<Z_2<\cdots<Z_t=G$ 为 G 的上中心列, 其中 $Z_i/Z_{i-1}=Z(G/Z_{i-1}), i=1,2,\cdots,t$, 又设 $G=K_1>K_2>\cdots>K_{s+1}=1$ 是 G 的下中心列. 则:

(i) $K_i\geqslant G_i, i=1,2,\cdots,s+1$;

(ii) $[G_i,Z_j]\leqslant Z_{j-i}$, 当 $j<i$ 时, 令 $Z_{j-i}=1$;

(iii) $K_{s+1-j}\leqslant Z_j,\ j=0,1,\cdots,s$.

证明 (i) 对 i 作归纳法. 当 $i=1$ 时, 结论显然成立. 当 $i>1$ 时, 设 $K_{i-1}\geqslant G_{i-1}$, 则由于 $[K_{i-1},G]\geqslant[G_{i-1},G]=G_i$, 而由下中心列的定义知, $[K_{i-1},G]\leqslant K_i$, 因此 $K_i\geqslant G_i$.

(ii) 对 i 作归纳法. 当 $i=1$ 时, 由于 $Z_j/Z_{j-1}=Z(G/Z_{j-1})$, 所以 $[G,Z_j]\leqslant Z_{j-1}$, 因此结论对任何 j 都成立. 当 $i>1$ 时, 设 $[G_{i-1},Z_j]\leqslant Z_{j-i+1}$ 对任何 j 也都成立. 由引理 2.6.2 的 (iii) 可知 $[G,Z_j]=[Z_j,G]$, 于是 $[Z_j,G,G_{i-1}]\leqslant[Z_{j-1},G_{i-1}]=[G_{i-1},Z_{j-1}]\leqslant Z_{j-i}$. 又 $[G_{i-1},Z_j,G]\leqslant[Z_{j-i+1},G]\leqslant Z_{j-i}$. 因此由引理 2.6.3 得, $[G,G_{i-1},Z_j]\leqslant Z_{j-i}$, 即 $[G_i,Z_j]\leqslant Z_{j-i}$.

(iii) 对 j 作归纳法. 当 $j=0$ 时, 结论显然. 当 $j>1$ 时, 设 $K_{s+1-(j-1)}\leqslant Z_{j-1}$, 我们来证明 $K_{s+1-j}\leqslant Z_j$. 由下中心列的定义得 $[K_{s+1-j},G]<K_{s+1-(j-1)}$, 再由归纳假设得, $[K_{s+1-j},G]<Z_{j-1}$, 此式表明 $K_{s+1-j}\leqslant Z_j$. □

推论 3.1.13 设 G 是有限幂零群, 则定义 3.1.2 中的上、下中心列的长度是相等的, 即 $s=t$. 特别地, 有 $G_1>G_2>\cdots>G_{s+1}=1$.

证明 由定理 3.1.12 (i) 得, $G_{s+1}=1$, 易知有 $G_1>G_2>\cdots>G_{s+1}=1$. 而在定理 3.1.12 (iii) 中令 $j=s$ 得, $Z_s=G$, 于是 $t\leqslant s$. 如果 $t<s$, 那么由定理 3.1.12 (ii) 得, $1<G_s=[G_{s-1},Z_t]=1$, 矛盾. 故必有 $s=t$. □

定义 3.1.3 设 G 是有限幂零群, 则定义 3.1.2 中的上、下中心列的长度 s 称为 G 的幂零类, 通常记作 $c=c(G)$.

定理 3.1.14 设 A 为有限幂零群 G 的最大交换正规子群, 则 $A=C_G(A)$.

证明 由 A 的交换性可知 $A\leqslant C=C_G(A)$. 不难证明, $C\trianglelefteq G$. 若 $A\neq C$, 则 C/A 是幂零群 G/A 的非平凡正规子群, 于是由推论 3.1.7 知, 存在 $xA\in(C/A)\cap Z(G/A)$, 这里 $x\notin A$. 显然 $\langle x,A\rangle$ 是交换群, 且由 $\langle x,A\rangle/A\leqslant Z(G/A)$ 可知, $\langle x,A\rangle$ 是 G 的正规子群, 但这与 A 是 G 的最大交换正规子群矛盾. □

§3.2 Fitting 子群和 Frattini 子群

定理 3.2.1 设 G 是有限群, p 是任意素数, 则:

(i) G 的两个 p-幂零正规子群之积仍是 G 的 p-幂零正规子群;

(ii) G 的两个幂零正规子群之积仍是 G 的幂零正规子群.

证明 (i) 设 $A\lhd G$, $B\lhd G$, 且 A, B 都是 p-幂零的. 显然, $AB\trianglelefteq G$. 设 H, K 分别是 A, B 的正规 p-补, 则由引理 2.4.3 知, H, K 在 A, B 中分别都是特征子群, 再由定理 1.3.3 得, H, K 都是 G 的正规子群, 于是 HK 是 AB 的正规子群. 又设 P, Q 分别是 A, B 的 Sylow p-子群, 则 $[AB:HK]=[AB:AK][AK:HK]$. 而 $[AB:AK]=[AQK:AK]=[Q:Q\cap AK]$, $[AK:HK]=[PHK:HK]=[P:P\cap HK]$, 且 $[Q:Q\cap AK]$ 和 $[P:P\cap HK]$ 都是 p 的幂, 所以 $[AB:HK]$ 是 p 的幂. 但 HK 是 AB 的 p'-正规子群, 因此 HK 是 AB 的正规 p-补. 故 AB 是 p-幂零的.

(ii) 由 (i) 及幂零群的定义可得此结论, 现给出另一证明. 设 $A\lhd G$, $B\lhd G$, 且 A,B 都是幂零的. 显然, $AB\trianglelefteq G$. 由定理 3.1.4 知, 要证明 AB 是幂零的, 只需证明 AB 是它的 Sylow p-子群的直积即可. 设 $\pi(G)$

$=\{p_1,p_2,\cdots,p_k\}$, $P_1,P_2,\cdots,P_k$ 是 A 的 Sylow p-子群, $Q_1,Q_2,\cdots,Q_k$ 是 B 的 Sylow p-子群. 如果 $p_i\notin\pi(A)$, 则令 $P_i=1$, 对 B 的 Sylow p-子群作类似处理. 因为 A,B 都是幂零的, 所以 P_i,Q_i 分别在 A,B 中正规, 从而由推论 2.3.2 知, P_i,Q_i 在 A,B 中分别都是特征子群, 再由定理 1.3.3 得, P_i,Q_i 都是 G 的正规子群. 由此得, $AB=(P_1Q_1)\cdots(P_iQ_i)\cdots(P_kQ_k)$, 且显然有 $(P_iQ_i)\trianglelefteq(AB)$ 与 $(P_iQ_i)\cap\prod\limits_{j\neq i}(P_jQ_j)=1$, $i=1,2,\cdots,k$. 因此由定理 1.8.2 得, $AB=(P_1Q_1)\times(P_2Q_2)\times\cdots\times(P_kQ_k)$. 又显然 P_iQ_i 是 AB 的 Sylow p_i-子群, 故 AB 是幂零的. □

由以上定理可知, 有限群 G 的所有 p-幂零正规子群的积必是 G 的最大 p-幂零正规子群, 记为 $F_p(G)$. 而有限群 G 的所有幂零正规子群的积必是 G 的最大幂零正规子群, 记为 $F(G)$, 我们把它称为 G 的 Fitting 子群. $\forall p\in\pi(G)$, 令 $O_p(G)$ 表示 G 的最大正规 p-子群. 易见, $F(G)$ char G, $O_p(G)$ 是 $F(G)$ 的 Sylow p-子群, 于是 $F(G)$ 是所有 $O_p(G)$ 的直积, 这里 p 跑遍 $\pi(G)$ 中的所有素数.

设 H,K 都是有限群 G 的正规子群, 且 $K\leqslant H$, 令

$$C_G(H/K)=\{g|g\in G\text{ 且 }[g,h]\in K,\forall h\in H\}$$

我们称其为商群 H/K 在 G 中的中心化子.

引理 3.2.2 设有限 p-群 A 作用在有限 p-群 $G\neq1$ 上, 则有 $C_G(A)\neq1$, 且 $[G,A]<G$.

证明 作半直积 $S=G\rtimes A$, 则 S 也是有限 p-群, 且 $G\lhd S$. 由定理 2.2.8 之 (iii) 得, $1\neq Z(S)\cap G\leqslant C_G(A)$. 又 S 是幂零群, 于是 S 有下中心列

$$S=K_1>K_2>\cdots>K_{t+1}=1.$$

存在整数 i, 使 $G\leqslant K_i$ 但 $G\nleqslant K_{i+1}$, 于是 $[G,A]\leqslant[G,S]\leqslant[K_i,S]\leqslant K_{i+1}$. 又 $[G,S]\leqslant G$, 所以 $[G,S]\leqslant G\cap K_{i+1}<G$, 故 $[G,A]<G$. □

定理 3.2.3 设 G 是有限群, $1=G_0\lhd G_1\lhd\cdots\lhd G_s=G$ 是 G 的主群列, 则:

(i) $F_p(G)=\bigcap\limits_{p||G_{i+1}/G_i|}C_G(G_{i+1}/G_i)$;

(ii) $F(G)=\bigcap\limits_{i=0}^{s-1}C_G(G_{i+1}/G_i)$.

证明　(i) 设 H 是 G 的任意的正规 p-幂零子群, 令

$$C=\bigcap_{p||G_{i+1}/G_i|}C_G(G_{i+1}/G_i)$$

我们用归纳法证明 $H\leqslant C$. 若 $p||G_{i+1}/G_i|$, 则当 $i\neq 0$ 时, 由归纳假设有 $[HG_i/G_i,G_{i+1}/G_i]\leqslant 1$, 从而 $[H,G_{i+1}]\leqslant G_i$, 即 $H\leqslant C_G(G_{i+1}/G_i)$. 当 $i=0$ 时, $N=G_1$ 是 G 的极小正规子群. 假设 $[N,H]\neq 1$, 则 $H\cap N\neq 1$. 于是由 N 的极小性得 $N\leqslant H$. 但 $p||N|$, 意味着 $N\nleqslant O_{p'}(H)$, 再由 N 的极小性得 $N\cap O_{p'}(H)=1$, 故 N 是 p-群, 且 $C_H(N)\supseteq O_{p'}(H)$, 从而 $H/C_H(N)$ 也是 p-群. 考虑 $H/C_H(N)$ 在 N 上的作用, 则由引理 3.2.2 得, $[N,H]<N$. 因此 $[N,H]=1$, 这与前面的假设矛盾. 故 $H\leqslant C_G(G_1/G_0)$, 因而 $H\leqslant C$.

下面只需证明 C 是 p-幂零的. 令 $N=G_1$ 为 G 的极小正规子群. 由归纳法得, $CN/N\cong C/C\cap N$ 为 p-幂零群. 于是可设 $C\cap N\neq 1$. 从而 $N\leqslant C$ 且 C/N 是 p-幂零的. 若 N 是 p'-群, 则 C 当然是 p-幂零的. 设 $p||N|$, 则由 C 的定义得 $[N,C]=1$, 于是 $N\leqslant Z(C)$, 故 N 应为 p-群. 令 $M/N=O_{p'}(C/N)$, 则由于 C/N 是 p-幂零的, 所以 C/M 是 p-群. 又 $N\leqslant Z(M)$ 且 N 为 M 的 Sylow p-子群, 所以由定理 2.5.4 知, M 有正规 p-补 L. 但 L char M, 而 $M\trianglelefteq C$, 所以 $L\trianglelefteq C$. 又 C/M 和 M/L 都是 p-群, 因此 C/L 也是 p-群, 故 C 是 p-幂零的.

(ii) 设 I 是所有 $C_G(G_{i+1}/G_i)$ 的交, 则 $[G_{i+1},I]\leqslant G_i$, 对所有 i 成立. 于是 $[G_s,I]\leqslant G_{s-1}$, $[G_s,I,I]\leqslant[G_{s-1},I]\leqslant G_{s-2}$, $\cdots$, 因而

$$[\underbrace{I,I,\cdots,I}_{s+1\text{ 个}}]\leqslant[G,\underbrace{I,I,\cdots,I}_{s\text{ 个}}]\leqslant G_0=1$$

这说明 I 有下中心列, 故由定理 3.1.10 知, I 是幂零群. 又显然 $I\lhd G$, 所以 $I\leqslant F(G)$. 反过来, 易见 $[G_1,F(G)]\lhd G$ 且 $[G_1,F(G)]\leqslant G_1$. 但 G_1 是 G 的极小正规子群, 于是 $[G_1,F(G)]=1$ 或 $[G_1,F(G)]=G_1$. 又由 $F(G)\trianglelefteq G$ 得, $[G_1,F(G)]\leqslant F(G)$. 因此, 若 $[G_1,F(G)]=$

G_1, 则 $G_1 = [G_1, F(G)] = [G_1, F(G), F(G)] = [G_1, F(G), \cdots, F(G)] \leqslant [F(G), F(G), \cdots, F(G)]$. 由于 $F(G)$ 是幂零的, 所以存在 c, 使

$$\underbrace{[F(G), F(G), \cdots, F(G)]}_{c+1\text{ 个}} = 1$$

从而 $G_1 \leqslant 1$, 矛盾. 故必有 $[G_1, F(G)] = 1$, 即 $F(G)$ 中心化 G_1, 即 $s = 1$ 时, $F(G) \leqslant I$. 若 $s > 1$, 对 s 作归纳法. 这时 G/G_1 的主群列的长度是 $s-1$, 而 $F(G)G_1/G_1 \leqslant F(G/G_1)$, $C_{G/G_1}((G_{i+1}/G_1)/(G_i/G_1)) = C_G(G_{i+1}/G_i)G_1/G_1$, 所以由归纳假设得

$$F(G)G_1/G_1 \leqslant C_G(G_{i+1}/G_i)G_1/G_1,\ i = 1, 2, \cdots, s-1.$$

因此 $F(G) \leqslant C_G(G_{i+1}/G_i)$, $i = 1, 2, \cdots, s-1$. 故 $F(G) \leqslant I$. □

不难证明, 有限群 G 的所有极大子群的交是 G 的特征子群, 我们称之为 G 的 Frattini 子群, 用 $\Phi(G)$ 来表示. 若 $G = 1$, 则 G 没有极大子群, 我们规定 $\Phi(G) = 1$.

对于一个群 G, X 为其一个子集, $\forall g \in G$, 如果 $G = \langle g, X\rangle$ 总能推出 $G = \langle X\rangle$, 那么就说 g 是 G 的一个非生成元.

定理 3.2.4 设 G 是任意群, 则 G 的 Frattini 子群 $\Phi(G)$ 由 G 的所有非生成元组成.

证明 设 $g \in \Phi(G)$ 且 $G = \langle g, X\rangle$. 若 $G \neq \langle X\rangle$, 则 $g \notin \langle X\rangle$, 于是存在 G 的极大子群 M, 使 $\langle X\rangle \leqslant M$ 而 $g \notin M$. 但 $g \in \Phi(G) \leqslant M$, 矛盾. 所以 g 是 G 的一个非生成元.

反之, 当 g 是 G 的一个非生成元时, 若 $g \notin \Phi(G)$, 则存在 G 的极大子群 M, 使 $g \notin M$. 由此得 $M \neq \langle g, M\rangle$, 从而由 M 的极大性得 $G = \langle g, M\rangle$, 再由非生成元的定义得 $G = \langle M\rangle = M$, 矛盾. □

定理 3.2.5 设 G 是有限群, 则:

(i) 如果 $H \leqslant G$ 使得 $G = H\Phi(G)$, 那么 $G = H$;

(ii) 如果 $N \lhd G$, $H \leqslant G$ 且 $N \leqslant \Phi(H)$, 那么 $N \leqslant \Phi(G)$;

(iii) 如果 $K \lhd G$, 那么 $\Phi(K) \leqslant \Phi(G)$;

(iv) 如果 $N \lhd G$, 那么 $\Phi(G)N/N \leqslant \Phi(G/N)$;

(v) $\Phi(G)$ 是幂零的, 且当 $G/\Phi(G)$ 是幂零群时, G 也是幂零群.

(vi) 如果 $\Phi(G) \leqslant N \lhd G$, 且 $N/\Phi(G)$ 是 p-幂零群, 那么 N 也是 p-幂零群. 特别地, G 是 p-幂零群当且仅当 $G/\Phi(G)$ 是 p-幂零群.

证明 (i) 若 $G \neq H$, 则存在 G 的包含 H 的极大子群 M. 又 $\Phi(G) \leqslant M$, 所以 $G = H\Phi(G) \leqslant M$, 矛盾. 因此, $G = H$.

(ii) 若 $N \nleqslant \Phi(G)$, 则存在 G 的极大子群 M, 使 $N \nleqslant M$, 于是 $G = MN$. 由 Dedekind 模律得, $H = H \cap (MN) = (H \cap M)N$. 而 $N \leqslant \Phi(H)$, 于是由 (i) 得 $H = H \cap M$, 从而 $N \lhd H \leqslant M$, 矛盾.

(iii) 在 (ii) 中令 $H = K$, $N = \Phi(K)$, 即得结论.

(iv) 由于 M/N 是 G/N 的极大子群, 当且仅当 $M \geqslant N$ 且 M 是 G 的极大子群. 又当 $M \geqslant N$ 且 M 是 G 的极大子群时, 有 $\Phi(G)N/N \leqslant M/N$, 因此 $\Phi(G)N/N \leqslant \Phi(G/N)$.

(v) 设 P 为 $\Phi(G)$ 的任意一个 Sylow p-子群, 由定理 2.3.3 得, $G = N_G(P)\Phi(G)$. 再由 (i) 得, $G = N_G(P)$, 即 $P \lhd G$, 当然有 $P \lhd \Phi(G)$, 因此由定理 3.1.4 得 $\Phi(G)$ 是幂零的.

当 $G/\Phi(G)$ 是幂零群时, 对于 G 的任意一个 Sylow p-子群 P, 由定理 2.3.4 知, $P\Phi(G)/\Phi(G)$ 是 $G/\Phi(G)$ 的 Sylow p-子群, 于是 $P\Phi(G)/\Phi(G)$ 是 $G/\Phi(G)$ 的正规子群, 从而 $N = P\Phi(G) \trianglelefteq G$. 又显然 P 为 N 的一个 Sylow p-子群, 于是由定理 2.3.3 得, $G = N_G(P)N = N_G(P)\Phi(G)$. 再由 (i) 得, $G = N_G(P)$, 即 $P \lhd G$, 故由定理 3.1.4 得 G 是幂零的.

(vi) 设 $K/\Phi(G)$ 是 $N/\Phi(G)$ 的正规 p-补, P 为幂零群 $\Phi(G)$ 的 Sylow p-子群, 则 $P \operatorname{char} \Phi(G)$, 从而 $P \trianglelefteq G$, 当然有 $P \trianglelefteq K$. 由定理 2.4.4 得, P 在 K 中有补子群 V, 且所有补在 K 中是共轭的. $\forall g \in G$, V^g 是 P 在 K 中的补, 故存在 $h \in K$, 使 $V^g = V^h$. 由此得

$$G = N_G(V)K = N_G(V)VP = N_G(V)\Phi(G) = N_G(V).$$

因此 V 是 N 的正规 p-补, 这就证明了 N 是 p-幂零群. 当取 $N = G$ 时, 则 $G/\Phi(G)$ 是 p-幂零群就意味着 G 是 p-幂零群. 反之, 显然. □

定理 3.2.6 设 G 是有限群, 则:

(i) $F(G/\Phi(G)) = F(G)/\Phi(G)$;

(ii) 若 G 可解且 $G \neq 1$, 则 $F(G) \neq 1$, $\Phi(G) < F(G)$;

(iii) $C_G(F(G))F(G)/F(G)$ 不包含不等于 1 的可解正规子群. 特别地, 当 G 可解时, $C_G(F(G)) \leqslant F(G)$;

(iv) 设 N 是 G 的极小正规子群, 则 $F(G) \leqslant C_G(N)$. 特别地, 若 G 是可解群, 则 $N \leqslant Z(F(G))$.

证明 (i) 由于 $\Phi(G)$ 是幂零的, 所以 $\Phi(G) \leqslant F(G)$. 由推论 3.1.3 知 $F(G)/\Phi(G)$ 是幂零的, 因而 $F(G)/\Phi(G) \leqslant F(G/\Phi(G))$. 设 $F(G/\Phi(G)) = H/\Phi(G)$, 则 $H \trianglelefteq G$. 对于 H 的 Sylow p-子群 P, $P\Phi(G)/\Phi(G)$ 是 $H/\Phi(G)$ 的 Sylow p-子群, 而 $H/\Phi(G)$ 是幂零的, 于是 $P\Phi(G)/\Phi(G)$ char $H/\Phi(G)$, 从而 $P\Phi(G)/\Phi(G) \trianglelefteq G/\Phi(G)$, 因而 $P\Phi(G) \trianglelefteq G$. 显然 P 也是 $P\Phi(G)$ 的 Sylow p-子群, 所以由定理 2.3.3 得, $G = N_G(P)P\Phi(G) = N_G(P)\Phi(G)$. 再由定理 3.2.5 得, $G = N_G(P)$, 即 $P \trianglelefteq G$, 自然也有 $P \trianglelefteq H$. 因此 H 是幂零的, 故 $H/\Phi(G) \leqslant F(G)/\Phi(G)$.

(ii) 因为 G 可解且 $G \neq 1$, 所以由推论 1.9.10 知, 存在某个素数 p 使得 $O_p(G) \neq 1$. 而 $O_p(G)$ 是幂零群, 显然包含在 $F(G)$ 中, 因此 $F(G) \neq 1$. 又显然 $G/\Phi(G)$ 也可解, 且不是单位群, 于是 $F(G/\Phi(G)) \neq 1$. 再由 (i) 即得 $\Phi(G) < F(G)$.

(iii) 为简化记号, 令 $F = F(G)$, $C = C_G(F(G))$. 我们将证明 CF/F 没有非单位的可解正规子群. 由于 $CF/F \cong C/C \cap F = C/Z(F)$, 所以只需证明 $C/Z(F)$ 没有非单位的可解正规子群. 假若 $C/Z(F)$ 有非单位的可解正规子群, 那么必存在某个素数 p, 使 $O_p(C/Z(F)) \neq 1$. 令 $\overline{H} = H/Z(F) = Z(O_p(C/Z(F)))$, 则 $\overline{H} \neq 1$ 且 $\overline{H}$ 是交换群, 于是 $H' \leqslant Z(F)$. 又因 $H \leqslant C = C_G(F(G))$, 所以 $[Z(F), H] \leqslant [Z(F), C] = 1$, 因而 $[H', H] = 1$. 这说明 H 是幂零群. 由 H 的定义得

$$H/Z(F) \text{ char } O_p(C/Z(F)) \text{ char } C/Z(F) \trianglelefteq G/Z(F).$$

所以 $H \trianglelefteq G$, 从而 $H \leqslant F$. 但 $H \leqslant C$, 故 $H \leqslant C \cap F = Z(F)$, 由此得 $\overline{H} = H/Z(F) = 1$, 矛盾.

当 G 可解时, CF/F 也可解. 但 CF/F 没有非单位的可解正规子群, 故必有 $C \leqslant F$, 即 $C_G(F(G)) \leqslant F(G)$.

(iv) 设 N 是 G 的极小正规子群, 则 $N \cap F(G) = 1$ 或 N. 如果 $N \cap F(G) = 1$, 那么 $[N, F(G)] \leqslant N \cap F(G) = 1$, 从而 $F(G) \leqslant C_G(N)$. 如果

$N \cap F(G) = N$, 那么 $N \leqslant F(G)$, 再由 $F(G)$ 的幂零性得 $[F(G), N] < N$. 但显然 $[F(G), N] \trianglelefteq G$, 故由 N 的极小性得 $[F(G), N] = 1$, 从而仍有 $F(G) \leqslant C_G(N)$. 若 G 可解, 则 N 是初等交换群, 因而 $N \leqslant Z(F(G))$. □

定理 3.2.7 设 P 是有限 p-群, 则:

(i) $P/\Phi(P)$ 是初等交换 p-群;

(ii) 如果 $|P/\Phi(P)| = p^d$, 那么存在 $x_1, x_2, \cdots, x_d \in P$, 使得 $P = \langle x_1, x_2, \cdots, x_d \rangle$;

(iii) 如果 $N \trianglelefteq P$ 且 P/N 是初等交换的, 那么 $\Phi(P) \leqslant N$.

证明 (i) 设 $M_1, M_2, \cdots, M_d$ 是 P 的全部极大子群, 则由定理 2.2.8 知, $\forall i = 1, 2, \cdots, d$, $M_i \trianglelefteq P$ 且 P/M_i 是 p 阶群. 作映射

$$\alpha : P \to P/M_1 \times P/M_2 \times \cdots \times P/M_d$$

使得

$$g \mapsto (gM_1, gM_2, \cdots, gM_d),\ \forall g \in P.$$

易见, α 是同态映射, 且 $\ker \alpha = \bigcap_{i=1}^{d} M_i = \Phi(P)$. 因此由定理 1.4.1 得,

$$P/\Phi(P) \cong P/M_1 \times P/M_2 \times \cdots \times P/M_d,$$

故 $P/\Phi(P)$ 是初等交换 p-群.

(ii) 如果 $|P/\Phi(P)| = p^d$, 那么由 (i) 知, 存在 $x_1, x_2, \cdots, x_d \in P$, 使 $P/\Phi(P)$ 由 $x_1\Phi(P)$, $x_2\Phi(P)$, $\cdots$, $x_d\Phi(P)$ 生成. 于是

$$P = \langle x_1, x_2, \cdots, x_d \rangle \Phi(P) = \langle x_1, x_2, \cdots, x_d \rangle.$$

(iii) 如果 $N \trianglelefteq P$ 且 P/N 是初等交换的, 那么由定理 3.2.7 得 $\Phi(P/N) = 1$. 而由定理 3.2.5 (iv) 得, $\Phi(P)N/N \leqslant \Phi(P/N)$, 从而 $\Phi(P)N = N$, 因此 $\Phi(P) \leqslant N$. □

由定理 3.2.7 的 (iii), 我们有下面的推论.

推论 3.2.8 设 P 是初等交换 p-群, 则 $\Phi(P)) = 1$.

由此推论可见, 对于初等交换 p-群, 除单位元外, 每个元素都是它的一个生成元.

§3.3 Hamilton 群、Dedekind 群和 Frobenius 群

定义 3.3.1 如果群 G 的每个子群都是其正规子群, 则称 G 为一个 Dedekind 群. 一个非交换的 Dedekind 群, 称之为 Hamilton 群.

显然, 所有交换群都是 Dedekind 群, 而四元数群 Q_8 是一个 Hamilton 群. 本节将确定所有 Dedekind 群的构造.

定理 3.3.1 群 G 的阶为 p^n 且 G 中有 p^{n-1} 阶元, 当且仅当 G 满足下列条件之一:

(i) G 是 p^n 阶循环群;

(ii) G 是一个 p^{n-1} 阶循环群与一个 p 阶循环群的直积;

(iii) $G=\langle x,a||x|=p,|a|=p^{n-1},a^x=a^{1+p^{n-2}}\rangle$, $n\geqslant 3$;

(iv) G 是二面体群 D_{2^n}, $n\geqslant 3$, 即 $G=\langle x,a||x|=2,|a|=2^{n-1},a^x=a^{-1}\rangle$, $n\geqslant 3$;

(v) G 是广义四元数群 Q_{2^n}, $n\geqslant 3$, 即 $G=\langle x,a||a|=2^{n-1},x^2=a^{2^{n-2}},a^x=a^{-1}\rangle$, $n\geqslant 3$;

(vi) G 是半二面体群, 即 $G=\langle x,a||x|=2,|a|=2^{n-1},a^x=a^{2^{n-2}-1}\rangle$, 这里 $n\geqslant 3$.

证明 设 $a\in G$ 且 a 的阶为 p^{n-1}, 令 $N=\langle a\rangle$, 则 $N\lhd G$ 且 G/N 是 p 阶循环群. 令 $G/N=\langle xN\rangle$, 则有 $G=\langle x,a\rangle$. 如果 G 是交换群且存在 $b\in N$, 使 $x^p=b^p$, 那么有 $(xb^{-1})^p=1$, 从而 $G=\langle xb^{-1}\rangle\times N$; 否则有 $x^p=a^i$, $(i,p)=1$, 从而 x 的阶为 p^n, 故 $G=\langle x\rangle$ 是循环群. 因此, G 为交换群时, 必满足条件 (i) 或 (ii).

下面考虑 G 非交换的情况, 这时必有 $n\geqslant 3$. 显然 x 作用在 N 上诱导出 N 的一个 p 阶自同构, 所以 $a^x=a^m$, 其中 $m^p\equiv 1(\mathrm{mod}\ p^{n-1})$ 且 $1<m<p^{n-1}$, $(m,p)=1$. 由初等数论中的 Fermat 定理得 $m^{p-1}\equiv 1(\mathrm{mod}\ p)$, 因而得 $m\equiv 1(\mathrm{mod}\ p)$.

先考虑 p 是奇素数的情况. 设 $m=1+kp^i$, 其中 $(p,k)=1$, $0<i<n-1$. 由于

$$m^p=(1+kp^i)^p=1+kp^{i+1}+\frac{p-1}{2}k^2p^{2i+1}+\cdots$$

所以 $m^p\equiv 1+kp^{i+1}(\mathrm{mod}\ p^{i+2})$. 但 $m^p\equiv 1(\mathrm{mod}\ p^{n-1})$, 于是存在整数

l, l' 使 $kp^{i+1}+lp^{i+2}=l'p^{n-1}$. 因为 $i+1\leqslant n-1$ 且 $(p,k)=1$, 于是得到 $i+1=n-1$, 即 $i=n-2$. 因此 $m=1+kp^{n-2}$. 又存在整数 k' 使 $kk'\equiv 1(\mathrm{mod}\ p)$, 而 $a^{x^{k'}}=a^{(1+kp^{n-2})^{k'}}=a^{1+p^{n-2}}$, 故可用 $x^{k'}$ 代替 x, 而假定 $m=1+p^{n-2}$. 又由 $x^p\in N$ 及 G 的非交换性知 $|x^p|$ 整除 p^{n-2}, 于是 $x^p\in\langle a^p\rangle$, 不妨设 $x^p=b^p$, 其中 $b\in N$. 显然 a^p 与 x,a 的乘积都可换, 由此知 $Z(G)=\langle a^p\rangle$, 从而 $[a,x]=a^{p^{n-2}}\in Z(G)$, 当然也有 $[x,b]\in Z(G)$. 再由引理 2.2.12 及引理 2.6.2 可知, $(xb^{-1})^p=x^pb^{-p}[x,b]^{\frac{p(p-1)}{2}}=1$. 这说明可用 xb^{-1} 代替 x, 因而假定 $|x|=p$, 即 G 满足条件 (iii).

现在令 $p=2$, 则 m 是奇数, 不妨设 $m=2k+1$. 于是由 $m^2\equiv 1(\mathrm{mod}\ 2^{n-1})$ 得, $k(k+1)\equiv 0(\mathrm{mod}\ 2^{n-3})$, 因而 $k\equiv 0(\mathrm{mod}\ 2^{n-3})$ 或 $k\equiv -1(\mathrm{mod}\ 2^{n-3})$. 故存在两种可能的情况: $m=2^{n-2}l+1$ 或 $m=2^{n-2}l-1$, 其中 l 为整数.

当 $m=2^{n-2}l+1$ 时, l 必为奇数. 否则, $m\equiv 1(\mathrm{mod}\ 2^{n-1})$, 于是 $a^x=a^m=a$, 与 G 是非交换群矛盾. 选择 x 的适当幂代替 x, 可设 $m=2^{n-2}+1$. 这时, 因为 x^2 不是 N 的生成元, 可设 $x^2=a^{2r}$. 令 $b=a^{r(2^{n-3}-1)}$, 由引理 2.2.12 及引理 2.6.2 可算得, $(xb)^2=x^2b^2[b,x]=a^{2r}a^{r(2^{n-2}-2)}a^{r(2^{n-3}-1)2^{n-2}}=a^{r2^{2n-5}}$. 所以, 当 $n\geqslant 4$ 时, $(xb)^2=1$, 用 xb 代替 x, 可知 G 满足条件 (iii). 但当 $n=3$ 时, 显然有 $a^x=a^{-1}$, 而 $x^2=1$ 或 a^2, 于是 $G\cong D_8$ 或 Q_8.

当 $m=2^{n-2}l-1$ 时, 若 l 为偶数, 则 $a^x=a^{-1}$. 因为 x^2 不是 N 的生成元, 可设 $x^2=a^{2r}$. 但 $(x^2)^x=x^2$, 所以 $(a^{2r})^x=a^{-2r}=a^{2r}$, 于是 $4r\equiv 0(\mathrm{mod}\ 2^{n-1})$, 即 $2r\equiv 0(\mathrm{mod}\ 2^{n-2})$. 因此, 当 $r=0$ 时, x 的阶为 2, $G\cong D_{2^n}$, 即 G 满足 (iv). 当 $r=2^{n-3}$ 时, x 的阶为 4, $G\cong Q_{2^n}$, 即 G 满足 (v).

当 $m=2^{n-2}l-1$ 时, 若 l 为奇数, 不妨取 $l=1$, 即可设 $m=2^{n-2}-1$. 同样可设 $x^2=a^{2r}$. 于是, $a^{2r}=(a^{2r})^x=a^{2r(2^{n-2}-1)}=a^{-2r}$, 所以 $2r\equiv 0(\mathrm{mod}\ 2^{n-2})$. 由此得, $x^2=1$ 或 $a^{2^{n-2}}$. 当 $x^2=1$ 时, G 满足条件 (vi). 当 $x^2=a^{2^{n-2}}$ 时, $(xa^{-1})^2=x^2(x^{-1}a^{-1}x)a^{-1}=a^{2^{n-2}}a^{1-2^{n-2}}a^{-1}=1$, 这时用 xa^{-1} 代替 x, 可知 G 满足条件 (vi). □

定理 3.3.2 *p-群 G 只有唯一一个 p 阶子群的充要条件是 G 为循*

环群或广义四元数群.

证明 显然循环 p-群只有一个 p 阶子群. 对于广义四元数群 $G = \langle x, a \| a| = 2^{n-1}, x^2 = a^{2^{n-2}}, a^x = a^{-1}\rangle$, 因为 $n \geqslant 3$, 所以 $(xa^r)^2 = x^2(a^r)^x a^r = a^{2^{n-2}} \neq 1$, 而 $(a^r)^2 = 1$ 当且仅当 $r = 2^{n-2}$, 因此 G 中只有唯一的 2 阶元, 即 $a^{2^{n-2}}$. 这就证明了充分性.

下面来证明必要性. 如果 G 是交换群, 那么由推论 1.9.7 知, G 只能是循环群. 下面假定 G 是非交换群. 若 p 是奇数, 则对群 G 的阶应用归纳法, 即假设 G 是定理的最小反例. 设 H 是群 G 的一个极大子群, 由归纳假设, H 是循环群, 于是 G 有一个极大子群是循环群, 但由定理 3.3.1 知, 不存在这样的奇阶群 G. 因此得 $p = 2$.

设 A 是 G 的最大交换正规子群, 则 A 必是循环群. 不妨设 $A = \langle a\rangle$. 由定理 3.1.14 得, $A = C_G(A)$. 设 xA 是 G/A 的一个 2 阶元, 则 $\langle x, A\rangle$ 是非交换的, 且有一个循环的极大子群 A. 于是由定理 3.3.1 知, $\langle x, A\rangle$ 是广义四元数群, 因为其他类型的非交换 2-群都至少有两个 2 阶子群. 所以 $a^x = a^{-1}$. 余下的只需要证明 G/A 是 2 阶的. 事实上, 由 N/C 定理, G/A 同构于 Aut (A) 的一个子群. 设 $|A| = 2^m$, 则由定理 1.5.3 知, Aut (A) 同构于模 2^m 的简化剩余系 $\mathbb{Z}_{2^m}^*$ 关于剩余类的乘法构成的群. 而由初等数论知识, 模 2^m 的简化剩余系 $\mathbb{Z}_{2^m}^*$ 关于剩余类的乘法构成的群是一个 2 阶循环群与一个 2^{m-2} 阶循环群的直积, 即 $\langle -\bar{1}\rangle \times \langle \bar{5}\rangle$. 再据 $a^x = a^{-1}$ 可知, xA 对应于 $\mathbb{Z}_{2^m}^*$ 中的 $-\bar{1}$. 因此 G/A 只能是 2 阶循环群, 这说明 G 只能是广义四元数群. □

定理 3.3.3 群 G 是 Dedekind 群的充要条件是 G 为交换群或为 8 阶四元数群 Q_8 与一个初等交换 2-群 E 和一个每个元素都是奇阶的交换群 A 之一或之二的直积.

证明 假定 G 的每个子群都正规但 G 不是交换群. 设 x, y 是 G 的两个不交换的元素, 令 $c = [x, y]$. 因为 $\langle x\rangle \lhd G$ 与 $\langle y\rangle \lhd G$, 所以 $c \in \langle x\rangle \cap \langle y\rangle$, 从而 $x^r = c = y^s$, 其中 $r, s \neq 0$ 或 1. 令 $Q = \langle x, y\rangle$, 则 $c \in Z(Q)$ 且 $Q' = \langle c\rangle$; 因此 Q 是幂零的. 又由引理 2.2.12 得, $c^r = [x, y]^r = [x^r, y] = [c, y] = 1$, 所以 c, x, y 都是有限阶的. 故 Q 是有限群.

设 $|x| = m$, $|y| = n$. 假定我们选取的 x 和 y 在满足 $c = [x, y] \neq 1$ 的条件下, 使 $m + n$ 达到最小. 设 p 是 m 的一个素因子, 那么最小性的

假定意味着 $1=[x^p,y]=c^p$, 从而 c 的阶为 p, 因而 $|x|$ 和 $|y|$ 都是 p 的幂.

既然 c 是 x 的幂, 也是 y 的幂, 那么存在整数 k,l,r,s 使 $x^{kp^r}=c=y^{lp^s}$ 且 $(k,p)=1=(l,p)$. 又因为存在整数 k',l' 使 $kk'\equiv 1(\mathrm{mod}\ p)$ 及 $ll'\equiv 1(\mathrm{mod}\ p)$, 所以令 $x'=x^{l'}$, $y'=y^{k'}$ 时, 我们得 $[x',y']=c^{k'l'}$; 而且由于 $c^{k'}=x^{kk'p^r}=x^{p^r}$, 所以 $(x')^{p^r}=(x^{p^r})^{l'}=c^{k'l'}$. 同理, 有 $(y')^{p^s}=c^{k'l'}$. 因此, 用 x', y' 分别代替 x, y 时, 我们可以假定

$$x^{p^r}=c=y^{p^s},\ (r,\ s>0).$$

显然 x, y 的阶分别是 p^{r+1} 和 p^{s+1}. 不妨假定 $r\geqslant s$.

令 $y_1=x^{-p^{r-s}}y$, 则 $[x,y_1]=[x,y]=c$, 而且因为 $|x|+|y|$ 是最小的, 所以 $|y_1|\geqslant|y|=p^{s+1}$, 从而 $y_1^{p^s}\neq 1$. 由引理 2.2.12 得

$$y_1^{p^s}=x^{-p^r}y^{p^s}[y,x^{-p^{r-s}}]^{\binom{p^s}{2}}=c^{-p^r(p^s-1)/2}.$$

如果 p 是奇数, 则 p 整除 $-p^r(p^s-1)/2$, 从而 $y_1^{p^s}=1$. 所以 $p=2$, 而且 $2^{r-1}(2^s-1)$ 是奇数, 因而得 $r=1$. 又因为 $r\geqslant s$, 所以 $s=1$. 故得 $x^4=1$, $x^2=y^2$, 且 $x^y=x[x,y]=xc=x^3=x^{-1}$. 这就证明了 $Q=\langle x,y\rangle$ 是 8 阶四元数群.

现在考虑 $C=C_G(Q)$, 假定 $g\in G\backslash C$, 则 g 不能与 x 和 y 都交换. 不妨设 $y^g\neq y$, 那么由 $|y|=4$ 知, 一定有 $y^g=y^{-1}$; 因此 gx 与 y 交换. 但 gx 不能与 x 交换 (否则, $gx\in C$). 类似的讨论, 可以得出 gxy 与 x 可交换, 但显然 gxy 与 y 也可交换, 所以 $gxy\in C$, 从而 $g\in CQ$. 由此得出, $G=CQ$. 如果 $g\in C$, 那么 $[x,gy]=[x,y]\neq 1$, 由本定理证明的第一段的讨论可知, gy 是有限阶的, 因此 g 也是有限阶的. 假设 $g\in C$ 且其阶为 4, 则 $[x,gy]\neq 1$ 且 $(gy)^4=1$, 于是 $(gy)^x=(gy)^{-1}$. 因此, $[gy,x]=(gy)^{-2}=g^{-2}y^{-2}$. 但又有 $[gy,x]=[y,x]=y^{-2}$, 所以 $g^2=1$, 这与 $g\in C$ 且其阶为 4 的假定是矛盾的. 故我们证明了 C 中没有 4 阶元.

由上面的证明可知, C 中的奇阶元是相互交换的, 它们组成 G 的一个子群, 记为 O. 而 C 中所有阶为 2 的幂的元组成一个初等交换 2-群, 用 E_1 表示. 于是, $C=E_1\times O$. 因此 $G=CQ=(QE_1)\times O$. 又因为 E_1 是

初等交换的, 所以存在 E_1 的某个子群 E, 使 $E_1=(Q\cap E_1)\times E$. 故得 $G=(QE)\times O=Q\times E\times O$.

反之, 若 $G=Q\times E\times O$, 则 $\forall g\in G$, 存在 $a\in Q$, $b\in E$, $c\in O$, 使 $g=abc$. 设 $Q=\langle x,y|x^4=1,x^2=y^2,x^y=x^{-1}\rangle$, 于是 $g^x=a^xbc$. 但 $\langle a\rangle\lhd Q$, 有 $a^x=a^i$ ($i=1$ 或 $i=-1$); 又 c 的阶为奇数, 设为 $2k+1$, 所以存在整数 r, 使 $r\equiv i(\bmod\ 4)$ 及 $r\equiv 1(\bmod\ 2k+1)$. 又 $|b|=2$, 而由 $r\equiv i(\bmod\ 4)$ 知 r 为奇数, 所以 $b^r=b$, 因而

$$a^r=a^i,\ b^r=b,\ c^r=c$$

故 $g^x=a^ibc=a^rb^rc^r=(abc)^r=g^r\in\langle g\rangle$. 同理, $g^y\in\langle g\rangle$. 再由直积的性质, 得 $\langle g\rangle\lhd G$. □

定理 3.3.4 *如果交换群 A 不可约地互素作用在初等交换 p-群 G 上, 那么 $A/C_A(G)$ 必是循环群.*

证明 不妨设 $C_A(G)=1$, 我们来证明 A 是循环的. 记 $A^{\#}=A-\{1\}$, 显然 $\forall a\in A^{\#}$, 有 $C_G(a)\neq G$. 由于 A 是交换群, 所以 $\forall x\in A$, 有 $C_G(a)^x=C_G(a^x)=C_G(a)$. 但 A 不可约地作用在 G 上, 故 $C_G(a)=1$, $\forall a\in A^{\#}$. 于是, 对于 A 的任何非单位子群 B, 有 $C_G(B)=1$.

若 A 不是循环的, 则由定理 3.3.2 可知, 存在 $q\in\pi(A)$ 使得 A 有一个 q^2 阶初等交换子群 A_1. 令 Ω 为 A_1 的所有 q 阶子群的集合, 则 $|\Omega|=q+1$, 且

$$A_1^{\#}=\bigcup_{B\in\Omega}B^{\#}. \tag{3.3}$$

不难看出, 上式右边的并是不交并. 对于 $g\in G$ 和 A_1 的子群 B, 令

$$g_B=\prod_{a\in B}g^a=g\prod_{a\in B^{\#}}g^a$$

则

$$(g_B)^b=\prod_{a\in B}g^{ab}=g_B,\ \forall b\in B$$

所以 $g_B\in C_G(B)$. 又由 (3.3) 式可知

$$g_{A_1}=\prod_{a\in A_1}g^a=\left(\prod_{B\in\Omega}g_B\right)g^{-q}.$$

另外, 在假定 $C_A(G)=1$ 的情况下, 我们已经证明 $1=C_G(B)=C_G(A_1), \forall B\in\Omega$. 因此 $g_B=g_{A_1}=1$, 从而 $g^q=1, \forall g\in G$. 又 A 在 G 上的作用是互素的, 即 $(q,|G|)=1$, 由此得出 $g=1$, 从而 $G=1$. 这与定理的假设矛盾. □

定义 3.3.2 设 G 是有限群, $1<H<G$. 如果对任意 $g\in G-H$, 都有 $H\cap H^g=1$, 则称 G 为一个 Frobenius 群, 并称 H 为 G 的 Frobenius 补, 而

$$N=G-\bigcup_{g\in G}(H^g-\{1\})$$

称为 G 的 Frobenius 核.

显然, 如果 H 为 Frobenius 群 G 的 Frobenius 补, 那么 $N_G(H)=H$. 而对于 Frobenius 群的核, 我们有下面的定理.

定理 3.3.5 设 G 是一个 Frobenius 群, N 为 G 的 Frobenius 核, 那么 N 是 G 的特征子群. □

定理 3.3.5 的证明需要应用有限群的特征标理论, 限于篇幅, 本书就不介绍了.

定理 3.3.6 设 G 是一个 Frobenius 群, N 为 G 的 Frobenius 核, H 为 G 的 Frobenius 补, $|H|=h, |G:H|=n$, 那么:

(i) $|N|=n, |G|=hn$, 且 $h\mid(n-1)$;

(ii) 设 $G=H\cup Hg_2\cup\cdots\cup Hg_n$ 是 G 关于 H 的右陪集分解, 则

$$G=N\cup H\cup H^{g_2}\cup\cdots\cup H^{g_n}$$

且其中任何两个子群的交均为 1.

证明 (i) 显然 $|G|=|H|\cdot|G:H|=hn$. 再由定义 3.3.2 得, H 是自正规的, 所以 H 在 G 中有 n 个不同的共轭, 因而 $|N|=|G|-n\cdot(|H|-1)=n$. 考虑 H 在集合 $\Omega=\{H^g|g\in G\}$ 上的共轭作用, 如果 $1\neq x\in H$, 使 $H^{g_ix}=H^{g_i}$, 那么 $g_ixg_i^{-1}\in H$, 于是 $x\in H^{g_i}\cap H$, 这与 H 为 G 的 Frobenius 补的假设是矛盾的. 因此, 除 H 外, Ω 中任何元素的稳定子群均是 1, 从而 Ω 中除 H 外的任何元素所在的轨道长度都是 h, 故 $h\mid(n-1)$.

(ii) 由定理 3.3.5 得, $N \lhd G$, 再由 (i) 可知, $(h, n) = 1$, 所以对任何 $g \in G$, 有 $H^g \cap N = 1$, 因此 $N \cup H \cup H^{g_2} \cup \cdots \cup H^{g_n}$ 中的元素个数为 $n + n(h-1) = hn = |G|$, 故

$$G = N \cup H \cup H^{g_2} \cup \cdots \cup H^{g_n}$$

且其中任何两个子群的交均为 1. □

定义 3.3.3 设 G 是有限群,

(1) 如果 α 是 G 的一个自同构, 且对任何 $1 \neq g \in G$, 都有 $g^\alpha \neq g$, 则称 α 为 G 的一个无不动点自同构;

(2) 设 $A \leqslant \mathrm{Aut}(G)$, 如果 A 中每个非单位元素都是 G 的无不动点自同构, 则称 A 为 G 的一个无不动点自同构群;

(3) 设群 H 作用在群 G 上, 如果对任何 $1 \neq h \in H$, h 诱导的 G 的自同构都是无不动点自同构, 则称 H 在 G 上的作用是无不动点的.

定理 3.3.7 设 G 是一个 Frobenius 群, N 为 G 的 Frobenius 核, H 为 G 的 Frobenius 补, 那么 H 依共轭变换作用在 N 上是无不动点的. 反之, 若非平凡群 H 无不动点地作用在非平凡群 N 上, 则半直积 $S = N \rtimes H$ 是一个 Frobenius 群, 且 N 为 S 的 Frobenius 核, H 为 S 的 Frobenius 补.

证明 若 G 是一个 Frobenius 群, N 为 G 的 Frobenius 核, H 为 G 的 Frobenius 补, 则对任意的 $1 \neq y \in H$ 和 $1 \neq x \in N$, 有 $x \notin H$. 于是 $H^x \cap H = 1$, 从而 $x \notin C_N(y)$. 由 x 的任意性, 得 $C_N(y) = 1$, 所以 y 在 N 上的作用是无不动点的. 再由 y 的任意性得, H 依共轭变换作用在 N 上是无不动点的.

反之, 若非平凡群 H 无不动点地作用在非平凡群 N 上, 则对任意的 $g \in S - H$, 设 $g = yx$, 其中 $x \in N$, $y \in H$. 由 $g \notin H$ 得 $x \neq 1$. 若存在 $1 \neq y_1 \in H \cap H^g = H \cap H^x$, 则存在 $1 \neq y_2 \in H$, 使 $y_1 = y_2^x = y_2[y_2, x]$. 但 $N \lhd S$, 所以 $[y_2, x] \in N$, 于是又有 $y_2^{-1}y_1 \in N$. 另外, $y_2^{-1}y_1 \in H$, 于是由 $H \cap N = 1$ 得, $y_2^{-1}y_1 = 1$, 即 $y_1 = y_2$. 因此 $y_1 = y_1^x$, 即 $x \in C_N(y_1)$. 由此得, $x^{y_1} = x \neq 1$. 即 y_1 在群 N 上的作用不是无不动点的, 矛盾. □

定理 3.3.8 设 G 是一个可解的 Frobenius 群, N 为 G 的 Frobenius 核, H 为 G 的 Frobenius 补, 且 N 为 G 的极小正规子群, 那么 H

的任一 Sylow 子群或为循环群, 或为广义四元数群.

证明　因为 G 是可解群, N 为 G 的极小正规子群, 所以 N 是初等交换 p-群. 又 G 是 Frobenius 群, N 为核, H 为补, 于是 H 是不可约地、无不动点地作用在 N 上的. 对任何素数 $q||H|$, 由定理 3.3.6 知, $(q,p)=1$. $\forall Q\in \mathrm{Syl}_q(H)$, 设 A 是 Q 的任意交换子群, 则 A 在 N 上的作用是无不动点的, 即 $C_A(N)=1$. 若 N 不是 AN 的极小正规子群, 则存在 AN 的极小正规子群 N_1 使 $N_1<N$. 易见, A 在 N_1 上的作用也是无不动点的, 即仍有 $C_A(N_1)=1$. 但 A 在 N_1 上的作用是不可约的, 于是由定理 3.3.4 得, A 是循环群. 这说明 Q 中只有唯一的 q 阶子群, 从而由定理 3.3.2 得: 当 $q=2$ 时, Q 是循环群或广义四元数群; 当 q 是奇素数时, Q 必是循环群. □

定理 3.3.9　设 p 是一个奇素数, f 为任意正整数, 则对于任何素数 q, 当 $2\neq q\neq p$ 时, $SL(2,p^f)$ 的 Sylow q-子群是循环群.

证明　设 V 是域 $\mathbb{F}_{p^f}$ 上的 2 维线性空间, Q 为 $SL(2,p^f)$ 的 Sylow q-子群, 则半直积 $G=V\rtimes Q$ 是可解群. $\forall 1\neq x\in Q$, x 是 V 的一个线性变换, 其行列式为 1. 如果 x 作用在 V 上有不动点, 那么 1 就是 x 的一个特征值, 于是线性变换 x 的特征多项式 $f(\lambda)=(\lambda-1)(\lambda-k)$, 其中 $k\in\mathbb{F}_{p^f}$. 由此得 x 的行列式为 k, 因而 $k=1$, 从而 $x=1$, 矛盾. 因此, $\forall 1\neq x\in Q$, x 都是无不动点作用在 V 上的, 故由定理 3.3.7 得, G 是可解的 Frobenius 群. 再由定理 3.3.8 得, Q 是循环群. □

§3.4　p-群的自同构群

定理 3.4.1　设 G 是 p^n 阶初等交换 p-群, 则 G 的自同构群的阶为 $p^{\frac{1}{2}n(n-1)}\cdot\prod\limits_{i=1}^{n}(p^i-1)$.

证明　由定理 3.2.7 及推论 3.2.8 知, G 每个生成系恰由 n 个元素组成. 而 G 的一个自同构必然把一个生成系变成另一个生成系, 所以 G 的自同构群的阶等于 G 的不同生成系的个数. 设 $\{x_1,x_2,\cdots,x_n\}$ 是 G 的任意一个生成系, 则 x_1 可以是 G 的任意一个非单位元, 因而有 p^n-1 种可能的情况; 当选定 x_1 后, x_2 可在 $G\backslash\langle x_1\rangle$ 中任意选取, 有 p^n-p 种可能的选法; 当选定 x_1,x_2 后, x_3 可在 $G\backslash\langle x_1,x_2\rangle$ 中任意选取, 有 p^n-p^2 种可能的选法; $\cdots\cdots$; 当选定 $x_1, x_2, \cdots, x_{n-1}$ 后, x_n 可在 $G\backslash\langle x_1, x_2, \cdots, x_{n-1}\rangle$ 中任意选取, 有 $p^n - p^{n-1}$ 种可能的选法. 由此可见, G 的不同生成系的个数为

$$(p^n-1)(p^n-p)(p^n-p^2)\cdot\cdots\cdot(p^n-p^{n-1}) = p^{\frac{1}{2}n(n-1)}\cdot\prod_{i=1}^{n}(p^i-1). \quad \square$$

定理 3.4.2 设 G 是 p^n 阶有限群, 则 G 的自同构群 $\mathrm{Aut}(G)$ 的阶为 $p^{\frac{1}{2}n(n-1)}\cdot\prod\limits_{i=1}^{n}(p^i-1)$ 的因数.

证明 记 $F=\Phi(G)$, 设 $|G|=p^n$, $|G/F|=p^d$. 由定理 3.2.7 得, G/F 是 p^d 阶初等交换 p-群. 再由定理 3.4.1 得, G/F 的自同构群的阶为

$$p^{\frac{1}{2}d(d-1)}\cdot\prod_{i=1}^{d}(p^i-1).$$

因为 F 是 G 的特征子群, 所以 G 的每个自同构 α 可诱导为 G/F 的一个自同构: $gF\mapsto g^{\alpha}F$, $\forall g\in G$. 于是, $\mathrm{Aut}(G)$ 作用在群 G/F 上, 令 $C=C_{\mathrm{Aut}(G)}(G/F)$, 则 $\mathrm{Aut}(G)/C$ 同构于 G/F 的自同构群 $GL(d,p)$ 的一个子群. 从而 $|\mathrm{Aut}(G)/C|$ 是 $p^{\frac{1}{2}d(d-1)}\cdot\prod\limits_{i=1}^{d}(p^i-1)$ 的因数. 根据定理 3.2.7, G 有生成元 $x_1, x_2, \cdots, x_d$. 令 $\boldsymbol{x}=(x_1, x_2, \cdots, x_d)$ 为这 d 个生成元的有序集. 如果 $f_i\in F$ 使 $y_i=f_ix_i$, 那么由于 $G=\langle y_1, y_2, \cdots, y_d, F\rangle$ 意味着 $G=\langle y_1, y_2, \cdots, y_d\rangle$, 所以 $\boldsymbol{y}=(y_1, y_2, \cdots, y_d)$ 也是 G 的 d 个生成元的有序集. 易见, 按这种方式, 由 $\boldsymbol{x}$ 得到的 d 个生成元的所有有序集的集合 $\boldsymbol{S}$ 的元素个数恰为 $|F|^d=p^{(n-d)d}$.

$\forall\gamma\in C$ 和 $\forall\boldsymbol{y}\in\boldsymbol{S}$, 定义 $\boldsymbol{y}^{\gamma}=(y_1^{\gamma}, y_2^{\gamma}, \cdots, y_d^{\gamma})$. 由 C 的定义知 $(y_iF)^{\gamma}=y_i^{\gamma}F=y_iF$, 所以 $\boldsymbol{y}^{\gamma}\in\boldsymbol{S}$. 这样, 我们就定义了 C 在集合 $\boldsymbol{S}$ 上的一个作用. 如果 $\boldsymbol{y}^{\gamma}=\boldsymbol{y}$, 则对于每个 i 有 $y_i^{\gamma}=y_i$, 注意到 $y_1, y_2, \cdots, y_d$ 是 G 的生成元, 所以 $\gamma=1$. 因此 $\boldsymbol{S}$ 中的每个元 $\boldsymbol{y}$ 仅能被 C 的单位元固定, 从而 C 在集合 $\boldsymbol{S}$ 上的作用的每个轨道的长度都是 $c=|C|$. 设 l 为轨道的个数, 则 $cl=p^{(n-d)d}$, 于是 c 整除 $p^{(n-d)d}$. 最后得 $|\mathrm{Aut}(G)|=|\mathrm{Aut}(G)/C|\cdot|C|$ 是

$$p^{(n-d)d}\cdot p^{\frac{1}{2}d(d-1)}\prod_{i=1}^{d}(p^i-1)=p^{\frac{2nd-d^2-d}{2}}\cdot\prod_{i=1}^{d}(p^i-1)$$

的因数. 又由于当 $d \leqslant n$ 时, $\frac{n^2-n}{2} - \frac{2nd-d^2-d}{2} = \frac{(n-d)(n-d-1)}{2} \geqslant 0$, 因此 $|\mathrm{Aut}(G)|$ 也是 $p^{\frac{1}{2}n(n-1)} \cdot \prod_{i=1}^{n}(p^i-1)$ 的因数. □

定理 3.4.3　对于二面体群 D_8, 有 $\mathrm{Aut}(D_8) \cong D_8$.

证明　设 $D_8 = \langle a, b | a^4 = 1 = b^2, b^{-1}ab = a^{-1}\rangle$, 则显然 D_8 的 Frattini 子群 $\Phi(D_8) = \{1, a^2\}$, 于是由定理 3.2.7 得, D_8 有 6 个生成元: $a, a^3, b, ab, a^2b, a^3b$, 其中有两个 4 阶元, 四个 2 阶元. 且 D_8 由一个 4 阶元和一个 2 阶元生成, 所以 D_8 有 8 个不同的自同构. 令 $\sigma(a) = a, \sigma(b) = ab$, 则易见 σ 可扩张为 D_8 的一个 4 阶自同构. 又令 $\tau(a) = a^{-1} = a^3, \tau(b) = b$, 则易见 τ 可扩张为 D_8 的一个 2 阶自同构. 不难验证, $\tau^{-1}\sigma\tau(a) = a = \sigma^3(a) = \sigma^{-1}(a)$, $\tau^{-1}\sigma\tau(b) = a^3b = \sigma^{-1}(b)$, 所以 $\tau^{-1}\sigma\tau = \sigma^{-1}$. 因此, $\mathrm{Aut}(D_8) = \langle \sigma, \tau | \sigma^4 = 1 = \tau^2, \tau^{-1}\sigma\tau = \sigma^{-1}\rangle \cong D_8$. □

定理 3.4.4　对于四元数群 Q_8, 有 $\mathrm{Aut}(Q_8) \cong S_4$.

证明　设 $Q_8 = \langle a, b | a^4 = 1, a^2 = b^2, b^{-1}ab = a^{-1}\rangle$, 则显然 Q_8 的 Frattini 子群 $\Phi(Q_8) = \{1, a^2\}$, 于是由定理 3.2.7 得, Q_8 有 6 个生成元: a, a^3, b, b^3, ab, a^3b, 它们都是 4 阶元, 且 Q_8 由两个 4 阶元生成. $\forall \sigma \in \mathrm{Aut}(Q_8)$, $\sigma(a)$ 是一个 4 阶元, 则 $\sigma(a)$ 有 6 个不同的选择; 而 $\sigma(b)$ 也是一个 4 阶元, 且 $\sigma(b) \notin \langle \sigma(a) \rangle$, 所以 $\sigma(b)$ 有 4 个不同的选择. 因此 Q_8 有 24 个不同的自同构, 即 $\mathrm{Aut}(Q_8)$ 是一个 24 阶群. 令 $\sigma_1(a) = b, \sigma_1(b) = ab$; $\sigma_2(a) = b^3, \sigma_2(b) = ab$; $\sigma_3(a) = b, \sigma_3(b) = a^3b$; $\sigma_4(a) = b^3, \sigma_4(b) = a^3b$; $\sigma_5(a) = ab, \sigma_5(b) = a$; $\sigma_6(a) = ab, \sigma_6(b) = a^3$; $\sigma_7(a) = a^3b, \sigma_7(b) = a$; $\sigma_8(a) = a^3b, \sigma_8(b) = a^3$. 不难验证 $\sigma_1, \cdots, \sigma_8$ 都是 Q_8 的 3 阶自同构. 由此易见, $\mathrm{Aut}(Q_8)$ 的 Sylow 3-子群有 4 个. 令 $\tau_1(a) = a, \tau_1(b) = ab$; $\tau_2(a) = a, \tau_2(b) = a^3b$; $\tau_3(a) = ab, \tau_3(b) = b$; $\tau_4(a) = a^3b, \tau_4(b) = b$; $\tau_5(a) = b^3, \tau_5(b) = a$; $\tau_6(a) = b, \tau_6(b) = a^3$. 也不难验证 $\tau_1, \cdots, \tau_6$ 都是 Q_8 的 4 阶自同构. 令 $\theta_1(a) = a^3, \theta_1(b) = b$; $\theta_2(a) = ab, \theta_2(b) = b^3$; $\theta_3(a) = a^3b, \theta_3(b) = b^3$; $\theta_4(a) = a, \theta_4(b) = b^3$; $\theta_5(a) = a^3, \theta_5(b) = ab$; $\theta_6(a) = a^3, \theta_6(b) = a^3b$; $\theta_7(a) = b, \theta_7(b) = a$; $\theta_8(a) = a^3, \theta_8(b) = b^3$; $\theta_9(a) = b^3, \theta_9(b) = a^3$. 不难验证 $\theta_1, \cdots, \theta_9$ 都是 Q_8 的 2 阶自同构. 因此, Q_8 没有 6 阶自同构, 且 $\mathrm{Aut}(Q_8)$ 的 Sylow 2-子

群不正规, 从而有 3 个. 记 $A = \mathrm{Aut}(Q_8)$, 设 P 是 A 的任意一个 Sylow 3-子群, 则 $H = N_A(P)$ 是 A 的 6 阶子群. 令 $X = \{\alpha H | \forall \alpha \in A\}$, 则 $|X| = 4$. 考虑 A 在 X 上的传递置换表示: $\alpha H \mapsto \beta\alpha H$, $\forall \beta \in A$, 有 A/H_G 同构于 S_4 的一个子群. 注意到 A 中没有 6 阶元, 可知 $H_G = 1$. 又 $|A| = 24$, 因此, $A = \mathrm{Aut}(Q_8) \cong S_4$. □

§3.5 有限超可解群

定义 3.5.1 设 p 为素数, 如果有限群 G 的合成因子或者是 p 阶循环群, 或者是阶与 p 互素的单群, 则称 G 为 p-可解群.

下面的定理是显然的.

定理 3.5.1 一个有限群 G 可解的充要条件是: 对于任何素数 p, G 都是 p-可解群. □

定理 3.5.2 如果有限群 G 是 p-可解的, 那么 G 的每个子群和商群都是 p-可解群.

证明 设 G 有合成列

$$G = N_0 > N_1 > N_2 > \cdots > N_r = 1$$

则每个合成因子 N_i/N_{i+1} 是 p 阶循环群, 或阶与 p 互素的单群.

若 $H \leqslant G$, 则

$$H = H \cap N_0 \trianglerighteq H \cap N_1 \trianglerighteq H \cap N_2 \trianglerighteq \cdots \trianglerighteq H \cap N_r = 1$$

并且

$$H \cap N_i/H \cap N_{i+1} = H \cap N_i/(H \cap N_i) \cap N_{i+1} \cong (H \cap N_i)N_{i+1}/N_{i+1}$$

是 N_i/N_{i+1} 的子群, 从而 $H \cap N_i/H \cap N_{i+1}$ 是 p 阶循环群, 或阶与 p 互素的群, 因此 H 是 p-可解群.

若 $K \lhd G$ 且 $K \neq G$, 则

$$G/K = N_0K/K \trianglerighteq N_1K/K \trianglerighteq N_2K/K \trianglerighteq \cdots \trianglerighteq N_rK/K = 1$$

并且

$$(N_iK/K)/(N_{i+1}K/K) \cong N_iK/N_{i+1}K \cong N_i/(N_i \cap K)N_{i+1}$$

是 N_i/N_{i+1} 的商群, 从而 $(N_iK/K)/(N_{i+1}K/K)$ 是 p 阶循环群, 或阶与 p 互素的群, 因此 G/K 是 p-可解群. □

定义 3.5.2　设 p 为素数, 如果有限群 G 的主因子或者是 p 阶循环群, 或者是阶与 p 互素的同构单群的直积, 则称 G 为 p-超可解群. 如果对于任何素数 p, G 都是 p-超可解群, 则称 G 为超可解群.

根据推论 2.2.10 可知, p-群的主因子都是 p 阶循环群, 所以 p-幂零群必是 p-超可解群. 因此, 幂零群必是超可解群. 又显然, p-超可解群必是 p-可解群, 因而超可解群都是可解群. 但反之, 结论未必成立. 例如, S_3 是超可解群, 但不是幂零群; A_4 是可解群, 但不是超可解群. 今后, 当群的主因子的阶是 p 的倍数时, 我们称这样的主因子为群的 p-主因子; 而当群的主因子的阶不是 p 的倍数时, 我们称这样的主因子为群的 p'-主因子. 以下, 我们来介绍超可解群的基本性质.

定理 3.5.3　设 G, H 是有限群, 则:

(i) 如果 G 是 p-超可解群, 则 G 的每个子群和商群都是 p-超可解群;

(ii) 如果 G 是 p-超可解群, 则 G 的换位子群 G' 是 p-幂零群;

(iii) 如果 G, H 都是 p-超可解群, 则 $G\times H$ 也是 p-超可解群;

(iv) 如果 $K\lhd G$, $N\lhd G$, 使得 G/K, G/N 都是 p-超可解群, 则 $G/K\cap N$ 也是 p-超可解群.

证明　(i) 设 $N\lhd G$, 当 G 是 p-超可解群时, G 的主因子或者是 p 阶循环群, 或者是阶与 p 互素的同构单群的直积. 而由定理 1.4.2 可知, G/N 的主因子也必是 G 的主因子, 于是 G/N 的主因子或者是 p 阶循环群, 或者是阶与 p 互素的同构单群的直积, 故 G/N 是 p-超可解群.

设 $H\leqslant G$, K 为 G 的极小正规子群, 则 K 或者是 p 阶循环群, 或者是阶与 p 互素的同构单群的直积. 由上面已经证明的结论得, G/K 是 p-超可解群, 再由对群阶的归纳法知, HK/K 也是 p-超可解群. 但 $H/H\cap K\cong HK/K$, 所以 $H/H\cap K$ 是 p-超可解群. 又显然 $H\cap K$ 或者是 p 阶循环群, 或者是阶与 p 互素的群, 从而 H 的主因子或者是 p 阶循环群, 或者是阶与 p 互素的群. 故 H 是 p-超可解群.

(ii) 设 K/H 是 p-超可解群 G 的任意一个 p-主因子, 则 K/H 是 p 阶循环群, 于是 $G/C_G(K/H)$ 作为 K/H 的自同构群的子群也是循环的, 从而 $G' \leqslant C_G(K/H)$. 再由定理 3.2.3 (i) 得, $G' \leqslant F_p(G)$. 但 $F_p(G)$ 是 p-幂零群, 故 G' 是 p-幂零群.

(iii) 设

$$G = N_0 > N_1 > N_2 > \cdots > N_r = 1$$

是 G 的一个主群列, 而

$$H = K_0 > K_1 > K_2 > \cdots > K_s = 1$$

是 H 的一个主群列, 则易见

$$N_0K_0 > N_1K_0 > N_2K_0 > \cdots > N_rK_0 > K_1 > K_2 > \cdots > K_s = 1$$

是 $G \times H$ 的一个主群列. 因此, 当 G, H 都是 p-超可解群时, $G \times H$ 的主因子或为 p 阶循环群, 或为 p' 群, 从而 $G \times H$ 也是 p-超可解群.

(iv) 因为 G/K, G/N 都是 p-超可解群, 所以由 (iii) 可知 $G/K \times G/N$ 也是 p-超可解群. 作群 G 到群 $G/K \times G/N$ 内的映射

$$\varphi : g \mapsto (gK, gN), \ \forall g \in G.$$

显然 φ 是同态映射, 且 $\ker(\varphi) = K \cap N$. 由此知 $G/K \cap N$ 同构于 $G/K \times G/N$ 的一个子群, 故再由 (i) 得, $G/K \cap N$ 是 p-超可解群. □

推论 3.5.4 设 G, H 是有限群, 则:

(i) 如果 G 是超可解群, 则 G 的每个子群和商群都是超可解群;

(ii) 如果 G 是超可解群, 则 G 的换位子群 G' 是幂零群;

(iii) 如果 G, H 都是超可解群, 则 $G \times H$ 也是超可解群;

(iv) 如果 $K \lhd G$, $N \lhd G$, 使得 G/K, G/N 都是超可解群, 则 $G/K \cap N$ 也是超可解群. □

引理 3.5.5 如果有限群 G 的每个极大子群的指数是一个素数或一个素数的平方, 则 G 必是可解群.

证明 设 N 是 G 的极小正规子群, p 是 $|N|$ 的最大素因子, P 是 N 的 Sylow p-子群, 令 $L = N_G(P)$. 如果 $L = G$, 那么 $P \lhd G$. 由归纳法得 G/P 是可解的, 从而 G 是可解的. 因此, 可假定 $L < G$, 且 M 是 G 的包含 L 的一个极大子群. 由假定得, $[G : M] = q$ 或 q^2, 这里 q 是素

数. 由定理 2.3.3 得, $G = NL = NM$. 于是, $[G:M] = [N:N\cap M]$, 从而 $q||N|$, 故 $q \leqslant p$.

因为 $N \lhd G$, 所以 P 在 G 中的共轭的个数等于 N 的 Sylow p-子群的个数, 因而由 Sylow 定理得, $[G:L] \equiv 1(\mathrm{mod}p)$. 同理, $[M:L] \equiv 1(\mathrm{mod}p)$. 再由 $[G:L] = [G:M][M:L]$, 知 $[G:M] \equiv 1(\mathrm{mod}p)$. 由于 $q \leqslant p$, 所以必有 $[G:M] = q^2 \equiv 1(\mathrm{mod}p)$, 从而 $q \equiv -1(\mathrm{mod}p)$. 然而, p 和 q 都是素数, 所以必有 $q = 2$, $p = 3$ 及 $[N:N\cap M] = 4$. 令 $H = N\cap M$, 则 N/H_N 同构于 S_4 的一个子群. 由此得 N/H_N 是可解群, 于是又有 $N > N'$. 但 N 是 G 的极小正规子群, 所以 $N' = 1$, 即 N 是交换可解群. 又由归纳法知 G/N 是可解的, 故 G 是可解的. □

引理 3.5.6　令 V 为域 $\mathbb{F}_p$ 上 n 维线性空间, $n \geqslant 1$, G 是由 V 的一些线性变换作成的交换群, 方次数整除 $p-1$ (即 $\forall g \in G$ 有 $g^{p-1} = 1$). 若 G 不可约地作用在 V 上, 则 $n = 1$ 且 G 是循环群.

证明　考虑域 $\mathbb{F}_p$ 上的多项式 $f(x) = x^{p-1} - 1$. 因为 $\forall g \in G$ 有 $g^{p-1} = 1$, 所以 $f(g)$ 是 V 的零变换, 从而线性变换 g 的最小多项式是 $f(x)$ 的因式. 但 $f(x) = x^{p-1} - 1$ 在域 $\mathbb{F}_p$ 上可分解为一次因式之积, 因此 g 的最小多项式在域 $\mathbb{F}_p$ 上可分解为一次因式之积. 但 g 的最小多项式的根就是 g 的特征根, 因而 g 在域 $\mathbb{F}_p$ 上有一特征根 $\lambda \neq 0$. 令 $W = \{v \in V | gv = \lambda v\}$, 则 W 是 V 的非零子空间. $\forall x \in G$, 当 $v \in W$ 时, $g(xv) = (gx)v = (xg)v = x(\lambda v) = \lambda(xv)$, 所以 $xv \in W$. 这说明 W 是 G 的非零不变子空间. 又 G 不可约地作用在 V 上, 于是必有 $W = V$, 从而 G 的元都是 V 的数乘变换. 再由 G 的不可约性得 $n = 1$. 既然 G 的元都是 V 的数乘变换, 而 V 的数乘变换组成的群与 $\mathbb{F}_p$ 的乘法群同构, 且 $\mathbb{F}_p$ 的乘法群是循环群, 故 G 是循环群. □

定理 3.5.7　有限群 G 是超可解的充要条件是 G 的每个极大子群的指数都是素数.

证明　必要性. 设 G 为超可解群, 则设 N 为 G 的一个极小正规子群, M 为 G 的一个极大子群. 若 $N \leqslant M$, 则 M/N 是 G/N 的极大子群. 但 G/N 也是超可解群, 所以由归纳法可知, 指数 $[G/N : M/N] = [G:M]$ 是素数. 若 $N \not\leqslant M$, 则由 G 的超可解性知, N 是素数阶循环群. 又易见 $G = MN$ 且 $N\cap M = 1$, 所以 $[G:M] = [N:N\cap M] = |N|$

是素数.

充分性. 设有限群 G 为极小阶反例. 由引理 3.5.5 知, G 是可解群, 再由推论 1.9.10 得, G 的极小正规子群 N 是初等交换群. 由归纳假设知, G/N 是超可解的. 若 $|N| = p$ 为素数, 则 G 的主因子都是素数阶循环群, 从而 G 是超可解群. 故有 $|N| = p^k > p$.

我们断言, $F_p(G/N)$ 是一个 p-群. 事实上, $F_p(G/N)$ 是 G/N 的最大正规 p-幂零子群. 令 R/N 为 $F_p(G/N)$ 的正规 p-补, 则 $R \lhd G$. 由定理 2.4.4, R 有 p-补 B, 使 $R = N \rtimes B$. 再由推论 2.4.5, 得 $G = N_G(B)N$. 若 $N_G(B) < G$, 则令 M 为 G 的包含 $N_G(B)$ 的极大子群, 于是 $G = MN$ 且 $M \cap N = 1$. 由此又有 $[G : M] = |N| = p^k > p$, 与已知矛盾. 因此 $B \lhd G$. 若 $B > 1$, 则由归纳法得 G/B 为超可解的, 而 B 为 p'-群, 这意味着 G 是 p-超可解的, 但此结论又与 $|N| = p^k > p$ 矛盾. 于是 $B = 1$, 故 $F_p(G/N)$ 是一个 p-群.

记 $P/N = (G/N)'$. 由于 G/N 是超可解的, 所以也必是 p-超可解的, 从而由定理 3.5.3 (ii) 得, P/N 是 G/N 的正规 p-幂零子群. 但 $F_p(G/N)$ 是一个 p-群, 所以 P/N 也是 p-群. 又 G/P 是交换群, 因而 G 有正规 Sylow p-子群, 不妨仍用 P 表示. 由此有 $F_p(G/N) = P/N > 1$. 设 K/L 是 G 的 p-主因子, 使得 $N \leqslant L$, 则 K/L 是 p 阶群. 令 $K/L = \langle xL \rangle$, 对于 G 中的任何元 g, 存在与 p 互素的整数 k, 使 $g^{-1}\overline{x}g = \overline{x}^k$. 于是, $g^{-(p-1)}\overline{x}g^{p-1} = \overline{x}^{k^{p-1}} = \overline{x}$, 即 $g^{p-1} \in C_G(K/L)$. 因此, 由定理 3.2.3 (i) 得, 所有 $g^{p-1}N \in F_p(G/N) = P/N$, 即 $g^{p-1}N$ 是 p-元. 从而对于 G 的任何 p'-元 g, 恒有 $g^{p-1} = 1$. 另外, 由定理 2.4.4 知, G 有 p-补 U, 所以 U 的方次数 (即指数) 整除 $p-1$. 又 G/P 是交换群, 故 U 也是交换群. 由定理 2.2.8 (iii) 知, $1 < N \cap Z(P) \lhd G$. 再由 N 的极小性得, $N \leqslant Z(P)$. 由此, 又知 U 必然不可约地作用在 N 上. 因此由引理 3.5.6 得出, N 为 p 阶群, 矛盾. □

推论 3.5.8 有限群 G 是超可解的充要条件是 $G/\Phi(G)$ 是超可解的.

证明 显然, M 是群 G 的极大子群当且仅当 $M/\Phi(G)$ 是 $G/\Phi(G)$ 的极大子群. 由此及定理 3.5.7, 即知推论成立. □

定义 3.5.3 设 G 为有限群, $|G| = p_1^{\alpha_1}p_2^{\alpha_2}\cdots p_s^{\alpha_s}$, 这里 $p_1, p_2, \cdots,$

p_s 均为素数, 且 $p_1 < p_2 < \cdots < p_s$. 如果 G 有正规群列

$$G = G_0 > G_1 > \cdots > G_s = 1 \tag{3.4}$$

使得 $|G_{i-1}/G_i| = p_i^{\alpha_i}$, $i = 1, 2, \cdots, s$, 则称群列 (3.4) 为 G 之一个 Sylow 塔, 并称 G 为一个具有 Sylow 塔的群, 简称 ST-群.

显然, ST-群必是可解群, 但可解群不一定是 ST-群. 例如, 4 次交错群 A_4 是可解群, 但不是 ST-群.

定理 3.5.9　有限超可解群 G 必是 ST-群.

证明　设 G 是有限超可解群, 且凡阶小于 $|G|$ 的超可解群都有 Sylow 塔. 令 p 是 $|G|$ 的最大素因子, $G_p \in \mathrm{Syl}_p(G)$, 并设 N 为 G 的一个极小正规子群, 则由定理 2.3.4 知, $G_pN/N \in \mathrm{Syl}_p(G/N)$. 又 G/N 是超可解群, 且 $|G/N| < |G|$, 于是由归纳假设得, $G_pN/N \trianglelefteq G/N$, 从而 $G_pN \trianglelefteq G$.

又 G 是超可解群且 N 是 G 的极小正规子群, 所以 $|N| = q$ 是素数. 若 $p = q$, 则 $G_pN = G_p$, 从而 $G_p \trianglelefteq G$. 若 $p > q$, 则由 Sylow 定理知, G_pN 只有唯一一个 Sylow p-子群, 于是 $G_p \operatorname{char} G_pN$. 但 $G_pN \trianglelefteq G$, 因而 $G_p \trianglelefteq G$. 总之, 当 p 是超可解群 G 的阶 $|G|$ 的最大素因子时, G 的 Sylow p-子群 G_p 必为 G 的正规子群. 又 G/G_p 也是超可解群, 从而由归纳假设得, G/G_p 是 ST-群, 由此得 G 也是 ST-群. □

推论 3.5.10　设 G 是有限超可解群, p 是 $\pi(G)$ 中的最大素数, 则 G 的 Sylow p-子群是 G 的正规子群.

下面的例子说明定理 3.5.9 的逆定理不成立.

例 1　设群

$$G = \langle x, y, g \mid x^3 = y^3 = g^4 = 1 = [x, y], x^g = y^{-1}, y^g = x \rangle$$

则易见, G 是一个 36 阶群, 其 Sylow 3-子群是 9 阶初等交换群 $A = \langle x \rangle \times \langle y \rangle$. 显然, $A \triangleleft G$, 从而 G 是 ST-群. 由于 A 可看成是 3 元域 $\mathbb{Z}_3$ 上的 2 维线性空间, 而 g 作用在 A 上是 A 的一个 4 阶线性变换, 且 g 对应的矩阵是

$$\begin{pmatrix} 0 & -1 \\ 1 & 0 \end{pmatrix}.$$

g 的特征多项式 $f(\lambda)=\lambda^2+1$ 是 $\mathbb{Z}_3$ 上的不可约多项式, 所以 g 不可分解地作用在 A 上, 即 A 是 G 的极小正规子群, 因而 G 不是超可解群.

定理 3.5.11 设 p 是奇素数, G 是 $4p^2$ 阶群, 则

(i) 当 $p\equiv 1(\mathrm{mod}4)$ 时, G 有 16 个不同构的类型, 其构造如下:

$G_1=\langle a||a|=4p^2\rangle$;

$G_2=\langle a,b||a|=p^2,|b|=4,a^b=a^{-1}\rangle$;

$G_3=\langle a,b||a|=p^2,|b|=4,a^b=a^r\rangle$, 其中 $r^2\equiv -1(\mathrm{mod}p^2)$;

$G_4=\langle a\rangle\times\langle b\rangle\times\langle c\rangle$, 其中 $|a|=p^2$, $|b|=|c|=2$;

$G_5=\langle a,b,c||a|=p^2,|b|=|c|=2,b^a=b^c=b,a^c=a^{-1}\rangle$;

$G_6=\langle a\rangle\times\langle b\rangle\times\langle c\rangle\times\langle g\rangle$, 其中 $|a|=|b|=p$, $|c|=|g|=2$;

$G_7=(\langle a\rangle\rtimes\langle g\rangle)\times\langle b\rangle\times\langle c\rangle$, 其中 $|a|=|b|=p$, $|c|=|g|=2,a^g=a^{-1}$;

$G_8=((\langle a\rangle\times\langle b\rangle)\rtimes\langle g\rangle)\times\langle c\rangle$, 其中 $|a|=|b|=p$, $|c|=|g|=2,a^g=a^{-1},b^g=b^{-1}$;

$G_9=(\langle a\rangle\rtimes\langle c\rangle)\times(\langle b\rangle\rtimes\langle g\rangle)$, 其中 $|a|=|b|=p$, $|c|=|g|=2,a^c=a^{-1},b^g=b^{-1}$;

$G_{10}=\langle a\rangle\times\langle b\rangle\times\langle c\rangle$, 其中 $|a|=|b|=p$, $|c|=4$;

$G_{11}=(\langle a\rangle\rtimes\langle c\rangle)\times\langle b\rangle$, 其中 $|a|=|b|=p$, $|c|=4$, $a^c=a^{-1}$;

$G_{12}=(\langle a\rangle\rtimes\langle c\rangle)\times\langle b\rangle$, 其中 $|a|=|b|=p$, $|c|=4$, $a^c=a^r$, $r^2\equiv -1(\mathrm{mod}p)$;

$G_{13}=(\langle a\rangle\times\langle b\rangle)\rtimes\langle c\rangle$, 其中 $|a|=|b|=p,|c|=4,a^c=a^{-1},b^c=b^{-1}$;

$G_{14}=(\langle a\rangle\times\langle b\rangle)\rtimes\langle c\rangle$, 其中 $|a|=|b|=p,|c|=4$, $a^c=a^r,b^c=b^r$, $r^2\equiv -1(\mathrm{mod}p)$;

$G_{15}=(\langle a\rangle\times\langle b\rangle)\rtimes\langle c\rangle$, 其中 $|a|=|b|=p,|c|=4$, $a^c=a^{-1},b^c=b^r$, $r^2\equiv -1(\mathrm{mod}p)$;

$G_{16}=(\langle a\rangle\times\langle b\rangle)\rtimes\langle c\rangle$, 其中 $|a|=|b|=p,|c|=4$, $a^c=a^r,b^c=b^{-r}$, $r^2\equiv -1(\mathrm{mod}p)$.

(ii) 当 $p\equiv -1(\mathrm{mod}4)$ 且 $p>3$ 时, G 有 12 个不同构的类型, 其构造分别是: G_1, G_2, G_4, G_5, G_6, G_7, G_8, G_9, G_{10}, G_{11}, G_{13}, 及下面的

$G_{17}=(\langle a\rangle\times\langle b\rangle)\rtimes\langle c\rangle$, 其中 $|a|=|b|=p,|c|=4$, $a^c=b,b^c=a^{-1}$.

(iii) 当 $p=3$ 时, G 是 36 阶群, 它共有 14 个不同构的类型, 其构造分别是 $p=3$ 时的 G_1, G_2, G_4, G_5, G_6, G_7, G_8, G_9, G_{10}, G_{11}, G_{13}, G_{17}, 及

$G_{18}=(((\langle a\rangle\times\langle b\rangle)\rtimes\langle c\rangle)\times\langle d\rangle$, 其中 $|a|=|b|=2$, $|c|=|d|=3$, $a^c=b, b^c=ab$;

$G_{19}=(\langle a\rangle\times\langle b\rangle)\rtimes\langle c\rangle$, 其中 $|a|=|b|=2$, $|c|=9$, $a^c=b, b^c=ab$.

证明 设 P 是 $4p^2$ 阶群 G 的 Sylow p-子群, Q 为 G 的 Sylow 2-子群. 由推论 2.2.7 知, P 有两种不同构的类型: C_{p^2} 与 $C_p\times C_p$; 同理, Q 也有两种不同构的类型: C_4 与 $C_2\times C_2$. 当 $p\neq 3$ 时, 易知 $P\lhd G$, 从而 $G=P\rtimes Q$. 由此得, $Q/C_Q(P)$ 同构于 Aut (P) 的一个子群.

(i) 假设 $p\equiv 1(\mathrm{mod}4)$.

这时, 若 P 是 p^2 阶循环群, 设 $P=\langle a\rangle$, 则 Aut (P) 是 $p(p-1)$ 阶循环群, 且 Aut (P) 的 1, 2, 4 阶子群各恰有一个. 当 Q 是 4 阶循环群时, 设 $Q=\langle b\rangle$. 如果 $Q/C_Q(P)$ 是 1 阶单位群, 那么 $G=P\times Q$, 从而 G 是 $4p^2$ 阶交换群 G_1. 如果 $Q/C_Q(P)$ 是 2 阶循环群, 那么 b 作用在 P 上时诱导出 P 的一个 2 阶自同构, 从而 $a^b=a^{-1}$, 得 $G\cong G_2$. 如果 $Q/C_Q(P)$ 是 4 阶循环群, 那么 b 作用在 P 上时诱导出 P 的一个 4 阶自同构, 从而 $a^b=a^r$, 其中 $r^2\equiv -1(\mathrm{mod}p^2)$, 因而得 $G\cong G_3$. 当 Q 是 4 阶初等交换 2-群, 设 $Q=\langle b,c\rangle$, 这时 $Q/C_Q(P)$ 只能是 1 或 2 阶循环群. 如果 $Q/C_Q(P)$ 是 1 阶单位群, 那么 $G\cong G_4$. 如果 $Q/C_Q(P)$ 是 2 阶循环群, 那么不妨设 $C_Q(P)=\langle b\rangle$, 于是 c 作用在 P 上时诱导出 P 的一个 2 阶自同构, 从而 $a^c=a^{-1}$, 得 $G\cong G_5$.

若 P 是 p^2 阶初等交换群, 设 $P=\langle a,b\rangle$, 则 P 是 p 元域 $\mathbb{Z}_p$ 上的 2 维线性空间. Q 作用在 P 上时, $Q/C_Q(P)$ 是 $GL(2,p)$ 的一个子群. 当 Q 是 4 阶初等交换 2-群时, 设 $Q=\langle c,g\rangle$. 如果 Q 平凡作用在 P 上, 则 $G\cong G_6$. 如果 $Q/C_Q(P)$ 是 $GL(2,p)$ 的一个 2 阶子群, 那么不妨设 $C_Q(P)=\langle c\rangle$, 而 g 作用在 P 上是 P 的 2 阶线性变换. 由定理 2.6.8 得, $P=C_P(g)\times[P,g]$. 如果 $C_P(g),[P,g]$ 都是 p 阶循环群, 则不妨设 $C_P(g)=\langle b\rangle$, $[P,g]=\langle a\rangle$, 所以 $a^g=a^{-1}$, 从而 $G\cong G_7$; 如果 $C_P(g)=1$, $[P,g]=P$, 则 $a^g=a^{-1}$ 且 $b^g=b^{-1}$, 从而 $G\cong G_8$. 如果 $Q/C_Q(P)$ 是 $GL(2,p)$ 的一个 4 阶子群, 那么 $C_Q(P)=1$, 而 c,g,cg 分

别作用在 P 上时都是 P 的 2 阶线性变换. 而 $\mathbb{Z}_p$ 的 2 阶线性变换的特征根只能是 1 或 -1, 且不能全是 1. 因此, 可设 $a^c=a^{-1}, b^c=b, a^g=a, b^g=b^{-1}$, 这时 $G\cong G_9$.

若 P 是 p^2 阶初等交换群 $\langle a,b\rangle$, 而 Q 是 4 阶循环群 $\langle c\rangle$, 则当 Q 平凡作用在 P 上时, $G\cong G_{10}$. 当 Q 非平凡作用在 P 上时, 由于 $\mathbb{Z}_p$ 上的 2 维线性空间 P 的线性变换 c 的最小多项式 $m(\lambda)$ 必是

$$\lambda^4-1=(\lambda-1)(\lambda+1)(\lambda-r)(\lambda+r)$$

的因式 (这里 $r^2\equiv -1(\mathrm{mod}p)$), 所以 c 的矩阵必相似于下列矩阵之一

$$\begin{pmatrix}-1 & 0\\ 0 & 1\end{pmatrix},\ \begin{pmatrix}r & 0\\ 0 & 1\end{pmatrix},\ \begin{pmatrix}-1 & 0\\ 0 & -1\end{pmatrix},$$

$$\begin{pmatrix}r & 0\\ 0 & r\end{pmatrix},\ \begin{pmatrix}-1 & 0\\ 0 & r\end{pmatrix},\ \begin{pmatrix}r & 0\\ 0 & -r\end{pmatrix}$$

将 a,b 看成线性空间 P 的一组基时, c 的矩阵分别取此 6 个矩阵之一, 就得 G 的 6 个互不同构的类型: G_{11}, G_{12}, G_{13}, G_{14}, G_{15}, G_{16}.

(ii) 假设 $p\equiv -1(\mathrm{mod}4)$ 且 $p\neq 3$.

这时, 因为 p^2 阶循环群的自同构群不可能有 4 阶循环子群, 所以 G 没有 (i) 中的构造 G_3. 又 $\mathbb{Z}_p$ 上的 2 维线性空间 P 的线性变换 c 的最小多项式 $m(\lambda)$ 必是

$$\lambda^4-1=(\lambda-1)(\lambda+1)(\lambda^2+1)$$

的因式, 所以 c 的矩阵必相似于下列 3 个矩阵之一

$$\begin{pmatrix}-1 & 0\\ 0 & 1\end{pmatrix},\ \begin{pmatrix}-1 & 0\\ 0 & -1\end{pmatrix},\ \begin{pmatrix}0 & 1\\ -1 & 0\end{pmatrix}$$

所以 G 没有 (i) 中的构造 G_{12}, G_{14}, G_{15}, G_{16}. 但若 c 的矩阵为

$$\begin{pmatrix}0 & 1\\ -1 & 0\end{pmatrix}$$

则 $G \cong G_{17}$. 这时, 线性变换 c 的特征多项式是 λ^2+1, 它是 $\mathbb{Z}_p$ 上的不可约多项式, 因此 G_{17} 不是超可解群. 总之, 当 $p \equiv -1(\bmod 4)$ 且 $p \neq 3$ 时, $4p^2$ 阶群恰有 12 个互不同构的类型: G_1, G_2, G_4, G_5, G_6, G_7, G_8, G_9, G_{10}, G_{11}, G_{13}, G_{17}.

(iii) 当 $p=3$ 时, G 是 36 阶群. 如果 G 的 Sylow 3-子群 P 是正规子群, 那么 G 有 (ii) 中的 12 个互不同构的类型. 如果 G 的 Sylow 3-子群 P 不是正规子群, 那么由 Sylow 定理, G 有 4 个 Sylow 3-子群. 于是 $N_G(P)=P=C_G(P)$, 从而由定理 2.5.4 得, G 的 Sylow 2-子群 Q 是 G 的正规子群, 所以 $G=P\ltimes Q$. 由于 P 非平凡地作用在 Q 上, 所以 Q 只能是 4 阶初等交换 2-群. 设 $Q=\langle a,b\rangle$, 则 $\mathrm{Aut}\ (Q)\cong SL(2,2)$, 其阶为 6. 由此知, $P/C_P(Q)$ 是 3 阶群. 当 P 是 9 阶初等交换 3-群 $\langle c,d\rangle$ 时, 不妨设 $C_P(Q)=\langle d\rangle$, 而 c 作用在 2 元域 $\mathbb{Z}_2$ 上的 2 维线性空间 Q 上, 是一个 3 阶的线性变换. c 的特征多项式为 $\lambda^2+\lambda+1$, 是 $\mathbb{Z}_2$ 上的 2 次不可约多项式, 因此可设 $a^c=b, b^c=ab$, 故得 G 的一构造 G_{18}. 当 P 是 9 阶循环群 $\langle c\rangle$ 时, $C_P(Q)=\langle c^3\rangle$. 同时, c 作用在 Q 上是 Q 的一个 3 阶的线性变换. 所以仍然可设 $a^c=b, b^c=ab$, 故得 G 的另一构造 G_{19}. 总之, 36 阶群共有 14 个互不同构的类型: G_1, G_2, G_4, G_5, G_6, G_7, G_8, G_9, G_{10}, G_{11}, G_{13}, G_{17}, G_{18}, G_{19}. □

定理 3.5.12　设 p 是奇素数, G 是 $4p^3$ 阶群, 则

(i) 当 $p\equiv 1(\bmod 4)$ 时, 设 σ 是模 p,p^2,p^3 的公共原根, 令 $r\equiv \sigma^{\frac{p^2(p-1)}{4}}(\bmod p^3)$, $s\equiv \sigma^{\frac{p(p-1)}{4}}(\bmod p^2)$, $t\equiv \sigma^{\frac{p-1}{4}}(\bmod p)$, 且 $0<r<p^3$, $0<s<p^2$, $0<t<p$, 则 G 有 56 个不同构的类型, 其构造如下:

$G_1=\langle x \mid |x|=4p^3\rangle$;

$G_2=\langle x,a \mid |x|=p^3, |a|=4, x^a=x^{-1}\rangle$;

$G_3=\langle x,a \mid |x|=p^3, |a|=4, x^a=x^r\rangle$;

$G_4=\langle x\rangle\times\langle a\rangle\times\langle b\rangle$, 其中 $|x|=p^3, |a|=|b|=2$;

$G_5=(\langle x\rangle\rtimes\langle b\rangle)\times\langle a\rangle$, 其中 $|x|=p^3, |a|=|b|=2, x^b=x^{-1}$;

$G_6=\langle x\rangle\times\langle y\rangle\times\langle a\rangle\times\langle b\rangle$, 其中 $|x|=p^2$, $|y|=p$, $|a|=|b|=2$;

$G_7=(\langle x\rangle\rtimes\langle b\rangle)\times\langle y\rangle\times\langle a\rangle$, 其中 $|x|=p^2$, $|y|=p$, $|a|=|b|=2, x^b=x^{-1}$;

$G_8=\langle x\rangle\times\langle a\rangle\times(\langle y\rangle\rtimes\langle b\rangle)$, 其中 $|x|=p^2$, $|y|=p$, $|a|=|b|=$

$2, y^b = y^{-1}$;

$G_9 = (((\langle x\rangle \times \langle y\rangle) \rtimes \langle b\rangle) \times \langle a\rangle$, 其中 $|x| = p^2$, $|y| = p$, $|a| = |b| = 2, x^b = x^{-1}, y^b = y^{-1}$;

$G_{10} = ((\langle x\rangle \rtimes \langle a\rangle) \times ((\langle y\rangle \rtimes \langle b\rangle)$, 其中 $|x| = p^2$, $|y| = p$, $|a| = |b| = 2, x^a = x^{-1}, y^b = y^{-1}$;

$G_{11} = \langle x\rangle \times \langle y\rangle \times \langle a\rangle$, 其中 $|x| = p^2$, $|y| = p$, $|a| = 4$;

$G_{12} = ((\langle x\rangle \rtimes \langle a\rangle) \times \langle y\rangle$, 其中 $|x| = p^2$, $|y| = p$, $|a| = 4$, $x^a = x^{-1}$;

$G_{13} = ((\langle x\rangle \rtimes \langle a\rangle) \times \langle y\rangle$, 其中 $|x| = p^2$, $|y| = p$, $|a| = 4$, $x^a = x^s$;

$G_{14} = ((\langle y\rangle \rtimes \langle a\rangle) \times \langle x\rangle$, 其中 $|x| = p^2$, $|y| = p$, $|a| = 4$, $y^a = y^{-1}$;

$G_{15} = ((\langle y\rangle \rtimes \langle a\rangle) \times \langle x\rangle$, 其中 $|x| = p^2$, $|y| = p$, $|a| = 4$, $y^a = y^t$;

$G_{16} = ((\langle x\rangle \times \langle y\rangle) \rtimes \langle a\rangle$, 其中 $|x| = p^2$, $|y| = p$, $|a| = 4$, $x^a = x^{-1}, y^a = y^{-1}$;

$G_{17} = ((\langle x\rangle \times \langle y\rangle) \rtimes \langle a\rangle$, 其中 $|x| = p^2$, $|y| = p$, $|a| = 4$, $x^a = x^s, y^a = y^{-1}$;

$G_{18} = ((\langle x\rangle \times \langle y\rangle) \rtimes \langle a\rangle$, 其中 $|x| = p^2$, $|y| = p$, $|a| = 4$, $x^a = x^{-1}, y^a = y^t$;

$G_{19} = ((\langle x\rangle \times \langle y\rangle) \rtimes \langle a\rangle$, 其中 $|x| = p^2$, $|y| = p$, $|a| = 4$, $x^a = x^s, y^a = y^t$;

$G_{20} = ((\langle x\rangle \times \langle y\rangle) \rtimes \langle a\rangle$, 其中 $|x| = p^2$, $|y| = p$, $|a| = 4$, $x^a = x^s, y^a = y^{-t}$;

$G_{21} = \langle x\rangle \times \langle y\rangle \times \langle z\rangle \times \langle a\rangle \times \langle b\rangle$, 其中 $|x| = |y| = |z| = p$, $|a| = |b| = 2$;

$G_{22} = \langle x\rangle \times \langle y\rangle \times \langle z\rangle \times \langle a\rangle$, 其中 $|x| = |y| = |z| = p$, $|a| = 4$;

$G_{23} = ((\langle x\rangle \rtimes \langle a\rangle) \times \langle y\rangle \times \langle z\rangle \times \langle b\rangle$, 其中 $|x| = |y| = |z| = p$, $|a| = |b| = 2$, $x^a = x^{-1}$;

$G_{24} = (((\langle x\rangle \times \langle y\rangle) \rtimes \langle a\rangle) \times \langle z\rangle \times \langle b\rangle$, 其中 $|x| = |y| = |z| = p$, $|a| = |b| = 2$, $x^a = x^{-1}$, $y^a = y^{-1}$;

$G_{25} = ((\langle x\rangle \rtimes \langle a\rangle) \times ((\langle y\rangle \rtimes \langle b\rangle) \times \langle z\rangle$, 其中 $|x| = |y| = |z| = p$, $|a| = |b| = 2$, $x^a = x^{-1}$, $y^b = y^{-1}$;

$G_{26} = (((\langle x\rangle \times \langle y\rangle \times \langle z\rangle) \rtimes \langle a\rangle) \times \langle b\rangle$, 其中 $|x| = |y| = |z| = p$, $|a| = |b| = 2$, $x^a = x^{-1}$, $y^a = y^{-1}$, $z^a = z^{-1}$;

$G_{27} = (((\langle x\rangle \times \langle y\rangle) \rtimes \langle a\rangle) \times (\langle z\rangle \rtimes \langle b\rangle)$, 其中 $|x| = |y| = |z| = p$, $|a| = |b| = 2$, $x^a = x^{-1}$, $y^a = y^{-1}$, $z^b = z^{-1}$;

$G_{28} = (\langle x\rangle \times \langle y\rangle \times \langle z\rangle) \rtimes (\langle a\rangle \times \langle b\rangle)$, 其中 $|x| = |y| = |z| = p$, $|a| = |b| = 2$, $x^a = x^{-1}$, $y^b = y^{-1}$, $z^a = z^b = z^{-1}$;

$G_{29} = (\langle x\rangle \rtimes \langle a\rangle) \times \langle y\rangle \times \langle z\rangle$, 其中 $|x| = |y| = |z| = p$, $|a| = 4$, $x^a = x^{-1}$;

$G_{30} = (\langle x\rangle \rtimes \langle a\rangle) \times \langle y\rangle \times \langle z\rangle$, 其中 $|x| = |y| = |z| = p$, $|a| = 4$, $x^a = x^t$;

$G_{31} = ((\langle x\rangle \times \langle y\rangle) \rtimes \langle a\rangle) \times \langle z\rangle$, 其中 $|x| = |y| = |z| = p$, $|a| = 4$, $x^a = x^{-1}$, $y^a = y^{-1}$;

$G_{32} = ((\langle x\rangle \times \langle y\rangle) \rtimes \langle a\rangle) \times \langle z\rangle$, 其中 $|x| = |y| = |z| = p$, $|a| = 4$, $x^a = x^t$, $y^a = y^{-1}$;

$G_{33} = ((\langle x\rangle \times \langle y\rangle) \rtimes \langle a\rangle) \times \langle z\rangle$, 其中 $|x| = |y| = |z| = p$, $|a| = 4$, $x^a = x^t$, $y^a = y^t$;

$G_{34} = ((\langle x\rangle \times \langle y\rangle) \rtimes \langle a\rangle) \times \langle z\rangle$, 其中 $|x| = |y| = |z| = p$, $|a| = 4$, $x^a = x^t$, $y^a = y^{-t}$;

$G_{35} = (\langle x\rangle \times \langle y\rangle \times \langle z\rangle) \rtimes \langle a\rangle$, 其中 $|x| = |y| = |z| = p$, $|a| = 4$, $x^a = x^{-1}$, $y^a = y^{-1}$, $z^a = z^{-1}$;

$G_{36} = (\langle x\rangle \times \langle y\rangle \times \langle z\rangle) \rtimes \langle a\rangle$, 其中 $|x| = |y| = |z| = p$, $|a| = 4$, $x^a = x^t$, $y^a = y^t$, $z^a = z^t$;

$G_{37} = (\langle x\rangle \times \langle y\rangle \times \langle z\rangle) \rtimes \langle a\rangle$, 其中 $|x| = |y| = |z| = p$, $|a| = 4$, $x^a = x^t$, $y^a = y^t$, $z^a = z^{-t}$;

$G_{38} = (\langle x\rangle \times \langle y\rangle \times \langle z\rangle) \rtimes \langle a\rangle$, 其中 $|x| = |y| = |z| = p$, $|a| = 4$, $x^a = x^{-1}$, $y^a = y^t$, $z^a = z^t$;

$G_{39} = (\langle x\rangle \times \langle y\rangle \times \langle z\rangle) \rtimes \langle a\rangle$, 其中 $|x| = |y| = |z| = p$, $|a| = 4$, $x^a = x^{-1}$, $y^a = y^t$, $z^a = z^{-t}$;

$G_{40} = (\langle x\rangle \times \langle y\rangle \times \langle z\rangle) \rtimes \langle a\rangle$, 其中 $|x| = |y| = |z| = p$, $|a| = 4$, $x^a = x^{-1}$, $y^a = y^{-1}$, $z^a = z^t$;

$G_{41} = (\langle x\rangle \rtimes \langle y\rangle) \times \langle a\rangle \times \langle b\rangle$, 其中 $|x| = p^2$, $|y| = p$, $x^y = x^{p+1}$, $|a| = |b| = 2$;

$G_{42} = (\langle x\rangle \rtimes \langle y\rangle) \times \langle a\rangle$, 其中 $|x| = p^2$, $|y| = p$, $x^y = x^{p+1}$, $|a| = 4$;

$G_{43} = (\langle x\rangle \rtimes \langle y\rangle) \rtimes \langle a\rangle$, 其中 $|x| = p^2$, $|y| = p$, $x^y = x^{p+1}$, $|a| = 4$, $x^a = x^{-1}$, $y^a = y$;

$G_{44} = (\langle x\rangle \rtimes \langle y\rangle) \rtimes \langle a\rangle$, 其中 $|x| = p^2$, $|y| = p$, $x^y = x^{p+1}$, $|a| = 4$, $x^a = x^s$, $y^a = y$;

$G_{45} = ((\langle x\rangle \rtimes \langle y\rangle) \rtimes \langle a\rangle) \times \langle b\rangle$, 其中 $|x| = p^2$, $|y| = p$, $x^y = x^{p+1}$, $|a| = |b| = 2$, $x^a = x^{-1}$, $y^a = y$;

$G_{46} = (\langle x, y, z\rangle) \times \langle a\rangle$, 其中 $|x| = |y| = |z| = p$, $[x, y] = z$, $[x, z] = [y, z] = 1$, $|a| = 4$;

$G_{47} = (\langle x, y, z\rangle) \times (\langle a\rangle \times \langle b\rangle)$, 其中 $|x| = |y| = |z| = p$, $[x, y] = z$, $[x, z] = [y, z] = 1$, $|a| = |b| = 2$;

$G_{48} = (\langle x, y, z\rangle) \rtimes \langle a\rangle$, 其中 $|x| = |y| = |z| = p$, $[x, y] = z$, $[x, z] = [y, z] = 1$, $|a| = 4$, $x^a = x^{-1}$, $y^a = y$, $z^a = z^{-1}$;

$G_{49} = (\langle x, y, z\rangle) \rtimes \langle a\rangle$, 其中 $|x| = |y| = |z| = p$, $[x, y] = z$, $[x, z] = [y, z] = 1$, $|a| = 4$, $x^a = x^{-1}$, $y^a = y^{-1}$, $z^a = z$;

$G_{50} = (\langle x, y, z\rangle) \rtimes \langle a\rangle$, 其中 $|x| = |y| = |z| = p$, $[x, y] = z$, $[x, z] = [y, z] = 1$, $|a| = 4$, $x^a = x^t$, $y^a = y$, $z^a = z^t$;

$G_{51} = (\langle x, y, z\rangle) \rtimes \langle a\rangle$, 其中 $|x| = |y| = |z| = p$, $[x, y] = z$, $[x, z] = [y, z] = 1$, $|a| = 4$, $x^a = x^t$, $y^a = y^{-1}$, $z^a = z^{-t}$;

$G_{52} = (\langle x, y, z\rangle) \rtimes \langle a\rangle$, 其中 $|x| = |y| = |z| = p$, $[x, y] = z$, $[x, z] = [y, z] = 1$, $|a| = 4$, $x^a = x^t$, $y^a = y^t$, $z^a = z^{-1}$;

$G_{53} = (\langle x, y, z\rangle) \rtimes \langle a\rangle$, 其中 $|x| = |y| = |z| = p$, $[x, y] = z$, $[x, z] = [y, z] = 1$, $|a| = 4$, $x^a = x^t$, $y^a = y^{-t}$, $z^a = z$;

$G_{54} = ((\langle x, y, z\rangle) \rtimes \langle a\rangle) \times \langle b\rangle$, 其中 $|x| = |y| = |z| = p$, $[x, y] = z$, $[x, z] = [y, z] = 1$, $|a| = |b| = 2$, $x^a = x^{-1}$, $y^a = y$, $z^a = z^{-1}$;

$G_{55} = ((\langle x, y, z\rangle) \rtimes \langle a\rangle) \times \langle b\rangle$, 其中 $|x| = |y| = |z| = p$, $[x, y] = z$, $[x, z] = [y, z] = 1$, $|a| = |b| = 2$, $x^a = x^{-1}$, $y^a = y^{-1}$, $z^a = z$;

$G_{56} = (\langle x, y, z\rangle) \rtimes (\langle a\rangle \times \langle b\rangle)$, 其中 $|x| = |y| = |z| = p$, $[x, y] = z$, $[x, z] = [y, z] = 1$, $|a| = |b| = 2$, $x^a = x^{-1}, x^b = x$, $y^a = y, y^b = y^{-1}$, $z^a = z^b = z^{-1}$.

(ii) 当 $p \equiv 3(\text{mod}4)$ 且 $p > 3$ 时, G 有 38 个不同构的类型, 其中有 35 个是超可解的, 它们的构造分别是 (i) 中的: G_1, G_2, G_4, G_5, G_6,

G_7, G_8, G_9, G_{10}, G_{11}, G_{12}, G_{14}, G_{16}, G_{21}, G_{22}, G_{23}, G_{24}, G_{25}, G_{26}, G_{27}, G_{28}, G_{29}, G_{31}, G_{35}, G_{41}, G_{42}, G_{43}, G_{45}, G_{46}, G_{47}, G_{48}, G_{49}, G_{54}, G_{55}, G_{56}; 另有 3 个不是超可解的, 它们的构造如下:

$G_{57} = ((\langle x\rangle \times \langle y\rangle) \rtimes \langle a\rangle) \times \langle z\rangle$, 其中 $|x| = |y| = |z| = p$, $|a| = 4$, $x^a = y$, $y^a = x^{-1}$;

$G_{58} = (\langle x\rangle \times \langle y\rangle \times \langle z\rangle) \rtimes \langle a\rangle$, 其中 $|x| = |y| = |z| = p$, $|a| = 4$, $x^a = y$, $y^a = x^{-1}$, $z^a = z^{-1}$;

$G_{59} = (\langle x, y, z\rangle) \rtimes \langle a\rangle$, 其中 $|x| = |y| = |z| = p$, $[x, y] = z$, $[x, z] = [y, z] = 1$, $|a| = 4$, $x^a = y$, $y^a = x^{-1}$, $z^a = z$.

(iii) 当 $p = 3$ 时, G 是 108 阶群, 它共有 45 个不同构的类型, 其中 Sylow 3-子群正规时有 38 个不同构的类型 (分别是 $p = 3$ 时 (ii) 中的 38 个不同构的类型), 而 Sylow 3-子群不正规时有 7 个不同构的类型, 即下面的 7 个不同构的类型:

$G_{60} = (\langle a\rangle \times \langle b\rangle) \rtimes \langle x\rangle$, 其中 $|a| = |b| = 2$, $|x| = 27$, $a^x = b, b^x = ab$;

$G_{61} = ((\langle a\rangle \times \langle b\rangle) \rtimes \langle x\rangle) \times \langle y\rangle$, 其中 $|a| = |b| = 2$, $|x| = 9$, $|y| = 3$, $a^x = b, b^x = ab$;

$G_{62} = ((\langle a\rangle \times \langle b\rangle) \rtimes \langle y\rangle) \times \langle x\rangle$, 其中 $|a| = |b| = 2$, $|x| = 9$, $|y| = 3$, $a^y = b, b^y = ab$;

$G_{63} = ((\langle a\rangle \times \langle b\rangle) \rtimes \langle x\rangle) \times \langle y\rangle \times \langle z\rangle$, 其中 $|a| = |b| = 2$, $|x| = |y| = |z| = 3$, $a^x = b, b^x = ab$;

$G_{64} = (\langle a\rangle \times \langle b\rangle \times \langle x\rangle) \rtimes \langle y\rangle$, 其中 $|a| = |b| = 2$, $|x| = 9$, $|y| = 3$, $a^y = b, b^y = ab$, $x^y = x^4$;

$G_{65} = ((\langle a\rangle \times \langle b\rangle) \rtimes \langle x\rangle) \rtimes \langle y\rangle$, 其中 $|a| = |b| = 2$, $|x| = 9$, $|y| = 3$, $a^x = b, b^x = ab$, $x^y = x^4$, $[a, y] = [b, y] = 1$;

$G_{66} = (\langle a\rangle \times \langle b\rangle) \rtimes \langle x, y, z\rangle$, 其中 $|a| = |b| = 2$, $|x| = |y| = |z| = 3$, $a^x = b, b^x = ab$, $[x, y] = z, [x, z] = [y, z] = 1$, $[a, y] = [b, y] = [a, z] = [b, z] = 1$.

证明　设 P 是 $4p^3$ 阶群 G 的 Sylow p-子群, Q 为 G 的 Sylow 2-子群. 由定理 2.2.13 得, P 有 5 种不同构的类型: $P_1 = C_{p^3} = \langle x\rangle$, $P_2 = C_{p^2} \times C_p = \langle x, y \mid |x| = p^2, |y| = p, [x, y] = 1\rangle$, $P_3 = C_p \times C_p \times C_p = \langle x\rangle \times \langle y\rangle \times \langle z\rangle$, $P_4 = C_{p^2} \rtimes C_p = \langle x, y \mid |x| = p^2, |y| = p, x^y =$

$x^{p+1}\rangle$, $P_5=\langle x,y,z||x|=|y|=|z|=p,[x,y]=z,[x,z]=[y,z]=1\rangle$; 由推论 2.2.7 知, Q 有两种不同构的类型: $Q_1=C_4=\langle a\rangle$ 与 $Q_2=C_2\times C_2=\langle a\rangle\times\langle b\rangle$. 当 $p\neq 3$ 时, 易知 $P\lhd G$, 从而 $G=P\rtimes Q$. 由此得, $Q/C_Q(P)$ 同构于 Aut (P) 的一个子群.

(i) 假设 $p\equiv 1(\mathrm{mod}4)$.

1) 设 P 是 p^3 阶循环群 P_1, 即 $P=\langle x\rangle$, 则 Aut (P) 是 $p^2(p-1)$ 阶循环群, 且 Aut (P) 的 1, 2, 4 阶子群各恰有一个. 当 Q 是 4 阶循环群时, 设 $Q=\langle a\rangle$. 如果 $Q/C_Q(P)$ 是 1 阶单位群, 那么 $G=P\times Q$, 从而 G 是 $4p^3$ 阶循环群, 不妨记为 $G_1=\langle x||x|=4p^3\rangle$. 如果 $Q/C_Q(P)$ 是 2 阶循环群, 那么 a 作用在 P 上时诱导出 P 的一个 2 阶自同构, 从而 $x^a=x^{-1}$, 得 $G\cong G_2$. 如果 $Q/C_Q(P)$ 是 4 阶循环群, 那么 a 作用在 P 上时诱导出 P 的一个 4 阶自同构, 从而可设 $x^a=x^r$ (否则可用 a^3 代替 a), 其中 $r\equiv\sigma^{\frac{p^2(p-1)}{4}}(\mathrm{mod}p^3)$, 且 $0<r<p^3$, σ 是模 p^3 的原根, 从而得 $G\cong G_3$. 当 Q 是 4 阶初等交换 2-群时, 设 $Q=\langle a,b\rangle$, 这时 $Q/C_Q(P)$ 只能是 1 或 2 阶循环群. 如果 $Q/C_Q(P)$ 是 1 阶单位群, 那么 $G\cong G_4$. 如果 $Q/C_Q(P)$ 是 2 阶循环群, 那么不妨设 $C_Q(P)=\langle a\rangle$, 于是 b 作用在 P 上时诱导出 P 的一个 2 阶自同构, 从而 $x^b=x^{-1}$, 得 $G\cong G_5$.

2) 设 P 是 p^3 阶交换群 P_2, 即 $P=\langle x,y||x|=p^2,|y|=p,[x,y]=1\rangle$. 这时, 易见 P 的 Frattini 子群 $\Phi(P)=\langle x^p\rangle$ 是 p 阶群, 而 $\Phi(P)$ char P, $P\lhd G$, 于是 $\Phi(P)\lhd G$. 又不难证明 $\langle x^p,y\rangle$ 是 P 的唯一的 p^2 阶初等交换子群, 从而它是 P 的特征子群, 因而它又必是 G 的正规子群. 既然 $\langle x^p\rangle$ 与 $\langle x^p,y\rangle$ 都是 Q-不变的, 所以由定理 2.6.11 知, $\langle x^p\rangle$ 在 $\langle x^p,y\rangle$ 中有 p 阶 Q-不变补子群, 不妨设其为 $\langle y\rangle$. 由此又有 $\langle x^p,y\rangle/\langle x^p\rangle$ 是 p^2 阶初等交换群 $\langle x,y\rangle/\langle x^p\rangle$ 的 Q-不变子群. 再一次应用定理 2.6.11 得, $\langle x^p,y\rangle/\langle x^p\rangle$ 在 $\langle x,y\rangle/\langle x^p\rangle$ 中有 p 阶 Q-不变补子群, 设其为 $\langle x^iy^j\rangle/\langle x^p\rangle$, 这里 $0<i<p^2$ 且 $(i,p)=1$, $0\leqslant j<p$. 但 $\langle x^iy^j,y\rangle=\langle x,y\rangle$, 故不妨设 $\langle x\rangle/\langle x^p\rangle$ 是 $\langle x^p,y\rangle/\langle x^p\rangle$ 在 $\langle x,y\rangle/\langle x^p\rangle$ 中的 p 阶 Q-不变补子群, 因而可设 $\langle x\rangle$ 和 $\langle y\rangle$ 都是 Q-不变的. 由于 $Q/C_Q(x)$ 同构于 Aut $(\langle x\rangle)$ 的一个子群, 但 Aut $(\langle x\rangle)$ 是 $p(p-1)$ 阶循环群, 所以 $C_Q(x)=1$ 或 Q 或 Q 的 2 阶子群都是可能的. 同理, $C_Q(y)=1$ 或

Q 或 Q 的 2 阶子群也都是可能的.

当 Q 是 4 阶初等交换 2-群, 即 $Q = \langle a, b\rangle$ 时, $C_Q(x)$ 和 $C_Q(y)$ 都不可能是单位群 1. 若 $C_Q(x) = C_Q(y) = Q$, 则显然 G 的构造为 G_6; 若 $C_Q(y) = Q$ 而 $C_Q(x)$ 是 2 阶群, 则不妨设 $C_Q(x) = \langle a\rangle$. 于是 $x^b = x^{-1}$, 因此得 G 的构造为 G_7; 若 $C_Q(x) = Q$ 而 $C_Q(y)$ 是 2 阶群, 则不妨设 $C_Q(y) = \langle a\rangle$. 于是 $y^b = y^{-1}$, 因此得 G 的构造为 G_8; 若 $C_Q(x)$ 与 $C_Q(y)$ 都是 2 阶群, 且为同一个 2 阶群, 则不妨设 $C_Q(x) = C_Q(y) = \langle a\rangle$. 于是 $x^b = x^{-1}$ 且 $y^b = y^{-1}$, 因此得 G 的构造为 G_9; 若 $C_Q(x)$ 与 $C_Q(y)$ 都是 2 阶群, 但 $C_Q(x) \neq C_Q(y)$, 则不妨设 $C_Q(x) = \langle b\rangle$ 而 $C_Q(y) = \langle a\rangle$. 于是 $x^a = x^{-1}$ 且 $y^b = y^{-1}$, 因此得 G 的构造为 G_{10}.

当 Q 是 4 阶循环群时, 设 $Q = \langle a\rangle$. 若 $C_Q(x) = C_Q(y) = Q$, 则显然 G 的构造为 G_{11}; 若 $C_Q(y) = Q$ 而 $C_Q(x)$ 是 2 阶群, 则 $C_Q(x) = \langle a^2\rangle$. 于是 $x^a = x^{-1}$, 因此得 G 的构造为 G_{12}; 若 $C_Q(y) = Q$ 而 $C_Q(x) = 1$, 则 $x^a = x^s$, 这里 $s \equiv \sigma^{\frac{p(p-1)}{4}} (\mathrm{mod} p^2)$, 且 $0 < s < p^2$, σ 是模 p^2 的原根, 因此得 G 的构造为 G_{13}; 若 $C_Q(x) = Q$ 而 $C_Q(y)$ 是 2 阶群, 则 $C_Q(y) = \langle a^2\rangle$. 于是 $y^a = y^{-1}$, 因此得 G 的构造为 G_{14}; 若 $C_Q(x) = Q$ 而 $C_Q(y) = 1$, 则 $y^a = y^t$, 这里 $t \equiv \sigma^{\frac{p-1}{4}} (\mathrm{mod} p)$, 且 $0 < t < p$, σ 是模 p 的原根, 因此得 G 的构造为 G_{15}; 若 $C_Q(x) = C_Q(y) = \langle a^2\rangle$, 则 $x^a = x^{-1}$, $y^a = y^{-1}$, 因此得 G 的构造为 G_{16}; 若 $C_Q(x) = 1$, 而 $C_Q(y) = \langle a^2\rangle$, 则 $x^a = x^s$, $y^a = y^{-1}$, 因此得 G 的构造为 G_{17}; 若 $C_Q(x) = \langle a^2\rangle$, 而 $C_Q(y) = 1$, 则 $x^a = x^{-1}$, $y^a = y^t$, 因此得 G 的构造为 G_{18}; 若 $C_Q(x) = C_Q(y) = 1$, 则可设 $x^a = x^s$ (否则可用 a^3 代替 a), 但可能 $y^a = y^t$ 或 $y^a = y^{-t}$, 由此得 G 的构造为 G_{19} 与 G_{20}, 由于 $t \neq -t (\mathrm{mod} p)$, 所以 G_{19} 与 G_{20} 是不同构的.

3) 设 P 是 p^3 阶初等交换群 P_3, 即 $P = \langle x, y, z \| x| = |y| = |z| = p, [x, y] = [x, z] = [y, z] = 1\rangle$.

首先, 如果 G 是幂零群, 则 G 有两种不同构的类型, 其构造分别是 $G_{21} = P_3 \times Q_2$ 与 $G_{22} = P_3 \times Q_1$.

其次, 假设 G 不是幂零群, 则可证明 G 必是超可解的. 事实上, 由于 P 可看成 p 元域 $\mathbb{Z}_p$ 上的 3 维线性空间, 对于 Q 中任意一个元素 a, 它在 P 上的作用对应 $\mathbb{Z}_p$ 上 3 维线性空间的一个线性变换, 仍用 a 表示. 但 a^4-1 是线性变换 a 的零化多项式, 而 $\lambda^4-1=(\lambda-1)(\lambda+1)(\lambda-t)(\lambda+t)$. 所以由高等代数的有关知识知, a 的特征多项式 $f(\lambda)$ 在数域 $\mathbb{Z}_p$ 上必可分解为一次因式的乘积. 因此, 线性空间 P 可分解为 3 个一维 a 不变子空间之和. 亦即 P 可写成 G 的 3 个 p 阶正规子群的直和, 故 G 是超可解的. 由此得 G 的主因子都是素数阶循环群, 所以不妨设 $\langle x\rangle$, $\langle y\rangle$, $\langle z\rangle$ 都是 Q-不变的, 于是 $C_Q(x)$, $C_Q(y)$, $C_Q(z)$ 可为 Q 或 Q 的 2 阶子群. 当 Q 是循环群时, $C_Q(x)$, $C_Q(y)$, $C_Q(z)$ 也可为 1.

当 Q 是 4 阶初等交换 2-群 $\langle a,b\rangle$ 时, 若 $C_Q(x)$, $C_Q(y)$, $C_Q(z)$ 中有两个是 Q 时 (不可全为 Q), 则不妨设 $C_Q(y)=C_Q(z)=Q$. 而 $C_Q(x)$ 是 Q 的 2 阶子群, 不妨设 $C_Q(x)=\langle b\rangle$, $x^a=x^{-1}$, 所以 G 的构造为 G_{23}. 若 $C_Q(x)$, $C_Q(y)$, $C_Q(z)$ 中只有一个是 Q 时, 不妨设 $C_Q(z)=Q$, 这时当 $C_Q(x)$ 和 $C_Q(y)$ 是 Q 的相同的 2 阶子群时, 不妨设 $C_Q(x)=C_Q(y)=\langle b\rangle$, 于是有 $x^a=x^{-1}$ 与 $y^a=y^{-1}$, 所以 G 的构造为 G_{24}; 当 $C_Q(x)$ 和 $C_Q(y)$ 是 Q 的不同的 2 阶子群时, 不妨设 $C_Q(x)=\langle b\rangle$, $C_Q(y)=\langle a\rangle$, 于是有 $x^a=x^{-1}$ 与 $y^b=y^{-1}$, 所以 G 的构造为 G_{25}. 若 $C_Q(x)$, $C_Q(y)$, $C_Q(z)$ 都是 Q 的同一个 2 阶子群, 则不妨设 $C_Q(x)=C_Q(y)=C_Q(z)=\langle b\rangle$, 于是有 $x^a=x^{-1}$ 与 $y^a=y^{-1}$ 及 $z^a=z^{-1}$, 所以 G 的构造为 G_{26}. 若 $C_Q(x)$, $C_Q(y)$, $C_Q(z)$ 都是 Q 的 2 阶子群, 但只有两个是相同的, 则不妨设 $C_Q(x)=C_Q(y)=\langle b\rangle$ 而 $C_Q(z)=\langle a\rangle$, 于是有 $x^a=x^{-1}$ 与 $y^a=y^{-1}$ 及 $z^b=z^{-1}$, 所以 G 的构造为 G_{27}. 若 $C_Q(x)$, $C_Q(y)$, $C_Q(z)$ 都是 Q 的 2 阶子群, 但彼此互不相同, 则不妨设 $C_Q(x)=\langle b\rangle$ 而 $C_Q(y)=\langle a\rangle$ 及 $C_Q(z)=\langle ab\rangle$, 于是有 $x^a=x^{-1}$ 与 $y^b=y^{-1}$ 及 $z^a=z^b=z^{-1}$, 所以 G 的构造为 G_{28}.

当 Q 是 4 阶循环群 $\langle a\rangle$ 时, 若 $C_Q(x)$, $C_Q(y)$, $C_Q(z)$ 中有两个是 Q 时 (不可全为 Q), 则不妨设 $C_Q(y)=C_Q(z)=Q$. 当 $C_Q(x)$ 是 Q 的 2 阶子群 $\langle a^2\rangle$ 时, 有 $x^a=x^{-1}$, 所以 G 有构造 G_{29}; 当 $C_Q(x)=1$ 时, 可设 $x^a=x^t$(否则可用 a^3 代替 a), 所以 G 有构造 G_{30}. 若 $C_Q(x)$, $C_Q(y)$, $C_Q(z)$ 中只有一个是 Q 时, 不妨设 $C_Q(z)=Q$, 这时当 $C_Q(x)$ 和 $C_Q(y)$ 都是 Q 的 2 阶子群时, 必有 $C_Q(x)=C_Q(y)=\langle a^2\rangle$, 于是有 $x^a=x^{-1}$ 与 $y^a=y^{-1}$, 所以 G 的构造为 G_{31}; 当 $C_Q(x)$ 和 $C_Q(y)$ 中只有一个为 Q 的 2 阶子群而另一个为单位元群 1 时, 不妨设 $C_Q(x)=1$

而 $C_Q(y)=\langle a^2\rangle$, 于是有 $x^a=x^t$ 与 $y^a=y^{-1}$, 所以 G 有构造 G_{32}; 当 $C_Q(x)$ 和 $C_Q(y)$ 都是单位元群 1 时, 即 $C_Q(x)=C_Q(y)=1$, 则可设 $x^a=x^t$ (否则可用 a^3 代替 a), 而 $y^a=y^t$ 或 $y^a=y^{-t}$, 所以 G 有构造 G_{33} 与 G_{34}. 若 $C_Q(x)$, $C_Q(y)$, $C_Q(z)$ 都不是 Q 但都是 Q 的 2 阶子群, 则有 $x^a=x^{-1}$ 与 $y^a=y^{-1}$ 及 $z^a=z^{-1}$, 所以 G 有构造 G_{35}; 若 $C_Q(x)$, $C_Q(y)$, $C_Q(z)$ 都是单位元群 1, 则有 $x^a=x^{\pm t}$ 与 $y^a=y^{\pm t}$ 及 $z^a=z^{\pm t}$, 但因为 x,y,z 在 P 中的地位是相同的, 于是 G 有两种不同的构造: 取 $x^a=x^t$ 与 $y^a=y^t$ 及 $z^a=z^t$ 时, 得构造 G_{36}; 取 $x^a=x^t$ 与 $y^a=y^t$ 及 $z^a=z^{-t}$ 时, 得构造 G_{37}; 若 $C_Q(x)$, $C_Q(y)$, $C_Q(z)$ 中有 1 个为 Q 的 2 阶子群而另两个是单位元群 1, 则不妨设 $C_Q(x)=\langle a^2\rangle$ 而 $C_Q(y)=C_Q(z)=1$, 于是有 $x^a=x^{-1}$ 且可设 $y^a=y^t$ (否则可用 a^3 代替 a), 但有 $z^a=z^t$ 或 $z^a=z^{-t}$, 从而 G 有构造 G_{38} 与 G_{39}; 若 $C_Q(x)$, $C_Q(y)$, $C_Q(z)$ 中有两个为 Q 的 2 阶子群而另一个是单位元群 1, 则不妨设 $C_Q(x)=C_Q(y)=\langle a^2\rangle$ 而 $C_Q(z)=1$, 于是有 $x^a=x^{-1}$ 与 $y^a=y^{-1}$ 且可设 $z^a=z^t$, 从而 G 有构造 G_{40}.

4) 设 P 是 p^3 阶非交换群 P_4, 即 $P=\langle x,y \| x|=p^2,|y|=p,x^y=x^{p+1}\rangle$. 这时 $Z(P)=\langle x^p\rangle$, 于是 $[x,y]=x^p\in Z(P)$, 又 p 是奇素数, 所以由引理 2.2.12 得 $(x^ky^l)^p=x^{kp}y^{lp}[y^l,x^k]^{(p-1)p/2}=x^{kp}$, 这里 $0\leqslant k\leqslant p^2-1$, $0\leqslant l\leqslant p-1$. 因此当 p 不整除 k 时, x^ky^l 的阶都是 p^2, 从而 P 中有 $p(p-1)p=p^3-p^2$ 个阶为 p^2 的元素. 这说明 $\langle x^p,y\rangle$ 是 P 的唯一的 p^2 阶初等交换子群, 故 $\langle x^p\rangle$ 和 $\langle x^p,y\rangle$ 都是 G 的正规子群. 由定理 2.6.11 知, $\langle x^p\rangle$ 在 $\langle x^p,y\rangle$ 中有 p 阶 Q-不变补子群, 不妨设其为 $\langle y\rangle$. 由此又有 $\langle x^p,y\rangle/\langle x^p\rangle$ 是 p^2 阶初等交换群 $\langle x,y\rangle/\langle x^p\rangle$ 的 Q-不变子群. 再一次应用定理 2.6.11 得, $\langle x^p,y\rangle/\langle x^p\rangle$ 在 $\langle x,y\rangle/\langle x^p\rangle$ 中有 p 阶 Q-不变补子群, 设其为 $\langle x^iy^j\rangle/\langle x^p\rangle$, 这里 $0<i<p^2$ 且 $(i,p)=1$, $0\leqslant j<p$. 但 $\langle x^iy^j,y\rangle=\langle x,y\rangle$, 故不妨设 $\langle x\rangle/\langle x^p\rangle$ 是 $\langle x^p,y\rangle/\langle x^p\rangle$ 在 $\langle x,y\rangle/\langle x^p\rangle$ 中的 p 阶 Q-不变补子群, 因而可设 $\langle x\rangle$ 和 $\langle y\rangle$ 都是 Q-不变的. 若 Q 在 P 上的作用是平凡的, 则显然 G 有两种不同构的构造 $G_{41}=P_4\times Q_2$ 与 $G_{42}=P_4\times Q_1$.

若 Q 在 P 上的作用不是平凡的, 则当 Q 是 4 阶循环群 $Q=\langle a\rangle$ 时, 如果 $x^a=x^{-1}$, $y^a=y^{-1}$, 那么 $[x,y]^a=[x^a,y^a]=x^p\neq(x^p)^a$, 矛

盾; 如果 $x^a = x$, $y^a = y^{-1}$, 那么 $[x,y]^a = [x,y^a] = x^{-p} \neq (x^p)^a$, 亦矛盾, 因此只能有 $x^a = x^{-1}$, $y^a = y$, 于是 G 有构造 G_{43}. 类似地, 有 $x^a = x^s$, $y^a = y$, 于是 G 有构造 G_{44}. 若 Q 是 4 阶初等交换 2-群 $\langle a,b\rangle$, 则必有 $C_Q(y) = Q$ 而 $C_Q(x)$ 是 Q 的 2 阶子群, 不妨设 $C_Q(x) = \langle b\rangle$, 于是 $x^a = x^{-1}$, 因此 G 有构造 G_{45}.

5) 设 P 是 p^3 阶非交换群 P_5, 即 $P = \langle x,y,z || x| = |y| = |z| = p, [x,y] = z, [x,z] = [y,z] = 1\rangle$. 若 Q 在 P 上的作用是平凡的, 则 G 有两种不同构的构造 $G_{46} = P_5 \times Q_1$ 与 $G_{47} = P_5 \times Q_2$.

若 Q 在 P 上的作用是非平凡的, 则因为 $Z(P) = \langle z\rangle$, 所以 $P/\langle z\rangle = \langle x,y\rangle/\langle z\rangle$ 是 Q-不变的 p^2 阶初等交换群. 类似于 3) 中的讨论, 不难得知 G 必是超可解群, 于是 $\langle x,y\rangle/\langle z\rangle$ 有 p 阶 Q-不变子群, 不妨设其为 $\langle x,z\rangle/\langle z\rangle$. 由此又知 $\langle x,z\rangle$ 也是 Q-不变的 p^2 阶初等交换群, 所以由定理 2.6.11 知 $\langle z\rangle$ 在 $\langle x,z\rangle$ 中有 p 阶 Q-不变的补子群, 不妨设其是 $\langle x\rangle$. 同理, 因为 $\langle x,z\rangle/\langle z\rangle$ 是 $\langle x,y\rangle/\langle z\rangle$ 的 p 阶 Q-不变子群, 所以 $\langle x,z\rangle/\langle z\rangle$ 在 $\langle x,y\rangle/\langle z\rangle$ 中有 p 阶 Q-不变的补子群, 不妨设其为 $\langle y,z\rangle/\langle z\rangle$, 从而 $\langle y\rangle$ 也是 Q-不变子群. 总之, 可设 $\langle x\rangle$, $\langle y\rangle$, $\langle z\rangle$ 都是 Q-不变子群. 若 Q 是 4 阶循环群 $\langle a\rangle$, 则 $x^a = x$ 或 $x^a = x^{-1}$ 或 $x^a = x^{\pm r}$, $y^a = y$ 或 $y^a = y^{-1}$ 或 $y^a = y^{\pm r}$, 注意到 $[x,y] = z$ 且 Q 非平凡作用在 P 上, 再考虑到 x, y 在 P 中的地位是相同的, 所以能够得到如下结论: 当 $x^a = x^{-1}, y^a = y$ 时, $z^a = z^{-1}$, G 有构造 G_{48}; 当 $x^a = x^{-1}, y^a = y^{-1}$ 时, $z^a = z$, G 有构造 G_{49}; 当 $x^a = x^t, y^a = y$ 时, $z^a = z^t$, G 有构造 G_{50}; 当 $x^a = x^t, y^a = y^{-1}$ 时, $z^a = z^{-t}$, G 有构造 G_{51}; 当 $x^a = x^t, y^a = y^t$ 时, $z^a = z^{t^2} = z^{-1}$, G 有构造 G_{52}; 当 $x^a = x^t, y^a = y^{-t}$ 时, $z^a = z^{-t^2} = z$, G 有构造 G_{53}. 若 Q 是 4 阶初等交换群 $\langle a,b\rangle$, 则 $C_Q(x)$, $C_Q(y)$ 或为 Q 或为 Q 的 2 阶子群. 由于 Q 非平凡作用在 P 上, 所以 $C_Q(x)$, $C_Q(y)$ 不全为 Q. 当 $C_Q(x)$, $C_Q(y)$ 中有一个为 Q 时, 不妨设 $C_Q(y) = Q$, $C_Q(x)$ 为 Q 的 2 阶子群 $\langle b\rangle$, 于是得 G 的构造 G_{54}; 当 $C_Q(x)$, $C_Q(y)$ 中都为 Q 的 2 阶子群并且相等时, 不妨设此 2 阶子群为 $\langle b\rangle$, 于是得 G 的构造 G_{55}; 当 $C_Q(x)$, $C_Q(y)$ 中都为 Q 的 2 阶子群但它们不相等时, 不妨设 $C_Q(x) = \langle b\rangle$, $C_Q(y) = \langle a\rangle$, 于是得 G 的构造 G_{56}.

(ii) 假设 $p \equiv 3(\mathrm{mod}4)$ 且 $p > 3$.

这时, 由于 p^k 阶循环群没有 4 阶的自同构 (k 为任何正整数), 因此当 G 是超可解群时, 重复 (i) 中的讨论过程, 可得 G 的 35 个互不同构的类型: G_1, G_2, G_4, G_5, G_6, G_7, G_8, G_9, G_{10}, G_{11}, G_{12}, G_{14}, G_{16}, G_{21}, G_{22}, G_{23}, G_{24}, G_{25}, G_{26}, G_{27}, G_{28}, G_{29}, G_{31}, G_{35}, G_{41}, G_{42}, G_{43}, G_{45}, G_{46}, G_{47}, G_{48}, G_{49}, G_{54}, G_{55}, G_{56}.

假设 G 不是超可解的, 由 (i) 的讨论可见, P 只能是初等交换群 P_3 或非交换群 P_5. 当 $P \cong P_3$ 时, 由于 P 可看成是 p 元域 $\mathbb{Z}_p$ 上的 3 维线性空间, 对于 Q 中任意一个元素 a, 它在 P 上的作用对应 $\mathbb{Z}_p$ 上 3 维线性空间的一个线性变换, 仍用 a 表示. 如果 P 是 G 的极小正规子群, 则 Q 在 P 上的作用是不可分解的. 于是 Q 中至少有一个元素 a 的特征多项式 $f(\lambda)$ 是 $\mathbb{Z}_p$ 上的 3 次不可约多项式. 但 $a^4 = 1$, 所以 $f(\lambda)$ 应为 $\lambda^4 - 1$ 的因式, 这是不可能的. 因此 P 不是 G 的极小正规子群. 又 G 不是超可解的, 所以 G 应有一个 p^2 阶极小正规子群, 不妨设其为 $\langle x\rangle \times \langle y\rangle$. 这时 Q 中至少有一个元素 a 的特征多项式 $f(\lambda)$ 有一个 2 次不可约因式, 且是 $\lambda^4 - 1$ 的因式. 但在 $\mathbb{Z}_p$ 上, $\lambda^4 - 1 = (\lambda - 1)(\lambda + 1)(\lambda^2 + 1)$. 由此不难得出 $f(\lambda) = (\lambda^2 + 1)(\lambda - 1)$ 或 $f(\lambda) = (\lambda^2 + 1)(\lambda + 1)$, 从而 Q 只能是 4 阶循环群, 这时 G 有两种不同的构造:

$G_{57} = ((\langle x\rangle \times \langle y\rangle) \rtimes \langle a\rangle) \times \langle z\rangle$, 其中 $|x| = |y| = |z| = p$, $|a| = 4$, $x^a = y$, $y^a = x^{-1}$;

$G_{58} = (\langle x\rangle \times \langle y\rangle \times \langle z\rangle) \rtimes \langle a\rangle$, 其中 $|x| = |y| = |z| = p$, $|a| = 4$, $x^a = y$, $y^a = x^{-1}$, $z^a = z^{-1}$.

当 $P \cong P_5$ 时, 如果 G 不是超可解的, 那么 Q 在 $\langle x, y\rangle/\langle z\rangle$ 上的作用是不可分解的. 又 $\langle x, y\rangle/\langle z\rangle$ 可看成 p 元域 $\mathbb{Z}_p$ 上的 2 维线性空间, Q 中任意一个元素 a 可看成 $\mathbb{Z}_p$ 上的 2 维线性空间的一个可逆线性变换. 类似于上面的讨论, 可知 Q 只能是 4 阶循环群 $\langle a\rangle$, 且可设 $x^a = y$, $y^a = x^{-1}$, 再由 $[x, y] = z$ 得 $z^a = z$, 从而 G 有构造 G_{59}.

(iii) 当 $p = 3$ 时, G 是 108 阶群. 如果 G 的 Sylow 3-子群正规, 则它有 38 个不同构的类型 (分别是 $p = 3$ 时 (ii) 中的 38 个不同构的类型). 而当 Sylow 3-子群不正规时, 如果 G 的 Sylow 2-子群正规, 那么 P 共轭作用在 Q 上将诱导 Q 的一个非单位的自同构群 $P/C_P(Q)$. 于是 3 是 |Aut

$(Q)|$ 的因子, 从而 Q 只能是初等交换群 $Q_2 = \langle a\rangle \times \langle b\rangle$. 但 $\mathrm{Aut}(Q) \cong SL(2,2)$, 所以 $|\mathrm{Aut}\ (Q)| = 6$, 因此 $P/C_P(Q)$ 必是 3 阶循环群, 而 $C_P(Q)$ 是 P 的 9 阶正规子群.

1) 若 P 是 27 阶循环群 $\langle x\rangle$, 则 $C_P(Q) = \langle x^3\rangle$. 于是 x 作用在 Q 上诱导 Q 的一个 3 阶自同构, 因此可设 $a^x = b$, $b^x = ab$, 从而 G 有构造 G_{60}.

2) 若 P 是交换群 $\langle x\rangle \times \langle y\rangle$, 其中 $|x| = 9$, $|y| = 3$, 则 $C_P(Q)$ 可为 P 的 9 阶循环子群, 也可为 P 的 9 阶初等交换子群. 当 $C_P(Q)$ 是 P 的 9 阶初等交换子群时, 则 $C_P(Q) = \langle x^3, y\rangle$, 于是 x 作用在 Q 上诱导 Q 的一个 3 阶自同构, 可设 $a^x = b$, $b^x = ab$, 从而 G 的构造是 G_{61}. 当 $C_P(Q)$ 是 9 阶循环群时, 不妨设 $C_P(Q) = \langle x\rangle$, 于是 y 作用在 Q 上诱导 Q 的一个 3 阶自同构, 所以可设 $a^y = b$, $b^y = ab$, 故得 G 的构造 G_{62}.

3) 若 P 是初等交换群 $\langle x\rangle \times \langle y\rangle \times \langle z\rangle$, 则 $C_P(Q)$ 只能是 9 阶初等交换群, 不妨设 $C_P(Q) = \langle y, z\rangle$, 于是 $a^x = b$, $b^x = ab$, 故 G 有构造 G_{63}.

4) 若 P 是非交换群 $\langle x, y \| x| = 9, |y| = 3, x^y = x^4\rangle$, 则 $C_P(Q)$ 可为 P 的 9 阶循环子群, 也可为 P 的 9 阶初等交换子群. 当 $C_P(Q)$ 为 P 的 9 阶循环子群时, 不妨设 $C_P(Q) = \langle x\rangle$, 于是 y 作用在 Q 上诱导 Q 的一个 3 阶自同构, 所以可设 $a^y = b, b^y = ab$, 从而 G 有构造 G_{64}. 当 $C_P(Q)$ 为 P 的 9 阶初等交换子群时, 必有 $C_P(Q) = \langle x^3, y\rangle$, 于是 x 作用在 Q 上诱导 Q 的一个 3 阶自同构, 所以 G 有构造 G_{65}.

5) 若 P 是非交换群 $\langle x, y, z \| x| = |y| = |z| = 3, [x, y] = z, [x, z] = [y, z] = 1\rangle$, 则 $C_P(Q)$ 只能是 9 阶初等交换群, 不妨设 $C_P(Q) = \langle y, z\rangle$, 于是 x 作用在 Q 上诱导 Q 的一个 3 阶自同构, 所以 G 有构造 G_{66}.

最后, 我们只需证明不存在 Sylow 2-子群与 Sylow 3-子群都不正规的 108 阶群 G, 从而知 108 阶群共有 45 个不同构的类型. 假设存在 Sylow 2-子群与 Sylow 3-子群都不正规的 108 阶群 G, 那么任取 $P \in \mathrm{Syl}_3(G)$, 由 Sylow 定理知 $|\mathrm{Syl}_3(G)| = 4$. 考虑 G 在集合 $\Omega = \{Pg | g \in G\}$ 上的右乘作用, 易知此作用的核为 $P_G = O_3(G)$. 但 $|\Omega| = 4$, 故 $G/O_3(G)$ 同构于 S_4 的一个子群, 于是 P_G 必是 9 阶群, 迫使 $G/P_G \cong A_4$. 我们断定 $O_2(G) = 1$. 事实上, 如果 $O_2(G) \neq 1$, 则 $O_2(G)$ 必是 G 的 2 阶正规子群, 于是由定理 1.3.4 可得 $O_2(G) \leqslant Z(G)$. 此时 $G/Z(G)$ 是 54 阶

群, 其 Sylow 3-子群 $PO_2(G)/O_2(G)$ 是正规的, 于是 P char $PO_2(G) \lhd G$, 从而 $P \lhd G$, 矛盾, 因此 $O_2(G) = 1$. 由此得 $F(G) = O_3(G) = P_G$, 再由定理 3.2.6 (iii) 得 $C_G(O_3(G)) \leqslant O_3(G)$. 但显然 $O_3(G)$ 是交换群, 于是 $G/O_3(G) \cong A_4$ 忠实作用于 $O_3(G)$ 上, 从而 $O_3(G)$ 只能是 9 阶初等交换群, 这说明 A_4 同构于 $\mathrm{Aut}\ (O_3(G)) \cong GL(2,3)$ 的一个子群, 亦即 A_4 能嵌入到 $GL(2,3)$ 中. 但这是不可能的, 因为 $GL(2,3)$ 中的 4 阶初等交换子群必有一个元素 (矩阵) 的行列式是 1, 故属于 $SL(2,3)$. 但 $SL(2,3)$ 只有一个 2 阶元 $-I$ (I 为域 $\mathbb{Z}_3$ 上的 2 阶单位矩阵), 于是 $GL(2,3)$ 的每个 4 阶初等交换子群均包含中心对合 $-I$, 而 A_4 的中心是 1, 所以 A_4 不能嵌入到 $GL(2,3)$ 中. 此矛盾说明 G 存在正规的 Sylow 子群. □

类似于定理 3.5.12, 我们不难得到下面的结论.

定理 3.5.13 设 p 是奇素数, G 是 $2p^3$ 阶群, 则 G 有 15 个不同构的类型, 其构造如下:

$G_1 = \langle x \mid |x| = 2p^3 \rangle$;

$G_2 = \langle x, a \mid |x| = p^3, |a| = 2, x^a = x^{-1} \rangle$;

$G_3 = \langle x \rangle \times \langle y \rangle \times \langle a \rangle$, 其中 $|x| = p^2$, $|y| = p$, $|a| = 2$;

$G_4 = (\langle x \rangle \rtimes \langle a \rangle) \times \langle y \rangle$, 其中 $|x| = p^2$, $|y| = p$, $|a| = 2, x^a = x^{-1}$;

$G_5 = \langle x \rangle \times (\langle y \rangle \rtimes \langle a \rangle)$, 其中 $|x| = p^2$, $|y| = p$, $|a| = 2, y^a = y^{-1}$;

$G_6 = (\langle x \rangle \times \langle y \rangle) \rtimes \langle a \rangle$, 其中 $|x| = p^2$, $|y| = p$, $|a| = 2, x^a = x^{-1}, y^a = y^{-1}$;

$G_7 = \langle x \rangle \times \langle y \rangle \times \langle z \rangle \times \langle a \rangle$, 其中 $|x| = |y| = |z| = p$, $|a| = 2$;

$G_8 = (\langle x \rangle \rtimes \langle a \rangle) \times \langle y \rangle \times \langle z \rangle$, 其中 $|x| = |y| = |z| = p$, $|a| = 2$, $x^a = x^{-1}$;

$G_9 = ((\langle x \rangle \times \langle y \rangle) \rtimes \langle a \rangle) \times \langle z \rangle$, 其中 $|x| = |y| = |z| = p$, $|a| = 2$, $x^a = x^{-1}$, $y^a = y^{-1}$;

$G_{10} = (\langle x \rangle \times \langle y \rangle \times \langle z \rangle) \rtimes \langle a \rangle$, 其中 $|x| = |y| = |z| = p$, $|a| = 2$, $x^a = x^{-1}$, $y^a = y^{-1}$, $z^a = z^{-1}$;

$G_{11} = (\langle x \rangle \rtimes \langle y \rangle) \times \langle a \rangle$, 其中 $|x| = p^2$, $|y| = p$, $x^y = x^{p+1}$, $|a| = 2$;

$G_{12} = (\langle x \rangle \rtimes \langle y \rangle) \rtimes \langle a \rangle$, 其中 $|x| = p^2$, $|y| = p$, $x^y = x^{p+1}$, $|a| = 2$, $x^a = x^{-1}$, $y^a = y$;

$G_{13} = (\langle x, y, z\rangle) \times \langle a\rangle$, 其中 $|x| = |y| = |z| = p$, $[x, y] = z$, $[x, z] = [y, z] = 1$, $|a| = 2$;

$G_{14} = (\langle x, y, z\rangle) \rtimes \langle a\rangle$, 其中 $|x| = |y| = |z| = p$, $[x, y] = z$, $[x, z] = [y, z] = 1$, $|a| = 2$, $x^a = x^{-1}$, $y^a = y$, $z^a = z^{-1}$;

$G_{15} = (\langle x, y, z\rangle) \rtimes \langle a\rangle$, 其中 $|x| = |y| = |z| = p$, $[x, y] = z$, $[x, z] = [y, z] = 1$, $|a| = 2$, $x^a = x^{-1}$, $y^a = y^{-1}$, $z^a = z$. □

定理 3.5.14 设 p 是奇素数, G 是 $8p$ 阶群, σ 为模 p 的一个原根, 则

(i) 当 $p \equiv 1(\mathrm{mod}8)$ 时 (设整数 r 满足 $\sigma^{\frac{p-1}{8}} \equiv r(\mathrm{mod}p)$), G 有 15 个不同构的类型, 其构造如下:

$G_1 = \langle a||a| = 8p\rangle$;

$G_2 = \langle a, b||a| = p, |b| = 8, a^b = a^{-1}\rangle$;

$G_3 = \langle a, b||a| = p, |b| = 8, a^b = a^{r^2}\rangle$;

$G_4 = \langle a, b||a| = p, |b| = 8, a^b = a^r\rangle$;

$G_5 = \langle a\rangle \times \langle b\rangle \times \langle c\rangle$, 其中 $|a| = p$, $|b| = 4$, $|c| = 2$;

$G_6 = \langle a, b, c||a| = p, |b| = 4, |c| = 2, b^a = b^c = b, a^c = a^{-1}\rangle$;

$G_7 = \langle a, b, c||a| = p, |b| = 4, |c| = 2, c^a = c^b = c, a^b = a^{-1}\rangle$;

$G_8 = \langle a, b, c||a| = p, |b| = 4, |c| = 2, c^a = c^b = c, a^b = a^{r^2}\rangle$;

$G_9 = \langle a\rangle \times \langle b\rangle \times \langle c\rangle \times \langle d\rangle$, 其中 $|a| = p$, $|b| = |c| = |d| = 2$;

$G_{10} = (\langle a\rangle \rtimes \langle d\rangle) \times \langle b\rangle \times \langle c\rangle$, 其中 $|a| = p$, $|b| = |c| = |d| = 2, a^d = a^{-1}$;

$G_{11} = \langle a\rangle \times (\langle b\rangle \rtimes \langle c\rangle)$, 其中 $|a| = p$, $|b| = 4$, $|c| = 2$, $b^c = b^{-1}$;

$G_{12} = \langle a\rangle \rtimes \langle b\rangle$, 其中 $|a| = 4p$, $|b| = 2$, $a^b = a^{-1}$;

$G_{13} = \langle a\rangle \rtimes (\langle b\rangle \rtimes \langle c\rangle)$, 其中 $|a| = p$, $|b| = 4$, $|c| = 2$, $b^c = b^{-1}$, $a^b = a^{-1}$, $a^c = a$;

$G_{14} = \langle a\rangle \times \langle b, c||b| = |c| = 4, b^2 = c^2, b^c = b^{-1}\rangle$, 其中 $|a| = p$;

$G_{15} = \langle a\rangle \rtimes \langle b, c||b| = |c| = 4, b^2 = c^2, b^c = b^{-1}\rangle$, 其中 $|a| = p$, $a^b = a$, $a^c = a^{-1}$.

(ii) 当 $p \equiv 5(\mathrm{mod}8)$ 时, G 有 14 个不同构的类型, 其构造是 (i) 中除 G_4 外的所有构造.

(iii) 当 $p\equiv 3(\mathrm{mod}4)$ 且 $p>7$ 时, G 有 12 个不同构的类型, 其构造是 (i) 中除 G_3, G_4, G_8 外的所有构造.

(iv) 当 $p=7$ 时, G 是 56 阶群, 它共有 13 个不同构的类型, 其构造是 (iii) 中所有构造, 及下面的 1 种构造:

$G_{16}=((\langle b\rangle\times\langle c\rangle\times\langle d\rangle)\rtimes\langle a\rangle$, 其中 $|a|=7$, $|b|=|c|=|d|=2$, $b^a=c, c^a=d, d^a=bd$.

(v) 当 $p=3$ 时, G 是 24 阶群, 它共有 15 个不同构的类型, 其构造除了 (iii) 中所有构造外, 还有下面的 3 种构造:

$G_{17}=(((\langle b\rangle\times\langle c\rangle)\rtimes\langle a\rangle)\times\langle d\rangle$, 其中 $|a|=3$, $|b|=|c|=|d|=2$, $b^a=c, c^a=bc$;

$G_{18}=\langle b,c\rangle\rtimes\langle a\rangle$, 其中 $|a|=3$, $|b|=|c|=4$, $b^2=c^2$, $b^c=b^{-1}$, $b^a=c, c^a=bc$;

$G_{19}\cong S_4\cong(((\langle a\rangle\times\langle b\rangle)\rtimes\langle c\rangle)\rtimes\langle d\rangle$, 其中 $|a|=|b|=|d|=2$, $|c|=3$, $a^c=b,\ b^c=ab,\ a^d=b,\ b^d=a,\ c^d=c^2$.

证明 设 P 是 $8p$ 阶群 G 的 Sylow p-子群, Q 为 G 的 Sylow 2-子群. 显然 P 是循环群, 设 $P=\langle a||a|=p\rangle$. 而由定理 2.2.13 知, Q 有 5 种不同构的类型:

$Q_1=\langle b||b|=8\rangle$;

$Q_2=\langle b,c||b|=4,|c|=2,[b,c]=1\rangle$;

$Q_3=\langle b,c,d||b|=|c|=|d|=2,[b,c]=[b,d]=[c,d]=1\rangle$;

$Q_4=\langle b,c||b|=4,|c|=2,b^c=b^{-1}\rangle$;

$Q_5=\langle b,c||b|=|c|=4,b^2=c^2,b^c=b^{-1}\rangle$.

(i) 假设 $p\equiv 1(\mathrm{mod}8)$. 这时, 易知 $P\lhd G$, 从而 $G=P\rtimes Q$. 所以 $Q/C_Q(P)$ 同构于 Aut (P) 的一个子群. 又 Aut (P) 是 $p-1$ 阶循环群, 且 Aut (P) 的 1, 2, 4, 8 阶子群各恰有一个.

1) 当 Q 是 8 阶循环群 Q_1 时, 如果 $Q/C_Q(P)$ 是 1 阶单位群, 那么 $G=P\times Q$, 显然这时 G 是 $8p$ 阶循环群 G_1. 如果 $Q/C_Q(P)$ 是 2 阶循环群, 那么 b 作用在 P 上时诱导出 P 的一个 2 阶自同构, 从而 $a^b=a^{-1}$, 得 $G\cong G_2$. 如果 $Q/C_Q(P)$ 是 4 阶循环群, 那么 b 作用在 P 上时诱导出 P 的一个 4 阶自同构. 由于 σ 为模 p 的一个原根, 所以存在整数 r, 使 $\sigma^{\frac{p-1}{8}}\equiv r(\mathrm{mod}p)$, 从而 $a^b=a^{r^2}$, 故得 G 的构造为 G_3. 如果

$Q/C_Q(P)$ 是 8 阶循环群, 那么 b 作用在 P 上时诱导出 P 的一个 8 阶自同构, 从而 $a^b = a^r$, 故得 G 的构造为 G_4.

2) 当 Q 是 8 阶交换群 Q_2 时, $Q/C_Q(P)$ 只能是 1, 2, 4 阶循环群. 若 $Q/C_Q(P)$ 是 1 阶循环群, 则显然 $G \cong G_5$. 若 $Q/C_Q(P)$ 是 2 阶循环群, 则 $C_Q(P)$ 可为 4 阶循环群 $\langle b\rangle$ 或 4 阶初等交换群 $\langle b^2, c\rangle$. 当 $C_Q(P) = \langle b\rangle$ 时, 有 $a^c = a^{-1}$, 于是得 G 的构造 G_6; 当 $C_Q(P) = \langle b^2, c\rangle$ 时, 有 $a^b = a^{-1}$, 于是得 G 的构造 G_7. 若 $Q/C_Q(P)$ 是 4 阶循环群, 则不妨设 $C_Q(P)$ 为 2 阶循环群 $\langle c\rangle$, 于是 $a^b = a^{r^2}$, 从而 G 的构造 G_8.

3) 当 Q 是 8 阶初等交换群 Q_3 时, $Q/C_Q(P)$ 只能是 1 或 2 阶循环群. 若 $Q/C_Q(P)$ 是 1 阶循环群, 则显然 $G \cong G_9$. 若 $Q/C_Q(P)$ 是 2 阶循环群, 则 $C_Q(P)$ 为 4 阶初等交换群, 不妨设 $C_Q(P) = \langle b, c\rangle$, 于是 $a^d = a^{-1}$, 因而 $G \cong G_{10}$.

4) 当 Q 是 8 阶二面体群 Q_4 时, $Q/C_Q(P)$ 只能是 1 或 2 阶循环群. 若 $Q/C_Q(P)$ 是 1 阶循环群, 则显然 $G \cong G_{11}$. 若 $Q/C_Q(P)$ 是 2 阶循环群, 则 $C_Q(P) = \langle b\rangle$ 或 $C_Q(P) = \langle b^2, c\rangle$. 当 $C_Q(P) = \langle b\rangle$ 时, 有 $a^c = a^{-1}$. 但 $b^c = b^{-1}$, ab 是 $4p$ 阶元, 且 $(ab)^c = (ab)^{-1}$. 因此, 如果用 a, b 分别代替 ab, c, 则得 G 的构造 G_{12}; 当 $C_Q(P) = \langle b^2, c\rangle$ 时, 有 $a^b = a^{-1}$, 于是得 G 的构造 G_{13}.

5) 当 Q 是 8 阶四元数群 Q_5 时, $Q/C_Q(P)$ 只能是 1 或 2 阶循环群. 若 $Q/C_Q(P)$ 是 1 阶循环群, 则显然 $G \cong G_{14}$. 若 $Q/C_Q(P)$ 是 2 阶循环群, 则 $C_Q(P)$ 必是 4 阶循环群, 不妨设 $C_Q(P) = \langle b\rangle$, 则 $a^b = a$, $a^c = a^{-1}$, 从而 G 的构造是 G_{15}. 综上所述得, 若 $p \equiv 1(\mathrm{mod}8)$, 则 $8p$ 阶群 G 有 15 个不同构的类型.

(ii) 当 $p \equiv 5(\mathrm{mod}8)$ 时, Aut (P) 没有 8 阶循环子群, 所以 $Q/C_Q(P)$ 不可能是 8 阶循环群, 因此类似于上面 (i) 的讨论, G 恰有 14 个不同构的类型, 其构造分别是 (i) 中除 G_4 外的所有构造.

(iii) 当 $p \equiv 3(\mathrm{mod}4)$ 且 $p > 7$ 时, G 的 Sylow p-子群 P 是正规子群, 但 Aut (P) 没有 4 与 8 阶循环子群, 所以 $Q/C_Q(P)$ 不可能是 4 或 8 阶循环群. 因此重复 (i) 的讨论过程, 可得 G 有 12 个不同构的类型, 其构造分别是 (i) 中除 G_3, G_4, G_8 外的所有构造.

(iv) 当 $p = 7$ 时, G 是 56 阶群. 当 G 的 Sylow 7-子群 P 是正

规子群时, G 有 (iii) 中的 12 个不同构的类型. 当 G 的 Sylow 7-子群 P 不正规时, 由 Sylow 定理得 $N_G(P)=P=C_G(P)$, 再由定理 2.5.4 得, G 是 7-幂零群, 因而 G 的 Sylow 2-子群 Q 是正规子群. 由此可见, P 非平凡作用在 Q 上, 所以 Aut (Q) 的阶必须能被 7 整除. 但 Q_1 是 8 阶循环群, 所以 $|\mathrm{Aut}(Q_1)|=4$; Q_2 中有 4 个 4 阶元, 3 个 2 阶元, 且每个 4 阶循环子群中恰有一个 2 阶元, 所以 $|\mathrm{Aut}(Q_2)|=8$; 由定理 3.4.1 得, $|\mathrm{Aut}(Q_3)|=168$; 由定理 3.4.3 得, $|\mathrm{Aut}(Q_4)|=8$; 由定理 3.4.4 得, $|\mathrm{Aut}(Q_5)|=24$. 故当 G 的 Sylow 7-子群 P 不正规时, 必有 $Q\cong Q_3$. 且不难看出, Q 是 G 的极小正规子群. 因此当 P 的元素 a 看成是 2 元域 $\mathbb{Z}_2$ 上 3 维线性空间 Q 的线性变换时, a 的特征多项式 $f(\lambda)$ 必是 3 次不可约的, 且 $f(\lambda)$ 是 λ^7-1 的因式. 不妨设 $f(\lambda)=\lambda^3+\lambda^2+1$, 则 G 有下列构造:

$G_{16}=((\langle b\rangle\times\langle c\rangle\times\langle d\rangle)\rtimes\langle a\rangle$, 其中 $|a|=7$, $|b|=|c|=|d|=2$, $b^a=c, c^a=d, d^a=bd$.

不难验证, 在 G_{16} 中, a^3 的特征多项式是 $\lambda^3+\lambda+1$, 而 a^3 也是 P 的生成元, 所以当 a 的特征多项式是 λ^7-1 的另一个 3 次不可约因式时, 所得 G 的构造必与 G_{16} 同构. 故 56 阶群共有 13 个互不同构的类型.

(v) 当 $p=3$ 时, G 是 24 阶群. 当 G 的 Sylow 3-子群 P 是正规子群时, G 有 (iii) 中的 12 个不同构的类型. 如果 G 的 Sylow 3-子群 P 不正规, 则由 Sylow 定理可知, $N_G(P)$ 必是 6 阶群. 如果 $N_G(P)$ 是交换群, 则 $N_G(P)=C_G(P)$. 于是由定理 2.5.4 得, G 是 3-幂零的, 从而 $Q\lhd G$, 因而 Q 有一个 3 阶自同构. 但有 3 阶自同构的 8 阶群只有 Q_3 与 Q_5. 若 $Q\cong Q_3$, 则易见 $C_Q(P)$ 是 2 阶群. 不妨设 $C_Q(P)=\langle d\rangle$. 又由定理 2.6.11 知, $\langle d\rangle$ 在 Q 中有补子群, 不妨设其为 $\langle b,c\rangle$. 因为 P 不正规, 于是不难证明 $\langle b,c\rangle P\cong A_4$, 故可设 $b^a=c, c^a=bc$, 从而得 G 的构造:

$G_{17}=((\langle b\rangle\times\langle c\rangle)\rtimes\langle a\rangle)\times\langle d\rangle$, 其中 $|a|=3$, $|b|=|c|=|d|=2$, $b^a=c, c^a=bc$.

若 $Q\cong Q_5$, 则 $C_Q(P)$ 是 Q 的唯一 2 阶元, 从而 $Z(G)=Z(Q)$ 是 2 阶群. 由此可见, P 非平凡作用在 $Q/Z(Q)$ 上, 因而 $G/Z(G)\cong$

A_4, 于是可设 $b^a = c, c^a = bc$, 从而得 G 的构造:

$G_{18} = \langle b, c\rangle \rtimes \langle a\rangle$, 其中 $|a| = 3$, $|b| = |c| = 4$, $b^2 = c^2$, $b^c = b^{-1}$, $b^a = c, c^a = bc$.

如果 $N_G(P)$ 不是交换群, 则显然 $N_G(P)$ 不是 G 的正规子群. 事实上, $P \text{ char } N_G(P)$, 如果 $N_G(P) \lhd G$, 那么 $P \lhd G$, 矛盾. 然而 G 是可解群, 所以 G 的极小正规子群 N 是 2 阶或 4 阶的. 若 N 是 2 阶的, 则 PN 是 6 阶循环群, 这与 $N_G(P)$ 不是交换群矛盾. 记 $H = N_G(P)$, 则 $H_G = 1$. 令 $\Omega = \{ Hg \mid g \in G\}$ 为 H 的全体右陪集的集合, 则 $|\Omega| = 4$. 规定 G 在 Ω 上的一个作用 ρ

$$\rho(x): \quad Hg \longmapsto Hgx, \quad \forall Hg \in \Omega$$

显然作用 ρ 是忠实的, 因而 $G \cong S_4$. 令 $a = (12)(34), b = (14)(23), c = (123), d = (13)$, 不难验证 $S_4 = ((\langle a\rangle \times \langle b\rangle) \rtimes \langle c\rangle) \rtimes \langle d\rangle$, 故得 G 的如下构造:

$G_{19} \cong S_4 \cong ((\langle a\rangle \times \langle b\rangle) \rtimes \langle c\rangle) \rtimes \langle d\rangle$, 其中 $|a| = |b| = |d| = 2$, $|c| = 3$, $a^c = b$, $b^c = ab$, $a^d = b$, $b^d = a$, $c^d = c^2$.

综上所述, 可知 Sylow 3-子群不正规的 24 阶群恰有 3 个不同构的类型, 从而 24 阶群共有 15 个互不同构的类型. □

§3.6 $8p^2$ 阶群的构造

设 p 是奇素数, 在本节中, 我们始终设 G 是 $8p^2$ 阶群. 我们将完成 $8p^2$ 阶群的完全分类, 但由于叙述的篇幅稍长, 因此我们分成若干引理来叙述. 显然, G 的 Sylow 2-子群是 8 阶群, 而 8 阶群有 5 种互不同构的类型: 循环群 $C_8 = \langle a\rangle$, 交换群 $A = \langle a, b \| a| = 4, |b| = 2, [a, b] = 1\rangle$, 初等交换群 $E_8 = \langle a, b, c \| a| = |b| = |c| = 2, [a, b] = [b, c] = [c, a] = 1\rangle$, 8 阶二面体群 $D_8 = \langle a, b \| a| = 4, |b| = 2, a^b = a^{-1}\rangle$, 8 阶四元数群 $Q_8 = \langle a, b \| a| = |b| = 4, a^2 = b^2, a^b = a^{-1}\rangle$.

引理 3.6.1 设 p 是奇素数, G 是 $8p^2$ 阶群, σ 为模 p 与模 p^2 的一个公共原根. 又假定 G 的 Sylow 2-子群是循环群 C_8, 则

(i) 当 $p \equiv 1 (\text{mod} 8)$ 时 (设整数 r 满足 $\sigma^{\frac{p(p-1)}{8}} \equiv r (\text{mod} p^2)$), G 有 19 个不同构的类型, 其构造如下:

$G_1 = \langle x \| x| = 8p^2\rangle$;

$G_2 = \langle x, a \| x| = p^2, |a| = 8, x^a = x^{-1}\rangle$;

$G_3 = \langle x, a \| x| = p^2, |a| = 8, x^a = x^{r^2}\rangle$;

$G_4 = \langle x, a \| x| = p^2, |a| = 8, x^a = x^r\rangle$;

$G_5 = \langle x\rangle \times \langle y\rangle \times \langle a\rangle$, 其中 $|x| = |y| = p$, $|a| = 8$;

$G_6 = (\langle x\rangle \times \langle y\rangle) \rtimes \langle a\rangle$, 其中 $|x| = |y| = p$, $|a| = 8$, $x^a = x^{-1}$, $y^a = y^{-1}$;

$G_7 = (\langle y\rangle \rtimes \langle a\rangle) \times \langle x\rangle$, 其中 $|x| = |y| = p$, $|a| = 8$, $y^a = y^{-1}$;

$G_8 = (\langle x\rangle \rtimes \langle a\rangle) \times \langle y\rangle$, 其中 $|x| = |y| = p$, $|a| = 8$, $x^a = x^{r^2}$;

$G_9 = (\langle x\rangle \times \langle y\rangle) \rtimes \langle a\rangle$, 其中 $|x| = |y| = p$, $|a| = 8$, $x^a = x^{r^2}$, $y^a = y^{-1}$;

$G_{10} = (\langle x\rangle \times \langle y\rangle) \rtimes \langle a\rangle$, 其中 $|x| = |y| = p$, $|a| = 8$, $x^a = x^{r^2}$, $y^a = y^{r^2}$;

$G_{11} = (\langle x\rangle \times \langle y\rangle) \rtimes \langle a\rangle$, 其中 $|x| = |y| = p$, $|a| = 8$, $x^a = x^{r^2}$, $y^a = y^{-r^2}$;

$G_{12} = (\langle x\rangle \rtimes \langle a\rangle) \times \langle y\rangle$, 其中 $|x| = |y| = p$, $|a| = 8$, $x^a = x^r$;

$G_{13} = (\langle x\rangle \times \langle y\rangle) \rtimes \langle a\rangle$, 其中 $|x| = |y| = p$, $|a| = 8$, $x^a = x^r$, $y^a = y^{-1}$;

$G_{14} = (\langle x\rangle \times \langle y\rangle) \rtimes \langle a\rangle$, 其中 $|x| = |y| = p$, $|a| = 8$, $x^a = x^r$, $y^a = y^{r^2}$;

$G_{15} = (\langle x\rangle \times \langle y\rangle) \rtimes \langle a\rangle$, 其中 $|x| = |y| = p$, $|a| = 8$, $x^a = x^r$, $y^a = y^{-r^2}$;

$G_{16} = (\langle x\rangle \times \langle y\rangle) \rtimes \langle a\rangle$, 其中 $|x| = |y| = p$, $|a| = 8$, $x^a = x^r$, $y^a = y^r$;

$G_{17} = (\langle x\rangle \times \langle y\rangle) \rtimes \langle a\rangle$, 其中 $|x| = |y| = p$, $|a| = 8$, $x^a = x^r$, $y^a = y^{-r}$;

$G_{18} = (\langle x\rangle \times \langle y\rangle) \rtimes \langle a\rangle$, 其中 $|x| = |y| = p$, $|a| = 8$, $x^a = x^r$, $y^a = y^{r^3}$;

$G_{19} = (\langle x\rangle \times \langle y\rangle) \rtimes \langle a\rangle$, 其中 $|x| = |y| = p$, $|a| = 8$, $x^a = x^r$, $y^a = y^{-r^3}$.

(ii) 当 $p \equiv 5 (\mathrm{mod} 8)$ 时, G 有 11 个不同构的类型, 其中有 10 个构造是 (i) 中的 G_1、G_2、G_3、G_5、G_6、G_7、G_8、G_9、G_{10}、G_{11} (其中

r^2 是满足 $\sigma^{\frac{p(p-1)}{4}} \equiv r^2(\mathrm{mod}p^2)$ 的整数), 此外还有下面的一种构造:

$G_{20} = (\langle x\rangle \times \langle y\rangle) \rtimes \langle a\rangle$, 其中 $|x| = |y| = p$, $|a| = 8$, $x^a = y$, $y^a = x^s$, $s^2 \equiv -1(\mathrm{mod}p)$.

(iii) 当 $p \equiv 3$ 或 7 (mod8) 时, G 有 7 个不同构的类型, 其中有 5 个构造是超可解的, 即 G_1, G_2, G_5, G_6, G_7; 还有 2 个是非超可解的, 即下面的 G_{21}, G_{22}:

$G_{21} = (\langle x\rangle \times \langle y\rangle) \rtimes \langle a\rangle$, 其中 $|x| = |y| = p$, $|a| = 8$, $x^a = y$, $y^a = x^{-1}$;

$G_{22} = (\langle x\rangle \times \langle y\rangle) \rtimes \langle a\rangle$, 其中 $|x| = |y| = p$, $|a| = 8$, $x^a = y$, $y^a = x^{-1}y^{\varepsilon}$. 其中若 $p \equiv 7$ (mod8), 则 $\varepsilon^2 \equiv 2$ (mod$p$); 若 $p \equiv 3$ (mod8), 则 $\varepsilon^2 \equiv -2$ (mod$p$).

证明 设 P 是 $8p^2$ 阶群 G 的 Sylow p-子群, 则 P 有两种不同构的类型, 或为循环群 $P_1 = \langle x||x| = p^2\rangle$, 或为初等交换 p-群 $P_2 = \langle x,y||x| = |y| = p, [x,y] = 1\rangle$. 因为 G 的 Sylow 2-子群 Q 为循环群 $C_8 = \langle a\rangle$, 所以 Aut (Q) 的阶是 4. 又 $N_G(Q)/C_G(Q)$ 同构于 Aut (Q) 的一个子群, 由此不难得出 $N_G(Q)$ 是交换群, 从而由定理 2.5.4 知, G 有正规 2-补, 即必有 $P \lhd G$, 因而 $G = P \rtimes Q$. 所以 $Q/C_Q(P)$ 同构于 Aut (P) 的一个子群.

(i) 假设 $p \equiv 1(\mathrm{mod}8)$.

当 P 为循环群 P_1 时, Aut (P) 是 $p(p-1)$ 阶循环群, 于是 Aut (P) 的 1, 2, 4, 8 阶子群各恰有一个, 从而 P 恰有 1 个 2 阶自同构、2 个 4 阶自同构、4 个 8 阶自同构. 如果 $Q/C_Q(P)$ 是 1 阶单位群, 那么 $G = P\times Q$, 显然这时 G 是 $8p^2$ 阶循环群, 故 G 有构造 G_1. 如果 $Q/C_Q(P)$ 是 2 阶循环群, 那么 a 作用在 P 上时诱导出 P 的一个 2 阶自同构, 从而 $x^a = x^{-1}$, 得 G 的构造为 G_2. 如果 $Q/C_Q(P)$ 是 4 阶循环群, 那么 a 作用在 P 上时诱导出 P 的一个 4 阶自同构. 由于 σ 为模 p^2 的一个原根, 所以存在整数 r, 使 $\sigma^{\frac{p(p-1)}{8}} \equiv r(\mathrm{mod}p)$, 从而可设 $x^a = x^{r^2}$ 或 $x^a = x^{r^6}$. 当取 $x^a = x^{r^2}$ 时, 得 G 的构造为 G_3. 当取 $x^a = x^{r^6}$ 时, 则 $x^{a^3} = x^{r^{18}} = x^{r^2}$, 但 a^3 也是 $Q = C_8$ 的生成元, 于是这时若用 a^3 代替 a, 就知所得的群 $G \cong G_3$. 如果 $Q/C_Q(P)$ 是 8 阶循环群, 那么 a 作用在 P 上时诱导出 P 的一个 8 阶自同构. 不妨设 $x^a = x^r$ (否则, 可用 a 的适当幂代替 a), 故得 G 的构造为 G_4.

当 P 为初等交换 p-群 P_2 时, P 是 p-元域 $\mathbb{Z}_p$ 上的二维线性空间, $Q=C_8$ 的生成元 a 作用在 P 上时必然构成 P 的一个可逆线性变换（仍然用 a 表示这个线性变换）. 由于 $a^8=1$, 而在 $\mathbb{Z}_p$ 上,

$$x^8-1=(x-1)(x+1)(x-r)(x+r)(x-r^2)(x+r^2)(x-r^3)(x+r^3)$$

所以, 线性变换 a 的特征多项式 $f(\lambda)$ 必是两个一次式的乘积. 由此得线性变换 a 至少有一个一维特征子空间, 即 P 至少有一个 p 阶 Q-不变子群, 不妨设其为 $\langle x\rangle$. 又 Q 在 P 上的作用是互素的, 所以由定理 2.6.11 知, $\langle x\rangle$ 在 P 中有 Q-不变补子群, 不妨设其为 $\langle y\rangle$, 从而 G 必是超可解群. 综上所述, 线性变换 a 可以对角化, 而且 a 的矩阵必为下列形式之一

$$\begin{pmatrix}1&0\\0&1\end{pmatrix},\ \begin{pmatrix}-1&0\\0&-1\end{pmatrix},\ \begin{pmatrix}1&0\\0&-1\end{pmatrix},\ \begin{pmatrix}r^2&0\\0&1\end{pmatrix},$$

$$\begin{pmatrix}r^2&0\\0&-1\end{pmatrix},\ \begin{pmatrix}r^2&0\\0&r^2\end{pmatrix},\ \begin{pmatrix}r^2&0\\0&-r^2\end{pmatrix},\ \begin{pmatrix}r&0\\0&1\end{pmatrix},$$

$$\begin{pmatrix}r&0\\0&-1\end{pmatrix},\ \begin{pmatrix}r&0\\0&r^2\end{pmatrix},\ \begin{pmatrix}r&0\\0&-r^2\end{pmatrix},$$

$$\begin{pmatrix}r&0\\0&r\end{pmatrix},\ \begin{pmatrix}r&0\\0&-r\end{pmatrix},\ \begin{pmatrix}r&0\\0&r^3\end{pmatrix},\ \begin{pmatrix}r&0\\0&-r^3\end{pmatrix}$$

上述矩阵在域 $\mathbb{Z}_p$ 上是互不相似的, 因而由它们可以得到 G 的 15 个互不同构的类型: $G_5, G_6, \cdots, G_{19}$.

(ii) 假设 $p\equiv 5(\mathrm{mod}8)$.

这时, 如果 G 是超可解群, 那么 Q 作用在 P 上, 不能构成 P 的 8 阶自同构, 只能构成 P 的 1, 2, 4 阶自同构. 于是, 类似于 (i) 中的讨论, 可知 G 有 10 个不同构的类型, 即 (i) 中的 $G_1, G_2, G_3, G_5, G_6, G_7, G_8, G_9, G_{10}, G_{11}$（其中 r^2 是满足 $\sigma^{\frac{p(p-1)}{4}}\equiv r^2(\mathrm{mod}p^2)$ 的整数）. 如果 G 不是超可解群, 那么 G 的 Sylow p-子群必是初等交换 p-群 P_2, 而线性变换 a 的特征多项式 $f(\lambda)$ 必是 $\mathbb{Z}_p$ 上的 2 次不可约多项式, 且又必是 λ^8-1

的因式. 由初等数论可知, 存在整数 s, 使 $s^2 \equiv -1(\mathrm{mod}p)$, 于是不难看出 λ^2+s 与 λ^2-s 是 $\mathbb{Z}_p$ 上的两个 2 次不可约多项式, 并且它们都是 λ^8-1 的因式. 当线性变换 a 的特征多项式 $f(\lambda)=\lambda^2-s$ 时, 不难得知 a^3 的特征多项式 $f(\lambda)=\lambda^2+s$. 因此, 在同构意义下非超可解群 G 只有一种, 即

$G_{20}=(\langle x\rangle\times\langle y\rangle)\rtimes\langle a\rangle$, 其中 $|x|=|y|=p, |a|=8, x^a=y, y^a=x^s$, $s^2\equiv -1(\mathrm{mod}p)$.

(iii) 假设 $p\equiv 3$ 或 7 (mod8).

这时, 如果 G 是超可解群, 那么 Q 作用在 P 上, 只能构成 P 的 1、2 阶自同构. 类似于 (i) 中的讨论, 可知 G 有 5 个不同构的类型, 即 (i) 中的 G_1, G_2, G_5, G_6, G_7.

如果 G 不是超可解群, 那么 G 的 Sylow p-子群必是初等交换 p-群 P_2, 而线性变换 a 的特征多项式 $f(\lambda)$ 必是 $\mathbb{Z}_p$ 上的 2 次不可约多项式, 且又必是 λ^8-1 的因式. 当 $p\equiv 7$ (mod8) 时, 因为

$$\lambda^8-1=(\lambda-1)(\lambda+1)(\lambda^2+1)(\lambda^2+\varepsilon\lambda+1)(\lambda^2-\varepsilon\lambda+1)$$

其中 $\varepsilon^2\equiv 2$ (mod$p$).

所以, 当 a 作用在 P 上是 P 的 4 阶自同构时, 线性变换 a 的特征多项式 $f(\lambda)=\lambda^2+1$, G 有下列构造:

$G_{21}=(\langle x\rangle\times\langle y\rangle)\rtimes\langle a\rangle$, 其中 $|x|=|y|=p, |a|=8, x^a=y, y^a=x^{-1}$.

当 a 作用在 P 上是 P 的 8 阶自同构时, 若线性变换 a 的特征多项式 $f(\lambda)=\lambda^2-\varepsilon\lambda+1$, 则 a^3 的特征多项式 $f(\lambda)=\lambda^2+\varepsilon\lambda+1$, 因此 G 有下列构造:

$G_{22}=(\langle x\rangle\times\langle y\rangle)\rtimes\langle a\rangle$, 其中 $|x|=|y|=p$, $|a|=8$, $x^a=y$, $y^a=x^{-1}y^{\varepsilon}$. 其中 $\varepsilon^2\equiv 2$ (mod$p$).

当 $p\equiv 3$ (mod8) 时, 因为

$$\lambda^8-1=(\lambda-1)(\lambda+1)(\lambda^2+1)(\lambda^2+\varepsilon\lambda+1)(\lambda^2-\varepsilon\lambda+1)$$

其中 $\varepsilon^2\equiv -2$ (mod$p$).

重复上面关于 $p\equiv 7$ (mod8) 时的讨论, 可知 G 仍有 2 种非超可解的构造. 总之, 当 $p\equiv 3$ 或 7 (mod8) 时, G 共有 7 种互不同构的

类型. □

引理 3.6.2 设 p 是奇素数, G 是 $8p^2$ 阶群, σ 为模 p 与模 p^2 的一个公共原根. 又假定 G 的 Sylow 2-子群是交换群 $A = C_4 \times C_2$, 则

(i) 当 $p \equiv 1(\mathrm{mod}4)$ 时 (设整数 s 满足 $\sigma^{\frac{p(p-1)}{4}} \equiv s(\mathrm{mod}p^2)$), G 有 17 个不同构的类型, 其构造如下:

$G_1 = \langle x\rangle \times \langle a\rangle \times \langle b\rangle$, 其中 $|x| = p^2$, $|a| = 4$, $|b| = 2$;

$G_2 = (\langle x\rangle \rtimes \langle b\rangle) \times \langle a\rangle$, 其中 $|x| = p^2$, $|a| = 4$, $|b| = 2$, $x^b = x^{-1}$;

$G_3 = (\langle x\rangle \rtimes \langle a\rangle) \times \langle b\rangle$, 其中 $|x| = p^2$, $|a| = 4$, $|b| = 2$, $x^a = x^{-1}$;

$G_4 = (\langle x\rangle \rtimes \langle a\rangle) \times \langle b\rangle$, 其中 $|x| = p^2$, $|a| = 4$, $|b| = 2$, $x^a = x^s$;

$G_5 = \langle x\rangle \times \langle y\rangle \times \langle a\rangle \times \langle b\rangle$, 其中 $|x| = |y| = p$, $|a| = 4$, $|b| = 2$;

$G_6 = (\langle x\rangle \rtimes \langle b\rangle) \times \langle y\rangle \times \langle a\rangle$, 其中 $|x| = |y| = p$, $|a| = 4$, $|b| = 2$, $x^b = x^{-1}$;

$G_7 = (\langle x\rangle \rtimes \langle a\rangle) \times \langle y\rangle \times \langle b\rangle$, 其中 $|x| = |y| = p$, $|a| = 4$, $|b| = 2$, $x^a = x^{-1}$;

$G_8 = (\langle x\rangle \times \langle a\rangle) \times \langle y\rangle \times \langle b\rangle$, 其中 $|x| = |y| = p$, $|a| = 4$, $|b| = 2$, $x^a = x^s$;

$G_9 = ((\langle x\rangle \times \langle y\rangle) \rtimes \langle b\rangle) \times \langle a\rangle$, 其中 $|x| = |y| = p$, $|a| = 4$, $|b| = 2$, $x^b = x^{-1}$, $y^b = y^{-1}$;

$G_{10} = (\langle x\rangle \times \langle y\rangle) \rtimes (\langle a\rangle \times \langle b\rangle)$, 其中 $|x| = |y| = p$, $|a| = 4$, $|b| = 2$, $x^a = x$, $x^b = x^{-1}$, $y^a = y^b = y^{-1}$;

$G_{11} = ((\langle x\rangle \times \langle y\rangle) \rtimes \langle a\rangle) \times \langle b\rangle$, 其中 $|x| = |y| = p$, $|a| = 4$, $|b| = 2$, $x^a = x^{-1}$, $y^a = y^{-1}$;

$G_{12} = (\langle x\rangle \rtimes \langle a\rangle) \times (\langle y\rangle \rtimes \langle b\rangle)$, 其中 $|x| = |y| = p$, $|a| = 4$, $|b| = 2$, $x^a = x^{-1}$, $y^b = y^{-1}$;

$G_{13} = (\langle x\rangle \rtimes \langle a\rangle) \times (\langle y\rangle \rtimes \langle b\rangle)$, 其中 $|x| = |y| = p$, $|a| = 4$, $|b| = 2$, $x^a = x^s$, $y^b = y^{-1}$;

$G_{14} = ((\langle x\rangle \times \langle y\rangle) \rtimes \langle a\rangle) \times \langle b\rangle$, 其中 $|x| = |y| = p$, $|a| = 4$, $|b| = 2$, $x^a = x^s$, $y^a = y^{-1}$;

$G_{15} = (\langle x\rangle \times \langle y\rangle) \rtimes (\langle a\rangle \times \langle b\rangle)$, 其中 $|x| = |y| = p$, $|a| = 4$, $|b| = 2$, $x^a = x^s, x^b = x$, $y^a = y^s, y^b = y^{-1}$;

$G_{16}=((\langle x\rangle\times\langle y\rangle)\rtimes\langle a\rangle)\times\langle b\rangle$, 其中 $|x|=|y|=p$, $|a|=4$, $|b|=2$, $x^a=x^s$, $y^a=y^s$;

$G_{17}=((\langle x\rangle\times\langle y\rangle)\rtimes\langle a\rangle)\times\langle b\rangle$, 其中 $|x|=|y|=p$, $|a|=4$, $|b|=2$, $x^a=x^s$, $y^a=y^{-s}$.

(ii) 当 $p\equiv 3(\mathrm{mod}4)$ 时, G 有 11 个不同构的类型, 其中有 10 个构造是 (i) 中的 G_1, G_2, G_3, G_5, G_6, G_7, G_9, G_{10}, G_{11}, G_{12}, 此外还有下面的一种构造:

$G_{18}=((\langle x\rangle\times\langle y\rangle)\rtimes\langle a\rangle)\times\langle b\rangle$, 其中 $|x|=|y|=p$, $|a|=4$, $|b|=2$, $x^a=y$, $y^a=x^{-1}$.

证明　设 P 是 $8p^2$ 阶群 G 的 Sylow p-子群, 则 P 有两种不同构的类型, 或为循环群 $P_1=\langle x||x|=p^2\rangle$, 或为初等交换 p-群 $P_2=\langle x,y||x|=|y|=p,[x,y]=1\rangle$. 因为 G 的 Sylow 2-子群 Q 为交换群 $A=\langle a\rangle\times\langle b\rangle$, 其中 $|a|=4$, $|b|=2$. 显然, A 中有 4 个 4 阶元, 3 个 2 阶元, 但 2 阶元 a^2 不是 A 的生成元, 所以 Aut (Q) 的阶是 8. 又 $N_G(Q)/C_G(Q)$ 同构于 $\mathrm{Aut}(Q)$ 的一个子群, 由此不难得出 $N_G(Q)=C_G(Q)$, 从而由定理 2.5.4 知, G 有正规 2-补, 即必有 $P\lhd G$, 因而 $G=P\rtimes Q$. 所以 $Q/C_Q(P)$ 同构于 Aut (P) 的一个子群.

(i) 假设 $p\equiv 1(\mathrm{mod}4)$.

1) 当 P 是 p^2 阶循环群 P_1 时, $Q/C_Q(P)$ 可能是 1, 2, 4 阶循环群. 若 $Q/C_Q(P)$ 是 1 阶循环群, 则显然 G 是幂零群, 且 G 有构造 $G_1\cong C_{p^2}\times C_4\times C_2$. 若 $Q/C_Q(P)$ 是 2 阶循环群, 则 $C_Q(P)$ 可为 4 阶循环群 $\langle a\rangle$ 或 4 阶初等交换群 $\langle a^2,b\rangle$. 当 $C_Q(P)=\langle a\rangle$ 时, 有 $x^b=x^{-1}$, 于是得 G 的构造为 G_2; 当 $C_Q(P)=\langle a^2,b\rangle$ 时, 有 $x^a=x^{-1}$, 于是得 G 的构造为 G_3. 若 $Q/C_Q(P)$ 是 4 阶循环群, 则不妨设 $C_Q(P)$ 为 2 阶循环群 $\langle b\rangle$, 于是可设 $x^a=x^s$, 从而 G 的构造为 G_4.

2) 当 P 是 p^2 阶初等交换群 P_2 时, 若 $Q/C_Q(P)$ 是 1 阶循环群, 则显然 G 是幂零群, 且 G 有构造 $G_5\cong E_{p^2}\times C_4\times C_2$. 若 G 不是幂零群, 则由于 Q 中的每个元素都可看成 $\mathbb{Z}_p$ 上的 2 维线性空间 P_2 的一个线性变换, 且

$$\lambda^4-1=(\lambda-1)(\lambda+1)(\lambda-s)(\lambda+s)$$

是这些线性变换的零化多项式. 由此不难看出, G 是超可解群, 且 Q 在 P 上的作用是完全可约的. 不妨设 $\langle x\rangle$ 和 $\langle y\rangle$ 都是 Q-不变的, 于是 $Q/C_Q(x)$ 和 $Q/C_Q(y)$ 都可能为 1, 2, 4 阶循环群. 因为 G 不是幂零群, 所以 $Q/C_Q(x)$ 和 $Q/C_Q(y)$ 最多有一个为 1 阶循环群, 再考虑到 x 与 y 在 P 的地位是相同的, 因此可作如下讨论:

2.1) 当 $Q/C_Q(x)$ 和 $Q/C_Q(y)$ 有一个为 1 阶循环群时, 不妨设 $Q/C_Q(y)$ 为 1 阶循环群, 于是 $C_Q(y)=Q$. 而当 $Q/C_Q(x)$ 是 2 阶循环群时, $C_Q(x)$ 可以是 4 阶循环群, 也可以是 4 阶初等交换群. 若 $C_Q(x)$ 是 4 阶循环群, 则不妨设 $C_Q(x)=\langle a\rangle$, 因而得 G 的构造为 $G_6=(\langle x\rangle\rtimes\langle b\rangle)\times\langle y\rangle\times\langle a\rangle$, 其中 $|x|=|y|=p$, $|a|=4$, $|b|=2$, $x^b=x^{-1}$;

若 $C_Q(x)$ 是 4 阶初等交换群, 则 $C_Q(x)=\langle a^2,b\rangle$, 于是 G 的构造为 $G_7=(\langle x\rangle\rtimes\langle a\rangle)\times\langle y\rangle\times\langle b\rangle$, 其中 $|x|=|y|=p$, $|a|=4$, $|b|=2$, $x^a=x^{-1}$;

当 $Q/C_Q(x)$ 是 4 阶循环群时, $C_Q(x)$ 是 2 阶循环群, 不妨设 $C_Q(x)=\langle b\rangle$, 于是 G 的构造为 $G_8=(\langle x\rangle\rtimes\langle a\rangle)\times\langle y\rangle\times\langle b\rangle$, 其中 $|x|=|y|=p$, $|a|=4$, $|b|=2$, $x^a=x^s$.

2.2) 当 $Q/C_Q(x)$ 和 $Q/C_Q(y)$ 都是 2 阶循环群时, 则 $C_Q(x)$ 和 $C_Q(y)$ 都是 Q 的 4 阶子群. 又 Q 有 2 个 4 阶循环子群, 即 $\langle a\rangle$ 和 $\langle ab\rangle$, 而 Q 只有一个 4 阶初等交换子群, 即 $\langle a^2,\ b\rangle$, 因此, 若 $C_Q(x)$ 和 $C_Q(y)$ 是两个相同的 4 阶循环子群, 则不妨设 $C_Q(x)=C_Q(y)=\langle a\rangle$, 从而 G 有构造 $G_9=((\langle x\rangle\times\langle y\rangle)\rtimes\langle b\rangle)\times\langle a\rangle$, 其中 $|x|=|y|=p$, $|a|=4$, $|b|=2$, $x^b=x^{-1}$, $y^b=y^{-1}$;

若 $C_Q(x)$ 和 $C_Q(y)$ 是两个不相同的 4 阶循环子群, 则不妨设 $C_Q(x)=\langle a\rangle$ 而 $C_Q(y)=\langle ab\rangle$, 从而 G 有构造 $G_{10}=(\langle x\rangle\times\langle y\rangle)\rtimes(\langle a\rangle\times\langle b\rangle)$, 其中 $|x|=|y|=p$, $|a|=4$, $|b|=2$, $x^a=x$, $x^b=x^{-1}$, $y^a=y^b=y^{-1}$;

若 $C_Q(x)$ 和 $C_Q(y)$ 都是 4 阶初等交换子群, 则 $C_Q(x)=C_Q(y)=\langle a^2,b\rangle$, 从而 G 有构造 $G_{11}=((\langle x\rangle\times\langle y\rangle)\rtimes\langle a\rangle)\times\langle b\rangle$, 其中 $|x|=|y|=p$, $|a|=4$, $|b|=2$, $x^a=x^{-1}$, $y^a=y^{-1}$;

若 $C_Q(x)$ 和 $C_Q(y)$ 中有一个是 4 阶循环子群, 而另一个是 4 阶初等交换子群, 则不妨设 $C_Q(x)=\langle a^2,b\rangle$ 而 $C_Q(y)=\langle a\rangle$, 从而 G 有构造 $G_{12}=(\langle x\rangle\rtimes\langle a\rangle)\times(\langle y\rangle\rtimes\langle b\rangle)$, 其中 $|x|=|y|=p$, $|a|=4$, $|b|=2$,

$x^a = x^{-1}$, $y^b = y^{-1}$.

2.3) 当 $Q/C_Q(x)$ 和 $Q/C_Q(y)$ 中, 一个是 2 阶循环群, 而另一个是 4 阶循环群时, 不妨设 $Q/C_Q(x)$ 是 4 阶循环群, 而 $Q/C_Q(y)$ 是 2 阶循环群. 这时, 不妨设 $C_Q(x) = \langle b \rangle$, 而当 $C_Q(y)$ 是 4 阶循环子群时, 可设 $C_Q(y) = \langle a \rangle$, 因而 G 有构造 $G_{13} = (\langle x \rangle \rtimes \langle a \rangle) \times (\langle y \rangle \rtimes \langle b \rangle)$, 其中 $|x| = |y| = p$, $|a| = 4$, $|b| = 2$, $x^a = x^s$, $y^b = y^{-1}$;

当 $C_Q(y)$ 是 4 阶初等交换子群时, 可设 $C_Q(y) = \langle a^2, b \rangle$ 时, 因而 G 又有构造 $G_{14} = (((\langle x \rangle \times \langle y \rangle) \rtimes \langle a \rangle) \times \langle b \rangle$, 其中 $|x| = |y| = p$, $|a| = 4$, $|b| = 2$, $x^a = x^s$, $y^a = y^{-1}$.

2.4) 当 $Q/C_Q(x)$ 和 $Q/C_Q(y)$ 都是 4 阶循环群时, 若 $C_Q(x)$ 和 $C_Q(y)$ 是不同的 2 阶子群, 则不妨设 $C_Q(x) = \langle b \rangle$ 而 $C_Q(y) = \langle a^2 b \rangle$, 从而 G 有构造 $G_{15} = (\langle x \rangle \times \langle y \rangle) \rtimes (\langle a \rangle \times \langle b \rangle)$, 其中 $|x| = |y| = p$, $|a| = 4$, $|b| = 2$, $x^a = x^s, x^b = x$, $y^a = y^s, y^b = y^{-1}$; 如果在 G_{15} 中取 $y^a = y^{-s}$, 而其他关系都不变, 那么有 $x^{ab} = x^s$, $y^{ab} = y^s$, 于是只要把 ab 换成 a 就知道得到的群与 G_{15} 是同构的.

若 $C_Q(x)$ 和 $C_Q(y)$ 是相同的 2 阶子群, 则不妨设 $C_Q(x) = C_Q(y) = \langle b \rangle$. 这时, 可得 G 的两种不同的构造, 即 $G_{16} = (((\langle x \rangle \times \langle y \rangle) \rtimes \langle a \rangle) \times \langle b \rangle$, 其中 $|x| = |y| = p$, $|a| = 4$, $|b| = 2$, $x^a = x^s$, $y^a = y^s$; $G_{17} = (((\langle x \rangle \times \langle y \rangle) \rtimes \langle a \rangle) \times \langle b \rangle$, 其中 $|x| = |y| = p$, $|a| = 4$, $|b| = 2$, $x^a = x^s$, $y^a = y^{-s}$.

(ii) 假设 $p \equiv 3(\mathrm{mod} 4)$.

这时, 如果 G 是超可解群, 那么 Q 作用在 $\langle x \rangle$ 或 $\langle y \rangle$ 上, 只能构成它的 1, 2 阶自同构. 类似于 (i) 中的讨论, 可知 G 有 10 个不同构的类型, 即 (i) 中的 $G_1, G_2, G_3, G_5, G_6, G_7, G_8, G_9, G_{10}, G_{11}, G_{12}$.

如果 G 不是超可解群, 那么 G 的 Sylow p-子群必是初等交换 p-群 P_2, 且 P_2 是 G 的极小正规子群. 于是 Q 不可约地作用在 P_2 上, 从而由定理 3.3.4 知 $Q/C_Q(P)$ 是循环群. 但 $Q/C_Q(P)$ 只能是 4 阶循环群而不可能是 2 阶循环群, 于是不妨设 $C_Q(P) = \langle b \rangle$, 因此 4 阶线性变换 a 的特征多项式 $f(\lambda)$ 应是 $\mathbb{Z}_p$ 上的 2 次不可约多项式, 且又必是 $\lambda^4 - 1$ 的因式. 当 $p \equiv 3$ (mod4) 时, 因为

$$\lambda^4 - 1 = (\lambda - 1)(\lambda + 1)(\lambda^2 + 1)$$

所以, 当 a 作用在 P 上时, 线性变换 a 的特征多项式 $f(\lambda) = \lambda^2 + 1$, 故 G 有下列构造:

$G_{18} = ((\langle x \rangle \times \langle y \rangle) \rtimes \langle a \rangle) \times \langle b \rangle$, 其中 $|x| = |y| = p$, $|a| = 4$, $|b| = 2$, $x^a = y$, $y^a = x^{-1}$.

总之, 当 $p \equiv 3 (\mathrm{mod} 4)$ 时, G 有 11 个互不同构的类型. □

引理 3.6.3　设 p 是奇素数, G 是 $8p^2$ 阶群. 当 G 的 Sylow 2-子群是初等交换群 $E_8 = C_2 \times C_2 \times C_2$ 时, 则

(i) 当 $p \neq 3, 7$ 时, G 有 6 个不同构的类型, 其构造如下:

$G_1 = \langle x \rangle \times \langle a \rangle \times \langle b \rangle \times \langle c \rangle$, 其中 $|x| = p^2$, $|a| = |b| = |c| = 2$;

$G_2 = (\langle x \rangle \rtimes \langle c \rangle) \times \langle a \rangle \times \langle b \rangle$, 其中 $|x| = p^2$, $|a| = |b| = |c| = 2$, $x^c = x^{-1}$;

$G_3 = \langle x \rangle \times \langle y \rangle \times \langle a \rangle \times \langle b \rangle \times \langle c \rangle$, 其中 $|x| = |y| = p$, $|a| = |b| = |c| = 2$;

$G_4 = (\langle x \rangle \rtimes \langle c \rangle) \times \langle y \rangle \times \langle a \rangle \times \langle b \rangle$, 其中 $|x| = |y| = p$, $|a| = |b| = |c| = 2$, $x^c = x^{-1}$;

$G_5 = ((\langle x \rangle \times \langle y \rangle) \rtimes \langle c \rangle) \times \langle a \rangle \times \langle b \rangle$, 其中 $|x| = |y| = p$, $|a| = |b| = |c| = 2$, $x^c = x^{-1}$, $y^c = y^{-1}$;

$G_6 = (\langle x \rangle \rtimes \langle c \rangle) \times (\langle y \rangle \rtimes \langle b \rangle) \times \langle a \rangle$, 其中 $|x| = |y| = p$, $|a| = |b| = |c| = 2$, $x^c = x^{-1}$, $y^b = y^{-1}$.

(ii) 当 $p = 7$ 时, G 是 392 阶群, 它有 8 个不同构的类型, 除了 (i) 中 6 个不同构的类型外, 还有下列两种不同构的类型:

$G_7 = (\langle a \rangle \times \langle b \rangle \times \langle c \rangle) \rtimes \langle x \rangle$, 其中 $|x| = 7^2$, $|a| = |b| = |c| = 2$, $a^x = b$, $b^x = c$, $c^x = ab$;

$G_8 = ((\langle a \rangle \times \langle b \rangle \times \langle c \rangle) \rtimes \langle x \rangle) \times \langle y \rangle$, 其中 $|x| = |y| = 7$, $|a| = |b| = |c| = 2$, $a^x = b$, $b^x = c$, $c^x = ab$.

(iii) 当 $p = 3$ 时, G 是 72 阶群, 它有 9 个不同构的类型, 除了 (i) 中 6 个不同构的类型外, 还有下列 3 个不同构的类型:

$G_9 = ((\langle b \rangle \times \langle c \rangle) \rtimes \langle x \rangle) \times \langle a \rangle$, 其中 $|x| = 3^2$, $|a| = |b| = |c| = 2$, $b^x = c$, $c^x = bc$;

$G_{10} = ((\langle b \rangle \times \langle c \rangle) \rtimes \langle x \rangle) \times \langle y \rangle \times \langle a \rangle$, 其中 $|x| = |y| = 3$, $|a| = |b| = |c| = 2$, $b^x = c$, $c^x = bc$;

$G_{11} = ((\langle a\rangle \times \langle b\rangle) \rtimes \langle x\rangle) \times (\langle y\rangle \rtimes \langle c\rangle)$, 其中 $|x| = |y| = 3$, $|a| = |b| = |c| = 2$, $a^x = b$, $b^x = ab$, $y^c = y^{-1}$.

证明 设 P, Q 分别为 G 的 Sylow p-子群和 Sylow 2-子群. 由定理 3.4.1 知, Aut (Q) 的阶为 168, 所以

(i) 当 $p \neq 3, 7$ 时, $P \lhd G$, 于是 $G = P \rtimes Q$, 而 $Q/C_Q(P)$ 同构于 Aut (P) 的一个子群. 若 P 是 p^2 阶循环群 $\langle x\rangle$, 则 Aut (P) 是 $p(p-1)$ 阶循环群, 但显然 $Q/C_Q(P)$ 只能是 1 阶循环群或 2 阶循环群. 设 $Q = \langle a\rangle \times \langle b\rangle \times \langle c\rangle$, 其中 $|a| = |b| = |c| = 2$. 如果 $Q/C_Q(P)$ 是 1 阶循环群, 那么 G 是幂零群, 其构造为 G_1. 如果 $Q/C_Q(P)$ 是 2 阶循环群, 那么不妨设 $C_Q(P) = \langle a, b\rangle$, 于是有 $x^c = x^{-1}$, 从而 G 有构造 G_2. 若 P 是 p^2 阶初等交换群 $\langle x\rangle \times \langle y\rangle$, 则由定理 2.6.11 知, Q 在 P 上的作用或者是完全可约的, 或者是不可约的. 当 Q 在 P 上的作用完全可约时, 不妨设 $\langle x\rangle$ 和 $\langle y\rangle$ 都是 Q-不变的, 于是 $Q/C_Q(x)$ 和 $Q/C_Q(y)$ 只能是 1 阶循环群或 2 阶循环群, 从而 $C_Q(x)$ 和 $C_Q(y)$ 或等于 Q 或为 Q 的 4 阶子群. 当 $C_Q(x) = C_Q(y) = Q$ 时, G 是幂零群, 其构造为 G_3. 如果 $C_Q(x)$ 和 $C_Q(y)$ 中恰有一个等于 Q, 那么不妨设 $C_Q(y) = Q$, 而 $C_Q(x) = \langle a, b\rangle$, $x^c = x^{-1}$, 从而 G 的构造为 G_4. 如果 $C_Q(x)$ 和 $C_Q(y)$ 都是 Q 的 4 阶子群且相等, 那么不妨设 $C_Q(x) = C_Q(y) = \langle a, b\rangle$, $x^c = x^{-1}$, $y^c = y^{-1}$, 于是 G 的构造为 G_5. 如果 $C_Q(x)$ 和 $C_Q(y)$ 都是 Q 的 4 阶子群但不相等, 那么不妨设 $C_Q(x) = \langle a, b\rangle$ 而 $C_Q(y) = \langle a, c\rangle$, $x^c = x^{-1}$, $y^b = y^{-1}$, 于是 G 的构造为 G_6. 综上所述得, 当 $p \neq 3, 7$ 且 Sylow 2-子群是初等交换群时, $8p^2$ 阶群有 6 个不同构的类型.

(ii) 当 $p = 7$ 时, 如果 G 的 Sylow 7-子群 P 是正规的, 那么重复 (i) 的讨论可知, G 有 6 个不同构的类型. 如果 G 的 Sylow 7-子群 P 不正规, 那么由 Sylow 定理, G 的 Sylow 7-子群的个数是 8, 于是 $N_G(P) = P$. 但 P 是交换的, 由定理 2.5.4 知, G 的 Sylow 2-子群 Q 必正规. 由此得 $P/C_P(Q)$ 同构于 Aut $(Q) = GL(3, 2)$ 的一个 7 阶子群, 从而 $C_P(Q)$ 是 P 的 7 阶子群.

当 P 是 49 阶循环群 $\langle x\rangle$ 时, 必有 $C_P(Q) = \langle x^7\rangle$, 而 x 作用在 Q 上是域 $\mathbb{Z}_2$ 上的 3 维线性空间的一个线性变换, 且 x 的特征多项式是域 $\mathbb{Z}_2$

上的多项式 λ^7-1 的因式. 因为在域 $\mathbb{Z}_2$ 上

$$\lambda^7-1=(\lambda-1)(\lambda^3+\lambda+1)(\lambda^3+\lambda^2+1)$$

在上式中, 两个 3 次因式都是不可约的, 所以 x 的特征多项式只能是 3 次不可约多项式, 不妨设其为 $\lambda^3+\lambda+1$, 从而 G 有构造 G_7. 不难验证, 在 G_7 中, x^3 的特征多项式是 $\lambda^3+\lambda^2+1$, 而 x^3 也是 P 的生成元, 所以当 x 的特征多项式是另一个 3 次不可约多项式时, 所得 G 的构造必与 G_7 同构.

当 P 是 49 阶初等交换群 $\langle x\rangle\times\langle y\rangle$ 时, 不妨设 $C_P(Q)=\langle y\rangle$, 则 $G=\langle Q,x\rangle\times\langle y\rangle$. x 在 Q 上的作用是不可约的, 不妨设 x 的特征多项式是 $\lambda^3+\lambda+1$, 从而 G 有构造 G_8. 与上段类似, 当 x 的特征多项式取为另一个 3 次不可约多项式时, 所得 G 的构造必与 G_8 同构.

总之, 当 Sylow 2-子群为初等交换群时, 392 阶群有 8 个互不同构的类型.

(iii) 当 $p=3$ 时, 如果 G 的 Sylow 3-子群 P 是正规的, 那么重复 (i) 的讨论可知, G 有 6 个不同构的类型. 如果 G 的 Sylow 3-子群 P 不正规, 但 G 的 Sylow 2-子群 Q 正规, 那么因为 $\mathrm{Aut}\ (Q)=GL(3,2)$ 的 Sylow 3-子群是 3 阶循环群, 所以 $C_P(Q)$ 是 P 的 3 阶子群.

当 P 是 9 阶循环群 $\langle x\rangle$ 时, 必有 $C_P(Q)=\langle x^3\rangle$, 而 x 作用在 Q 上是域 $\mathbb{Z}_2$ 上的 3 维线性空间的一个线性变换, 且 x 的特征多项式是域 $\mathbb{Z}_2$ 上的多项式 λ^3-1 的因式, 因而只能是 $\lambda^3-1=(\lambda-1)(\lambda^2+\lambda+1)$. 因此, G 有构造 G_9.

当 P 是 9 阶初等交换群 $\langle x\rangle\times\langle y\rangle$ 时, 不妨设 $C_P(Q)=\langle y\rangle$, 则 $G=\langle Q,x\rangle\times\langle y\rangle$. x 作用在 Q 上时, x 的特征多项式是 $\lambda^3-1=(\lambda-1)(\lambda^2+\lambda+1)$. 因此, G 有构造 G_{10}.

如果 G 的 Sylow 2-子群 Q 与 Sylow 3-子群 P 都不正规, 那么由 Sylow 定理知 $N_G(P)$ 必是 G 的 18 阶子群. 又显然 $C_G(P)\geqslant P$, 且已知 Sylow 2-子群 Q 不正规, 所以由定理 2.5.4 得 $C_G(P)=P$. 设 $O_p(G)$ 是 G 的最大正规 p-子群, 若 $O_2(G)=1$, 则由 G 的可解性与 P 不正规的假设可知 $F(G)=O_3(G)$ 必是 3 阶群, 于是由定理 3.2.6 (iii) 得, $P\leqslant C_G(O_3(G))\leqslant O_3(G)$, 矛盾. 所以 $O_2(G)>1$. 若 $O_2(G)$ 是 2 阶

群, 则易见 $N_G(P) = PO_2(G)$, 从而 $N_G(P) = C_G(P)$ 是交换群, 这与 $C_G(P) = P$ 矛盾, 故可断定 G 没有 2 阶正规子群. 再由 Q 的不正规性得 $|O_2(G)| = 4$, 且 $O_2(G)$ 是 G 的极小正规子群, 因而不妨设 $O_2(G) = \langle a\rangle \times \langle b\rangle$. 由于 $N_G(P)$ 没有 2 阶正规子群, 所以 $O_2(G) \cap N_G(P) = 1$, 因而 $G = O_2(G)N_G(P)$. 令 $O_2(G) = E_4$, $N_G(P) = M$, 则 $M/C_M(E_4)$ 同构于 $\mathrm{Aut}(E_4)$ 的一个子群, 而 $|\mathrm{Aut}(E_4)| = 6$ 且 M 不正规, 于是 $C_M(E_4)$ 可能是 3 阶、6 阶或 9 阶群. 又因为 Q 是初等交换 2-群, 所以 M 中的 2 阶元与 $O_2(G)$ 中的每个元素可交换, 因此 $C_M(E_4)$ 只能是 6 阶群. 如果 P 是 9 阶循环群 $\langle x\rangle$, 则 $M = \langle c, x\rangle$, $x^c = x^{-1}$, 此时 $c \in C_M(E_4)$. 但 $C_M(E_4)$ 是 M 的正规子群, 于是 $x^{-1}cx = cx^2 \in C_M(E_4)$, 从而 $x^2 \in C_M(E_4)$, 因而得 $P \leqslant C_M(E_4)$, 矛盾. 当 P 是 9 阶初等交换群 $\langle x\rangle \times \langle y\rangle$ 时, 由于 $C_M(E_4)$ 是 M 的 6 阶正规子群, 所以 $C_M(E_4)$ 也在 $G = E_4M$ 中正规, 于是 $C_M(E_4)$ 的 3 阶子群在 G 中也正规, 不妨设其是 $\langle y\rangle$. 又 $\langle c\rangle$ 在 G 中不正规, 所以 $\langle c\rangle$ 也不是 $C_M(E_4)$ 的正规子群, 因此 $y^c = y^{-1}$, 即 $C_M(E_4) \cong S_3$. 现在 $M/C_M(E_4) \cong \langle x\rangle$, 于是 x 在 E_4 上的作用诱导 E_4 的一个 3 阶自同构, 所以可设 $a^x = b$, $b^x = ab$, 由此得 $\langle x, a, b\rangle \cong A_4$. 若 $x^c = x^{-1}$, 则一方面 $a^{c^{-1}xc} = a^{x^{-1}} = ab$, 另外, 由 Q 的交换性得 $a^{c^{-1}xc} = a^x = b$, 矛盾. 所以 $x^c = x$, 从而 $\langle a, b, x\rangle$ 是 G 的正规子群, 因此 $G = \langle a, b, x\rangle \times \langle c, y\rangle \cong A_4 \times S_3$, 即 G 的构造为 G_{11}.

总之, 当 Sylow 2-子群为初等交换群时, 72 阶群有 9 个互不同构的类型. □

引理 3.6.4　设 p 是奇素数, G 是 $8p^2$ 阶群. 当 G 的 Sylow 2-子群是二面体群 $D_8 = \langle a, b \mid |a| = 4, |b| = 2, a^b = a^{-1}\rangle$ 时, 则

(i) 当 $p \neq 3$ 时, G 有 11 个不同构的类型, 其构造如下:

$G_1 = \langle x\rangle \times (\langle a\rangle \rtimes \langle b\rangle)$, 其中 $|x| = p^2$, $|a| = 4$, $|b| = 2$, $a^b = a^{-1}$;

$G_2 = (\langle x\rangle \times \langle a\rangle) \rtimes \langle b\rangle$, 其中 $|x| = p^2$, $|a| = 4$, $|b| = 2$, $a^b = a^{-1}$, $x^b = x^{-1}$;

$G_3 = \langle x\rangle \rtimes (\langle a\rangle \rtimes \langle b\rangle)$, 其中 $|x| = p^2$, $|a| = 4$, $|b| = 2$, $a^b = a^{-1}$, $x^a = x^{-1}$, $x^b = x$;

$G_4 = \langle x\rangle \times \langle y\rangle \times (\langle a\rangle \rtimes \langle b\rangle)$, 其中 $|x| = |y| = p$, $|a| = 4$, $|b| = 2$,

$a^b = a^{-1}$;

$G_5 = ((\langle x\rangle \times \langle a\rangle) \rtimes \langle b\rangle) \times \langle y\rangle$, 其中 $|x| = |y| = p$, $|a| = 4$, $|b| = 2$, $a^b = a^{-1}$, $x^b = x^{-1}$;

$G_6 = (\langle x\rangle \rtimes (\langle a\rangle \rtimes \langle b\rangle)) \times \langle y\rangle$, 其中 $|x| = |y| = p$, $|a| = 4$, $|b| = 2$, $a^b = a^{-1}$, $x^a = x^{-1}$, $x^b = x$;

$G_7 = (\langle x\rangle \times \langle y\rangle \times \langle a\rangle) \rtimes \langle b\rangle$, 其中 $|x| = |y| = p$, $|a| = 4$, $|b| = 2$, $a^b = a^{-1}$, $x^b = x^{-1}$, $y^b = y^{-1}$;

$G_8 = (\langle x\rangle \times \langle y\rangle) \rtimes (\langle a\rangle \rtimes \langle b\rangle)$, 其中 $|x| = |y| = p$, $|a| = 4$, $|b| = 2$, $a^b = a^{-1}$, $x^a = x^{-1}$, $x^b = x$, $y^a = y^{-1}$, $y^b = y$;

$G_9 = (\langle x\rangle \times \langle y\rangle) \rtimes (\langle a\rangle \rtimes \langle b\rangle)$, 其中 $|x| = |y| = p$, $|a| = 4$, $|b| = 2$, $a^b = a^{-1}$, $x^a = x$, $x^b = x^{-1}$, $y^a = y^{-1}$, $y^b = y$;

$G_{10} = (\langle x\rangle \times \langle y\rangle) \rtimes (\langle a\rangle \rtimes \langle b\rangle)$, 其中 $|x| = |y| = p$, $|a| = 4$, $|b| = 2$, $a^b = a^{-1}$, $x^a = x^{-1}$, $x^b = x$, $y^a = y^b = y^{-1}$;

$G_{11} = (\langle x\rangle \times \langle y\rangle) \rtimes (\langle a\rangle \rtimes \langle b\rangle)$, 其中 $|x| = |y| = p$, $|a| = 4$, $|b| = 2$, $a^b = a^{-1}$, $x^a = y$, $x^b = x$, $y^a = x^{-1}$, $y^b = y^{-1}$.

(ii) 当 $p = 3$ 时, G 是 72 阶群, 它有 14 个不同构的类型, 除了 (i) 中 11 个不同构的类型外, 还有下列 3 个不同构的类型:

$G_{12} = ((\langle a\rangle \times \langle b\rangle) \rtimes (\langle x\rangle \rtimes \langle c\rangle)$, 其中 $|x| = 3^2$, $|a| = |b| = |c| = 2$, $a^x = b$, $b^x = ab$, $a^c = b$, $b^c = a$, $x^c = x^{-1}$;

$G_{13} = ((\langle a\rangle \times \langle b\rangle) \rtimes (\langle x\rangle \rtimes \langle c\rangle)) \times \langle y\rangle$, 其中 $|x| = |y| = 3$, $|a| = |b| = |c| = 2$, $a^x = b$, $b^x = ab$, $a^c = b$, $b^c = a$, $x^c = x^{-1}$;

$G_{14} = ((((\langle a\rangle \times \langle b\rangle) \rtimes \langle x\rangle) \times \langle y\rangle) \rtimes \langle c\rangle$, 其中 $|x| = |y| = 3$, $|a| = |b| = |c| = 2$, $a^x = b$, $b^x = ab$, $a^c = b$, $b^c = a$, $x^c = x^{-1}$, $y^c = y^{-1}$.

证明　设 P, Q 分别为 G 的 Sylow p-子群和 Sylow 2-子群. 由定理 3.4.3 知, $\mathrm{Aut}\ (Q) \cong D_8$, 所以

(i) 当 $p \neq 3$ 时, 若 $p \neq 7$, 则显然 $P \lhd G$; 若 $p = 7$ 而 P 不正规, 则 $N_G(P) = P$, 于是由定理 2.5.4 得 G 是 7-幂零的, 从而 $Q \lhd G$, 但 P 只能平凡作用在 Q 上, 故 P 也必然是正规的, 矛盾. 因此, 当 $p \neq 3$ 时, 总有 $P \lhd G$, 即 $G = P \rtimes Q$. 由此知 $Q/C_Q(P)$ 同构于 $\mathrm{Aut}\ (P)$ 的一个子群. 若 P 是 p^2 阶循环群 $\langle x\rangle$, 则 $\mathrm{Aut}\ (P)$ 是 $p(p-1)$ 阶循环群, 但 $Q/C_Q(P)$ 只能是 1 阶循环群或 2 阶循环群. 如果 $Q/C_Q(P)$

是 1 阶循环群, 那么 G 是幂零群, 其构造为 G_1. 如果 $Q/C_Q(P)$ 是 2 阶循环群, 那么 $C_Q(P)$ 或为 Q 的 4 阶循环子群, 或为 Q 的 4 阶初等交换子群. 当 $C_Q(P)$ 为 Q 的 4 阶循环子群时, $C_Q(P) = \langle a \rangle$, 于是有 $x^b = x^{-1}$, 从而 G 有构造 G_2. 当 $C_Q(P)$ 为 Q 的 4 阶初等交换子群时, 不妨设 $C_Q(P) = \langle a^2, b \rangle$, 于是有 $x^a = x^{-1}$, 从而 G 有构造 G_3.

若 P 是 p^2 阶初等交换群 $\langle x \rangle \times \langle y \rangle$, 则当 G 是超可解群时, P 中必有 p 阶 Q-不变子群. 不妨设 $\langle x \rangle$ 是 Q-不变的, 于是又由定理 2.6.11 (Maschke 定理) 知, $\langle x \rangle$ 在 P 中有 Q-不变补子群. 不妨设 $\langle y \rangle$ 是 $\langle x \rangle$ 在 P 中的 Q-不变补子群, 由此得 $Q/C_Q(x)$ 和 $Q/C_Q(y)$ 都只能是 1 阶循环群或 2 阶循环群. 当 $Q/C_Q(x)$ 和 $Q/C_Q(y)$ 都是 1 阶循环群时, Q 平凡作用在 P 上, 这时 G 是幂零群, 其构造为 G_4. 当 $Q/C_Q(x)$ 和 $Q/C_Q(y)$ 有一个是 1 阶循环群而另一个是 2 阶循环群时, 不妨设 $Q/C_Q(y)$ 是 1 阶循环群. 这时, 若 $C_Q(x)$ 为 Q 的 4 阶循环子群, 则可设 $C_Q(x) = \langle a \rangle$, $x^b = x^{-1}$, 从而 G 有构造 G_5; 若 $C_Q(x)$ 为 Q 的 4 阶初等交换子群, 则可设 $C_Q(x) = \langle a^2, b \rangle$, $x^a = x^{-1}$, 从而 G 有构造 G_6. 当 $Q/C_Q(x)$ 和 $Q/C_Q(y)$ 都是 2 阶循环群时, 若 $C_Q(x)$ 和 $C_Q(y)$ 都是 Q 的 4 阶循环子群, 则 $C_Q(x) = C_Q(y) = \langle a \rangle$, $x^b = x^{-1}$, $y^b = y^{-1}$, 从而 G 有构造 G_7; 若 $C_Q(x)$ 和 $C_Q(y)$ 都是 Q 的同一个 4 阶初等交换子群 $\langle a^2, b \rangle$, 则 $x^a = x^{-1}$, $y^a = y^{-1}$, 从而 G 有构造 G_8; 若 $C_Q(x)$ 和 $C_Q(y)$ 中有一个是 Q 的 4 阶循环子群而另一个是 4 阶初等交换子群, 则不妨设 $C_Q(x) = \langle a \rangle$, $C_Q(y) = \langle a^2, b \rangle$, $x^b = x^{-1}$, $y^a = y^{-1}$, 从而 G 有构造 G_9; 若 $C_Q(x)$ 和 $C_Q(y)$ 分别是 Q 的两个不同的 4 阶初等交换子群, 则不妨设 $C_Q(x) = \langle a^2, b \rangle$, $C_Q(y) = \langle a^2, ab \rangle$, $x^a = x^{-1}$, $y^a = y^b = y^{-1}$, 从而 G 有构造 G_{10}.

若 P 是 p^2 阶初等交换群 $\langle x \rangle \times \langle y \rangle$, 但 G 不是超可解群, 则 P 必是 Q 不可分解的, 所以 $Q/C_Q(P)$ 不可能是 2 阶群. 若 $Q/C_Q(P)$ 是 4 阶群, 则由 $Q/C_Q(P)$ 的交换性及定理 3.3.4 得, $Q/C_Q(P)$ 只可能是 4 阶循环群, 然而这是不可能的. 因此 $C_Q(P) = 1$, 即 $Q = D_8$ 忠实作用在 P 上, 亦即 Q 同构于 $\mathrm{Aut}\ (P) = GL(2, p)$ 的一个子群. 显然 $\langle a \rangle$ 也忠实作用在 P 上, 且 a 作为域 $\mathbb{Z}_p$ 上 2 维线性空间 P 的一个线性变换, 其最小

多项式只能是 λ^4-1 的因式. 又 a 不是 $GL(2,p)$ 的中心元, 所以 a 的最小多项式不能是一次的, 也不能是 λ^2-1, 故 a 的最小多项式为 λ^2+1, 从而可令

$$a=\begin{pmatrix} 0 & -1 \\ 1 & 0 \end{pmatrix}$$

再由 $a^b=a^{-1}$ 与 $b^2=1$ 可得

$$b=\begin{pmatrix} \mu & \nu \\ \nu & -\mu \end{pmatrix}$$

其中 $\mu^2+\nu^2\equiv 1(\mathrm{mod}p)$. 取 $\mu=1$, $\nu=0$, 则得 G 的如下构造:

$G_{11}=(\langle x\rangle\times\langle y\rangle)\rtimes(\langle a\rangle\rtimes\langle b\rangle)$, 其中 $|x|=|y|=p$, $|a|=4$, $|b|=2$, $a^b=a^{-1}$, $x^a=y$, $x^b=x$, $y^a=x^{-1}$, $y^b=y^{-1}$.

对于 $\mu^2+\nu^2\equiv 1(\mathrm{mod}p)$ 的任何一组解, 我们将证明存在整数 k, l, m, n, 使得当 $x_1=x^ky^l$, $y_1=x^my^n$ 时, 有 $x_1^a=y_1$, $y_1^a=x_1^{-1}$, $x_1^b=x_1^{\mu}y_1^{\nu}$, $y_1^b=x_1^{\nu}y_1^{-\mu}$, 其中 $kn-lm\not\equiv 0(\mathrm{mod}p)$. 从而, 由 $\mu^2+\nu^2\equiv 1(\mathrm{mod}p)$ 的任何一组解得到的 G 的构造, 均与 G_{11} 同构.

事实上, 不妨设 $\mu\not\equiv 0(\mathrm{mod}p)$ (当 $\mu\equiv 0$, $\nu\equiv 1(\mathrm{mod}p)$ 时, 相当于在 G_{11} 中用 ab 代替 b; 当 $\mu\equiv 0$, $\nu\equiv -1(\mathrm{mod}p)$ 时, 相当于在 G_{11} 中用 a^3b 代替 b), 由 $x_1^a=y_1$ (或 $y_1^a=x_1^{-1}$) 得, $y^kx^{-l}=x^my^n$, 即 $x^{l+m}=y^{k-n}$, 所以 $k\equiv n(\mathrm{mod}p)$, $l\equiv -m(\mathrm{mod}p)$; 再由 $x_1^b=x_1^{\mu}y_1^{\nu}$ (或 $y_1^b=x_1^{\nu}y_1^{-\mu}$) 得

$$\begin{cases} (\mu-1)k-\nu l\equiv 0(\mathrm{mod}p), \\ \nu k+(\mu+1)l\equiv 0(\mathrm{mod}p). \end{cases} \tag{3.5}$$

由于 $\mu^2+\nu^2\equiv 1(\mathrm{mod}p)$, 所以关于 k, l 的同余方程组 (3.5) 有非零解, 因此只需要证明方程组 (3.5) 的解满足 $k^2+l^2\not\equiv 0(\mathrm{mod}p)$ 即可. 将方程组 (3.5) 的两边平方得

$$\begin{cases} (\mu-1)^2k^2\equiv \nu^2l^2(\mathrm{mod}p), \\ \nu^2k^2\equiv(\mu+1)^2l^2(\mathrm{mod}p). \end{cases} \tag{3.6}$$

再将方程组 (3.6) 中的两式两边分别相加得

$$[(\mu-1)^2+\nu^2]k^2\equiv[(\mu+1)^2+\nu^2]l^2(\mathrm{mod}p)$$

但 $\mu^2+\nu^2\equiv 1(\text{mod}p)$, 所以上式可化简为 $(1-\mu)k^2\equiv(1+\mu)l^2(\text{mod}p)$, 从而

$$k^2-l^2\equiv\mu(k^2+l^2)(\text{mod}p).$$

如果 $k^2+l^2\equiv 0(\text{mod}p)$, 那么上式意味着 $k^2\equiv l^2(\text{mod}p)$, 于是再由上式得 $2\mu k^2\equiv 0(\text{mod}p)$, 因而 $k\equiv l\equiv 0(\text{mod}p)$, 这与 k, l 是同余方程组 (3.5) 的非零解矛盾.

(ii) 当 $p=3$ 时, G 是 72 阶群, 如果 G 的 Sylow 3-子群正规, 那么由 (i) 的证明过程可得 G 的 11 个不同构的类型. 如果 G 的 Sylow 3-子群不正规, 那么由于 Aut $(D_8)\cong D_8$, 可知 G 的 Sylow 2-子群也必不正规. 因此, 由引理 3.6.3 的证明过程可知, G 的 Sylow 3-子群 P 的正规化子 $M=N_G(P)$ 是 G 的 18 阶子群, $O_2(G)$ 是 G 的 4 阶初等交换子群, 且 $G=O_2(G)\rtimes M$. 设 $O_2(G)=E_4=\langle a\rangle\times\langle b\rangle$, 其中 $|a|=|b|=2$. 显然 $M/C_M(E_4)$ 同构于 Aut (E_4) 的一个子群, 而 G 的 Sylow 2-子群 Q 是非交换群, 所以 M 中的 2 阶元不属于 $C_M(E_4)$. 又 Aut $(E_4)\cong S_3$, 而 $P\ntrianglelefteq G$ 必意味着 $P\nsubseteq C_M(E_4)$, 所以 $C_M(E_4)$ 只能是 3 阶群, 从而 $M/C_M(E_4)\cong$ Aut $(E_4)\cong S_3$. 设 c 是 M 中的 2 阶元, c 作用在 E_4 上是 E_4 的 2 阶自同构, 不妨设 $a^c=b$, $b^c=a$. 当 P 是 9 阶循环群 $\langle x\rangle$ 时, 由定理 2.5.4 易知 M 是非交换的, 所以 $x^c=x^{-1}$. 又 x 作用在 E_4 上必是 E_4 的 3 阶自同构, 所以不妨设 $a^x=b$, $b^x=ab$, 因此 G 有构造 G_{12}. 当 P 是 9 阶初等交换群 $\langle x\rangle\times\langle y\rangle$ 时, 不妨设 $C_M(E_4)=\langle y\rangle$, 而 $a^x=b$, $b^x=ab$, 且仍有 $x^c=x^{-1}$. 如果 $y^c=y$, 则 G 有构造 G_{13}. 如果 $y^c=y^{-1}$, 则 G 有构造 G_{14}.

综上所述得, 当 Sylow 2-子群为二面体群 D_8 时, 72 阶群有 14 个互不同构的类型. □

引理 3.6.5　设 p 是奇素数, G 是 $8p^2$ 阶群. 当 G 的 Sylow 2-子群是四元数群 $Q_8=\langle a,b\,||a|=|b|=4,a^2=b^2,a^b=a^{-1}\rangle$ 时, 则

(i) 当 $p\neq 3$ 时, G 有 7 个不同构的类型, 其构造如下:

$G_1=\langle x\rangle\times(\langle a\rangle\rtimes\langle b\rangle)$, 其中 $|x|=p^2$, $|a|=|b|=4$, $a^2=b^2$, $a^b=a^{-1}$;

$G_2=(\langle x\rangle\times\langle a\rangle)\rtimes\langle b\rangle$, 其中 $|x|=p^2$, $|a|=|b|=4$, $a^2=b^2$,

$a^b = a^{-1}$, $x^b = x^{-1}$;

$G_3 = \langle x\rangle\times\langle y\rangle\times(\langle a\rangle\rtimes\langle b\rangle)$, 其中 $|x| = |y| = p$, $|a| = |b| = 4$, $a^2 = b^2$, $a^b = a^{-1}$;

$G_4 = (((\langle x\rangle \times \langle a\rangle) \rtimes \langle b\rangle) \times \langle y\rangle$, 其中 $|x| = |y| = p$, $|a| = |b| = 4$, $a^2 = b^2$, $a^b = a^{-1}$, $x^b = x^{-1}$;

$G_5 = (\langle x\rangle\times\langle y\rangle\times\langle a\rangle)\rtimes\langle b\rangle$, 其中 $|x| = |y| = p$, $|a| = |b| = 4$, $a^2 = b^2$, $a^b = a^{-1}$, $x^b = x^{-1}$, $y^b = y^{-1}$;

$G_6 = (\langle x\rangle \times \langle y\rangle) \rtimes (\langle a\rangle \rtimes \langle b\rangle)$, 其中 $|x| = |y| = p$, $|a| = |b| = 4$, $a^2 = b^2$, $a^b = a^{-1}$, $x^a = x$, $x^b = x^{-1}$, $y^a = y^{-1}$, $y^b = y$;

$G_7 = (\langle x\rangle \times \langle y\rangle) \rtimes (\langle a\rangle \rtimes \langle b\rangle)$, 其中 $|x| = |y| = p$, $|a| = |b| = 4$, $a^2 = b^2$, $a^b = a^{-1}$, $x^a = y$, $x^b = x^{\mu}y^{\nu}$, $y^a = x^{-1}$, $y^b = x^{\nu}y^{-\mu}$, $\mu^2+\nu^2 \equiv -1(\mathrm{mod}p)$;

(ii) 当 $p = 3$ 时, G 是 72 阶群, 它有 9 个不同构的类型, 除了 (i) 中 7 个不同构的类型外, 还有下列 2 个不同构的类型:

$G_8 = (\langle a\rangle \rtimes \langle b\rangle) \rtimes \langle x\rangle$, 其中 $|x| = 9$, $|a| = |b| = 4$, $a^2 = b^2$, $a^b = a^{-1}$, $a^x = b$, $b^x = ab$;

$G_9 = ((\langle a\rangle \rtimes \langle b\rangle) \rtimes \langle x\rangle) \times \langle y\rangle$, 其中 $|x| = |y| = 3$, $|a| = |b| = 4$, $a^2 = b^2$, $a^b = a^{-1}$, $a^x = b$, $b^x = ab$.

证明 设 P, Q 分别为 G 的 Sylow p-子群和 Sylow 2-子群. 由定理 3.4.4 知, Aut $(Q) \cong S_4$, 所以

(i) 当 $p \neq 3$ 时, 若 $p \neq 7$, 则显然 $P \lhd G$; 若 $p = 7$ 而 P 不正规, 则 $N_G(P) = P$, 于是由定理 2.5.4 得 G 是 7-幂零的, 从而 $Q \lhd G$, 但 P 只能平凡作用在 Q 上, 故 P 也必然是正规的, 矛盾. 因此, 当 $p \neq 3$ 时, 总有 $P \lhd G$, 即 $G = P \rtimes Q$. 由此知 $Q/C_Q(P)$ 同构于 Aut (P) 的一个子群. 若 P 是 p^2 阶循环群 $\langle x\rangle$, 则 Aut (P) 是 $p(p-1)$ 阶循环群. 但 $Q/C_Q(P)$ 只能是 1 阶循环群或 2 阶循环群, 而如果 $Q/C_Q(P)$ 是 1 阶循环群, 那么 G 是幂零群, 其构造为 G_1; 如果 $Q/C_Q(P)$ 是 2 阶循环群, 那么 $C_Q(P)$ 必为 Q 的 4 阶循环子群, 不妨设 $C_Q(P) = \langle a\rangle$, 于是有 $x^b = x^{-1}$, 从而 G 有构造 G_2.

若 P 是 p^2 阶初等交换群 $\langle x\rangle \times \langle y\rangle$, 则当 G 是超可解群时, P 中必有 p 阶 Q-不变子群. 不妨设 $\langle x\rangle$ 是 Q-不变的, 于是又由定理 2.6.11

(Maschke 定理) 知, $\langle x\rangle$ 在 P 中有 Q-不变补子群. 不妨设 $\langle y\rangle$ 是 $\langle x\rangle$ 在 P 中的 Q-不变补子群, 由此得 $Q/C_Q(x)$ 和 $Q/C_Q(y)$ 都只能是 1 阶循环群或 2 阶循环群. 当 $Q/C_Q(x)$ 和 $Q/C_Q(y)$ 都是 1 阶循环群时, Q 平凡作用在 P 上, 这时 G 是幂零群, 其构造为 G_3. 当 $Q/C_Q(x)$ 和 $Q/C_Q(y)$ 有一个是 1 阶循环群而另一个是 2 阶循环群时, 不妨设 $Q/C_Q(y)$ 是 1 阶循环群. 这时, $C_Q(x)$ 为 Q 的 4 阶循环子群, 不妨设 $C_Q(x)=\langle a\rangle$, $x^b=x^{-1}$, 从而 G 有构造 G_4; 当 $Q/C_Q(x)$ 和 $Q/C_Q(y)$ 都是 2 阶循环群时, 若 $C_Q(x)$ 和 $C_Q(y)$ 是 Q 的同一个 4 阶循环子群, 则不妨设 $C_Q(x)=C_Q(y)=\langle a\rangle$, $x^b=x^{-1}$, $y^b=y^{-1}$, 从而 G 有构造 G_5; 若 $C_Q(x)$ 和 $C_Q(y)$ 是 Q 的不同的 4 阶循环子群, 则不妨设 $C_Q(x)=\langle a\rangle$, $C_Q(y)=\langle b\rangle$, $x^b=x^{-1}$, $y^a=y^{-1}$, 从而 G 有构造 G_6.

若 P 是 p^2 阶初等交换群 $\langle x\rangle\times\langle y\rangle$, 但 G 不是超可解群, 则 P 必是 Q 不可分解的, 所以 $Q/C_Q(P)$ 不可能是 2 阶群. 若 $Q/C_Q(P)$ 是 4 阶群, 则由 $Q/C_Q(P)$ 的交换性及定理 3.3.4 得, $Q/C_Q(P)$ 只可能是 4 阶循环群, 然而这是不可能的. 因此 $C_Q(P)=1$, 即 $Q=Q_8$ 忠实作用在 P 上, 亦即 Q 同构于 Aut $(P)=GL(2,p)$ 的一个子群. 显然 $\langle a\rangle$ 也忠实作用在 P 上, 且 a 作为域 $\mathbb{Z}_p$ 上 2 维线性空间 P 的一个线性变换, 其最小多项式只能是 λ^4-1 的因式. 又 a 不是 $GL(2,p)$ 的中心元, 所以 a 的最小多项式不能是一次的, 也不能是 λ^2-1, 故 a 的最小多项式为 λ^2+1, 从而可令

$$a=\begin{pmatrix} 0 & -1 \\ 1 & 0 \end{pmatrix}$$

再由 $a^b=a^{-1}$ 与 $b^2=a^2$ 可得

$$b=\begin{pmatrix} \mu & \nu \\ \nu & -\mu \end{pmatrix}$$

其中 $\mu^2+\nu^2\equiv-1(\text{mod}p)$.

由初等数论知识可知, 当 $p\equiv1(\text{mod}4)$ 时, $\mu^2\equiv-1(\text{mod}p)$ 有解, 从而 $\mu^2+\nu^2\equiv-1(\text{mod}p)$ 有解; 当 $p\equiv3(\text{mod}4)$ 时, 设 k 是模 p 的最小正二次非剩余, 则 $k>1$ 且 $k-1$ 与 $-k$ 都是模 p 的二次剩余, 即

$\mu^2 \equiv -k(\mathrm{mod}p)$ 与 $\nu^2 \equiv k-1(\mathrm{mod}p)$ 都有解, 从而 $\mu^2+\nu^2 \equiv -1(\mathrm{mod}p)$ 有解. 显然, 对于任何奇素数 p, 由 $\mu^2+\nu^2 \equiv -1(\mathrm{mod}p)$ 的一组解 μ, ν, 都可得 G 的如下构造:

$G_7 = (\langle x\rangle \times \langle y\rangle) \rtimes (\langle a\rangle \rtimes \langle b\rangle)$, 其中 $|x| = |y| = p$, $|a| = |b| = 4$, $a^2 = b^2$, $a^b = a^{-1}$, $x^a = y$, $x^b = x^\mu y^\nu$, $y^a = x^{-1}$, $y^b = x^\nu y^{-\mu}$.

对于 $\mu^2+\nu^2 \equiv -1(\mathrm{mod}p)$ 的任何一组解 α, β, 我们将证明存在整数 k, l, m, n, 使得当 $x_1 = x^k y^l$, $y_1 = x^m y^n$ 时, 有 $x_1^a = y_1$, $y_1^a = x_1^{-1}$, $x_1^b = x_1^\alpha y_1^\beta$, $y_1^b = x_1^\beta y_1^{-\alpha}$, 其中 $kn-lm \not\equiv 0(\mathrm{mod}p)$. 从而, 由 $\mu^2+\nu^2 \equiv -1(\mathrm{mod}p)$ 的任何一组解得到的 G 的构造, 均与 G_7 同构.

事实上, 不妨设 μ, $\nu \not\equiv \pm\alpha$, $\pm\beta(\mathrm{mod}p)$, 由此不难证明, $\mu\alpha+\nu\beta \not\equiv 0(\mathrm{mod}p)$. 否则 $\mu^2\alpha^2 \equiv \nu^2\beta^2(\mathrm{mod}p)$, 于是由 $(\mu^2+\nu^2)(\alpha^2+\beta^2) \equiv 1(\mathrm{mod}p)$ 得, $2\mu^2\alpha^2+\mu^2\beta^2+\nu^2\alpha^2 \equiv 1(\mathrm{mod}p)$, 即 $\mu^2(\alpha^2-1)+\nu^2\alpha^2 \equiv 1(\mathrm{mod}p)$, 亦即 $-\mu^2+(\mu^2+\nu^2)\alpha^2 \equiv -\mu^2-\alpha^2 \equiv 1(\mathrm{mod}p)$, 故 $\nu^2 \equiv \alpha^2(\mathrm{mod}p)$, $\mu^2 \equiv \beta^2(\mathrm{mod}p)$, 这与 $\mu \not\equiv \pm\beta(\mathrm{mod}p)$, $\nu \not\equiv \pm\alpha(\mathrm{mod}p)$ 矛盾.

由 $x_1^a = y_1$ (或 $y_1^a = x_1^{-1}$) 得, $y^k x^{-l} = x^m y^n$, 即 $x^{l+m} = y^{k-n}$, 所以 $k \equiv n(\mathrm{mod}p)$, $l \equiv -m(\mathrm{mod}p)$; 再由 $x_1^b = x_1^\alpha y_1^\beta$ (或 $y_1^b = x_1^\beta y_1^{-\alpha}$) 得

$$\begin{cases} (\mu-\alpha)k+(\nu+\beta)l \equiv 0(\mathrm{mod}p), \\ (\nu-\beta)k-(\mu+\alpha)l \equiv 0(\mathrm{mod}p). \end{cases} \tag{3.7}$$

由于 $\mu^2+\nu^2 \equiv \alpha^2+\beta^2(\mathrm{mod}p)$, 所以关于 k, l 的同余方程组 (3.7) 有非零解, 因此只需要证明方程组 (3.7) 的解满足 $k^2+l^2 \not\equiv 0(\mathrm{mod}p)$ 即可. 将方程组 (3.7) 的两边平方得

$$\begin{cases} (\mu-\alpha)^2k^2 \equiv (\nu+\beta)^2l^2(\mathrm{mod}p), \\ (\nu-\beta)^2k^2 \equiv (\mu+\alpha)^2l^2(\mathrm{mod}p). \end{cases} \tag{3.8}$$

再将方程组 (3.8) 中的两式两边分别相加得

$$[(\mu-\alpha)^2+(\nu-\beta)^2]k^2 \equiv [(\mu+\alpha)^2+(\nu+\beta)^2]l^2(\mathrm{mod}p)$$

但 $\mu^2+\nu^2 \equiv \alpha^2+\beta^2 \equiv -1(\mathrm{mod}p)$, 所以上式可化简为

$$-2(1+\mu\alpha+\nu\beta)k^2 \equiv 2(-1+\mu\alpha+\nu\beta)l^2(\mathrm{mod}p)$$

从而

$$l^2 - k^2 \equiv (\mu\alpha + \nu\beta)(k^2 + l^2)(\mathrm{mod}p). \tag{3.9}$$

如果 $k^2 + l^2 \equiv 0(\mathrm{mod}p)$, 那么 (3.9) 式意味着 $k^2 \equiv l^2(\mathrm{mod}p)$, 于是再由 (3.9) 式得 $2(\mu\alpha + \nu\beta)k^2 \equiv 0(\mathrm{mod}p)$, 但 $\mu\alpha + \nu\beta \not\equiv 0(\mathrm{mod}p)$, 因而 $k \equiv l \equiv 0(\mathrm{mod}p)$, 这与 k, l 是同余方程组 (3.7) 的非零解矛盾.

(ii) 当 $p = 3$ 时, G 是 72 阶群, 如果 G 的 Sylow 3-子群 P 正规, 那么由 (i) 的证明过程可得 G 的 7 个不同构的类型. 如果 G 的 Sylow 3-子群 P 不正规而 G 的 Sylow 2-子群 Q 正规, 那么由定理 3.4.4 得 $\mathrm{Aut}\ (Q_8) \cong S_4$, 可知 P 作用在 Q 上时 $P/C_P(Q)$ 必同构于 $\mathrm{Aut}\ (Q_8)$ 的一个 3 阶子群. 所以, 当 P 是 9 阶循环群 $\langle x\rangle$ 时, $C_P(Q) = \langle x^3\rangle$, G 有下列构造:

$G_8 = (\langle a\rangle \rtimes \langle b\rangle) \rtimes \langle x\rangle$, 其中 $|x| = 9$, $|a| = |b| = 4$, $a^2 = b^2$, $a^b = a^{-1}$, $a^x = b$, $b^x = ab$.

当 P 是 9 阶初等交换群 $\langle x\rangle \times \langle y\rangle$ 时, 不妨设 $C_P(Q) = \langle y\rangle$, G 有下列构造:

$G_9 = ((\langle a\rangle \rtimes \langle b\rangle) \rtimes \langle x\rangle) \times \langle y\rangle$, 其中 $|x| = |y| = 3$, $|a| = |b| = 4$, $a^2 = b^2$, $a^b = a^{-1}$, $a^x = b$, $b^x = ab$.

最后, 由引理 3.6.3 的证明过程可知, G 的 Sylow 3-子群与 Sylow 2-子群不可能都不正规. 因此, 当 Sylow 2-子群为四元数群 Q_8 时, 72 阶群有 9 个互不同构的类型. □

由引理 3.6.1 至引理 3.6.5, 我们有下面的定理.

定理 3.6.6 设 p 是奇素数, G 是 $8p^2$ 阶群, 则:

(i) 当 $p \equiv 1(\mathrm{mod}8)$ 时, G 共有 60 个互不同构的类型;

(ii) 当 $p \equiv 5(\mathrm{mod}8)$ 时, G 共有 52 个互不同构的类型;

(iii) 当 $p \equiv 3(\mathrm{mod}4)$ 但 $3 \neq p \neq 7$ 时, G 共有 42 个互不同构的类型;

(iv) 当 $p = 7$ 时, G 是 392 阶群, 它共有 44 个互不同构的类型;

(v) 当 $p = 3$ 时, G 是 72 阶群, 它共有 50 个互不同构的类型.

§3.7　$8p^3$ 阶群的构造

设 p 是奇素数, 我们来完成 $8p^3$ 阶群的完全分类. 在本节中, 我们始终设 G 是 $8p^3$ 阶群. 由于叙述的篇幅稍长, 因此我们分成若干引理来叙述. 显然, G 的 Sylow 2-子群是 8 阶群, 而 8 阶群有 5 种互不同构的类型: 循环群 $C_8=\langle a\rangle$, 交换群 $A=\langle a,b \| a|=4,|b|=2,[a,b]=1\rangle$, 初等交换群 $E_8=\langle a,b,c \| a|=|b|=|c|=2,[a,b]=[b,c]=[c,a]=1\rangle$, 8 阶二面体群 $D_8=\langle a,b \| a|=4,|b|=2,a^b=a^{-1}\rangle$, 8 阶四元数群 $Q_8=\langle a,b \| a|=|b|=4,a^2=b^2,a^b=a^{-1}\rangle$. 又 G 的 Sylow p-子群是 p^3 阶群, 而 p^3 阶群也有 5 种互不同构的类型: $P_1=C_{p^3}=\langle x\rangle$, $P_2=C_{p^2}\times C_p=\langle x,y \| x|=p^2,|y|=p,[x,y]=1\rangle$, $P_3=C_p\times C_p\times C_p=\langle x\rangle\times\langle y\rangle\times\langle z\rangle$, $P_4=C_{p^2}\rtimes C_p=\langle x,y \| x|=p^2,|y|=p,x^y=x^{p+1}\rangle$, $P_5=\langle x,y,z \| x|=|y|=|z|=p,[x,y]=z,[x,z]=[y,z]=1\rangle$.

引理 3.7.1　设 p 是奇素数 ($p\neq 3$, 7), G 是 $8p^3$ 阶群, σ 为模 p^3 的一个原根, 如果 G 的 Sylow 子群都是循环群, 那么

(i) 当 $p\equiv 1(\mathrm{mod}8)$ 时, G 共有 4 个互不同构的类型:

$G_1=P_1\times C_8\cong C_{8p^3}=\langle x \| x|=8p^3\rangle$;

$G_2=\langle x\rangle\rtimes\langle a\rangle$, 其中 $|x|=p^3$, $|a|=8$, $x^a=x^{-1}$;

$G_3=\langle x\rangle\rtimes\langle a\rangle$, 其中 $|x|=p^3$, $|a|=8$, $x^a=x^s$, $s\equiv\sigma^{\frac{p^2(p-1)}{4}}(\mathrm{mod}p)$;

$G_4=\langle x\rangle\rtimes\langle a\rangle$, 其中 $|x|=p^3$, $|a|=8$, $x^a=x^t$, $t\equiv\sigma^{\frac{p^2(p-1)}{8}}(\mathrm{mod}p)$.

(ii) 当 $p\equiv 5(\mathrm{mod}8)$ 时, G 共有 3 个互不同构的类型: G_1, G_2, G_3.

(iii) 当 $p\equiv 3(\mathrm{mod}4)$ 时, G 共有 2 个互不同构的类型: G_1, G_2.

证明　显然, G 的 Sylow p-子群 P_1 是 G 的正规子群, 所以 $G=P_1\rtimes C_8$, 从而 $C_8/C_{C_8}(P_1)$ 同构于 Aut (P_1) 的一个子群. 但 Aut (P_1) 是阶为 $p^2(p-1)$ 的循环群, 所以 $C_8/C_{C_8}(P_1)$ 只能是循环群.

(i) 当 $p\equiv 1(\mathrm{mod}8)$ 时, 若 C_8 平凡作用在 P_1 上, 则 G 是两个阶互素的循环群的直积, 于是 G 是 $8p^3$ 阶循环群, 即 G 有构造 G_1; 若 C_8 作用在 P_1 上诱导 P_1 的一个 2 阶自同构, 则 $C_8/C_{C_8}(P_1)$ 是 2 阶循环群, 于是 $x^a=x^{-1}$, 从而 G 的构造为 G_2. 若 C_8 作用在 P_1 上诱导 P_1 的一个 4 阶自同构, 则 $C_8/C_{C_8}(P_1)$ 是 4 阶循环群, 于是可设 $x^a=x^s$, 其中

$s \equiv \sigma^{\frac{p^2(p-1)}{4}}(\text{mod}p)$, 从而 G 的构造为 G_3. 若 C_8 作用在 P_1 上诱导 P_1 的一个 8 阶自同构, 则 $C_8/C_{C_8}(P_1)$ 是 8 阶循环群, 于是可设 $x^a = x^t$, 其中 $t \equiv \sigma^{\frac{p^2(p-1)}{8}}(\text{mod}p)$, 从而 G 的构造为 G_4.

综上所述得, 当 $p \equiv 1(\text{mod}8)$ 时, G 共有 4 个互不同构的类型.

(ii) 当 $p \equiv 5(\text{mod}8)$ 时, C_8 作用在 P_1 上诱导 P_1 的自同构的阶只能是 1, 2, 4. 所以这时 G 只有 3 个互不同构的类型: G_1, G_2, G_3.

(iii) 当 $p \equiv 3(\text{mod}4)$ 时, C_8 作用在 P_1 上诱导 P_1 的自同构的阶只能是 1, 2. 所以这时 G 只有 2 个互不同构的类型: G_1, G_2. □

引理 3.7.2　设 p 是奇素数 ($p \neq 3, 7$), G 是 $8p^3$ 阶群, σ 为模 p^2 与模 p 的一个公共原根, 如果 G 的 Sylow 2-子群 Q 是循环群 C_8 而 G 的 Sylow p-子群 P 是交换群 P_2, 那么

(i) 当 $p \equiv 1(\text{mod}8)$ 时, 令 $t \equiv \sigma^{\frac{p(p-1)}{8}}(\text{mod}p)$, $s \equiv t^2(\text{mod}p)$, 则 G 共有 22 个互不同构的类型:

$G_1 = P_2 \times C_8 \cong \langle x\rangle \times \langle y\rangle \times \langle a\rangle$, 其中 $|x| = p^2$, $|y| = p$, $|a| = 8$;

$G_2 = \langle x\rangle \times (\langle y\rangle \rtimes \langle a\rangle)$, 其中 $|x| = p^2$, $|y| = p$, $|a| = 8$, $y^a = y^{-1}$;

$G_3 = \langle x\rangle \times (\langle y\rangle \rtimes \langle a\rangle)$, 其中 $|x| = p^2$, $|y| = p$, $|a| = 8$, $y^a = y^s$;

$G_4 = \langle x\rangle \times (\langle y\rangle \rtimes \langle a\rangle)$, 其中 $|x| = p^2$, $|y| = p$, $|a| = 8$, $y^a = y^t$;

$G_5 = \langle y\rangle \times (\langle x\rangle \rtimes \langle a\rangle)$, 其中 $|x| = p^2$, $|y| = p$, $|a| = 8$, $x^a = x^{-1}$;

$G_6 = (\langle x\rangle \times \langle y\rangle) \rtimes \langle a\rangle$, 其中 $|x| = p^2$, $|y| = p$, $|a| = 8$, $x^a = x^{-1}$, $y^a = y^{-1}$;

$G_7 = (\langle x\rangle \times \langle y\rangle) \rtimes \langle a\rangle$, 其中 $|x| = p^2$, $|y| = p$, $|a| = 8$, $x^a = x^{-1}$, $y^a = y^s$;

$G_8 = (\langle x\rangle \times \langle y\rangle) \rtimes \langle a\rangle$, 其中 $|x| = p^2$, $|y| = p$, $|a| = 8$, $x^a = x^{-1}$, $y^a = y^t$;

$G_9 = \langle y\rangle \times (\langle x\rangle \rtimes \langle a\rangle)$, 其中 $|x| = p^2$, $|y| = p$, $|a| = 8$, $x^a = x^s$;

$G_{10} = (\langle x\rangle \times \langle y\rangle) \rtimes \langle a\rangle$, 其中 $|x| = p^2$, $|y| = p$, $|a| = 8$, $x^a = x^s$, $y^a = y^{-1}$;

$G_{11}(i) = (\langle x\rangle \times \langle y\rangle) \rtimes \langle a\rangle$, 其中 $|x| = p^2$, $|y| = p$, $|a| = 8$, $x^a = x^s$, $y^a = y^{s^i}$, $i = 1, 3$;

$G_{12}(i) = (\langle x\rangle \times \langle y\rangle) \rtimes \langle a\rangle$, 其中 $|x| = p^2$, $|y| = p$, $|a| = 8$, $x^a = x^{s^i}$,

$y^a = y^t$, $i = 1,\ 3$;

$G_{13} = \langle y\rangle \times (\langle x\rangle \rtimes \langle a\rangle)$, 其中 $|x| = p^2$, $|y| = p$, $|a| = 8$, $x^a = x^t$;

$G_{14} = (\langle x\rangle \times \langle y\rangle) \rtimes \langle a\rangle$, 其中 $|x| = p^2$, $|y| = p$, $|a| = 8$, $x^a = x^t$, $y^a = y^{-1}$;

$G_{15}(i) = (\langle x\rangle \times \langle y\rangle) \rtimes \langle a\rangle$, 其中 $|x| = p^2$, $|y| = p$, $|a| = 8$, $x^a = x^t$, $y^a = y^{s^i}$, $i = 1,\ 3$;

$G_{16}(i) = (\langle x\rangle \times \langle y\rangle) \rtimes \langle a\rangle$, 其中 $|x| = p^2$, $|y| = p$, $|a| = 8$, $x^a = x^t$, $y^a = y^{t^i}$, $i = 1,\ 3,\ 5,\ 7$.

(ii) 当 $p \equiv 5(\mathrm{mod}8)$ 时, 令 $s \equiv \sigma^{\frac{p(p-1)}{4}}(\mathrm{mod}p)$, G 共有 10 个互不同构的类型, 即 (i) 中的: G_1, G_2, G_3, G_5, G_6, G_7, G_9, G_{10}, $G_{11}(i), i = 1, 3$.

(iii) 当 $p \equiv 3(\mathrm{mod}4)$ 时, G 共有 4 个互不同构的类型, 即 (i) 中的: G_1, G_2, G_5, G_6.

证明 显然, G 的 Sylow p-子群 P 是 G 的正规子群, 所以 $G = P \rtimes Q$. 由于 $P = P_2 = \langle x, y \| x| = p^2, |y| = p, [x, y] = 1\rangle$. 这时, 易见 P 的 Frattini 子群 $\Phi(P) = \langle x^p\rangle$ 是 p 阶群, 而 $\Phi(P)$ char P, $P \lhd G$, 于是 $\Phi(P) \lhd G$. 又不难证明 $\langle x^p, y\rangle$ 是 P 的唯一的 p^2 阶初等交换子群, 从而它是 P 的特征子群, 因而它又必是 G 的正规子群. 既然 $\langle x^p\rangle$ 与 $\langle x^p, y\rangle$ 都是 Q-不变的, 所以由定理 2.6.11 知, $\langle x^p\rangle$ 在 $\langle x^p, y\rangle$ 中有 p 阶 Q-不变补子群, 不妨设其为 $\langle y\rangle$. 由此又有 $\langle x^p, y\rangle/\langle x^p\rangle$ 是 p^2 阶初等交换群 $\langle x, y\rangle/\langle x^p\rangle$ 的 Q-不变子群. 再一次应用定理 2.6.11 得, $\langle x^p, y\rangle/\langle x^p\rangle$ 在 $\langle x, y\rangle/\langle x^p\rangle$ 中有 p 阶 Q-不变补子群, 设其为 $\langle x^i y^j\rangle/\langle x^p\rangle$, 这里 $0 < i < p^2$ 且 $(i, p) = 1$, $0 \leqslant j < p$. 但 $\langle x^i y^j, y\rangle = \langle x, y\rangle$, 故不妨设 $\langle x\rangle/\langle x^p\rangle$ 是 $\langle x^p, y\rangle/\langle x^p\rangle$ 在 $\langle x, y\rangle/\langle x^p\rangle$ 中的 p 阶 Q-不变补子群, 因而可设 $\langle x\rangle$ 和 $\langle y\rangle$ 都是 Q-不变的. 由此得 $Q/C_Q(x)$ 同构于 Aut $(\langle x\rangle)$ 的一个子群, 但 Aut $(\langle x\rangle)$ 是 $p(p-1)$ 阶循环群, 故

(i) 当 $p \equiv 1(\mathrm{mod}8)$ 时, $C_Q(x) = 1$ 或 Q 或 Q 的 2 阶 (或 4 阶) 子群都是可能的. 同理, $C_Q(y) = 1$ 或 Q 或 Q 的 2 (或 4 阶) 阶子群也都是可能的. 设 σ 为模 p^2 与模 p 的任一个公共原根, 并令 $s \equiv \sigma^{\frac{p(p-1)}{4}}(\mathrm{mod}p)$, $t \equiv \sigma^{\frac{p(p-1)}{8}}(\mathrm{mod}p)$.

1) 当 $C_Q(x) = C_Q(y) = Q$ 时, G 是幂零群, 其构造为 G_1;

2) 当 $C_Q(x) = Q$ 而 $C_Q(y) = \langle a^2 \rangle$ 时, 有 $y^a = y^{-1}$, G 的构造为 G_2;

3) 当 $C_Q(x) = Q$ 而 $C_Q(y) = \langle a^4 \rangle$ 时, 不妨设 $y^a = y^s$ (否则可用 a 的适当幂代替 a), G 的构造为 G_3;

4) 当 $C_Q(x) = Q$ 而 $C_Q(y) = 1$ 时, 不妨设 $y^a = y^t$, G 的构造为 G_4;

5) 当 $C_Q(x) = \langle a^2 \rangle$ 而 $C_Q(y) = Q$ 时, 有 $x^a = x^{-1}$, G 的构造为 G_5;

6) 当 $C_Q(x) = C_Q(y) = \langle a^2 \rangle$ 时, 有 $x^a = x^{-1}$, $y^a = y^{-1}$, G 的构造为 G_6;

7) 当 $C_Q(x) = \langle a^2 \rangle$ 而 $C_Q(y) = \langle a^4 \rangle$ 时, 有 $x^a = x^{-1}$, $y^a = y^s$, G 的构造为 G_7;

8) 当 $C_Q(x) = \langle a^2 \rangle$ 而 $C_Q(y) = 1$ 时, 有 $x^a = x^{-1}$, $y^a = y^t$, G 的构造为 G_8;

9) 当 $C_Q(x) = \langle a^4 \rangle$ 而 $C_Q(y) = Q$ 时, 不妨设 $x^a = x^s$, G 的构造为 G_9;

10) 当 $C_Q(x) = \langle a^4 \rangle$ 而 $C_Q(y) = \langle a^2 \rangle$ 时, 不妨设 $x^a = x^s$, $y^a = y^{-1}$, G 的构造为 G_{10};

11) 当 $C_Q(x) = C_Q(y) = \langle a^4 \rangle$ 时, 不妨设 $x^a = x^s$ (否则可用 a 的适当幂代替 a), 这时可能 $y^a = y^s$, 也可能 $y^a = y^{s^3}$, 因而 G 有两种不同构的构造 $G_{11}(i)$, $i = 1,\ 3$;

12) 当 $C_Q(x) = \langle a^4 \rangle$ 而 $C_Q(y) = 1$ 时, 不妨设 $y^a = x^t$ (否则可用 a 的适当幂代替 a), 这时可能 $x^a = x^s$, 也可能 $x^a = x^{s^3}$, 因而 G 有两种不同构的构造 $G_{12}(i)$, $i = 1,\ 3$;

13) 当 $C_Q(x) = 1$ 而 $C_Q(y) = Q$ 时, 不妨设 $x^a = x^t$, G 的构造为 G_{13};

14) 当 $C_Q(x) = 1$ 而 $C_Q(y) = \langle a^2 \rangle$ 时, 不妨设 $x^a = x^t$, $y^a = y^{-1}$, G 的构造为 G_{14};

15) 当 $C_Q(x) = 1$ 而 $C_Q(y) = \langle a^4 \rangle$ 时, 不妨设 $x^a = x^t$ (否则可用 a 的适当幂代替 a), 这时可能 $y^a = y^s$, 也可能 $y^a = y^{s^3}$, 因而 G 有两种不同构的构造 $G_{15}(i)$, $i = 1,\ 3$;

16) 当 $C_Q(x) = C_Q(y) = 1$ 时, 不妨设 $x^a = x^t$ (否则可用 a 的适当幂代替 a), 这时可能 $y^a = y^{t^i}$, $i = 1, 3, 5, 7$, 因而 G 有四种不同构的构造 $G_{16}(i)$.

(ii) 当 $p \equiv 5(\mathrm{mod}8)$ 时, Aut $(\langle x\rangle)$ 与 Aut $(\langle y\rangle)$ 都没有 8 阶循环子群, 因此重复 (i) 的讨论可得, G 共有 10 个互不同构的类型, 即: G_1, G_2, G_3, G_5, G_6, G_7, G_9, G_{10}, $G_{11}(i), i = 1, 3$.

(iii) 当 $p \equiv 3(\mathrm{mod}4)$ 时, Aut $(\langle x\rangle)$ 与 Aut $(\langle y\rangle)$ 都没有 4 阶及 8 阶循环子群, 因此重复 (i) 的讨论可得, G 只有 4 个互不同构的类型, 即: G_1, G_2, G_5, G_6. □

引理 3.7.3　*设 p 是奇素数 ($p \neq 3, 7$), G 是 $8p^3$ 阶群, σ 为模 p 的一个原根, 如果 G 的 Sylow 2-子群 Q 是循环群 C_8 而 G 的 Sylow p-子群 P 是初等交换 p-群 P_3, 那么*

(i) 当 $p \equiv 1(\mathrm{mod}8)$ 时, 令 $t \equiv \sigma^{\frac{p-1}{8}}(\mathrm{mod}p)$, $s \equiv t^2(\mathrm{mod}p)$, 则 G 共有下列 42 个互不同构的类型:

$G_1 = P_3 \times C_8 \cong \langle x\rangle \times \langle y\rangle \times \langle z\rangle \times \langle a\rangle$, 其中 $|x| = |y| = |z| = p$, $|a| = 8$;

$G_2 = \langle x\rangle \times \langle y\rangle \times (\langle z\rangle \rtimes \langle a\rangle)$, 其中 $|x| = |y| = |z| = p$, $|a| = 8$, $z^a = z^{-1}$;

$G_3 = \langle x\rangle \times \langle y\rangle \times (\langle z\rangle \rtimes \langle a\rangle)$, 其中 $|x| = |y| = |z| = p$, $|a| = 8$, $z^a = z^s$;

$G_4 = \langle x\rangle \times \langle y\rangle \times (\langle z\rangle \rtimes \langle a\rangle)$, 其中 $|x| = |y| = |z| = p$, $|a| = 8$, $z^a = z^t$;

$G_5 = \langle x\rangle \times ((\langle y\rangle \times \langle z\rangle) \rtimes \langle a\rangle)$, 其中 $|x| = |y| = |z| = p$, $|a| = 8$, $y^a = y^{-1}$, $z^a = z^{-1}$;

$G_6 = \langle x\rangle \times ((\langle y\rangle \times \langle z\rangle) \rtimes \langle a\rangle)$, 其中 $|x| = |y| = |z| = p$, $|a| = 8$, $y^a = y^{-1}$, $z^a = z^s$;

$G_7 = \langle x\rangle \times ((\langle y\rangle \times \langle z\rangle) \rtimes \langle a\rangle)$, 其中 $|x| = |y| = |z| = p$, $|a| = 8$, $y^a = y^{-1}$, $z^a = z^t$;

$G_8(i) = \langle x\rangle \times ((\langle y\rangle \times \langle z\rangle) \rtimes \langle a\rangle)$, 其中 $|x| = |y| = |z| = p$, $|a| = 8$, $y^a = y^s$, $z^a = z^{s^i}$, $i = 1, 3$;

$G_9(i) = \langle x\rangle \times ((\langle y\rangle \times \langle z\rangle) \rtimes \langle a\rangle)$, 其中 $|x| = |y| = |z| = p$, $|a| = 8$,

$y^a=y^t$, $z^a=z^{s^i}$, $i=1, 3$;

$G_{10}(i)=\langle x\rangle\times((\langle y\rangle\times\langle z\rangle)\rtimes\langle a\rangle)$, 其中 $|x|=|y|=|z|=p$, $|a|=8$, $y^a=y^t$, $z^a=z^{t^i}$, $i=1, 3, 5, 7$;

$G_{11}=((\langle x\rangle\times\langle y\rangle\times\langle z\rangle)\rtimes\langle a\rangle)$, 其中 $|x|=|y|=|z|=p$, $|a|=8$, $x^a=x^{-1}$, $y^a=y^{-1}$, $z^a=z^{-1}$;

$G_{12}(i)=((\langle x\rangle\times\langle y\rangle\times\langle z\rangle)\rtimes\langle a\rangle)$, 其中 $|x|=|y|=|z|=p$, $|a|=8$, $x^a=x^s$, $y^a=y^s$, $z^a=z^{s^i}$, $i=1, 3$;

$G_{13}=((\langle x\rangle\times\langle y\rangle\times\langle z\rangle)\rtimes\langle a\rangle)$, 其中 $|x|=|y|=|z|=p$, $|a|=8$, $x^a=x^t$, $y^a=y^{t^3}$, $z^a=z^{t^5}$;

$G_{14}(i)=((\langle x\rangle\times\langle y\rangle\times\langle z\rangle)\rtimes\langle a\rangle)$, 其中 $|x|=|y|=|z|=p$, $|a|=8$, $x^a=x^t$, $y^a=y^t$, $z^a=z^{t^i}$, $i=1, 3, 5, 7$;

$G_{15}(i)=((\langle x\rangle\times\langle y\rangle\times\langle z\rangle)\rtimes\langle a\rangle)$, 其中 $|x|=|y|=|z|=p$, $|a|=8$, $x^a=x^{-1}$, $y^a=y^{-1}$, $z^a=z^{t^i}$, $i=1, 2$;

$G_{16}(i)=((\langle x\rangle\times\langle y\rangle\times\langle z\rangle)\rtimes\langle a\rangle)$, 其中 $|x|=|y|=|z|=p$, $|a|=8$, $x^a=x^s$, $y^a=y^{s^i}$, $z^a=z^{-1}$, $i=1, 3$;

$G_{17}(i)=((\langle x\rangle\times\langle y\rangle\times\langle z\rangle)\rtimes\langle a\rangle)$, 其中 $|x|=|y|=|z|=p$, $|a|=8$, $x^a=x^t$, $y^a=y^{-1}$, $z^a=z^{s^i}$, $i=1, 3$;

$G_{18}=((\langle x\rangle\times\langle y\rangle\times\langle z\rangle)\rtimes\langle a\rangle)$, 其中 $|x|=|y|=|z|=p$, $|a|=8$, $x^a=x^t$, $y^a=y^{s^3}$, $z^a=z^{s^3}$;

$G_{19}(i)=((\langle x\rangle\times\langle y\rangle\times\langle z\rangle)\rtimes\langle a\rangle)$, 其中 $|x|=|y|=|z|=p$, $|a|=8$, $x^a=x^t$, $y^a=y^s$, $z^a=z^{s^i}$, $i=1, 3$;

$G_{20}(i)=((\langle x\rangle\times\langle y\rangle\times\langle z\rangle)\rtimes\langle a\rangle)$, 其中 $|x|=|y|=|z|=p$, $|a|=8$, $x^a=x^t$, $y^a=y^{t^i}$, $z^a=z^{-1}$, $i=1, 3, 5, 7$;

$G_{21}=((\langle x\rangle\times\langle y\rangle\times\langle z\rangle)\rtimes\langle a\rangle)$, 其中 $|x|=|y|=|z|=p$, $|a|=8$, $x^a=x^t$, $y^a=y^t$, $z^a=z^{s^3}$;

$G_{22}=((\langle x\rangle\times\langle y\rangle\times\langle z\rangle)\rtimes\langle a\rangle)$, 其中 $|x|=|y|=|z|=p$, $|a|=8$, $x^a=x^t$, $y^a=y^{t^5}$, $z^a=z^{s^3}$;

$G_{23}(i)=((\langle x\rangle\times\langle y\rangle\times\langle z\rangle)\rtimes\langle a\rangle)$, 其中 $|x|=|y|=|z|=p$, $|a|=8$, $x^a=x^t$, $y^a=y^{t^i}$, $z^a=z^s$, $i=1, 3, 5, 7$.

(ii) 当 $p\equiv 5(\mathrm{mod}8)$ 时, 令 $s\equiv\sigma^{\frac{p^2(p-1)}{4}}(\mathrm{mod}p)$, G 共有 17 个互不同构的类型, 其中有 13 个为超可解的, 即 (i) 中的: G_1, G_2, G_3, G_5, G_6,

$G_{11}, G_{18}, G_8(i), G_{12}(i), G_{16}(i), i=1, 3$; 另有 4 个为非超可解的, 构造如下:

$G_{24}=\langle x\rangle\times((\langle y\rangle\times\langle z\rangle)\rtimes\langle a\rangle)$, 其中 $|x|=|y|=|z|=p$, $|a|=8$, $y^a=z$, $z^a=y^s$;

$G_{25}=(\langle x\rangle\times\langle y\rangle\times\langle z\rangle)\rtimes\langle a\rangle$, 其中 $|x|=|y|=|z|=p$, $|a|=8$, $x^a=x^{-1}$, $y^a=z$, $z^a=y^s$;

$G_{26}(i)=(\langle x\rangle\times\langle y\rangle\times\langle z\rangle)\rtimes\langle a\rangle$, 其中 $|x|=|y|=|z|=p$, $|a|=8$, $x^a=x^{s^i}$, $y^a=z$, $z^a=y^s$, $i=1, 3$.

(iii) 当 $p\equiv 3(\text{mod}4)$ 时, G 共有 8 个互不同构的类型, 其中有 4 个为超可解的, 即 (i) 中的: G_1, G_2, G_5, G_{11}; 另外, 当 $p\equiv 7(\text{mod}8)$ 时, G 还有如下 4 个非超可解的构造:

$G_{27}=\langle x\rangle\times((\langle y\rangle\times\langle z\rangle)\rtimes\langle a\rangle)$, 其中 $|x|=|y|=|z|=p$, $|a|=8$, $y^a=z$, $z^a=y^{-1}$;

$G_{28}=(\langle x\rangle\times\langle y\rangle\times\langle z\rangle)\rtimes\langle a\rangle$, 其中 $|x|=|y|=|z|=p$, $|a|=8$, $x^a=x^{-1}$, $y^a=z$, $z^a=y^{-1}$;

$G_{29}(i)=(\langle x\rangle\times\langle y\rangle\times\langle z\rangle)\rtimes\langle a\rangle$, 其中 $|x|=|y|=|z|=p$, $|a|=8$, $x^a=x^{(-1)^i}$, $y^a=z$, $z^a=y^{-1}z^{\varepsilon}$, $\varepsilon^2\equiv 2(\text{mod}p)$, $i=1, 2$.

当 $p\equiv 3(\text{mod}8)$ 时, G 也有 4 个非超可解的构造: G_{27}, G_{28}, 及

$G_{30}(i)=(\langle x\rangle\times\langle y\rangle\times\langle z\rangle)\rtimes\langle a\rangle$, 其中 $|x|=|y|=|z|=p$, $|a|=8$, $x^a=x^{(-1)^i}$, $y^a=z$, $z^a=yz^{\varepsilon}$, $\varepsilon^2\equiv -2(\text{mod}p)$, $i=1, 2$.

证明 显然, G 的 Sylow p-子群 P 是 G 的正规子群, 所以 $G=P\rtimes Q$. 由于初等交换 p-群 P_3 是 p-元域 $\mathbb{Z}_p$ 上的 3 维线性空间, 所以 Q 的生成元 a 可看成 P_3 的一个可逆线性变换. 又 $a^8=1$, 因而线性变换 a 的特征多项式 $f(\lambda)$ 必是 λ^8-1 的因式的乘积, 故

(i) 当 $p\equiv 1(\text{mod}8)$ 时, 因为 σ 为模 p 的原根, 所以在 p-元域 $\mathbb{Z}_p$ 上

$$\lambda^8-1=(\lambda-1)(\lambda+1)(\lambda-s)(\lambda+s)(\lambda-t)(\lambda-t^3)(\lambda-t^5)(\lambda-t^7),$$

其中 $s\equiv\sigma^{\frac{p-1}{4}}(\text{mod}p)$, $t\equiv\sigma^{\frac{p-1}{8}}(\text{mod}p)$.

由此可知线性变换 a 的特征多项式 $f(\lambda)$ 必是 3 个一次因式的乘积, 从而 a 有 3 个不同的一维线性子空间, 故 G 是超可解的. 不妨设

$\langle x\rangle$, $\langle y\rangle$, $\langle z\rangle$ 都是 Q-不变的. 于是, 由 Q 是 8 阶循环群可知, $C_Q(x)$, $C_Q(y)$, $C_Q(z)$ 必分别是 Q 的某个子群.

1) 当 $C_Q(x)=C_Q(y)=C_Q(z)=Q$ 时, G 是幂零群, 其构造为 G_1;

2) 当 $C_Q(x), C_Q(y), C_Q(z)$ 中恰有一个不是 Q 时, 不妨设 $C_Q(z)\neq Q$. 令 $C_Q(z)$ 分别为 $\langle a^2\rangle$、$\langle a^4\rangle$、1 时, 则 a 作用在 $\langle z\rangle$ 上分别是 $\langle z\rangle$ 的 2、4、8 阶自同构. 由此可分别得到 G 的 3 个不同构的构造为 G_2, G_3, G_4;

3) 当 $C_Q(x), C_Q(y), C_Q(z)$ 中恰有一个是 Q 时, 不妨设 $C_Q(x)=Q$. 但 y, z 在 P 中的地位是相同的, 所以:

①当 $C_Q(y)$ 和 $C_Q(z)$ 都是 Q 的 4 阶子群 $\langle a^2\rangle$ 时, 有 $y^a=y^{-1}$, $z^a=z^{-1}$, G 的构造是 G_5;

②当 $C_Q(y)$ 和 $C_Q(z)$ 中有一个是 4 阶子群, 另一个是 2 阶子群时, 不妨设 $C_Q(y)=\langle a^2\rangle$ 而 $C_Q(z)=\langle a^4\rangle$, 于是 $z^a=z^s$ (否则可用 a 的适当幂代替 a), $y^a=y^{-1}$, 所以 G 的构造是 G_6;

③当 $C_Q(y)$ 和 $C_Q(z)$ 中有一个是 4 阶子群, 另一个是单位元群 1 时, 不妨设 $C_Q(y)=\langle a^2\rangle$ 而 $C_Q(z)=1$, 于是 $z^a=z^t$ (否则可用 a 的适当幂代替 a), $y^a=y^{-1}$, 所以 G 的构造是 G_7;

④当 $C_Q(y)$ 和 $C_Q(z)$ 都是 Q 的 2 阶子群 $\langle a^4\rangle$ 时, 不妨设 $y^a=y^s$ (否则可用 a 的适当幂代替 a), $z^a=z^{s^i}$ (其中 $i=1$, 3), 所以得 G 的 2 个不同构的构造 $G_8(i), i=1,3$;

⑤当 $C_Q(y)$ 和 $C_Q(z)$ 中有一个是 2 阶子群, 另一个是单位元群 1 时, 不妨设 $C_Q(y)=1$ 而 $C_Q(z)=\langle a^4\rangle$, 于是 $y^a=y^t$ (否则可用 a 的适当幂代替 a), $z^a=z^{s^i}$ (其中 $i=1$, 3), 所以得 G 的 2 个不同构的构造 $G_9(i), i=1,3$;

⑥当 $C_Q(y)$ 和 $C_Q(z)$ 都是单位元群 1 时, 不妨设 $y^a=y^t$ (否则可用 a 的适当幂代替 a), $z^a=z^{t^i}$ (其中 $i=1$, 3, 5, 7), 所以得 G 的 4 个不同构的构造 $G_{10}(i), i=1,3,5,7$.

4) 当 $C_Q(x), C_Q(y), C_Q(z)$ 中都不是 Q 时, 我们有以下结论.

①若 $C_Q(x), C_Q(y), C_Q(z)$ 都是 Q 的 4 阶子群 $\langle a^2\rangle$, 则 G 的构造为 G_{11}.

②若 $C_Q(x), C_Q(y), C_Q(z)$ 都是 Q 的 2 阶子群 $\langle a^4\rangle$, 则 $x^a=x^s$ 或 $x^a=x^{s^3}$, $y^a=y^s$ 或 $y^a=y^{s^3}$, $z^a=z^s$ 或 $z^a=z^{s^3}$. 显然, x^a, y^a, z^a

分别表示为 x, y, z 的幂时, 或者 3 个指数都相同, 或者有 2 个的指数相同而另一个与之不同. 当有 2 个的指数相同而另一个与之不同时, 不妨设 x^a 和 y^a 的指数相同, 于是可设 $x^a=x^s$ 而 $y^a=y^s$ (否则可用 a^3 代替 a), 这时 $z^a=z^{s^3}$. 当 3 个指数都相同时, 可设 $x^a=x^s$、$y^a=y^s$、$z^a=z^s$. 因此当 $C_Q(x), C_Q(y), C_Q(z)$ 都是 Q 的 2 阶子群时, 可得 G 的两种不同的构造 $G_{12}(i)$, $i=1,\ 3$.

③若 $C_Q(x), C_Q(y), C_Q(z)$ 都是单位元群 1, 则 G 有如下构造:

$$G(i,j)=(\langle x\rangle\times\langle y\rangle\times\langle z\rangle)\rtimes\langle a\rangle,\ x^a=x^t, y^a=y^{t^i}, z^a=z^{t^j}\tag{3.10}$$

这里 $i,j=1,3,5,7$.

注意到 $3^2\equiv5^2\equiv7^2\equiv1(\mathrm{mod}8)$, $t^8\equiv1(\mathrm{mod}p)$, 所以在 (3.10) 式中当用 a^i 代替 a 时, 若再将 x 与 y 对调, 则 $G(i,j)$ 就变成了 $G(i,ij)$; 又当用 a^j 代替 a 时, 并将 x 与 z 对调, 则 $G(i,j)$ 就变成了 $G(ij,j)$. 由此得, $G(i,i)\cong G(1,i)$, $G(3,5)\cong G(3,15)=G(3,7)\cong G(21,7)=G(5,7)$, 于是 (3.10) 式中只有 5 个互不同构的构造: $G(3,5)$, $G(1,i)$, $i=1,3,5,7$. 这 5 个互不同构的构造可表示为 $G_{13}=G(3,5)$ 与 $G_{14}(i)=G(1,i)$, $i=1,3,5,7$.

④若 $C_Q(x), C_Q(y), C_Q(z)$ 中有两个是 Q 的 4 阶子群 $\langle a^2\rangle$ 而另一个是 Q 的 2 阶子群 $\langle a^4\rangle$ 或单位元群 1, 则不妨设 $C_Q(x)=C_Q(y)=\langle a^2\rangle$, $C_Q(z)=1$ 或 $C_Q(z)=\langle a^4\rangle$. 由此得 G 的两种不同构的构造: $G_{15}(i)$, $i=1,2$.

⑤若 $C_Q(x), C_Q(y), C_Q(z)$ 中有两个是 Q 的 2 阶子群 $\langle a^4\rangle$ 而另一个是 Q 的 4 阶子群 $\langle a^2\rangle$, 则不妨设 $C_Q(x)=C_Q(y)=\langle a^4\rangle$, $C_Q(z)=\langle a^2\rangle$. 于是可设 $x^a=x^s$, $y^a=y^{s^i}$, $i=1,3$, $z^a=z^{-1}$, 由此得 G 的两种不同构的构造: $G_{16}(i)$, $i=1,3$.

⑥若 $C_Q(x), C_Q(y), C_Q(z)$ 是 Q 的 3 个互不相同的真子群, 则不妨设 $C_Q(x)=1$, $C_Q(y)=\langle a^2\rangle$, $C_Q(z)=\langle a^4\rangle$. 于是可设 $x^a=x^t$, $y^a=y^{-1}$, $z^a=z^{s^i}$, $i=1,3$, 由此得 G 的两种不同构的构造: $G_{17}(i)$, $i=1,3$.

⑦若 $C_Q(x), C_Q(y), C_Q(z)$ 中有两个是 Q 的 2 阶子群 $\langle a^4\rangle$ 而另一个是单位元群 1, 则不妨设 $C_Q(x)=1$, $C_Q(y)=C_Q(z)=\langle a^4\rangle$. 于是可

设 $x^a=x^t$, $y^a=y^{s^i}$, $z^a=z^{s^j}$, $i,j=1,3$. 又当 $i=3$, $j=1$ 时, 若将 y 与 z 对调, 则化为 $i=1$, $j=3$ 时的情形. 因此, 这时可得 G 的 3 种不同构的构造: G_{18}, $G_{19}(i)$, $i=1,3$.

⑧若 $C_Q(x)$, $C_Q(y)$, $C_Q(z)$ 中有两个是单位元群 1 而另一个是 Q 的 4 阶子群 $\langle a^2\rangle$, 则不妨设 $C_Q(x)=C_Q(y)=1$, $C_Q(z)=\langle a^2\rangle$. 于是可设 $x^a=x^t$, $y^a=y^{t^i}$, $z^a=z^{-1}$, $i=1, 3, 5, 7$. 由此得 G 的 4 种不同构的构造: $G_{20}(i)$, $i=1, 3, 5, 7$.

⑨若 $C_Q(x)$, $C_Q(y)$, $C_Q(z)$ 中有两个是单位元群 1 而另一个是 Q 的 2 阶子群 $\langle a^4\rangle$, 则不妨设 $C_Q(x)=C_Q(y)=1$, $C_Q(z)=\langle a^4\rangle$. 于是可设 $x^a=x^t$, $y^a=y^{t^i}$, $z^a=z^{s^j}$, $i=1, 3, 5, 7$, $j=1, 3$. 由此得 G 的构造:

$$G(i,j)=(\langle x\rangle\times\langle y\rangle\times\langle z\rangle)\rtimes\langle a\rangle,\ x^a=x^t, y^a=y^{t^i}, z^a=z^{s^j} \tag{3.11}$$

这里 $i=1,3,5,7$; $j=1,3$.

注意到 $s^4\equiv 1(\mathrm{mod} p)$, 在 (3.11) 式中当用 a^i 代替 a 时, 若再将 x 与 y 对调, 则 $G(i,j)$ 就变成了 $G(i,ij)$. 由此得, $G(3,3)\cong G(3,9)=G(3,1)$, $G(7,3)\cong G(7,21)=G(7,1)$, 于是 (3.11) 式中只有 6 个互不同构的构造: $G(i,1)$, $i=1,3,5,7$, $G(1,3)$, $G(5,3)$. 这 6 个互不同构的构造可表示为 $G_{21}=G(1,3)$, $G_{22}=G(5,3)$ 与 $G_{23}(i)=G(i,1)$, $i=1,3,5,7$.

综上所述得, $p\equiv 1(\mathrm{mod}8)$ 时, $8p^3$ 阶群共有 42 个互不同构的类型.

(ii) 当 $p\equiv 5(\mathrm{mod}8)$ 时, 因为 p 阶循环群的自同构群没有 8 阶循环子群, 因此当 $8p^3$ 阶群 G 是超可解群时, 重复 (i) 的讨论, 可知 G 有 13 个互不同构的类型: G_1, G_2, G_3, G_5, G_6, G_{11}, G_{18}, $G_8(i)$, $G_{12}(i)$, $G_{16}(i)$, $i=1, 3$.

当 $8p^3$ 阶群 G 不是超可解群时, 则 a 作为 $\mathbb{Z}_p$ 上的 3 维线性空间的线性变换, 其特征多项式 $f(\lambda)$ 必不是一次因式之积. 由于在 $p\equiv 5(\mathrm{mod}8)$ 时, λ^8-1 的不可约分解为

$$\lambda^8-1=(\lambda-1)(\lambda+1)(\lambda-s)(\lambda+s)(\lambda^2-s)(\lambda^2+s)$$

其中 $s\equiv\sigma^{\frac{p-1}{4}}(\mathrm{mod}p)$. 由此知 $f(\lambda)$ 必是一个一次因式与一个二次不可约因式的乘积, 于是 3 维线性空间 P 必是一个 p 阶 Q- 不变子群和一

个 p^2 阶不可分解的 Q- 不变子群的直积. 不妨设 $\langle x\rangle$ 是 Q- 不变子群, 而 $\langle y,z\rangle$ 是不可分解的 Q- 不变子群. 又若 a 作用在 $\langle y,z\rangle$ 上时的特征多项式为 λ^2+s, 则易算得 a^3 作用在 $\langle y,z\rangle$ 上时的特征多项式为 λ^2-s. 但 $\langle a\rangle=\langle a^3\rangle$, 所以不妨设 a 作用在 $\langle y,z\rangle$ 上时的特征多项式为 λ^2+s. 故当 $C_Q(x)=Q$ 时, 存在 G 的一种构造: $G_{24}=\langle x\rangle\times(((\langle y\rangle\times\langle z\rangle)\rtimes\langle a\rangle)$, 其中 $y^a=z$, $z^a=y^s$; 当 $C_Q(x)=\langle a^2\rangle$ 时, 存在 G 的一种构造: $G_{25}=(\langle x\rangle\times\langle y\rangle\times\langle z\rangle)\rtimes\langle a\rangle$, 其中 $x^a=x^{-1}$, $y^a=z$, $z^a=y^s$; 当 $C_Q(x)=\langle a^4\rangle$ 时, 由于 a 分别作用在 $\langle x\rangle$ 和 $\langle y,z\rangle$ 上时各有两种不同的方式, 所以这时存在 G 的两种不同的构造: $G_{26}(i)=(\langle x\rangle\times\langle y\rangle\times\langle z\rangle)\rtimes\langle a\rangle$, 其中 $x^a=x^{s^i}$, $y^a=z$, $z^a=y^s$, $i=1,\ 3$.

(iii) 当 $p\equiv 3(\mathrm{mod}4)$ 时, 因为 p 阶循环群的自同构群没有 4 与 8 阶循环子群, 因此当 $8p^3$ 阶群 G 是超可解群时, 重复 (i) 的讨论, 可知 G 只有 4 个互不同构的类型: G_1, G_2, G_5, G_{11}.

下面考虑 $8p^3$ 阶群 G 不是超可解群的情形. 若 $p\equiv 7(\mathrm{mod}8)$, 则

$$\lambda^8-1=(\lambda-1)(\lambda+1)(\lambda^2+1)(\lambda^2+\varepsilon\lambda+1)(\lambda^2-\varepsilon\lambda+1)$$

其中 $\varepsilon^2\equiv 2(\mathrm{mod}p)$; 若 $p\equiv 3(\mathrm{mod}8)$, 则

$$\lambda^8-1=(\lambda-1)(\lambda+1)(\lambda^2+1)(\lambda^2+\varepsilon\lambda-1)(\lambda^2-\varepsilon\lambda-1)$$

其中 $\varepsilon^2\equiv -2(\mathrm{mod}p)$.

所以类似于 (ii) 中的讨论, 不难得出, 当 $p\equiv 7(\mathrm{mod}8)$ 时, G 有如下 4 种非超可解的构造: $G_{27}=\langle x\rangle\times(((\langle y\rangle\times\langle z\rangle)\rtimes\langle a\rangle)$, 其中 $y^a=z$, $z^a=y^{-1}$; $G_{28}=(\langle x\rangle\times\langle y\rangle\times\langle z\rangle)\rtimes\langle a\rangle$, 其中 $x^a=x^{-1}$, $y^a=z$, $z^a=y^{-1}$; $G_{29}(i)=(\langle x\rangle\times\langle y\rangle\times\langle z\rangle)\rtimes\langle a\rangle$, 其中 $x^a=x^{(-1)^i}$, $y^a=z$, $z^a=y^{-1}z^{\varepsilon}$, $\varepsilon^2\equiv 2(\mathrm{mod}p)$, $i=1,\ 2$.

当 $p\equiv 3(\mathrm{mod}8)$ 时, G 也有 4 种非超可解的构造: G_{27}, G_{28}, 及 $G_{30}(i)=(\langle x\rangle\times\langle y\rangle\times\langle z\rangle)\rtimes\langle a\rangle$, 其中 $x^a=x^{(-1)^i}$, $y^a=z$, $z^a=yz^{\varepsilon}$, $\varepsilon^2\equiv -2(\mathrm{mod}p)$, $i=1,\ 2$. □

引理 3.7.4 设 p 是奇素数 ($p\neq 3,\ 7$), G 是 $8p^3$ 阶群, σ 为模 p^2 的一个原根, 如果 G 的 Sylow 2-子群 Q 是循环群 C_8 而 G 的 Sylow p-子群为指数是 p^2 的非交换 p-群 P_4, 那么

(i) 当 $p\equiv 1(\mathrm{mod}8)$ 时, 令 $t\equiv \sigma^{\frac{p(p-1)}{8}}(\mathrm{mod}p)$, $s\equiv t^2(\mathrm{mod}p)$, 则 G 共有下列 4 个互不同构的类型:

$G_1=P_4\times C_8\cong(\langle x\rangle\rtimes\langle y\rangle)\times\langle a\rangle$, 其中 $|x|=p^2$, $|y|=p$, $x^y=x^{p+1}$, $|a|=8$;

$G_2=(\langle x\rangle\rtimes\langle y\rangle)\rtimes\langle a\rangle$, 其中 $|x|=p^2$, $|y|=p$, $x^y=x^{p+1}$, $|a|=8$, $x^a=x^{-1}$, $y^a=y$;

$G_3=(\langle x\rangle\rtimes\langle y\rangle)\rtimes\langle a\rangle$, 其中 $|x|=p^2$, $|y|=p$, $x^y=x^{p+1}$, $|a|=8$, $x^a=x^s$, $y^a=y$;

$G_4=(\langle x\rangle\rtimes\langle y\rangle)\rtimes\langle a\rangle$, 其中 $|x|=p^2$, $|y|=p$, $x^y=x^{p+1}$, $|a|=8$, $x^a=x^t$, $y^a=y$.

(ii) 当 $p\equiv 5(\mathrm{mod}8)$ 时, 令 $s\equiv \sigma^{\frac{p(p-1)}{4}}(\mathrm{mod}p)$, G 共有 3 个互不同构的类型, 即 (i) 中的 G_1, G_2, G_3.

(iii) 当 $p\equiv 3(\mathrm{mod}4)$ 时, G 共有 2 个互不同构的类型, 即 (i) 中的 G_1, G_2.

证明 显然, $G=P_4\rtimes Q$. 又 P_4 的中心 $Z(P_4)=\langle x^p\rangle$ 是 p 阶群, 且 $Z(P_4)$ char P_4, 而 $P_4\lhd G$, 所以 $Z(P_4)\lhd G$. 又不难证明 $\langle x^p,y\rangle$ 是 P_4 的唯一的 p^2 阶初等交换子群, 从而它是 P_4 的特征子群, 因而它必是 G 的正规子群. 由此可见, G 必是超可解群. 由定理 3.5.12 的证明过程 (i) 之 4) 知, 可假设 $\langle x\rangle$ 与 $\langle y\rangle$ 都是 Q-不变的.

(i) 当 $p\equiv 1(\mathrm{mod}8)$ 时, 若 $C_Q(x)=C_Q(y)=Q$, 则 $G=P_4\times Q$, G 有构造 G_1; 若 $C_Q(x)=\langle a^2\rangle$, 则 $x^a=x^{-1}$. 将 a 作用于 $[x,y]=x^p$ 的两边, 易得 $y^a=y$, 于是 $C_Q(y)=Q$, G 有构造 G_2; 类似地, 若 $C_Q(x)=\langle a^4\rangle$, 则可设 $x^a=x^s$, 也必有 $C_Q(y)=Q$, 从而 G 有构造 G_3; 若 $C_Q(x)=1$, 则可设 $x^a=x^t$, 也必有 $C_Q(y)=Q$, G 有构造 G_4. 总之, 当 $p\equiv 1(\mathrm{mod}8)$ 时, G 只有 4 个不同构的类型.

(ii) 当 $p\equiv 5(\mathrm{mod}8)$ 时, G 不可能有构造 G_4, 所以这时 G 只有 3 个互不同构的类型, 即 G_1, G_2, G_3.

(iii) 当 $p\equiv 3(\mathrm{mod}4)$ 时, G 不可能有构造 G_3, G_4, 所以这时 G 只有 2 个互不同构的类型, 即 G_1, G_2. □

引理 3.7.5 设 p 是奇素数 ($p\neq 3,\ 7$), G 是 $8p^3$ 阶群, σ 为模 p 的一个原根, 如果 G 的 Sylow 2-子群 Q 是循环群 C_8 而 G 的 Sylow

p-子群为指数是 p 的非交换 p-群 P_5, 那么

(i) 当 $p \equiv 1(\text{mod}8)$ 时, 令 $t \equiv \sigma^{\frac{p-1}{8}}(\text{mod}p)$, $s \equiv t^2(\text{mod}p)$, 则 G 共有下列 15 个互不同构的类型:

$G_1 = P_5 \times C_8 \cong (\langle x, y, z\rangle) \times \langle a\rangle$, 其中 $|x| = |y| = |z| = p$, $[x, y] = z$, $[x, z] = [y, z] = 1$, $|a| = 8$;

$G_2 = (\langle x, y, z\rangle) \rtimes \langle a\rangle$, 其中 $|x| = |y| = |z| = p$, $[x, y] = z$, $[x, z] = [y, z] = 1$, $|a| = 8$, $x^a = x^{-1}$, $y^a = y$, $z^a = z^{-1}$;

$G_3 = (\langle x, y, z\rangle) \rtimes \langle a\rangle$, 其中 $|x| = |y| = |z| = p$, $[x, y] = z$, $[x, z] = [y, z] = 1$, $|a| = 8$, $x^a = x^s$, $y^a = y$, $z^a = z^s$;

$G_4 = (\langle x, y, z\rangle) \rtimes \langle a\rangle$, 其中 $|x| = |y| = |z| = p$, $[x, y] = z$, $[x, z] = [y, z] = 1$, $|a| = 8$, $x^a = x^t$, $y^a = y$, $z^a = z^t$;

$G_5 = (\langle x, y, z\rangle) \rtimes \langle a\rangle$, 其中 $|x| = |y| = |z| = p$, $[x, y] = z$, $[x, z] = [y, z] = 1$, $|a| = 8$, $x^a = x^{-1}$, $y^a = y^{-1}$, $z^a = z$;

$G_6 = (\langle x, y, z\rangle) \rtimes \langle a\rangle$, 其中 $|x| = |y| = |z| = p$, $[x, y] = z$, $[x, z] = [y, z] = 1$, $|a| = 8$, $x^a = x^s$, $y^a = y^{-1}$, $z^a = z^{-s}$;

$G_7(i) = (\langle x, y, z\rangle) \rtimes \langle a\rangle$, 其中 $|x| = |y| = |z| = p$, $[x, y] = z$, $[x, z] = [y, z] = 1$, $|a| = 8$, $x^a = x^s$, $y^a = y^{s^i}$, $z^a = z^{s^{i+1}}$, $i = 1, 3$;

$G_8 = (\langle x, y, z\rangle) \rtimes \langle a\rangle$, 其中 $|x| = |y| = |z| = p$, $[x, y] = z$, $[x, z] = [y, z] = 1$, $|a| = 8$, $x^a = x^t$, $y^a = y^{-1}$, $z^a = z^{-t}$;

$G_9(i) = (\langle x, y, z\rangle) \rtimes \langle a\rangle$, 其中 $|x| = |y| = |z| = p$, $[x, y] = z$, $[x, z] = [y, z] = 1$, $|a| = 8$, $x^a = x^t$, $y^a = y^{s^i}$, $z^a = z^{t^{2i+1}}$, $i = 1, 3$;

$G_{10}(i) = (\langle x, y, z\rangle) \rtimes \langle a\rangle$, 其中 $|x| = |y| = |z| = p$, $[x, y] = z$, $[x, z] = [y, z] = 1$, $|a| = 8$, $x^a = x^t$, $y^a = y^{t^i}$, $z^a = z^{t^{i+1}}$, $i = 1, 3, 5, 7$.

(ii) 当 $p \equiv 5(\text{mod}8)$ 时, 令 $s \equiv \sigma^{\frac{(p-1)}{4}}(\text{mod}p)$, G 共有 8 个互不同构的类型, 其中有 7 个是超可解群, 即 (i) 中的 G_1, G_2, G_3, G_5, G_6, $G_7(1)$, $G_7(3)$; 还有 1 个是非超可解群, 即

$G_{11} = (\langle x, y, z\rangle) \rtimes \langle a\rangle$, 其中 $|x| = |y| = |z| = p$, $[x, y] = z$, $[x, z] = [y, z] = 1$, $|a| = 8$, $x^a = y$, $y^a = x^s$, $z^a = z^{-s}$.

(iii) 当 $p \equiv 3(\text{mod}4)$ 时, G 共有 5 个互不同构的类型, 其中有 3 个是超可解群, 即 (i) 中的 G_1, G_2, G_5; 还有 2 个是非超可解群, 即

$G_{12} = (\langle x, y, z\rangle) \rtimes \langle a\rangle$, 其中 $|x| = |y| = |z| = p$, $[x, y] = z$, $[x, z] =$

$[y,z]=1$, $|a|=8$, $x^a=y$, $y^a=x^{-1}$, $z^a=z$; 以及, 当 $p\equiv 3(\mathrm{mod}8)$ 时, G 的下列构造:

$G_{13}=(\langle x,y,z\rangle)\rtimes\langle a\rangle$, 其中 $|x|=|y|=|z|=p$, $[x,y]=z$, $[x,z]=[y,z]=1$, $|a|=8$, $x^a=y$, $y^a=xy^{\varepsilon}$, $z^a=z^{-1}$, $\varepsilon^2\equiv -2(\mathrm{mod}p)$; 当 $p\equiv 7(\mathrm{mod}8)$ 时, G 的下列构造:

$G_{14}=(\langle x,y,z\rangle)\rtimes\langle a\rangle$, 其中 $|x|=|y|=|z|=p$, $[x,y]=z$, $[x,z]=[y,z]=1$, $|a|=8$, $x^a=y$, $y^a=x^{-1}y^{\varepsilon}$, $z^a=z$, $\varepsilon^2\equiv 2(\mathrm{mod}p)$.

证明　显然, $G=P_5\rtimes Q$. 又 P_5 的中心 $Z(P_5)=\langle z\rangle$ 是 p 阶群, 且 $Z(P_5)$ char P_5, 而 $P_5\lhd G$, 所以 $Z(P_5)\lhd G$.

(i) 当 $p\equiv 1(\mathrm{mod}8)$ 时, 类似引理 3.7.3 的讨论, 可知 G 总是超可解群, 于是不妨假设 $\langle x\rangle$ 与 $\langle y\rangle$ 都是 Q-不变的. 若 $C_Q(x)=C_Q(y)=Q$, 则 $G=P_5\times Q$, G 有构造 G_1; 若 $C_Q(x)=\langle a^2\rangle$, 而 $C_Q(y)=Q$, 则 $x^a=x^{-1}$. 将 a 作用于 $[x,y]=z$ 的两边, 易得 $z^a=z^{-1}$, 于是 G 有构造 G_2; 类似地, 若 $C_Q(x)=\langle a^4\rangle$, 而 $C_Q(y)=Q$, 则可设 $x^a=x^s$, $z^a=z^s$, 从而 G 有构造 G_3; 若 $C_Q(x)=1$, 而 $C_Q(y)=Q$, 则可设 $x^a=x^t$, $z^a=z^t$, G 有构造 G_4. 若 $C_Q(x)=C_Q(y)=\langle x^2\rangle$, 则 $x^a=x^{-1}$, $y^a=y^{-1}$. 将 a 作用于 $[x,y]=z$ 的两边, 易得 $z^a=z$, 于是 G 有构造 G_5; 若 $C_Q(x)=\langle a^4\rangle$, 而 $C_Q(y)=\langle a^2\rangle$, 则可设 $x^a=x^s$, $y^a=y^{-1}$, $z^a=z^{-s}$, 从而 G 有构造 G_6; 若 $C_Q(x)=C_Q(y)=\langle a^4\rangle$, 则不妨设 $x^a=x^s$, $y^a=y^{s^i}$, $z^a=z^{s^{i+1}}$, 从而 G 有构造 $G_7(i)$, $i=1,\ 3$; 若 $C_Q(x)=1$, 而 $C_Q(y)=\langle a^2\rangle$, 则可设 $x^a=x^t$, $y^a=y^{-1}$, $z^a=z^{-t}$, 从而 G 有构造 G_8; 若 $C_Q(x)=1$, 而 $C_Q(y)=\langle x^4\rangle$, 则可设 $x^a=x^t$, $y^a=y^{s^i}$, $z^a=z^{t^{1+2i}}$, 从而 G 有构造 $G_9(i)$, $i=1,\ 3$; 若 $C_Q(x)=C_Q(y)=1$, 则可设 $x^a=x^t$, $y^a=y^{t^i}$, $z^a=z^{t^{1+i}}$, 从而 G 有构造 $G_{10}(i)$, $i=1,\ 3,\ 5,\ 7$.

总之, 当 $p\equiv 1(\mathrm{mod}8)$ 时, G 只有 15 个互不同构的类型.

(ii) 当 $p\equiv 5(\mathrm{mod}8)$ 时, 若 G 是超可解群, 则重复 (i) 的讨论可知, G 有 7 个互不同构的类型: 即 (i) 中的 G_1, G_2, G_3, G_5, G_6, $G_7(1)$, $G_7(3)$; 若 G 不是超可解群, 则 a 作为 $\mathbb{Z}_p$ 上的 2 维线性空间 $P_5/\langle z\rangle$ 的线性变换, 其特征多项式是不可约的. 不妨设其特征多项式为 λ^2+s, 则 a^3 的特征多项式为 λ^2-s, 因而得 G 的唯一的非超可解的构造: G_{11}.

总之, 当 $p\equiv 5(\mathrm{mod}8)$ 时, G 有 8 个互不同构的类型.

(iii) 当 $p \equiv 3(\mathrm{mod}4)$ 时, 若 G 是超可解群, 则重复 (i) 的讨论可知, G 共有 3 个互不同构的类型, 即 (i) 中的 G_1, G_2, G_5; 若 G 不是超可解群, 则 a 作为 $\mathbb{Z}_p$ 上的 2 维线性空间 $P_5/\langle z\rangle$ 的线性变换, 其特征多项式是不可约的. 当取其特征多项式为 λ^2+1 时, a^3, a^5, a^7 的特征多项式也都为 λ^2+1, 因而这时只能得 G 的 1 个非超可解的构造: G_{12}.

当 $p=3(\mathrm{mod}8)$ 时, 由引理 3.7.3 (iii) 证明过程可知, a 的特征多项式还可为不可约多项式 $\lambda^2+\varepsilon\lambda-1$, 同时, a^3 的特征多项式必为不可约多项式 $\lambda^2-\varepsilon\lambda-1$, 这里 $\varepsilon^2\equiv-2(\mathrm{mod}p)$. 因而 G 有非超可解的构造 G_{13}.

当 $p\equiv 7(\mathrm{mod}8)$ 时, 由引理 3.7.3 (iii) 证明过程可知, a 的特征多项式还可为不可约多项式 $\lambda^2+\varepsilon\lambda+1$, 同时, a^3 的特征多项式必为不可约多项式 $\lambda^2-\varepsilon\lambda+1$, 这里 $\varepsilon^2\equiv 2(\mathrm{mod}p)$. 因而 G 有非超可解的构造 G_{14}.

总之, 当 $p\equiv 3(\mathrm{mod}4)$ 时, G 有 5 个互不同构的类型. □

引理 3.7.6 *设 p 是奇素数 ($p\neq 3,\ 7$), G 是 $8p^3$ 阶群, σ 为模 p^3 的一个原根, 如果 G 的 Sylow 2-子群 Q 是交换群 A 而 G 的 Sylow p-子群是循环群 P_1, 那么*

(i) 当 $p\equiv 1(\mathrm{mod}4)$ 时, G 共有 4 个互不同构的类型:

$G_1=P_1\times A\cong C_{4p^3}\times C_2=\langle x||x|=4p^3\rangle\times\langle b||b|=2$;

$G_2=(\langle x\rangle\rtimes\langle b\rangle)\times\langle a\rangle$, 其中 $|x|=p^3$, $|a|=4$, $|b|=2$, $x^b=x^{-1}$;

$G_3=(\langle x\rangle\rtimes\langle a\rangle)\times\langle b\rangle$, 其中 $|x|=p^3$, $|a|=4$, $|b|=2$, $x^a=x^{-1}$;

$G_4=(\langle x\rangle\rtimes\langle a\rangle)\times\langle b\rangle$, 其中 $|x|=p^3$, $|a|=4$, $|b|=2$, $x^a=x^s$, $s\equiv\sigma^{\frac{p^2(p-1)}{4}}(\mathrm{mod}p)$.

(ii) 当 $p\equiv 3(\mathrm{mod}4)$ 时, G 共有 3 个互不同构的类型: G_1, G_2, G_3.

证明 显然, G 的 Sylow p-子群 P_1 是 G 的正规子群, 所以 $G=P_1\rtimes A$, 从而 $A/C_A(P_1)$ 同构于 Aut (P_1) 的一个子群. 但 Aut (P_1) 是阶为 $p^2(p-1)$ 的循环群, 所以 $A/C_A(P_1)$ 只能是循环群.

(i) 当 $p\equiv 1(\mathrm{mod}4)$ 时, 若 $C_A(P_1)=A$, 则 G 是 P_1 与 A 的直积, G 的构造为 G_1; 若 $A/C_A(P_1)$ 是 2 阶循环群, 则不妨设 $C_A(P_1)=\langle a\rangle$ 或 $C_A(P_1)=\langle a^2,b\rangle$, 当 $C_A(P_1)=\langle a\rangle$ 时, 应有 $x^b=x^{-1}$, G 的构造为 G_2; 当 $C_A(P_1)=\langle a^2,b\rangle$ 时, 应有 $x^a=x^{-1}$, G 的构造为 G_3; 若

$A/C_A(P_1)$ 是 4 阶循环群, 则不妨设 $C_A(P_1)=\langle b\rangle$, 这时有 $x^a=x^s$, 其中 $s\equiv\sigma^{\frac{p^2(p-1)}{4}}(\mathrm{mod}p)$, 因而 G 的构造为 G_4.

总之, 当 $p\equiv1(\mathrm{mod}4)$ 时, G 有 4 个互不同构的类型.

(ii) 当 $p\equiv3(\mathrm{mod}4)$ 时, $A/C_A(P_1)$ 不可能是 4 阶循环群, 所以 G 共有 3 个互不同构的类型: G_1, G_2, G_3. □

引理 3.7.7 设 p 是奇素数 ($p\neq3$, 7), G 是 $8p^3$ 阶群, σ 为模 p^2 与模 p 的一个公共原根, 如果 G 的 Sylow 2-子群 Q 是交换群 A 而 G 的 Sylow p-子群是交换群 P_2, 那么

(i) 当 $p\equiv1(\mathrm{mod}4)$ 时, G 共有 19 个互不同构的类型:

$G_1=P_2\times A\cong C_{4p^2}\times C_{2p}=\langle x||x|=4p^2\rangle\times\langle y||y|=2p\rangle$;

$G_2=\langle x\rangle\times\langle a\rangle\times(\langle y\rangle\rtimes\langle b\rangle)$, 其中 $|x|=p^2$, $|y|=p$, $|a|=4$, $|b|=2$, $y^b=y^{-1}$;

$G_3=\langle x\rangle\times\langle b\rangle\times(\langle y\rangle\rtimes\langle a\rangle)$, 其中 $|x|=p^2$, $|y|=p$, $|a|=4$, $|b|=2$, $y^a=y^{-1}$;

$G_4=\langle x\rangle\times\langle b\rangle\times(\langle y\rangle\rtimes\langle a\rangle)$, 其中 $|x|=p^2$, $|y|=p$, $|a|=4$, $|b|=2$, $y^a=y^s$, $s\equiv\sigma^{\frac{(p-1)}{4}}(\mathrm{mod}p)$;

$G_5=\langle y\rangle\times\langle a\rangle\times(\langle x\rangle\rtimes\langle b\rangle)$, 其中 $|x|=p^2$, $|y|=p$, $|a|=4$, $|b|=2$, $x^b=x^{-1}$;

$G_6=\langle y\rangle\times\langle b\rangle\times(\langle x\rangle\rtimes\langle a\rangle)$, 其中 $|x|=p^2$, $|y|=p$, $|a|=4$, $|b|=2$, $x^a=x^{-1}$;

$G_7=\langle y\rangle\times\langle b\rangle\times(\langle x\rangle\rtimes\langle a\rangle)$, 其中 $|x|=p^2$, $|y|=p$, $|a|=4$, $|b|=2$, $x^a=x^s$, $s\equiv\sigma^{\frac{p(p-1)}{4}}(\mathrm{mod}p^2)$;

$G_8=\langle a\rangle\times((\langle x\rangle\times\langle y\rangle)\rtimes\langle b\rangle)$, 其中 $|x|=p^2$, $|y|=p$, $|a|=4$, $|b|=2$, $x^b=x^{-1}$, $y^b=y^{-1}$;

$G_9=(\langle x\rangle\times\langle y\rangle)\rtimes(\langle a\rangle\times\langle b\rangle)$, 其中 $|x|=p^2$, $|y|=p$, $|a|=4$, $|b|=2$, $x^a=x$, $x^b=x^{-1}$, $y^a=y^b=y^{-1}$;

$G_{10}=\langle b\rangle\times((\langle x\rangle\times\langle y\rangle)\rtimes\langle a\rangle)$, 其中 $|x|=p^2$, $|y|=p$, $|a|=4$, $|b|=2$, $x^a=x^{-1}$, $y^a=y^{-1}$;

$G_{11}=(\langle x\rangle\rtimes\langle a\rangle)\times(\langle y\rangle\rtimes\langle b\rangle\times)$, 其中 $|x|=p^2$, $|y|=p$, $|a|=4$, $|b|=2$, $x^a=x^{-1}$, $y^b=y^{-1}$;

$G_{12}=(\langle x\rangle\rtimes\langle b\rangle)\times(\langle y\rangle\rtimes\langle a\rangle\times)$, 其中 $|x|=p^2$, $|y|=p$, $|a|=4$, $|b|=2$, $x^b=x^{-1}$, $y^a=y^{-1}$;

$G_{13}=(\langle x\rangle\rtimes\langle a\rangle)\times(\langle y\rangle\rtimes\langle b\rangle\times)$, 其中 $|x|=p^2$, $|y|=p$, $|a|=4$, $|b|=2$, $x^a=x^s$, $y^b=y^{-1}$, $s\equiv\sigma^{\frac{p(p-1)}{4}}(\mathrm{mod}p^2)$;

$G_{14}=\langle b\rangle\times((\langle x\rangle\times\langle y\rangle)\rtimes\langle a\rangle)$, 其中 $|x|=p^2$, $|y|=p$, $|a|=4$, $|b|=2$, $x^a=x^s$, $y^a=y^{-1}$, $s\equiv\sigma^{\frac{p(p-1)}{4}}(\mathrm{mod}p^2)$;

$G_{15}=(\langle x\rangle\rtimes\langle b\rangle)\times(\langle y\rangle\rtimes\langle a\rangle\times)$, 其中 $|x|=p^2$, $|y|=p$, $|a|=4$, $|b|=2$, $x^b=x^{-1}$, $y^a=y^s$, $s\equiv\sigma^{\frac{(p-1)}{4}}(\mathrm{mod}p)$;

$G_{16}=\langle b\rangle\times((\langle x\rangle\times\langle y\rangle)\rtimes\langle a\rangle)$, 其中 $|x|=p^2$, $|y|=p$, $|a|=4$, $|b|=2$, $x^a=x^{-1}$, $y^a=y^s$, $s\equiv\sigma^{\frac{(p-1)}{4}}(\mathrm{mod}p)$;

$G_{17}(i)=\langle b\rangle\times((\langle x\rangle\times\langle y\rangle)\rtimes\langle a\rangle)$, 其中 $|x|=p^2$, $|y|=p$, $|a|=4$, $|b|=2$, $x^a=x^s$, $y^a=y^{(-1)^is}$, $i=1,2$, $s\equiv\sigma^{\frac{p(p-1)}{4}}(\mathrm{mod}p^2)$;

$G_{18}=(\langle x\rangle\times\langle y\rangle)\rtimes(\langle a\rangle\times\langle b\rangle)$, 其中 $|x|=p^2$, $|y|=p$, $|a|=4$, $|b|=2$, $x^a=x^s$, $x^b=x$, $y^a=y^s$, $y^b=y^{-1}$, $s\equiv\sigma^{\frac{p(p-1)}{4}}(\mathrm{mod}p^2)$.

(ii) 当 $p\equiv 3(\mathrm{mod}4)$ 时, G 共有 10 个互不同构的类型, 即 (i) 中的: G_1, G_2, G_3, G_5, $G_6, G_8, G_9, G_{10}, G_{11}, G_{12}$.

证明 显然, G 的 Sylow p-子群 P_2 是 G 的正规子群, 所以 $G=P_2\rtimes A$. 类似于引理 3.7.2, 不难证明 G 是超可解群, 且不妨设 $\langle x\rangle$ 与 $\langle y\rangle$ 都是 A-不变的. 从而 $A/C_A(x)$ 同构于 Aut $(\langle x\rangle)$ 的一个子群. 但 Aut $(\langle x\rangle)$ 是阶为 $p(p-1)$ 的循环群, 所以 $A/C_A(x)$ 只能是循环群. 同理, $A/C_A(y)$ 也只能是循环群. 因而, $C_A(x)$ 与 $C_A(y)$ 只能是 A, $\langle b\rangle$, $\langle a\rangle$, $\langle a^2b\rangle$, $\langle a^2,b\rangle$, $\langle ab\rangle$ 之一.

(i) 当 $p\equiv 1(\mathrm{mod}4)$ 时, 令 $s\equiv\sigma^{\frac{p(p-1)}{4}}(\mathrm{mod}p^2)$.

1) 若 $C_A(x)=C_A(y)=A$, 则 G 是 P_2 与 A 的直积, 即 $G=\langle x\rangle\times\langle y\rangle\times\langle a\rangle\times\langle b\rangle$. 但显然 $\langle x\rangle\times\langle a\rangle\cong C_{4p^2}$, 而 $\langle y\rangle\times\langle b\rangle\cong C_{2p}$, 所以 G 的构造为 G_1;

2) 若 $C_A(x)=A$ 而 $C_A(y)$ 是 4 阶循环子群, 则不妨设 $C_A(y)=\langle a\rangle$. 于是 $y^b=y^{-1}$, 所以 G 的构造为 G_2;

3) 若 $C_A(x)=A$ 而 $C_A(y)$ 是 4 阶初等交换子群, 则 $C_A(y)=\langle a^2,b\rangle$. 于是 $y^a=y^{-1}$, 所以 G 的构造为 G_3;

4) 若 $C_A(x)=A$ 而 $A/C_A(y)$ 是 4 阶循环商群, 则不妨设 $C_A(y)=$

$\langle b\rangle$. 于是可设 $y^a=y^s$, 所以 G 的构造为 G_4;

5) 若 $C_A(y)=A$ 而 $C_A(x)$ 是 4 阶循环子群, 则不妨设 $C_A(x)=\langle a\rangle$. 于是 $x^b=x^{-1}$, 所以 G 的构造为 G_5;

6) 若 $C_A(y)=A$ 而 $C_A(x)$ 是 4 阶初等交换子群, 则 $C_A(x)=\langle a^2,b\rangle$. 于是 $x^a=x^{-1}$, 所以 G 的构造为 G_6;

7) 若 $C_A(y)=A$ 而 $A/C_A(x)$ 是 4 阶循环商群, 则不妨设 $C_A(x)=\langle b\rangle$. 于是可设 $x^a=x^s$, 所以 G 的构造为 G_7;

8) 若 $C_A(x)$ 和 $C_A(y)$ 都是 4 阶循环子群, 则当它们相同时, 不妨设 $C_A(x)=C_A(y)=\langle a\rangle$. 于是 $x^b=x^{-1}$, $y^b=y^{-1}$, 所以 G 的构造为 G_8; 若 $C_A(x)$ 和 $C_A(y)$ 都是 4 阶循环子群, 则当它们不相同时, 不妨设 $C_A(x)=\langle a\rangle$ 而 $C_A(y)=\langle ab\rangle$. 于是 $x^b=x^{-1}$, $y^a=y^b=y^{-1}$, 所以 G 的构造为 G_9; 若 $C_A(x)$ 和 $C_A(y)$ 都是 4 阶初等交换子群, 则 $C_A(x)=C_A(y)=\langle a^2,b\rangle$. 于是 $x^a=x^{-1}$, $y^a=y^{-1}$, 所以 G 的构造为 G_{10}; 若 $C_A(x)$ 是 4 阶初等交换子群, 而 $C_A(y)$ 是 4 阶循环子群, 则 $C_A(x)=\langle a^2,b\rangle$, 且不妨设 $C_A(y)=\langle a\rangle$. 于是 $x^a=x^{-1}$, $y^b=y^{-1}$, 所以 G 的构造为 G_{11}; 若 $C_A(x)$ 是 4 阶循环子群, 而 $C_A(y)$ 是 4 阶初等交换子群, 则不妨 $C_A(x)=\langle a\rangle$, 且 $C_A(y)=\langle a^2,b\rangle$. 于是 $x^b=x^{-1}$, $y^a=y^{-1}$, 所以 G 的构造为 G_{12}.

9) 若 $A/C_A(y)$ 是 4 阶循环商群而 $A/C_A(x)$ 是 2 阶循环商群, 则不妨设 $C_A(x)=\langle b\rangle$, $x^a=x^s$. 这时当 $C_A(y)$ 是 4 阶循环子群时, 不妨设 $C_A(y)=\langle a\rangle$, $y^b=y^{-1}$, 所以 G 的构造为 G_{13}; 当 $C_A(y)$ 是 4 阶初等交换子群时, 则 $C_A(y)=\langle a^2,b\rangle$, $y^a=y^{-1}$, 所以 G 的构造为 G_{14}. 若 $A/C_A(y)$ 是 2 阶循环商群而 $A/C_A(x)$ 是 4 阶循环商群, 则重复上述讨论, 可得 G 的另两个不同构的构造: G_{15}, G_{16}.

10) 若 $A/C_A(x)$ 和 $A/C_A(y)$ 都是 4 阶循环商群, 则当 $C_A(x)$ 和 $C_A(y)$ 是相同的 2 阶子群时, 不妨设 $C_A(x)=C_A(y)=\langle b\rangle$. 这时可设 $x^a=x^s$ (否则可用 a^3 代替 a), 而 $y^a=y^s$ 或 $y^a=y^{-s}$, 因此得 G 的两种不同构的构造: $G_{17}(i)$, $i=1,2$; 当 $C_A(x)$ 和 $C_A(y)$ 是不相同的 2 阶子群时, 不妨设 $C_A(x)=\langle b\rangle$ 而 $C_A(y)=\langle a^2b\rangle$, 同时 $x^a=x^s$, $y^a=y^s$ 且 $y^b=y^{-1}$, 因此得 G 的构造为 G_{18}. 如果在 G_{18} 中 $y^a=y^{-s}$ 而其他均不变, 则再将 ab 代替 a 就可知所得 G 的构造与 G_{18} 是同构的.

总之, 当 $p\equiv 1(\mathrm{mod}4)$ 时, G 共有 19 个互不同构的类型.

(ii) 当 $p\equiv 3(\mathrm{mod}4)$ 时, $A/C_A(x)$ 和 $A/C_A(y)$ 都不可能是 4 阶循环群, 所以 G 共有 10 个互不同构的类型: G_1, G_2, G_3, G_5, G_6, G_8, G_9, G_{10}, G_{11}, G_{12}. □

引理 3.7.8 设 p 是奇素数 ($p\neq 3,\ 7$), G 是 $8p^3$ 阶群, σ 为模 p 的一个原根, 记 $s=\sigma^{\frac{p-1}{4}}(\mathrm{mod}p)$ 如果 G 的 Sylow 2-子群 Q 是交换群 A 而 G 的 Sylow p-子群是初等交换群 P_3, 那么

(i) 当 $p\equiv 1(\mathrm{mod}4)$ 时, G 共有 34 个互不同构的类型:

$G_1=P_3\times A\cong C_{4p}\times C_{2p}\times C_p=\langle x||x|=4p\rangle\times\langle y||y|=2p\rangle\times\langle z||z|=p\rangle$;

$G_2=\langle x\rangle\times\langle y\rangle\times\langle a\rangle\times(\langle z\rangle\rtimes\langle b\rangle)$, 其中 $|x|=|y|=|z|=p$, $|a|=4$, $|b|=2$, $z^b=z^{-1}$;

$G_3=\langle x\rangle\times\langle y\rangle\times\langle b\rangle\times(\langle z\rangle\rtimes\langle a\rangle)$, 其中 $|x|=|y|=|z|=p$, $|a|=4$, $|b|=2$, $z^a=z^{-1}$;

$G_4=\langle x\rangle\times\langle y\rangle\times\langle b\rangle\times(\langle z\rangle\rtimes\langle a\rangle)$, 其中 $|x|=|y|=|z|=p$, $|a|=4$, $|b|=2$, $z^a=z^s$;

$G_5=\langle x\rangle\times\langle a\rangle\times(((\langle y\rangle\times\langle z\rangle)\rtimes\langle b\rangle)$, 其中 $|x|=|y|=|z|=p$, $|a|=4$, $|b|=2$, $y^b=y^{-1}$, $z^b=z^{-1}$;

$G_6=\langle x\rangle\times\langle b\rangle\times(((\langle y\rangle\times\langle z\rangle)\rtimes\langle a\rangle)$, 其中 $|x|=|y|=|z|=p$, $|a|=4$, $|b|=2$, $y^a=y^{-1}$, $z^a=z^{-1}$;

$G_7=\langle x\rangle\times(\langle y\rangle\rtimes\langle b\rangle)\times(\langle z\rangle\rtimes\langle a\rangle)$, 其中 $|x|=|y|=|z|=p$, $|a|=4$, $|b|=2$, $y^b=y^{-1}$, $z^a=z^{-1}$;

$G_8=\langle x\rangle\times(((\langle y\rangle\times\langle z\rangle)\rtimes(\langle a\rangle\times\langle b\rangle))$, 其中 $|x|=|y|=|z|=p$, $|a|=4$, $|b|=2$, $y^a=y$, $y^b=y^{-1}$, $z^a=z^b=z^{-1}$;

$G_9=\langle x\rangle\times(\langle y\rangle\rtimes\langle b\rangle)\times(\langle z\rangle\rtimes\langle a\rangle)$, 其中 $|x|=|y|=|z|=p$, $|a|=4$, $|b|=2$, $y^b=y^{-1}$, $z^a=z^s$;

$G_{10}=\langle x\rangle\times(((\langle y\rangle\times\langle z\rangle)\rtimes(\langle a\rangle\times\langle b\rangle))$, 其中 $|x|=|y|=|z|=p$, $|a|=4$, $|b|=2$, $y^a=y^{-1}$, $y^b=y$, $z^a=z^s$, $z^b=z$;

$G_{11}(i)=\langle x\rangle\times\langle b\rangle\times(((\langle y\rangle\times\langle z\rangle)\rtimes\langle a\rangle)$, 其中 $|x|=|y|=|z|=p$, $|a|=4$, $|b|=2$, $y^a=y^s$, $z^a=z^{(-1)^i s}$, $i=1,\ 2$;

$G_{12} = \langle x\rangle \times (((\langle y\rangle \times \langle z\rangle) \rtimes (\langle a\rangle \times \langle b\rangle))$, 其中 $|x| = |y| = |z| = p$, $|a| = 4$, $|b| = 2$, $y^a = y^s$, $y^b = y$, $z^a = z^s$, $z^b = z^{-1}$;

$G_{13} = \langle a\rangle \times (((\langle x\rangle \times \langle y\rangle \times \langle z\rangle) \rtimes \langle b\rangle)$, 其中 $|x| = |y| = |z| = p$, $|a| = 4$, $|b| = 2$, $x^b = x^{-1}$, $y^b = y^{-1}$, $z^b = z^{-1}$;

$G_{14} = \langle b\rangle \times (((\langle x\rangle \times \langle y\rangle \times \langle z\rangle) \rtimes \langle a\rangle)$, 其中 $|x| = |y| = |z| = p$, $|a| = 4$, $|b| = 2$, $x^a = x^{-1}$, $y^a = y^{-1}$, $z^a = z^{-1}$;

$G_{15} = (\langle x\rangle \rtimes \langle b\rangle) \times (((\langle y\rangle \times \langle z\rangle) \rtimes \langle a\rangle)$, 其中 $|x| = |y| = |z| = p$, $|a| = 4$, $|b| = 2$, $x^b = x^{-1}$, $y^a = y^{-1}$, $z^a = z^{-1}$;

$G_{16} = (((\langle x\rangle \times \langle y\rangle) \rtimes \langle b\rangle) \times ((\langle z\rangle \rtimes \langle a\rangle)$, 其中 $|x| = |y| = |z| = p$, $|a| = 4$, $|b| = 2$, $x^b = x^{-1}$, $y^b = y^{-1}$, $z^a = z^{-1}$;

$G_{17} = ((\langle x\rangle \times \langle y\rangle \times \langle z\rangle) \rtimes ((\langle a\rangle \times \langle b\rangle)$, 其中 $|x| = |y| = |z| = p$, $|a| = 4$, $|b| = 2$, $x^a = x$, $x^b = x^{-1}$, $y^a = y^b = y^{-1}$, $z^a = z^{-1}$, $z^b = z$;

$G_{18} = ((\langle x\rangle \times \langle y\rangle \times \langle z\rangle) \rtimes ((\langle a\rangle \times \langle b\rangle)$, 其中 $|x| = |y| = |z| = p$, $|a| = 4$, $|b| = 2$, $x^a = x$, $x^b = x^{-1}$, $y^a = y$, $y^b = y^{-1}$, $z^a = z^b = z^{-1}$;

$G_{19} = \langle b\rangle \times (((\langle x\rangle \times \langle y\rangle \times \langle z\rangle) \rtimes \langle a\rangle)$, 其中 $|x| = |y| = |z| = p$, $|a| = 4$, $|b| = 2$, $x^a = x^s$, $y^a = y^{-1}$, $z^a = z^{-1}$;

$G_{20} = (\langle x\rangle \rtimes \langle a\rangle) \times (((\langle y\rangle \times \langle z\rangle) \rtimes \langle b\rangle)$, 其中 $|x| = |y| = |z| = p$, $|a| = 4$, $|b| = 2$, $x^a = x^s$, $y^b = y^{-1}$, $z^b = z^{-1}$;

$G_{21} = ((\langle x\rangle \times \langle y\rangle \times \langle z\rangle) \rtimes ((\langle a\rangle \times \langle b\rangle)$, 其中 $|x| = |y| = |z| = p$, $|a| = 4$, $|b| = 2$, $x^a = x^s$, $x^b = x$, $y^a = y$, $y^b = y^{-1}$, $z^a = z^b = z^{-1}$;

$G_{22} = (((\langle x\rangle \times \langle z\rangle) \rtimes \langle a\rangle) \times ((\langle y\rangle \rtimes \langle b\rangle)$, 其中 $|x| = |y| = |z| = p$, $|a| = 4$, $|b| = 2$, $x^a = x^s$, $y^b = y^{-1}$, $z^a = z^{-1}$;

$G_{23}(i) = (((\langle x\rangle \times \langle y\rangle) \rtimes \langle a\rangle) \times ((\langle z\rangle \rtimes \langle b\rangle)$, 其中 $|x| = |y| = |z| = p$, $|a| = 4$, $|b| = 2$, $x^a = x^s$, $y^a = y^{(-1)^i s}$, $z^b = z^{-1}$, $i = 1, 2$;

$G_{24}(i) = (((\langle x\rangle \times \langle y\rangle \times \langle z\rangle) \rtimes \langle a\rangle) \times \langle b\rangle$, 其中 $|x| = |y| = |z| = p$, $|a| = 4$, $|b| = 2$, $x^a = x^s$, $y^a = y^{(-1)^i s}$, $z^a = z^{-1}$, $i = 1, 2$;

$G_{25}(i) = ((\langle x\rangle \times \langle y\rangle \times \langle z\rangle) \rtimes ((\langle a\rangle \times \langle b\rangle)$, 其中 $|x| = |y| = |z| = p$, $|a| = 4$, $|b| = 2$, $x^a = x^s$, $x^b = x$, $y^a = y^{(-1)^i s}$, $y^b = y^{-1}$, $z^a = z$, $z^b = z^{-1}$, $i = 1, 2$;

$G_{26} = ((\langle x\rangle \times \langle y\rangle \times \langle z\rangle) \rtimes ((\langle a\rangle \times \langle b\rangle)$, 其中 $|x| = |y| = |z| = p$, $|a| = 4$, $|b| = 2$, $x^a = x^s$, $x^b = x$, $y^a = y^s$, $y^b = y^{-1}$, $z^a = z^{-1}$, $z^b = z$;

$G_{27}(i)=(((\langle x\rangle\times\langle y\rangle\times\langle z\rangle)\rtimes\langle a\rangle)\times\langle b\rangle$, 其中 $|x|=|y|=|z|=p$, $|a|=4$, $|b|=2$, $x^a=x^s$, $y^a=y^s$, $z^a=z^{(-1)^i s}$, $i=1, 2$;

$G_{28}(i)=((\langle x\rangle\times\langle y\rangle\times\langle z\rangle)\rtimes(\langle a\rangle\times\langle b\rangle)$, 其中 $|x|=|y|=|z|=p$, $|a|=4$, $|b|=2$, $x^a=x^s$, $x^b=x$, $y^a=y^{(-1)^i s}$, $y^b=y$, $z^a=z^s$, $z^b=z^{-1}$, $i=1, 2$.

(ii) 当 $p\equiv 3(\mathrm{mod}4)$ 时, G 共有 16 个互不同构的类型, 其中 G 为超可解的有 13 个, 即 (i) 中的: G_1, G_2, G_3, G_5, G_6, G_7, G_8, G_{13}, G_{14}, G_{15}, G_{16}, G_{17}, G_{18}; 另有 3 个为非超可解群, 它们的构造如下:

$G_{29}=\langle x\rangle\times\langle b\rangle\times(((\langle y\rangle\times\langle z\rangle)\rtimes\langle a\rangle)$, 其中 $|x|=|y|=|z|=p$, $|a|=4$, $|b|=2$, $y^a=z$, $z^a=y^{-1}$;

$G_{30}=\langle b\rangle\times(((\langle x\rangle\times\langle y\rangle\times\langle z\rangle)\rtimes\langle a\rangle)$, 其中 $|x|=|y|=|z|=p$, $|a|=4$, $|b|=2$, $x^a=x^{-1}$, $y^a=z$, $z^a=y^{-1}$;

$G_{31}=((\langle x\rangle\rtimes\langle b\rangle)\times(((\langle y\rangle\times\langle z\rangle)\rtimes\langle a\rangle)$, 其中 $|x|=|y|=|z|=p$, $|a|=4$, $|b|=2$, $x^b=x^{-1}$, $y^a=z$, $z^a=y^{-1}$.

证明 显然, G 的 Sylow p-子群 $P=P_3=\langle x\rangle\times\langle y\rangle\times\langle z\rangle$ 是 G 的正规子群, 其中 $|x|=|y|=|z|=p$, 且 A 在 P 上的作用是互素的. 由定理 2.6.8 得, $P=C_P(A)\times[P,A]$.

(i) 当 $p\equiv 1(\mathrm{mod}4)$ 时, 令 $s\equiv\sigma^{\frac{(p-1)}{4}}(\mathrm{mod}p)$. 由引理 3.5.6 得, A 不可能不可约地作用在 P 上, 也不可能不可约地作用在 P 的 p^2 阶子群上, 所以 G 必是超可解群.

1) 若 $C_P(A)=P$, 则 G 是 P 与 A 的直积, 即 $G=\langle x\rangle\times\langle y\rangle\times\langle z\rangle\times\langle a\rangle\times\langle b\rangle$. 但显然 $\langle x\rangle\times\langle a\rangle\cong C_{4p}$, 而 $\langle y\rangle\times\langle b\rangle\cong C_{2p}$, 所以 G 的构造为 G_1.

2) 若 $C_P(A)$ 是 P 的 p^2 阶子群, 则不妨设 $C_P(A)=\langle x\rangle\times\langle y\rangle$ 而 $[P,A]=\langle z\rangle$. 于是, 当 $C_A(z)=\langle a\rangle$ 时, $z^b=z^{-1}$, G 的构造为 G_2; 当 $C_A(z)=\langle a^2,b\rangle$ 时, $z^a=z^{-1}$, G 的构造为 G_3; 当 $C_A(z)=\langle b\rangle$ 时, $z^a=z^s$, G 的构造为 G_4.

3) 若 $C_P(A)$ 是 P 的 p 阶子群, 则不妨设 $C_P(A)=\langle x\rangle$ 而 $[P,A]=\langle y\rangle\times\langle z\rangle$. 并且由于 G 是超可解的, 所以不妨设 $\langle y\rangle$ 和 $\langle z\rangle$ 都是 A-不变的, 从而 $C_A(y)$ 和 $C_A(z)$ 都是 A 的 2 阶或 4 阶子群. 因此可作如下分析:

①如果 $C_A(y)$ 和 $C_A(z)$ 都是 A 的 4 阶子群, 那么当 $C_A(y) = C_A(z) = \langle a\rangle$ 时, $y^b = y^{-1}$, $z^b = z^{-1}$, G 的构造为 G_5; 当 $C_A(y) = C_A(z) = \langle a^2, b\rangle$ 时, $y^a = y^{-1}$, $z^a = z^{-1}$, G 的构造为 G_6; 当 $C_A(y) = \langle a\rangle$ 而 $C_A(z) = \langle a^2, b\rangle$ 时, $y^b = y^{-1}$, $z^a = z^{-1}$, G 的构造为 G_7; 当 $C_A(y) = \langle a\rangle$ 而 $C_A(z) = \langle ab\rangle$ 时, $y^b = y^{-1}$, $z^a = z^b = z^{-1}$, G 的构造为 G_8.

②如果 $C_A(y)$ 和 $C_A(z)$ 中, 一个是 A 的 4 阶子群而另一个是 A 的 2 阶子群, 那么不妨设 $C_A(y)$ 是 A 的 4 阶子群而 $C_A(z)$ 是 A 的 2 阶子群. 于是, 当 $C_A(y) = \langle a\rangle$ 而 $C_A(z) = \langle b\rangle$ 时, $y^b = y^{-1}$, $z^a = z^s$, G 的构造为 G_9; 当 $C_A(y) = \langle a^2, b\rangle$ 而 $C_A(z) = \langle b\rangle$ 时, $y^a = y^{-1}$, $z^a = z^s$, G 的构造为 G_{10}.

③如果 $C_A(y)$ 和 $C_A(z)$ 都是 A 的 2 阶子群且相同, 那么不妨设 $C_A(y) = C_A(z) = \langle b\rangle$, $y^a = y^s$, 但 $z^a = z^s$ 或 $z^a = z^{-s}$, 于是得 G 的两个构造: $G_{11}(i)$, $i = 1, 2$; 如果 $C_A(y)$ 和 $C_A(z)$ 是 A 的两个不同的 2 阶子群, 那么不妨设 $C_A(y) = \langle b\rangle$ 而 $C_A(z) = \langle a^2b\rangle$, $y^a = y^s$, $z^a = z^s$, $z^b = z^{-1}$, 于是得 G 的构造为 G_{12}. 如果在 G_{12} 中, 令 $z^a = z^{-s}$, $z^b = z^{-1}$, 而其他不变, 那么所得 G 的构造与 G_{12} 是同构的, 这只要将 ab、a^2b 分别代替 a、b, 并将 y 与 z 交换就可知.

4) 若 $C_P(A) = 1$, 则 $[P, A] = P$. 由于 G 是超可解的, 所以不妨设 $\langle x\rangle$, $\langle y\rangle$ 和 $\langle z\rangle$ 都是 A-不变的, 从而 $C_A(x)$、$C_A(y)$ 和 $C_A(z)$ 都是 A 的 2 阶或 4 阶子群. 因此可作如下分析:

①如果 $C_A(x)$、$C_A(y)$ 和 $C_A(z)$ 都是 A 的 4 阶子群, 那么当 $C_A(x) = C_A(y) = C_A(z) = \langle a\rangle$ 时, $x^b = x^{-1}$, $y^b = y^{-1}$, $z^b = z^{-1}$, G 的构造为 G_{13}; 当 $C_A(x) = C_A(y) = C_A(z) = \langle a^2, b\rangle$ 时, $x^a = x^{-1}$, $y^a = y^{-1}$, $z^a = z^{-1}$, G 的构造为 G_{14}; 当 $C_A(x)$, $C_A(y)$, $C_A(z)$ 中有一个是 4 阶循环子群而另两个是 4 阶初等交换子群时, 不妨设 $C_A(x) = \langle a\rangle$ 而 $C_A(y) = C_A(z) = \langle a^2, b\rangle$, 于是 $x^b = x^{-1}$, $y^a = y^{-1}$, $z^a = z^{-1}$, G 的构造为 G_{15}; 当 $C_A(x)$, $C_A(y)$, $C_A(z)$ 中有两个是相同的 4 阶循环子群而另一个是 4 阶初等交换子群时, 不妨设 $C_A(x) = C_A(y) = \langle a\rangle$ 而 $C_A(z) = \langle a^2, b\rangle$, 于是 $x^b = x^{-1}$, $y^b = y^{-1}$, $z^a = z^{-1}$, G 的构造为 G_{16}; 当 $C_A(x)$, $C_A(y)$, $C_A(z)$ 中有两个是不相同的 4 阶循环子群而另一

个是 4 阶初等交换子群时, 不妨设 $C_A(x)=\langle a\rangle$, $C_A(y)=\langle ab\rangle$, $C_A(z)=\langle a^2,b\rangle$, 于是 $x^b=x^{-1}$, $y^a=y^b=y^{-1}$, $z^a=z^{-1}$, G 的构造为 G_{17}; 当 $C_A(x)$, $C_A(y)$, $C_A(z)$ 全是 4 阶循环子群但不相等时, 则必有两个是相同的, 不妨设 $C_A(x)=C_A(y)=\langle a\rangle$, $C_A(z)=\langle ab\rangle$, 于是 $x^b=x^{-1}$, $y^b=y^{-1}$, $z^a=z^b=z^{-1}$, G 的构造为 G_{18}.

②如果 $C_A(x)$、$C_A(y)$ 和 $C_A(z)$ 中有一个是 A 的 2 阶子群而另两个是 A 的 4 阶子群, 那么不妨设 $C_A(x)$ 是 A 的 2 阶子群 $\langle b\rangle$, 于是可设 $x^a=x^s$. 而当 $C_A(y)$ 和 $C_A(z)$ 都是 A 的 4 阶初等交换子群 $\langle a^2,b\rangle$ 时, 有 $y^a=y^{-1}$, $z^a=z^{-1}$, G 的构造为 G_{19}; 当 $C_A(y)$ 和 $C_A(z)$ 是 A 的同一个 4 阶循环子群时, 不妨设 $C_A(y)=C_A(z)=\langle a\rangle$, 则 $y^b=y^{-1}$, $z^b=z^{-1}$, G 的构造为 G_{20}; 当 $C_A(y)$ 和 $C_A(z)$ 是 A 的不同的 4 阶循环子群时, 不妨设 $C_A(y)=\langle a\rangle$ 而 $C_A(z)=\langle ab\rangle$, 则 $y^b=y^{-1}$, $z^a=z^b=z^{-1}$, G 的构造为 G_{21}; 当 $C_A(y)$ 和 $C_A(z)$ 中有一个是 A 的 4 阶循环子群而另一个是 A 的 4 阶初等交换子群时, 不妨设 $C_A(y)=\langle a\rangle$ 而 $C_A(z)=\langle a^2,b\rangle$, 于是 $y^b=y^{-1}$, $z^a=z^{-1}$, G 的构造为 G_{22}.

③如果 $C_A(x)$、$C_A(y)$ 和 $C_A(z)$ 中有两个是 A 的 2 阶子群而另一个是 A 的 4 阶子群, 那么不妨设 $C_A(x)$, $C_A(y)$ 是 A 的 2 阶子群, 而 $C_A(z)$ 是 A 的 4 阶子群. 当 $C_A(x)$ 和 $C_A(y)$ 是同一个 2 阶子群时, 不妨设其为 $\langle b\rangle$, 这时可设 $x^a=x^s$, 而 $y^a=y^s$ 或 $y^a=y^{-s}$, 又 $C_A(z)$ 既可为 4 阶循环子群 ($\langle a\rangle$ 或 $\langle ab\rangle$, 不妨取为 $\langle a\rangle$) 也可为 4 阶初等交换子群 $\langle a^2,b\rangle$, 因此得到 G 的 4 个不同构的构造: $G_{23}(i)$, $G_{24}(i)$, $i=1,\ 2$; 当 $C_A(x)$ 和 $C_A(y)$ 不是同一个 2 阶子群时, 不妨设 $C_A(x)=\langle b\rangle$ 而 $C_A(y)=\langle a^2b\rangle$, 又 $C_A(z)$ 取为 4 阶循环子群 $\langle a\rangle$ 时, 可得 G 的 2 个不同构的构造: $G_{25}(i)$, $i=1,\ 2$; 而当 $C_A(z)$ 取为 4 阶初等交换子群 $\langle a^2,b\rangle$ 时, 只能得到 G 的 1 个不同构的构造: G_{26}. 因为, 如果在 G_{26} 中 $y^a=y^{-s}$, 那么用 ab 代替 a 时, 所得的群 G 与 G_{26} 是一样的.

④如果 $C_A(x)$, $C_A(y)$ 和 $C_A(z)$ 全是 A 的 2 阶子群, 那么当它们是同一个 2 阶子群时, 不妨设为 $\langle b\rangle$, 于是 $x^a=x^s$ 或 $x^a=x^{-s}$, $y^a=y^s$ 或 $y^a=y^{-s}$, $z^a=z^s$ 或 $z^a=z^{-s}$, 由此不难看出, x^a, y^a, z^a 至少有两个的指数是相同的. 不妨设 x^a 和 y^a 的指数相同, 且可设 $x^a=x^s$ 和 $y^a=y^s$ (否则可用 a^3 代替 a), 这时有 $z^a=z^s$ 或 $z^a=z^{-s}$, 因此得 G 的 2 个

不同构的构造: $G_{27}(i)$, $i=1$, 2; 当 $C_A(x)$, $C_A(y)$ 和 $C_A(z)$ 不是同一个 2 阶子群时, 显然有两个是相同的, 因此不妨设 $C_A(x)=C_A(y)=\langle b\rangle$ 而 $C_A(z)=\langle a^2b\rangle$, 于是又可设 $x^a=x^s$, 同时 $y^a=y^s$ 或 $y^a=y^{-s}$, 取 $z^a=z^s$ 且 $z^b=z^{-1}$, 我们可得 G 的 2 个不同构的构造: $G_{28}(i)$, $i=1$, 2. 如果在 $G_{28}(i)$ 中取 $z^a=z^{-s}$, 那么用 ab 代替 a 后, 可知所得的群 G 与 $G_{28}(i)$ 是一样的.

综上所述, 当 $p\equiv 1(\mathrm{mod}4)$ 时, G 有 34 个互不同构的类型.

(ii) 当 $p\equiv 3(\mathrm{mod}4)$ 时, $A/C_A(P_3)$ 不可能是 4 阶循环群, 所以当 G 是超可解群时, 重复 (i) 的讨论可知, G 共有 13 个互不同构的类型: G_1, $G_2, G_3, G_5, G_6, G_7, G_8, G_{13}, G_{14}, G_{15}, G_{16}, G_{17}, G_{18}$; 当 G 不是超可解群时, a 作为线性空间 P 的线性变换, 其特征多项式 $f(\lambda)$ 不是 p 元域 $\mathbb{Z}_p$ 上的一次因式之积, 但必是 λ^4-1 的因式. 因此 $f(\lambda)$ 必是一个一次因式与一个二次不可约因式之积, 于是 P 必是 1 个 p 阶 $\langle a\rangle$-不变子群与 1 个 p^2 阶不可分解的 $\langle a\rangle$-不变子群的直积. 不妨设 $\langle x\rangle$ 是 $\langle a\rangle$-不变的, 所以 $x^a=x$ 或 $x^a=x^{-1}$. 而 $\langle y,z\rangle$ 是 $\langle a\rangle$-不可分解的, 所以 $y^a=z$, $z^a=y^{-1}$. 再由定理 3.3.4 知, A 不可能忠实地、不可约地作用在 P 上. 当 A 在 P 上的作用不忠实时, 必有 $C_A(P)=\langle b\rangle$, 故得 G 的两种不同构的构造: G_{29}, G_{30}; 若 A 在 P 上的作用是忠实的, 则 P 必是可约的, 从而必有 $\langle x\rangle$ 是 A-不变的, 且 $\langle y,z\rangle$ 是 A-不可分解的. 再由定理 3.3.4 知, 必有 $C_A(\langle y,z\rangle)=\langle b\rangle$. 另外, 由作用的忠实性可得 $C_A(x)=\langle a\rangle$, 所以 $x^b=x^{-1}$, 故得 G 的第三个非超可解的构造 G_{31}.

综上所述, 当 $p\equiv 3(\mathrm{mod}4)$ 时, G 共有 16 个互不同构的类型. □

引理 3.7.9 设 p 是奇素数 ($p\neq 3$, 7), G 是 $8p^3$ 阶群, σ 为模 p^2 的一个原根, 如果 G 的 Sylow 2-子群 Q 是交换群 A 而 G 的 Sylow p-子群为指数是 p^2 的非交换 p-群 P_4, 那么

(i) 当 $p\equiv 1(\mathrm{mod}4)$ 时, 令 $s\equiv\sigma^{\frac{p(p-1)}{4}}(\mathrm{mod}p^2)$, 则 G 共有下列 4 个互不同构的类型:

$G_1=P_4\times A\cong(\langle x\rangle\rtimes\langle y\rangle)\times\langle a\rangle\times\langle b\rangle$, 其中 $|x|=p^2$, $|y|=p$, $x^y=x^{p+1}$, $|a|=4$, $|b|=2$;

$G_2=((\langle x\rangle\rtimes\langle y\rangle)\rtimes\langle a\rangle)\times\langle b\rangle$, 其中 $|x|=p^2$, $|y|=p$, $x^y=x^{p+1}$, $|a|=4$, $|b|=2$, $x^a=x^{-1}$, $y^a=y$;

$G_3 = (((\langle x\rangle \rtimes \langle y\rangle) \rtimes \langle b\rangle) \times \langle a\rangle$，其中 $|x| = p^2$, $|y| = p$, $x^y = x^{p+1}$, $|a| = 4$, $|b| = 2$, $x^b = x^{-1}$, $y^b = y$;

$G_4 = (((\langle x\rangle \rtimes \langle y\rangle) \rtimes \langle a\rangle) \times \langle b\rangle$，其中 $|x| = p^2$, $|y| = p$, $x^y = x^{p+1}$, $|a| = 4$, $|b| = 2$, $x^a = x^s$, $y^a = y$.

(ii) 当 $p \equiv 3(\mathrm{mod} 4)$ 时, G 共有 3 个互不同构的类型，即 (i) 中的 G_1, G_2, G_3.

证明 显然, $G = P_4 \rtimes A$, 且由引理 3.7.4 的证明过程可见, G 必是超可解群. 再由定理 3.5.12 的证明过程 (i) 之 4) 知, 可假设 $\langle x\rangle$ 与 $\langle y\rangle$ 都是 A-不变的.

(i) 当 $p \equiv 1(\mathrm{mod} 4)$ 时, 若 $C_A(x) = C_A(y) = A$, 则 $G = P_4 \times A$, G 有构造 G_1; 若 $C_A(x) = \langle a^2, b\rangle$，则 $x^a = x^{-1}$. 将 a, b 作用于 $[x, y] = x^p$ 的两边, 易得 $y^a = y^b = y$, 于是 $C_A(y) = A$, G 有构造 G_2；类似地, 若 $C_A(x) = \langle a\rangle$, 则可设 $x^b = x^{-1}$, 也必有 $C_A(y) = A$, 从而 G 有构造 G_3; 若 $C_A(x) = \langle b\rangle$，则可设 $x^a = x^s$, 也必有 $C_A(y) = A$, G 有构造 G_4. 总之, 当 $p \equiv 1(\mathrm{mod} 4)$ 时, G 只有 4 个不同构的类型.

(ii) 当 $p \equiv 3(\mathrm{mod} 4)$ 时, G 不可能有构造 G_4, 所以这时 G 只有 3 个互不同构的类型, 即 G_1, G_2, G_3. □

引理 3.7.10 设 p 是奇素数 ($p \neq 3$, 7), G 是 $8p^3$ 阶群, σ 为模 p 的一个原根, 如果 G 的 Sylow 2-子群 Q 是交换群 A 而 G 的 Sylow p-子群为指数是 p 的非交换 p-群 P_5, 那么

(i) 当 $p \equiv 1(\mathrm{mod} 4)$ 时, 令 $s \equiv \sigma^{\frac{p-1}{4}}(\mathrm{mod} p)$, 则 G 共有下列 13 个互不同构的类型:

$G_1 = P_5 \times A \cong (\langle x, y, z\rangle) \times \langle a\rangle \times \langle b\rangle$，其中 $|x| = |y| = |z| = p$, $[x, y] = z$, $[x, z] = [y, z] = 1$, $|a| = 4$, $|b| = 2$;

$G_2 = (((\langle x, y, z\rangle) \rtimes \langle b\rangle) \times \langle a\rangle$，其中 $|x| = |y| = |z| = p$, $[x, y] = z$, $[x, z] = [y, z] = 1$, $|a| = 4$, $|b| = 2$, $x^b = x^{-1}$, $y^b = y$, $z^b = z^{-1}$;

$G_3 = (((\langle x, y, z\rangle) \rtimes \langle a\rangle) \times \langle b\rangle$，其中 $|x| = |y| = |z| = p$, $[x, y] = z$, $[x, z] = [y, z] = 1$, $|a| = 4$, $|b| = 2$, $x^a = x^{-1}$, $y^a = y$, $z^a = z^{-1}$;

$G_4 = (((\langle x, y, z\rangle) \rtimes \langle a\rangle) \times \langle b\rangle$，其中 $|x| = |y| = |z| = p$, $[x, y] = z$, $[x, z] = [y, z] = 1$, $|a| = 4$, $|b| = 2$, $x^a = x^s$, $y^a = y$, $z^a = z^s$;

$G_5 = (((\langle x, y, z\rangle) \rtimes \langle b\rangle) \times \langle a\rangle$，其中 $|x| = |y| = |z| = p$, $[x, y] = z$,

$[x,z]=[y,z]=1$, $|a|=4$, $|b|=2$, $x^b=x^{-1}$, $y^a=y^{-1}$, $z^a=z$;

$G_6=((\langle x,y,z\rangle)\rtimes\langle a\rangle)\times\langle b\rangle$, 其中 $|x|=|y|=|z|=p$, $[x,y]=z$, $[x,z]=[y,z]=1$, $|a|=4$, $|b|=2$, $x^a=x^{-1}$, $y^a=y^{-1}$, $z^a=z$;

$G_7=(\langle x,y,z\rangle)\rtimes(\langle a\rangle\times\langle b\rangle)$, 其中 $|x|=|y|=|z|=p$, $[x,y]=z$, $[x,z]=[y,z]=1$, $|a|=4$, $|b|=2$, $x^a=x$, $x^b=x^{-1}$, $y^a=y^{-1}$, $y^b=y$, $z^a=z^b=z^{-1}$;

$G_8=(\langle x,y,z\rangle)\rtimes(\langle a\rangle\times\langle b\rangle)$, 其中 $|x|=|y|=|z|=p$, $[x,y]=z$, $[x,z]=[y,z]=1$, $|a|=4$, $|b|=2$, $x^a=x$, $x^b=x^{-1}$, $y^a=y^b=y^{-1}$, $z^a=z^{-1}$, $z^b=z$;

$G_9=(\langle x,y,z\rangle)\rtimes(\langle a\rangle\times\langle b\rangle)$, 其中 $|x|=|y|=|z|=p$, $[x,y]=z$, $[x,z]=[y,z]=1$, $|a|=4$, $|b|=2$, $x^a=x^s$, $x^b=x$, $y^a=y$, $y^b=y^{-1}$, $z^a=z^s$, $z^b=z^{-1}$;

$G_{10}=((\langle x,y,z\rangle)\rtimes\langle a\rangle)\times\langle b\rangle$, 其中 $|x|=|y|=|z|=p$, $[x,y]=z$, $[x,z]=[y,z]=1$, $|a|=4$, $|b|=2$, $x^a=x^s$, $y^a=y^{-1}$, $z^a=z^{-s}$;

$G_{11}(i)=((\langle x,y,z\rangle)\rtimes\langle a\rangle)\times\langle b\rangle$, 其中 $|x|=|y|=|z|=p$, $[x,y]=z$, $[x,z]=[y,z]=1$, $|a|=4$, $|b|=2$, $x^a=x^s$, $y^a=y^{(-1)^is}$, $z^a=z^{(-1)^{i+1}}$, $i=1,\ 2$;

$G_{12}=(\langle x,y,z\rangle)\rtimes(\langle a\rangle\times\langle b\rangle)$, 其中 $|x|=|y|=|z|=p$, $[x,y]=z$, $[x,z]=[y,z]=1$, $|a|=4$, $|b|=2$, $x^a=x^s$, $x^b=x$, $y^a=y^s$, $y^b=y^{-1}$, $z^a=z^b=z^{-1}$.

(ii) 当 $p\equiv 3(\mathrm{mod}4)$ 时, G 共有 8 个互不同构的类型, 其中有 7 个是超可解群, 即 (i) 中的 G_1, G_2, G_3, G_5, G_6, G_7, G_8; 还有 1 个是非超可解群, 即

$G_{13}=((\langle x,y,z\rangle)\rtimes\langle a\rangle)\times\langle b\rangle$, 其中 $|x|=|y|=|z|=p$, $[x,y]=z$, $[x,z]=[y,z]=1$, $|a|=8$, $x^a=y$, $y^a=x^{-1}$, $z^a=z$.

证明 显然, $G=P_5\rtimes A$. 又 P_5 的中心 $Z(P_5)=\langle z\rangle$ 是 p 阶群, 且 $Z(P_5)\ \mathrm{char}\ P_5$, 而 $P_5\lhd G$, 所以 $Z(P_5)\lhd G$, 从而 A 互素地作用在 p^2 阶初等交换 p-群 $P_5/\langle z\rangle$ 上.

(i) 当 $p\equiv 1(\mathrm{mod}4)$ 时, 类似引理 3.7.5 的讨论, 可知 G 总是超可解群. 不妨设 $\langle x\rangle$ 和 $\langle y\rangle$ 都是 A-不变的, 再注意到 x 与 y 在 P_5 中的地位是对等的, 因此

1) 若 $C_A(x)=C_A(y)=A$, 则 $G=P_5\times A$, G 有构造 G_1.

2) 若 $C_A(x)$ 和 $C_A(y)$ 中只有一个为 A, 则不妨设 $C_A(y)=A$. 当 $A/C_A(x)$ 是 2 阶循环群时, 如果 $C_A(x)$ 是 4 阶循环群, 那么可设其为 $\langle a\rangle$, 于是 $x^b=x^{-1}$, 得 G 的构造为 G_2; 如果 $C_A(x)$ 是 4 阶初等交换群 $\langle a^2,b\rangle$, 那么 $x^a=x^{-1}$, 得 G 的构造为 G_3. 当 $A/C_A(x)$ 是 4 阶循环群时, 可设 $C_A(x)=\langle b\rangle$, $x^a=x^s$, 得 G 的构造为 G_4.

3) 若 $C_A(x)$ 和 $C_A(y)$ 都不为 A, 则

①如果 $C_A(x)$ 和 $C_A(y)$ 都是 A 的 4 阶子群, 那么当 $C_A(x)=C_A(y)=\langle a\rangle$ 时, $x^b=x^{-1}$, $y^b=y^{-1}$, $z^b=z$, G 的构造为 G_5; 当 $C_A(x)=C_A(y)=\langle a^2,b\rangle$ 时, $x^a=x^{-1}$, $y^a=y^{-1}$, $z^a=z$, G 的构造为 G_6; 当 $C_A(x)$、$C_A(y)$ 中有一个是 4 阶循环子群而另一个是 4 阶初等交换子群时, 不妨设 $C_A(x)=\langle a\rangle$ 而 $C_A(y)=\langle a^2,b\rangle$, 于是 $x^b=x^{-1}$, $y^a=y^{-1}$, $z^a=z^b=z^{-1}$, G 的构造为 G_7; 当 $C_A(x)$ 和 $C_A(y)$ 是两个不相同的 4 阶循环子群时, 不妨设 $C_A(x)=\langle a\rangle$、$C_A(y)=\langle ab\rangle$, 于是 $x^b=x^{-1}$, $y^a=y^b=y^{-1}$, $z^a=z^{-1}$, $z^b=z$, G 的构造为 G_8.

②如果 $C_A(x)$ 和 $C_A(y)$ 中有一个是 A 的 2 阶子群而另一个是 A 的 4 阶子群, 那么不妨设 $C_A(x)$ 是 A 的 2 阶子群, 而 $C_A(y)$ 是 A 的 4 阶子群. 当 $C_A(x)=\langle b\rangle$ 而 $C_A(y)=\langle a\rangle$ 时, G 的构造为 G_9; 当 $C_A(x)=\langle b\rangle$ 而 $C_A(y)=\langle a^2,b\rangle$ 时, G 的构造为 G_{10}.

③如果 $C_A(x)$ 和 $C_A(y)$ 都是 A 的 2 阶子群, 那么当它们是同一个 2 阶子群时, 不妨设为 $\langle b\rangle$, 于是可假定 $x^a=x^s$ (否则可用 a^3 代替 a), 而 $y^a=y^s$ 或 $y^a=y^{-s}$, 因此得 G 的 2 个不同构的构造: $G_{11}(i)$, $i=1,\ 2$; 当 $C_A(x)$ 和 $C_A(y)$ 不是同一个 2 阶子群时, 不妨设 $C_A(x)=\langle b\rangle$ 而 $C_A(y)=\langle a^2b\rangle$, 于是又可设 $x^a=x^s$, 同时 $y^a=y^s$ 且 $y^b=y^{-1}$, 我们可得 G 的构造: G_{12}. 如果在 G_{12} 中取 $y^a=y^{-s}$, 那么用 ab 代替 a 后, 可知所得的群 G 与 G_{12} 是一样的.

综上所述, 当 $p\equiv 1(\mathrm{mod}4)$ 时, G 有 13 个互不同构的类型.

(ii) 当 $p\equiv 3(\mathrm{mod}4)$ 时, $A/C_A(P_5)$ 不可能是 4 阶循环群, 所以当 G 是超可解群时, 重复 (i) 的讨论可知, G 共有 7 个互不同构的类型: G_1, G_2, G_3, G_5, G_6, G_7, G_8; 当 G 不是超可解群时, $P_5/\langle z\rangle$ 必是 A-不可分解的. 由定理 3.3.4 知, $A/C_A(P)$ 必是 4 阶循环群, 于是

可设 $C_A(P)=\langle b\rangle$. 而 a 作为线性空间 $P_5/\langle z\rangle$ 的线性变换, 其特征多项式 $f(\lambda)$ 必是 p 元域 $\mathbb{Z}_p$ 上的二次不可约多项式 λ^2+1, 所以可设 $x^a=y$, $y^a=x^{-1}$, 故得 G 的唯一非超可解的构造 G_{13}.

综上所述, 当 $p\equiv 3(\mathrm{mod}4)$ 时, G 共有 8 个互不同构的类型. □

引理 3.7.11 设 p 是奇素数 ($p\neq 3,\ 7$), G 是 $8p^3$ 阶群, 如果 G 的 Sylow 2-子群 Q 是初等交换群 E_8 而 G 的 Sylow p-子群是循环群 P_1, 那么 G 共有 2 个互不同构的类型:

$G_1=\langle x\rangle\times\langle a\rangle\times\langle b\rangle\times\langle c\rangle$, 其中 $|x|=p^3$, $|a|=|b|=|c|=2$;

$G_2=(\langle x\rangle\rtimes\langle a\rangle)\times\langle b\rangle\times\langle c\rangle$, 其中 $|x|=p^3$, $|a|=|b|=|c|=2$, $x^a=x^{-1}$.

证明 显然, $P_1\lhd G$. 如果 $E_8\lhd G$, 那么 $G=P_1\times E_8$, 于是 G 有构造 G_1. 如果 E_8 不是 G 的正规子群, 那么 E_8 作用在 P_1 上必诱导 P_1 的一个 2 阶自同构, 从而 $C_{E_8}(x)$ 是 4 阶群. 不妨设 $C_{E_8}(x)=\langle b\rangle\times\langle c\rangle$, 于是应有 $x^a=x^{-1}$, 因此 G 的构造为 G_2. □

引理 3.7.12 设 p 是奇素数 ($p\neq 3,\ 7$), G 是 $8p^3$ 阶群, 如果 G 的 Sylow 2-子群 Q 是初等交换群 E_8 而 G 的 Sylow p-子群是交换群 P_2, 那么 G 共有 5 个互不同构的类型:

$G_1=\langle x\rangle\times\langle y\rangle\times\langle a\rangle\times\langle b\rangle\times\langle c\rangle$, 其中 $|x|=p^2$, $|y|=p$, $|a|=|b|=|c|=2$;

$G_2=(\langle x\rangle\rtimes\langle a\rangle)\times\langle y\rangle\times\langle b\rangle\times\langle c\rangle$, 其中 $|x|=p^2$, $|y|=p$, $|a|=|b|=|c|=2$, $x^a=x^{-1}$;

$G_3=(\langle y\rangle\rtimes\langle a\rangle)\times\langle x\rangle\times\langle b\rangle\times\langle c\rangle$, 其中 $|x|=p^2$, $|y|=p$, $|a|=|b|=|c|=2$, $y^a=y^{-1}$;

$G_4=((\langle x\rangle\times\langle y\rangle)\rtimes\langle a\rangle)\times\langle b\rangle\times\langle c\rangle$, 其中 $|x|=p^2$, $|y|=p$, $|a|=|b|=|c|=2$, $x^a=x^{-1}$, $y^a=y^{-1}$;

$G_5=(\langle x\rangle\rtimes\langle a\rangle)\times(\langle y\rangle\rtimes\langle b\rangle)\times\langle c\rangle$, 其中 $|x|=p^2$, $|y|=p$, $|a|=|b|=|c|=2$, $x^a=x^{-1}$, $y^b=y^{-1}$.

证明 显然, $P_2\lhd G$. 如果 $E_8\lhd G$, 那么 $G=P_2\times E_8$, 于是 G 有构造 G_1. 如果 E_8 不是 G 的正规子群, 那么类似于引理 3.7.2, 不难证明 G 是超可解群, 且可设 $\langle x\rangle$ 和 $\langle y\rangle$ 都是 E_8-不变的.

当 $C_{E_8}(x)$ 是 4 阶群而 $C_{E_8}(y)=E_8$ 时, 不妨设 $C_{E_8}(x)=\langle b\rangle\times$

$\langle c\rangle$, 于是应有 $x^a=x^{-1}$, 因此 G 的构造为 G_2; 当 $C_{E_8}(x)=E_8$ 而 $C_{E_8}(y)$ 是 4 阶群时, 不妨设 $C_{E_8}(y)=\langle b\rangle\times\langle c\rangle$, 于是应有 $y^a=y^{-1}$, 因此 G 的构造为 G_3; 当 $C_{E_8}(x)$ 和 $C_{E_8}(y)$ 是相同的 4 阶群时, 不妨设 $C_{E_8}(x)=C_{E_8}(y)=\langle b\rangle\times\langle c\rangle$, 于是应有 $x^a=x^{-1}$, $y^a=y^{-1}$, 因此 G 的构造为 G_4; 当 $C_{E_8}(x)$ 和 $C_{E_8}(y)$ 是不相同的 4 阶群时, 不妨设 $C_{E_8}(x)=\langle b\rangle\times\langle c\rangle$ 而 $C_{E_8}(y)=\langle a\rangle\times\langle c\rangle$, 于是有 $x^a=x^{-1}$, $y^b=y^{-1}$, 因此 G 的构造为 G_5. □

引理 3.7.13 设 p 是奇素数 ($p\neq 3,\ 7$), G 是 $8p^3$ 阶群, 如果 G 的 Sylow 2-子群 Q 是初等交换群 E_8 而 G 的 Sylow p-子群是初等交换群 P_3, 那么 G 共有 8 个互不同构的类型:

$G_1=\langle x\rangle\times\langle y\rangle\times\langle z\rangle\times\langle a\rangle\times\langle b\rangle\times\langle c\rangle$, 其中 $|x|=|y|=|z|=p$, $|a|=|b|=|c|=2$;

$G_2=(\langle x\rangle\rtimes\langle a\rangle)\times\langle y\rangle\times\langle z\rangle\times\langle b\rangle\times\langle c\rangle$, 其中 $|x|=|y|=|z|=p$, $|a|=|b|=|c|=2$, $x^a=x^{-1}$;

$G_3=((\langle x\rangle\times\langle y\rangle)\rtimes\langle a\rangle)\times\langle z\rangle\times\langle b\rangle\times\langle c\rangle$, 其中 $|x|=|y|=|z|=p$, $|a|=|b|=|c|=2$, $x^a=x^{-1}$, $y^a=y^{-1}$;

$G_4=(\langle x\rangle\rtimes\langle a\rangle)\times(\langle y\rangle\rtimes\langle b\rangle)\times\langle z\rangle\times\langle c\rangle$, 其中 $|x|=|y|=|z|=p$, $|a|=|b|=|c|=2$, $x^a=x^{-1}$, $y^b=y^{-1}$;

$G_5=((\langle x\rangle\times\langle y\rangle\times\langle z\rangle)\rtimes\langle a\rangle)\times\langle b\rangle\times\langle c\rangle$, 其中 $|x|=|y|=|z|=p$, $|a|=|b|=|c|=2$, $x^a=x^{-1}$, $y^a=y^{-1}$, $z^a=z^{-1}$;

$G_6=((\langle x\rangle\times\langle y\rangle)\rtimes\langle a\rangle)\times(\langle z\rangle\rtimes\langle b\rangle)\times\langle c\rangle$, 其中 $|x|=|y|=|z|=p$, $|a|=|b|=|c|=2$, $x^a=x^{-1}$, $y^a=y^{-1}$, $z^b=z^{-1}$;

$G_7=\langle x,a\rangle\times\langle y,b\rangle\times\langle z,c\rangle$, 其中 $|x|=|y|=|z|=p$, $|a|=|b|=|c|=2$, $x^a=x^{-1}$, $y^b=y^{-1}$, $z^c=z^{-1}$;

$G_8=((\langle x\rangle\times\langle y\rangle\times\langle z\rangle)\rtimes(\langle a\rangle\times\langle b\rangle))\times\langle c\rangle$, 其中 $|x|=|y|=|z|=p$, $|a|=|b|=|c|=2$, $x^a=x^{-1}$, $x^b=x$, $y^a=y$, $y^b=y^{-1}$, $z^a=z^b=z^{-1}$.

证明 显然, $P_3\lhd G$. 如果 $E_8\lhd G$, 那么 $G=P_3\times E_8$, 于是 G 有构造 G_1. 如果 E_8 不是 G 的正规子群, 那么由定理 3.3.4 和引理 3.5.6, 不难证明 G 是超可解群, 且可设 $\langle x\rangle$, $\langle y\rangle$ 和 $\langle z\rangle$ 都是 E_8-不变的. 又由定理 2.6.8 得, $P_3=C_{P_3}(E_8)\times[P_3,E_8]$.

1) 当 $[P_3,E_8]$ 是 p 阶群时, 不妨设 $[P_3,E_8]=\langle x\rangle$, 则 $C_{E_8}(x)$ 是 4 阶

群. 不妨设 $C_{E_8}(x) = \langle b\rangle \times \langle c\rangle$, 于是应有 $x^a = x^{-1}$, 因此 G 的构造为 G_2.

2) 当 $[P_3, E_8]$ 是 p^2 阶群时, 不妨设 $[P_3, E_8] = \langle x, y\rangle$, 则 $C_{E_8}(x)$ 和 $C_{E_8}(y)$ 都是 4 阶群. 若 $C_{E_8}(x)$ 和 $C_{E_8}(y)$ 是相同的, 不妨设其为 $\langle b\rangle \times \langle c\rangle$, 于是应有 $x^a = x^{-1}$, $y^a = y^{-1}$, 因此 G 的构造为 G_3; 若 $C_{E_8}(x)$ 和 $C_{E_8}(y)$ 是不相同的, 不妨设 $C_{E_8}(x) = \langle b\rangle \times \langle c\rangle$ 而 $C_{E_8}(y) = \langle a\rangle \times \langle c\rangle$, 于是应有 $x^a = x^{-1}$, $y^b = y^{-1}$, 因此 G 的构造为 G_4.

3) 当 $[P_3, E_8]$ 是 p^3 阶群时, 则 $C_{E_8}(x), C_{E_8}(y)$ 和 $C_{E_8}(z)$ 都是 4 阶群. 若 $C_{E_8}(x), C_{E_8}(y)$ 和 $C_{E_8}(z)$ 是同一个 4 阶群, 则不妨设其为 $\langle b\rangle \times \langle c\rangle$, 于是应有 $x^a = x^{-1}$, $y^a = y^{-1}$, $z^a = z^{-1}$, 因此 G 的构造为 G_5; 若 $C_{E_8}(x), C_{E_8}(y)$ 和 $C_{E_8}(z)$ 中恰有两个相同, 则不妨设 $C_{E_8}(x) = C_{E_8}(y) = \langle b\rangle \times \langle c\rangle$ 而 $C_{E_8}(z) = \langle a\rangle \times \langle c\rangle$, 于是应有 $x^a = x^{-1}$, $y^a = y^{-1}$, $z^b = z^{-1}$, 因此 G 的构造为 G_6; 若 $C_{E_8}(x)$、$C_{E_8}(y)$ 和 $C_{E_8}(z)$ 是彼此不同的三个 4 阶群, 则当 $C_{E_8}(x) \cap C_{E_8}(y) \cap C_{E_8}(z) = 1$ 时, 不妨设 $C_{E_8}(x) = \langle b\rangle \times \langle c\rangle$, $C_{E_8}(y) = \langle a\rangle \times \langle c\rangle$ 而 $C_{E_8}(z) = \langle a\rangle \times \langle b\rangle$, 于是应有 $x^a = x^{-1}$, $y^b = y^{-1}$, $z^c = z^{-1}$, 因此 G 的构造为 G_7; 当 $C_{E_8}(x) \cap C_{E_8}(y) \cap C_{E_8}(z) \neq 1$ 时, 不妨设 $C_{E_8}(x) = \langle b, c\rangle$、$C_{E_8}(y) = \langle a, c\rangle$ 而 $C_{E_8}(z) = \langle ab, c\rangle$, 于是应有 $x^a = x^{-1}$, $y^b = y^{-1}$, $z^a = z^b = z^{-1}$, 因此 G 的构造为 G_8. □

引理 3.7.14 设 p 是奇素数 ($p \neq 3, 7$), G 是 $8p^3$ 阶群, 如果 G 的 Sylow 2-子群 Q 是初等交换群 E_8 而 G 的 Sylow p-子群是指数为 p^2 的非交换群 P_4, 那么 G 共有 2 个互不同构的类型:

$G_1 = (\langle x\rangle \rtimes \langle y\rangle) \times \langle a\rangle \times \langle b\rangle \times \langle c\rangle$, 其中 $|x| = p^2, |y| = p, |a| = |b| = |c| = 2, x^y = x^{p+1}$;

$G_2 = (\langle x\rangle \rtimes (\langle y\rangle \times \langle a\rangle)) \times \langle b\rangle \times \langle c\rangle$, 其中 $|x| = p^2$, $|y| = p$, $|a| = |b| = |c| = 2$, $x^y = x^{p+1}$, $x^a = x^{-1}$.

证明 显然, $P_4 \lhd G$. 如果 $E_8 \lhd G$, 那么 $G = P_4 \times E_8$, 于是 G 有构造 G_1. 如果 E_8 不是 G 的正规子群, 那么类似于引理 3.7.4, 不难证明 G 是超可解群, 且可设 $\langle x\rangle$ 和 $\langle y\rangle$ 都是 E_8-不变的. 又 $C_{E_8}(x)$ 是 4 阶群时, 不妨设 $C_{E_8}(x) = \langle b\rangle \times \langle c\rangle$, 于是应有 $x^a = x^{-1}$. 再将 a 作用在 $[x, y] = x^p$ 的两边, 易得 $y^a = y$, 即 $a \in C_{E_8}(y)$. 同理, $b, c \in C_{E_8}(y)$, 于是 $C_{E_8}(y) = E_8$. 因此 G 有构造 G_2. □

引理 3.7.15　设 p 是奇素数 ($p \neq 3,\ 7$), G 是 $8p^3$ 阶群, 如果 G 的 Sylow 2-子群 Q 是初等交换群 E_8 而 G 的 Sylow p-子群是指数为 p 的非交换群 P_5, 那么 G 共有 4 个互不同构的类型:

$G_1 = (\langle x, y, z\rangle) \times \langle a\rangle \times \langle b\rangle \times \langle c\rangle$, 其中 $|x| = |y| = |z| = p$, $[x, y] = z$, $[x, z] = [y, z] = 1$, $|a| = |b| = |c| = 2$;

$G_2 = ((\langle x, y, z\rangle) \rtimes \langle a\rangle) \times \langle b\rangle \times \langle c\rangle$, 其中 $|x| = |y| = |z| = p$, $[x, y] = z$, $[x, z] = [y, z] = 1$, $|a| = |b| = |c| = 2$, $x^a = x^{-1}$, $y^a = y$, $z^a = z^{-1}$;

$G_3 = ((\langle x, y, z\rangle) \rtimes \langle a\rangle) \times \langle b\rangle \times \langle c\rangle$, 其中 $|x| = |y| = |z| = p$, $[x, y] = z$, $[x, z] = [y, z] = 1$, $|a| = |b| = |c| = 2$, $x^a = x^{-1}$, $y^a = y^{-1}$, $z^a = z$;

$G_4 = ((\langle x, y, z\rangle) \rtimes (\langle a\rangle \times \langle b\rangle)) \times \langle c\rangle$, 其中 $|x| = |y| = |z| = p$, $[x, y] = z$, $[x, z] = [y, z] = 1$, $|a| = |b| = |c| = 2$, $x^a = x^{-1}$, $x^b = x$, $y^a = y$, $y^b = y^{-1}$, $z^a = z^b = z^{-1}$.

证明　显然, $P_5 \lhd G$. 如果 $E_8 \lhd G$, 那么 $G = P_5 \times E_8$, 于是 G 有构造 G_1. 如果 E_8 不是 G 的正规子群, 那么由于 $\langle z\rangle$ 是 P_5 的中心, 所以 $P_5/\langle z\rangle$ 是 E_8-不变的. 由定理 3.3.4, 若 E_8 不可约地作用在 $P_5/\langle z\rangle$ 上, 则 $E_8/C_{E_8}(P_5)$ 只能是 2 阶循环群. 但 $P_5/\langle z\rangle$ 的 2 阶线性变换 (即自同构) 必可对角化, 因而 G 必是超可解群. 于是, 不妨设 $\langle x\rangle$ 和 $\langle y\rangle$ 都是 E_8-不变的, 从而 $C_{E_8}(x)$ 和 $C_{E_8}(y)$ 或为 E_8 或为 E_8 的 4 阶子群.

1) 当 $C_{E_8}(x)$ 和 $C_{E_8}(y)$ 中恰有一个为 E_8 时, 不妨设 $C_{E_8}(y) = E_8$ 而 $C_{E_8}(x) = \langle b, c\rangle$. 于是, $x^a = x^{-1}$, $z^a = z^{-1}$, G 有构造 G_2.

2) 当 $C_{E_8}(x)$ 和 $C_{E_8}(y)$ 是 E_8 的同一个 4 阶子群时, 不妨设其为 $\langle b, c\rangle$. 于是, $x^a = x^{-1}$, $y^a = y^{-1}$, $z^a = z$, G 有构造 G_3.

3) 当 $C_{E_8}(x)$ 和 $C_{E_8}(y)$ 是 E_8 的两个不同的 4 阶子群时, 不妨设 $C_{E_8}(x) = \langle b, c\rangle$ 而 $C_{E_8}(y) = \langle a, c\rangle$. 于是, $x^a = x^{-1}$, $y^b = y^{-1}$, $z^a = z^b = z^{-1}$, G 有构造 G_4. □

引理 3.7.16　设 p 是奇素数 ($p \neq 3,\ 7$), G 是 $8p^3$ 阶群, 如果 G 的 Sylow 2-子群 Q 是二面体群 D_8 而 G 的 Sylow p-子群是循环群 P_1, 那么 G 共有 3 个互不同构的类型:

$G_1 = \langle x\rangle \times (\langle a\rangle \rtimes \langle b\rangle)$, 其中 $|x| = p^3$, $|a| = 4$, $|b| = 2$, $a^b = a^{-1}$;

$G_2 = (\langle x\rangle \times \langle a\rangle) \rtimes \langle b\rangle$, 其中 $|x| = p^3$, $|a| = 4$, $|b| = 2$, $a^b = a^{-1}$, $x^b = x^{-1}$;

$G_3 = \langle x\rangle \rtimes (\langle a\rangle \rtimes \langle b\rangle)$, 其中 $|x| = p^3$, $|a| = 4$, $|b| = 2$, $a^b = a^{-1}$, $x^a = x^{-1}$, $x^b = x$.

证明 显然, $P_1 \lhd G$. 如果 $D_8 \lhd G$, 那么 $G = P_1 \times D_8$, 于是 G 有构造 G_1. 如果 D_8 不是 G 的正规子群, 那么 $D_8/C_{D_8}(x)$ 必是 2 阶群, 从而 $C_{D_8}(x)$ 是 4 阶群. 当 $C_{D_8}(x)$ 是 4 阶循环群时, 必有 $C_{E_8}(x) = \langle a\rangle$, 于是应有 $x^b = x^{-1}$, 因此 G 有构造 G_2; 当 $C_{D_8}(x)$ 是 4 阶初等交换群时, 不妨设 $C_{E_8}(x) = \langle a^2, b\rangle$, 于是应有 $x^a = x^{-1}$, 因此 G 有构造 G_3. 如果 $C_{D_8}(x)$ 是 4 阶初等交换群 $\langle a^2, ab\rangle$, 那么有 $x^a = x^{-1}$ 及 $x^b = x^{-1}$, 当用 ab 代替 b 时, 不难看出这样得到的群 G 与 G_3 同构. □

引理 3.7.17 设 p 是奇素数 ($p \neq 3, 7$), G 是 $8p^3$ 阶群, 如果 G 的 Sylow 2-子群 Q 是二面体群 D_8 而 G 的 Sylow p-子群是交换群 P_2, 那么 G 共有 10 个互不同构的类型:

$G_1 = \langle x\rangle \times \langle y\rangle \times (\langle a\rangle \rtimes \langle b\rangle)$, 其中 $|x| = p^2$, $|y| = p$, $|a| = 4$, $|b| = 2$, $a^b = a^{-1}$;

$G_2 = \langle x\rangle \times ((\langle y\rangle \times \langle a\rangle) \rtimes \langle b\rangle)$, 其中 $|x| = p^2$, $|y| = p$, $|a| = 4$, $|b| = 2$, $a^b = a^{-1}$, $y^b = y^{-1}$;

$G_3 = \langle x\rangle \times ((\langle y\rangle \rtimes (\langle a\rangle \rtimes \langle b\rangle)$, 其中 $|x| = p^2$, $|y| = p$, $|a| = 4$, $|b| = 2$, $a^b = a^{-1}$, $y^a = y^{-1}$, $y^b = y$;

$G_4 = \langle y\rangle \times ((\langle x\rangle \times \langle a\rangle) \rtimes \langle b\rangle)$, 其中 $|x| = p^2$, $|y| = p$, $|a| = 4$, $|b| = 2$, $a^b = a^{-1}$, $x^b = x^{-1}$;

$G_5 = \langle y\rangle \times ((\langle x\rangle \rtimes (\langle a\rangle \rtimes \langle b\rangle)$, 其中 $|x| = p^2$, $|y| = p$, $|a| = 4$, $|b| = 2$, $a^b = a^{-1}$, $x^a = y^{-1}$, $x^b = x$;

$G_6 = (\langle x\rangle \times \langle y\rangle) \rtimes (\langle a\rangle \rtimes \langle b\rangle)$, 其中 $|x| = p^2$, $|y| = p$, $|a| = 4$, $|b| = 2$, $a^b = a^{-1}$, $x^a = x$, $x^b = x^{-1}$, $y^a = y^{-1}$, $y^b = y$;

$G_7 = (\langle x\rangle \times \langle y\rangle) \rtimes (\langle a\rangle \rtimes \langle b\rangle)$, 其中 $|x| = p^2$, $|y| = p$, $|a| = 4$, $|b| = 2$, $a^b = a^{-1}$, $x^a = x^{-1}$, $x^b = x$, $y^a = y$, $y^b = y^{-1}$;

$G_8 = (\langle x\rangle \times \langle y\rangle) \rtimes (\langle a\rangle \rtimes \langle b\rangle)$, 其中 $|x| = p^2$, $|y| = p$, $|a| = 4$, $|b| = 2$, $a^b = a^{-1}$, $x^a = x^{-1}$, $x^b = x$, $y^a = y^b = y^{-1}$;

$G_9 = (\langle x\rangle \times \langle y\rangle) \rtimes (\langle a\rangle \rtimes \langle b\rangle)$, 其中 $|x| = p^2$, $|y| = p$, $|a| = 4$, $|b| = 2$,

$a^b = a^{-1}$, $x^a = x^{-1}$, $x^b = x$, $y^a = y^{-1}$, $y^b = y$;

$G_{10} = (\langle x\rangle \times \langle y\rangle \times \langle a\rangle) \rtimes \langle b\rangle$，其中 $|x| = p^2$, $|y| = p$, $|a| = 4$, $|b| = 2$, $a^b = a^{-1}$, $x^b = x^{-1}$, $y^b = y^{-1}$.

证明 显然, $P_2 \lhd G$. 如果 $D_8 \lhd G$, 那么 $G = P_2 \times D_8$, 于是 G 有构造 G_1. 如果 D_8 不是 G 的正规子群, 那么类似于引理 3.7.2, 可以证明 G 是超可解的, 因此可假定 $\langle x\rangle$ 和 $\langle y\rangle$ 都是 D_8-不变的. 又 D_8 的循环商群只能是单位群或 2 阶循环群, 从而 $C_{D_8}(x)$ 和 $C_{D_8}(y)$ 只能是 D_8 的 4 阶子群或 D_8 本身.

1) 当 $C_{D_8}(x) = D_8$ 而 $C_{D_8}(y)$ 是 D_8 的 4 阶循环子群 $\langle a\rangle$ 时, 应有 $y^b = y^{-1}$, 因此 G 有构造 G_2;

2) 当 $C_{D_8}(x) = D_8$ 而 $C_{D_8}(y)$ 是 D_8 的 4 阶初等交换子群 $\langle a^2, b\rangle$ 时，应有 $y^a = y^{-1}$, 因此 G 有构造 G_3;

3) 当 $C_{D_8}(x)$ 是 D_8 的 4 阶循环子群 $\langle a\rangle$ 而 $C_{D_8}(y) = D_8$ 时, 应有 $x^b = x^{-1}$, 因此 G 有构造 G_4;

4) 当 $C_{D_8}(x)$ 是 D_8 的 4 阶初等交换子群 $\langle a^2, b\rangle$ 而 $C_{D_8}(y) = D_8$ 时，应有 $x^a = x^{-1}$, 因此 G 有构造 G_5;

5) 当 $C_{D_8}(x)$ 是 D_8 的 4 阶循环子群 $\langle a\rangle$ 而 $C_{D_8}(y)$ 是 D_8 的 4 阶初等交换子群 $\langle a^2, b\rangle$ 时, 应有 $x^b = x^{-1}$, $y^a = y^{-1}$, 因此 G 有构造 G_6;

6) 当 $C_{D_8}(x)$ 是 D_8 的 4 阶初等交换子群 $\langle a^2, b\rangle$ 而 $C_{D_8}(y)$ 是 D_8 的 4 阶循环子群 $\langle a\rangle$ 时，应有 $x^a = x^{-1}$, $y^b = y^{-1}$, 因此 G 有构造 G_7;

7) 当 $C_{D_8}(x)$ 和 $C_{D_8}(y)$ 都是 D_8 的 4 阶初等交换子群但不相等时, 不妨设 $C_{D_8}(x) = \langle a^2, b\rangle$ 而 $C_{D_8}(y) = \langle a^2, ab\rangle$, 应有 $x^a = x^{-1}$, $y^a = y^b = y^{-1}$, 因此 G 有构造 G_8;

8) 当 $C_{D_8}(x)$ 和 $C_{D_8}(y)$ 都是 D_8 的 4 阶初等交换子群且相等时, 不妨设 $C_{D_8}(x) = C_{D_8}(y) = \langle a^2, b\rangle$，应有 $x^a = x^{-1}$, $y^a = y^{-1}$, 因此 G 有构造 G_9;

9) 当 $C_{D_8}(x)$ 和 $C_{D_8}(y)$ 都是 D_8 的 4 阶循环子群 $\langle a\rangle$ 时, 应有 $x^b = x^{-1}$, $y^b = y^{-1}$，因此 G 有构造 G_{10}.

由于 x 和 y 在 P_2 中的地位不是对称的, 因此上面得到的 G 的 10 个构造是互不同构的. □

引理 3.7.18 设 p 是奇素数（$p \neq 3$, 7）, G 是 $8p^3$ 阶群，如果

G 的 Sylow 2-子群 Q 是二面体群 D_8 而 G 的 Sylow p-子群是初等交换群 P_3, 那么 G 共有 16 个互不同构的类型:

$G_1 = \langle x\rangle \times \langle y\rangle \times \langle z\rangle \times (\langle a\rangle \rtimes \langle b\rangle)$, 其中 $|x| = |y| = |z| = p$, $|a| = 4$, $|b| = 2$, $a^b = a^{-1}$;

$G_2 = (\langle x\rangle \rtimes (\langle a\rangle \rtimes \langle b\rangle)) \times \langle y\rangle \times \langle z\rangle$, 其中 $|x| = |y| = |z| = p$, $|a| = 4$, $|b| = 2$, $a^b = a^{-1}$, $x^a = x^{-1}$, $x^b = x$;

$G_3 = ((\langle x\rangle \times \langle a\rangle) \rtimes \langle b\rangle) \times \langle y\rangle \times \langle z\rangle$, 其中 $|x| = |y| = |z| = p$, $|a| = 4$, $|b| = 2$, $a^b = a^{-1}$, $x^b = x^{-1}$;

$G_4 = ((\langle x\rangle \times \langle y\rangle) \rtimes (\langle a\rangle \rtimes \langle b\rangle)) \times \langle z\rangle$, 其中 $|x| = |y| = |z| = p$, $|a| = 4$, $|b| = 2$, $a^b = a^{-1}$, $x^a = x^{-1}$, $x^b = x$, $y^a = y^{-1}$, $y^b = y$;

$G_5 = ((\langle x\rangle \times \langle y\rangle \times \langle a\rangle) \rtimes \langle b\rangle) \times \langle z\rangle$, 其中 $|x| = |y| = |z| = p$, $|a| = 4$, $|b| = 2$, $a^b = a^{-1}$, $x^b = x^{-1}$, $y^b = y^{-1}$;

$G_6 = ((\langle x\rangle \times \langle y\rangle) \rtimes (\langle a\rangle \rtimes \langle b\rangle)) \times \langle z\rangle$, 其中 $|x| = |y| = |z| = p$, $|a| = 4$, $|b| = 2$, $a^b = a^{-1}$, $x^a = x$, $x^b = x^{-1}$, $y^a = y^{-1}$, $y^b = y$;

$G_7 = ((\langle x\rangle \times \langle y\rangle) \rtimes (\langle a\rangle \rtimes \langle b\rangle)) \times \langle z\rangle$, 其中 $|x| = |y| = |z| = p$, $|a| = 4$, $|b| = 2$, $a^b = a^{-1}$, $x^a = x^{-1}$, $x^b = x$, $y^a = y^b = y^{-1}$;

$G_8 = ((\langle x\rangle \times \langle y\rangle) \rtimes (\langle a\rangle \rtimes \langle b\rangle)) \times \langle z\rangle$, 其中 $|x| = |y| = |z| = p$, $|a| = 4$, $|b| = 2$, $a^b = a^{-1}$, $x^a = y$, $x^b = x$, $y^a = x^{-1}$, $y^b = y^{-1}$;

$G_9 = (\langle x\rangle \times \langle y\rangle \times \langle z\rangle) \rtimes (\langle a\rangle \rtimes \langle b\rangle)$, 其中 $|x| = |y| = |z| = p$, $|a| = 4$, $|b| = 2$, $a^b = a^{-1}$, $x^a = x^{-1}$, $x^b = x$, $y^a = y^{-1}$, $y^b = y$, $z^a = z^{-1}$, $z^b = z$;

$G_{10} = (\langle x\rangle \times \langle y\rangle \times \langle z\rangle \times \langle a\rangle) \rtimes \langle b\rangle$, 其中 $|x| = |y| = |z| = p$, $|a| = 4$, $|b| = 2$, $a^b = a^{-1}$, $x^b = x^{-1}$, $y^b = y^{-1}$, $z^b = z^{-1}$;

$G_{11} = (\langle x\rangle \times \langle y\rangle \times \langle z\rangle) \rtimes (\langle a\rangle \rtimes \langle b\rangle)$, 其中 $|x| = |y| = |z| = p$, $|a| = 4$, $|b| = 2$, $a^b = a^{-1}$, $x^a = x^{-1}$, $x^b = x$, $y^a = y^{-1}$, $y^b = y$, $z^a = z$, $z^b = z^{-1}$;

$G_{12} = (\langle x\rangle \times \langle y\rangle \times \langle z\rangle) \rtimes (\langle a\rangle \rtimes \langle b\rangle)$, 其中 $|x| = |y| = |z| = p$, $|a| = 4$, $|b| = 2$, $a^b = a^{-1}$, $x^a = x^{-1}$, $x^b = x$, $y^a = y$, $y^b = y^{-1}$, $z^a = z$, $z^b = z^{-1}$;

$G_{13} = (\langle x\rangle \times \langle y\rangle \times \langle z\rangle) \rtimes (\langle a\rangle \rtimes \langle b\rangle)$, 其中 $|x| = |y| = |z| = p$, $|a| = 4$, $|b| = 2$, $a^b = a^{-1}$, $x^b = x^{-1}$, $x^a = x$, $y^a = y^{-1}$, $y^b = y$,

$z^a = z^b = z^{-1}$;

$G_{14} = (\langle x\rangle \times \langle y\rangle \times \langle z\rangle) \rtimes (\langle a\rangle \rtimes \langle b\rangle)$, 其中 $|x| = |y| = |z| = p$, $|a| = 4$, $|b| = 2$, $a^b = a^{-1}$, $x^a = x^{-1}$, $x^b = x$, $y^a = y^{-1}$, $y^b = y$, $z^a = z^b = z^{-1}$;

$G_{15} = (\langle x\rangle \times \langle y\rangle \times \langle z\rangle) \rtimes (\langle a\rangle \rtimes \langle b\rangle)$, 其中 $|x| = |y| = |z| = p$, $|a| = 4$, $|b| = 2$, $a^b = a^{-1}$, $x^a = y$, $x^b = x$, $y^a = x^{-1}$, $y^b = y^{-1}$, $z^a = z$, $z^b = z^{-1}$;

$G_{16} = (\langle x\rangle \times \langle y\rangle \times \langle z\rangle) \rtimes (\langle a\rangle \rtimes \langle b\rangle)$, 其中 $|x| = |y| = |z| = p$, $|a| = 4$, $|b| = 2$, $a^b = a^{-1}$, $x^a = y$, $x^b = x$, $y^a = x^{-1}$, $y^b = y^{-1}$, $z^a = z^{-1}$, $z^b = z$.

证明　显然, $P_3 \lhd G$, 因此 D_8 互素地作用在 P_3 上. 由定理 2.6.8 得, $P_3 = C_{P_3}(D_8) \times [P_3, D_8]$.

1) 当 $[P_3, D_8] = 1$ 时, 必有 $G = P_3 \times D_8$, 于是 G 有构造 G_1.

2) 当 $[P_3, D_8]$ 是 p 阶群时, 不妨设 $[P_3, D_8] = \langle x\rangle$. 这时 $C_{D_8}(x)$ 或为 D_8 的 4 阶初等交换子群 (可假定为 $\langle a^2, b\rangle$) 或为 D_8 的 4 阶循环子群 $\langle a\rangle$. 因此可得 G 的两种不同构造 G_2 和 G_3.

3) 当 $[P_3, D_8]$ 是 p^2 阶群时, 不妨设 $[P_3, D_8] = \langle x, y\rangle$.

①假若 G 是超可解的, 那么可设 $\langle x\rangle$ 和 $\langle y\rangle$ 都是 D_8-不变的, 从而 $C_{D_8}(x)$ 和 $C_{D_8}(y)$ 都是 D_8 的 4 阶子群. 由于 x 和 y 在 P_3 中的地位是相同的, 因此: 当 $C_{D_8}(x) = C_{D_8}(y) = \langle a^2, b\rangle$ 时, $x^a = x^{-1}$, $y^a = y^{-1}$, G 有构造 G_4; 当 $C_{D_8}(x) = C_{D_8}(y) = \langle a\rangle$ 时, $x^b = x^{-1}$, $y^b = y^{-1}$, G 有构造 G_5; 当 $C_{D_8}(x) = \langle a\rangle$ 而 $C_{D_8}(y) = \langle a^2, b\rangle$ 时, $x^b = x^{-1}$, $y^a = y^{-1}$, G 有构造 G_6; 当 $C_{D_8}(x) = \langle a^2, b\rangle$ 而 $C_{D_8}(y) = \langle a^2, ab\rangle$ 时, $x^a = x^{-1}$, $y^a = y^b = y^{-1}$, G 有构造 G_7.

②假若 G 不是超可解的, 那么重复引理 3.6.4 中的讨论可知, 在同构意义下, G 有唯一的构造 G_8.

4) 当 $[P_3, D_8]$ 是 p^3 阶群时, 即 $[P_3, D_8] = \langle x, y, z\rangle$.

①假若 G 是超可解的, 那么可设 $\langle x\rangle$、$\langle y\rangle$ 和 $\langle z\rangle$ 都是 D_8-不变的, 从而 $C_{D_8}(x)$, $C_{D_8}(y)$ 和 $C_{D_8}(z)$ 都是 D_8 的 4 阶子群. 由于 x、y 和 z 在 P_3 中的地位是相同的, 因此: 当 $C_{D_8}(x)$, $C_{D_8}(y)$ 和 $C_{D_8}(z)$ 都是 D_8 的同一个 4 阶初等交换子群时, 不妨设其为 $\langle a^2, b\rangle$, 于是 G 有构

造 G_9; 当 $C_{D_8}(x)$, $C_{D_8}(y)$ 和 $C_{D_8}(z)$ 都是 D_8 的 4 阶循环子群 $\langle a\rangle$ 时, G 有构造 G_{10}; 当 $C_{D_8}(x)$, $C_{D_8}(y)$ 和 $C_{D_8}(z)$ 中有一个是 D_8 的 4 阶循环子群 $\langle a\rangle$ 而另两个是 D_8 的同一个 4 阶初等交换子群时, 不妨设 $C_{D_8}(x) = C_{D_8}(y) = \langle a^2, b\rangle$ 和 $C_{D_8}(z) = \langle a\rangle$, 于是 G 有构造 G_{11}; 当 $C_{D_8}(x)$, $C_{D_8}(y)$ 和 $C_{D_8}(z)$ 中有两个是 D_8 的 4 阶循环子群 $\langle a\rangle$ 而另一个是 D_8 的 4 阶初等交换子群时, 不妨设 $C_{D_8}(x) = \langle a^2, b\rangle$ 和 $C_{D_8}(y) = C_{D_8}(z) = \langle a\rangle$, 于是 G 有构造 G_{12}; 当 $C_{D_8}(x)$, $C_{D_8}(y)$ 和 $C_{D_8}(z)$ 中有一个是 D_8 的 4 阶循环子群而另两个是 D_8 的不同的 4 阶初等交换子群时, 不妨设 $C_{D_8}(x) = \langle a\rangle$, $C_{D_8}(y) = \langle a^2, b\rangle$ 和 $C_{D_8}(z) = \langle a^2, ab\rangle$, 于是 G 有构造 G_{13}; 当 $C_{D_8}(x)$, $C_{D_8}(y)$ 和 $C_{D_8}(z)$ 都是 D_8 的 4 阶初等交换子群但不全相同时, 必有两个是相同的, 所以不妨设 $C_{D_8}(x) = C_{D_8}(y) = \langle a^2, b\rangle$ 和 $C_{D_8}(z) = \langle a^2, ab\rangle$, 于是 G 有构造 G_{14}.

②假若 G 不是超可解的, 那么重复引理 3.6.4 中的讨论可知, D_8 忠实作用在 P_3 上, 即 D_8 同构于 $\mathrm{Aut}\,(P_3) = GL(3,p)$ 的一个子群. 由于 a 的零化多项式是 $\lambda^4-1=(\lambda-1)(\lambda+1)(\lambda^2+1)$, 于是 a 作用在 P_3 上时必有一个 1 维不变子空间, 设其为 $\langle z\rangle$, 从而 a 的特征多项式是 $(\lambda-1)(\lambda^2+1)$ 或 $(\lambda+1)(\lambda^2+1)$. 当 a 的特征多项式是 $(\lambda-1)(\lambda^2+1)$ 时, 不妨令

$$a = \begin{pmatrix} 0 & -1 & 0 \\ 1 & 0 & 0 \\ 0 & 0 & 1 \end{pmatrix}$$

再由 $a^b = a^{-1}$ 和 $b^2 = 1$ 及 $C_{P_3}(D_8) = 1$ 可得

$$b = \begin{pmatrix} \mu & \nu & 0 \\ \nu & -\mu & 0 \\ 0 & 0 & -1 \end{pmatrix} \tag{3.12}$$

其中 $\mu^2+\nu^2 \equiv 1(\mathrm{mod}p)$.

在 (3.12) 式中取 $\mu=1$, $\nu=0$, 则得 G 的构造 G_{15}. 当 (3.12) 式中 μ, ν 取其他值时, 类似于引理 3.6.4, 不难证明所得的群 G 与 G_{15} 是同构的.

当 a 的特征多项式 $(\lambda+1)(\lambda^2+1)$ 时, 不妨令

$$a=\begin{pmatrix}0&-1&0\\1&0&0\\0&0&-1\end{pmatrix}$$

再由 $a^b=a^{-1}$ 和 $b^2=1$ 及 $C_{P_3}(D_8)=1$ 可得

$$b=\begin{pmatrix}\mu&\nu&0\\\nu&-\mu&0\\0&0&1\end{pmatrix}\tag{3.13}$$

其中 $\mu^2+\nu^2\equiv 1(\mathrm{mod}p)$.

在 (3.13) 式中取 $\mu=1$, $\nu=0$, 则得 G 的构造 G_{16}. 当 (3.13) 式中 μ, ν 取其他值时, 类似于引理 3.6.4, 不难证明所得的群 G 与 G_{16} 是同构的. 显然, 在 G_{15} 和 G_{16} 中, D_8 在群 $\langle x,y\rangle$ 上的作用都是一样的, $\langle z\rangle$ 都是 D_8-不变的. 但在 G_{15} 中, $C_{D_8}(z)$ 是 4 阶循环群 $\langle a\rangle$, 而在 G_{16} 中, $C_{D_8}(z)$ 是 4 阶初等交换群 $\langle a^2,b\rangle$, 所以 G_{15} 和 G_{16} 是互不同构的. □

引理 3.7.19　设 p 是奇素数 ($p\neq 3$, 7), G 是 $8p^3$ 阶群, 如果 G 的 Sylow 2-子群 Q 是二面体群 D_8 而 G 的 Sylow p-子群是指数为 p^2 的非交换群 P_4, 那么 G 共有 3 个互不同构的类型:

$G_1=(\langle x\rangle\rtimes\langle y\rangle)\times(\langle a\rangle\rtimes\langle b\rangle)$, 其中 $|x|=p^2$, $|y|=p$, $|a|=4$, $|b|=2$, $x^y=x^{p+1}$, $a^b=a^{-1}$;

$G_2=((\langle x\rangle\rtimes\langle y\rangle)\times\langle a\rangle)\rtimes\langle b\rangle$, 其中 $|x|=p^2$, $|y|=p$, $|a|=4$, $|b|=2$, $x^y=x^{p+1}$, $a^b=a^{-1}$, $x^b=x^{-1}$, $y^b=y$;

$G_3=(\langle x\rangle\rtimes\langle y\rangle)\rtimes(\langle a\rangle\rtimes\langle b\rangle)$, 其中 $|x|=p^2$, $|y|=p$, $|a|=4$, $|b|=2$, $x^y=x^{p+1}$, $a^b=a^{-1}$, $x^a=x^{-1}$, $x^b=x$, $y^a=y^b=y$.

证明　显然, $P_4\lhd G$. 重复引理 3.7.4 的讨论, 可以证明 G 是超可解的, 且不妨设 $\langle x\rangle$ 和 $\langle y\rangle$ 都是 D_8-不变的. 由此得, $C_{D_8}(x)$ 和 $C_{D_8}(y)$ 必是 D_8 或 D_8 的 4 阶子群. 当 $C_{D_8}(x)=C_{D_8}(y)=D_8$ 时, G 是 P_4 与 D_8 的直积, G 有构造 G_1. 当 $C_{D_8}(x)$ 是 D_8 的 4 阶循环子群 $\langle a\rangle$ 时, 有 $x^a=x$,

$x^b = x^{-1}$. 将 a, b 分别作用在 $[x, y] = x^p$ 的两边, 易得 $y^a = y^b = y$, 即 $C_{D_8}(y) = D_8$, 所以 G 有构造 G_2. 当 $C_{D_8}(x)$ 是 D_8 的 4 阶初等交换子群 $\langle a^2, b\rangle$ 时, 有 $x^a = x^{-1}$, $x^b = x$. 这时, 同样有 $C_{D_8}(y) = D_8$, 所以 G 有构造 G_3. □

引理 3.7.20 设 p 是奇素数 ($p \neq 3$, 7), G 是 $8p^3$ 阶群, 如果 G 的 Sylow 2-子群 Q 是二面体群 D_8 而 G 的 Sylow p-子群是指数为 p 的非交换群 P_5, 那么 G 共有 8 个互不同构的类型:

$G_1 = \langle x, y, z\rangle \times (\langle a\rangle \rtimes \langle b\rangle)$, 其中 $|x| = |y| = |z| = p$, $|a| = 4$, $|b| = 2$, $[x, y] = z$, $[x, z] = [y, z] = 1$, $a^b = a^{-1}$;

$G_2 = (\langle x, y, z\rangle \times \langle a\rangle) \rtimes \langle b\rangle$, 其中 $|x| = |y| = |z| = p$, $|a| = 4$, $|b| = 2$, $[x, y] = z$, $[x, z] = [y, z] = 1$, $a^b = a^{-1}$, $x^b = x^{-1}$, $y^b = y$, $z^b = z^{-1}$;

$G_3 = \langle x, y, z\rangle \rtimes (\langle a\rangle \rtimes \langle b\rangle)$, 其中 $|x| = |y| = |z| = p$, $|a| = 4$, $|b| = 2$, $[x, y] = z$, $[x, z] = [y, z] = 1$, $a^b = a^{-1}$, $x^a = x^{-1}$, $x^b = x$, $y^a = y^b = y$, $z^a = z^{-1}$, $z^b = z$;

$G_4 = (\langle x, y, z\rangle \times \langle a\rangle) \rtimes \langle b\rangle$, 其中 $|x| = |y| = |z| = p$, $|a| = 4$, $|b| = 2$, $[x, y] = z$, $[x, z] = [y, z] = 1$, $a^b = a^{-1}$, $x^b = x^{-1}$, $y^b = y^{-1}$, $z^b = z$;

$G_5 = \langle x, y, z\rangle \rtimes (\langle a\rangle \rtimes \langle b\rangle)$, 其中 $|x| = |y| = |z| = p$, $|a| = 4$, $|b| = 2$, $[x, y] = z$, $[x, z] = [y, z] = 1$, $a^b = a^{-1}$, $x^a = x^{-1}$, $x^b = x$, $y^a = y^{-1}$, $y^b = y$, $z^a = z^b = z$;

$G_6 = \langle x, y, z\rangle \rtimes (\langle a\rangle \rtimes \langle b\rangle)$, 其中 $|x| = |y| = |z| = p$, $|a| = 4$, $|b| = 2$, $[x, y] = z$, $[x, z] = [y, z] = 1$, $a^b = a^{-1}$, $x^a = x$, $x^b = x^{-1}$, $y^a = y^{-1}$, $y^b = y$, $z^a = z^b = z^{-1}$;

$G_7 = \langle x, y, z\rangle \rtimes (\langle a\rangle \rtimes \langle b\rangle)$, 其中 $|x| = |y| = |z| = p$, $|a| = 4$, $|b| = 2$, $[x, y] = z$, $[x, z] = [y, z] = 1$, $a^b = a^{-1}$, $x^a = x^{-1}$, $x^b = x$, $y^a = y^b = y^{-1}$, $z^a = z$, $z^b = z^{-1}$;

$G_8 = \langle x, y, z\rangle \rtimes (\langle a\rangle \rtimes \langle b\rangle)$, 其中 $|x| = |y| = |z| = p$, $|a| = 4$, $|b| = 2$, $[x, y] = z$, $[x, z] = [y, z] = 1$, $a^b = a^{-1}$, $x^a = y$, $x^b = x$, $y^a = x^{-1}$, $y^b = y^{-1}$, $z^a = z$, $z^b = z^{-1}$.

证明 显然, $P_5 \lhd G$. 重复引理 3.7.5 的讨论, 可知 D_8 互素作用在 p^2 阶初等交换群 $P_5/\langle z\rangle$ 上.

1) 假若 G 是超可解的, 那么可设 $\langle x\rangle$ 和 $\langle y\rangle$ 都是 D_8-不变的, 从而

$C_{D_8}(x)$ 和 $C_{D_8}(y)$ 都是 D_8 的 4 阶子群或 D_8 本身. 显然, 当 $C_{D_8}(x) = C_{D_8}(y) = D_8$ 时, G 是 P_5 与 D_8 的直积, G 有构造 G_1; 由于 x 和 y 在 P_5 中的地位是相同的, 因此: 当 $C_{D_8}(x) = \langle a \rangle$ 而 $C_{D_8}(y) = D_8$ 时, $x^b = x^{-1}$, $y^b = y$, 将 b 作用在 $[x, y] = z$ 的两边, 易得 $z^b = z^{-1}$, G 有构造 G_2; 当 $C_{D_8}(x) = \langle a^2, b \rangle$ 而 $C_{D_8}(y) = D_8$ 时, $x^a = x^{-1}$, $y^a = y$, 从而 $z^a = z^{-1}$, G 有构造 G_3; 当 $C_{D_8}(x) = C_{D_8}(y) = \langle a \rangle$ 时, $x^b = x^{-1}$, $y^b = y^{-1}$, 从而 $z^b = z$, G 有构造 G_4; 当 $C_{D_8}(x) = C_{D_8}(y) = \langle a^2, b \rangle$ 时, $x^a = x^{-1}$, $y^a = y^{-1}$, 从而 $z^a = z$, G 有构造 G_5; 当 $C_{D_8}(x) = \langle a \rangle$ 而 $C_{D_8}(y) = \langle a^2, b \rangle$ 时, $x^b = x^{-1}$, $y^a = y^{-1}$, 从而 $z^a = z^b = z^{-1}$, G 有构造 G_6; 当 $C_{D_8}(x) = \langle a^2, b \rangle$ 而 $C_{D_8}(y) = \langle a^2, ab \rangle$ 时, $x^a = x^{-1}$, $y^a = y^b = y^{-1}$, 从而 $z^a = z$, $z^b = z^{-1}$, G 有构造 G_7.

2) 假若 G 不是超可解的, 那么 $P_5/\langle z \rangle$ 必是 D_8-不可分解的. 重复引理 3.6.4 中 (i) 的讨论, 可得 G 的唯一构造 G_8. □

引理 3.7.21 设 p 是奇素数 ($p \neq 3$, 7), G 是 $8p^3$ 阶群, 如果 G 的 Sylow 2-子群 Q 是四元数群 Q_8 而 G 的 Sylow p-子群是循环群 P_1, 那么 G 共有 2 个互不同构的类型:

$G_1 = \langle x \rangle \times (\langle a \rangle \rtimes \langle b \rangle)$, 其中 $|x| = p^3$, $|a| = |b| = 4$, $a^2 = b^2$, $a^b = a^{-1}$;

$G_2 = (\langle x \rangle \times \langle a \rangle) \rtimes \langle b \rangle$, 其中 $|x| = p^3$, $|a| = |b| = 4$, $a^2 = b^2$, $a^b = a^{-1}$, $x^b = x^{-1}$.

证明 显然, $P_1 \lhd G$. 如果 $Q_8 \lhd G$, 那么 $G = P_1 \times Q_8$, 于是 G 有构造 G_1. 如果 Q_8 不是 G 的正规子群, 那么 $Q_8/C_{Q_8}(x)$ 必是 2 阶群, 从而 $C_{Q_8}(x)$ 必是 Q_8 的 4 阶循环子群, 不妨设 $C_{E_8}(x) = \langle a \rangle$, 于是应有 $x^b = x^{-1}$, 因此 G 有构造 G_2. □

引理 3.7.22 设 p 是奇素数 ($p \neq 3$, 7), G 是 $8p^3$ 阶群, 如果 G 的 Sylow 2-子群 Q 是四元数群 Q_8 而 G 的 Sylow p-子群是交换群 P_2, 那么 G 共有 5 个互不同构的类型:

$G_1 = \langle x \rangle \times \langle y \rangle \times (\langle a \rangle \rtimes \langle b \rangle)$, 其中 $|x| = p^2$, $|y| = p$, $|a| = |b| = 4$, $a^2 = b^2$, $a^b = a^{-1}$;

$G_2 = \langle x \rangle \times (((\langle y \rangle \times \langle a \rangle) \rtimes \langle b \rangle)$, 其中 $|x| = p^2$, $|y| = p$, $|a| = |b| = 4$, $a^2 = b^2$, $a^b = a^{-1}$, $y^b = y^{-1}$;

$G_3 = \langle y\rangle \times (((\langle x\rangle \times \langle a\rangle) \rtimes \langle b\rangle)$, 其中 $|x| = p^2$, $|y| = p$, $|a| = |b| = 4$, $a^2 = b^2$, $a^b = a^{-1}$, $x^b = x^{-1}$;

$G_4 = ((\langle x\rangle \times \langle y\rangle \times \langle a\rangle) \rtimes \langle b\rangle$, 其中 $|x| = p^2$, $|y| = p$, $|a| = |b| = 4$, $a^2 = b^2$, $a^b = a^{-1}$, $x^b = x^{-1}$, $y^b = y^{-1}$;

$G_5 = ((\langle x\rangle \times \langle y\rangle) \rtimes ((\langle a\rangle \rtimes \langle b\rangle)$, 其中 $|x| = p^2$, $|y| = p$, $|a| = |b| = 4$, $a^2 = b^2$, $a^b = a^{-1}$, $x^a = x$, $x^b = x^{-1}$, $y^a = y^{-1}$, $y^b = y$.

证明 显然, $P_2 \lhd G$. 如果 $Q_8 \lhd G$, 那么 $G = P_2 \times Q_8$, 于是 G 有构造 G_1. 如果 Q_8 不是 G 的正规子群, 那么类似于引理 3.7.2, 可以证明 G 是超可解的, 因此可假定 $\langle x\rangle$ 和 $\langle y\rangle$ 都是 Q_8-不变的. 又 Q_8 的循环商群只能是单位群或 2 阶循环群, 从而 $C_{Q_8}(x)$ 和 $C_{Q_8}(y)$ 只能是 Q_8 的 4 阶循环子群或 Q_8 本身.

1) 当 $C_{Q_8}(x) = Q_8$ 而 $C_{Q_8}(y)$ 是 Q_8 的 4 阶循环子群时, 不妨设 $C_{Q_8}(y) = \langle a\rangle$ 时, 于是应有 $y^b = y^{-1}$, 因此 G 有构造 G_2.

2) 当 $C_{Q_8}(y) = Q_8$ 而 $C_{Q_8}(x)$ 是 Q_8 的 4 阶循环子群时, 不妨设 $C_{Q_8}(x) = \langle a\rangle$ 时, 应有 $x^b = x^{-1}$, 因此 G 有构造 G_3.

3) 当 $C_{Q_8}(x)$ 和 $C_{Q_8}(y)$ 是 Q_8 的同一个 4 阶循环子群时, 不妨设其为 $\langle a\rangle$. 于是应有 $x^b = x^{-1}$, $y^b = y^{-1}$, 因此 G 有构造 G_4.

4) 当 $C_{D_8}(x)$ 和 $C_{Q_8}(y)$ 都是 Q_8 的 4 阶循环子群但不相同时, 不妨设 $C_{Q_8}(x) = \langle a\rangle$ 而 $C_{D_8}(y) = \langle b\rangle$ 时, 于是应有 $x^b = x^{-1}$, $y^a = y^{-1}$, 因此 G 有构造 G_5.

由于 x 和 y 在 P_2 中的地位不是对称的, 因此上面得到的 G 的 5 个构造是互不同构的. □

引理 3.7.23 *设 p 是奇素数 ($p \neq 3$, 7), G 是 $8p^3$ 阶群, 如果 G 的 Sylow 2-子群 Q 是四元数群 Q_8 而 G 的 Sylow p-子群是初等交换群 P_3, 那么 G 共有 9 个互不同构的类型:*

$G_1 = \langle x\rangle \times \langle y\rangle \times \langle z\rangle \times ((\langle a\rangle \rtimes \langle b\rangle)$, 其中 $|x| = |y| = |z| = p$, $|a| = |b| = 4$, $a^2 = b^2$, $a^b = a^{-1}$;

$G_2 = (((\langle x\rangle \times \langle a\rangle) \rtimes \langle b\rangle) \times \langle y\rangle \times \langle z\rangle$, 其中 $|x| = |y| = |z| = p$, $|a| = |b| = 4$, $a^2 = b^2$, $a^b = a^{-1}$, $x^b = x^{-1}$;

$G_3 = (((\langle x\rangle \times \langle y\rangle \times \langle a\rangle) \rtimes \langle b\rangle) \times \langle z\rangle$, 其中 $|x| = |y| = |z| = p$, $|a| = |b| = 4$, $a^2 = b^2$, $a^b = a^{-1}$, $x^b = x^{-1}$, $y^b = y^{-1}$;

$G_4 = ((\langle x\rangle \times \langle y\rangle) \rtimes (\langle a\rangle \rtimes \langle b\rangle)) \times \langle z\rangle$, 其中 $|x| = |y| = |z| = p$, $|a| = |b| = 4$, $a^2 = b^2$, $a^b = a^{-1}$, $x^a = x$, $x^b = x^{-1}$, $y^a = y^{-1}$, $y^b = y$;

$G_5 = ((\langle x\rangle \times \langle y\rangle) \rtimes (\langle a\rangle \rtimes \langle b\rangle)) \times \langle z\rangle$, 其中 $|x| = |y| = |z| = p$, $|a| = |b| = 4$, $a^2 = b^2$, $a^b = a^{-1}$, $x^a = y$, $x^b = x^\mu y^\nu$, $y^a = x^{-1}$, $y^b = x^\nu y^{-\mu}$, $\mu^2 + \nu^2 \equiv -1(\mathrm{mod} p)$;

$G_6 = (\langle x\rangle \times \langle y\rangle \times \langle z\rangle \times \langle a\rangle) \rtimes \langle b\rangle$, 其中 $|x| = |y| = |z| = p$, $|a| = |b| = 4$, $a^2 = b^2$, $a^b = a^{-1}$, $x^b = x^{-1}$, $y^b = y^{-1}$, $z^b = z^{-1}$;

$G_7 = (\langle x\rangle \times \langle y\rangle \times \langle z\rangle) \rtimes (\langle a\rangle \rtimes \langle b\rangle)$, 其中 $|x| = |y| = |z| = p$, $|a| = |b| = 4$, $a^2 = b^2$, $a^b = a^{-1}$, $x^a = x$, $x^b = x^{-1}$, $y^a = y$, $y^b = y^{-1}$, $z^a = z^{-1}$, $z^b = z$;

$G_8 = (\langle x\rangle \times \langle y\rangle \times \langle z\rangle) \rtimes (\langle a\rangle \rtimes \langle b\rangle)$, 其中 $|x| = |y| = |z| = p$, $|a| = |b| = 4$, $a^2 = b^2$, $a^b = a^{-1}$, $x^a = x$, $x^b = x^{-1}$, $y^a = y^{-1}$, $y^b = y$, $z^a = z^b = z^{-1}$;

$G_9 = (\langle x\rangle \times \langle y\rangle \times \langle z\rangle) \rtimes (\langle a\rangle \rtimes \langle b\rangle)$, 其中 $|x| = |y| = |z| = p$, $|a| = |b| = 4$, $a^2 = b^2$, $a^b = a^{-1}$, $x^a = y$, $x^b = x^\mu y^\nu$, $y^a = x^{-1}$, $y^b = x^\nu y^{-\mu}$, $\mu^2 + \nu^2 \equiv -1(\mathrm{mod} p)$, $z^a = z$, $z^b = z^{-1}$.

证明 显然, $P_3 \lhd G$, 因此 Q_8 互素地作用在 P_3 上. 由定理 2.6.8 得, $P_3 = C_{P_3}(Q_8) \times [P_3, Q_8]$.

1) 当 $[P_3, Q_8] = 1$ 时, 必有 $G = P_3 \times Q_8$, 于是 G 有构造 G_1.

2) 当 $[P_3, Q_8]$ 是 p 阶群时, 不妨设 $[P_3, Q_8] = \langle x\rangle$. 这时 $C_{Q_8}(x)$ 必为 Q_8 的 4 阶循环子群, 不妨设 $C_{Q_8}(x) = \langle a\rangle$. 于是应有 $x^b = x^{-1}$, 因此可得 G 的构造 G_2.

3) 当 $[P_3, Q_8]$ 是 p^2 阶群时, 不妨设 $[P_3, Q_8] = \langle x, y\rangle$.

①假若 G 是超可解的, 那么可设 $\langle x\rangle$ 和 $\langle y\rangle$ 都是 Q_8-不变的, 从而 $C_{Q_8}(x)$ 和 $C_{Q_8}(y)$ 都是 Q_8 的 4 阶循环子群. 由于 x 和 y 在 P_3 中的地位是相同的, 因此: 当 $C_{Q_8}(x) = C_{Q_8}(y) = \langle a\rangle$ 时, $x^b = x^{-1}$, $y^b = y^{-1}$, G 有构造 G_3; 当 $C_{Q_8}(x) = \langle a\rangle$ 而 $C_{Q_8}(y) = \langle b\rangle$ 时, $x^b = x^{-1}$, $y^a = y^{-1}$, G 有构造 G_4.

②假若 G 不是超可解的, 那么重复引理 3.6.5 中 (i) 的讨论可知, 在同构意义下, G 有唯一的构造 G_5.

4) 当 $[P_3, Q_8]$ 是 p^3 阶群时, 有 $[P_3, Q_8] = \langle x, y, z\rangle$.

①假若 G 是超可解的, 那么可设 $\langle x\rangle$, $\langle y\rangle$ 和 $\langle z\rangle$ 都是 Q_8-不变的, 从而 $C_{Q_8}(x)$, $C_{Q_8}(y)$ 和 $C_{Q_8}(z)$ 都是 Q_8 的 4 阶循环子群. 由于 x、y 和 z 在 P_3 中的地位是相同的, 因此: 当 $C_{Q_8}(x)$、$C_{Q_8}(y)$ 和 $C_{Q_8}(z)$ 都是 Q_8 的同一个 4 阶循环子群时, 不妨设其为 $\langle a\rangle$, 于是 G 有构造 G_6; 当 $C_{Q_8}(x)$, $C_{Q_8}(y)$ 和 $C_{Q_8}(z)$ 中有两个是 Q_8 的 4 阶循环子群 $\langle a\rangle$ 而另一个是 Q_8 的 4 阶循环子群 $\langle b\rangle$ 时, 不妨设 $C_{Q_8}(x)=C_{Q_8}(y)=\langle a\rangle$ 和 $C_{Q_8}(z)=\langle b\rangle$, 于是 G 有构造 G_7; 当 $C_{Q_8}(x)$、$C_{Q_8}(y)$ 和 $C_{Q_8}(z)$ 是 Q_8 的 3 个互不相同的 4 阶循环子群时, 不妨设 $C_{Q_8}(x)=\langle a\rangle$、$C_{Q_8}(y)=\langle b\rangle$ 和 $C_{D_8}(z)=\langle ab\rangle$, 于是 G 有构造 G_8.

②假若 G 不是超可解的, 那么重复引理 3.6.5 中 (i) 的讨论可知, Q_8 忠实作用在 P_3 上, 即 Q_8 同构于 $\mathrm{Aut}\,(P_3)=GL(3,p)$ 的一个子群. 由于 a 的零化多项式是 $\lambda^4-1=(\lambda-1)(\lambda+1)(\lambda^2+1)$, 于是 a 作用在 P_3 上时必有一个 1 维不变子空间, 设其为 $\langle z\rangle$, 从而 a 的特征多项式是 $(\lambda-1)(\lambda^2+1)$ 或 $(\lambda+1)(\lambda^2+1)$. 当 a 的特征多项式是 $(\lambda-1)(\lambda^2+1)$ 时, 不妨令

$$a=\begin{pmatrix}0&-1&0\\1&0&0\\0&0&1\end{pmatrix}$$

再由 $a^b=a^{-1}$ 和 $a^2=b^2$ 及 $C_{P_3}(Q_8)=1$ 可得

$$b=\begin{pmatrix}\mu&\nu&0\\\nu&-\mu&0\\0&0&-1\end{pmatrix}\tag{3.14}$$

其中 $\mu^2+\nu^2\equiv-1(\mathrm{mod}p)$. 于是有 G 的构造 G_9. 当 (3.14) 式中 μ,ν 取其他值时, 类似于引理 3.6.5 之 (i) 的讨论, 不难证明所得的群 G 与 G_9 是同构的. 注意在 G_9 中, b 的特征多项式是 $(\lambda+1)(\lambda^2+1)$, 而 a, b 在 Q_8 中的地位是相同的, 因此若 a 的特征多项式取为 $(\lambda+1)(\lambda^2+1)$, 则依上述方法得到的群 G 与 G_9 是同构的. □

引理 3.7.24 设 p 是奇素数 ($p\neq 3,\ 7$), G 是 $8p^3$ 阶群, 如果 G

的 Sylow 2-子群 Q 是四元数群 Q_8 而 G 的 Sylow p-子群是指数为 p^2 的非交换群 P_4, 那么 G 共有 2 个互不同构的类型:

$G_1 = (\langle x\rangle \rtimes \langle y\rangle) \times (\langle a\rangle \rtimes \langle b\rangle)$, 其中 $|x| = p^2$, $|y| = p$, $|a| = |b| = 4$, $a^2 = b^2$, $x^y = x^{p+1}$, $a^b = a^{-1}$;

$G_2 = ((\langle x\rangle \rtimes \langle y\rangle) \times \langle a\rangle) \rtimes \langle b\rangle$, 其中 $|x| = p^2$, $|y| = p$, $|a| = |b| = 4$, $a^2 = b^2$, $x^y = x^{p+1}$, $a^b = a^{-1}$, $x^b = x^{-1}$, $y^b = y$.

证明　显然, $P_4 \lhd G$. 重复引理 3.7.4 的讨论, 可以证明 G 是超可解的, 且不妨设 $\langle x\rangle$ 和 $\langle y\rangle$ 都是 Q_8-不变的. 由此得, $C_{Q_8}(x)$ 和 $C_{Q_8}(y)$ 必是 Q_8 或 Q_8 的一个 4 阶循环子群. 当 $C_{Q_8}(x) = C_{Q_8}(y) = Q_8$ 时, G 是 P_4 与 Q_8 的直积, G 有构造 G_1. 当 $C_{Q_8}(x)$ 是 Q_8 的 4 阶循环子群时, 不妨设 $C_{Q_8}(x) = \langle a\rangle$ 时, 于是有 $x^a = x$, $x^b = x^{-1}$. 将 a, b 分别作用在 $[x, y] = x^p$ 的两边, 易得 $y^a = y^b = y$, 即 $C_{Q_8}(y) = Q_8$, 所以 G 有构造 G_2. □

引理 3.7.25　设 p 是奇素数 ($p \neq 3$, 7), G 是 $8p^3$ 阶群, 如果 G 的 Sylow 2-子群 Q 是四元数群 Q_8 而 G 的 Sylow p-子群是指数为 p 的非交换群 P_5, 那么 G 共有 5 个互不同构的类型:

$G_1 = \langle x, y, z\rangle \times (\langle a\rangle \rtimes \langle b\rangle)$, 其中 $|x| = |y| = |z| = p$, $|a| = |b| = 4$, $a^2 = b^2$, $[x, y] = z$, $[x, z] = [y, z] = 1$, $a^b = a^{-1}$;

$G_2 = (\langle x, y, z\rangle \times \langle a\rangle) \rtimes \langle b\rangle$, 其中 $|x| = |y| = |z| = p$, $|a| = |b| = 4$, $a^2 = b^2$, $[x, y] = z$, $[x, z] = [y, z] = 1$, $a^b = a^{-1}$, $x^b = x^{-1}$, $y^b = y$, $z^b = z^{-1}$;

$G_3 = (\langle x, y, z\rangle \times \langle a\rangle) \rtimes \langle b\rangle$, 其中 $|x| = |y| = |z| = p$, $|a| = |b| = 4$, $a^2 = b^2$, $[x, y] = z$, $[x, z] = [y, z] = 1$, $a^b = a^{-1}$, $x^b = x^{-1}$, $y^b = y^{-1}$, $z^b = z$;

$G_4 = \langle x, y, z\rangle \rtimes (\langle a\rangle \rtimes \langle b\rangle)$, 其中 $|x| = |y| = |z| = p$, $|a| = |b| = 4$, $a^2 = b^2$, $[x, y] = z$, $[x, z] = [y, z] = 1$, $a^b = a^{-1}$, $x^a = x$, $x^b = x^{-1}$, $y^a = y^{-1}$, $y^b = y$, $z^a = z^b = z^{-1}$;

$G_5 = \langle x, y, z\rangle \rtimes (\langle a\rangle \rtimes \langle b\rangle)$, 其中 $|x| = |y| = |z| = p$, $|a| = |b| = 4$, $a^2 = b^2$, $[x, y] = z$, $[x, z] = [y, z] = 1$, $a^b = a^{-1}$, $x^a = y$, $x^b = x^{\mu}y^{\nu}$, $y^a = x^{-1}$, $y^b = x^{\nu}y^{-\mu}$, $\mu^2 + \nu^2 \equiv -1 (\mathrm{mod} p)$, $z^a = z^b = z$.

证明　显然, $P_5 \lhd G$. 重复引理 3.7.5 的讨论, 可知 Q_8 互素作用在 p^2

阶初等交换群 $P_5/\langle z\rangle$ 上.

1) 假若 G 是超可解的, 那么可设 $\langle x\rangle$ 和 $\langle y\rangle$ 都是 Q_8-不变的, 从而 $C_{Q_8}(x)$ 和 $C_{Q_8}(y)$ 都是 Q_8 的 4 阶循环子群或 Q_8 本身. 显然, 当 $C_{Q_8}(x)=C_{Q_8}(y)=Q_8$ 时, G 是 P_5 与 Q_8 的直积, G 有构造 G_1; 由于 x 和 y 在 P_5 中的地位是相同的, 因此: 当 $C_{Q_8}(x)=\langle a\rangle$ 而 $C_{Q_8}(y)=Q_8$ 时, $x^b=x^{-1}$, $y^b=y$, 将 b 作用在 $[x,y]=z$ 的两边, 易得 $z^b=z^{-1}$, G 有构造 G_2; 当 $C_{Q_8}(x)=C_{Q_8}(y)=\langle a\rangle$ 时, $x^b=x^{-1}$, $y^b=y^{-1}$, 从而 $z^b=z$, G 有构造 G_3; 当 $C_{Q_8}(x)=\langle a\rangle$ 而 $C_{Q_8}(y)=\langle b\rangle$ 时, $x^b=x^{-1}$, $y^a=y^{-1}$, 从而 $z^a=z^b=z^{-1}$, G 有构造 G_4.

2) 假若 G 不是超可解的, 那么 $P_5/\langle z\rangle$ 必是 Q_8-不可分解的. 重复引理 3.6.5 中 (i) 的讨论, 可得 G 的唯一构造 G_5. □

综合引理 3.7.1 至引理 3.7.25, 我们有下面的结果.

定理 3.7.26　设 p 是奇素数 ($p\neq 3$, 7), G 是 $8p^3$ 阶群, 如果 G 的 Sylow 2-子群是交换群, 那么:

(i) 当 $p\equiv 1(\mathrm{mod}8)$ 时, G 共有 182 个互不同构的类型;

(ii) 当 $p\equiv 5(\mathrm{mod}8)$ 时, G 共有 136 个互不同构的类型;

(iii) 当 $p\equiv 3(\mathrm{mod}4)$ 时, G 共有 82 个互不同构的类型.

定理 3.7.27　设 p 是奇素数 ($p\neq 3$, 7), G 是 $8p^3$ 阶群, 如果 G 的 Sylow 2-子群是非交换群, 那么 G 共有 63 个互不同构的类型.

定理 3.7.28　设 p 是奇素数 ($p\neq 3$, 7), G 是 $8p^3$ 阶群, 那么:

(i) 当 $p\equiv 1(\mathrm{mod}8)$ 时, G 共有 245 个互不同构的类型;

(ii) 当 $p\equiv 5(\mathrm{mod}8)$ 时, G 共有 199 个互不同构的类型;

(iii) 当 $p\equiv 3(\mathrm{mod}4)$ 时, G 共有 145 个互不同构的类型.

下面我们将完成 $2^3\cdot 7^3=2744$ 和 $2^3\cdot 3^3=216$ 阶群的完全分类. 首先, 我们有

引理 3.7.29　(i) 当 2744 阶群的 Sylow 7-子群正规时, G 共有 145 个互不同构的类型; (ii) 当 216 阶群的 Sylow 3-子群正规时, G 共有 145 个互不同构的类型.

引理 3.7.30　如果 2744 阶群 G 的 Sylow 2-子群正规但 Sylow 7-子群不正规, 那么 G 恰有 8 个互不同构的类型:

$G_1 = (\langle a\rangle \times \langle b\rangle \times \langle c\rangle) \rtimes \langle x\rangle$, 其中 $|x| = 343$, $|a| = |b| = |c| = 2$, $a^x = b$, $b^x = c$, $c^x = ab$;

$G_2 = \langle x\rangle \times ((\langle a\rangle \times \langle b\rangle \times \langle c\rangle) \rtimes \langle y\rangle)$, 其中 $|x| = 49$, $|y| = 7$, $|a| = |b| = |c| = 2$, $a^y = b$, $b^y = c$, $c^y = ab$;

$G_3 = \langle y\rangle \times ((\langle a\rangle \times \langle b\rangle \times \langle c\rangle) \rtimes \langle x\rangle)$, 其中 $|x| = 49$, $|y| = 7$, $|a| = |b| = |c| = 2$, $a^x = b$, $b^x = c$, $c^x = ab$;

$G_4 = (\langle y\rangle \times \langle z\rangle) \times ((\langle a\rangle \times \langle b\rangle \times \langle c\rangle) \rtimes \langle x\rangle)$, 其中 $|x| = |y| = |z| = 7$, $|a| = |b| = |c| = 2$, $a^x = b$, $b^x = c$, $c^x = ab$;

$G_5 = (\langle x\rangle \times \langle a\rangle \times \langle b\rangle \times \langle c\rangle) \rtimes \langle y\rangle$, 其中 $|x| = 49$, $|y| = 7$, $|a| = |b| = |c| = 2$, $x^y = x^8$, $a^y = b$, $b^y = c$, $c^y = ab$;

$G_6 = (\langle x\rangle \times \langle a\rangle \times \langle b\rangle \times \langle c\rangle) \rtimes \langle y\rangle$, 其中 $|x| = 49$, $|y| = 7$, $|a| = |b| = |c| = 2$, $x^y = x^8$, $a^y = b$, $b^y = c$, $c^y = ac$;

$G_7 = (\langle a\rangle \times \langle b\rangle \times \langle c\rangle) \rtimes (\langle x\rangle \rtimes \langle y\rangle)$, 其中 $|x| = 49$, $|y| = 7$, $|a| = |b| = |c| = 2$, $x^y = x^8$, $a^x = b$, $b^x = c$, $c^x = ab$, $a^y = a$, $b^y = b$, $c^y = c$;

$G_8 = (\langle a\rangle \times \langle b\rangle \times \langle c\rangle) \rtimes \langle x, y, z\rangle$, 其中 $|x| = |y| = |z| = 7$, $|a| = |b| = |c| = 2$, $[x, y] = z$, $[x, z] = [y, z] = 1$, $a^x = b$, $b^x = c$, $c^x = ab$, $a^y = a^z = a$, $b^y = b^z = b$, $c^y = c^z = c$.

证明 这时 G 的 Sylow 7-子群 P 非平凡作用在 G 的 Sylow 2-子群 Q 上, 所以有 $C_P(Q) \neq P$, 从而 $7 \mid |\mathrm{Aut}(Q)|$. 但 $|\mathrm{Aut}(C_8)| = 4$, $|\mathrm{Aut}(A)| = 8$, $|\mathrm{Aut}(E_8)| = 168$, $|\mathrm{Aut}(D_8)| = 8$, $|\mathrm{Aut}(Q_8)| = 24$, 于是必有 $Q \cong E_8$, 即 G 的 Sylow 2-子群是 8 阶初等交换群. 又 $\mathrm{Aut}(E_8) \cong GL(3, 2)$, 其 Sylow 7-子群是 7 阶循环群, 所以 $P/C_P(Q)$ 同构于 $GL(3, 2)$ 的一个 7 阶循环子群.

1) 若 $P \cong P_1$, 则必有 $C_P(Q) = \langle x^7\rangle$, 因此 x 作为 $GL(3, 2)$ 的一个元素, 它的特征多项式应是 2 元域 $\mathbb{Z}_2$ 上多项式 $\lambda^7 - 1$ 的 3 次因式, 不妨设是 $\lambda^3 + \lambda + 1$, 从而 G 的构造为 G_1. 在 G_1 中, 不难验证 x^3 的特征多项式是 $\lambda^3 + \lambda^2 + 1$, 而 x^3 也是 P 的生成元, 所以当 x 的特征多项式是 $\mathbb{Z}_2$ 上多项式 $\lambda^7 - 1$ 的另一个 3 次因式时, 所得 G 的构造必与 G_1 同构.

2) 若 $P \cong P_2$, 则 $C_P(Q)$ 是 P 的 49 阶正规子群. 如果 $C_P(Q)$ 是循

环群, 则不妨设 $C_P(Q)=\langle x\rangle$, 于是 $G=\langle x\rangle\times\langle Q,y\rangle$, 而 y 作为 $GL(3,2)$ 的一个元素, 它的特征多项式应是 2 元域 $\mathbb{Z}_2$ 上多项式 λ^7-1 的 3 次因式, 不妨设 $\lambda^3+\lambda+1$, 从而 G 的构造为 G_2; 如果 $C_P(Q)$ 是初等交换群, 则因为 P 只有唯一一个 49 阶初等交换子群 $\langle x^7,\ y\rangle$, 所以必有 $C_P(Q)=\langle x^7,\ y\rangle$, 从而 x 作用在 Q 上是 Q 的一个 7 阶自同构, 因而 G 的构造为 G_3.

3) 若 $P\cong P_3$, 则 $C_P(Q)$ 必是 P 的 49 阶初等交换子群, 不妨设 $C_P(Q)=\langle y,\ z\rangle$, 于是 x 作用在 Q 上是 Q 的一个 7 阶自同构, 因而 G 的构造为 G_4.

4) 若 $P\cong P_4$, 则因为 $C_P(Q)$ 是 P 的 49 阶正规子群, 所以 $C_P(Q)$ 是循环群或初等交换群. 如果 $C_P(Q)$ 是循环群, 则不妨设 $C_P(Q)=\langle x\rangle$. 易知 y 在 Q 与 $\langle x\rangle$ 上的共轭作用分别诱导它们的一个 7 阶自同构, 已设 $x^y=x^8$, 但 2 元域 $\mathbb{Z}_2$ 上多项式 λ^7-1 有两个 3 次不可约因式, 即 $\lambda^3+\lambda+1$ 与 $\lambda^3+\lambda^2+1$, 因而这时可得 G 的两种不同构造: G_5, G_6; 如果 $C_P(Q)$ 是初等交换群, 则因为 P 有唯一的 49 阶初等交换子群 $\langle x^7,\ y\rangle$, 所以必有 $C_P(Q)=\langle x^7,\ y\rangle$, 从而 x 作用在 Q 上是 Q 的一个 7 阶自同构, 因而 G 的构造为 G_7.

5) 若 $P\cong P_5$, 则 $C_P(Q)$ 必是 P 的 49 阶初等交换子群, 不妨设 $C_P(Q)=\langle y,\ z\rangle$, 于是 x 作用在 Q 上是 Q 的一个 7 阶自同构, 因而 G 的构造为 G_8.

综上所述, 可知引理成立. □

引理 3.7.31 *不存在 2744 阶群 G, 它的 Sylow 7-子群 P 与 Sylow 2-子群 Q 都不正规.*

证明 假若有这样的群 G 存在, 那么由 Sylow 定理可知, G 的 Sylow 7-子群的个数是 8, 于是 $N_G(P)=P$. 再由定理 2.5.4 知, P 是非交换的. 我们断定 $O_2(G)=1$. 否则, $G/O_2(G)$ 的 Sylow 7-子群 $PO_2(G)/O_2(G)$ 必正规, 于是 $PO_2(G)\lhd G$. 但 P char $PO_2(G)$, 因而 $P\lhd G$, 矛盾. 既然 $O_2(G)=1$, 而显然 G 又可解, 所以 $O_7(G)\neq 1$. 由定理 2.3.4 知 $G/O_7(G)$ 的 Sylow 7-子群 $P/O_7(G)$ 也是自正规的, 而显然 $P/O_7(G)$ 是交换的, 所以由定理 2.5.4 知, $G/O_7(G)$ 的 Sylow 2-子群 $QO_7(G)/O_7(G)$ 是正规的, 从而 $QO_7(G)\lhd G$. 又 $P/O_7(G)$ 自正规, 所以 $P/O_7(G)$ 非平

凡作用在 $QO_7(G)/O_7(G)$ 上，因而 $QO_7(G)/O_7(G)$ 是初等交换群, 从而 Q 是 8 阶初等交换群. 若 $|O_7(G)|=7$, 则 $P/O_7(G)$ 是 49 阶初等交换群, 而 $QO_7(G)/O_7(G)$ 的自同构群中仅有 7 阶子群, 所以 Q 必中心化 $P/O_7(G)$ 的某个 7 阶子群, 这说明 P 中有一个 49 阶正规子群, 矛盾. 因此 $|O_7(G)|=49$. 显然 $F(G)=O_7(G)$, 且由定理 3.2.6 得, $C_G(F(G))\leqslant F(G)$, 故 $G/O_7(G)$ 同构于 Aut $(O_7(G))$ 的一个子群. 若 $O_7(G)$ 是循环群, 则 Aut $(O_7(G))$ 是交换群, 从而 $G/O_7(G)$ 是交换群, 所以 $[P,Q]\leqslant O_7(G)$, 但这与 P 不正规的假设矛盾, 故 $O_7(G)$ 是初等交换群. 令 $H=N_G(Q)$, 则 $|H|\geqslant 56$. 又因为 $QO_7(G)/O_7(G)\lhd G/O_7(G)$, 所以 $HO_7(G)=G$, 从而 $G/O_7(G)\cong H/H\cap O_7(G)$. 显然 H 在 G 中的核 $H_G=H\cap O_7(G)$, 若 $H\cap O_7(G)$ 是 7 阶群, 则因为 $G/O_7(G)$ 是 56 阶群, 所以 $|H|=392$. 再由 $[G:H]=7$ 知, G/H_G 同构于对称群 S_7 的一个子群, 这是不可能的. 若 $H\cap O_7(G)=1$, 则 $|H|=56$. 于是由 $QO_7(G)/O_7(G)\cong Q$ 可知, $O_7(G)$ 的自同构群 $GL(2,7)$ 中有 8 阶初等交换子群, 但这是不可能的. 事实上, 在域 $\mathbb{Z}_7$ 上, 令

$$A=\begin{pmatrix}3 & -1\\ -2 & -2\end{pmatrix},\quad B=\begin{pmatrix}-1 & -1\\ 0 & 1\end{pmatrix}.$$

则直接计算可知 $\langle A,B|A^{16}=1=B^2,B^{-1}AB=A^7\rangle$ 是 $GL(2,7)$ 的一个 Sylow 2-子群, 且 $\langle A,B\rangle$ 中没有 8 阶初等交换子群. □

由引理 3.7.29、引理 3.7.30 和引理 3.7.31, 我们有下面的定理.

定理 3.7.32　2744 阶群 G 共有 153 个互不同构的类型, 其中:

(i) 当 Sylow 子群都正规时, G 恰有 25 个彼此不同构的类型;

(ii) 当 Sylow 2-子群正规但 Sylow 7-子群不正规时, G 恰有 8 个彼此不同构的类型;

(iii) 当 Sylow 2-子群不正规但 Sylow 7-子群正规时, G 恰有 120 个彼此不同构的类型;

(iv) 不存在 Sylow 子群都不正规的 2744 阶群 G . □

引理 3.7.33　如果 216 阶群 G 的 Sylow 2-子群正规但 Sylow 3-子群不正规, 那么 G 恰有 14 个互不同构的类型:

$G_1 = \langle a\rangle \times (((\langle b\rangle \times \langle c\rangle) \rtimes \langle x\rangle)$, 其中 $|x| = 27$, $|a| = |b| = |c| = 2$, $b^x = c$, $c^x = bc$;

$G_2 = \langle x\rangle \times \langle a\rangle \times (((\langle b\rangle \times \langle c\rangle) \rtimes \langle y\rangle)$, 其中 $|x| = 9$, $|y| = 3$, $|a| = |b| = |c| = 2$, $b^y = c$, $c^y = bc$;

$G_3 = \langle y\rangle \times \langle a\rangle \times (((\langle b\rangle \times \langle c\rangle) \rtimes \langle x\rangle)$, 其中 $|x| = 9$, $|y| = 3$, $|a| = |b| = |c| = 2$, $b^x = c$, $c^x = bc$;

$G_4 = \langle y\rangle \times \langle z\rangle \times \langle a\rangle \times (((\langle b\rangle \times \langle c\rangle) \rtimes \langle x\rangle)$, 其中 $|x| = |y| = |z| = 3$, $|a| = |b| = |c| = 2$, $b^x = c$, $c^x = bc$;

$G_5 = \langle a\rangle \times (((\langle b\rangle \times \langle c\rangle \times \langle x\rangle) \rtimes \langle y\rangle)$, 其中 $|x| = 9$, $|y| = 3$, $|a| = |b| = |c| = 2$, $x^y = x^4$, $b^y = c$, $c^y = bc$;

$G_6 = \langle a\rangle \times (((\langle b\rangle \times \langle c\rangle) \rtimes (\langle x\rangle \rtimes \langle y\rangle))$, 其中 $|x| = 9$, $|y| = 3$, $|a| = |b| = |c| = 2$, $x^y = x^4$, $b^x = c$, $c^x = bc$, $b^y = b$, $c^y = c$;

$G_7 = \langle a\rangle \times (((\langle b\rangle \times \langle c\rangle) \rtimes \langle x, y, z\rangle)$, 其中 $|x| = |y| = |z| = 3$, $|a| = |b| = |c| = 2$, $[x, y] = z$, $[x, z] = 1$, $[y, z] = 1$, $b^x = c$, $c^x = bc$, $[b, y] = [b, z] = [c, y] = [c, z] = 1$;

$G_8 = (\langle a\rangle \rtimes \langle b\rangle) \rtimes \langle x\rangle$, 其中 $|x| = 27$, $|a| = |b| = 4$, $a^2 = b^2$, $a^b = a^{-1}$, $a^x = b$, $b^x = ab$;

$G_9 = \langle x\rangle \times (((\langle a\rangle \rtimes \langle b\rangle) \rtimes \langle y\rangle)$, 其中 $|x| = 9$, $|y| = 3$, $|a| = |b| = 4$, $a^2 = b^2$, $a^b = a^{-1}$, $a^y = b$, $b^y = ab$;

$G_{10} = \langle y\rangle \times (((\langle a\rangle \rtimes \langle b\rangle) \rtimes \langle x\rangle)$, 其中 $|x| = 9$, $|y| = 3$, $|a| = |b| = 4$, $a^2 = b^2$, $a^b = a^{-1}$, $a^x = b$, $b^x = ab$;

$G_{11} = \langle y\rangle \times \langle z\rangle \times (((\langle a\rangle \rtimes \langle b\rangle) \rtimes \langle x\rangle)$, 其中 $|x| = |y| = |z| = 3$, $|a| = |b| = 4$, $a^2 = b^2$, $a^b = a^{-1}$, $a^x = b$, $b^x = ab$;

$G_{12} = (\langle x\rangle \times (\langle a\rangle \rtimes \langle b\rangle)) \rtimes \langle y\rangle$, 其中 $|x| = 9$, $|y| = 3$, $x^y = x^4$, $|a| = |b| = 4$, $a^2 = b^2$, $a^b = a^{-1}$, $a^y = b$, $b^y = ab$;

$G_{13} = ((\langle a\rangle \rtimes \langle b\rangle) \rtimes \langle x\rangle) \rtimes \langle y\rangle$, 其中 $|x| = 9$, $|y| = 3$, $x^y = x^4$, $|a| = |b| = 4$, $a^2 = b^2$, $a^b = a^{-1}$, $a^x = b$, $b^x = ab$, $a^y = a$, $b^y = b$;

$G_{14} = ((\langle a\rangle \rtimes \langle b\rangle) \rtimes (\langle x, y, z\rangle$, 其中 $|x| = |y| = |z| = 3$, $|a| = |b| = 4$, $a^2 = b^2$, $a^b = a^{-1}$, $[x, y] = z$, $[x, z] = 1$, $[y, z] = 1$, $a^x = b$, $b^x = ab$, $[b, y] = [b, z] = 1$.

证明: 我们用 P、Q 分别表示 216 阶群 G 的 Sylow 3-子群和 Sylow 2-

子群. 由于 $Q \lhd G$ 而 $P \ntriangleleft G$, 所以 P 非平凡作用在 Q 上, 即有 $C_P(Q) \neq P$, 从而 $3 \big| \ |\mathrm{Aut}(Q)|$. 但 $|\mathrm{Aut}(C_8)| = 4$, $|\mathrm{Aut}(A)| = 8$, $|\mathrm{Aut}(E_8)| = 168$, $|\mathrm{Aut}(D_8)| = 8$, $|\mathrm{Aut}(Q_8)| = 24$, 于是必有 $Q \cong E_8$ 或 $Q \cong Q_8$, 即 G 的 Sylow 2-子群是 8 阶初等交换群或 8 阶四元数群. 又 $\mathrm{Aut}(E_8)$ 与 $\mathrm{Aut}(Q_8)$ 的 Sylow 3-子群都是 3 阶循环群, 所以 $C_P(Q)$ 必是 P 的一个 9 阶子群.

(i) 当 Q 是 8 阶初等交换群 (即 $Q \cong E_8$) 时

1) 若 $P \cong P_1$, 则必有 $C_P(Q) = \langle x^3 \rangle$, 因此 x 作为 $GL(3,2)$ 的一个元素, 它的特征多项式应是 2 元域 $\mathbb{Z}_2$ 上多项式 $\lambda^3 - 1$, 从而 G 的构造是 G_1.

2) 若 $P \cong P_2$, 则 $C_P(Q)$ 是 P 的 9 阶正规子群. 如果 $C_P(Q)$ 是循环群, 则不妨设 $C_P(Q) = \langle x \rangle$, 于是 $G = \langle x \rangle \times \langle Q, y \rangle$, 而 y 作为 $GL(3,2)$ 的一个元素, 它的特征多项式只能是 2 元域 $\mathbb{Z}_2$ 上多项式 $\lambda^3 - 1$, 从而 G 的构造是 G_2; 如果 $C_P(Q)$ 是初等交换群, 则因为 P 有唯一的 9 阶初等交换子群 $\langle x^3,\ y \rangle$, 所以必有 $C_P(Q) = \langle x^3,\ y \rangle$, 从而 x 作用在 Q 上是 Q 的一个 3 阶自同构, 因而 G 的构造是 G_3.

3) 若 $P \cong P_3$, 则 $C_P(Q)$ 必是 P 的 9 阶初等交换子群, 不妨设 $C_P(Q) = \langle y,\ z \rangle$, 于是 x 作用在 Q 上是 Q 的一个 3 阶自同构, 因而 G 的构造是 G_4.

4) 若 $P \cong P_4$, 则因为 $C_P(Q)$ 是 P 的 9 阶子群, 所以 $C_P(Q)$ 是循环群或初等交换群. 如果 $C_P(Q)$ 是循环群, 则不妨设 $C_P(Q) = \langle x \rangle$, 于是 y 作用在 Q 上是 Q 的一个 3 阶自同构, 从而 G 的构造是 G_5; 如果 $C_P(Q)$ 是初等交换群, 则因为 P 有唯一的 9 阶初等交换子群 $\langle x^3,\ y \rangle$, 所以必有 $C_P(Q) = \langle x^3,\ y \rangle$, 从而 x 作用在 Q 上是 Q 的一个 3 阶自同构, 因而 G 的构造是 G_6.

5) 若 $P \cong P_5$, 则 $C_P(Q)$ 必是 P 的 9 阶初等交换子群, 不妨设 $C_P(Q) = \langle y,\ z \rangle$, 于是 x 作用在 Q 上是 Q 的一个 3 阶自同构, 因而 G 的构造是 G_7.

(ii) 当 Q 是 8 阶四元数群 (即 $Q \cong Q_5$) 时

1) 若 $P \cong P_1$, 则必有 $C_P(Q) = \langle x^3 \rangle$, 易得 G 的构造为 G_8.

2) 若 $P \cong P_2$, 则 $C_P(Q)$ 是 P 的 9 阶子群. 如果 $C_P(Q)$ 是循环

群, 则 G 的构造是 G_9; 如果 $C_P(Q)$ 是初等交换群, 则必有 $C_P(Q) = \langle x^3,\ y\rangle$, 从而 G 的构造是 G_{10}.

3) 若 $P \cong P_3$, 则 $C_P(Q)$ 必是 P 的 9 阶初等交换子群, 不妨设 $C_P(Q) = \langle y,\ z\rangle$, 于是 x 作用在 Q 上是 Q 的一个 3 阶自同构, 因而 G 的构造是 G_{11}.

4) 若 $P \cong P_4$, 则因为 $C_P(Q)$ 是 P 的 9 阶子群, 所以 $C_P(Q)$ 是循环群或初等交换群. 如果 $C_P(Q)$ 是循环群, 则不妨设 $C_P(Q) = \langle x\rangle$, 于是 y 作用在 Q 上是 Q 的一个 3 阶自同构, 从而 G 的构造是 G_{12}; 如果 $C_P(Q)$ 是初等交换群, 则必有 $C_P(Q) = \langle x^3,\ y\rangle$, 从而 x 作用在 Q 上是 Q 的一个 3 阶自同构, 因而 G 的构造是 G_{13}.

5) 若 $P \cong P_5$, 则 $C_P(Q)$ 必是 P 的 9 阶初等交换子群, 不妨设 $C_P(Q) = \langle y,\ z\rangle$, 于是 x 作用在 Q 上是 Q 的一个 3 阶自同构, 因而 G 的构造是 G_{14}. □

引理 3.7.34　如果 216 阶群 G 的 Sylow 3-子群 P 与 Sylow 2-子群 Q 都不正规, 那么 G 恰有 18 个互不同构的类型:

$G_1 = (\langle x\rangle \rtimes \langle a\rangle) \times ((\langle b\rangle \times \langle c\rangle) \rtimes \langle y\rangle)$, 其中 $|x| = 9$, $|y| = 3$, $|a| = |b| = |c| = 2$, $x^a = x^{-1}$, $b^y = c$, $c^y = bc$;

$G_2 = (\langle y\rangle \rtimes \langle a\rangle) \times ((\langle b\rangle \times \langle c\rangle) \rtimes \langle x\rangle)$, 其中 $|x| = 9$, $|y| = 3$, $|a| = |b| = |c| = 2$, $y^a = y^{-1}$, $b^x = c$, $c^x = bc$;

$G_3 = ((\langle x\rangle \times \langle y\rangle) \rtimes \langle a\rangle) \times ((\langle b\rangle \times \langle c\rangle) \rtimes \langle z\rangle)$, 其中 $|x| = |y| = |z| = 3$, $|a| = |b| = |c| = 2$, $x^a = x^{-1}$, $y^a = y^{-1}$, $b^z = c$, $c^z = bc$;

$G_4 = \langle x\rangle \times (\langle y\rangle \rtimes \langle a\rangle) \times ((\langle b\rangle \times \langle c\rangle) \rtimes \langle z\rangle)$, 其中 $|x| = |y| = |z| = 3$, $|a| = |b| = |c| = 2$, $y^a = y^{-1}$, $b^z = c$, $c^z = bc$;

$G_5 = ((\langle x\rangle \times \langle b\rangle \times \langle c\rangle) \rtimes \langle y\rangle) \rtimes \langle a\rangle$, 其中 $|x| = 9$, $|y| = 3$, $|a| = |b| = |c| = 2$, $x^a = x^{-1}$, $y^a = y$, $x^y = x^4$, $b^y = c$, $c^y = bc$, $b^a = b$, $c^a = c$;

$G_6 = (\langle x\rangle \times \langle z\rangle \times \langle b\rangle \times \langle c\rangle) \rtimes (\langle y\rangle \times \langle a\rangle)$, 其中 $|x| = |y| = |z| = 3$, $|a| = |b| = |c| = 2$, $[x, y] = z$, $[x, z] = 1$, $[y, z] = 1$, $b^y = c$, $c^y = bc$, $x^a = x^{-1}$, $z^a = z^{-1}$, $b^a = b$, $c^a = c$;

$G_7 = ((\langle y\rangle \times \langle z\rangle) \rtimes \langle a, b\rangle) \rtimes \langle x\rangle$, 其中 $|a| = 4$, $a^2 = b^2$, $a^b = a^3$, $a^x = b$, $b^x = ab$, $|x| = |y| = |z| = 3$, $y^x = yz^{-1}$, $z^x = z$, $y^a = z^{-1}$, $z^a = y$, $y^b = yz$, $z^b = yz^{-1}$;

$G_8 = ((\langle a\rangle \times \langle b\rangle) \rtimes \langle x\rangle) \rtimes \langle c\rangle$, 其中 $|x| = 27$, $|a| = |b| = |c| = 2$, $a^c = a$, $b^c = ab$, $a^x = b$, $b^x = ab$, $x^c = x^{-1}$;

$G_9 = (((\langle a\rangle \times \langle b\rangle) \rtimes \langle x\rangle) \times \langle y\rangle) \rtimes \langle c\rangle$, 其中 $|x| = 9$, $|y| = 3$, $|a| = |b| = |c| = 2$, $a^c = a$, $b^c = ab$, $a^x = b$, $b^x = ab$, $x^c = x^{-1}$, $y^c = y^{-1}$;

$G_{10} = (((\langle a\rangle \times \langle b\rangle) \rtimes \langle x\rangle) \rtimes \langle c\rangle) \times \langle y\rangle$, 其中 $|x| = 9$, $|y| = 3$, $|a| = |b| = |c| = 2$, $a^c = a$, $b^c = ab$, $a^x = b$, $b^x = ab$, $x^c = x^{-1}$;

$G_{11} = (((\langle a\rangle \times \langle b\rangle) \rtimes \langle y\rangle) \times \langle x\rangle) \rtimes \langle c\rangle$, 其中 $|x| = 9$, $|y| = 3$, $|a| = |b| = |c| = 2$, $a^c = a$, $b^c = ab$, $a^y = b$, $b^y = ab$, $x^c = x^{-1}$, $y^c = y^{-1}$;

$G_{12} = (((\langle a\rangle \times \langle b\rangle) \rtimes \langle y\rangle) \rtimes \langle c\rangle) \times \langle x\rangle$, 其中 $|x| = 9$, $|y| = 3$, $|a| = |b| = |c| = 2$, $a^c = a$, $b^c = ab$, $a^y = b$, $b^y = ab$, $y^c = y^{-1}$;

$G_{13} = (((\langle a\rangle\times\langle b\rangle)\rtimes\langle x\rangle)\times(\langle y\rangle\times\langle z\rangle))\rtimes\langle c\rangle$, 其中 $|x| = |y| = |z| = 3$, $|a| = |b| = |c| = 2$, $a^c = a$, $b^c = ab$, $a^x = b$, $b^x = ab$, $x^c = x^{-1}$, $y^c = y^{-1}$, $z^c = z^{-1}$;

$G_{14} = ((((\langle a\rangle\times\langle b\rangle)\rtimes\langle x\rangle)\times\langle y\rangle)\rtimes\langle c\rangle)\times\langle z\rangle$, 其中 $|x| = |y| = |z| = 3$, $|a| = |b| = |c| = 2$, $a^c = a$, $b^c = ab$, $a^x = b$, $b^x = ab$, $x^c = x^{-1}$, $y^c = y^{-1}$;

$G_{15} = (((\langle a\rangle\times\langle b\rangle)\rtimes\langle x\rangle)\rtimes\langle c\rangle)\times(\langle y\rangle\times\langle z\rangle)$, 其中 $|x| = |y| = |z| = 3$, $|a| = |b| = |c| = 2$, $a^c = a$, $b^c = ab$, $a^x = b$, $b^x = ab$, $x^c = x^{-1}$;

$G_{16} = ((\langle a\rangle\times\langle b\rangle)\rtimes\langle x\rangle)\rtimes(\langle y\rangle\times\langle c\rangle)$, 其中 $|x| = 9$, $|y| = 3$, $x^y = x^4$, $|a| = |b| = |c| = 2$, $a^c = a$, $b^c = ab$, $a^x = b$, $b^x = ab$, $a^y = a$, $b^y = b$, $x^c = x^{-1}$;

$G_{17} = ((\langle a\rangle \times \langle b\rangle \times \langle x\rangle \times \langle z\rangle) \rtimes \langle y\rangle) \rtimes \langle c\rangle$, 其中 $|x| = |y| = |z| = 3$, $|a| = |b| = |c| = 2$, $[x, y] = z$, $[x, z] = 1$, $[y, z] = 1$, $a^c = a$, $b^c = ab$, $a^y = b$, $b^y = ab$, $x^c = x^{-1}$, $y^c = y^{-1}$, $z^c = z$;

$G_{18} = ((\langle a\rangle \times \langle b\rangle \times \langle x\rangle \times \langle z\rangle) \rtimes \langle y\rangle) \rtimes \langle c\rangle$, 其中 $|x| = |y| = |z| = 3$, $|a| = |b| = |c| = 2$, $[x, y] = z$, $[x, z] = 1$, $[y, z] = 1$, $a^c = a$, $b^c = ab$, $a^y = b$, $b^y = ab$, $x^c = x$, $y^c = y^{-1}$, $z^c = z^{-1}$.

证明　由 Sylow 定理可知, G 的 Sylow 3-子群的个数是 4, 于是 $K = N_G(P)$ 是 54 阶群, 从而 G/K_G 的阶是 $(4!, 216)$ 因数, 故 $9 \mid |K_G|$. 但 $27 \nmid |K_G|$, 否则 $P \lhd G$, 矛盾. 设 L 是 K_G 的 Sylow 3-子群, 则 L char K_G, 从而 $L \lhd G$. 由此易知 P 在 G 中的核 $P_G = L$ 是 9 阶群, 即 $O_3(G)$ 是 9 阶群. 又 G/P_G 的 Sylow 3-子群不正规, 所以 G/P_G 同构

于一个 Sylow 3-子群不正规的 24 阶群. 但 Sylow 3-子群不正规的 24 阶群只有 3 种不同构的类型: $A_4 \times C_2$, $Q_8 \rtimes C_3 \cong SL(2,3)$, S_4 (即定理 3.5.14 中的 G_{17}、G_{18} 和 G_{19}), 于是, 我们可作下述讨论.

(i) 设 $G/P_G \cong A_4 \times C_2$.

这时, G 有一个 108 阶正规子群, 记为 H, 则 $H/P_G \cong A_4$. 易见, H 的 Sylow 3-子群不正规, 由定理 3.5.12 (iii) 的证明过程可知 H 的 Sylow 2-子群正规, 从而得 $O_2(G)$ 是 4 阶初等交换群. 又显然 G 的 Sylow 2-子群是 8 阶初等交换群 $E_8 = \langle a\rangle \times \langle b\rangle \times \langle c\rangle$, 不妨设 $O_2(G) = \langle b\rangle \times \langle c\rangle$, 则 $[O_2(G), P_G] = 1$, 且 $G/P_G = O_2(G)P/P_G \times \langle a\rangle P_G/P_G$. 于是 G 有一个 18 阶正规子群, 即 $\langle a\rangle \ltimes P_G$, 注意到 G 的 Sylow 2-子群是不正规的, 所以 $1 < [P,a] \leqslant P_G$.

1) 当 $P \cong P_1 = \langle x\rangle$ 时, 必有 $1 \neq [a,x] \in P_G = \langle x^3\rangle$, 但 $\mathrm{Aut}(P)$ 只有一个 2 阶自同构, 于是就有 $[a,x] = x^2 \notin P_G$, 故这时 G 不存在.

2) 当 $P \cong P_2$ 时, 则 P_G 既可为 9 阶循环群 $\langle x\rangle$, 也可为 9 阶初等交换群 $\langle x^3, y\rangle$, 由此得 G 的两种构造 G_1 和 G_2.

3) 当 $P \cong P_3$ 时, 则 P_G 只能为 9 阶初等交换群, 不妨设 $P_G = \langle x,y\rangle$, 但 $C_P(a)$ 的阶可为 9 与 3 之一, 因此得 G 的两种构造 G_3 和 G_4.

4) 当 $P \cong P_4$ 时, 如果 P_G 为 9 阶循环群 $\langle x\rangle$, 那么可得 G 的构造 G_5; 如果 P_G 为 9 阶初等交换群 $\langle x^3, y\rangle$, 则应有 $G = (((\langle b\rangle \times \langle c\rangle) \rtimes (\langle x\rangle \rtimes \langle y\rangle)) \rtimes \langle a\rangle$. 其中 $|x| = 9$, $|y| = 3$, $|a| = |b| = |c| = 2$, , $x^a = x$, $y^a = y^{-1}$, $x^y = x^4$, $b^x = c$, $c^x = bc$, $b^a = b^y = b$, $c^y = c^a = c$. 但由此就应有 $x^3 = [x,y]^a = [x,y^a] = [x,y^{-1}] = x^6$, 这是不可能的, 故此时 G 只有一种构造.

5) 当 $P \cong P_5$ 时, 则 P_G 只能是 9 阶初等交换群, 不妨设 $P_G = \langle y,z\rangle$, 于是 G 的构造应为 G_6.

(ii) 设 $G/P_G \cong SL(2,3)$.

这时, G 的 Sylow 2-子群同构于 8 阶四元数群, 即 $Q = \langle\, a,\ b \mid |a| = 4,\ a^2 = b^2,\ a^b = a^3 \,\rangle$. 易见, Q 必非平凡作用在 P_G 上. 若 P_G 不是 G 的极小正规子群, 则 G 有一个 3 阶正规子群 N, 于是 G/N 是 Sylow 子群皆不正规的 72 阶群, 但由引理 3.6.5 (ii) 的证明过程知, G/N 的 Sylow 2-子群不是四元数群, 因此 P_G 是 G 的极小正规子群, 从而必为 9 阶初等

交换群. 因此 P 不可为循环群 P_1.

1) 当 $P \cong P_2$ 时, 则 P_G 必为 9 阶初等交换群 $\langle x^3, y\rangle$. 这时 x 作用在 Q 上是 Q 的 3 阶自同构, 于是 $[x^3, Q] = 1$, 从而 $\langle x^3\rangle \leqslant Z(G)$, 这样 P_G 不是 G 的极小正规子群, 矛盾.

2) 当 $P \cong P_3$ 时, 则 P_G 只能为 9 阶初等交换群, 于是 $G \cong SL(2,3) \ltimes P_G$. 但 P 是交换群, 于是 $SL(2,3)$ 的 3 阶元只能平凡作用在 P_G 上, 而 $SL(2,3)$ 不能平凡作用在 P_G 上, 故 $SL(2,3)$ 有包含 3 阶元的真正规子群, 矛盾.

3) 当 $P \cong P_4$ 时, P_G 必为 9 阶初等交换群 $\langle x^3, y\rangle$, 则 x 作用在 Q 上是 Q 的 3 阶自同构, 于是 $[x^3, Q] = 1$, 从而 $\langle x^3\rangle \leqslant Z(G)$, 这样 $G/\langle x^3\rangle$ 应是一个没有正规 Sylow 子群的 72 阶群. 再由引理 3.6.5 (ii) 的证明过程知, $G/\langle a^3\rangle$ 的 Sylow 2-子群不是四元数群, 矛盾.

4) 当 $P \cong P_5$ 时, 由于 P_G 是 9 阶初等交换群, 不妨设 $P_G = \langle y, z\rangle$. 又 P_G 是 G 的极小正规子群, 所以 Q 在 P_G 上的作用是不可分解的. 群 QP_G 中只有一个 9 阶子群, 由此不难得知 QP_G 中有 9 个 Sylow 2-子群, 从而 x 正规化 Q, 故 $\langle x, Q\rangle \cong SL(2,3)$, 且 $G = \langle x, Q\rangle \ltimes P_G$. 由 $P \cong P_5$ 可知, x 作用在 P_G 上的矩阵是 $x = \begin{pmatrix} 1 & -1 \\ 0 & 1 \end{pmatrix}$, 又取 $a = \begin{pmatrix} 0 & -1 \\ 1 & 0 \end{pmatrix}$, 则 $b = a^x = \begin{pmatrix} 1 & 1 \\ 1 & -1 \end{pmatrix}$, 因而 G 的构造应为 G_7.

(iii) 设 $G/P_G \cong S_4$.

这时, 由于 S_4 有一个 12 阶正规子群 A_4, 所以 G 有一个 108 阶正规子群 H 使得 $H/P_G \cong A_4$. 易见, H 的 Sylow 3-子群不正规, 由定理 3.5.12 (iii) 的证明过程可知 H 的 Sylow 2-子群正规, 从而得 $O_2(G)$ 是 4 阶初等交换群. 显然 $N_H(P) = P$, 于是 $O_2(G) \cap N_G(P) = 1$, 由此得 $G = O_2(G) \rtimes N_G(P)$. 又显然 $N_G(P)$ 是一个 Sylow 2-子群不正规的 54 阶群, 而 G 的 Sylow 2-子群同构于 8 阶二面体群, 所以可设 $O_2(G) = \langle a\rangle \times \langle b\rangle$, $N_G(P) = \langle c\rangle \ltimes P$, 其中 $|a| = |b| = |c| = 2$, $a^c = a$, $b^c = ab$.

1) 当 $P \cong P_1 = \langle x \rangle$ 时, 必有 $P_G = \langle x^3 \rangle$, G 的构造应为 G_8.

2) 当 $P \cong P_2$ 时, 若 P_G 是 9 阶初等交换群, 则 G 有两种不同的构造 G_9 和 G_{10}; 若 P_G 是 9 阶循环群, 则 G 也有两种不同的构造 G_{11} 和 G_{12}.

3) 当 $P \cong P_3$ 时, P_G 只能是 9 阶初等交换群, G 有三种不同的构造 G_{13}、G_{14} 和 G_{15}.

4) 当 $P \cong P_4$ 时, 若 P_G 是 9 阶循环群 $\langle x \rangle$, 则 $G = \langle y, a, b, c \rangle \ltimes \langle x \rangle$, 于是 $\langle y, a, b, c \rangle \cong S_4$. 又 $[x, O_2(G)] = 1$, y 作用在 $\langle x \rangle$ 上诱导 $\langle x \rangle$ 的一个 3 阶自同构, 注意到 $\langle x \rangle$ 的自同构群是 6 阶循环群, 而 S_4 不可能有 3 阶或 6 阶循环商群, 故 P_G 不能是 9 阶循环群. 设 P_G 是 9 阶初等交换群 $\langle x^3, y \rangle$, 则 $\langle x, a, b, c \rangle$ 作用在 P_G 上诱导 P_G 的一个 6 阶非交换自同构群. 易见 $y^x = x^{-3}y$, $x^c = x^{-1}$. 设 $y^c = x^{3m}y^n$, 则由 $y^{c^2} = y$ 及 $y^{x^c} = y^{x^{-1}}$ 得: $m(n-1) \equiv 0 \pmod 3$, $n^2 \equiv 1 \pmod 3$ 与 $m - n - 1 \equiv 1 \pmod 3$, $n \equiv 1 \pmod 3$ 同时成立, 所以 $m \equiv 0 \pmod 3$, $n \equiv 1 \pmod 3$, 即有 $y^c = y$. 总之, 当 $P \cong P_4$ 时, G 只有一种构造 G_{16}.

5) 当 $P \cong P_5$ 时, P_G 只能是 9 阶初等交换群, 不妨设为 $\langle x, z \rangle$, 则 $G = \langle y, a, b, c \rangle \ltimes \langle x, z \rangle$, 于是 $\langle y, a, b, c \rangle \cong S_4$. 又 $N_G(P) = \langle c \rangle \ltimes \langle x, y, z \rangle$, 而 $Z(P) = \langle z \rangle$, 所以 $z^c = z$ 或 z^{-1}. 又注意到 $[P_G, O_2(G)] = 1$, $x^y = xz$, 故当 $z^c = z$ 时, G 的构造是 G_{17}; 当 $z^c = z^{-1}$ 时, G 的构造是 G_{18}. □

由引理 3.7.29、引理 3.7.33 和引理 3.7.34, 我们有下面的定理.

定理 3.7.35　216 阶群 G 共有 177 个互不同构的类型, 其中:

(i) 当 Sylow 子群都正规时, G 恰有 25 个彼此不同构的类型;

(ii) 当 Sylow 2-子群正规但 Sylow 3-子群不正规时, G 恰有 14 个彼此不同构的类型;

(iii) 当 Sylow 2-子群不正规但 Sylow 3-子群正规时, G 恰有 120 个彼此不同构的类型;

(iv) 当 Sylow 子群都不正规时, G 恰有 18 个彼此不同构的类型. □

§3.8 24p 阶群的构造

设 $p>3$ 为奇素数, 我们来讨论阶为 $24p$ 的有限群 G 的构造. 显然, 由 Sylow 定理及其推论知, 当 $p>11$ 时, G 的 Sylow p-子群 P 必正规, 从而 G 是可解群. 于是再由定理 2.4.4 知, P 在 G 中有补子群 H. H 是 24 阶群, 由定理 3.5.14 得, H 有 15 个互不同构的类型, 我们可将它们表示为:

$H_1=C_{24}=\langle a||a|=24\rangle$;

$H_2=C_{12}\times C_2=\langle a\rangle\times\langle b\rangle$, 其中 $|a|=12$, $|b|=2$;

$H_3=C_6\times C_2\times C_2=\langle a\rangle\times\langle b\rangle\times\langle c\rangle$, 其中 $|a|=6$, $|b|=|c|=2$;

$H_4=C_3\rtimes C_8=\langle a\rangle\rtimes\langle b\rangle$, 其中 $|a|=3$, $|b|=8$, $a^b=a^{-1}$;

$H_5=(C_3\rtimes C_4)\times C_2=(\langle a\rangle\rtimes\langle b\rangle)\times\langle c\rangle$, 其中 $|a|=3$, $|b|=4$, $|c|=2$, $a^b=a^{-1}$;

$H_6=(C_3\rtimes C_2)\times C_4=(\langle a\rangle\rtimes\langle b\rangle)\times\langle c\rangle$, 其中 $|a|=3$, $|b|=2$, $|c|=4$, $a^b=a^{-1}$;

$H_7=(C_3\rtimes C_2)\times C_2\times C_2=(\langle a\rangle\rtimes\langle b\rangle)\times\langle c\rangle\times\langle d\rangle$, 其中 $|a|=3$, $|b|=|c|=|d|=2$, $a^b=a^{-1}$;

$H_8=C_3\times D_8=\langle a\rangle\times\langle b,c\rangle$, 其中 $|a|=3$, $|b|=4$, $|c|=2$, $b^c=b^{-1}$;

$H_9=C_3\rtimes D_8=(C_3\rtimes C_4)\rtimes C_2=\langle a\rangle\rtimes\langle b,c\rangle$, 其中 $|a|=3$, $|b|=4$, $|c|=2$, $a^b=a^{-1}$, $a^c=a$, $b^c=b^{-1}$;

$H_{10}=C_{12}\rtimes C_2=\langle a\rangle\rtimes\langle b\rangle$, 其中 $|a|=12$, $|b|=2$, $a^b=a^{-1}$;

$H_{11}=C_3\times Q_8=\langle a\rangle\times\langle b,c\rangle$, 其中 $|a|=3$, $|b|=|c|=4$, $b^2=c^2$, $b^c=b^{-1}$;

$H_{12}=C_3\rtimes Q_8=\langle a\rangle\rtimes\langle b,c\rangle$, 其中 $|a|=3$, $a^b=a$, $a^c=a^{-1}$, $|b|=|c|=4$, $b^2=c^2$, $b^c=b^{-1}$;

$H_{13}=Q_8\rtimes C_3=\langle b,c\rangle\rtimes\langle a\rangle$, 其中 $|a|=3$, $|b|=|c|=4$, $b^2=c^2$, $b^c=b^{-1}$, $b^a=c$, $c^a=bc$;

$H_{14}=A_4\times C_2=((\langle b\rangle\times\langle c\rangle)\rtimes\langle a\rangle)\times\langle d\rangle$, 其中 $|a|=3$, $|b|=|c|=|d|=2$, $b^a=c$, $c^a=bc$;

$H_{15}=A_4\rtimes C_2\cong S_4=((\langle b\rangle\times\langle c\rangle)\rtimes\langle a\rangle)\rtimes\langle d\rangle$, 其中 $|a|=3$,

$|b|=|c|=|d|=2$, $b^a=c$, $c^a=bc$, $a^d=a^{-1}$, $b^d=c$, $c^d=b$.

引理 3.8.1 设 p 是奇素数, 且 $p>11$, σ 为模 p 的一个原根. 如果 24p 阶群 G 的 Sylow p-子群 $P=\langle x||x|=p\rangle$ 的补子群 H 是交换群: H_1, H_2, H_3, 那么:

(i) 当 $p\equiv 1(\text{mod}24)$ 时, 令 $r\equiv \sigma^{\frac{p-1}{24}}(\text{mod}p)$, G 恰有 20 个互不同构的类型:

$G_1=\langle x||x|=24p\rangle$;

$G_2=\langle x\rangle\times\langle y\rangle$, 其中 $|x|=12p$, $|y|=2$;

$G_3=\langle x\rangle\times\langle y\rangle\times\langle z\rangle$, 其中 $|x|=6p$, $|y|=|z|=2$;

$G_4=\langle x\rangle\rtimes\langle a\rangle$, 其中 $|x|=p$, $|a|=24$, $x^a=x^{-1}$;

$G_5=\langle x\rangle\rtimes\langle a\rangle$, 其中 $|x|=p$, $|a|=24$, $x^a=x^{r^8}$;

$G_6=\langle x\rangle\rtimes\langle a\rangle$, 其中 $|x|=p$, $|a|=24$, $x^a=x^{r^6}$;

$G_7=\langle x\rangle\rtimes\langle a\rangle$, 其中 $|x|=p$, $|a|=24$, $x^a=x^{r^4}$;

$G_8=\langle x\rangle\rtimes\langle a\rangle$, 其中 $|x|=p$, $|a|=24$, $x^a=x^{r^3}$;

$G_9=\langle x\rangle\rtimes\langle a\rangle$, 其中 $|x|=p$, $|a|=24$, $x^a=x^{r^2}$;

$G_{10}=\langle x\rangle\rtimes\langle a\rangle$, 其中 $|x|=p$, $|a|=24$, $x^a=x^{r}$;

$G_{11}=(\langle x\rangle\rtimes\langle a\rangle)\times\langle b\rangle$, 其中 $|x|=p$, $|a|=12$, $|b|=2$, $x^a=x^{r^2}$;

$G_{12}=(\langle x\rangle\rtimes\langle a\rangle)\times\langle b\rangle$, 其中 $|x|=p$, $|a|=12$, $|b|=2$, $x^a=x^{r^4}$;

$G_{13}=(\langle x\rangle\rtimes\langle a\rangle)\times\langle b\rangle$, 其中 $|x|=p$, $|a|=12$, $|b|=2$, $x^a=x^{r^6}$;

$G_{14}=(\langle x\rangle\rtimes\langle a\rangle)\times\langle b\rangle$, 其中 $|x|=p$, $|a|=12$, $|b|=2$, $x^a=x^{r^8}$;

$G_{15}=(\langle x\rangle\rtimes\langle a\rangle)\times\langle b\rangle$, 其中 $|x|=p$, $|a|=12$, $|b|=2$, $x^a=x^{-1}$;

$G_{16}=(\langle x\rangle\rtimes\langle b\rangle)\times\langle a\rangle$, 其中 $|x|=p$, $|a|=12$, $|b|=2$, $x^b=x^{-1}$;

$G_{17}=\langle x\rangle\rtimes(\langle a\rangle\times\langle b\rangle)$, 其中 $|x|=p$, $|a|=12$, $|b|=2$, $x^a=x^{r^8}$, $x^b=x^{-1}$;

$G_{18}=(\langle x\rangle\rtimes\langle a\rangle)\times\langle b\rangle\times\langle c\rangle$, 其中 $|x|=p$, $|a|=6$, $|b|=|c|=2$, $x^a=x^{r^4}$;

$G_{19}=(\langle x\rangle\rtimes\langle a\rangle)\times\langle b\rangle\times\langle c\rangle$, 其中 $|x|=p$, $|a|=6$, $|b|=|c|=2$, $x^a=x^{r^8}$;

$G_{20}=(\langle x\rangle\rtimes\langle a\rangle)\times\langle b\rangle\times\langle c\rangle$, 其中 $|x|=p$, $|a|=6$, $|b|=|c|=2$, $x^a=x^{-1}$.

(ii) 当 $p\equiv 13(\mathrm{mod}24)$ 时, 则 G 恰有 18 个互不同构的类型, 即 (i) 中除了 G_8 和 G_{10} 外的其余 18 种构造.

(iii) 当 $p\equiv 17(\mathrm{mod}24)$ 时, 则 G 恰有 10 个互不同构的类型, 即 (i) 中的 $G_1, G_2, G_3, G_4, G_6,\ G_8, G_{13}, G_{15}, G_{16}, G_{20}$.

(iv) 当 $p\equiv 7,19(\mathrm{mod}24)$ 时, 则 G 恰有 14 个互不同构的类型, 即 (i) 中除了 $G_6, G_8, G_9, G_{10}, G_{11}$ 和 G_{13} 外的其余 14 种构造.

(v) 当 $p\equiv 5(\mathrm{mod}24)$ 时, 则 G 恰有 9 个互不同构的类型, 即 (i) 中的 $G_1, G_2, G_3, G_4, G_6, G_{13}, G_{15}, G_{16}, G_{20}$.

(vi) 当 $p\equiv 11,23(\mathrm{mod}24)$ 时, 则 G 恰有 7 个互不同构的类型, 即 (i) 中的 $G_1, G_2, G_3, G_4, G_{15}, G_{16}, G_{20}$.

证明 (i) 如果 G 是交换群, 那么容易得到 G 有 3 种互不同构的类型: G_1, G_2, G_3. 如果 G 不是交换群, 那么 $G=P\rtimes H$, 且 H 非平凡作用在 P 上, 即 $H/C_H(P)$ 同构于 $\mathrm{Aut}\ (P)$ 的一个非单位子群. 设 σ 是模 p 的一个原根, 则 $\mathrm{Aut}\ (P)=\langle\sigma\rangle$ 是 $p-1$ 阶循环群, 所以 $H/C_H(P)$ 是一个不等于 1 的循环群.

1) 当 $H\cong H_1$ 时, $C_H(P)$ 可取为 $\langle a^2\rangle, \langle a^3\rangle, \langle a^4\rangle,\ \langle a^6\rangle, \langle a^8\rangle, \langle a^{12}\rangle,\ 1$, 由此可得 G 的 7 个互不同构的非交换群: $G_4, G_5, \cdots, G_{10}$.

2) 当 $H\cong H_2$ 时, $C_H(P)$ 可取为 $\langle b\rangle, \langle a^6, b\rangle, \langle a^4, b\rangle,\ \langle a^3, b\rangle, \langle a^2, b\rangle, \langle a\rangle, \langle a^3\rangle$, 它们分别同构于: $C_2, C_2\times C_2, C_3\times C_2\cong C_6, C_4\times C_2,\ C_6\times C_2, C_{12}, C_4$, 由此可得 G 的 7 个构造: $G_{11}, G_{12}, \cdots, G_{17}$. 显然, 这 7 个群的中心互不同构, 所以它们是互不同构的 7 个 $24p$ 阶群.

3) 当 $H\cong H_3$ 时, $C_H(P)$ 可取为 $\langle b,c\rangle, \langle a^3,c\rangle,\ \langle a^3,b,c\rangle, \langle a^2,b,c\rangle, \langle a,c\rangle$. 但 $\langle b,c\rangle\cong C_2\times C_2\cong\langle a^3,c\rangle, \langle a^3,b,c\rangle\cong C_2\times C_2\times C_2,\ \langle a^2,b,c\rangle\cong\langle a,c\rangle\cong C_6\times C_2$, 所以当 $C_H(P)$ 分别取为 $\langle b,c\rangle,\ \langle a^3,b,c\rangle, \langle a^2,b,c\rangle$ 时, 可得 G 的 3 个互不同构的非交换群: G_{18}, G_{19}, G_{20}.

如果取 $C_H(P)=\langle a,c\rangle$, 那么必有 $x^b=x^{-1}$, 于是得 G 的构造为:

$$G=(\langle x\rangle\rtimes\langle b\rangle)\times\langle a\rangle\times\langle c\rangle,\ \text{其中}|x|=p,$$

$$|a|=6,\ |b|=|c|=2,\ x^b=x^{-1}.$$

在上述构造中, 若令 $a_1=ab, b_1=a^3, c_1=c$, 则 $x^{a_1}=x^{-1}, x^{b_1}=x^{c_1}=x,\ C_H(P)=\langle a_1^2, b_1, c_1\rangle$, 由此不难看出上述构造与 G_{20} 同构.

如果取 $C_H(P)=\langle a^3,c\rangle$, 那么可设 $x^a=x^{r^8}$, $x^b=x^{-1}$, 于是得 G 的构造为:

$$G=(\langle x\rangle\rtimes(\langle a\rangle\times\langle b\rangle))\times\langle c\rangle,\ \text{其中}\ |x|=p,$$

$$|a|=6,\ |b|=|c|=2,\ x^a=x^{r^8},\ x^b=x^{-1}.$$

在上述构造中, 若令 $a_1=a^5b$, $b_1=a^3$, $c_1=c$, 则 $x^{a_1}=x^{r^4}$, $x^{b_1}=x^{c_1}=x$, $C_H(P)=\langle b_1,c_1\rangle$, 由此不难看出上述构造与 G_{18} 同构.

(ii) 当 $p\equiv 13(\mathrm{mod}24)$ 时, $H/C_H(P)$ 不可能是 24 或 8 阶循环群, 因此这时 G 没有 (i) 中的构造 G_8 和 G_{10}, 从而 G 恰有 18 个互不同构的类型.

(iii) 当 $p\equiv 17(\mathrm{mod}24)$ 时, $H/C_H(P)$ 不可能是 24, 12, 6 或 3 阶循环群, 因此这时 G 没有 (i) 中的构造 G_5, G_7, $G_9\sim G_{12}$, G_{14}, G_{17}, G_{18} 和 G_{19}, 从而 G 恰有 10 个互不同构的类型.

(iv) 当 $p\equiv 7,19(\mathrm{mod}24)$ 时, $H/C_H(P)$ 不可能是 24, 12, 8 或 4 阶循环群, 因此这时 G 没有 (i) 中的构造 G_6, G_8, G_9, G_{10}, G_{11} 和 G_{13}, 从而 G 恰有 14 个互不同构的类型.

(v) 当 $p\equiv 5(\mathrm{mod}24)$ 时, $H/C_H(P)$ 不可能是 24, 12, 8, 6 或 3 阶循环群, 因此这时 G 没有 (i) 中的构造 G_5, $G_7\sim G_{12}$, G_{14}, G_{17}, G_{18} 和 G_{19}, 则 G 恰有 9 个互不同构的类型.

(vi) 当 $p\equiv 11,23(\mathrm{mod}24)$ 时, $H/C_H(P)$ 只可能是 1 或 2 阶循环群, 因此这时 G 没有 (i) 中的构造 $G_5\sim G_{14}$, $G_{17}\sim G_{19}$, 则 G 恰有 7 个互不同构的类型. □

引理 3.8.2　设 p 是奇素数, 且 $p>11$, σ 为模 p 的一个原根. 如果 24p 阶群 G 的 Sylow p-子群 $P=\langle x\rangle$ 的补子群 H 是非交换群: H_4、H_5、H_6、H_7, 那么

(i) 当 $p\equiv 1(\mathrm{mod}24)$ 或 $p\equiv 17(\mathrm{mod}24)$ 时, 令 $r\equiv\sigma^{\frac{p-1}{8}}(\mathrm{mod}p)$, G 恰有 16 个互不同构的类型:

$G_1=\langle x\rangle\times(\langle a\rangle\rtimes\langle b\rangle)$, 其中 $|x|=p$, $|a|=3$, $|b|=8$, $a^b=a^{-1}$;

$G_2=\langle x\rangle\times(\langle a\rangle\rtimes\langle b\rangle)\times\langle c\rangle$, 其中 $|x|=p$, $|a|=3$, $|b|=4$, $|c|=2$, $a^b=a^{-1}$;

$G_3 = \langle x \rangle \times (\langle a \rangle \rtimes \langle b \rangle) \times \langle c \rangle$, 其中 $|x| = p$, $|a| = 3$, $|b| = 2$, $|c| = 4$, $a^b = a^{-1}$;

$G_4 = \langle x \rangle \times (\langle a \rangle \rtimes \langle b \rangle) \times \langle c \rangle \times \langle d \rangle$, 其中 $|x| = p$, $|a| = 3$, $|b| = |c| = |d| = 2$, $a^b = a^{-1}$;

$G_5 = (\langle x \rangle \times \langle a \rangle) \rtimes \langle b \rangle$, 其中 $|x| = p$, $|a| = 3$, $|b| = 8$, $a^b = a^{-1}$, $x^b = x^r$;

$G_6 = (\langle x \rangle \times \langle a \rangle) \rtimes \langle b \rangle$, 其中 $|x| = p$, $|a| = 3$, $|b| = 8$, $a^b = a^{-1}$, $x^b = x^{r^2}$;

$G_7 = (\langle x \rangle \times \langle a \rangle) \rtimes \langle b \rangle$, 其中 $|x| = p$, $|a| = 3$, $|b| = 8$, $a^b = a^{-1}$, $x^b = x^{-1}$;

$G_8 = ((\langle x \rangle \times \langle a \rangle) \rtimes \langle b \rangle) \times \langle c \rangle$, 其中 $|x| = p$, $|a| = 3$, $|b| = 4$, $|c| = 2$, $a^b = a^{-1}$, $x^b = x^{r^2}$;

$G_9 = ((\langle x \rangle \times \langle a \rangle) \rtimes \langle b \rangle) \times \langle c \rangle$, 其中 $|x| = p$, $|a| = 3$, $|b| = 4$, $|c| = 2$, $a^b = a^{-1}$, $x^b = x^{-1}$;

$G_{10} = (\langle x \rangle \rtimes \langle c \rangle) \times (\langle a \rangle \rtimes \langle b \rangle)$, 其中 $|x| = p$, $|a| = 3$, $|b| = 4$, $|c| = 2$, $a^b = a^{-1}$, $x^c = x^{-1}$;

$G_{11} = ((\langle x \rangle \times \langle a \rangle) \rtimes \langle b \rangle) \times \langle c \rangle$, 其中 $|x| = p$, $|a| = 3$, $|b| = 2$, $|c| = 4$, $a^b = a^{-1}$, $x^b = x^{-1}$;

$G_{12} = (\langle x \rangle \rtimes \langle c \rangle) \times (\langle a \rangle \rtimes \langle b \rangle)$, 其中 $|x| = p$, $|a| = 3$, $|b| = 2$, $|c| = 4$, $a^b = a^{-1}$, $x^c = x^{r^2}$;

$G_{13} = (\langle x \rangle \rtimes \langle c \rangle) \times (\langle a \rangle \rtimes \langle b \rangle)$, 其中 $|x| = p$, $|a| = 3$, $|b| = 2$, $|c| = 4$, $a^b = a^{-1}$, $x^c = x^{-1}$;

$G_{14} = (\langle x \rangle \times \langle a \rangle) \rtimes (\langle b \rangle \times \langle c \rangle)$, 其中 $|x| = p$, $|a| = 3$, $|b| = 2$, $|c| = 4$, $a^b = a^{-1}$, $a^c = a$, $x^b = x^c = x^{-1}$;

$G_{15} = ((\langle x \rangle \times \langle a \rangle) \rtimes \langle b \rangle) \times \langle c \rangle \times \langle d \rangle$, 其中 $|x| = p$, $|a| = 3$, $|b| = |c| = |d| = 2$, $a^b = a^{-1}$, $x^b = x^{-1}$;

$G_{16} = (\langle x \rangle \rtimes \langle d \rangle) \times (\langle a \rangle \rtimes \langle b \rangle) \times \langle c \rangle$, 其中 $|x| = p$, $|a| = 3$, $|b| = |c| = |d| = 2$, $a^b = a^{-1}$, $x^d = x^{-1}$;

(ii) 当 $p \equiv 5 (\mathrm{mod} 24)$ 或 $p \equiv 13 (\mathrm{mod} 24)$ 时, 则 G 恰有 15 个互不同构的类型, 即 (i) 中除了 G_5 外的其余 15 种构造.

(iii) 当 $p \equiv 7, 11, 19, 23 (\mathrm{mod} 24)$ 时, 则 G 恰有 12 个互不同构的类型, 即 (i) 中的 $G_1, G_2, G_3, G_4, G_7, G_9$, $G_{10}, G_{11}, G_{13}, G_{14}, G_{15}, G_{16}$.

证明　(i) 如果 H 平凡作用在群 P 上, 那么容易得到 G 有 4 种互不同构的类型: G_1, G_2, G_3, G_4. 如果 H 非平凡作用在群 P 上, 那么 $G = P \rtimes H$, 即 $H/C_H(P)$ 同构于 Aut (P) 的一个非单位子群. 设 σ 是模 p 的一个原根, 则 Aut (P) 是 $p-1$ 阶循环群 $\langle\sigma\rangle$, 所以 $H/C_H(P)$ 是一个不等于 1 的循环群.

1) 当 $H \cong H_4$ 时, $C_H(P)$ 可取为 $\langle a\rangle$, $\langle a, b^4\rangle$, $\langle a, b^2\rangle$, 由此可得 G 的 3 个互不同构的构造: G_5, G_6, G_7.

2) 当 $H \cong H_5$ 时, $C_H(P)$ 可取为 $\langle a, c\rangle$, $\langle a, b^2, c\rangle$, $\langle a, b\rangle$, 且易知 $\langle a, c\rangle \cong C_6$, $\langle a, b^2, c\rangle \cong C_6 \times C_2$, $\langle a, b\rangle \cong C_3 \rtimes C_4$. 于是 $\langle a, c\rangle$, $\langle a, b^2, c\rangle$, $\langle a, b\rangle$ 是两两互不同构的, 从而得 G 的 3 个互不同构的构造: G_8, G_9, G_{10}.

3) 当 $H \cong H_6$ 时, $C_H(P)$ 可取为 $\langle a, c\rangle$, $\langle a, b\rangle$, $\langle a, b, c^2\rangle$, $\langle a, bc\rangle$, 且易知 $\langle a, c\rangle \cong C_{12}$, $\langle a, b\rangle \cong C_3 \rtimes C_2 \cong S_3$, $\langle a, b, c^2\rangle = \langle a, b\rangle \times \langle c^2\rangle \cong S_3 \times C_2$, $\langle a, bc\rangle \cong C_3 \rtimes C_4$. 由此知 $\langle a, c\rangle$, $\langle a, b\rangle$, $\langle a, b, c^2\rangle$, $\langle a, bc\rangle$ 是两两互不同构的, 因而可得 G 的 4 个互不同构的构造: G_{11}, G_{12}, G_{13}, G_{14}.

4) 当 $H \cong H_7$ 时, $C_H(P)$ 可取为 $\langle a, c, d\rangle$, $\langle a, b, c\rangle$, 由此可得 G 的 2 个互不同构的构造: G_{15}, G_{16}.

(ii) 当 $p \equiv 5,\ 13 (\mathrm{mod} 24)$ 时, $H/C_H(P)$ 不可能是 8 阶循环群, 因此这时 G 没有 (i) 中的构造 G_5, 从而 G 恰有 15 个互不同构的类型.

(iii) 当 $p \equiv 7,\ 11,\ 19,\ 23 (\mathrm{mod} 24)$ 时, $H/C_H(P)$ 不可能是 8 阶或 4 阶循环群, 因此这时 G 没有 (i) 中的构造 G_5, G_6, G_8, G_{12}, 从而 G 恰有 12 个互不同构的类型. □

引理 3.8.3　设 p 是奇素数, 且 $p > 11$, σ 为模 p 的一个原根. 如果 24p 阶群 G 的 Sylow p-子群 $P = \langle x\rangle$ 的补子群 H 是非交换群: H_8, H_{11}, H_{13}, H_{14}, 那么:

(i) 当 $p \equiv 1,\ 7,\ 13,\ 19 (\mathrm{mod} 24)$ 时, 令 $r \equiv \sigma^{\frac{p-1}{6}} (\mathrm{mod} p)$, G 恰有 16 个互不同构的类型:

$G_1 = \langle x\rangle \times \langle a\rangle \times \langle b, c\rangle$, 其中 $|x| = p$, $|a| = 3$, $|b| = 4$, $|c| = 2$, $b^c = b^{-1}$;

$G_2 = \langle x\rangle \times \langle a\rangle \times \langle b, c\rangle$, 其中 $|x| = p$, $|a| = 3$, $|b| = |c| = 4$, $b^2 = c^2$,

$b^c = b^{-1}$;

$G_3 = \langle x\rangle \times (\langle b, c\rangle \rtimes \langle a\rangle)$, 其中 $|x| = p$, $|a| = 3$, $|b| = |c| = 4$, $b^2 = c^2$, $b^c = b^{-1}$, $b^a = c$, $c^a = bc$;

$G_4 = \langle x\rangle \times (((\langle b\rangle \times \langle c\rangle) \rtimes \langle a\rangle) \times \langle d\rangle$, 其中 $|x| = p$, $|a| = 3$, $|b| = |c| = |d| = 2$, $b^a = c$, $c^a = bc$;

$G_5 = (\langle x\rangle \times \langle b\rangle) \rtimes \langle a\rangle$, 其中 $|x| = p$, $|a| = 6$, $|b| = 4$, $x^a = x^r$, $b^a = b^{-1}$;

$G_6 = (\langle x\rangle \times \langle b\rangle) \rtimes \langle a\rangle$, 其中 $|x| = p$, $|a| = 6$, $|b| = 4$, $x^a = x^{r^2}$, $b^a = b^{-1}$;

$G_7 = (\langle x\rangle \times \langle b\rangle) \rtimes \langle a\rangle$, 其中 $|x| = p$, $|a| = 6$, $|b| = 4$, $x^a = x^{-1}$, $b^a = b^{-1}$;

$G_8 = \langle x\rangle \rtimes (\langle b\rangle \rtimes \langle a\rangle)$, 其中 $|x| = p$, $|a| = 6$, $|b| = 4$, $b^a = b^{-1}$, $x^a = x$, $x^b = x^{-1}$;

$G_9 = \langle x\rangle \rtimes (\langle b\rangle \rtimes \langle a\rangle)$, 其中 $|x| = p$, $|a| = 6$, $|b| = 4$, $b^a = b^{-1}$, $x^a = x^{r^2}$, $x^b = x^{-1}$;

$G_{10} = \langle x\rangle \rtimes (\langle a\rangle \times \langle b, c\rangle)$, 其中 $|x| = p$, $|a| = 3$, $|b| = |c| = 4$, $b^2 = c^2$, $b^c = b^{-1}$, $x^a = x^{r^2}$, $x^b = x$, $x^c = x^{-1}$;

$G_{11} = (\langle x\rangle \rtimes \langle a\rangle) \times \langle b, c\rangle$, 其中 $|x| = p$, $|a| = 3$, $|b| = |c| = 4$, $b^2 = c^2$, $b^c = b^{-1}$, $x^a = x^{r^2}$;

$G_{12} = (\langle x\rangle \times \langle a\rangle \times \langle b\rangle) \rtimes \langle c\rangle$, 其中 $|x| = p$, $|a| = 3$, $|b| = |c| = 4$, $b^2 = c^2$, $x^c = x^{-1}$, $a^c = a$, $b^c = b^{-1}$;

$G_{13} = (\langle x\rangle \times \langle b, c\rangle) \rtimes \langle a\rangle$, 其中 $|x| = p$, $|a| = 3$, $|b| = 2$, $|c| = 4$, $b^2 = c^2$, $b^c = b^{-1}$, $x^a = x^{r^2}$, $b^a = b$, $c^a = c$;

$G_{14} = \langle x\rangle \rtimes (((\langle b\rangle \times \langle c\rangle) \rtimes \langle a\rangle) \times \langle d\rangle)$, 其中 $b^a = c$, $c^a = bc$, $x^a = x^{r^2}$, $|x| = p$, $|a| = 3$, $|b| = |c| = |d| = 2$, $x^b = x^c = x$, $x^d = x^{-1}$;

$G_{15} = \langle x\rangle \rtimes (((\langle b\rangle \times \langle c\rangle) \rtimes \langle a\rangle) \times \langle d\rangle)$, 其中 $|x| = p$, $|a| = 3$, $|b| = |c| = |d| = 2$, $b^a = c$, $c^a = bc$, $x^a = x^{r^2}$, $x^b = x^c = x^d = x$;

$G_{16} = \langle x\rangle \rtimes (((\langle b\rangle \times \langle c\rangle) \rtimes \langle a\rangle) \times \langle d\rangle)$, 其中 $|x| = p$, $|a| = 3$, $|b| = |c| = |d| = 2$, $b^a = c$, $c^a = bc$, $x^a = x^b = x^c = x$, $x^d = x^{-1}$.

(ii) 当 $p \equiv 5, 11, 17, 23 \pmod{24}$ 时, 则 G 恰有 8 个互不同构的类型, 即 (i) 中的 $G_1, G_2, G_3, G_4, G_7, G_8, G_{12}, G_{16}$.

证明 (i) 如果 H 平凡作用在群 P 上, 那么容易得到 G 有 4 种互不同构的类型: G_1, G_2, G_3, G_4. 如果 H 非平凡作用在群 P 上, 那么 $G = P \rtimes H$, 且 $H/C_H(P)$ 同构于 Aut (P) 的一个非单位子群. 设 σ 是模 p 的一个原根, 则 Aut (P) 是 $p-1$ 阶循环群 $\langle\sigma\rangle$, 所以 $H/C_H(P)$ 是一个不等于 1 的循环群.

1) 当 $H \cong H_8$ 时, 显然 ac 是 6 阶元, 且 $b^{ac} = b^{-1}$. 若把 ac 记为 a, 则可知 $H_8 \cong \langle a, b || a| = 6, |b| = 4, b^a = b^{-1}\rangle$. 所以若使 $H/C_H(P)$ 成为非单位的循环群, 只要 $C_H(P)$ 取为 $\langle b\rangle$, $\langle a^2, b\rangle$, $\langle a^3, b\rangle$, $\langle a, b^2\rangle$, $\langle a^3, b^2\rangle$. 由此可得 G 的 5 个互不同构的构造: G_5, G_6, G_7, G_8, G_9.

2) 当 $H \cong H_{11}$ 时, $C_H(P)$ 取为 $\langle b\rangle$, $\langle b, c\rangle$, $\langle a, b\rangle$, 可使 $H/C_H(P)$ 分别为 6, 3, 2 阶循环群, 从而得 G 的 3 个互不同构的构造: G_{10}, G_{11}, G_{12}.

3) 当 $H \cong H_{13}$ 时, $C_H(P)$ 只能取为 $\langle b, c\rangle$, 使 $H/C_H(P)$ 是一个 3 阶循环群, 从而得 G 的构造: G_{13}.

4) 当 $H \cong H_{14}$ 时, $C_H(P)$ 取为 $\langle b, c\rangle$, $\langle b, c, d\rangle$, $\langle a, b, c\rangle$ 可使商群 $H/C_H(P)$ 分别为 6, 3, 2 阶循环群, 由此得 G 的 3 个不同构的构造: G_{14}, G_{15}, G_{16}.

(ii) 当 $p \equiv 5, 11, 17, 23 \pmod{24}$ 时, $H/C_H(P)$ 只可能是 2 阶循环群, 因此这时 G 没有 (i) 中的构造 $G_5, G_6, G_9, G_{10}, G_{11}, G_{13}, G_{14}, G_{15}$, 从而 G 恰有 8 个互不同构的类型. □

引理 3.8.4 设 p 是奇素数, 且 $p > 11$. 如果 $24p$ 阶群 G 的 Sylow p-子群 $P = \langle x\rangle$ 的补子群 H 是非交换群: H_9, H_{10}, H_{12}, H_{15}, 那么 G 恰有 12 个互不同构的类型:

$G_1 = \langle x\rangle \times (\langle a\rangle \rtimes \langle b, c\rangle)$, 其中 $|x| = p$, $|a| = 3$, $|b| = 4$, $|c| = 2$, $a^b = a^{-1}$, $a^c = a$, $b^c = b^{-1}$;

$G_2 = \langle x\rangle \times (\langle a\rangle \rtimes \langle b\rangle)$, 其中 $|x| = p$, $|a| = 12$, $|b| = 2$, $a^b = a^{-1}$;

$G_3 = \langle x\rangle \times (\langle a\rangle \rtimes \langle b, c\rangle)$, 其中 $|x| = p$, $|a| = 3$, $a^b = a$, $a^c = a^{-1}$, $|b| = |c| = 4$, $b^2 = c^2$, $b^c = b^{-1}$;

$G_4 = \langle x\rangle \times (((\langle b\rangle \times \langle c\rangle) \rtimes \langle a\rangle) \rtimes \langle d\rangle)$, 其中 $|x| = p$, $|a| = 3$, $|b| = |c| = |d| = 2$, $b^a = c$, $c^a = bc$, $a^d = a^{-1}$, $b^d = c$, $c^d = b$;

$G_5 = (\langle x\rangle \times \langle a\rangle) \rtimes \langle b, c\rangle$, 其中 $|x| = p$, $|a| = 3$, $|b| = 4$, $|c| = 2$, $x^b = x$, $x^c = x^{-1}$, $a^b = a^{-1}$, $a^c = a$, $b^c = b^{-1}$;

$G_6 = (\langle x \rangle \times \langle a \rangle) \rtimes \langle b, c \rangle$, 其中 $|x| = p$, $|a| = 3$, $|b| = 4$, $|c| = 2$, $x^b = x^{-1}$, $x^c = x$, $a^b = a^{-1}$, $a^c = a$, $b^c = b^{-1}$;

$G_7 = (\langle x \rangle \times \langle a \rangle) \rtimes \langle b, c \rangle$, 其中 $|x| = p$, $|a| = 3$, $|b| = 4$, $|c| = 2$, $x^b = x^{-1}$, $x^c = x^{-1}$, $a^b = a^{-1}$, $a^c = a$, $b^c = b^{-1}$;

$G_8 = ((\langle x \rangle \times \langle a \rangle) \rtimes \langle b \rangle)$, 其中 $|x| = p$, $|a| = 12$, $|b| = 2$, $x^b = x^{-1}$, $a^b = a^{-1}$;

$G_9 = \langle x \rangle \rtimes (\langle a \rangle \rtimes \langle b \rangle)$, 其中 $|x| = p$, $|a| = 12$, $|b| = 2$, $x^a = x^{-1}$, $x^b = x$, $a^b = a^{-1}$;

$G_{10} = \langle x \rangle \rtimes (\langle a \rangle \rtimes \langle b, c \rangle)$, 其中 $|x| = p$, $|a| = 3$, $|b| = |c| = 4$, $a^b = a$, $a^c = a^{-1}$, $b^2 = c^2$, $b^c = b^{-1}$, $x^a = x^b = x$, $x^c = x^{-1}$;

$G_{11} = \langle x \rangle \rtimes (\langle a \rangle \rtimes \langle b, c \rangle)$, 其中 $|x| = p$, $|a| = 3$, $|b| = |c| = 4$, $a^b = a$, $a^c = a^{-1}$, $b^2 = c^2$, $b^c = b^{-1}$, $x^a = x^c = x$, $x^b = x^{-1}$;

$G_{12} = \langle x \rangle \rtimes (((\langle b \rangle \times \langle c \rangle) \rtimes \langle a \rangle) \rtimes \langle d \rangle)$, 其中 $|x| = p$, $|a| = 3$, $|b| = |c| = |d| = 2$, $b^a = c$, $c^a = bc$, $a^d = a^{-1}$, $b^d = c$, $c^d = b$, $x^a = x^b = x^c = x$, $x^d = x^{-1}$.

证明　如果 H 平凡作用在群 P 上, 那么容易得到 G 有 4 种互不同构的类型: G_1, G_2, G_3, G_4. 如果 H 非平凡作用在群 P 上, 那么 $G = P \rtimes H$, 且 $H/C_H(P)$ 同构于 $\mathrm{Aut}\,(P)$ 的一个 2 阶循环群.

1) 当 $H \cong H_9$ 时, $C_H(P)$ 可取为 $\langle a, b \rangle$, $\langle a, b^2, c \rangle$ 或 $\langle a, b^2, bc \rangle$. 可得 G 的 3 种构造: G_5, G_6, G_7. 由于 $\langle a, b \rangle \cong C_3 \rtimes C_4$, $\langle a, b^2, c \rangle \cong C_3 \times C_2 \times C_2$, $\langle a, b^2, bc \rangle \cong (C_3 \rtimes C_2) \times C_2$, 所以 $\langle a, b \rangle$, $\langle a, b^2, c \rangle$ 与 $\langle a, b^2, bc \rangle$ 两两互不同构, 故 G_5, G_6, G_7 是 3 个互不同构的 $24p$ 阶群.

2) 当 $H \cong H_{10}$ 时, $C_H(P)$ 取为 $\langle a \rangle$, $\langle a^2, b \rangle$, $\langle a^2, ab \rangle$, 可使 $H/C_H(P)$ 为 2 阶循环群. 令 $C_H(P) = \langle a \rangle$ 或 $\langle a^2, b \rangle$, 分别得 G 的 2 个互不同构的构造: G_8, G_9. 若令 $C_H(P) = \langle a^2, ab \rangle$, 则因为 ab 与 b 在 H_{10} 中的地位是相同的, 因而所得到的群 G 与 G_9 同构.

3) 当 $H \cong H_{12}$ 时, $C_H(P)$ 可为 $\langle a, b \rangle$ 或 $\langle a, c \rangle$. 又 $\langle a, b \rangle$ 和 $\langle a, c \rangle$ 是不同构的, 因而得 G 的 2 个不同构的构造: G_{10}, G_{11}.

4) 当 $H \cong H_{15}$ 时, $C_H(P)$ 只有取为 $\langle a, b, c \rangle$ 才能使 $H/C_H(P)$ 为 2 阶循环群, 由此得 G 的构造: G_{12}. □

引理 3.8.5　设 G 是 $24 \cdot 11 = 264$ 阶群, 则 G 的 Sylow 11-子群是

G 的正规子群.

证明　若 G 的 Sylow 11-子群 P 不正规, 则 G 的 Sylow 11-子群的个数是 12, 从而 $N_G(P)$ 是 22 阶群. 这时, 如果 G 是可解群, 那么 G 的极小正规子群 N 是 3 阶循环群或阶不大于 8 的初等交换 2-群, 于是显然有 $P \trianglelefteq NP$, 因而 $N \subset N_G(P)$. 但 $N_G(P)$ 是 22 阶群, 所以必有 $|N| = 2$. 由此又易得 $N_G(P)$ 是交换群, 再由定理 2.5.4 知, G 有正规 p-补 K. 显然 $|K| = 24$, 于是由定理 3.5.14 之 (v) 知, P 只能平凡作用在 K 上, 从而 $P \trianglelefteq G$, 矛盾. 下面只需证明 G 不是不可解群即可, 事实上, 只要证明 G 不是单群即可.

若 G 是单群, 令 $\Omega = \{Mx | \forall x \in G\}$ 为 $M = N_G(P)$ 在 G 中的所有右陪集的集合, 则 $|\Omega| = 12$. 考虑 G 在 M 上的置换表示 φ: $Mx \to Mxg$, $\forall g \in G$, 由 G 的单性得 φ 是 G 到 S_{12} 的单同态. 显然, $MP = M$, 即 M 是 $\varphi(P)$ 的不动点. 若 Mx, $x \notin M$, 也是 $\varphi(P)$ 的不动点, 则 $MxP = Mx$, 于是 $M = M(xPx^{-1})$, 从而 $xPx^{-1} \leqslant M$. 但 M 中只有一个 Sylow 11-子群 P, 故 $xPx^{-1} = P$, 因而 $x \in N_G(P) = M$, 矛盾. 这就证明了 $\varphi(P)$ 在 Ω 上只有一个不动点, 由此得, 对于 $1 \neq x \in P$, $\varphi(x)$ 在 Ω 上的轮换分解式由一个 1-轮换和一个 11-轮换组成. 由定理 2.5.4 知, M 是非交换群, 所以 $C_G(P) = P < M$. 由于 M 是 22 阶群, 所以 $M \cong D_{22}$. 于是 $\forall x \in M - C_G(P)$, 有 $|x| = |\varphi(x)| = 2$. 显然, M 是 $\varphi(x)$ 的一个不动点, 如果 My, $y \notin M$, 也是 $\varphi(x)$ 的一个不动点, 那么 $Myx = My$, 于是 $yxy^{-1} \in M$, 从而由引理 3.1.9 得 $y \in N_G(M) = M$, 矛盾. 因此 $\varphi(x)$ 只有唯一的一个不动点, 故 $\varphi(x)$ 必是 5 个对换的乘积. 由此知, $\varphi(x)$ 是 S_{12} 中的奇置换, 于是 $\varphi(G)$ 中的所有偶置换组成 $\varphi(G)$ 的指数为 2 的正规子群, 这与 G 是单群和 φ 是单同态的假设矛盾. □

引理 3.8.6　设 G 是 120 阶群, 如果 G 的 Sylow 5-子群 P 不是 G 的正规子群, 那么 G 共有 3 种不同构的类型: $A_5 \times C_2$, $SL(2,5)$, S_5.

证明　因为 G 的 Sylow 5-子群 P 不正规, 所以 $|\mathrm{Syl}_5(G)| = 6$, 且 $N_G(P)$ 是 G 的 20 阶子群. 设 Q, R 分别是 G 的 Sylow 3-子群与 Sylow 2-子群, 如果 $Q \trianglelefteq G$, 那么 $P \lhd PQ$, 于是 $Q \leqslant N_G(P)$, 从而 $3 \,|\, |N_G(P)|$, 矛盾. 因此 Q 不正规, 由此得 $|\mathrm{Syl}_3(G)| = 4, 10$ 或 40. 若 $|\mathrm{Syl}_3(G)| = 40$, 则 $N_G(Q) = C_G(Q) = Q$, 于是 G 有正规 3-补, 即 G 有 40 阶正规子群 K. 由

定理 2.3.1 知, K 的 Sylow 5-子群 P 必在 K 中正规, 再由推论 2.3.2 得 P char K. 又 $K \lhd G$, 所以由定理 1.3.3 得, $P \lhd G$, 矛盾. 若 $|\mathrm{Syl}_3(G)| = 4$, 则 $N_G(Q)$ 是 G 的 30 阶子群, 于是 $N_G(Q)$ 的 Sylow 5-子群必在 $N_G(Q)$ 中正规, 从而又得 $3 \mid |N_G(P)|$, 矛盾. 因此必有 $|\mathrm{Syl}_3(G)| = 10$.

如果 $R \lhd G$, 那么不难看出 $P \lhd PR$, 于是 $|N_G(P)| \geqslant 40$, 矛盾. 如果 G 有 4 阶正规子群 N, 那么不难得出 $N_G(P) = C_G(P) = N \times P$, 从而由定理 2.5.4 知, G 有正规 5-补, 即 G 有 24 阶正规子群 H. 然而任何一个 24 阶群都没有 5 阶自同构, 于是 P 必平凡作用在 H 上, 从而 $P \lhd G = HP$, 矛盾. 如果 G 有 2 阶正规子群 L, 则 $L \leqslant Z(G)$, 且 G/L 是 60 阶群. 显然 G/L 的 Sylow 5-子群必不正规, 所以由推论 2.5.13 得, $G/L \cong A_5$. 若 G 有 60 阶子群 M, 则 $M \cong A_5$, 从而 $G = M \times L \cong A_5 \times C_2$. 若 G 没有 60 阶子群, 则因为 G 的 Sylow 2-子群 R 是 8 阶群, 且 $L \leqslant R$, 所以 R/L 是 G/L 的 Sylow 2-子群. 由定理 2.3.4 得, $N_G(R)L/L = N_{G/L}(R/L)$, 而 G/L 的 Sylow 2-子群恰有 5 个, 所以 $N_G(R)L = N_G(R)$ 是 24 阶群. 显然 $N_G(R)$ 的 Sylow 3-子群是不正规的, 由此得 $N_G(R) \cong Q_8 \rtimes C_3$ 或 $N_G(R) \cong A_4 \times C_2$. 如果 $N_G(R) \cong A_4 \times C_2$, 那么 G 必有直因子 C_2, 从而 $G \cong A_5 \times C_2$, 矛盾. 因此只能是 $N_G(R) \cong Q_8 \rtimes C_3$, 从而 G 的 Sylow 2-子群与 Q_8 同构. 又由定理 2.7.9、定理 2.7.12、定理 2.7.15 及定理 2.5.10 得 $SL(2,5)/Z(SL(2,5)) = PSL(2,5) \cong A_5$, 因此, 类似于定理 2.7.16, 可以证明必有 $G \cong SL(2,5)$.

如果 G 没有 2 阶正规子群, 那么 G 的极小正规子群不是初等交换群, 从而 G 不是可解群. 考虑 G 在 $N_G(P)$ 上的置换表示

$$\varphi:\ g \mapsto \begin{pmatrix} N_G(P)x \\ N_G(P)xg \end{pmatrix},\ \forall g \in G$$

由于 $N_G(P)$ 是 G 的指数为 6 的子群, 所以若 G 是单群, 则 φ 是 G 到 S_6 的单同态, 于是 G 同构于 S_6 的一个子群, 并且 G 的每个元素只能对应 S_6 的偶置换, 因此 G 同构于 A_6 的一个子群. 但由定理 1.6.4 知 A_6 是阶为 360 的单群, 从而 A_6 不可能有 120 阶子群. 故 G 不可能是单群. 又 G 是不可解的, 所以 G 必有 60 阶不可解的正规子群. 设 M 是 G 的 60 阶不可解的正规子群, T 是 M 的 Sylow 2-子群, 由定

理 2.3.3 得, $G = N_G(T)M$, 于是 $G/M \cong N_G(T)/N_G(T) \cap M$. 但显然 $N_G(T) \cap M = N_M(T)$ 的阶是 12, 因而 $N_G(T)$ 是 24 阶群, 即 G 有指数为 5 的子群, 故 $G \cong S_5$. □

引理 3.8.7 设 G 是 168 阶群, 如果 G 的 Sylow 7-子群 P 不是 G 的正规子群, 那么 G 共有 3 种不同构的类型. 其中有 2 种是可解的, 还有 1 种是不可解的.

证明 因 G 的 Sylow 7-子群 $P = \langle x \rangle$ 不正规, 所以由 Sylow 定理知 $|\mathrm{Syl}_7(G)| = 8$, 于是 $N_G(P)$ 是 G 的 21 阶子群. 设 G 的 Sylow 3-子群与 Sylow 2-子群分别为 Q 和 R.

首先, 如果 G 是可解群且 G 的 Sylow 2-子群 R 正规, 那么 R 必是 8 阶初等交换群. 若不然, 则 $P \lhd PR$, 于是 $R \subset N_G(P)$, 这与 $N_G(P)$ 是 G 的 21 阶子群的论断相矛盾. 设 $Q = \langle a \rangle$, $R = \langle b \rangle \times \langle c \rangle \times \langle d \rangle$, $|b| = |c| = |d| = 2$, $K = N_G(P)$. 因为 $R \lhd G$, 所以 $G = R \rtimes K$, 从而 $K/C_K(R)$ 同构于 Aut (R) 的一个子群. 但 Aut $(R) \cong GL(3,2)$, 且由定理 2.7.1 得, $|GL(3,2)| = 168$. 再由定理 2.7.12、定理 2.7.15、定理 2.7.16 得, Aut (R) 是 168 阶单群, 于是 $K/C_K(R)$ 必是 7 阶循环群或 21 阶非交换群. 当 $K/C_K(R)$ 是 7 阶循环群时, $C_K(R)$ 必是 3 阶循环群, 且 $C_K(R) \trianglelefteq K$, 从而 $K = N_G(P) = \langle x \rangle \times \langle a \rangle$, 其中 $|x| = 7$, $|a| = 3$. 由于 P 非平凡地作用在 8 阶群 R 上, 而 R 可看成二元域上的 3 维线性空间, 所以 x 对应这个线性空间的一个 7 阶的线性变换. 不妨设 x 的特征多项式是 $\lambda^3 + \lambda + 1$, 因此我们得 G 的构造为

$$G_1 = \langle a \rangle \times ((\langle b \rangle \times \langle c \rangle \times \langle d \rangle) \rtimes \langle x \rangle),\ \text{其中}\ |x| = 7,\ |a| = 3,$$

$$|b| = |c| = |d| = 2,\ b^x = c,\ c^x = d,\ d^x = bc.$$

又不难算得, 在 G_1 中, 作为二元域上 3 维线性空间的线性变换 x^3 的特征多项式是二元域上的三次不可约多项式 $\lambda^3 + \lambda^2 + 1$, 而 x^3 也是 P 的生成元. 因此, x 的特征多项式取不同的不可约多项式时, 依上述方法得到的群 G 是同构的.

当 $K/C_K(R)$ 是 21 阶群时, 必有 $C_K(R) = 1$ 且 $K = N_G(P)$ 不是交换群, 于是可设 $x^a = x^2$. 由于 x 仍是 R 的 7 阶自同构, 所以设 $b^x = c$, $c^x = d$, $d^x = bc$. 而 a 作为二元域上的 3 维线性空间 R 的 3 阶

线性变换, a 的特征多项式是 $(\lambda-1)(\lambda^2+\lambda+1)$, 于是 a 有属于其特征值 $\lambda=1$ 的特征子空间. 不妨设这个特征子空间是 $\langle b\rangle$, 则 $b^a=b$. 再由 $(x^{-1}bx)^a=c^a$, 得 $c^a=x^{-2}b^ax^2=d$. 同理可得 $d^a=cd$, 因此 G 有下列构造:

$G_2=(((\langle b\rangle\times\langle c\rangle\times\langle d\rangle)\rtimes\langle x\rangle)\rtimes\langle a\rangle$, 其中 $|x|=7$, $|a|=3$, $|b|=|c|=|d|-2$, $b^x=c$, $c^x=d$, $d^x=bc$, $x^a=x^2$, $b^a=b$, $c^a=d$, $d^a=cd$.

如果在 G_2 中, 设 $x^a=x^4$, $b^x=c$, $c^x=d$, $d^x=bc$, $b^a=b$, 那么由 $(x^{-1}bx)^a=c^a$ 得 $c^a=cd$. 同理可得 $d^a=c$, 因此得 G 的下列构造:

$G=(((\langle b\rangle\times\langle c\rangle\times\langle d\rangle)\rtimes\langle x\rangle)\rtimes\langle a\rangle$, 其中 $|x|=7$, $|a|=3$, $|b|=|c|=|d|=2$, $b^x=c$, $c^x=d$, $d^x=bc$, $x^a=x^4$, $b^a=b$, $c^a=cd$, $d^a=c$.

但在上述构造中令 $a_1=a^2$, 则 $|a_1|=3$, 且 $x^{a_1}=x^2$, $b^{a_1}=b$, $c^{a_1}=d$, $d^{a_1}=cd$, 因此上述构造与 G_2 同构.

其次, 如果 G 是可解群且 G 的 Sylow 2-子群 R 不正规, 则由于 G 的 Sylow 7-子群也不是 G 的正规子群, 因此 G 的 Sylow 3-子群 Q 是正规的. 由此不难得出 $N_G(P)$ 是 21 阶循环群, 于是 $N_G(P)=C_G(P)$, 从而 G 有正规 7-补. 显然 G 的 Sylow 2-子群 R 只能是初等交换群, 且 G 的子群 $H=Q\rtimes R$ 是 G 的正规 7-补. 但 $Z(H)$ 是 4 阶初等交换群, 而 $Z(H)$ char H. 故 $Z(H)\lhd G$. 由此又不难得出 $Z(H)\leqslant N_G(P)$, 这与 $N_G(P)$ 是 21 阶群的结论相矛盾. 因此, 不存在 Sylow 2-子群和 Sylow 7-子群都不正规的可解的 168 阶群.

最后, 如果 G 是不可解群, 那么由定理 2.5.8 和定理 2.5.9 可知, G 的极小正规子群 N 必是 2-群且 $|N|<8$. 若 $N>1$, 则 G/N 的 Sylow 7-子群 PN/N 必是 G/N 的正规子群, 于是 $PN\unlhd G$. 又由 Sylow 定理易得 P char PN, 因而 $P\unlhd G$, 矛盾. 故 G 必是单群. 由定理 2.7.16 得, G 同构于 7 元域上 2 维线性空间上的特殊射影线性群 $PSL(2,7)$, 即 168 阶不可解群 G 只有一种不同构的类型. □

由引理 3.8.1 至引理 3.8.7, 我们能够得到下面的定理.

定理 3.8.8　设 $p>3$ 是奇素数, G 是 $24p$ 阶群, 则:

(i) 当 $p\equiv 1(\mathrm{mod}24)$ 时, G 共有 64 个互不同构的类型;

(ii) 当 $p\equiv 17(\mathrm{mod}24)$ 时, G 共有 46 个互不同构的类型;

(iii) 当 $p\equiv 13(\mathrm{mod}24)$ 时, G 共有 61 个互不同构的类型;

(iv) 当 $p \equiv 11,\ 23 (\mathrm{mod} 24)$ 时, G 共有 39 个互不同构的类型;

(v) 当 $p \equiv 7,\ 19 (\mathrm{mod} 24)$ 但 $p \neq 7$ 时, G 共有 54 个互不同构的类型;

(vi) 当 $p \equiv 5 (\mathrm{mod} 24)$ 但 $p \neq 5$ 时, G 共有 44 个互不同构的类型;

(vii) 当 $p = 5$ 时, G 是 120 阶群, 它共有 47 个互不同构的类型;

(viii) 当 $p = 7$ 时, G 是 168 阶群, 它共有 57 个互不同构的类型.

第四章　阶为 $p^2q^2, pq^3, p^2q^3, p^3q^3$ 的有限群的完全分类

本章应用前面三章介绍的知识, 对阶为 p^2q^2, pq^3, p^2q^3, p^3q^3 的有限群进行了完全分类并描述了它们的构造, 这里 p, q 是不同的奇素数.

§4.1　p^2q^2 阶群的构造

设 p 与 q 是两个不同的奇素数, 本节将完成 p^2q^2 阶群的同构分类.

定理 4.1.1　设 p 与 q 是奇素数, 且 $p>q$, n 为任意正整数, σ 为模 p^n 的一个原根. 如果阶为 p^nq^2 的群 G 的 Sylow p-子群是循环群, 那么

(i) 当 $q\nmid(p-1)$ 时, G 恰有 2 个互不同构的类型:

$G_1=\langle x||x|=p^nq^2\rangle$;

$G_2=\langle x\rangle\times\langle y\rangle\times\langle z\rangle$, 其中 $|x|=p^n$, $|y|=|z|=q$.

(ii) 当 $q\mid(p-1)$ 但 $q^2\nmid(p-1)$ 时, 令 $r\equiv\sigma^{\frac{p^{n-1}(p-1)}{q}}(\mathrm{mod}p^n)$, 则 G 恰有 4 个互不同构的类型, 除了 (i) 中的 G_1 和 G_2, 还有下面的:

$G_3=\langle x\rangle\rtimes\langle y\rangle$, 其中 $|x|=p^n$, $|y|=q^2$, $x^y=x^r$;

$G_4=(\langle x\rangle\rtimes\langle y\rangle)\times\langle z\rangle$, 其中 $|x|=p^n$, $|y|=|z|=q$, $x^y=x^r$.

(iii) 当 $q^2\mid(p-1)$ 时, 令 $s\equiv\sigma^{\frac{p^{n-1}(p-1)}{q^2}}(\mathrm{mod}p^n)$, 则 G 恰有 5 个互不同构的类型, 除了 (i) 中的 G_1, G_2 和 (ii) 中的 G_3, G_4 外, 还有下面的:

$G_5=\langle x\rangle\rtimes\langle y\rangle$, 其中 $|x|=p^n$, $|y|=q^2$, $x^y=x^s$.

证明　设 P、Q 分别为 p^nq^2 阶群 G 的 Sylow p-子群与 G 的 Sylow q-子群. 由 Sylow 定理知, $P\lhd G$, 于是 $G=P\rtimes Q$. 设 $P=\langle x||x|=p^n\rangle$, 则 P 的自同构群是 $p^{n-1}(p-1)$ 阶循环群. Q 有两种不同构的类型, 即循环群与初等交换群, 分别设为 $Q_1=\langle y||y|=q^2\rangle$ 和 $Q_2=\langle y,z||y|=|z|=q,[y,z]=1\rangle$.

(i) 当 $q\nmid(p-1)$ 时, Q 在 P 上的作用必是平凡的, 于是 $G=P\times Q$, 因而 G 恰有 2 种互不同构的类型: G_1, G_2.

(ii) 当 $q \mid (p-1)$ 但 $q^2 \nmid (p-1)$ 时, Q 除了平凡作用在 P 上外, 还可以非平凡作用在 P 上, 即 $Q/C_Q(P)$ 可以是 q 阶循环群. 若 Q 是循环群 Q_1, 则 $C_Q(P) = \langle y^q \rangle$, 于是有 $x^y = x^{r^i}$, 其中 $r \equiv \sigma^{\frac{p^{n-1}(p-1)}{q}} (\mathrm{mod} p^n)$, 而 σ 为模 p^n 的一个原根, $i = 1, 2, \cdots, q-1$. 由初等数论的知识可知, 存在 j, $j = 1, 2, \cdots, q-1$, 使 $ij \equiv 1(\mathrm{mod} q)$, 从而 $r^{ij} \equiv r(\mathrm{mod} p^n)$. 因此, $x^{y^j} = x^{r^{ij}} = x^r$. 由于 y^j 也是 Q_1 的生成元, 所以不妨设 $x^y = x^r$, 故 G 有构造 G_3; 若 Q 是初等交换群 Q_2, 则不妨设 $C_Q(P) = \langle z \rangle$. 于是 y 作用在 P 上应为 P 的 q 阶自同构. 不妨设 $x^y = x^r$, 故 G 有构造 G_4.

(iii) 当 $q^2 \mid (p-1)$ 时, G 除了有构造 G_1, G_2, G_3, G_4 外, 还有其他构造. 这时若 Q 是循环群 Q_1, 则 Q 可忠实地作用在 P 上. 于是, 可设 $x^y = x^s$, 其中 $s \equiv \sigma^{\frac{p^{n-1}(p-1)}{q^2}} (\mathrm{mod} p^n)$ (否则可用 y 的适当幂代替 y). 因此当 $q^2 \mid (p-1)$ 时, G 还有构造 G_5. □

在定理 4.1.1 中, 依次令 $n = 1, 2, 3$, 立即得到下面 3 个推论.

推论 4.1.2 设 p 与 q 是奇素数, 且 $p > q$, G 是阶为 pq^2 的群, 那么:

(i) 当 $q \nmid (p-1)$ 时, G 恰有 2 个互不同构的类型;

(ii) 当 $q \mid (p-1)$ 但 $q^2 \nmid (p-1)$ 时, G 恰有 4 个互不同构的类型;

(iii) 当 $q^2 \mid (p-1)$ 时, G 恰有 5 个彼此不同构的类型.

推论 4.1.3 设 p 与 q 是奇素数, 且 $p > q$, G 是阶为 p^2q^2 的群, 且 G 的 Sylow p-子群是循环群, 那么:

(i) 当 $q \nmid (p-1)$ 时, G 恰有 2 个互不同构的类型;

(ii) 当 $q \mid (p-1)$ 但 $q^2 \nmid (p-1)$ 时, G 恰有 4 个互不同构的类型;

(iii) 当 $q^2 \mid (p-1)$ 时, G 恰有 5 个彼此不同构的类型.

推论 4.1.4 设 p 与 q 是奇素数, 且 $p > q$, G 是阶为 p^3q^2 的群, 且 G 的 Sylow p-子群是循环群, 那么:

(i) 当 $q \nmid (p-1)$ 时, G 恰有 2 个互不同构的类型;

(ii) 当 $q \mid (p-1)$ 但 $q^2 \nmid (p-1)$ 时, G 恰有 4 个互不同构的类型;

(iii) 当 $q^2 \mid (p-1)$ 时, G 恰有 5 个彼此不同构的类型.

引理 4.1.5 设 p 与 q 是奇素数, 且 $p > q$, n 为任意正整数, σ 为模 p^2 的一个原根. 如果阶为 p^2q^n 的群 G 的 Sylow 子群皆是循环群, 那

么当 $q^m \| (p-1)$ 时, G 恰有形如

$$G_k = \langle x \rangle \rtimes \langle a \rangle,\ 其中 |x| = p^2,\ |a| = q^n,\ x^a = x^{r_k},$$
$$r_k \equiv \sigma^{\frac{p(p-1)}{q^k}} (\mathrm{mod} p^2),\ 0 \leqslant k \leqslant l,\ l = \min(m, n) \tag{4.1}$$

的 $1+l$ 个互不同构的类型.

证明　设 P、Q 分别为 p^2q^n 阶群 G 的 Sylow p-子群与 G 的 Sylow q-子群. 由于 Q 是循环群, 所以 $Q \leqslant C_G(Q)$. 又 Aut (Q) 是阶为 $q^{n-1}(q-1)$ 的循环群, 而 $N_G(Q)/C_G(Q)$ 同构于 Aut (Q) 的一个子群, 因此必有 $N_G(Q) = C_G(Q)$. 于是, 由定理 2.5.4 得, $P \lhd G$, 从而 $Q/C_Q(P)$ 同构于 Aut (P) 的一个子群. 显然, Aut (P) 是 $p(p-1)$ 阶循环群, 所以当 $q^m \| (p-1)$ 时, $Q/C_Q(P)$ 可以是 q^k 阶循环群, $k = 0, 1, \cdots, l$, $l = \min(m, n)$. 设 $P = \langle x \rangle$, $Q = \langle a \rangle$. 当 $Q/C_Q(P)$ 是 q^k 阶循环群时, 可假定 $x^a = x^{r_k}$, 其中 $r_k \equiv \sigma^{\frac{p(p-1)}{q^k}} (\mathrm{mod} p^2)$, σ 为模 p^2 的一个原根. 故 G 有构造 G_k. 显然, 对于 k 的 $l+1$ 个不同取值: $0, 1, \cdots, l$, 群 $G_0, G_1, \cdots, G_l$ 是互不同构的, 因而 (4.1) 式表示 G 的 $l+1$ 个不同构造. □

引理 4.1.6　设 p 与 q 是奇素数, 且 $p > q$, n 为任意正整数, σ 为模 p 的一个原根. 如果阶为 p^2q^n 的群 G 的 Sylow p-子群是初等交换群而 Sylow q-子群是循环群, 那么

(i) 当 $q \nmid (p^2-1)$ 时, G 只有一种类型:

$$G = \langle x \rangle \times \langle y \rangle \times \langle a \rangle,\ 其中\ |x| = |y| = p,\ |a| = q^n. \tag{4.2}$$

(ii) 当 $q^m \| (p-1)$ 时 $(m \geqslant 1)$, 令 $l = \min(m, n)$, $1 \leqslant k \leqslant l$, $s_k \equiv \sigma^{\frac{(p-1)}{q^k}} (\mathrm{mod} p)$. G 除 (4.2) 式外, 还有下列构造类型:

$$G_k = (\langle x \rangle \rtimes \langle a \rangle) \times \langle y \rangle,\ |x| = |y| = p,\ |a| = q^n,$$
$$x^a = x^{s_k},\ 1 \leqslant k \leqslant l; \tag{4.3}$$

$$G_k(i) = (\langle x \rangle \times \langle y \rangle) \rtimes \langle a \rangle,\ |x| = |y| = p,\ |a| = q^n,$$
$$x^a = x^{s_k},\ y^a = y^{s_k^i} \tag{4.4}$$

其中 $1 \leqslant k \leqslant l$, $0 < i < q^k$, $(i, q) = 1$, 且 (4.4) 式共表示 $\dfrac{q^l - 1}{2} + l$ 个互不同构的 p^2q^n 阶群;

$G_k(i)=(\langle x\rangle\times\langle y\rangle)\rtimes\langle a\rangle,\ |x|=|y|=p,\ |a|=q^n,$
$x^a=x^{s_k},\ y^a=y^{s_{k-1}^i}$ (4.5)

其中 $m\geqslant 2,\ 0<i<q^{k-1},\ 2\leqslant k\leqslant l$, 且 (4.5) 式共表示 $\dfrac{q^l-1}{q-1}-l$ 个互不同构的 p^2q^n 阶群.

(iii) 当 $q^m\|(p+1)$ 时, G 除 (4.2) 式外, 还有下列构造类型:

$G_k=(\langle x\rangle\times\langle y\rangle)\rtimes\langle a\rangle,\ |x|=|y|=p,\ |a|=q^n,$

$$x^a=y,\ y^a=x^{-1}y^{\beta_k} \tag{4.6}$$

其中 $\beta_k\in\mathbb{Z}_p$ 使 $f(\lambda)=\lambda^2-\beta_k\lambda+1$ 是域 $\mathbb{Z}_p$ 上多项式 $(\lambda^{q^k}-1)/(\lambda^{q^{k-1}}-1)$ 的 2 次不可约因式. (4.6) 式共表示 l 个互不同构的 p^2q^n 阶群.

证明 设 $P=\langle x\rangle\times\langle y\rangle$、$Q=\langle a\rangle$ 分别为 p^2q^n 阶群 G 的 Sylow p-子群与 G 的 Sylow q-子群. 类似引理 4.1.5, 容易证明 $P\lhd G$, 于是 Q 互素作用在 P 上.

(i) 当 $q\nmid(p-1)$ 时, Q 在 P 上的作用必是平凡的, 因而 G 是 P,Q 的直积, G 的构造为 (4.2) 式.

(ii) 当 $q^m\|(p-1)$ 时 $(m\geqslant 1)$, Q 除了平凡作用在 P 上外, 也可非平凡作用在 P 上. 这时, 由定理 2.6.8 得, $P=C_P(Q)\times[P,Q]$.

1) 如果 $C_P(Q)$ 和 $[P,Q]$ 都是 p 阶群, 那么不妨设 $C_P(Q)=\langle y\rangle$ 而 $[P,Q]=\langle x\rangle$, 于是 a 作用在 $\langle x\rangle$ 上时是 $\langle x\rangle$ 的一个阶为 q^k 的自同构, 这里 $1\leqslant k\leqslant l,\ l=\min(m,n)$. 所以, 不妨设 $x^a=x^{s_k}$, 其中 $s_k\equiv\sigma^{\frac{(p-1)}{q^k}}(\bmod p)$, σ 为模 p 的一个原根. 故 G 有形如 (4.3) 式的 l 个构造, 且显然它们是互不同构的.

2) 如果 $C_P(Q)=1$, 那么 $[P,Q]=P=\langle x\rangle\times\langle y\rangle$. 这时, 若 G 是超可解群, 则不妨设 $\langle x\rangle$ 和 $\langle y\rangle$ 都是 Q-不变的, 且必有 $q\mid(p-1)$, $C_Q(x)\neq Q,\ C_Q(y)\neq Q$. 当 $C_Q(x)=C_Q(y)\neq Q$ 时, 不妨设 $x^a=x^{s_k}$, 于是 $y^a=y^{s_k^i}$, 其中 $1\leqslant k\leqslant l,\ 0<i<q^k,\ (i,q)=1$, 即 G 有形如 (4.4) 式的构造. 在 (4.4) 式中, 若 $G_k(i)\cong G_k(j)$, 这里 $1<i,\ j<q^k,\ i\neq j$ 且 $i,\ j$ 都与 q 互素, 则存在 w, 使 $0<w<q^k,\ (w,q)=1$, 及正整数 $m,\ n,\ u,\ v$ 使得

$$\begin{vmatrix} m & n \\ u & v \end{vmatrix} = mv - nu \not\equiv 0 \pmod p \tag{4.7}$$

并且在 $G_k(i)$ 中当 $x_1 = x^m y^n$, $y_1 = x^u y^v$, $a_1 = a^w$ 时, 有 $a_1^{-1}x_1a_1 = x_1^{s_k^j}$, $a_1^{-1}y_1a_1 = y_1^{s_k}$, 由此得

$$\begin{cases} ms_k^w \equiv ms_k^j \pmod p & (4.8) \\ ns_k^{iw} \equiv ns_k^j \pmod p & (4.9) \\ us_k^w \equiv us_k \pmod p & (4.10) \\ vs_k^{iw} \equiv vs_k \pmod p & (4.11) \end{cases}$$

当 $w \neq 1$ 时, 由 (4.10) 式得 $u \equiv 0 \pmod p$, 再由 (4.7) 式得 $v \not\equiv 0 \pmod p$, 由此及 (4.11) 式又得

$$iw \equiv 1 \pmod{q^k} \tag{4.12}$$

由 (4.12) 式及 (4.9) 式得 $n \equiv 0 \pmod p$, 再由 (4.7) 式得 $m \not\equiv 0 \pmod p$, 从而由 (4.8) 式得 $w \equiv j \pmod{q^k}$. 由此及 (4.12) 式得

$$ij \equiv 1 \pmod{q^k} \tag{4.13}$$

当 $w = 1$ 时, 类似上面的讨论, 可得 $i = j$, 当然有 $G_i \cong G_j$. 反之, 若 (4.13) 式成立, 则 $G_i \cong G_j$. 因此

$$G_i \cong G_j \Longleftrightarrow (4.13) \text{ 式成立}$$

显然在 (4.4) 式中, $G_1 \not\cong G_i \not\cong G_{q^k-1}$, $1 < i < q^k - 1$, 又若 $1 < i, j < q^k - 1$ 且 $(i,q) = (j,q) = 1$, 则 (4.13) 式成立时, 必有 $i \neq j$. 因此对于每个 k, (4.4) 式代表

$$\frac{1}{2}[\varphi(q^k) - 2] + 2 = \frac{q^k - q^{k-1} + 2}{2}$$

个互不同构的阶为 p^2q^n 的群 (这里 $\varphi(n)$ 为欧拉函数), 故 (4.4) 式表示的互不同构的阶为 p^2q^n 的群的个数为

$$\sum_{k=1}^{l} \frac{q^k - q^{k-1} + 2}{2} = \frac{q^l - 1}{2} + l.$$

当 $Q \neq C_Q(x) \neq C_Q(y) \neq Q$ 时, 必有 $q^m \| (p-1)$ 且 $m \geqslant 2$. 不妨设 $C_Q(x) < C_Q(y)$, a 作用在 $\langle x \rangle$ 上是它的一个 q^k 阶自同构, 于是可设 $x^a = x^{s_k}$. 同时, a 作用在 $\langle y \rangle$ 上是它的一个阶小于 q^k 的自同构, 于是 $y^a = y^{s_{k-1}^i}$, $0 < i < q^{k-1}$. 因此 G 有形如 (4.5) 式的构造. 显然, 对每个 $k \in \{2, 3, \cdots, l\}$, (4.5) 式代表了 $q^{k-1}-1$ 个互不同构的阶为 p^2q^n 的群, 故 (4.5) 式表示的互不同构的阶为 p^2q^n 的群的个数为

$$\sum_{k=2}^{l}(q^{k-1}-1) = \sum_{k=1}^{l}(q^{k-1}-1) = \frac{q^l-1}{q-1} - l.$$

(iii) 若 G 不是超可解群, 则 Q 在 P 上的作用是不可约的, 于是作为 p-元域 $\mathbb{Z}_p$ 上二维线性空间 P 的线性变换 a, 它的特征多项式 (记为 $f(\lambda)$) 必是 $\mathbb{Z}_p$ 上的二次不可约多项式. 但 a 是 q-元, 所以存在最小正整数 k, 使 $f(\lambda)$ 整除 $\lambda^{q^k}-1$. 另外, 域 $\mathbb{Z}_p$ 上的全体 2 次不可约多项式之积是 $(\lambda^{p^2-1}-1)/(\lambda^{p-1}-1)$, 因此 $q \mid (p+1)$. 设线性变换 a 的矩阵为 $\boldsymbol{M}$, 则 $|\boldsymbol{M}|^{q^k} \equiv 1 \pmod p$. 又显然 $(q^k, p-1) = 1$, 而由初等数论中的费马小定理得 $|\boldsymbol{M}|^{p-1} \equiv 1 \pmod p$, 所以 $|\boldsymbol{M}| \equiv 1 \pmod p$. 当 $m \geqslant 1$ 且 $q^m \| (p+1)$ 时, 若 a 是线性空间 P 的阶为 q^k 的线性变换 $(1 \leqslant k \leqslant l)$, 则可设 $f(\lambda) = \lambda^2 - \beta_k\lambda + 1$, 其中 $\beta_k \in \mathbb{Z}_p$, $f(\lambda)$ 是 $(\lambda^{q^k}-1)/(\lambda^{q^{k-1}}-1)$ 的二次不可约因式, 于是 G 有形如 (4.6) 式的构造.

反之, 如果 $q^m \| (p+1)$, 那么当 $1 \leqslant k \leqslant l = \min(m, n)$ 时, $(\lambda^{q^k}-1)/(\lambda^{q^{k-1}}-1)$ 必是 $(\lambda^{p^2-1}-1)/(\lambda^{p-1}-1)$ 的因式, 且 $(\lambda^{q^k}-1)/(\lambda^{q^{k-1}}-1)$ 是 $\dfrac{q^k-q^{k-1}}{2}$ 个不同的二次不可约多项式之积. 当 $C_Q(P) = \langle a^{q^k} \rangle$ 时, $Q/C_Q(P)$ 是 q^k 阶循环群, 它有 $q^k - q^{k-1}$ 个生成元 $a^iC_Q(P)$, $1 \leqslant i < q^k$, $(i,\ q) = 1$. 设线性空间 P 上的线性变换 $a^iC_Q(P)$ 的特征多项式为 $f_i(\lambda)$, 显然 $a^iC_Q(P)$ 的矩阵是 $\boldsymbol{M}^i$. 当 $q \nmid i$ 时, $f_i(\lambda)$ 必是 $(\lambda^{q^k}-1)/(\lambda^{q^{k-1}}-1)$ 的二次不可约因式. 又因为存在唯一的 j, 使 $1 \leqslant j < q^k$, $(j,\ q) = 1$, 且 $pi \equiv j \pmod{q^k}$. 于是, 在域 $\mathbb{Z}_p$ 上

$$\begin{aligned} f_j(\lambda) &= |\lambda\boldsymbol{I} - \boldsymbol{M}^j| = |\lambda\boldsymbol{I} - \boldsymbol{M}^{pi}| \\ &= |\lambda^{1/p}\boldsymbol{I} - \boldsymbol{M}^i|^p = (f_i(\lambda^{1/p}))^p = f_i(\lambda). \end{aligned}$$

因此, $q^k - q^{k-1}$ 个生成元 $a^i C_Q(P)$ 的特征多项式中恰有 $\dfrac{q^k - q^{k-1}}{2}$ 个不同的二次不可约多项式. 故当 a 的特征多项式为 $(\lambda^{q^k} - 1)/(\lambda^{q^{k-1}} - 1)$ 的任何二次不可约因式时, 所得的 G 的构造必与 G_k 同构.

综上所述, 可知 (4.6) 式共表示 l 个互不同构的 p^2q^n 阶群. □

综合引理 4.1.5 和引理 4.1.6 的结果, 我们得到下面的定理.

定理 4.1.7 设 p 与 q 是奇素数, 且 $p > q$, n 为任意正整数, G 是 Sylow q-子群为循环群的 p^2q^n 阶群, 那么:

(i) 当 $q \nmid (p^2 - 1)$ 时, G 恰有 2 个不同构的类型;

(ii) 当 $q^m \| (p-1)$ 且 $m \geqslant 1$ 时, G 恰有

$$2 + 2l + \frac{(q+1)(q^l - 1)}{2(q-1)}$$

个不同构的类型, 这里 $l = \min(m, n)$;

(iii) 当 $q^m \| (p+1)$ 且 $m \geqslant 1$ 时, G 恰有 $2 + l$ 个不同构的类型, 这里 $l = \min(m, n)$.

在定理 4.1.7 中, 依次令 $n = 1, 2, 3$, 立即得到下面 3 个推论.

推论 4.1.8 设 p 与 q 是奇素数, 且 $p > q$, G 是阶为 p^2q 的群, 那么:

(i) 当 $q \nmid (p^2 - 1)$ 时, G 恰有 2 个互不同构的类型;

(ii) 当 $q \mid (p-1)$ 时, G 恰有 $\dfrac{q+9}{2}$ 个互不同构的类型;

(iii) 当 $q \mid (p+1)$ 时, G 恰有 3 个彼此不同构的类型.

推论 4.1.9 设 p 与 q 是奇素数, 且 $p > q$, G 是阶为 p^2q^2 的群, 且 G 的 Sylow q-子群是循环群, 那么:

(i) 当 $q \nmid (p^2 - 1)$ 时, G 恰有 2 个互不同构的类型;

(ii) 当 $q \mid (p-1)$ 但 $q^2 \nmid (p-1)$ 时, G 恰有 $\dfrac{q+9}{2}$ 个互不同构的类型; 当 $q^2 \mid (p-1)$ 时, G 恰有 $6 + \dfrac{(q+1)^2}{2}$ 个彼此不同构的类型;

(iii) 当 $q \mid (p+1)$ 但 $q^2 \nmid (p+1)$ 时, G 恰有 3 个互不同构的类型; 当 $q^2 \mid (p+1)$ 时, G 恰有 4 个彼此不同构的类型.

推论 4.1.10 设 p 与 q 是奇素数, 且 $p>q$, G 是阶为 p^2q^3 的群, 且 G 的 Sylow q-子群是循环群, 那么:

(i) 当 $q\nmid(p^2-1)$ 时, G 恰有 2 个互不同构的类型.

(ii) 当 $q\mid(p-1)$ 但 $q^2\nmid(p-1)$ 时, G 恰有 $\dfrac{q+9}{2}$ 个互不同构的类型; 当 $q^2\mid(p-1)$ 但 $q^3\nmid(p-1)$ 时, G 恰有 $6+\dfrac{(q+1)^2}{2}$ 个彼此不同构的类型; 当 $q^3\mid(p-1)$ 时, G 恰有 $8+\dfrac{(q+1)(q^2+q+1)}{2}$ 个彼此不同构的类型.

(iii) 当 $q\mid(p+1)$ 但 $q^2\nmid(p+1)$ 时, G 恰有 3 个互不同构的类型; 当 $q^2\mid(p+1)$ 但 $q^3\nmid(p+1)$ 时, G 恰有 4 个彼此不同构的类型; 当 $q^3\mid(p+1)$ 时, G 恰有 5 个彼此不同构的类型.

在推论 4.1.8 中, 令 $q=3$, 又得到下面的推论.

推论 4.1.11 设 p 是奇素数, 且 $p>3$, G 是 $3p^2$ 阶群, 那么:

(i) 当 $3\mid(p+1)$ 时, G 恰有 3 个互不同构的类型;

(ii) 当 $3\mid(p-1)$ 时, G 恰有 6 个互不同构的类型. □

引理 4.1.12 设 p 与 q 是奇素数, 且 $p>q$, G 是阶为 p^2q^2 的群, 且 G 的 Sylow 子群都是初等交换群, 那么:

(i) 当 $q\nmid(p^2-1)$ 时, G 恰有 1 个互不同构的类型:

$G_1=\langle x\rangle\times\langle y\rangle\times\langle a\rangle\times\langle b\rangle$, 其中 $|x|=|y|=p$, $|a|=|b|=q$.

(ii) 当 $q\mid(p-1)$ 时, 令 σ 为模 p 的一个原根, $s\equiv\sigma^{\frac{(p-1)}{q}}(\mathrm{mod}p)$, 则 G 恰有 $\dfrac{q+7}{2}$ 个互不同构的类型, 除构造 G_1 外, 还有下面的构造类型:

$G_2=(\langle x\rangle\rtimes\langle a\rangle)\times\langle y\rangle\times\langle b\rangle$, 其中 $|x|=|y|=p$, $|a|=|b|=q$, $x^a=x^s$;

$G_3=(\langle x\rangle\rtimes\langle a\rangle)\times(\langle y\rangle\rtimes\langle b\rangle)$, 其中 $|x|=|y|=p$, $|a|=|b|=q$, $x^a=x^s$, $y^b=y^s$;

$G_4(i)=((\langle x\rangle\times\langle y\rangle)\rtimes\langle a\rangle)\times\langle b\rangle$, 其中 $|x|=|y|=p$, $|a|=|b|=q$, $x^a=x^s$, $y^a=y^{s^i}$, $1\leqslant i\leqslant q-1$, 且

$$G_4(i)\cong G_4(j)\Leftrightarrow ij\equiv1\pmod q.$$

所以 $G_4(i)$, $1\leqslant i\leqslant q-1$, 中恰有 $\dfrac{q+1}{2}$ 个互不同构的类型.

(iii) 当 $q \mid (p+1)$ 时, G 恰有 2 个互不同构的类型, 除构造 G_1 外, 还有下面的构造类型:

$G_5 = (((\langle x\rangle \times \langle y\rangle) \rtimes \langle a\rangle) \times \langle b\rangle$, 其中 $|x| = |y| = p$, $|a| = |b| = q$, $x^a = y$, $y^a = x^{-1}y^{\beta}$, 而 $\beta \in \mathbb{Z}_p$ 使 $f(\lambda) = \lambda^2 - \beta\lambda + 1$ 是域 $\mathbb{Z}_p$ 上多项式 $(\lambda^q - 1)/(\lambda - 1)$ 的二次不可约因式.

证明　设 G 的 Sylow p-子群为 $P = \langle x\rangle \times \langle y\rangle$、$G$ 的 Sylow q-子群为 $Q = \langle a\rangle \times \langle b\rangle$. 由于 $p > q$, 所以 Sylow 定理意味着 $P \lhd G$, 于是 $G = P \rtimes Q$.

(i) 当 $q \nmid (p^2-1)$ 时, Q 必平凡作用在 P 上, 从而 $Q \lhd G$, $G = P \times Q$, G 有构造 G_1.

(ii) 当 $q \mid (p-1)$ 时, 由引理 3.5.6 知, Q 在 P 上的作用是可约的. 再由定理 2.6.11 知, Q 在 P 上的作用是完全可约的. 因此, 不妨设 $\langle x\rangle$ 和 $\langle y\rangle$ 都是 Q-不变的. 由于 p 阶循环群的自同构群是 $p-1$ 阶循环群, 所以 $C_Q(x)$ 和 $C_Q(y)$ 或为 Q 或为 Q 的 q 阶子群. 当 $C_Q(x) = C_Q(y) = Q$ 时, G 的构造为 G_1; 当 $C_Q(x)$ 和 $C_Q(y)$ 中只有一个是 Q 而另一个是 Q 的 q 阶子群时, 不妨设 $C_Q(y) = Q$ 而 $C_Q(x) = \langle b\rangle$, 于是可设 $x^a = x^s$, 这里 $s \equiv \sigma^{\frac{(p-1)}{q}} (\mathrm{mod} p)$, 而 σ 为模 p 的一个原根. 所以 G 有构造 G_2; 当 $C_Q(x)$ 和 $C_Q(y)$ 是 Q 的两个不同的 q 阶子群时, 不妨设 $C_Q(x) = \langle b\rangle$ 而 $C_Q(y) = \langle a\rangle$, 于是可设 $x^a = x^s$, $y^b = y^s$, 所以 G 有构造 G_3; 当 $C_Q(x)$ 和 $C_Q(y)$ 是 Q 的同一个 q 阶子群时, 可设 $x^a = x^s$, $y^a = y^{s^i}$ $(1 \leqslant i \leqslant q-1)$, 所以 G 有构造 $G_4(i)$. 类似于引理 4.1.6 (ii), 我们不难证明, 在 $G_4(i)$ 中 $(1 \leqslant i \leqslant q-1)$

$$G_4(i) \cong G_4(j) \Leftrightarrow ij \equiv 1 \pmod q$$

所以 $G_4(i)$ 中 $(1 \leqslant i \leqslant q-1)$ 有 $\dfrac{q+1}{2}$ 个互不同构的类型.

(iii) 当 $q \mid (p+1)$ 时, 类似于引理 4.1.6 (iii) 的证明, G 有构造 G_5, 再加上 G_1, 可知 G 恰有 2 个互不同构的类型. □

根据推论 4.1.3, 推论 4.1.9, 引理 4.1.12, 并注意到推论 4.1.3 和推论 4.1.9 中都包括 Sylow 子群皆循环的情况, 我们不难得到下面的定理.

定理 4.1.13　设 p 与 q 都是奇素数, 且 $p > q$, G 是阶为 p^2q^2 的群, 那么:

(i) 当 $q \nmid (p^2-1)$ 时, G 恰有 4 个互不同构的类型;

(ii) 当 $q \mid (p-1)$ 但 $q^2 \nmid (p-1)$ 时, G 恰有 $q+10$ 个互不同构的类型; 当 $q^2 \mid (p-1)$ 时, G 恰有 $\dfrac{q^2+3q+24}{2}$ 个彼此不同构的类型;

(iii) 当 $q \mid (p+1)$ 但 $q^2 \nmid (p+1)$ 时, G 恰有 6 个互不同构的类型; 当 $q^2 \mid (p+1)$ 时, G 恰有 7 个彼此不同构的类型.

§4.2　pq^3 阶群的构造

设 p 与 q 是两个不同的奇素数, 本节将完成 pq^3 阶群的同构分类. 由于分类过程比较烦琐, 我们分为若干引理来叙述.

引理 4.2.1　设 p 与 q 是奇素数, 且 $p>q$, u, v 为任意正整数, σ 为模 p^u 的一个原根. 如果阶为 $p^u q^v$ 的群 G 的 Sylow 子群都是循环群, 那么

(i) 当 $q \nmid (p-1)$ 时, G 恰有 1 个不同构的类型:

$G_1 = \langle x \| x| = p^u q^v \rangle$;

(ii) 当 $q^m \| (p-1)$ 时 $(m \geqslant 1)$, 令 $l = \min(m,v)$, $1 \leqslant k \leqslant l$, $r_k \equiv \sigma^{\frac{p^{u-1}(p-1)}{q^k}} (\mathrm{mod} p^u)$, 则 G 恰有 $l+1$ 个互不同构的类型, 除了 (i) 中的 G_1 外, 还有下面的 l 个互不同构的类型:

$G_2(k) = \langle x \rangle \rtimes \langle a \rangle$, 其中 $|x| = p^u$, $|a| = q^v$, $x^a = x^{r_k}$, $1 \leqslant k \leqslant l$.

证明　设 P、Q 分别为 $p^u q^v$ 阶群 G 的 Sylow p-子群与 G 的 Sylow q-子群. 由于 P、Q 都是循环群, 所以由定理 1.5.3 知, 它们的自同构群也都是循环群, 且 Aut (P) 的阶为 $p^{u-1}(p-1)$, Aut (Q) 的阶为 $q^{v-1}(q-1)$. 又 $N_G(Q)/C_G(Q)$ 同构于 Aut (Q) 的一个子群, 而 $p>q$, 因此必有 $N_G(Q) = C_G(Q)$, 再由定理 2.5.4 得, $P \lhd G$, 于是 $G = P \rtimes Q$. 设 $P = \langle x \| x| = p^u \rangle$, $Q = \langle a \| a| = q^v \rangle$. 当 $q \nmid (p-1)$ 时, Q 只能平凡作用在 P 上, 于是也有 $Q \lhd G$, 从而 $G = P \times Q$, 故 G 是 $p^u q^v$ 阶循环群, 即 G 有构造 G_1. 当 $q^m \| (p-1)$ 时 $(m \geqslant 1)$, Q 除了平凡作用在 P 上外, 也可非平凡作用在 P 上. 令 $l = \min(m,v)$, 则对于 $1 \leqslant k \leqslant l$, $N_G(P)/C_G(P) = PQ/C_G(P) \cong Q/Q \cap C_G(P) = Q/C_Q(P)$ 可同构于 Aut (P) 的一个 q^k 阶循环子群. 这时, 必可设 $x^a = x^{r_k}$, 其中

$r_k \equiv \sigma^{\frac{p^{u-1}(p-1)}{q^k}} (\mathrm{mod} p^u)$. 故 G 有构造 $G_2(k)$, $1 \leqslant k \leqslant l$. □

引理 4.2.2　设 p 与 q 是奇素数, 且 $p > q$, u 为任意正整数, σ 为模 p^u 的一个原根. 如果阶为 $p^u q^3$ 的群 G 的 Sylow p-子群是循环群 $P = \langle x || x| = p^u\rangle$, 而 G 的 Sylow q-子群是交换群 $Q = \langle a, b || a| = q^2, |b| = q, [a, b] = 1\rangle$, 那么

(i) 当 $q \nmid (p-1)$ 时, G 恰有 1 个不同构的类型:

$G_1 = \langle x\rangle \times \langle a\rangle \times \langle b\rangle$, 其中 $|x| = p^u$, $|a| = q^2$, $|b| = q$.

(ii) 当 $q^2|(p-1)$ 时, 令 $r_k \equiv \sigma^{\frac{p^{n-1}(p-1)}{q^k}} (\mathrm{mod} p^u)$, $k = 1, 2$, 则 G 恰有 4 个互不同构的类型, 除了 (i) 中的 G_1 外, 还有下面的 3 个互不同构的类型:

$G_2(k) = (\langle x\rangle \rtimes \langle a\rangle) \times \langle b\rangle$, 其中 $|x| = p^u$, $|a| = q^2$, $|b| = q$, $x^a = x^{r_k}$, $k = 1, 2$;

$G_3 = (\langle x\rangle \rtimes \langle b\rangle) \times \langle a\rangle$, 其中 $|x| = p^u$, $|a| = q^2$, $|b| = q$, $x^b = x^{r_1}$.

(iii) 当 $q \| (p-1)$ 时, 则 G 恰有 3 个互不同构的类型, 即 (i) 中的 G_1 和 (ii) 中的 $G_2(1), G_3$.

证明　因为 Q 中共有 $q^2(q-1)$ 个阶为 q^2 的元和 q^2-1 个阶为 q 的元, 且 $\Phi(Q) = \langle a^q\rangle$, 所以 Aut (Q) 的阶为 $q^2(q-1)\cdot[(q^2-1)-(q-1)] = q^3(q-1)^2$, 从而必有 $N_G(Q) = C_G(Q)$. 因此由定理 2.5.4 得, $P \lhd G$. 又 P 是循环群, 所以 $G/C_G(P) \cong (G/P)/(C_G(P)/P) \cong Q/C_Q(P)$ 是循环群.

(i) 当 $q \nmid (p-1)$ 时, $Q/C_Q(P)$ 只能是 1 阶循环群, 所以 G 恰有 1 种构造: G_1.

(ii) 当 $q^2|(p-1)$ 时, $Q/C_Q(P)$ 除了是 1 阶循环群外, 也可为 q^k 阶循环群, $k = 1, 2$. 若 $C_Q(P) = \langle a^{q^k}, b\rangle$, 则 $Q/C_Q(P)$ 为 q^k 阶循环群. 这时可设 $x^a = x^{r_k}$, $k = 1, 2$, 因此 G 有构造 $G_2(k)$, $k = 1, 2$; 若 $C_Q(P) = \langle a\rangle$, 则 $Q/C_Q(P)$ 为 q 阶循环群. 这时可设 $x^b = x^{r_1}$, 因此 G 有构造 G_3.

(iii) 当 $q \| (p-1)$ 时, $Q/C_Q(P)$ 除了是 1 阶循环群外, 只能为 q 阶循环群. 因此 G 恰有 3 个互不同构的类型, 即 $G_1, G_2(1)$ 和 G_3. □

引理 4.2.3　设 p 与 q 是奇素数, 且 $p > q$, u 为任意正整数, σ

为模 p^u 的一个原根. 如果阶为 p^uq^3 的群 G 的 Sylow p-子群是循环群 $P=\langle x||x|=p^u\rangle$, 而 G 的 Sylow q-子群是初等交换群 $Q=\langle a,b,c||a|=|b|=|c|=q,[a,b]=[a,c]=[b,c]=1\rangle$, 那么

(i) 当 $q\nmid(p-1)$ 且 $p\nmid(q^2+q+1)$ 时, G 恰有 1 个不同构的类型:

$G_1=\langle x\rangle\times\langle a\rangle\times\langle b\rangle\times\langle c\rangle$, 其中 $|x|=p^u$, $|a|=|b|=|c|=q$;

(ii) 当 $q|(p-1)$ 但 $p\nmid(q^2+q+1)$ 时, 令 $r\equiv\sigma^{\frac{p^{n-1}(p-1)}{q}}(\mathrm{mod}p^u)$, 则 G 恰有 2 个互不同构的类型, 除了 (i) 中的 G_1 外, 还有下面的构造类型:

$G_2=(\langle x\rangle\rtimes\langle a\rangle)\times\langle b\rangle\times\langle c\rangle$, 其中 $|x|=p^u$, $|a|=|b|=|c|=q$, $x^a=x^r$;

(iii) 当 $q\nmid(p-1)$ 但 $p\mid(q^2+q+1)$ 时, 则 G 恰有 2 个互不同构的类型, 即 (i) 中的 G_1 和下面的构造类型:

$G_3=(\langle a\rangle\times\langle b\rangle\times\langle c\rangle)\rtimes\langle x\rangle$, 其中 $|x|=p^u$, $|a|=|b|=|c|=q$, $a^x=b$, $b^x=c$, $c^x=ab^\gamma c^\beta$, 且 β, γ 使 $\lambda^3-\beta\lambda^2-\gamma\lambda-1$ 是域 $\mathbb{Z}_q$ 上多项式 λ^p-1 的一个不可约因式;

(iv) 当 $q\mid(p-1)$ 且 $p\mid(q^2+q+1)$ 时 (这时必有 $p\equiv1(\mathrm{mod}3)$, G 恰有 3 个不同构的类型: G_1, G_2, G_3.

证明 如果 $P\lhd G$, 那么 $Q/C_Q(P)$ 是循环群. 又当 $q\nmid(p-1)$ 时, 必有 $Q/C_Q(P)=1$, 即 G 只能是 P 与 Q 的直积, 因而 G 的构造为 G_1; 当 $q\mid(p-1)$ 时, $Q/C_Q(P)$ 还可以是 q 阶循环群, 这时不妨设 $C_Q(P)=\langle b,c\rangle$. 于是可设 $x^a=x^r$, 从而 G 还有构造 G_2. 如果 P 不是 G 的正规子群, 那么由 Sylow 定理得 $p\mid(q^3-1)$. 但 $p>q$, 所以 $p\mid(q^2+q+1)$. 由定理 2.5.8 知, G 是可解群. 再由推论 1.9.10, 可知存在 G 的正规 q-子群 B, 且 $B>1$. 若 $|B|<q^3$, 则显然 $P\lhd PB$, 从而 P char PB. 然而 G/B 的 Sylow p-子群 PB/B 又显然正规, 所以 $PB\lhd G$, 因而 $P\lhd G$, 矛盾. 故 B 只能是 q^3 阶初等交换群, 即 $B=Q$ 是 G 的极小正规子群.

由于 Q 可看成域 $\mathbb{Z}_q$ 上的 3 维线性空间, 而 x 作用在 Q 上时是 Q 的可逆线性变换, 设 x 对应域 $\mathbb{Z}_q$ 上的 3 阶可逆矩阵为 $\boldsymbol{M}$. 因为 $x^{p^u}=1$, 所以 $|\boldsymbol{M}|^{p^u}\equiv1(\mathrm{mod}q)$. 又由初等数论知识得, $|\boldsymbol{M}|^{q-1}\equiv1(\mathrm{mod}q)$. 注意到 $(p,q-1)=1$, 所以 $|\boldsymbol{M}|\equiv1(\mathrm{mod}q)$. 故可设 x 的特征多项式为 $f(\lambda)=$

$\lambda^3-\beta\lambda^2-\gamma\lambda-1$. 由于 Q 是 G 的极小正规子群, 所以 $f(\lambda)$ 是不可约的. 又 $\mathrm{Aut}\,(Q)$ 的阶为 $(q^3-1)(q^3-q)(q^3-q^2)=q^3(q-1)^3(q+1)(q^2+q+1)$, 而 $p^2>(q+1)^2>q^2+q+1$, 所以 $(p^u, q^2+q+1)=p$, 从而 x 作用在 Q 上时只能诱导 Q 的一个 p 阶自同构. 由此可知, $C_P(Q)=\langle x^p\rangle$, 且 M^p-1 是 M 的零化多项式, 故 $f(\lambda)$ 是域 $\mathbb{Z}_q$ 上多项式 λ^p-1 的一个不可约因式, 于是 G 有构造 G_3.

反之, 当 $p>q$ 且 $p\mid(q^2+q+1)$ 时, 我们有 $(p,\ q^2-1)=1$, 从而 $(\lambda^{p^u}-1,\ \lambda^{q^2-1}-1)=\lambda-1$. 又 $\lambda^{q^2}-\lambda$ 是域 $\mathbb{Z}_q$ 上所有一次和二次不可约多项式之积, 于是 $(\lambda^{p^u}-1)/(\lambda-1)$ 无一次和二次不可约因式. 再由 $(p^u,\ q^3-1)=(p^u,\ q^2+q+1)=p$ 知

$$\left(\frac{\lambda^{p^u}-1}{\lambda-1},\ \frac{\lambda^{q^3}-1}{\lambda-1}\right)=\frac{\lambda^p-1}{\lambda-1}$$

全是三次不可因式之积, 因而必有 $p\equiv 1(\mathrm{mod}3)$. 又 $C_P(Q)=\langle x^p\rangle$, 且对任何整数 k, x^{i+kp}, $i=1,2,\cdots,p-1$, 都是 P 的生成元, x^{i+kp} 的矩阵是 $\boldsymbol{M}^i$, 其特征多项式记为 $f_i(\lambda)$, $i=1,2,\cdots,p-1$. 则 $f_i(\lambda)$ 都不可约, 且都是 λ^p-1 的因式. 又对任意 i, $1\leqslant i\leqslant p-1$, 易见 i, iq, iq^2 模 p 是互不同余的. 但 $|\lambda\boldsymbol{I}-\boldsymbol{M}^{qi}|\equiv f_i(\lambda)(\mathrm{mod}q)$, 所以在域 $\mathbb{Z}_q$ 上, $f_i(\lambda)=f_{iq}(\lambda)=f_{iq^2}(\lambda)$. 于是 $f_i(\lambda)$, $i=1,2,\cdots,p-1$, 中恰有 $(p-1)/3$ 个是互不相同的, 因此取 λ^p-1 的任何一个不可约三次因式作为 x 的特征多项式而构造的群 G 必是彼此同构的. 综上所述, 可知引理成立. □

引理 4.2.4　设 p 与 q 是奇素数, 且 $p>q$, u 为任意正整数, σ 为模 p^u 的一个原根. 如果阶为 p^uq^3 的群 G 的 Sylow p-子群是循环群 $P=\langle x\,||x|=p^u\rangle$, 而 G 的 Sylow q-子群是指数为 q^2 的非交换群 $Q=\langle a,b\,||a|=q^2,|b|=q,a^b=a^{q+1}\rangle$, 那么

(i) 当 $q\nmid(p-1)$ 时, G 恰有 1 个不同构的类型:

$G_1=\langle x\rangle\times(\langle a\rangle\rtimes\langle b\rangle)$, 其中 $|x|=p^u$, $|a|=q^2$, $|b|=q$, $a^b=a^{q+1}$;

(ii) 当 $q|(p-1)$ 时, 令 $r\equiv\sigma^{\frac{p^{n-1}(p-1)}{q}}(\mathrm{mod}p^u)$, 则 G 恰有 $q+1$ 个互不同构的类型, 除了 (i) 中的 G_1 外, 还有下面的 q 个互不同构的类型:

$G_2(k) = (\langle x\rangle \times \langle a\rangle) \rtimes \langle b\rangle$, 其中 $|x| = p^u$, $|a| = q^2$, $|b| = q$, $a^b = a^{q+1}$, $x^b = x^{r^k}$, $1 \leqslant k \leqslant q-1$;

$G_3 = \langle x\rangle \rtimes (\langle a\rangle \rtimes \langle b\rangle)$, 其中 $|x| = p^u$, $|a| = q^2$, $|b| = q$, $a^b = a^{q+1}$, $x^a = x^r$, $x^b = x$.

证明 因为 $[a,b] = a^q \in Z(Q)$, 且 q 为奇素数, 所以由引理 2.2.12 得

$$(a^i b^j)^q = a^{iq} b^{jq} [b^j, a^i]^{\binom{q}{2}} = a^{iq}$$

于是, 只要 $q \nmid i$, $a^i b^j$ 的阶就是 q^2, 这里 $1 \leqslant i \leqslant q^2-1, 0 \leqslant j \leqslant q-1$. 由此知 Q 中共有 $q^2(q-1)$ 个阶为 q^2 的元. 又 Q 有唯一的 q^2 阶初等交换 q-子群 $\langle a^q, b\rangle$, 所以 Q 中共有 q^2-1 个阶为 q 的元. 由于 $\Phi(Q) = \langle a^q\rangle$ 中的元是非生成元, 所以 $\mathrm{Aut}\,(Q)$ 的阶为 $q^2(q-1)\cdot[(q^2-1)-(q-1)] = q^3(q-1)^2$, 从而必有 $N_G(Q) = C_G(Q)$. 因此由定理 2.5.4 得, $P \lhd G$. 又 P 是循环群, 所以 $G/C_G(P) \cong (G/P)/(C_G(P)/P) \cong Q/C_Q(P)$ 是循环群.

(i) 当 $q \nmid (p-1)$ 时, $Q/C_Q(P)$ 只能是 1 阶循环群, 所以 G 恰有 1 种构造: G_1.

(ii) 当 $q|(p-1)$ 时, $Q/C_Q(P)$ 除了是 1 阶循环群外, 还可为 q 阶循环群. 所以 G 除了构造 G_1 外, 还有别的构造.

1) 若 $C_Q(P) = \langle a\rangle$, 则可设 $x^b = x^{r^k}$, $1 \leqslant k \leqslant q-1$, 从而 G 有形如 $G_2(k)$ 的构造. 类似于引理 4.1.6 (ii) 中 (4) 的证明过程, 不难证明 $G_2(i) \cong G_2(j)$ 当且仅当 $i \equiv j (\mathrm{mod} q)$, 因此 $G_2(k)$, $1 \leqslant k \leqslant q-1$, 是 $q-1$ 个互不同构的群.

2) 若 $C_Q(P) = \langle a^q, b\rangle$, 则可设 $x^a = x^{r^i}$, $0 < i < q$. 但存在 $0 < j < q$, 使 $ij \equiv 1 (\mathrm{mod} q)$. 令 $a_1 = a^j$, 则不难验证 $Q = \langle a_1, b\rangle$, $C_Q(P) = \langle a_1^q, b\rangle$, 且 $a_1^b = a_1^{q+1}$, $x^{a_1} = x^r$. 因此, 不妨设 $x^a = x^r$, 从而 G 有构造 G_3. □

引理 4.2.5 设 p 与 q 是奇素数, 且 $p > q$, u 为任意正整数, σ 为模 p^u 的一个原根. 如果阶为 $p^u q^3$ 的群 G 的 Sylow p-子群是循环群 $P = \langle x \| x| = p^u\rangle$, 而 G 的 Sylow q-子群是指数为 q 的非交换群 $Q = \langle a,b,c \| a| = |b| = |c| = q, [a,b] = c, [a,c] = [b,c] = 1\rangle$, 那么

(i) 当 $q \nmid (p-1)$ 时, G 恰有 1 个不同构的类型:

$G_1 = \langle x\rangle \times \langle a, b, c\rangle$, 其中 $|x| = p^u$, $|a| = |b| = |c| = q$, $[a, b] = c$, $[a, c] = [b, c] = 1$;

(ii) 当 $q|(p-1)$ 时, 令 $r \equiv \sigma^{\frac{p^{n-1}(p-1)}{q}} (\mathrm{mod} p^u)$, 则 G 恰有 2 个互不同构的类型, 除了 G_1 外, 还有下面的构造:

$G_2 = \langle x\rangle \rtimes \langle a, b, c\rangle$, 其中 $|x| = p^u$, $|a| = |b| = |c| = q$, $[a, b] = c$, $[a, c] = [b, c] = 1$, $x^a = x^r$, $x^b = x^c = x$.

证明　由引理 4.2.3 的证明过程可知, 必有 $P \lhd G$, 因而 $Q/C_Q(P)$ 是循环群. 当 $q \nmid (p-1)$ 时, $Q/C_Q(P)$ 只能是 1 阶循环群, 于是 G 是 P 和 Q 的直积, 故 G 恰有 1 个不同构的类型: G_1. 当 $q|(p-1)$ 时, $Q/C_Q(P)$ 还可为 q 阶循环群. 这时, 不妨设 $C_Q(P) = \langle b, c\rangle$, $x^a = x^r$, 因而 G 有构造 G_2. 故当 $q|(p-1)$ 时, G 恰有 2 个互不同构的类型: G_1, G_2. □

综合引理 4.2.1 至引理 4.2.5 的结果, 我们得到下面的定理:

定理 4.2.6　设 p 与 q 是奇素数, 且 $p > q$, n 为任意正整数, G 是 Sylow p-子群为循环群的 p^nq^3 阶群, 那么:

(i) 当 $q \nmid (p-1)$ 且 $p \nmid (q^2+q+1)$ 时, G 恰有 5 个不同构的类型;

(ii) 当 $q \nmid (p-1)$ 但 $p \mid (q^2+q+1)$ 时, G 恰有 6 个不同构的类型;

(iii) 当 $q \| (p-1)$ 但 $p \nmid (q^2+q+1)$ 时, G 恰有 $q+10$ 个不同构的类型;

(iv) 当 $q \| (p-1)$ 且 $p \mid (q^2+q+1)$ 时, G 恰有 $q+11$ 个不同构的类型;

(v) 当 $q^2 \| (p-1)$ (这时必有 $p \nmid (q^2+q+1)$) 时, G 恰有 $q+12$ 个不同构的类型;

(vi) 当 $q^3 \mid (p-1)$ (这时必有 $p \nmid (q^2+q+1)$) 时, G 恰有 $q+13$ 个不同构的类型. □

引理 4.2.7　设 p 与 q 是奇素数, 且 $p > q$, n 为任意正整数. 设 G 是 Sylow q-子群循环而 Sylow p-子群是 (p^2, p) 型交换群的 p^3q^n 阶群, 当 $q^m \| (p-1)$ 时, 记 $l = \min(m, n)$, σ 是模 p, p^2 的一个公共原根, $s_k = \sigma^{\frac{p(p-1)}{q^k}}$, $t_k = \sigma^{\frac{p-1}{q^k}}$, 其中 $0 \leqslant k \leqslant l$, 那么群 G 有下列构造类型.

$$G_1(k, i) = (\langle x\rangle \times \langle y\rangle) \rtimes \langle a\rangle, x^a = x^{s_k}, y^a = y^{t_k^i} \tag{4.14}$$

其中, $|x|=p^2$, $|y|=p$, $|a|=q^n$, $0\leqslant k\leqslant l$, $0\leqslant i<q^k$.

$$G_2(u,i)=(\langle x\rangle\times\langle y\rangle)\rtimes\langle a\rangle, x^a=x^{s_{u-1}^i}, y^a=y^{t_u} \tag{4.15}$$

其中, $|x|=p^2$, $|y|=p$, $|a|=q^n$, $1\leqslant u\leqslant l$, $0\leqslant i<q^{u-1}$.

而且 (4.14) 式中有 $\dfrac{q^{l+1}-1}{q-1}$ 个互不同构, (4.15) 式中有 $\dfrac{q^l-1}{q-1}$ 个互不同构, 所以 G 恰有 $\dfrac{q^l(q+1)-2}{q-1}$ 个互不同构的类型.

证明 设 G 的 Sylow p-子群 $P=\langle x,y||x|=p^2,|y|=p,[x,y]=1\rangle$, G 的 Sylow q-子群 $Q=\langle a||a|=q^n\rangle$. 类似于引理 3.7.2, 不难证明 G 是超可解群, 而且可设 $\langle x\rangle$ 和 $\langle y\rangle$ 都是 Q-不变的. 因此如果 $q^m\|(p-1)$, 则 a 作用在 $\langle x\rangle$ 上可以是 $\langle x\rangle$ 的 q^k 阶自同构, 同时 a 作用在 $\langle y\rangle$ 上可以是 $\langle y\rangle$ 的 q^u 阶自同构, 其中 $0\leqslant k,u\leqslant l$.

1) 当 $k\geqslant u$ 时, 可设 $x^a=x^{s_k}$ (否则可用 a 的适当次幂代替 a). 同时应有 $y^a=y^{t_k^i}$, 其中 $0\leqslant i<q^k$. 于是 G 有形如 (4.14) 式的构造. 对每个 k, b^x 有 q^k 种不同选择, 由此得 G 的 q^k 个互不同构的构造, 从而 (4.14) 式共代表 $\sum\limits_{k=0}^{l}q^k=\dfrac{q^{l+1}-1}{q-1}$ 个互不同构的 Sylow q-子群循环的 p^3q^n 阶群.

2) 当 $k<u$ 时, 类似于构造 (4.14) 式, 可设 $y^x=y^{t_u}$. 同时应有 $x^a=x^{s_{u-1}^i}$, 其中 $0\leqslant i<q^{u-1}$, 即对每个 u, x^u 有 q^{u-1} 种不同选择, 由此得 G 的 q^{u-1} 个互不同构的构造, 因而 (4.15) 式共代表 $\sum\limits_{u=1}^{l}q^{u-1}=\dfrac{q^l-1}{q-1}$ 个互不同构的 Sylow q-子群循环的 p^3q^n 阶群.

综上所述得, G 恰有 $\dfrac{q^l(q+1)-2}{q-1}$ 个互不同构的类型. □

引理 4.2.8 设 p 与 q 是奇素数, 且 $p>q$, n 为任意正整数. 设 G 是 p^3q^n 阶群, G 的 Sylow q-子群为循环群 $Q=\langle a||a|=q^n\rangle$ 而 Sylow p-子群为初等交换群 $P=\langle x,y,z||x|=|y|=|z|=p,[x,y]=[x,z]=[y,z]=1\rangle$, 那么

(i) 当 $q\nmid(p^3-1)(p+1)$ 时, G 恰有 1 个不同构的类型:

$G_1=\langle x\rangle\times\langle y\rangle\times\langle z\rangle\times\langle a\rangle$;

(ii) 当 $3|(q-1)$ 且 $q^m\|(p-1)$, $m \geqslant 1$ 时, 记 $l=\min(m,n)$, 令 σ 是模 p 的一个原根, $t_k \equiv \sigma^{\frac{p-1}{q^k}}(\mathrm{mod} p)$, 其中 $0 \leqslant k \leqslant l$, 则 G 恰有 $\dfrac{3l}{2}+\dfrac{q^l(q+1)+q-3}{2(q-1)}+\dfrac{(q^{2l}-1)(q^2+q+1)}{6(q^2-1)}$ 个不同构的类型, 除 G_1 外, 还有下面的构造形式:

$$G_2(k)=(\langle x\rangle \rtimes \langle a\rangle)\times\langle y\rangle\times\langle z\rangle,\ x^a=x^{t_k} \tag{4.16}$$

其中 $1 \leqslant k \leqslant l$, 且 (4.16) 式共表示 l 个互不同构的构造;

$$G_3(k,i)=((\langle x\rangle\times\langle y\rangle)\rtimes\langle a\rangle)\times\langle z\rangle,\ x^a=x^{t_k},\ y^a=y^{t_k^i} \tag{4.17}$$

其中 $1 \leqslant k \leqslant l$, $1<i<q^k$, $(i,q)=1$, 且 (4.17) 式共表示 $\dfrac{q^l-1}{2}+l$ 个互不同构的构造;

$$G_4(k,i)=((\langle x\rangle\times\langle y\rangle)\rtimes\langle a\rangle)\times\langle z\rangle,\ x^a=x^{t_k},\ y^a=y^{t_{k-1}^i} \tag{4.18}$$

其中 $2 \leqslant k \leqslant l$, $0<i<q^{k-1}$, 且 (4.18) 式共表示 $\dfrac{q^l-1}{q-1}-l$ 个互不同构的构造;

$$G_5(k,i)=(\langle x\rangle\times\langle y\rangle\times\langle z\rangle)\rtimes\langle a\rangle,\ x^a=x^{t_k},\ y^a=y^{t_k},\ z^a=z^{t_k^i} \tag{4.19}$$

其中 $1 \leqslant k \leqslant l$, $0<i<q^k$ 但 $(i,q)=1$, 且 (4.19) 式共表示 q^l-1 个互不同构的构造;

$$G_6(k,i,j)=(\langle x\rangle\times\langle y\rangle\times\langle z\rangle)\rtimes\langle a\rangle,\ x^a=x^{t_k},\ y^a=y^{t_k^i},\ z^a=z^{t_k^j} \tag{4.20}$$

其中 $1 \leqslant k \leqslant l$, $1<i,j<q^k$ 但 $i \not\equiv j(\mathrm{mod} q^k)$ 且 $(ij,q)=1$. (4.20) 式共表示 $l-\dfrac{q^l-1}{2}+\dfrac{(q-1)(q^{2l}-1)}{6(q+1)}$ 个互不同构的构造;

$$\begin{aligned}G_7(k,i,j)&=(\langle x\rangle\times\langle y\rangle\times\langle z\rangle)\rtimes\langle a\rangle,\\ x^a&=x^{t_k},\quad y^a=y^{t_k^i},\quad z^a=z^{t_{k-1}^j}\end{aligned} \tag{4.21}$$

其中 $2 \leqslant k \leqslant l$, $0<i<q^k$ 且 $(i,q)=1$, $0<j<q^{k-1}$, 且 (4.21) 式共表示 $\dfrac{1}{2}\left[\dfrac{q^{2l}-1}{q+1}+\dfrac{(2-q)(q^l-1)}{q-1}-l\right]$ 个互不同构的构造;

$$G_8(k,i,j)=(\langle x\rangle\times\langle y\rangle\times\langle z\rangle)\rtimes\langle a\rangle,$$

$$x^a = x^{t_{k-1}^i}, \quad y^a = y^{t_{k-1}^j}, \quad z^a = z^{t_k} \tag{4.22}$$

其中 $2 \leqslant k \leqslant l$, $0 < i, j < q^{k-1}$ 且 $i_q = j_q$ (即 i, j 的标准素因数分解中 q 的幂相同), (4.22) 式共表示 $\dfrac{q^l-1}{2(q-1)} + \dfrac{q^{2l}-1}{2(q+1)^2} - \dfrac{ql}{q+1}$ 个互不同构的构造;

$$G_9(u, v, w, i, j) = (\langle x \rangle \times \langle y \rangle \times \langle z \rangle) \rtimes \langle a \rangle,$$
$$x^a = x^{t_u}, \quad y^a = y^{t_v^i}, \quad z^a = z^{t_w^j} \tag{4.23}$$

其中 $0<i<q^v$, $0<j<q^w$, $(ij,q)=1$. (4.23) 式共表示 $\dfrac{q^{2l}-1}{(q+1)(q^2-1)} - \dfrac{q^l-1}{q-1} + \dfrac{ql}{q+1}$ 个互不同构的构造.

(iii) 当 $q^m \| (p+1)$, $m \geqslant 1$ 时, 记 $l = \min(m, n)$, 则 G 恰有 $1+l$ 个不同构的类型, 除 G_1 外, 还有下面 l 个构造:

$$G_k = ((\langle x \rangle \times \langle y \rangle) \rtimes \langle a \rangle) \times \langle z \rangle,\ x^a = y,\ y^a = x^{-1}y^{\beta_k} \tag{4.24}$$

其中 $1 \leqslant k \leqslant l$, 而 $\beta_k \in \mathbb{Z}_p$ 使得 $\lambda^2 - \beta_k\lambda + 1$ 是 $\mathbb{Z}_p$ 上多项式 $(\lambda^{q^k} - 1)/(\lambda^{q^{k-1}} - 1)$ 的一个二次不可约因式.

(iv) 当 $q \nmid (p-1)$ 但 $q^m \| (p^2+p+1)$ 且 $m \geqslant 1$ 时, 记 $l = \min(m, n)$, 则 G 恰有 $1+l$ 个彼此不同构的类型, 除 G_1 外, 还有下面 l 个构造:

$$G_k = (\langle x \rangle \times \langle y \rangle \times \langle z \rangle) \rtimes \langle a \rangle,\ a^x = b,\ b^x = c,\ c^x = ab^{\beta_k}c^{\gamma_k} \tag{4.25}$$

其中 $1 \leqslant k \leqslant l$, $3|(q-1)$, 而 $\beta_k, \gamma_k \in \mathbb{Z}_p$ 使得 $\lambda^3 - \gamma_k\lambda^2 - \beta_k\lambda - 1$ 是 $\mathbb{Z}_p$ 上多项式 $(\lambda^{q^k} - 1)/(\lambda^{q^{k-1}} - 1)$ 的一个三次不可约因式.

(v) 当 $3|(q+1)$ 且 $q^m \| (p-1)$, $m \geqslant 1$ 时, 则 G 恰有 $\dfrac{5l}{6} + \dfrac{q^l(q+1)+q-3}{2(q-1)} + \dfrac{(q^{2l}-1)(q^2+q+1)}{6(q^2-1)}$ 个不同构的类型, 其构造形式与 (ii) 相同, 只是 (4.20) 式只代表 $\dfrac{l}{3} - \dfrac{q^l-1}{2} + \dfrac{(q-1)(q^{2l}-1)}{6(q+1)}$ 个不同构的类型;

(vi) 当 $q=3$ 且 $3^m \| (p-1)$, $m \geqslant 1$ 时, 则如果 $m \geqslant n$, 那么 G 恰有 $3^n + \dfrac{3n-1}{2} + \dfrac{13 \cdot 3^{2n-1} - 7}{16}$ 个不同构的类型, 其构造形式与 (ii) 相同, 只是 (4.20) 式只代表 $l - \dfrac{3^l}{2} + \dfrac{3^{2l-1}-1}{4}$ 个不同构的类型; 如果 $m < n$

(这时 $n \geqslant 2$), 那么 G 恰有 $3^m + \dfrac{3m+1}{2} + \dfrac{13 \cdot 3^{2m-1} - 7}{16}$ 个不同构的类型, 其构造形式除与 $m \geqslant n$ 的情形相同外, 还有下面一种构造:

$$G = (\langle x \rangle \times \langle y \rangle \times \langle z \rangle) \rtimes \langle a \rangle,\ a^x = b,\ b^x = c,\ c^x = a^{-\zeta} \tag{4.26}$$

其中 $\zeta = \sigma^{\frac{p-1}{3^{m-1}}}$, σ 是 p 的一个原根, 而 $3^{m-1} \| (p-1)$ 且 $m \geqslant 2$.

证明　因 $p > q$, Q 的自同构群 $\mathrm{Aut}(Q)$ 的阶是 $q^{n-1}(q-1)$, 所以必有 $N_G(Q) = C_G(Q)$, 于是由定理 2.5.3 知, $P \lhd G$. 又 P 是初等交换 p-群, 其自同构群 $\mathrm{Aut}(P)$ 的阶是 $(p^3-1)(p^3-p)(p^3-p^2)$, 所以当 $q \nmid (p^3-1)(p+1)$ 时, 必有 $N_G(P) = C_G(P)$, 再由定理 2.5.4 知, $Q \lhd G$. 故这时 G 只能是 P 和 Q 直积, 其构造为 G_1.

当 $q \mid (p^3-1)(p+1)$ 时, 由定理 2.6.8 得, $P = C_P(Q) \times [P, Q]$.

1) 如果 $C_P(Q)$ 是 p^2 阶群, 则不妨设 $C_P(Q) = \langle y, z \rangle$, $[P,\ Q] = \langle x \rangle$. 这时应有 $q \mid (p-1)$, 且可设 $x^a = x^{t_k}$, 从而 G 有形如 (4.16) 式的构造. 设 $q^m \| (p-1)$, $m \geqslant 1$, $l = \min(m, n)$, 则 (4.16) 式中 $1 \leqslant k \leqslant l$, 所以 (4.16) 式共表示 l 个互不同构的 Sylow q-子群循环的 p^3q^n 阶群.

2) 如果 $C_P(Q)$ 是 p 阶群, 则不妨设 $C_P(Q) = \langle z \rangle$, $[P, Q] = \langle x, y \rangle$.

(a) 首先, 假定 $Q\langle x, y \rangle$ 是超可解群, 于是不妨设 $\langle x \rangle$ 与 $\langle y \rangle$ 都是 Q-不变的, 从而必有 $q | (p-1)$, 且 $C_Q(x)$ 与 $C_Q(y)$ 都不等于 Q.

① 当 $C_Q(x) = C_Q(y) \neq Q$ 时, 必有 $m > 0$, 使 $q^m \| (p-1)$, 于是 G 有形如 (4.17) 式的构造. 因为对每个 $1 < i < q^k$ 且 $(i, q) = 1$, 有唯一的 $1 < j < q^k$, 使 $ij \equiv 1 (\mathrm{mod} q^k)$. 所以当用 $a_1 = a^j$ 代替 a, 而将 x, y 对调时, 则 $G_3(k, i)$ 就变成了 $G_3(k, j)$. 这就证明了 $G_3(k, i) \cong G_3(k, j)$ 当且仅当 $ij \equiv 1 (\mathrm{mod} q^k)$. 又因当 $i \neq 1$ 或 $q^k - 1$ 时, $i \neq j$, 因此对每个 k, (4.17) 式共代表 $\dfrac{q^k - q^{k-1} + 2}{2}$ 个互不同构的 p^3q^n 阶群. 故 (4.17) 式表示的互不同构的 p^3q^n 阶群的个数为

$$\sum_{k=1}^{l} \frac{q^k - q^{k-1} + 2}{2} = \frac{q^l - 1}{2} + l.$$

② 当 $Q \neq C_Q(x) \neq C_Q(y) \neq Q$ 时, 应有 $q^m \| (p-1)$, $m \geqslant 2$, 不妨设 $C_Q(x) < C_Q(y)$, 则必有 $m > 1$, 使 $q^m \| (p-1)$, 于是 G 有形如 (4.18) 式的构造. 在 (4.18) 式中, $2 \leqslant k \leqslant l$, $0 < i < q^{k-1}$, 所以 (4.18) 式共表

示

$$\sum_{k=2}^{l}(q^{k-1}-1)=\frac{q^l-1}{q-1}-l$$

个互不同构的 p^3q^n 阶群.

(b) 然后, 假定 $Q\langle x,y\rangle$ 不是超可解群, 那么 Q 在 $\langle x,y\rangle$ 上的作用是不可约的. 又 $\langle x,y\rangle$ 是 p 元域 $\mathbb{Z}_p$ 上的 2 维线性空间, a 是它的一个可逆线性变换, 于是 a 的特征多项式 (记为 $f(\lambda)$) 是 $\mathbb{Z}_p$ 上的二次不可约多项式, 但 a 是 q-元, 所以存在正整数 k, 使得 $f(\lambda)$ 整除 $\lambda^{q^k}-1$. 另外, $\mathbb{Z}_p$ 上的全体二次不可约多项式之积是 $(\lambda^{p^2-1}-1)/(\lambda^{p-1}-1)$, 因此 $q|(p+1)$. 设 a 的矩阵是 $\boldsymbol{M}$, 则 $|\boldsymbol{M}|^{q^k}\equiv 1(\mathrm{mod}p)$, 又显然 $(q,p-1)=1$ 且 $|\boldsymbol{M}|^{p-1}\equiv 1(\mathrm{mod}p)$, 所以 $|\boldsymbol{M}|\equiv 1(\mathrm{mod}p)$. 当 $q^m\|(p+1)$ 且 $m\geqslant 1$ 时, 如果 a 是 $\langle x,y\rangle$ 的 q^k 阶线性变换 $(1\leqslant k\leqslant l)$, 则可设 $f(\lambda)=\lambda^2-\beta_k\lambda+1$, 它是 $(\lambda^{q^k}-1)/(\lambda^{q^{k-1}}-1)$ 的 2 次不可约因式, 从而 G 有形如 (4.24) 式的构造. 在 (4.24) 式中 $1\leqslant k\leqslant l$, 而 $q^m\|(p+1)$, $m\geqslant 1$, $\beta_k\in\mathbb{Z}_p$ 使得 $\lambda^2-\beta_k\lambda+1$ 是 $\mathbb{Z}_p$ 上多项式 $(\lambda^{q^k}-1)/(\lambda^{q^{k-1}}-1)$ 的一个二次不可约因式. 易见 (4.24) 式共表示 l 个互不同构的 p^3q^n 阶群.

3) 如果 $C_P(Q)=1$ 且 G 是超可解群时, 则不妨设 G 有正规群列: $G\rhd\langle x,y,z\rangle\rhd\langle y,z\rangle\rhd\langle z\rangle$. 这时 $q\mid(p-1)$, 由定理 2.6.11 知 Q 在 P 上的作用是完全可约的, 所以不妨假定 $\langle x\rangle$, $\langle y\rangle$ 与 $\langle z\rangle$ 都是 Q-不变的. 设 $q^m\|(p-1)$ 且 $m\geqslant 1$.

(a) 如果 $C_Q(x)=C_Q(y)=C_Q(z)=\langle a^{q^k}\rangle$, $1\leqslant k\leqslant l$, 那么不妨设 $x^a=x^{t_k}$, $y^a=y^{t_k^i}$, $z^a=z^{t_k^j}$, 其中 $0<i,j<q^k$ 但 $(ij,q)=1$. 这时, G 的构造有以下几种形式:

① 当 x^a, y^a, z^a 的指数至少有两个相同时, 不妨设 x^a, y^a 的指数相同, 则 G 有形如 (4.17) 式的构造. 不难证明在 (4.17) 式中, $G_k(k,i)\cong G_k(k,j)$ 当且仅当 $i=j$ $(1\leqslant k\leqslant l)$. 于是, 对每个 k, (4.17) 式表示 q^k-q^{k-1} 个互不同构的 p^3q^n 阶群, 因此 (4.17) 式共代表 q^l-1 个 p^3q^n 阶群.

② 当 x^a, y^a, z^a 的指数两两不等时 (若 $q=3$, 则 $k>1$), G 有形如 (4.20) 式的构造. 在 (4.20) 式中, $1\leqslant k\leqslant l$, $1<i,j<q^k$ 但

$i \not\equiv j(\bmod q^k)$ 且 $(ij, q) = 1$, 而 $q^m \| (p-1)$ 且 $m \geqslant 1$.

由于 a 作用在 P 上, 而 P 同构于 p 元域 $\mathbb{Z}_p$ 上的 3 维向量空间, x, y, z 是其基底, 于是 a 可看成 $\mathbb{Z}_p$ 上的 3 阶对角矩阵 $[t_k, t_k^i, t_k^j]$. 设 $iu \equiv 1 \equiv jv(\bmod q^k)$, 则 a^u, a^v 的矩阵分别是 $[t_k^u, t_k, t_k^{ju}]$ 与 $[t_k^v, t_k^{iv}, t_k]$, 于是如果在 (4.20) 式中将 x, y, z, a 分别换成 y, x, z, a^u, 那么 $G_6(k, i, j)$ 就变成 $G_6(k, u, ju)$, 从而在 (4.20) 式中有 $G_6(k, i, j) \cong G_6(k, u, ju)$. 同理, $G_6(k, i, j) \cong G_6(k, v, iv)$. 所以 $G_6(k, u, ju) \cong G_6(k, i, j) \cong G_6(k, v, iv)$.

若在 $\mathbb{Z}_{q^k}^* - \{1\}$ (这里 $\mathbb{Z}_{q^k}^*$ 是 q^k 的一个最小正既约剩余系) 中, 集合 $\{i, j\} = \{u,\ ju\}$, 则显然当 $i \not\equiv q^k - 1(\bmod q^k)$ 时, 有 $u \not\equiv i(\bmod q^k)$, 于是 $u \equiv j(\bmod q^k)$, 从而 $ju \equiv j^2 \equiv i(\bmod q^k)$. 再由 $iu \equiv 1 \equiv jv(\bmod q^k)$ 得, $j^3 \equiv 1(\bmod q^k)$ 与 $v \equiv i(\bmod q^k)$. 这说明在 $\mathbb{Z}_{q^k}^*$ 中有 3 阶乘法子群 $\{1, i, j\}$, 从而 $q \equiv 1(\bmod 3)$ 或 $q = 3$ 且 $k > 1$. 因此, 我们证明了当集合 $\{i, j\} = \{u,\ ju\} = \{v,\ iv\}$ 时, 必有 $j^3 \equiv 1(\bmod q^k)$, $i \equiv j^2(\bmod q^k)$, 且 $q \equiv 1(\bmod 3)$ 或 $q = 3$ 但 $k > 1$, 同时 $\lambda^3 - 1 = (\lambda - 1)(\lambda - i)(\lambda - j)(\bmod q^k)$, 否则集合 $\{i, j\}$, $\{u, ju\}$, $\{v, iv\}$ 是三个不同的集合. 反之, 若 $q \equiv 1(\bmod 3)$ 或 $q = 3$ 但 $k > 1$, 则存在唯一的 $j \in \mathbb{Z}_{q^k}^* - \{1\}$ 使得 $\lambda^3 - 1 = (\lambda - 1)(\lambda - i)(\lambda - j)(\bmod q^k)$, 从而 $\{i, j\}$, $\{u, ju\}$, $\{v, iv\}$ 是同一个集合当且仅当 $j^3 \equiv 1(\bmod q^k)$, $i \equiv j^2(\bmod q^k)$ 而 $j \in \mathbb{Z}_{q^k}^* - \{1\}$.

综上所述, 可知: 对每个 k, 当 $q \equiv 1(\bmod 3)$ 或 $q = 3$ 但 $k > 1$ 时, (4.20) 式共代表

$$1 + \frac{1}{3}\left(\binom{q^k - q^{k-1} - 1}{2} - 1\right) = 1 + \frac{q^{2k-2}(q-1)^2 - 3q^{k-1}(q-1)}{6}$$

个互不同构的 p^3q^n 阶群; 当 $q \equiv -1(\bmod 3)$ 时, (4.20) 式共代表

$$\frac{1}{3}\binom{q^k - q^{k-1} - 1}{2} = \frac{q^{2k-2}(q-1)^2 - 3q^{k-1}(q-1) + 2}{6}$$

个互不同构的 p^3q^n 阶群.

因此, 若 $q^m \| (p-1)$ 且 $m \geqslant 1$, 则当 $q \equiv 1(\bmod 3)$ 时, (4.20) 式总共

代表

$$l-\frac{q^l-1}{2}+\frac{(q-1)(q^{2l}-1)}{6(q+1)}$$

个互不同构的 p^3q^n 阶群; 当 $q\equiv -1(\text{mod}3)$ 时, (4.20) 式总共代表

$$\frac{l}{3}-\frac{q^l-1}{2}+\frac{(q-1)(q^{2l}-1)}{6(q+1)}$$

个互不同构的 p^3q^n 阶群; 当 $q=3$ 但 $3^m\|(p-1)$ 且 $m\geqslant 2$ 时, (4.20) 式总共代表

$$l-\frac{3^l}{2}+\frac{3^{2l-1}-1}{4}$$

个互不同构的 p^3q^n 阶群 (注意: 当 $m=1$ 时, 此式也成立).

(b) 如果 $C_Q(x)$, $C_Q(y)$, $C_Q(z)$ 中恰有两个相同 (这时必有 $m\geqslant 2$), 则不妨设 $C_Q(x)=C_Q(y)$.

①当 $C_Q(x)=C_Q(y)<C_Q(z)$ 时, 设 $C_Q(x)=C_Q(y)=\langle a^{q^k}\rangle$, 则 $k\geqslant 2$. 不失一般性, 我们可设 $x^a=x^{t_k}$, $y^a=y^{t_k^i}$, $z^x=z^{t_{k-1}^j}$, 其中 $0<i<q^k$ 且 $(i,q)=1$, 而 $0<j<q^{k-1}$. 所以 G 有形如 (4.21) 式的构造. 在 (4.21) 式中, $2\leqslant k\leqslant l$, $0<i<q^k$ 且 $(i,q)=1$, $0<j<q^{k-1}$, 而 $q^m\|(p-1)$ 且 $m\geqslant 2$.

类似于构造 (4.17) 式, 不难证明在 (4.21) 式中 $G_7(k,i,j)\cong G_7(k,u,v)$ 当且仅当 $iu\equiv 1(\text{mod}q^k)$ 且 $ju\equiv v(\text{mod}q^{k-1})$ (将 a 换成 a^u, 再将 x, y 对调). 于是对每个 k, 当 $i=1$ 时, (4.21) 式表示 $q^{k-1}-1$ 个互不同构的 p^3q^n 阶群; 当 $i=q^k-1$ 时, $G_7(k,i,j)\cong G_7(k,i,q^{k-1}-j)$, 而 $j\not\equiv q^{k-1}-j(\text{mod}q^{k-1})$, 所以 (4.21) 式表示 $\dfrac{q^{k-1}-1}{2}$ 个互不同构的 p^3q^n 阶群; 当 $i\not\equiv \pm 1(\text{mod}q^k)$ 时, (4.21) 式表示

$$\frac{(q^k-q^{k-1}-2)(q^{k-1}-1)}{2}$$

个互不同构的 p^3q^n 阶群. 由此可知对每个 k, (4.21) 式表示

$$\frac{(q^k-q^{k-1}+1)(q^{k-1}-1)}{2}$$

个互不同构的 p^3q^n 阶群, 因此 (4.21) 式总共表示

$$\frac{1}{2}\left[\frac{q^{2l}-1}{q+1}+\frac{(2-q)(q^l-1)}{q-1}-l\right]$$

个互不同构的 p^3q^n 阶群.

② 当 $C_Q(x)=C_Q(y)>C_Q(z)$ 时, 设 $C_Q(z)=\langle a^{q^k}\rangle$, 则 $k\geqslant 2$. 不失一般性, 我们可设 $x^a=x^{t_{k-1}^i}$, $y^a=y^{t_{k-1}^j}$, $z^a=z^{t_k}$, 所以 G 有形如 (4.22) 式的构造. 在 (4.22) 式中 $2\leqslant k\leqslant l$, $0<i,j<q^{k-1}$ 且 $i_q=j_q$ (即 i,j 的标准素因数分解中 q 的幂相同), 而 $q^m\|(p-1)$ 且 $m\geqslant 2$. 对于每个 k, 当 x^a 与 y^a 的指数相同时, (4.22) 式包含 $q^{k-1}-1$ 个互不同构的 p^3q^n 阶群; 当 x^a 与 y^a 的指数不相同时, 注意到 x 与 y 的对称性, (4.22) 式应包含 $\sum\limits_{u=1}^{k-1}\binom{q^u-q^{u-1}}{2}$ 个互不同构的 p^3q^n 阶群, 于是对于每个 k, (4.22) 式表示

$$\frac{q^{k-1}-1}{2}+\frac{(q-1)(q^{2k-2}-1)}{2(q+1)}$$

个互不同构的 p^3q^n 阶群. 总计起来, (4.22) 式共表示

$$\frac{q^l-1}{2(q-1)}+\frac{q^{2l}-1}{2(q+1)^2}-\frac{ql}{q+1}$$

个互不同构的 p^3q^n 阶群.

(c) 如果 $C_Q(x)$, $C_Q(y)$, $C_Q(z)$ 两两不同 (这时必有 $m\geqslant 3$), 则不妨设 $C_Q(x)=\langle a^{q^u}\rangle$, $C_Q(y)=\langle a^{q^v}\rangle$, $C_Q(z)=\langle a^{q^w}\rangle$, 其中 $1\leqslant w<v<u\leqslant l$. 所以 G 有形如 (4.23) 式的构造. 在 (4.23) 式中 $0<i<q^v$, $0<j<q^w$, $(ij,q)=1$. 对每个 u, (4.23) 式表示

$$\sum_{v=2}^{u-1}(q^v-q^{v-1})\sum_{w=1}^{v-1}(q^w-q^{w-1})=\frac{q^{2u-2}+q}{q+1}-q^{u-1}$$

个互不同构的 p^3q^n 阶群. 因此当 $m\geqslant 3$ 时, (4.23) 式总共表示

$$\sum_{u=3}^{l}\left(\frac{q^{2u-2}+q}{q+1}-q^{u-1}\right)=\frac{q^{2l}-1}{(q+1)(q^2-1)}-\frac{q^l-1}{q-1}+\frac{ql}{q+1}$$

个互不同构的 p^3q^n 阶群.

4) 如果 $C_P(Q)=1$ 而 G 不是超可解群, 则不难证明 Q 在 P 上的作用是不可约的. 这时 a 可以看成 p 元域 $\mathbb{Z}_p$ 上的 3 阶矩阵, 而 a 没有非平凡的不变子空间, 于是 a 的特征多项式 $f(\lambda)$ 是 $\mathbb{Z}_p$ 上的三次不可约多项式. 又存在正整数 m, 使得 $C_Q(P)=\langle a^{q^m}\rangle$, $1\leqslant m\leqslant n$, 此时易知 $\langle a^{q^m}\rangle\lhd G$. 由于 1 不是 a 的特征值, 所以 $Q/\langle a^{q^m}\rangle$ 在 P 上的作用是无不动点的, 因而由定理 3.3.7 知, $G/\langle a^{q^m}\rangle$ 是 Sylow q-子群为循环群的补为 $Q/\langle a^{q^m}\rangle$ 而核为 P 的 p^3q^m 阶 Frobenius 群. 再由定理 3.3.6 得, $q^m\mid(p^3-1)$. 显然 $\lambda^{q^m}-1$ 是 a 的矩阵 $\boldsymbol{M}$ 的零化多项式, 所以 $f(\lambda)$ 是 $\lambda^{q^m}-1$ 的因式. 众所周知, $\lambda^{p^3}-\lambda$ 是 $\mathbb{Z}_p$ 上的所有一次不可约多项式和三次不可约多项式的积, 于是 $f(\lambda)$ 也是 $\lambda^{p^3}-\lambda$ 的因式.

(a) 如果 $q\nmid(p-1)$, 则由 $q^m\mid(p^3-1)$ 可知 $\mathbb{Z}_q^*$ 有 3 阶子群 $\{1,p,p^2\}$, 所以 $3\mid(q-1)$ 且 $q^m\mid(p^2+p+1)$, 此时 $(\lambda^{q^m}-1,\lambda^{p-1}-1)=\lambda-1$, 而 $(\lambda^{q^m}-1)/(\lambda-1)$ 是 $(q^m-1)/3$ 个互不相同的三次不可约多项式之积. 我们用 $|\boldsymbol{M}|$ 表示 a 的矩阵 $\boldsymbol{M}$ 的行列式, 则由于 $C_Q(P)=\langle a^{q^m}\rangle$, 可知 $|\boldsymbol{M}|^{q^m}\equiv 1(\mathrm{mod}p)$. 又 $|\boldsymbol{M}|^{p-1}\equiv 1(\mathrm{mod}p)$, 且 $(q,p-1)=1$, 可知 $|\boldsymbol{M}|\equiv 1(\mathrm{mod}p)$, 从而可设 $\boldsymbol{M}$ 的特征多项式为 $f(\lambda)=\lambda^3-\gamma\lambda^2-\beta\lambda-1$. 因此, 可得 G 的构造 (4.25) 式. 在 (4.25) 式中 $1\leqslant k\leqslant l$, $q\equiv 1(\mathrm{mod}3)$, 而 $q^m\|(p^2+p+1)$, $m\geqslant 1$, $\beta_k,\gamma_k\in\mathbb{Z}_p$ 使得 $\lambda^3-\gamma_k\lambda^2-\beta_k\lambda-1$ 是 $\mathbb{Z}_p$ 上多项式 $(\lambda^{q^k}-1)/(\lambda^{q^{k-1}}-1)$ 的一个三次不可约因式.

显然, 对任何不被 q 整除的正整数 u, a^u 都是 Q 的生成元 (共 q^n-q^{n-1} 个), 而且 a^u 的特征多项式 (记为 $f_u(\lambda)$) 都是三次不可约多项式. 且当 $i\neq j$ 时, $f_i(\lambda)=f_j(\lambda)$ 的充要条件是矩阵 $\boldsymbol{M}^i$ 与 $\boldsymbol{M}^j$ 相似, 亦即 $pi\equiv j(\mathrm{mod}q^m)$ 或 $p^2i\equiv j(\mathrm{mod}q^m)$. 因在 $\{1,2,\cdots,q^m-1\}$ 中, 对任何固定的 i, 恰有一个 j 与一个 k, 使得 $pi\equiv j(\mathrm{mod}q^m)$ 与 $p^2i\equiv k(\mathrm{mod}q^m)$, 且显然 i,j,k 互不相等. 从而推知 $f_i(\lambda)$ ($1\leqslant i\leqslant q^m-1$ 且 $(i,q)=1$) 中恰有 $(q^m-q^{m-1})/3$ 个互不相等, 所以当 $f(\lambda)$ 是整除 $(\lambda^{q^m}-1)/(\lambda^{q^{m-1}}-1)$ 的任一个三次不可约多项式时, 按上述方法得到的 G 的构造必与 (4.25) 式同构. 因此 (4.25) 式共代表 $l=\min(m,n)$ 个互不同构的 p^3q^n 阶群.

(b) 如果 $q\mid(p-1)$, 则因 $f(\lambda)$ 是 $\lambda^{q^m}-1$ 的三次不可约因式, 所以也有 $q|(p^2+p+1)$, 从而 $q|(p^2+p+1,p-1)=(p^2+2p,p-1)=$

$(p+2, p-1) = (3, p-1)$, 因此 $q = 3$. 由此不难证明 $3 \| (p^2+p+1)$, 于是 $3^{m-1} \| (p-1)$, 从而 $\lambda^{3^{m-1}} - 1$ 是 3^{m-1} 个不同的一次因式的积. 再由 $C_Q(P) = \langle x^{q^m} \rangle$ 知, 必有 $m \geqslant 2$, 且 a 在 P 上的作用是 P 的 3^m 阶自同构, 因而 $f(\lambda)$ 是 $\mathbb{Z}_p$ 上的多项式 $(\lambda^{3^m} - 1)/(\lambda^{3^{m-1}} - 1)$ 的一个三次不可约因式. 由于 σ 是 p 的一个原根, 令 $\zeta = \sigma^{\frac{p-1}{3^{m-1}}}$, 则 $\lambda^3 - \zeta$ 是 $\mathbb{Z}_p$ 上的 3 次不可约因式. 不难验证 $\lambda^3 - \zeta$ 的友矩阵是 $GL(3,p)$ 中的 3^m 阶元, 所以 $\lambda^3 - \zeta$ 是 $(\lambda^{3^m} - 1)/(\lambda^{3^{m-1}} - 1)$ 的一个三次不可约因式, 由此得 G 的构造 (4.26) 式. 在 (4.26) 式中 $\zeta = \sigma^{\frac{p-1}{3^{m-1}}}$, σ 是 p 的一个原根, 而 $3^{m-1} \| (p-1)$ 且 $m \geqslant 2$. 类似于上段的讨论, 可以断定: 对 $(\lambda^{3^m} - 1)/(\lambda^{3^{m-1}} - 1)$ 的任何一个三次不可约因式, 按上述方法得到的 G 的构造必与 (4.26) 式同构. 因此 (4.26) 式仅表示 1 个 p^3q^n 阶群.

综上所述, 注意到 $m = 1$ 时, (4.18) 式, (4.21) 式, (4.22) 式都表示 0 个 G 的构造, 而 $m = 1, 2$ 时, (4.23) 式也表示 0 个 G 的构造, 这就证明了该引理. □

引理 4.2.9 设 p 与 q 是奇素数, 且 $p > q$, n 为任意正整数. 设 G 是 Sylow q-子群循环而 Sylow p-子群是 (p^2, p) 型非交换群的 p^3q^n 阶群, 当 $q^m \| (p-1)$ 时, 记 $l = \min(m, n)$, σ 是模 p^2 的一个原根, $s_k = \sigma^{\frac{p(p-1)}{q^k}}$, 其中 $0 \leqslant k \leqslant l$, 那么群 G 的构造为

$$G(k) = (\langle x \rangle \rtimes \langle y \rangle) \rtimes \langle a \rangle, x^a = x^{s_k}, y^a = y \tag{4.27}$$

其中 $|x| = p^2$, $|y| = p$, $|a| = q^n$, $x^y = x^{p+1}$, $0 \leqslant k \leqslant l$. 且 (4.27) 式表示 $l+1$ 个互不同构的类型.

证明 设 G 的 Sylow p-子群 $P = \langle x, y \| x| = p^2, |y| = p, x^y = x^{p+1} \rangle$, G 的 Sylow q-子群 $Q = \langle a \| a| = q^n \rangle$. 类似于引理 3.7.4, 不难证明 G 是超可解群, 而且可设 $\langle x \rangle$ 和 $\langle y \rangle$ 都是 Q-不变的. 因此如果 $q^m \| (p-1)$, 则 a 作用在 $\langle x \rangle$ 上可以是 $\langle x \rangle$ 的 q^k 阶自同构, 同时 a 作用在 $\langle y \rangle$ 上可以是 $\langle y \rangle$ 的 q^u 阶自同构, 其中 $0 \leqslant k, u \leqslant l$. 设 σ 是模 p, p^2 的一个公共原根, $s_k = \sigma^{\frac{p(p-1)}{q^k}}$, $t_k = \sigma^{\frac{p-1}{q^k}}$, 其中 $0 \leqslant k \leqslant l$. 由此可设 $x^a = x^{s_k}$ (否则可用 a 的适当次幂代替 a), 同时 $y^a = y^{t_u^i}$, 其中 $0 \leqslant k$, $u \leqslant l$, $1 \leqslant i < q^u$ 且 $(i, q) = 1$. 于是由 $[x, y] = x^p$ 得 $[x^a, y^a] = (x^a)^p$, 从而 $x^{ps_k t_u^j} = x^{ps_k}$. 由此得 $p \mid (t_u^j - 1)$, 于是 $y^a = y$, 故 G 有形如 (4.27) 式的构造. 易见 (4.27)

式共代表 $l+1$ 个互不同构的 Sylow q-子群循环的 p^3q^n 阶群, 且 $G(0)$ 是 P 和 Q 的直积. □

引理 4.2.10 设 p 与 q 是奇素数, 且 $p>q$, n 为任意正整数. 设 G 是 p^3q^n 阶群, G 的 Sylow q-子群为循环群 $Q=\langle a||a|=q^n\rangle$ 而 Sylow p-子群为 (p,p,p) 型非交换群 $P=\langle x,y,z||x|=|y|=|z|=p,[x,y]=z,[x,z]=[y,z]=1\rangle$, 那么:

(i) 当 $q\nmid(p^2-1)$ 时, G 恰有 1 个不同构的类型

$G_1=\langle x,y,z\rangle\times\langle a\rangle$, 其中 $|x|=|y|=|z|=p,[x,y]=z,[x,z]=[y,z]=1$, $|a|=q^n$.

(ii) 当 $q^m\|(p-1)$ 时, G 恰有 $\dfrac{(q+1)(q^l-1)}{2(q-1)}+l+1$ 个互不同构的类型, 其构造为

$$G_2(k,i)=\langle x,y,z\rangle\rtimes\langle a\rangle,\ x^a=x^{t_k},y^a=y^{t_k^i},z^a=z^{t_k^{i+1}} \tag{4.28}$$

其中 $|x|=|y|=|z|=p,[x,y]=z,[x,z]=[y,z]=1$, $|a|=q^n$, $0\leqslant k\leqslant l=\min(m,n)$, $0\leqslant i\leqslant q^k-1$, σ 是模 p 的一个原根, $t_k=\sigma^{\frac{(p-1)}{q^k}}$.

(iii) 当 $q^m\|(p+1)$ 时, G 恰有 $l+1$ 个互不同构的类型, 其构造除 G_1 外, 还有下面 l 个

$$G_3(k)=\langle x,y,z\rangle\rtimes\langle a\rangle,\ x^a=y,y^a=x^{-1}y^{\beta_k},z^a=z \tag{4.29}$$

其中 $|x|=|y|=|z|=p,[x,y]=z,[x,z]=[y,z]=1$, $|a|=q^n$, $1\leqslant k\leqslant l=\min(m,n)$, $\beta_k\in\mathbb{Z}_p$ 使得 $\lambda^2-\beta_k\lambda+1$ 是 p-元域 $\mathbb{Z}_p$ 上多项式 $(\lambda^{q^k}-1)/(\lambda^{q^{k-1}}-1)$ 的一个二次不可约因式.

证明 这时 $\Phi(P)=Z(P)=\langle z\rangle$, 于是 $\langle z\rangle\lhd G$, 从而 $P/\langle z\rangle$ 是 Q-不变的 p^2 阶初等交换 p-群. 如果 G 是超可解的, 则 $G/\langle z\rangle$ 也是超可解的, 于是不妨设 $\langle y,z\rangle/\langle z\rangle$ 与 $\langle x,z\rangle/\langle z\rangle$ 是 Q-不变的. 现在 $\langle y,z\rangle$ 是 Q-不变的初等交换 p-群, 且 $\langle z\rangle$ 是 Q-不变的, 于是又不妨设 $\langle y\rangle$ 是 Q-不变的. 同理, 不妨设 $\langle x\rangle$ 是 Q-不变的. 由 x,y 的对称性, 不妨设 $C_Q(x)\leqslant C_Q(y)$. 所以当 $q^m\|(p-1)$ 时, 可设 $x^a=x^{t_k}$, $y^a=y^{t_k^i}$, 其中 $0\leqslant k\leqslant l=\min(m,n)$, $0\leqslant i\leqslant q^k-1$, 又 $[x,y]=z$, 所以 $z^a=z^{t_k^{i+1}}$, 由此得到 G 的形如 (4.28) 式的构造. 在 (4.28) 式中 $0\leqslant k\leqslant l$, $0\leqslant i\leqslant q^k-1$, $q^m\|(p-1)$. 又在 (4.28) 式中, 如果 $(i,q)=1$, 则存在唯一的 $j\in\mathbb{Z}_{q^k}^*$, 使得 $ij\equiv1(\mathrm{mod} q^k)$. 当用 a^j 代替 a, 用 z^{-1} 代替 z, 再将 x,y

对调时, $G_2(k,i)$ 就变成了 $G_2(k,j)$; 若 $(i,q)\neq 1$, 则不难看出, 对不同的 i, 由 (4.28) 式将得到不同的构造. 因此对每个 $1\leqslant k\leqslant l$, (4.28) 式共代表 $(q^k+q^{k-1}+2)/2$ 个互不同构的 p^3q^n 阶群, 而当 $k=0$ 时, (4.28) 式只表示一个 p^3q^n 阶群, 即幂零群. 故 (4.28) 式总共代表

$$\frac{(q+1)(q^l-1)}{2(q-1)}+l+1$$

个不同构的 p^3q^n 阶群.

如果 G 不是超可解的, 则 $G/\langle z\rangle$ 就是非超可解的. 类似于引理 4.2.8 中构造 (4.24) 式的讨论, 可知 $q|(p+1)$, 从而 $Q\langle z\rangle$ 是交换群, 因此 G 有形如 (4.29) 式的构造. 在 (4.29) 式中 $1\leqslant k\leqslant l$, 而 $q^m\|(p+1)$, $m\geqslant 1$, $\beta_k\in\mathbb{Z}_p$ 使得 $\lambda^2-\beta_k\lambda+1$ 是 p-元域 $\mathbb{Z}_p$ 上多项式 $(\lambda^{q^k}-1)/(\lambda^{q^{k-1}}-1)$ 的一个 2 次不可约因式. 易见 (4.29) 式共代表 l 个互不同构的 p^3q^n 阶群. □

由引理 4.2.1、引理 4.2.7 至引理 4.2.10, 可以得到下面的定理:

定理 4.2.11　设 p, q 为奇素数, 且 $p>q$, n 为任意正整数, 而 G 是 Sylow q-子群为循环群的 p^3q^n 阶群. 则:

(i) 当 $q\nmid(p^3-1)(p+1)$ 时, G 恰有 5 个彼此不同构的类型;

(ii) 当 $q\nmid(p-1)$ 但 $q^m\|(p^2+p+1)$ 且 $m\geqslant 1$ 时, 令 $l=\min(m,n)$, 则 G 恰有 $5+l$ 个彼此不同构的类型;

(iii) 当 $3|(q-1)$ 且 $q^m\|(p-1)$, $m\geqslant 1$ 时, 令 $l=\min(m,n)$, 则 G 恰有

$$\frac{9l+6}{2}+\frac{2(q+1)q^l-4}{q-1}+\frac{(q^{2l}-1)(q^2+q+1)}{6(q^2-1)}$$

个彼此不同构的类型;

(iv) 当 $3|(q+1)$ 且 $q^m\|(p-1)$, $m\geqslant 1$ 时, 令 $l=\min(m,n)$, 则 G 恰有

$$\frac{23l+18}{6}+\frac{2(q+1)q^l-4}{q-1}+\frac{(q^{2l}-1)(q^2+q+1)}{6(q^2-1)}$$

个彼此不同构的类型;

(v) 当 $q=3$ 且 $3^m\|(p-1)$, $m\geqslant 1$ 时, 则如果 $m\geqslant n$, 那么 G 恰有

$$4\cdot 3^n+\frac{9n+1}{2}+\frac{13\cdot 3^{2n-1}-7}{16}$$

个彼此不同构的类型; 如果 $m<n$(这时 $n\geqslant 2$), 那么 G 恰有

$$4\cdot 3^m+\frac{9m+3}{2}+\frac{13\cdot 3^{2m-1}-7}{16}$$

个彼此不同构的类型;

(vi) 当 $q^m\|(p+1)$, $m\geqslant 1$ 时, 令 $l=\min(m,n)$, 则 G 恰有 $5+2l$ 个彼此不同构的类型. □

由定理 4.2.6 和定理 4.2.11 可知, 当 p, q 为不同的奇素数时, pq^3 阶群的完全分类已经完成.

§4.3 p^2q^3 阶群的构造

设 p 与 q 是两个不同的奇素数, 本节将完成 p^2q^3 阶群的同构分类. 首先, 由定理 4.2.6, 我们有下面的推论.

推论 4.3.1 设 p 与 q 是奇素数, 且 $p>q$, G 是 Sylow p-子群为循环群的 p^2q^3 阶群, 那么:

(i) 当 $q\nmid(p-1)$ 且 $p\nmid(q^2+q+1)$ 时, G 恰有 5 个不同构的类型;

(ii) 当 $q\nmid(p-1)$ 但 $p\mid(q^2+q+1)$ 时, G 恰有 6 个不同构的类型;

(iii) 当 $q\|(p-1)$ 但 $p\nmid(q^2+q+1)$ 时, G 恰有 $q+10$ 个不同构的类型;

(iv) 当 $q\|(p-1)$ 且 $p\mid(q^2+q+1)$ 时, G 恰有 $q+11$ 个不同构的类型;

(v) 当 $q^2\|(p-1)$ (这时必有 $p\nmid(q^2+q+1)$) 时, G 恰有 $q+12$ 个不同构的类型;

(vi) 当 $q^3\mid(p-1)$ (这时必有 $p\nmid(q^2+q+1)$) 时, G 恰有 $q+13$ 个不同构的类型.

由引理 4.1.6, 我们有下面的推论.

推论 4.3.2 设 p 与 q 是奇素数, 且 $p>q$, G 是 Sylow p-子群为初等交换群而 Sylow q-子群为循环群的 p^2q^3 阶群, 那么:

(i) 当 $q\nmid(p^2-1)$ 时, G 恰有 1 个不同构的类型;

(ii) 当 $q \mid (p-1)$ 但 $q^2 \nmid (p-1)$ 时, G 恰有 $\dfrac{q+5}{2}$ 个不同构的类型;

(iii) 当 $q^2 \mid (p-1)$ 但 $q^3 \nmid (p-1)$ 时, G 恰有 $\dfrac{q^2+2q+7}{2}$ 个不同构的类型;

(iv) 当 $q^3 \| (p-1)$ 时, G 恰有 $\dfrac{q^3+2q^2+2q+9}{2}$ 个不同构的类型;

(v) 当 $q \mid (p+1)$ 但 $q^2 \nmid (p+1)$ 时, G 恰有 2 个不同构的类型;

(vi) 当 $q^2 \mid (p+1)$ 但 $q^3 \nmid (p+1)$ 时, G 恰有 3 个不同构的类型;

(vii) 当 $q^3 \mid (p+1)$ 时, G 恰有 4 个不同构的类型.

引理 4.3.3 设 p 与 q 是奇素数, 且 $p > q$, G 是 p^2q^3 阶群, G 的 Sylow p-子群为初等交换群 $P = \langle x, y || x| = |y| = p, [x, y] = 1\rangle$ 而 G 的 Sylow q-子群为交换群 $Q = \langle a, b || a| = q^2, |b| = q, [a, b] = 1\rangle$, 那么

(i) 当 $q \nmid (p^2-1)$ 时, G 恰有 1 个不同构的类型:

$G_1 = \langle x\rangle \times \langle y\rangle \times \langle a\rangle \times \langle b\rangle$, 其中 $|x| = |y| = p$, $|a| = q^2$, $|b| = q$.

(ii) 当 $q \mid (p-1)$ 但 $q^2 \nmid (p-1)$ 时, 设 σ 为模 p 的一个原根, $r \equiv \sigma^{\frac{p-1}{q}} (\bmod p)$, 则 G 恰有 $2q+4$ 个不同构的类型, 除构造 G_1 外, 还有下面的构造:

$G_2 = (\langle x\rangle \rtimes \langle b\rangle) \times \langle y\rangle \times \langle a\rangle, x^b = x^r$;

$G_3 = (\langle x\rangle \rtimes \langle a\rangle) \times \langle y\rangle \times \langle b\rangle, x^a = x^r$;

$$G_4(i) = ((\langle x\rangle \times \langle y\rangle) \rtimes \langle b\rangle) \times \langle a\rangle,\ x^b = x^r,\ y^b = y^{r^i},\ 1 \leqslant i \leqslant q-1; \tag{4.30}$$

$$G_5(i) = ((\langle x\rangle \times \langle y\rangle) \rtimes \langle a\rangle) \times \langle b\rangle,\ x^a = x^r,\ y^a = y^{r^i},\ 1 \leqslant i \leqslant q-1; \tag{4.31}$$

$G_6 = (\langle x\rangle \rtimes \langle b\rangle) \times (\langle y\rangle \rtimes \langle a\rangle)$, $x^b = x^r$, $y^a = y^r$;

$$G_7(i) = (\langle x\rangle \times \langle y\rangle) \rtimes (\langle a\rangle \times \langle b\rangle),\ x^a = x,\ x^b = x^r,\ y^a = y^r,\ y^b = y^{r^i},\ 1 \leqslant i \leqslant q-1. \tag{4.32}$$

这里 (4.30) 式、(4.31) 式各表示 $\dfrac{q+1}{2}$ 个互不同构的 p^2q^3 阶群, (4.32) 式表示 $(q-1)$ 个 p^2q^3 个互不同构的 p^2q^3 阶群.

(iii) 当 $q^2 \mid (p-1)$ 时, 设 σ 为模 p 的一个原根, $s \equiv \sigma^{\frac{p-1}{q^2}} (\bmod p)$, 则 G 恰有 $\dfrac{q^2+7q+8}{2}$ 个不同构的类型, 除 (ii) 中的全部构造外, 还有下面的构造:

$$G_8(i) = (((\langle x\rangle \times \langle y\rangle) \rtimes \langle a\rangle) \times \langle b\rangle, x^a = x^s,$$
$$y^a = y^{s^i}, 0 \leqslant i \leqslant q^2 - 1; \tag{4.33}$$
$$G_9(i) = ((\langle x\rangle \times \langle y\rangle) \rtimes (\langle a\rangle \times \langle b\rangle), x^a = x^s, x^b = x,$$
$$y^a = y^{s^i}, y^b = y^{r^{q-i}}, 1 \leqslant i \leqslant q - 1; \tag{4.34}$$
$$G_{10} = ((\langle x\rangle \rtimes \langle a\rangle) \times ((\langle y\rangle \rtimes \langle b\rangle), x^a = x^s, y^b = y^r.$$

(4.33) 式表示 $\dfrac{q^2+q+2}{2}$ 个互不同构的 p^2q^3 阶群, (4.34) 式表示 $q-1$ 个互不同构的 p^2q^3 阶群.

(iv) 当 $q \mid (p+1)$ 但 $q^2 \nmid (p+1)$ 时, G 恰有 3 个不同构的类型, 除构造 G_1 外, 还有下面 2 种构造:

$G_{11} = (((\langle x\rangle \times \langle y\rangle) \rtimes \langle a\rangle) \times \langle b\rangle$, $x^a = y$, $y^a = x^{-1}y^{\delta}$, $\delta \in \mathbb{Z}_p$ 且 $\lambda^2 - \delta\lambda + 1$ 是 $(\lambda^q - 1)/(\lambda - 1)$ 的二次不可约因式;

$G_{12} = (((\langle x\rangle \times \langle y\rangle) \rtimes \langle b\rangle) \times \langle a\rangle$, $x^b = y$, $y^b = x^{-1}y^{\delta}$, $\delta \in \mathbb{Z}_p$ 且 $\lambda^2 - \delta\lambda + 1$ 是 $(\lambda^q - 1)/(\lambda - 1)$ 的二次不可约因式.

(v) 当 $q^2 \mid (p+1)$ 时, G 恰有 4 个不同构的类型, 除 (iv) 中的全部构造外, 还有下面 1 种构造:

$G_{13} = (((\langle x\rangle \times \langle y\rangle) \rtimes \langle a\rangle) \times \langle b\rangle$, $x^a = y$, $y^a = x^{-1}y^{\gamma}$, $\gamma \in \mathbb{Z}_p$ 且 $\lambda^2 - \gamma\lambda + 1$ 是 $(\lambda^{q^2} - 1)/(\lambda^q - 1)$ 的二次不可约因式.

证明 由引理 4.2.2 的证明过程可见, $|\mathrm{Aut}(Q)| = q^3(q-1)^2$. 又 Q 交换, 且 $p > q$, 所以由定理 1.3.4 知, 必有 $N_G(Q) = C_G(Q)$, 故由定理 2.5.4 得, G 是 q-幂零的, 从而 $P \lhd G$. 下面分两种情况讨论 G 的构造.

(a) G 是超可解群.

不妨设 $\langle x\rangle$ 和 $\langle y\rangle$ 都是 Q-不变的, 于是 $Q/C_Q(x)$ 和 $Q/C_Q(y)$ 都同构于 $p-1$ 阶循环群的一个子群.

① 当 $q \nmid (p-1)$ 时, Q 在 $\langle x\rangle$ 和 $\langle y\rangle$ 上的作用都是平凡的, 从而 G 是 P 与 Q 的直积, 其构造为 G_1.

② 当 $q \mid (p-1)$ 但 $q^2 \nmid (p-1)$ 时, Q 除了平凡作用在 $\langle x\rangle$ 和 $\langle y\rangle$ 上外, 还有其他作用. 这时, $C_Q(x)$ 和 $C_Q(y)$ 不能全是 Q. 若 $C_Q(x)$ 和 $C_Q(y)$ 中恰有一个为 Q, 则不妨设 $C_Q(y) = Q$, 而 $Q/C_Q(x)$ 是 q 阶循环群, 于是 $C_Q(x)$ 是 Q 的 q^2 阶子群. 当 $C_Q(x)$ 是循环群时, 不妨设 $C_Q(x) = \langle a\rangle$, $x^b = x^r$, 其中 $r \equiv \sigma^{\frac{p-1}{q}} (\mathrm{mod} p)$, σ 为模 p 的一个原根. 所

以 G 有构造 G_2. 当 $C_Q(x)$ 是初等交换群时, 必有 $C_Q(x) = \langle a^q, b\rangle$, 于是 $x^a = x^r$, 从而 G 有构造 G_3. 若 $C_Q(x)$ 和 $C_Q(y)$ 都是 Q 的 q^2 阶子群, 则当 $C_Q(x) = C_Q(y) = \langle a\rangle$ 时, 可设 $x^b = x^r$, $y^b = y^{r^i}$, $1 \leqslant i \leqslant q-1$, 从而 G 有形如 (4.30) 式的构造; 当 $C_Q(x) = C_Q(y) = \langle a^q, b\rangle$ 时, 可设 $x^a = x^r$, $y^a = y^{r^i}$, $1 \leqslant i \leqslant q-1$, 从而 G 有形如 (4.31) 式的构造. 类似于引理 4.1.6(ii), 不难证明在 (4.30) 式中

$$G_4(i) \cong G_4(j) \Leftrightarrow ij \equiv 1(\bmod q).$$

所以 (4.30) 式中有 $\dfrac{q+1}{2}$ 个互不同构的 p^2q^3 阶群. 同理, (4.31) 式中也有 $\dfrac{q+1}{2}$ 个互不同构的 p^2q^3 阶群. 当 $C_Q(x)$ 和 $C_Q(y)$ 中只有一个是 q^2 阶循环子群时, 不妨设 $C_Q(x) = \langle a\rangle$, 而 $C_Q(y) = \langle a^q, b\rangle$, 于是可设 $x^b = x^r$, $y^a = y^r$, 所以 G 有构造 G_6; 当 $C_Q(x)$ 和 $C_Q(y)$ 是两个不同的 q^2 阶循环子群时, 不妨设 $C_Q(x) = \langle a\rangle$, 于是可设 $x^b = x^r$ (否则, 可用 b 的适当幂代替 b). 而 $a \notin C_Q(y)$, 于是又可设 $y^a = y^r$ (否则, 可用 a 的适当幂代替 a). 又 $b \notin C_Q(y)$, 否则 $C_Q(y) = \langle a^q, b\rangle$, 与 $C_Q(y)$ 是 q^2 阶循环子群矛盾. 所以应有 $y^b = y^{r^i}$, $1 \leqslant i \leqslant q-1$, 从而 $C_Q(y) = \langle ab^k\rangle$, 其中 k 满足 $ik \equiv -1(\bmod q)$. 故 G 有形如 (4.32) 式的构造, 且 (4.32) 式中有 $(q-1)$ 个 p^2q^3 阶群是互不同构的.

③ 当 $q^2 \mid (p-1)$ 时, G 除了有 (ii) 中的全部构造外, 还有其他构造. 如果 $Q/C_Q(x)$ 和 $Q/C_Q(y)$ 中至少有一个是 q^2 阶循环群, 不妨设 $Q/C_Q(x)$ 是 q^2 阶循环群, 于是可设 $C_Q(x) = \langle b\rangle$ 且 $x^a = x^s$, 其中 $s \equiv \sigma^{\frac{p-1}{q^2}}(\bmod p)$, σ 为模 p 的一个原根. 而 $C_Q(y)$ 有三种不同情况:

首先, 当 $C_Q(y) \geqslant \langle b\rangle$ 时, $Q/C_Q(y)$ 是循环群, 于是可设 $y^a = y^{s^i}$, $0 \leqslant i \leqslant q^2-1$, 从而 G 有形如 (4.33) 式的构造. 类似于引理 4.1.6(ii), 不难证明在 (4.33) 式中

$$G_8(i) \cong G_8(j) \Leftrightarrow ij \equiv 1(\bmod q^2).$$

所以 (4.33) 中有 $\dfrac{q^2+q+2}{2}$ 个互不同构的 p^2q^3 阶群.

其次, 当 $C_Q(y) \neq \langle b\rangle$ 且 $Q/C_Q(y)$ 也是 q^2 阶循环群时, 不妨设 $C_Q(y) = \langle a^q b\rangle$. 由此可设 $y^a = y^{s^i}$ 和 $y^b = y^{r^{q-i}}$, $1 \leqslant i \leqslant q-1$. 从而 G

有形如 (4.34) 式的构造, 且 (4.34) 式中表示的 $(q-1)$ 个 p^2q^3 阶群是互不同构的.

最后, 当 $C_Q(y)$ 是 q^2 阶循环群 $\langle ab^k\rangle$ 时, 若用 ab^k 代替 a, 则仍有 $x^a=x^s$. 于是可设 $C_Q(y)=\langle a\rangle$, $y^b=y^r$, 从而 G 有构造 G_{10}.

(b) G 不是超可解群.

这时, P 必是 G 的极小正规子群, 再由定理 3.3.4 得, $Q/C_Q(P)$ 是循环群. 又显然 Q 不是 G 的正规子群, 所以 $C_Q(P)\neq Q$. 当 $q\mid(p+1)$ 但 $q^2\nmid(p+1)$ 时, $C_Q(P)$ 只能是 q^2 阶群. 若 $C_Q(P)$ 是 q^2 阶初等交换群, 则必有 $C_Q(P)=\langle a^q,b\rangle$, 于是 G 有构造 G_{11}; 若 $C_Q(P)$ 是 q^2 阶循环群, 则不妨设 $C_Q(P)=\langle a\rangle$, 于是 G 有构造 G_{12}. 当 $q^2\mid(p+1)$ 时, $C_Q(P)$ 也可为 q 阶循环群, 且 $Q/C_Q(P)$ 是 q^2 阶循环群. 这时不妨设 $C_Q(P)=\langle b\rangle$, 于是 G 有构造 G_{13}. □

引理 4.3.4 设 p 与 q 是奇素数, 且 $p>q$, G 是 p^2q^3 阶群, G 的 Sylow p-子群为初等交换群 $P=\langle x,y\,||x|=|y|=p,[x,y]=1\rangle$ 而 G 的 Sylow q-子群为初等交换群 $Q=\langle a,b,c\,||a|=|b|=|c|=q,[a,b]=[a,c]=[b,c]=1\rangle$, 那么

(i) 当 $q\nmid(p^2-1)$ 且 $p\nmid(q^2+q+1)$ 时, G 恰有 1 个不同构的类型:

$G_1=\langle x\rangle\times\langle y\rangle\times\langle a\rangle\times\langle b\rangle\times\langle c\rangle$.

(ii) 当 $q\mid(p-1)$ 但 $p\nmid(q^2+q+1)$ 时, 令 σ 为模 p 的一个原根, $r\equiv\sigma^{\frac{p-1}{q}}(\mathrm{mod}p)$, 则 G 恰有 $\dfrac{q+7}{2}$ 个不同构的类型, 除构造 G_1 外, 还有下面的构造:

$G_2=(\langle x\rangle\rtimes\langle a\rangle)\times\langle y\rangle\times\langle b\rangle\times\langle c\rangle$, $x^a=x^r$;

$$\begin{aligned}G_3(i)=((\langle x\rangle\times\langle y\rangle)\rtimes\langle a\rangle)\times\langle b\rangle\times\langle c\rangle,\ x^a=x^r,\\ y^a=y^{r^i},\quad 1\leqslant i\leqslant q-1\end{aligned}\tag{4.35}$$

在 (4.35) 式中 $G_3(i)\cong G_3(j)$ 当且仅当 $ij\equiv1(\mathrm{mod}q)$, 所以 (4.35) 式表示 $\dfrac{q+1}{2}$ 个不同构的 p^2q^3 阶群;

$G_4=(\langle x\rangle\rtimes\langle a\rangle)\times(\langle y\rangle\rtimes\langle b\rangle)\times\langle c\rangle$, $x^a=x^r$, $y^b=y^r$;

(iii) 当 $q\mid(p+1)$ 时 (这时必有 $p\nmid(q^2+q+1)$), G 恰有 2 个不同构的类型, 除 G_1 外, 还有下面的构造:

$G_5=((\langle x\rangle\times\langle y\rangle)\rtimes\langle a\rangle)\times\langle b\rangle\times\langle c\rangle$, $x^a=y$, $y^a=x^{-1}y^{\delta}$, $\delta\in\mathbb{Z}_p$ 且

$\lambda^2 - \delta\lambda + 1$ 是 $(\lambda^q - 1)/(\lambda - 1)$ 的二次不可约因式;

(iv) 当 $p \mid (q^2+q+1)$ 但 $q \nmid (p-1)$ 时 (这时必有 $q \nmid (p+1)$), G 恰有 2 个不同构的类型, 除构造 G_1 外, 还有下面的构造:

$G_6 = (\langle x\rangle \ltimes (\langle a\rangle \times \langle b\rangle \times \langle c\rangle)) \times \langle y\rangle$, $a^x = b$, $b^x = c$, $c^x = ab^\gamma c^\beta$, $\beta, \gamma \in \mathbb{Z}_q$ 使 $\lambda^3 - \beta\lambda^2 - \gamma\lambda + 1$ 是 $\lambda^p - 1$ 的三次不可约因式;

(v) 当 $q \mid (p-1)$ 且 $p \mid (q^2+q+1)$ 时, G 恰有 $\dfrac{q+9}{2}$ 个不同构的类型, 除 (ii) 中的全部构造外, 还有构造 G_6.

证明　我们分 3 种情况来讨论 G 的构造.

(a) G 是超可解群.

这时不妨设 $\langle x\rangle$ 和 $\langle y\rangle$ 都是 Q-不变的.

① 如果 $q \nmid (p-1)$, 那么 Q 在 $\langle x\rangle$ 和 $\langle y\rangle$ 上的作用都是平凡的, 从而 G 是幂零群, 其构造为 G_1.

② 如果 $q \mid (p-1)$, 那么 Q 除了平凡作用在 $\langle x\rangle$ 和 $\langle y\rangle$ 上外, 也存在非平凡作用. 当 Q 非平凡作用在 $\langle x\rangle$ 上时, $Q/C_Q(x)$ 必是 q 阶循环群, 从而 $C_Q(x)$ 是 q^2 阶初等交换群. 对 $\langle y\rangle$ 有完全类似的结论. 因此, 若 $C_Q(x)$ 和 $C_Q(y)$ 中只有一个是 q^2 阶初等交换群时, 不妨设 $C_Q(x)$ 是 q^2 阶初等交换群, 且 $C_Q(x) = \langle b, c\rangle$, 于是可设 $x^a = x^r$, 从而 G 有构造 G_2, 这里 $r \equiv \sigma^{\frac{p-1}{q}} (\mathrm{mod} p)$, σ 为模 p 的一个原根; 若 $C_Q(x)$ 和 $C_Q(y)$ 是 Q 的同一个 q^2 阶初等交换子群时, 不妨设 $C_Q(x) = C_Q(y) = \langle b, c\rangle$, 于是可设 $x^a = x^r$, 而 $y^a = y^{r^i}$, $1 \leqslant i \leqslant q-1$, 因此 G 有形如 (4.35) 式的构造. 不难证明, 在 (4.35) 式中 $G_3(i) \cong G_3(j)$ 当且仅当 $ij \equiv 1 (\mathrm{mod} q)$, 所以 (4.35) 式表示 $\dfrac{q+1}{2}$ 个不同构的 p^2q^3 阶群; 若 $C_Q(x)$ 和 $C_Q(y)$ 是 Q 的两个不同的 q^2 阶初等交换子群时, 则 $C_Q(x) \cap C_Q(y)$ 必是 q 阶子群, 于是不妨设 $C_Q(x) \cap C_Q(y) = \langle c\rangle$. 但显然 $Q = \langle C_Q(x), C_Q(y)\rangle$, 所以可设 $C_Q(x) = \langle b, c\rangle$ 而 $C_Q(y) = \langle a, c\rangle$, 于是可设 $x^a = x^r$ 及 $y^b = y^r$, 因此 G 有构造 G_4.

(b) G 不是超可解群, 但 P 是 G 的正规子群.

这时 Q 在 P 上的作用是不可约的, 于是由定理 3.3.4 得, $Q/C_Q(P)$ 是循环群. 又显然 Q 不是 G 的正规子群, 所以 $C_Q(P)$ 只能是 q^2 阶群, 不妨设 $C_Q(P) = \langle b, c\rangle$. 类似引理 4.3.3 中 (b) 的证明, 有 $q \mid (p+1)$, 且

G 有构造 G_5.

(c) P 不是 G 的正规子群.

这时由 Sylow 定理得, $|\mathrm{Syl}_p(G)| = q^3$ 且 $p|(q^3-1)$, 从而 $p \mid (q^2+q+1)$. 又因为 P 是交换群, 所以 $N_G(P) = C_G(P) = P$, 再由定理 2.5.4 得, $Q \lhd G$. 我们断定, Q 是 G 的极小正规子群. 事实上, 若存在 N, 使 $1 < N < Q$ 且 $N \lhd G$, 则 $PN/N \lhd G/N$, 于是 $PN \lhd G$. 但 P char PN, 从而 $P \lhd G$, 矛盾. 既然 Q 是 G 的极小正规子群, 于是 P 在 Q 上的作用是不可约的, 从而由定理 3.3.4 得, $P/C_P(Q)$ 是循环群. 不妨设 $C_P(Q) = \langle y\rangle$, 则 x 作用在 Q 上是 Q 的 p 阶线性变换, x 的特征多项式必是 $\lambda^p - 1$ 的三次不可约因式. 因此, 类似于引理 4.2.3 (iii) 的证明, 可知 G 有构造 G_6, 而且由引理 4.2.8 (iv) 可知 $p \equiv 1(\mathrm{mod}3)$.

最后, 我们证明 $q \mid (p+1)$ 与 $p \mid (q^2+q+1)$ 不能同时成立. 否则, 存在正整数 k, l, 使 $p+1 = 2kq$, $q^2+q+1 = lp = 2klq - l$, 于是 $q \mid (l+1)$. 又 l 是奇数, 从而存在正整数 m, 使 $l+1 = 2mq$, 因而 $q^2+q+1 = (2mq-1)(2kq-1) \geqslant (2q-1)^2$, 由此得 $q \leqslant \dfrac{5}{3}$, 矛盾. □

引理 4.3.5 设 p 与 q 是奇素数, 且 $p > q$, G 是 p^2q^3 阶群, G 的 Sylow p-子群为初等交换群 $P = \langle x, y \| x| = |y| = p, [x,y] = 1\rangle$ 而 G 的 Sylow q-子群是指数为 q^2 的非交换群 $Q = \langle a, b \| a| = q^2, |b| = q, a^b = a^{q+1}\rangle$, 那么

(i) 当 $q \nmid (p^2-1)$ 时, G 恰有 1 个不同构的类型:

$G_1 = \langle x\rangle \times \langle y\rangle \times (\langle a\rangle \rtimes \langle b\rangle)$, 其中 $|x| = |y| = p$, $|a| = q^2$, $|b| = q$, $a^b = a^{q+1}$.

(ii) 当 $q \mid (p-1)$ 时, 设 σ 为模 p 的一个原根, $r \equiv \sigma^{\frac{p-1}{q}}(\mathrm{mod}p)$, 则 G 恰有 $\dfrac{3q^2+3}{2}$ 个不同构的类型, 除构造 G_1 外, 还有下面的构造:

$G_2 = (\langle x\rangle \rtimes (\langle a\rangle \rtimes \langle b\rangle)) \times \langle y\rangle$, $x^a = x^r$, $x^b = x$;

$$G_3(i) = ((\langle x\rangle \times \langle a\rangle) \rtimes \langle b\rangle) \times \langle y\rangle,\ x^a = x,\ x^b = x^{r^i},\ a^b = a^{q+1},\ 1 \leqslant i \leqslant q-1; \tag{4.36}$$

$$G_4(i) = ((\langle x\rangle \times \langle y\rangle) \rtimes (\langle a\rangle \rtimes \langle b\rangle)),\ x^a = x^r,\ y^a = y^{r^i},\ x^b = x,\ y^b = y,\ 1 \leqslant i \leqslant q-1; \tag{4.37}$$

$G_5(i,j) = ((\langle x\rangle \times \langle y\rangle) \rtimes (\langle a\rangle \rtimes \langle b\rangle))$, $x^a = x$, $y^a = y$,

$$a^b = a^{q+1},\ x^b = x^{r^i},\ y^b = y^{r^j},\ 1 \leqslant i, j \leqslant q-1; \quad (4.38)$$

$$G_6(i) = (((\langle x\rangle \times \langle y\rangle) \rtimes (\langle a\rangle \rtimes \langle b\rangle)),\ x^a = x^r,\ y^a = y,$$
$$a^b = a^{q+1},\ x^b = x,\ y^b = y^{r^i},\ 1 \leqslant i \leqslant q-1; \quad (4.39)$$

$$G_7(i,j) = (((\langle x\rangle \times \langle y\rangle) \rtimes (\langle a\rangle \rtimes \langle b\rangle)),\ x^a = x,\ x^b = x^{r^i},$$
$$y^a = y^r,\ y^b = y^{r^j},\ 1 \leqslant i, j \leqslant q-1. \quad (4.40)$$

这里 (4.37) 式表示 $\dfrac{q+1}{2}$ 个互不同构的 p^2q^3 阶群, (4.36) 式、(4.39) 式各表示 $(q-1)$ 个 p^2q^3 个互不同构的 p^2q^3 阶群, (4.38) 式表示 $\dfrac{q^2-q}{2}$ 个互不同构的 p^2q^3 阶群, (4.40) 式表示 $(q-1)^2$ 个互不同构的 p^2q^3 阶群.

(iii) 当 $q \mid (p+1)$ 时, G 恰有 $\dfrac{q+3}{2}$ 个不同构的类型, 除构造 G_1 外, 还有下面 2 种构造:

$$G_8 = (\langle x\rangle \times \langle y\rangle \times \langle a\rangle) \rtimes \langle b\rangle,\ x^b = y,\ y^b = x^{-1}y^{\delta},\ a^b = a^{q+1} \quad (4.41)$$

其中 $\delta \in \mathbb{Z}_p$ 且在 $\mathbb{Z}_p$ 上 $\lambda^2 - \delta\lambda + 1$ 是 $(\lambda^q - 1)/(\lambda - 1)$ 的二次不可约因式, (4.41) 式表示 $\dfrac{q-1}{2}$ 个互不同构的 p^2q^3 阶群;

$$G_9 = (((\langle x\rangle \times \langle y\rangle) \rtimes (\langle a\rangle \rtimes \langle b\rangle)),\ x^a = y,\ x^b = x,\ y^a = x^{-1}y^{\delta},\ y^b = y.$$

其中 $\delta \in \mathbb{Z}_p$ 且在 $\mathbb{Z}_p$ 上 $\lambda^2 - \delta\lambda + 1$ 是 $(\lambda^q - 1)/(\lambda - 1)$ 的二次不可约因式.

证明　首先, 我们来证明 $P \lhd G$. 如果 $P \ntrianglelefteq G$, 则由 $p > q$ 及 Sylow 定理得, $|\mathrm{Syl}_p(G)| = q^3$ 且 $p|(q^3-1)$, 于是 $N_G(P) = P$. 但 P 是交换群, 所以 $N_G(P) = C_G(P)$, 从而由定理 2.5.3 知, $Q \lhd G$. 又由引理 4.2.4 的证明过程可见, $|\mathrm{Aut}(Q)| = q^3(q-1)^2$, 所以 P 只能平凡作用在 Q 上, 因而 $P \lhd G$, 矛盾. 这就证明了在 G 中必有: $P \lhd G$. 下面分两种情况讨论 G 的构造.

(a) G 是超可解群.

这时不妨设 $\langle x\rangle$ 和 $\langle y\rangle$ 都是 Q-不变的, 于是 $Q/C_Q(x)$ 和 $Q/C_Q(y)$ 都只能是 1 阶或 q 阶循环群, 因而 $C_Q(x)$ 和 $C_Q(y)$ 都只能是 Q 或 Q 的 q^2 阶子群.

① 如果 $q \nmid (p-1)$, 那么必有 $C_Q(x) = C_Q(y) = Q$, 即 Q 在 $\langle x\rangle$ 和 $\langle y\rangle$ 上的作用都是平凡的, 从而 G 是幂零群, 其构造为 G_1.

② 如果 $q \mid (p-1)$, 那么 Q 除了平凡作用在 $\langle x\rangle$ 和 $\langle y\rangle$ 上外, 也存

在非平凡作用. 当 Q 的作用是非平凡的时候, $C_Q(x)$ 和 $C_Q(y)$ 至少有一个是 Q 的 q^2 阶子群.

若 $C_Q(x)$ 和 $C_Q(y)$ 恰有一个是 Q 而另一个是 q^2 阶子群, 则不妨设 $C_Q(y)=Q$. 这时, 当 $C_Q(x)$ 是 Q 的 q^2 阶初等交换子群时, $C_Q(x)=\langle a^q,b\rangle$, 于是可设 $x^a=x^r$, $r\equiv\sigma^{\frac{p-1}{q}}(\mathrm{mod}p)$, σ 为模 p 的一个原根, 因而 G 有构造 G_2; 当 $C_Q(x)$ 是 Q 的 q^2 阶循环子群时, 不妨设 $C_Q(x)=\langle a\rangle$, 于是可设 $x^b=x^{r^i}$, $1\leqslant i\leqslant q-1$, 因而 G 有形如 (4.36) 式的构造. 但因为 b 非平凡作用在 $\langle a\rangle$ 上, 且 $a^b=a^{q+1}$ 中的 $q+1$ 是经过优化处理过的, 故 (4.36) 式代表 $q-1$ 个不同构的 p^2q^3 阶群.

若 $C_Q(x)$ 和 $C_Q(y)$ 都是 Q 的 q^2 阶初等交换子群, 则 $C_Q(x)=C_Q(y)=\langle a^q,b\rangle$, 于是可设 $x^a=x^r$, $y^a=y^{r^i}$, $1\leqslant i\leqslant q-1$, 从而 G 有形如 (4.37) 式的构造. 类似于引理 4.1.6(ii), 不难证明在 (4.37) 式中

$$G_4(i)\cong G_4(j)\Leftrightarrow ij\equiv 1(\mathrm{mod}q).$$

所以 (4.37) 式中有 $\dfrac{q+1}{2}$ 个互不同构的 p^2q^3 阶群.

若 $C_Q(x)$ 和 $C_Q(y)$ 都是 Q 的 q^2 阶循环子群, 且 $C_Q(x)=C_Q(y)=\langle a\rangle$, 则因为已经有 $a^b=a^{q+1}$, 所以可设 $x^b=x^{r^i}$, $y^b=x^{r^j}$, $1\leqslant i,j\leqslant q-1$, 从而 G 有形如 (4.38) 式的构造. 由于 x,y 在 G 中的地位是完全相同的, 所以在 (4.38) 式中, $G_5(i,j)\cong G_5(m,n)$ 当且仅当 $i=m,j=n$ 或 $i=n,j=m$, 故 (4.38) 式中有 $\dfrac{q^2-q}{2}$ 个互不同构的 p^2q^3 阶群.

若 $C_Q(x)$ 和 $C_Q(y)$ 是 Q 的 q^2 阶循环子群, 而另一个是 Q 的 q^2 阶初等交换子群, 则不妨设 $C_Q(x)=\langle a^q,b\rangle$ 而 $C_Q(y)=\langle a\rangle$. 于是, 可设 $x^a=x^r$, $y^b=y^{r^i}$, $1\leqslant i\leqslant q-1$, 从而 G 有形如 (4.39) 式的构造. 不难证明在 (4.39) 式中

$$G_6(i)\cong G_6(j)\Leftrightarrow i\equiv j(\mathrm{mod}q).$$

所以 (4.39) 式代表 $q-1$ 个互不同构的 p^2q^3 阶群.

若 $C_Q(x)$ 和 $C_Q(y)$ 是 Q 的两个不同的 q^2 阶循环子群, 则不妨设 $C_Q(x)=\langle a\rangle$, 于是 $x^a=x$, $x^b=x^{r^i}$, $1\leqslant i\leqslant q-1$. 而 $a\notin C_Q(y)$, 所以可设 $y^a=y^r$ (否则只要用 a 的适当幂代替 a). 又 $b\notin C_Q(y)$, 否则

$C_Q(y) = \langle a^q, b\rangle$, 使 $C_Q(y)$ 不是 q^2 阶循环子群. 于是, 应有 $y^b = y^{r^j}$, $1 \leqslant j \leqslant q-1$. 易见, 此时 $C_Q(y) = \langle a^{q-j}b\rangle$ 是 q^2 阶循环子群. 总之, G 有形如 (4.40) 式的构造. 不难证明在 (4.40) 式中

$$G_7(i,j) \cong G_7(m,n) \Leftrightarrow i \equiv m, j \equiv n(\bmod q).$$

所以 (4.40) 式代表 $(q-1)^2$ 个互不同构的 p^2q^3 阶群.

(b) G 不是超可解群.

这时, P 必是 G 的极小正规子群, 而 $Q/C_Q(P)$ 不可约地作用在 P 上. 又显然, $Q \ntrianglelefteq G$, 所以 $C_Q(P) \neq Q$. 当 $C_Q(P) \neq 1$ 时, $Q/C_Q(P)$ 是交换群. 于是, 由定理 3.3.4 及 Q 的构造知, $Q/C_Q(P)$ 必是 q 阶循环群. 由于 P 是域 $\mathbb{Z}_p$ 上的 2 维线性空间, 所以当 $C_Q(P) = \langle a\rangle$ 时, b 是 P 的一个非恒等线性变换. 设 b 的矩阵为 $\boldsymbol{M}$, 则必有 $|\boldsymbol{M}|^q \equiv 1(\bmod p)$. 又 b 的特征多项式 $f(\lambda)$ 必是 $\mathbb{Z}_p$ 上的二次不可约多项式, 且 $f(\lambda)$ 是 $\lambda^q - 1$ 的因子. 而由数论知识得, $\mathbb{Z}_p$ 上的全体二次不可约多项式之积为

$$\frac{\lambda^{p^2} - \lambda}{\lambda^p - \lambda} = \frac{\lambda^{p^2-1} - 1}{\lambda^{p-1} - 1}.$$

于是, $f(\lambda)$ 不是 $\lambda^{p-1} - 1$ 的因子, 因而 $q \nmid (p-1)$, 即 $(q, p-1) = 1$. 但显然 $|\boldsymbol{M}|^{p-1} \equiv 1(\bmod p)$, 因而 $|\boldsymbol{M}| \equiv 1(\bmod p)$. 故可设 $f(\lambda) = \lambda^2 - \delta\lambda + 1$, 其中 $\delta \in \mathbb{Z}_p$. 由此不妨设 $x^b = y$, $y^b = x^{-1}y^\delta$. 总之, G 有形如 (4.41) 式的构造.

根据 Sylow 定理, 有 $q \mid (p^2-1)$, 于是 $q \mid (p+1)$, 从而 $(\lambda^q-1)/(\lambda-1)$ 整除 $(\lambda^{p^2-1} - 1)/(\lambda^{p-1} - 1)$. 由此得, $(\lambda^q - 1)/(\lambda - 1)$ 是 $(q-1)/2$ 个不同的二次不可约多项式之积. 注意到 b 同时作用在 $\langle a\rangle$ 上是 $\langle a\rangle$ 的 q 阶自同构, 所以当 $\lambda^2 - \delta\lambda + 1$ 是 $(\lambda^q - 1)/(\lambda - 1)$ 的不同的不可约因式时, 由 (4.41) 式确定的 G 的构造是不同构的, 故 (4.41) 式表示 $\dfrac{q-1}{2}$ 个互不同构的 p^2q^3 阶群.

当 $C_Q(P) = \langle a^q, b\rangle$ 时, a 是 P 的一个 q 阶线性变换. 类似于上面的讨论, 可得 G 的构造 G_9. 若 $(k,q) = 1$, 在 G_9 中, 设 a^k 作用在 P 上的特征多项式为 $f_k(\lambda)$, $1 \leqslant k \leqslant q-1$. 当 a 的矩阵为 $\boldsymbol{M}$ 时, a^k 的矩阵为 $\boldsymbol{M}^k$. 而对任何 $1 \leqslant i \leqslant q-1$, 存在唯一的 j, 使 $i \not\equiv j(\bmod q)$ 而

$pi \equiv j(\mathrm{mod}q)$. 因此, 在 $\mathbb{Z}_p$ 上,

$$f_j(\lambda) = |\lambda \boldsymbol{I} - \boldsymbol{M}^j| = |\lambda \boldsymbol{I} - \boldsymbol{M}^{pi}| = |\lambda^{1/p}\boldsymbol{I} - \boldsymbol{M}^i|^p = (f_i(\lambda^{1/p}))^p = f_i(\lambda).$$

故 $f_k(\lambda)$, $1 \leqslant k \leqslant q-1$, 中恰有 $(q-1)/2$ 个不同的二次不可约多项式, 从而在 G_9 中, 当 $\lambda^2 - \delta\lambda + 1$ 是 $(\lambda^q - 1)/(\lambda - 1)$ 的任何二次不可约因式时, 得到的 G 的构造都是同构的.

若 $C_Q(P) = 1$, 则必有 $q^2 \mid (p-1)$. 否则, 如果 $q \nmid (p-1)$, 那么由 Sylow 定理, 有 $q \mid (p+1)$, 因而由上面的证明可知, Q 同构于 $SL(2,p)$ 的一个子群. 但由定理 3.3.9 知, Q 必是循环群, 矛盾. 如果 $q \mid (p-1)$ 但 $q^2 \nmid (p-1)$, 则 $a^q \in C_Q(P)$, 与假设矛盾. 既然 $q^2 \mid (p-1)$, 所以 a, b 作为 $\mathbb{Z}_p$ 上的 2 维线性空间 P 的线性变换, 它们的特征多项式都是两个不同一次因式之积. 不妨设 a, b 对应的矩阵分别为 $\boldsymbol{A}$, $\boldsymbol{B}$, 则 $\boldsymbol{A}$, $\boldsymbol{B}$ 都可对角化, 从而 $\boldsymbol{A}^q$ 也可对角化. 又 a^q 与 b 可交换, 所以 $\boldsymbol{A}^q$ 与 $\boldsymbol{B}$ 也可交换. 因而, 由高等代数知识知, $\boldsymbol{A}^q$ 与 $\boldsymbol{B}$ 可同时对角化. 不妨设

$$\boldsymbol{A}^q = \begin{pmatrix} \alpha_1 & 0 \\ 0 & \alpha_2 \end{pmatrix}, \quad \boldsymbol{B} = \begin{pmatrix} \beta_1 & 0 \\ 0 & \beta_2 \end{pmatrix}$$

又由于 $\boldsymbol{A}$ 可对角化, 所以存在可逆矩阵

$$\boldsymbol{C} = \begin{pmatrix} c_{11} & c_{12} \\ c_{21} & c_{22} \end{pmatrix}$$

使

$$\boldsymbol{C}^{-1}\boldsymbol{A}\boldsymbol{C} = \begin{pmatrix} \gamma_1 & 0 \\ 0 & \gamma_2 \end{pmatrix}$$

于是

$$\boldsymbol{A}^q = \boldsymbol{C} \begin{pmatrix} \gamma_1^q & 0 \\ 0 & \gamma_2^q \end{pmatrix} \boldsymbol{C}^{-1} = \begin{pmatrix} \alpha_1 & 0 \\ 0 & \alpha_2 \end{pmatrix}$$

由此得 $c_{21}c_{22}(\gamma_1^q - \gamma_2^q) = -c_{12}c_{11}(\gamma_1^q - \gamma_2^q) = 0$. 但一般地, $\alpha_1 \neq \alpha_2$, 从而 $\gamma_1 \neq \gamma_2$, 所以 $c_{21}c_{22} = c_{12}c_{11} = 0$. 再注意到 $\boldsymbol{C}$ 是可逆矩阵, 所

以 $c_{21} = c_{12} = 0$ 或 $c_{11} = c_{22} = 0$. 因此, $\boldsymbol{A}$ 必是对角矩阵, 由此可知 $\boldsymbol{AB} = \boldsymbol{BA}$, 于是 Q 是交换群, 矛盾. □

引理 4.3.6 设 p 与 q 是奇素数, 且 $p > q$, G 是 p^2q^3 阶群, G 的 Sylow p-子群为初等交换群 $P = \langle x, y \| x| = |y| = p, [x, y] = 1\rangle$ 而 G 的 Sylow q-子群是指数为 q 的非交换群 $Q = \langle a, b, c \| a| = |b| = |c| = q, [a, b] = c, [a, c] = [b, c] = 1\rangle$, 那么

(i) 当 $q \nmid (p^2 - 1)$ 时, G 恰有 1 个不同构的类型:

$G_1 = \langle x\rangle \times \langle y\rangle \times \langle a, b, c\rangle$, 其中 $|x| = |y| = p$, $|a| = |b| = |c| = q$, $[a, b] = c$, $[a, c] = [b, c] = 1$.

(ii) 当 $q \mid (p - 1)$ 时, 设 σ 为模 p 的一个原根, $r \equiv \sigma^{\frac{p-1}{q}} (\mathrm{mod} p)$, 则 G 恰有 $\dfrac{q+7}{2}$ 个不同构的类型, 除构造 G_1 外, 还有下面的构造:

$G_2 = (\langle x\rangle \times \langle y\rangle) \rtimes \langle a, b, c\rangle$, $x^a = x^b = x^c = x$, $y^a = y^r$, $y^b = y^c = y$;

$$\begin{aligned} &G_3(i) = (\langle x\rangle \times \langle y\rangle) \rtimes \langle a, b, c\rangle,\ x^a = x^r,\\ &\quad y^a = y^{r^i},\ x^b = x^c = x,\ y^b = y^c = y; \\ &G_4 = (\langle x\rangle \times \langle y\rangle) \rtimes \langle a, b, c\rangle,\ x^b = x^r,\ y^a = y^r,\\ &\quad x^a = x^c = x,\ y^b = y^c = y. \end{aligned} \tag{4.42}$$

这里 (4.42) 式表示 $\dfrac{q+1}{2}$ 个互不同构的 p^2q^3 阶群.

(iii) 当 $q \mid (p + 1)$ 时, G 恰有 2 个不同构的类型, 除构造 G_1 外, 还有下面的构造:

$$\begin{aligned} &G_5 = (\langle x\rangle \times \langle y\rangle) \rtimes \langle a, b, c\rangle,\ x^a = y,\ y^a = x^{-1}y^{\delta},\\ &\quad x^b = x^c = x,\ y^b = y^c = y. \end{aligned}$$

其中 $\delta \in \mathbb{Z}_p$ 且在 $\mathbb{Z}_p$ 上 $\lambda^2 - \delta\lambda + 1$ 是 $(\lambda^q - 1)/(\lambda - 1)$ 的二次不可约因式.

证明 我们首先证明 $P \lhd G$. 事实上, 如果 $P \ntriangleleft G$, 那么由 $p > q$ 及 Sylow 定理得, G 的 Sylow p-子群的个数必为 q^3, 于是 $N_G(P) = P$. 但 P 是初等交换群, 从而由定理 2.5.4 得, $Q \lhd G$. 又 $Z(Q) = \langle c\rangle$ 是 Q 的特征子群, 因而 $\langle c\rangle \lhd G$. 显然, $G/\langle c\rangle$ 是 p^2q^2 阶群, $G/\langle c\rangle$ 的 Sylow p-子群 $P\langle c\rangle/\langle c\rangle$ 是它的正规子群. 由此得, $P\langle c\rangle \lhd G$. 再由 P char $P\langle c\rangle$, 得 $P \lhd G$, 矛盾.

下面分两种情况来讨论 G 的构造.

(a) G 是超可解群.

此时, 不妨设 $\langle x\rangle$ 和 $\langle y\rangle$ 都是 Q-不变的, 于是 $C_Q(x)$ 和 $C_Q(y)$ 都只能是 Q 或 Q 的 q^2 阶子群.

① 如果 $q\nmid(p-1)$, 那么必有 $C_Q(x)=C_Q(y)=Q$, 即 Q 在 $\langle x\rangle$ 和 $\langle y\rangle$ 上的作用都是平凡的, 从而 G 是幂零群, 其构造为 G_1.

② 如果 $q\mid(p-1)$, 那么 Q 除了平凡作用在 $\langle x\rangle$ 和 $\langle y\rangle$ 上外, 也存在非平凡作用. 当 Q 的作用是非平凡的时候, $C_Q(x)$ 和 $C_Q(y)$ 至少有一个是 Q 的 q^2 阶子群.

若 $C_Q(x)$ 和 $C_Q(y)$ 恰有一个是 Q 而另一个是 q^2 阶子群, 则不妨设 $C_Q(x)=Q$, $C_Q(y)=\langle b,c\rangle$, 于是可设 $y^a=y^r$, $r\equiv\sigma^{\frac{p-1}{q}}(\mathrm{mod}p)$, σ 为模 p 的一个原根, 因而 G 有构造 G_2; 当 $C_Q(x)$ 和 $C_Q(y)$ 是 Q 的同一个 q^2 阶子群时, 不妨设 $C_Q(x)=C_Q(y)=\langle b,c\rangle$, 于是可设 $x^a=x^r$, $y^a=y^{r^i}$, $1\leqslant i\leqslant q-1$, 因而 G 有形如 (4.42) 式的构造. 类似于引理 4.1.6(ii), 不难证明在 (4.42) 式中

$$G_3(i)\cong G_3(j)\Leftrightarrow ij\equiv 1(\mathrm{mod}q).$$

所以 (4.42) 式中有 $\dfrac{q+1}{2}$ 个互不同构的 p^2q^3 阶群.

若 $C_Q(x)$ 和 $C_Q(y)$ 是 Q 的两个不同的 q^2 阶子群时, 不妨设 $C_Q(x)=\langle a,c\rangle$ 而 $C_Q(y)=\langle b,c\rangle$, 于是可设 $x^b=x^r$, $y^a=y^r$, 因而 G 有构造 G_4.

(b) G 不是超可解群.

类似于引理 4.3.5, 可以证明这时 $q\mid(p+1)$ 且 $Q/C_Q(P)$ 同构于 $SL(2,p)$ 的一个 q 阶子群. 不妨设 $C_Q(P)=\langle b,c\rangle$, 于是 a 作用在 P 上是不可约的, 且线性空间 P 的线性变换 a 的特征多项式 $f(\lambda)$ 是 $(\lambda^q-1)/(\lambda-1)$ 的二次不可约因式. 设 $f(\lambda)=\lambda^2-\delta\lambda+1$, 其中 $\delta\in\mathbb{Z}_p$, 则 G 有构造 G_5. 并且与引理 4.3.5 一样, 可以证明在 G_5 中, 当 $\lambda^2-\delta\lambda+1$ 是 $(\lambda^q-1)/(\lambda-1)$ 的任何二次不可约因式时, 得到的 G 的构造都是同构的. □

由推论 4.3.1 和推论 4.3.2、引理 4.3.3 至引理 4.3.6, 可以得到下面的定理.

定理 4.3.7 设 p 与 q 是奇素数, 且 $p>q$, G 是阶为 p^2q^3 的有限群, 那么:

(i) 当 $q \nmid (p^2-1)$ 且 $p \nmid (q^2+q+1)$ 时, G 恰有 10 个不同构的类型;

(ii) 当 $q \nmid (p^2-1)$ 且 $p \mid (q^2+q+1)$ 时, G 恰有 12 个不同构的类型;

(iii) 当 $q \mid (p-1)$ 但 $q^2 \nmid (p-1)$ 且 $p \nmid (q^2+q+1)$ 时, G 恰有 $\dfrac{3q^2+9q+50}{2}$ 个不同构的类型;

(iv) 当 $q \mid (p-1)$ 且 $p \mid (q^2+q+1)$ 但 $q^2 \nmid (p-1)$ 时, G 恰有 $\dfrac{3q^2+9q+54}{2}$ 个不同构的类型;

(v) 当 $q^2 \mid (p-1)$ 但 $q^3 \nmid (p-1)$ 时, G 恰有 $\dfrac{5q^2+13q+56}{2}$ 个不同构的类型;

(vi) 当 $q^3 \| (p-1)$ 时, G 恰有 $\dfrac{q^3+6q^2+13q+60}{2}$ 个不同构的类型;

(vii) 当 $q \mid (p+1)$ 但 $q^2 \nmid (p+1)$ 时, G 恰有 $(q+31)/2$ 个不同构的类型;

(viii) 当 $q^2 \mid (p+1)$ 但 $q^3 \nmid (p+1)$ 时, G 恰有 $(q+35)/2$ 个不同构的类型;

(ix) 当 $q^3 \mid (p+1)$ 时, G 恰有 $(q+37)/2$ 个不同构的类型. □

为了完成阶为 p^2q^3 的有限群的完全分类, 我们只需再完成阶为 p^3q^2 的有限群的分类 $(p>q)$, 下面就来进行此项工作.

首先, 由定理 4.2.11, 可得下面的推论.

推论 4.3.8 设 p 与 q 是奇素数, 且 $p>q$, G 是 Sylow q-子群循环的 p^3q^2 阶群, 则:

(i) 当 $(q,\ (p^3-1)(p+1))=1$ 时, G 恰有 5 个不同构的类型;

(ii) 当 $(q^2,\ p+1)=q$ 时, G 恰有 7 个不同构的类型;

(iii) 当 $(q^2,\ p+1)=q^2$ 时, G 恰有 9 个不同构的类型;

(iv) 当 $(q^2,\ p^2+p+1)=q$, $(q,p-1)=1$ 时, G 恰有 6 个不同构的类型;

(v) 当 $(q^2,\ p^2+p+1)=q^2$, $(q,p-1)=1$ 时, G 恰有 7 个不同构的类型;

(vi) 当 $(q^2,\ p-1)=q$, $q>3$ 且 $q\equiv 1(\mathrm{mod}3)$ 时, G 恰有 $2q+12+\dfrac{(q-1)(q+2)}{6}$ 个不同构的类型;

(vii) 当 $(q^2,\ p-1)=q^2$, $q>3$ 且 $q\equiv 1(\mathrm{mod}3)$ 时, G 恰有 $2q^2+4q+16+\dfrac{(q^2+1)(q^2+q+1)}{6}$ 个不同构的类型;

(viii) 当 $(q^2,\ p-1)=q$, $q>3$ 且 $q\equiv -1(\mathrm{mod}3)$ 时, G 恰有 $2q+11+\dfrac{q(q+1)}{6}$ 个不同构的类型;

(ix) 当 $(q^2,\ p-1)=q^2$, $q>3$ 且 $q\equiv -1(\mathrm{mod}3)$ 时, G 恰有 $2q^2+4q+15+\dfrac{(q+1)(q^3+2q-1)}{6}$ 个不同构的类型;

(x) 当 $(9,\ p-1)=3$ 时, $9p^3$ 阶群恰有 20 个不同构的类型; 当 $(9,\ p-1)=9$ 时, $9p^3$ 阶群恰有 67 个不同构的类型. □

其次, 由定理 4.1.1 的证明过程, 可得下面的推论.

推论 4.3.9 设 p 与 q 是奇素数, 且 $p>q$, G 是 Sylow p-子群为 p^3 阶循环群 $P=\langle x\rangle$ 而 Sylow q-子群为 q^2 阶初等交换群 $Q=\langle a\rangle\times\langle b\rangle$ 的 p^3q^2 阶群, 则:

(i) 当 $(q,\ p-1)=1$ 时, G 的构造必是 $G_1\cong P\times Q$;

(ii) 当 $(q,\ p-1)=q$ 时, G 除为 G_1 外还有下列构造:

$G_2=(\langle x\rangle\rtimes\langle a\rangle)\times\langle b\rangle$, $|x|=p^3$, $|a|=|b|=q$, $x^a=x^r$.

其中 $r=\sigma^{\frac{p^2(p-1)}{q}}$, σ 是模 p^3 的一个原根. □

引理 4.3.10 设 p 与 q 是奇素数, 且 $p>q$, G 是 Sylow p-子群为 (p^2,p) 型交换群 $P=\langle x,y\rangle$ 而 Sylow q-子群为 q^2 阶初等交换群 $Q=\langle a\rangle\times\langle b\rangle$ 的 p^3q^2 阶群, 令 σ 是模 p^2 与模 p 的一个公共原根, $r=\sigma^{\frac{p(p-1)}{q}}$, $s=\sigma^{\frac{p-1}{q}}$, 则

(i) 当 $(q,\ p-1)=1$ 时, G 的构造必是:

$G_1=\langle x\rangle\times\langle y\rangle\times\langle a\rangle\times\langle b\rangle$, $|x|=p^2$, $|y|=p$, $|a|=|b|=q$.

(ii) 当 $(q,\ p-1)=q$ 时, G 共有 $q+3$ 个互不同构的类型, 除为交换群 G_1 外, 还有下列几种构造:

$$G_2(i)=(\langle x\rangle\rtimes\langle a\rangle)\times(\langle y\rangle\rtimes\langle b\rangle),\ x^a=x^{r^i},\ y^b=y^s \tag{4.43}$$

其中 $i=0,\ 1$, 因此 (4.43) 式代表 2 个不同构的 p^3q^2 阶群.

$$G_3(i)=((\langle x\rangle\times\langle y\rangle)\rtimes\langle a\rangle)\times\langle b\rangle,\ x^a=x^r,\ y^a=y^{s^i} \tag{4.44}$$

其中 $0\leqslant i\leqslant q-1$, 因此 (4.43) 式代表 q 个不同构的 p^3q^2 阶群.

证明 类似引理 3.7.2 的证明可知, G 必是超可解群, 而且可设 $\langle x\rangle$

和 $\langle y\rangle$ 都是 Q-不变的. 于是 $Q/C_Q(x) \lesssim \text{Aut}\ (\langle x\rangle)$, $Q/C_Q(y) \lesssim \text{Aut}\ (\langle y\rangle)$. 而 Aut $(\langle x\rangle)$ 与 Aut $(\langle y\rangle)$ 分别是 $p(p-1)$, $p-1$ 阶循环群. 所以, 当 $(q,\ p-1)=1$ 时, G 必是交换群且有构造 $G_1 = P\times Q$.

当 $(q,\ p-1)=q$ 时, G 除为 G_1 外还可能是非交换群. 而若 G 是非交换群, 则 $C_Q(x)$ 与 $C_Q(y)$ 中至少有一个是 q 阶循环群.

① 当 $C_Q(x)=Q$ 而 $C_Q(y)$ 是 q 阶循环群时, 不妨设 $C_Q(y)=\langle a\rangle$, 则 $x^a=x^b=x$, $y^a=y$, 且可设 $y^b=y^s$ (否则只要用 b 的适当方幂代替 b 即可), 于是得 G 的构造为 $G_2(0)$.

② 当 $C_Q(y)=Q$ 而 $C_Q(x)$ 是 q 阶循环群时, 不妨设 $C_Q(x)=\langle b\rangle$, 则 $x^b=x$, $y^a=y^b=y$, 且可设 $x^a=x^r$ (否则只要用 a 的适当方幂代替 a 即可), 于是得 G 的构造为 $G_3(0)$.

③ 当 $C_Q(x)$ 与 $C_Q(y)$ 是不同的 q 阶循环群时, 则有 $Q=\langle C_Q(x), C_Q(y)\rangle$. 不妨设 $C_Q(x)=\langle b\rangle$, $C_Q(y)=\langle a\rangle$, 则 $x^b=x$, $y^a=y$, 于是可设 $x^a=x^r$ (否则只要用 a 的适当方幂代替 a 即可), $y^b=y^s$ (否则只要用 b 的适当方幂代替 b 即可), 从而得 G 的构造为 $G_2(1)$.

④ 当 $C_Q(x)$ 与 $C_Q(y)$ 是相同的 q 阶循环群时, 则设 $C_Q(x)=C_Q(y)=\langle b\rangle$, 即 $x^b=x$, $y^b=y$, 且可设 $x^a=x^r$ (否则只要用 a 的适当方幂代替 a 即可), $y^a=y^{s^i}$, 其中 $1\leqslant i\leqslant q-1$, 于是得 G 的构造为 $G_3(i)$, $1\leqslant i\leqslant q-1$. □

引理 4.3.11 设 p 与 q 是奇素数, 且 $p>q$, G 是 Sylow p-子群为 p^3 阶初等交换群 $P=\langle x\rangle\times\langle y\rangle\times\langle z\rangle$ 而 Sylow q-子群为 q^2 阶初等交换群 $Q=\langle a\rangle\times\langle b\rangle$ 的 p^3q^2 阶群, 令 σ 是模 p 的一个原根, $s=\sigma^{\frac{p-1}{q}}$, 则

(i) 当 $(q,\ (p^3-1)(p+1))=1$ 时, G 必是交换群且有构造:

$G_1=\langle x\rangle\times\langle y\rangle\times\langle z\rangle\times\langle a\rangle\times\langle b\rangle$, $|x|=|y|=|z|=p$, $|a|=|b|=q$.

(ii) 当 $(q,\ p-1)=q$ 时, G 除为交换群 G_1 外还有下列几种构造:

$G_2(i,j)=(((\langle x\rangle\times\langle y\rangle\times\langle z\rangle)\rtimes\langle a\rangle)\times\langle b\rangle$,

$$x^a=x^s,\ y^a=y^{s^i},\ z^a=z^{s^j},\ 0\leqslant i,\ j\leqslant q-1; \tag{4.45}$$

当 $q=3$ 时, (4.45) 式包含 5 个不同构的 p^3q^2 阶群; 当 $q\equiv 1(\text{mod}3)$ 时, (4.45) 式包含 $\dfrac{q^2+4q+13}{6}$ 个不同构的 p^3q^2 阶群; 当 $q\equiv -1(\text{mod}3)$ 时, (4.45) 式包含 $\dfrac{q^2+4q+9}{6}$ 个不同构的 p^3q^2 阶群.

$$G_3(i,j)=(\langle x\rangle\times\langle y\rangle\times\langle z\rangle)\rtimes(\langle a\rangle\times\langle b\rangle),\ x^a=x^s,\ x^b=x,\ y^a=y,\\ y^b=y^s,\ z^a=z^{s^i},\ z^b=z^{s^j},\ 0\leqslant j\leqslant i\leqslant q-1; \tag{4.46}$$

在 (4.46) 式中, $G_3(i,0)\cong G_3(k,0)$ 当且仅当 $ik\equiv 1(\mathrm{mod}q)$, 所以 (4.46) 式包含 $\dfrac{q^2+3}{2}$ 个不同构的 p^3q^2 阶群.

(iii) 当 $(q,\ p+1)=q$ 时, G 除为交换群 G_1 外还有下列一种构造:

$$G_4=(((\langle x\rangle\times\langle y\rangle)\rtimes\langle a\rangle)\times\langle b\rangle\times\langle z\rangle,\ x^a=y,\ y^a=x^{-1}y^{\beta}.$$

其中 $\beta\in\mathbb{Z}_p$ 使得 $\lambda^2-\beta\lambda+1$ 是 $\mathbb{Z}_p$ 上多项式 $(\lambda^q-1)/(\lambda-1)$ 的一个二次不可约因式.

(iv) 当 $q\equiv 1(\mathrm{mod}3)$ 且 $(q,\ p^2+p+1)=q$ 时, G 除为交换群 G_1 外还有下列一种构造:

$$G_5=(((\langle x\rangle\times\langle y\rangle\times\langle z\rangle)\rtimes\langle a\rangle)\times\langle b\rangle,\ x^a=y,\ y^a=z,\ z^a=xy^{\beta}z^{\gamma}.$$

其中 $\beta,\gamma\in\mathbb{Z}_p$ 使得 $\lambda^3-\gamma\lambda^2-\beta\lambda-1$ 是 $\mathbb{Z}_p$ 上多项式 $(\lambda^q-1)/(\lambda-1)$ 的一个三次不可约因式.

证明 因为 $\mathrm{Aut}(P_3)\cong GL(3,p)$, 而 $GL(3,p)$ 是阶为 $(p^3-1)(p^3-p)(p^3-p^2)$ 的群, 所以当 $(q,\ (p^3-1)(p+1))=1$ 时, G 必是交换群且有构造 $G_1=P\times Q$. 但当 $(q,\ (p^3-1)(p+1))=q$ 时, G 还可能是非交换群. 由定理 2.6.8, 有 $P=C_P(Q)\times[P,Q]$.

(A) 当 $C_P(Q)$ 是 p^2 阶群时, 不妨设 $C_P(Q)=\langle y,z\rangle$, $[P,\ Q]=\langle x\rangle$, 这时应有 $q\mid(p-1)$, 且 $C_Q(x)$ 是 q 阶群. 不妨设 $C_Q(x)=\langle b\rangle$, 则 $x^a=x^s$ (否则只要用 a 的适当方幂代替 a 即可), 于是 G 有形如 (4.45) 式的构造 (其中 $i=0,\ j=0$).

(B) 如果 $C_P(Q)$ 是 p 阶群, 则不妨设 $C_P(Q)=\langle z\rangle$, $[P,Q]=\langle x,y\rangle$, 于是 Q 无不动点地作用在 $\langle x,y\rangle$ 上.

(a) 首先, 假定 $Q\langle x,y\rangle$ 是超可解群, 于是不妨设 $\langle x\rangle$ 与 $\langle y\rangle$ 都是 Q-不变的, 从而必有 $q|(p-1)$, 且 $C_Q(x)$ 与 $C_Q(y)$ 都不等于 Q.

① 当 $C_Q(x)=C_Q(y)$ 时, 不妨设其为 $\langle b\rangle$. 这时必有 $x^a=x^s,y^a=y^{s^i}$ (否则只要用 a 的适当方幂代替 a 即可), 于是 G 可有形如 (4.45) 式的构造 (其中 $j=0$). 不难证明在 (4.45) 式中, $G_2(i,0)\cong G_2(k,0)$ 当且仅当 $ik\equiv 1(\mathrm{mod}q)$. 因为对每个 $i=1,2,\cdots,q-1$, 有唯一的 $k=1,2,\cdots,q-1$, 使 $ik\equiv 1(\mathrm{mod}q)$, 所以当用 $a_1=a^k$ 代替 a, 而将 x,y 对

调时, 则 $G_2(i,0)$ 就变成了 $G_2(k,0)$. 又因 $i=2,\cdots,q-2$ 时, $i\neq k$, 因此 (4.45) 式在 $j=0$ 时共代表 $\dfrac{q+1}{2}$ 个互不同构的 p^3q^2 阶群.

② 当 $C_Q(x)\neq C_Q(y)$ 时, 不妨设 $C_Q(x)=\langle b\rangle$, $C_Q(y)=\langle a\rangle$, 而 $x^a=x^s$, $y^b=y^s$ (否则只要分别用 a,b 的适当方幂代替 a,b 即可), 这时 G 有形如 (4.46) 式的构造 (其中 $i=j=0$).

(b) 然后, 假定 $Q\langle x,y\rangle$ 不是超可解群, 那么 Q 在 $\langle x,y\rangle$ 上的作用是不可约的. 又 $\langle x,y\rangle$ 是 p 元域 $\mathbb{Z}_p$ 上的 2 维线性空间, 而 $Q/C_Q(\langle x,y\rangle)$ 是循环群 (定理 3.3.4). 由此不妨设 $C_Q(\langle x,y\rangle)=\langle b\rangle$, a 是 $\langle x,y\rangle$ 的一个 q 阶可逆线性变换. 于是 a 的特征多项式 (记为 $f(\lambda)$) 是 $\mathbb{Z}_p$ 上的二次不可约多项式, 且 $f(\lambda)$ 整除 λ^q-1. 另外, 由数论的有关知识, $\mathbb{Z}_p$ 上的全体二次不可约多项式之积是 $(\lambda^{p^2-1}-1)/(\lambda^{p-1}-1)$, 因此 $q|(p+1)$. 设 a 的矩阵是 $\boldsymbol{M}$, 则 $|\boldsymbol{M}|^q\equiv 1(\mathrm{mod}p)$, 又显然 $(q,p-1)=1$ 且 $|\boldsymbol{M}|^{p-1}\equiv 1(\mathrm{mod}p)$, 所以 $|\boldsymbol{M}|\equiv 1(\mathrm{mod}p)$. 当 $q|(p+1)$ 时, 可设 $f(\lambda)=\lambda^2-\beta\lambda+1$, 它是 (λ^q-1) 的二次不可约因式, 从而 G 有构造: G_4.

(C) 如果 $C_P(Q)=1$ 且 G 是超可解群时, 则不妨设 G 有如下正规群列

$$G\rhd\langle x,y,z\rangle\rhd\langle y,z\rangle\rhd\langle z\rangle$$

这时显然有 $q\mid(p-1)$, 由定理 2.6.9 知 Q 在 P 上的作用是完全可约的, 所以不妨假定 $\langle x\rangle$, $\langle y\rangle$ 和 $\langle z\rangle$ 都是 Q-不变的. 这时, 显然 $C_Q(x)$, $C_Q(y)$, $C_Q(z)$ 都必须是 Q 的 q 阶子群.

(a) 如果 $C_Q(x)=C_Q(y)=C_Q(z)$, 不妨设它们是 $\langle b\rangle$, 那么可设 $x^a=x^s$ (否则只要用 a 的适当方幂代替 a 即可), $y^a=y^{s^i}$, $z^a=z^{s^j}$, 其中 $0<i,j<q$. 这时, G 有形如 (4.45) 式的构造. 在 (4.45) 式中, 当 $i=j$ 时, 存在唯一的 $k\in\mathbb{Z}_q$ 使得 $ik\equiv 1(\mathrm{mod}q)$. 如果用 $a_1=a^k$ 代替 x, 而将 x,y,z 分别替换为 z,y,x 时, 则 $G_2(i,i)$ 就变成了 $G_2(1,k)$, 故当 $i=j$ 时, (4.45) 式代表 $q-1$ 个不同构的 p^3q^2 阶群. 当 $i,\ j=2,\ 3,\ \cdots,\ q-1$ 且 $i\neq j$ 时. 由于 a 作用在 P 上, 而 P 同构于 p 元域 $\mathbb{Z}_p$ 上的 3 维向量空间, $x,\ y,\ z$ 是其基底, 于是 a 可看成 $\mathbb{Z}_p$ 上的 3 阶对角矩阵 $[s,\ s^i,\ s^j]$. 设 $im\equiv 1\equiv jn(\mathrm{mod}q)$, 则 a^m, a^n 的矩阵分别是 $[s^m,\ s,\ s^{jm}]$

与 $[s^n,\ s^{in},\ s]$, 从而在 (4.45) 式中有 $G_2(i,j)\cong G_2(m,jm)\cong G_2(n,in)$. 若在 q 元域 $\mathbb{Z}_q$ 上, 集合 $\{i,\ j\}=\{m,\ jm\}$, 则不难证明 $i\neq q-1$ 且 $m\neq i$. 于是 $m=j$, $jm=j^2=i$, 再由 $im\equiv 1\equiv jn(\mathrm{mod}q)$ 得 $j^3\equiv 1(\mathrm{mod}q)$, $n=i$. 这说明在乘法群 $\mathbb{Z}_q^*$ 中有 3 阶子群 $\{1,\ i,\ j\}$, 从而 $q\equiv 1(\mathrm{mod}3)$. 因此, 集合 $\{i,\ j\}=\{m,\ jm\}=\{n,\ in\}$, 必有 $q\equiv 1(\mathrm{mod}3)$ 且 $i\equiv j^2(\mathrm{mod}q)$, $x^3-1=(x-1)(x-i)(x-j)(\mathrm{mod}q)$, 否则集合 $\{i,\ j\}$, $\{m,\ jm\}$, $\{n,\ in\}$ 是三个不同的集合. 反之, 若 $q\equiv 1(\mathrm{mod}3)$, 则存在唯一的 $i\in\{2,\ 3,\ \cdots,\ q-1\}$ 使得 $x^3-1=(x-1)(x-i)(x-i^2)(\mathrm{mod}q)$, 从而 $\{i,\ j\}$, $\{m,\ jm\}$, $\{n,\ in\}$ 是同一个集合当且仅当 $j=i^2$ 而 i 是上面的唯一值. 综上所述, 可知: 当 $q\equiv 1(\mathrm{mod}3)$ 时, (4.45) 式共代表 $1+\dfrac{1}{3}\left(\dbinom{q-2}{2}-1\right)=\dfrac{q^2-5q+10}{6}$ 个互不同构的 p^3q^2 阶群; 当 $q\equiv -1(\mathrm{mod}3)$ 时, (4.45) 式共代表 $\dfrac{1}{3}\dbinom{q-2}{2}=\dfrac{q^2-5q+6}{6}$ 个互不同构的 p^3q^2 阶群.

综上所述, 当 $ij\neq 0$ 时, 若 $q=3$, 则 (4.45) 式共代表 2 个互不同构的 p^3q^2 阶群; 若 $q\equiv 1(\mathrm{mod}3)$, 则 (4.45) 式共代表 $(q-1)+1+\dfrac{1}{3}\left(\dbinom{q-2}{2}-1\right)=\dfrac{q^2+q+4}{6}$ 个互不同构的 p^3q^2 阶群; 若 $q\equiv -1(\mathrm{mod}3)$, 则 (4.45) 式共代表 $(q-1)+\dfrac{1}{3}\dbinom{q-2}{2}=\dfrac{q^2+q}{6}$ 个互不同构的 p^3q^2 阶群.

(b) 如果 $C_Q(x)$, $C_Q(y)$, $C_Q(z)$ 恰有两个相同, 则不妨设 $C_Q(x)=C_Q(z)=\langle b\rangle\neq C_Q(y)=\langle a\rangle$, 于是可设 $x^a=x^s$ (否则只要用 a 的适当方幂代替 a 即可), $y^b=y^s$, $z^a=z^{s^i}$, 其中 $0<i<q$. 这时, G 有形如 (4.46) 式的构造 (其中 $j=0$). 不难证明, 在 (4.46) 式中, $G_3(i,0)\cong G_3(k,0)$ 当且仅当 $ik\equiv 1(\mathrm{mod}q)$, 因此 (4.46) 式在 $j=0$ 时共代表 $\dfrac{q+1}{2}$ 个互不同构的 p^3q^2 阶群.

(c) 如果 $C_Q(x)$, $C_Q(y)$, $C_Q(z)$ 两两不相同, 则不妨设 $C_Q(x)=\langle b\rangle$ 而 $C_Q(y)=\langle a\rangle$, $C_Q(z)=\langle a^mb^n\rangle$, 其中 $0<m,\ n<q$. 显然, 对给定的 $m,\ n$, 任取 $i\in\mathbb{Z}_q^*$, 必存在唯一的 $j\in\mathbb{Z}_q^*$, 使得 $mi+nj\equiv 0(\mathrm{mod}q)$. 令 $z^a=z^{s^i}$, $z^b=z^{s^j}$, 则得 G 的构造形如 (4.46) 式 (其中 $ij\neq 0(\mathrm{mod}q)$).

由于 x 与 y 的地位是相同的, a 与 b 的地位也是相同的, 所以 $G_3(i,j) \cong G_3(j,i)$. 注意到 $i=j$ 时, $G_3(i,j)$ 与 $G_3(j,i)$ 是无区别的, 因此, 当 i, $j \in \mathbb{Z}_q^*$ 时, (4.46) 式恰代表 $\dfrac{(q-1)(q-2)}{2}+(q-1)=\dfrac{q^2-q}{2}$ 个互不同构的 p^3q^2 阶群. 再结合前面的讨论, 得 (4.46) 式共包含 $\dfrac{q^2+3}{2}$ 个互不同构的 p^3q^2 阶群.

(D) 如果 $C_P(Q)=1$ 而 G 不是超可解群, 则不难证明 Q 在 P 上的作用是不可约的. 而 $Q/C_Q(P)$ 是循环群 (定理 3.3.4), 不妨设 $C_Q(P)=\langle b\rangle$, a 是 P 的一个 q 阶可逆线性变换. 这时 a 可以看成 p 元域 $\mathbb{Z}_p$ 上的 3 阶矩阵, 而 a 没有非平凡的不变子空间, 于是 a 的特征多项式 $f(\lambda)$ 是 $\mathbb{Z}_p$ 上的三次不可约多项式. 又显然线性变换 a 是无不动点的, 所以由定理 3.3.7 得, $G/C_Q(P)$ 是补为 $Q/C_Q(P)$ 而核为 P 的 p^3q 阶 Frobenius 群, 所以 $q \mid (p^3-1)$. 另外, λ^q-1 是 a 的矩阵 $\boldsymbol{M}$ 的零化多项式, 所以 $f(\lambda)$ 是 λ^q-1 的因式. 众所周知, $\lambda^{p^3}-\lambda$ 是 $\mathbb{Z}_p$ 上的所有一次不可约多项式和三次不可约多项式的积, 于是 $f(\lambda)$ 也是 $\lambda^{p^3}-\lambda$ 的因式. 如果 $q \mid (p-1)$, 则 λ^q-1 是 $\lambda^{p-1}-1$ 的因式, 而 $\lambda^{p-1}-1$ 是 $p-1$ 个一次因式之积. 所以 $f(\lambda)$ 是 3 个不同的一次因式的积, 矛盾. 因此必有 $q \nmid (p-1)$. 再由 $q \mid (p^3-1)$ 可知 $\mathbb{Z}_q^*$ 有 3 阶子群 $\{1,p,p^2\}$, 所以 $3 \mid (q-1)$ 且 $q \mid (p^2+p+1)$. 此时 $(\lambda^q-1, \lambda^{p-1}-1)=\lambda-1$, 而 $(\lambda^q-1)/(\lambda-1)$ 是 $(q-1)/3$ 个互不相同的三次不可约多项式之积. 我们用 $|\boldsymbol{M}|$ 表示 a 的矩阵 $\boldsymbol{M}$ 的行列式, 则 $|\boldsymbol{M}|^q \equiv 1(\mathrm{mod}p)$. 又 $|\boldsymbol{M}|^{p-1} \equiv 1(\mathrm{mod}p)$, 且 $(q,p-1)=1$, 可知 $|\boldsymbol{M}| \equiv 1(\mathrm{mod}p)$, 从而可设 $\boldsymbol{M}$ 的特征多项式为 $f(\lambda)=\lambda^3-\gamma\lambda^2-\beta\lambda-1$. 因此, 可得 G 的构造为 G_5.

显然, 对任何不被 q 整除的正整数 u, a^u 都是 $\langle a\rangle$ 的生成元, 而且 a^u 的特征多项式 (记为 $f_u(\lambda)$) 都是三次不可约多项式, 且当 $i \neq j$ 时 $f_i(\lambda)=f_j(\lambda)$ 的充要条件是矩阵 $\boldsymbol{M}^i$ 与 $\boldsymbol{M}^j$ 相似, 亦即 $pi \equiv j(\mathrm{mod}q)$ 或 $p^2i \equiv j(\mathrm{mod}q)$. 因在 $\{1,2,\cdots,q-1\}$ 中, 对任何固定的 i, 恰有一个 j 与一个 k, 使得 $pi \equiv j(\mathrm{mod}q)$ 与 $p^2i \equiv k(\mathrm{mod}q)$, 且显然 i,j,k 互不相等. 从而推知 $f_i(\lambda)$ $(1 \leqslant i \leqslant q-1)$ 中恰有 $(q-1)/3$ 个互不相等, 所以当 $f(\lambda)$ 是整除 $(\lambda^q-1)/(\lambda-1)$ 的任一个三次不可约多项式时, 按上述

方法得到的 G 的构造必与 G_5 同构.

综上所述, 引理得证. □

引理 4.3.12 设 p 与 q 是奇素数, 且 $p>q$, G 是 Sylow p-子群为指数是 p^2 的非交换群 $P=\langle x,y \| x|=p^2,|y|=p,x^y=x^{p+1}\rangle$ 而 Sylow q-子群为 q^2 阶初等交换群 $Q=\langle a\rangle\times\langle b\rangle$ 的 p^3q^2 阶群, 令 σ 是模 p^2 的一个原根, $r=\sigma^{\frac{p(p-1)}{q}}$, 则 G 有构造

$$G(i)=(((\langle x\rangle\rtimes\langle y\rangle)\rtimes\langle a\rangle)\times\langle b\rangle,\ x^a=x^{r^i},\ x^y=x^{p+1},\ y^a=y. \quad (4.47)$$

其中当 $(q,\ p-1)=1$ 时, $i=0$; 当 $(q,\ p-1)=q$ 时, $i=0,1$.

证明 类似引理 3.7.4, 可以证明 G 是超可解群, 而且可设 $\langle x\rangle$ 和 $\langle y\rangle$ 都是 Q-不变的. 当 $(q,\ p-1)=1$ 时, 必有 $G\cong P\times Q$, 即 G 的构造是 (4.47) 式中的 $G(0)$.

当 $(q,\ p-1)=q$ 时, G 除 (4.47) 式中的 $G(0)$ 外, 还有其他构造. 这时不妨设 $x^a=x^{r^i}$, $y^a=y^{s^j}$, 则将 a 作用在 $[x,y]=x^p$ 的两边得, $[x^{r^i},y^{s^j}]=x^{pr^i}$, 于是 $r^i(s^j-1)\equiv 0(\bmod p)$, 从而必有 $j=0$, 即 $a\in C_Q(y)$. 同理有 $b\in C_Q(y)$, 因而必有 $C_Q(y)=Q$. 由此知, $C_Q(x)$ 是 q 阶群, 不妨设 $C_Q(x)=\langle b\rangle$, 而 $x^a=x^r$ (否则用 a 的适当方幂代替 a 即可), 这就得 G 的另一构造, 即 (4.47) 式中的 $G(1)$. □

引理 4.3.13 设 p 与 q 是奇素数, 且 $p>q$, G 是 Sylow p-子群为指数是 p 的非交换群 $P=\langle x,y,z \| x|=|y|=|z|=p,[x,y]=z,[x,z]=[y,z]=1\rangle$ 而 Sylow q-子群为 q^2 阶初等交换群 $Q=\langle a\rangle\times\langle b\rangle$ 的 p^3q^2 阶群, 令 σ 是模 p 的一个原根, $s=\sigma^{\frac{(p-1)}{q}}$, 则:

(i) 当 $(q,\ p^2-1)=1$ 时, G 只有一种构造, 即 $G_1=P\times Q$.

(ii) 当 $(q,\ p-1)=q$ 时, G 共有 $\dfrac{q+7}{2}$ 种不同构的构造, 除了构造 G_1 外, 还有下面几种构造:

$$G_2(i)=(\langle x,y,z\rangle\rtimes\langle a\rangle)\times\langle b\rangle,\ x^a=x^s,\ y^a=y^{s^i},\ z^a=z^{s^{i+1}}. \quad (4.48)$$

其中 $|x|=|y|=|z|=p$, $|a|=|b|=q$, $[x,y]=z$, $[x,z]=[y,z]=1$, $0\leqslant i\leqslant q-1$, 而 $G_2(i)\cong G_2(j)$ 当且仅当 $ij\equiv 1(\bmod q)$, 所以 (4.48) 式共包含 $\dfrac{q+3}{2}$ 个不同构的 p^3q^2 阶群;

$G_3=\langle x,y,z\rangle\rtimes(\langle a\rangle\times\langle b\rangle)$, $x^a=x^s$, $x^b=x$, $y^a=y$, $y^b=y^s$, $z^a=z^b=z^s$, $|x|=|y|=|z|=p$, $|a|=|b|=q$, $[x,y]=z$, $[x,z]=[y,z]=1$.

(iii) 当 $(q,\ p+1)=q$ 时, G 共有 2 种不同构的构造, 除了构造 G_1 外, 还有下面的构造:

$G_4=(\langle x,y,z\rangle\rtimes\langle a\rangle)\times\langle b\rangle,\ x^a=y,\ y^a=x^{-1}y^{\beta},\ z^a=z^b=z.$

其中 $|x|=|y|=|z|=p,\ |a|=|b|=q,\ [x,y]=z,\ [x,z]=[y,z]=1$, 而 $\beta\in\mathbb{Z}_p$ 使得 $\lambda^2-\beta\lambda+1$ 是 p-元域 $\mathbb{Z}_p$ 上多项式 $(\lambda^q-1)/(\lambda-1)$ 的一个二次不可约因式.

证明　显然这时 $\Phi(P)=Z(P)=\langle z\rangle$, 于是 $\langle z\rangle\lhd G$, 从而 $P/\langle z\rangle$ 是 Q-不变的 p^2 阶初等交换 p-群. 若 $(q,\ p^2-1)=1$, 则 Q 在 P 上的作用是平凡的, 从而 G 的构造必是 $G_1=P\times Q$.

若 $(q,\ p^2-1)\neq 1$, 则 G 的构造除 G_1 外, 还有其他构造. 如果 G 是超可解的, 那么必有 $(q,\ p-1)=q$, 而且类似于引理 3.7.5 的证明, 可设 $\langle x\rangle$, $\langle y\rangle$ 都是 Q-不变的. 这时 $C_Q(x)$, $C_Q(y)$ 中至少有一个不为 Q. 当只有一个不为 Q 时, 不妨设 $C_Q(x)=\langle b\rangle$, $C_Q(y)=Q$, 于是 G 应有形如 (4.48) 式的构造 (其中 $i=0$). 当 $C_Q(x)$, $C_Q(y)$ 都不为 Q 时, 若 $C_Q(x)=C_Q(y)$, 则不妨设其为 $\langle b\rangle$, 于是可设 $x^a=x^s$, $y^a=y^{s^i}$, 其中 $1\leqslant i\leqslant q-1$. 将 a 作用在 $[x,y]=z$ 的两边后, 得 $z^a=z^{s^{i+1}}$, 因此 G 有形如 (4.48) 式的构造. 又在 (4.48) 式中, 如果 $(i,q)=1$, 则存在唯一的 $j\in\mathbb{Z}_q^*$, 使得 $ij\equiv 1(\mathrm{mod} q)$. 当用 a^j 代替 a, 用 z^{-1} 代替 z, 再将 x, y 对调时, $G_2(i)$ 就变成了 $G_2(j)$; 这就证明了 $G_2(i)\cong G_2(j)$ 当且仅当 $ij\equiv 1(\mathrm{mod} q)$. 因此当 $i\neq 0$ 时, (4.48) 式共包含 $\dfrac{(q+1)}{2}$ 个互不同构的 p^3q^2 阶群. 总之, (4.48) 式共包含 $\dfrac{q+3}{2}$ 个不同构的 p^3q^2 阶群. 当 $C_Q(x)$, $C_Q(y)$ 都不为 Q 且 $C_Q(x)\neq C_Q(y)$, 则可设 $C_Q(x)=\langle b\rangle$, $C_Q(y)=\langle a\rangle$, 从而可设 $x^a=x^s$, $y^b=y^s$. 再由 $[x,y]=z$ 得, $z^a=z^b=z^s$, 因此 G 有构造 G_3.

如果 G 不是超可解的, 则 $G/\langle z\rangle$ 就是非超可解的. 类似于引理 4.3.11 (iii) 的证明, 可知 $q\mid(p+1)$, 从而 $Q\langle z\rangle$ 是交换群, 因此 G 有构造 G_4.

□

由推论 4.3.8 和推论 4.3.9、引理 4.3.10 至引理 4.3.13, 可以得到下面的定理.

定理 4.3.14　设 p, q 为奇素数, 且 $p>q$, 而 G 是 p^3q^2 阶群. 则:

(i) 当 $(q,\ (p^3-1)(p+1))=1$ 时, G 恰有 10 个不同构的类型;

(ii) 当 $(q^2,\ p+1)=q$ 时, G 恰有 14 个不同构的类型;

(iii) 当 $(q^2,\ p+1)=q^2$ 时, G 恰有 16 个不同构的类型;

(iv) 当 $(q^2,\ p^2+p+1)=q,\ (q,\ p-1)=1$ 时, G 恰有 12 个不同构的类型;

(v) 当 $(q^2,\ p^2+p+1)=q^2,\ (q,\ p-1)=1$ 时, G 恰有 13 个不同构的类型;

(vi) 当 $(q^2,\ p-1)=q$ 且 $q\equiv 1(\mathrm{mod}3)$ 时, G 恰有

$$q^2+4q+27-\frac{1}{6}(q-1)^2$$

个不同构的类型;

(vii) 当 $(q^2,\ p-1)=q^2$ 且 $q\equiv 1(\mathrm{mod}3)$ 时, G 恰有

$$3q^2+6q+31+\frac{1}{6}(q+1)(q^3+2)$$

个不同构的类型;

(viii) 当 $(q^2,\ p-1)=q$ 且 $q\equiv -1(\mathrm{mod}3)$ 时, G 恰有

$$q^2+4q+25-\frac{1}{6}(q+1)(q-3)$$

个不同构的类型;

(ix) 当 $(q^2,\ p-1)=q^2$ 且 $q\equiv -1(\mathrm{mod}3)$ 时, G 恰有

$$3q^2+6q+29+\frac{1}{6}(q+1)(q^3+2)$$

个不同构的类型;

(x) 当 $(9,\ p-1)=3$ 时, $9p^3$ 阶群恰有 47 个不同构的类型; 当 $(9,\ p-1)=9$ 时, $9p^3$ 阶群恰有 94 个不同构的类型. □

由定理 4.3.7 和定理 4.3.14 可知, 当 p 与 q 是两个不同的奇素数时, 我们已经完成了 p^2q^3 阶群的同构分类.

§4.4 p^3q^3 阶群的构造

设 p 与 q 是两个不同的奇素数, 本节将完成 p^3q^3 阶群的同构分类. 首先, 由定理 4.2.6 和定理 4.2.11, 我们已经完成了有循环 Sylow 子群的

p^3q^3 阶群的同构分类, 下面只需讨论没有循环 Sylow 子群的情况.

引理 4.4.1 设 p, q 为奇素数, 且 $p > q$, 而 G 是 p^3q^3 阶群. 如果 G 的 Sylow q-子群是有初等因子 (q, q^2) 的交换 q-群, 那么 G 的 Sylow p-子群必是 G 的正规子群.

证明 不难看出, Q 中恰有 $(q^2-q)q$ 个阶为 q^2 的元和 q^2-1 个阶为 q 的元, 又每个 q^2 阶循环子群中恰有 $q-1$ 个阶为 q 的元, 从而 Q 的自同构群 $\mathrm{Aut}(Q)$ 的阶是 $(q^2-q)q((q^2-1)-(q-1)) = q^3(q-1)^2$. 如果 G 的 Sylow q-子群 Q 是正规子群, 那么 G 的 Sylow p-子群 P 在 Q 上的作用是平凡的, 从而 $P \lhd G$. 如果 Q 不正规, 那么当 $1 < O_q(G) < Q$ 时, 由 Sylow 定理易见 $G/O_q(G)$ 的 Sylow p-子群 $PO_q(G)/O_q(G)$ 是正规的, 从而 $PO_q(G) \lhd G$. 但注意到 $p > q$, 我们不难看出 $P \operatorname{char} PO_q(G)$, 于是 $P \lhd G$. 如果 $O_q(G) = 1$, 则因为 G 是可解群, 所以 $O_p(G) > 1$. 这时若 P 不正规, 则 $G/O_p(G)$ 的 Sylow p-子群是不正规的. 由 Sylow 定理可知, $G/O_p(G)$ 的 Sylow p-子群的个数有 q^3 个, 从而 $P/O_p(G)$ 是自正规的交换 p-群, 再由 Burnside 引理 (定理 2.5.4) 知, $G/O_p(G)$ 的 Sylow q-子群 $QO_p(G)/O_p(G)$ 是正规的. 又 $QO_p(G)/O_p(G) \cong Q$, 而 p 不整除 $\mathrm{Aut}(Q)$ 的阶, 所以 $P/O_p(G)$ 平凡作用在 Q 上, 这说明 $P/O_p(G) \lhd G/O_p(G)$, 从而 $P \lhd G$, 矛盾. □

引理 4.4.2 设 p, q 为奇素数, 且 $p > q$, 而 G 是 p^3q^3 阶群. 如果 G 的 Sylow p-子群是交换 p-群 $P = \langle x, y \| x| = p^2, |y| = p, [x, y] = 1\rangle$, 而 Sylow q-子群是交换 q-群 $Q = \langle a, b \| a| = q^2, |b| = q, [a, b] = 1\rangle$, 令 σ 是模 p^2 与 p 的一个公共原根, $r = \sigma^{\frac{p(p-1)}{q^2}}$, $s = \sigma^{\frac{p(p-1)}{q}}$, 那么:

(i) 当 $(q^2, p-1) = 1$ 时, G 恰有 1 个不同构的类型: $G_1 = P \times Q$;

(ii) 当 $(q^2, p-1) = q$ 时, G 除了构造 G_1 外, 还有下列构造:

$G_2 = (\langle y\rangle \rtimes \langle b\rangle) \times \langle x\rangle \times \langle a\rangle$, $y^b = y^s$;

$G_3 = (\langle y\rangle \rtimes \langle a\rangle) \times \langle x\rangle \times \langle b\rangle$, $y^a = y^s$;

$G_4 = (\langle x\rangle \rtimes \langle b\rangle) \times \langle y\rangle \times \langle a\rangle$, $x^b = x^s$;

$G_5 = (\langle x\rangle \rtimes \langle a\rangle) \times \langle y\rangle \times \langle b\rangle$, $x^a = x^s$;

$G_6 = (\langle x\rangle \rtimes \langle a\rangle) \times (\langle y\rangle \rtimes \langle b\rangle)$, $x^a = x^s$, $y^b = y^s$;

$G_7 = (\langle x\rangle \rtimes \langle b\rangle) \times (\langle y\rangle \rtimes \langle a\rangle)$, $x^b = x^s$, $y^a = y^s$;

$G_8(j) = (\langle x\rangle \times \langle y\rangle) \rtimes (\langle a\rangle \times \langle b\rangle)$, $x^a = x$, $x^b = x^s$,

$$y^a = y^s,\ y^b = y^{s^j},\ j \in \mathbb{Z}_q^*; \tag{4.49}$$

$$G_9(i) = ((\langle x\rangle \times \langle y\rangle) \rtimes \langle a\rangle) \times \langle b\rangle,\ x^a = x^s,\ y^a = y^{s^i},\ i \in \mathbb{Z}_q^*; \tag{4.50}$$

$$G_{10}(i) = ((\langle x\rangle \times \langle y\rangle) \rtimes \langle b\rangle) \times \langle a\rangle,\ x^b = x^s,\ y^b = y^{s^i},\ i \in \mathbb{Z}_q^*. \tag{4.51}$$

其中形如 (4.49) 式 ∼(4.51) 式的各有 $q-1$ 个不同构的类型, 因此当 $(q^2, p-1) = q$ 时 G 共有 $4+3q$ 种不同构的类型.

(iii) 当 $(q^2, p-1) = q^2$ 时, G 除了 (ii) 中的所有构造外, 还有下列构造:

$$G_{11} = (\langle y\rangle \rtimes \langle a\rangle) \times \langle x\rangle \times \langle b\rangle,\ y^a = y^r;$$

$$G_{12} = (\langle x\rangle \rtimes \langle a\rangle) \times \langle y\rangle \times \langle b\rangle,\ x^a = x^r;$$

$$G_{13} = (\langle x\rangle \rtimes \langle b\rangle) \times (\langle y\rangle \rtimes \langle a\rangle),\ x^b = x^s,\ y^a = y^r;$$

$$G_{14} = (\langle x\rangle \rtimes \langle a\rangle) \times (\langle y\rangle \rtimes \langle b\rangle),\ x^a = x^r,\ y^b = y^s;$$

$$G_{15}(i) = ((\langle x\rangle \times \langle y\rangle) \rtimes \langle a\rangle) \times \langle b\rangle,\ x^a = x^{s^i},\ y^a = y^r,\ i \in \mathbb{Z}_q^*; \tag{4.52}$$

$$G_{16}(i) = ((\langle x\rangle \times \langle y\rangle) \rtimes \langle a\rangle) \times \langle b\rangle,\ x^a = x^r,\ y^a = y^{s^i},\ i \in \mathbb{Z}_q^*; \tag{4.53}$$

$$G_{17}(i) = ((\langle x\rangle \times \langle y\rangle) \rtimes \langle a\rangle) \times \langle b\rangle,\ x^a = x^r,\ y^a = y^{r^i},\ i \in \mathbb{Z}_{q^2}^*; \tag{4.54}$$

$$G_{18}(i) = (\langle x\rangle \times \langle y\rangle) \rtimes (\langle a\rangle \times \langle b\rangle),\ x^a = x^r,\ x^b = x,$$
$$y^a = y^{r^i},\ y^b = y^{s^{q-i}},\ i \in \mathbb{Z}_q^*. \tag{4.55}$$

其中形如 (4.52) 式, (4.53) 式, (4.55) 式的各有 $q-1$ 个不同构的类型, 形如 (4.54) 式的有 q^2-q 个不同构的类型, 因此当 $(q^2, p-1) = q^2$ 时 G 共有 q^2+5q+5 种不同构的类型.

证明 由引理 4.4.1 得, G 的 Sylow p-子群是正规子群. 这时, 类似于引理 3.7.2, 不难证明 G 是超可解的, 而且可设 $\langle x\rangle$ 与 $\langle y\rangle$ 都是 Q-不变的. 因为 $\mathrm{Aut}(\langle x\rangle)$ 与 $\mathrm{Aut}(\langle y\rangle)$ 分别是 $p(p-1)$, $p-1$ 阶循环群, 所以:

(i) 当 $(q,\ p-1) = 1$ 时, G 必是交换群且有构造 $G_1 = P \times Q$.

(ii) 当 $(q^2,\ p-1) = q$ 时, G 除为 G_1 外还可能是非交换群. 而由于 $Q/C_Q(x) \lesssim \mathrm{Aut}(\langle x\rangle)$, $Q/C_Q(y) \lesssim \mathrm{Aut}(\langle y\rangle)$, 所以 $C_Q(x)$ 与 $C_Q(y)$ 或为 Q 或为 Q 的 q^2 阶子群.

1) 当 $C_Q(x) = Q$ 而 $C_Q(y) \neq Q$ 时, 如果 $C_Q(y)$ 是 q^2 阶循环子群, 则不妨设 $C_Q(y) = \langle a\rangle$, $y^b = y^s$, 因此 G 有构造 G_2. 若 $C_Q(y)$ 是 q^2 阶初等交换子群, 则 $C_Q(y) = \langle a^q, b\rangle$, 可设 $y^a = y^s$, 因此 G 有构造 G_3.

2) 当 $C_Q(y) = Q$ 而 $C_Q(x) \neq Q$ 时, 如果 $C_Q(x)$ 是 q^2 阶循环子群, 则不妨设 $C_Q(x) = \langle a\rangle$, $x^b = x^s$, 因此 G 有构造 G_4. 如果 $C_Q(a)$ 是 q^2

阶初等交换子群, 则 $C_Q(x) = \langle a^q, b\rangle$, 且可设 $x^a = x^s$, 因此 G 有构造 G_5.

3) 当 $C_Q(x)$ 与 $C_Q(y)$ 都不是 Q 且 $C_Q(x) \neq C_Q(y)$ 时, 则由于 Q 中只有一个 q^2 阶初等交换子群 $\langle a^q, b\rangle$, 但有 q 个不同的 q^2 阶循环子群 $\langle ab^i\rangle$, $i = 0, 1, \cdots, q-1$, 所以如果 $C_Q(x) = \langle a^q, b\rangle$ 而 $C_Q(y) = \langle ab^i\rangle$, 那么必有 $x^b = x$ 且可设 $x^a = a^s$, $y^b = y^s$, 再由 $y^{ab^i} = y$ 可得 $y^a = y^{s^{q-i}}$, 又注意到 $\langle a\rangle \times \langle b\rangle \cong \langle ab^i\rangle \times \langle b\rangle$, 所以当把 ab^i 换回为 a 时得 G 的构造为 G_6. 如果 $C_Q(x) = \langle ab^i\rangle$ 而 $C_Q(y) = \langle a^q, b\rangle$, 那么必有 $y^b = y$ 且可设 $y^a = y^s$, $x^b = x^s$, 再由 $x^{ab^i} = x$ 可得 $x^a = x^{s^{q-i}}$, 当把 ab^i 换回为 a 时, 得 G 的构造为 G_7. 如果 $C_Q(x)$ 与 $C_Q(y)$ 是 Q 中两个不同的 q^2 阶循环子群, 则不妨设 $C_Q(x) = \langle a\rangle$ 而 $C_Q(y) = \langle ab^i\rangle$, $i = 1, 2, \cdots, q-1$, 那么必有 $x^a = x$ 且可设 $x^b = x^s$, $y^a = y^s$, $y^b = y^{s^j}$, 这里 $ij \equiv -1(\mathrm{mod} q)$, 由此得 G 的 $q-1$ 个形如 (4.49) 式的构造.

4) 当 $C_Q(x) = C_Q(y) \neq Q$ 时, 则当 $C_Q(x) = C_Q(y) = \langle a^q, b\rangle$ 时, 有 $x^b = x$, $y^b = y$, 且可设 $x^a = x^s$, $y^a = y^{s^i}$, 其中 $1 \leqslant i \leqslant q-1$, 于是得 G 的构造 (4.50) 式. 当 $C_Q(x) = C_Q(y)$ 是循环子群时, 不妨设为 $\langle a\rangle$, 即有 $x^a = x$, $y^a = y$, 且可设 $x^b = x^s$, $y^b = y^{s^i}$, 其中 $1 \leqslant i \leqslant q-1$, 于是得 G 的构造为 (4.51) 式.

(iii) 当 $(q^2, p-1) = q^2$ 时, G 除了 (ii) 中的所有构造外, 还有其他不同构的类型. 这时 $C_Q(x)$ 与 $C_Q(y)$ 中至少有一个可假设为 $\langle b\rangle$.

1) 当 $C_Q(x) = Q$ 而 $C_Q(y) = \langle b\rangle$ 时, G 有构造 G_{11};

2) 当 $C_Q(x) = \langle b\rangle$ 而 $C_Q(y) = Q$ 时, G 有构造 G_{12};

3) 当 $C_Q(x) = \langle a\rangle$ 而 $C_Q(y) = \langle b\rangle$ 时, G 有构造 G_{13};

4) 当 $C_Q(x) = \langle b\rangle$ 而 $C_Q(y) = \langle a\rangle$ 时, G 有构造 G_{14};

5) 当 $C_Q(x) = \langle a^q, b\rangle$ 而 $C_Q(y) = \langle b\rangle$ 时, G 有 $q-1$ 个形如 (4.52) 式的构造;

6) 当 $C_Q(x) = \langle b\rangle$ 而 $C_Q(y) = \langle a^q, b\rangle$ 时, G 有 $q-1$ 个形如 (4.53) 式的构造;

7) 当 $C_Q(x) = C_Q(y) = \langle b\rangle$ 时, G 有形如 (4.54) 式的构造;

8) 当 $C_Q(x) = \langle b\rangle$ 而 $C_Q(y) = \langle a^q b^n\rangle, 0 < n < q$ 时, 由于 $Q = \langle a, b\rangle = \langle a, b^n\rangle$, 所以不妨设 $C_Q(y) = \langle a^q b\rangle$. 于是 G 有形如 (4.55) 式的

构造; 如果在 (4.55) 式中取 $y^a = y^{r^{i+kq}}$, 而 $0 < k < q$, 那么用 ab^j 代替 a 时 (其中 j 满足 $ij \equiv k(\bmod q)$), 即知所得 G 的构造与 (4.55) 式是同构的. □

引理 4.4.3 设 p, q 为奇素数, 且 $p > q$, G 是 Sylow p-子群为初等交换群 $P = \langle x, y, z \| x| = |y| = |z| = p, [x, y] = [x, z] = [y, z] = 1\rangle$ 而 Sylow q-子群为 $Q = \langle a, b \| a| = q^2, |b| = q, [a, b] = 1\rangle$ 的 p^3q^3 阶群, 则:

(i) 当 $(q,\ (p^3-1)(p+1)) = 1$ 时, G 只有一种不同构的类型, 即 $G_1 = P \times Q$;

(ii) 当 $(q^2,\ p-1) = q$ 时, 1) 如果 $q = 3$, 则 G 有 24 种不同构的类型; 2) 如果 $q \equiv 1(\bmod 3)$, 则 G 有 $\dfrac{(q-1)^2(3q+2)}{6} + 4q + 6$ 种不同构的类型; 3) 如果 $q \equiv -1(\bmod 3)$, 则 G 有 $\dfrac{q(q+1)(3q-1)}{6} - q^2 + 4q + 5$ 种不同构的类型;

(iii) 当 $(q^2,\ p-1) = q^2$ 时, 1) 如果 $q = 3$, 则 G 有 72 种不同构的类型; 2) 如果 $q \equiv 1(\bmod 3)$, 则 G 有 $2q^3 + 4q + 8 - \dfrac{(q-1)^2}{6}$ 种不同构的类型; 3) 如果 $q \equiv -1(\bmod 3)$, 则 G 有 $2q^3 + 4q + 6 - \dfrac{(q+1)(q-3)}{6}$ 种不同构的类型.

(iv) 当 $(q^2,\ p+1) = q$ 时, G 有 3 种不同构的类型.

(v) 当 $(q^2,\ p+1) = q^2$ 时, G 有 4 种不同构的类型.

(vi) 当 $q \equiv 1(\bmod 3)$ 且 $(q,\ p^2+p+1) = q$ 时, G 有 3 种不同构的类型.

(vii) 当 $q \equiv 1(\bmod 3)$ 且 $(q^2,\ p^2+p+1) = q^2$ 时, G 有 4 种不同构的类型.

证明 首先, 由引理 4.4.1 知 G 的 Sylow p-子群是正规子群, 再由定理 2.6.8, 有 $P = C_P(Q) \times [P, Q]$. 于是当 $(q,\ (p^3-1)(p+1)) = 1$ 时, 必有 $C_P(Q) = P$, 从而 G 是交换群且有构造 $G_1 = P \times Q$. 但当 $(q,\ (p^3-1)(p+1)) \neq 1$ 时, G 还可能是非交换群. 设 σ 是模 p 的一个原根, 当 $(q^2, p-1) = q^2$ 时, 令 $r = \sigma^{\frac{p-1}{q^2}}$; 当 $(q^2, p-1) = q$ 时, 令 $s = \sigma^{\frac{p-1}{q}}$.

1) 当 $C_P(Q)$ 是 p^2 阶群时, 不妨设 $C_P(Q) = \langle y, z\rangle$, $[P,\ Q] = \langle x\rangle$,

于是应有 $q \mid (p-1)$. 且当 $(q^2, p-1) = q$ 时, $C_Q(x)$ 必是 q^2 阶群.

1.1) 若 $C_Q(x) = \langle a^q, b\rangle$, 则可设 $x^a = x^s$, 于是 G 有如下构造:

$G_2 = (\langle x\rangle \rtimes \langle a\rangle) \times \langle y\rangle \times \langle z\rangle \times \langle b\rangle,\ x^a = x^s.$

1.2) 若 $C_Q(x) = \langle a\rangle$, 则可设 $x^b = x^s$, 于是 G 有如下构造:

$G_3 = (\langle x\rangle \rtimes \langle b\rangle) \times \langle y\rangle \times \langle z\rangle \times \langle a\rangle,\ x^b = x^s.$

1.3) 当 $(q^2, p-1) = q^2$ 时, $C_Q(x)$ 除了是 q^2 阶群外, 还可能是 q 阶群, 但 $Q/C_Q(x)$ 只能是 q^2 阶循环群, 这时不妨设 $C_Q(x) = \langle b\rangle$, 从而得 G 的如下构造:

$G_4 = (\langle x\rangle \rtimes \langle a\rangle) \times \langle y\rangle \times \langle z\rangle \times \langle b\rangle,\ x^a = x^r.$

2) 如果 $C_P(Q)$ 是 p 阶群, 则不妨设 $C_P(Q) = \langle z\rangle$, $[P,Q] = \langle x, y\rangle$, 于是 Q 无不动点地作用在 $\langle x, y\rangle$ 上.

首先, 假定 $Q\langle x, y\rangle$ 是超可解群, 于是不妨设 $\langle x\rangle$ 与 $\langle y\rangle$ 都是 Q-不变的, 从而必有 $q|(p-1)$. 当 $(q^2, p-1) = q$ 时, $C_Q(x)$ 与 $C_Q(y)$ 都是 Q 的 q^2 阶子群.

2.1) 如果 $C_Q(x) = C_Q(y) = \langle a\rangle$, 则可得 G 的如下构造:

$$G_5(i) = ((\langle x\rangle \times \langle y\rangle) \rtimes \langle b\rangle) \times \langle z\rangle \times \langle a\rangle,\ x^b = x^s,\ y^b = y^{s^i},\ i \in \mathbb{Z}_q^*. \tag{4.56}$$

其中 $G_5(i) \cong G_5(j)$ 当且仅当 $ij \equiv 1(\text{mod}q)$ (证明与引理 4.1.6 的证明 (ii) 之 2) 类似), 所以 (4.56) 式共代表 $\dfrac{q+1}{2}$ 个互不同构的 p^3q^3 阶群.

2.2) 如果 $C_Q(x) = C_Q(y) = \langle a^q, b\rangle$, 则可得 G 的如下构造:

$$G_6(i) = ((\langle x\rangle \times \langle y\rangle) \rtimes \langle a\rangle) \times \langle z\rangle \times \langle b\rangle,\ x^a = x^s,\ y^a = y^{s^i},\ i \in \mathbb{Z}_q^*. \tag{4.57}$$

其中 $G_6(i) \cong G_6(j)$ 当且仅当 $ij \equiv 1(\text{mod}q)$, 所以 (4.57) 式共代表 $\dfrac{q+1}{2}$ 个互不同构的 p^3q^3 阶群.

2.3) 如果 $C_Q(x) \neq C_Q(y)$, 且其中有一个是初等交换群, 则不妨设 $C_Q(x) = \langle a^q, b\rangle$, $C_Q(y) = \langle a\rangle$, 于是得 G 的如下构造:

$G_7 = (\langle x\rangle \rtimes \langle a\rangle) \times (\langle y\rangle \rtimes \langle b\rangle) \times \langle z\rangle, x^a = x^s, y^b = y^s.$

2.4) 如果 $C_Q(x) \neq C_Q(y)$, 但它们都是循环群, 则不妨设 $C_Q(x) = \langle a\rangle$, 则 $x^a = x$, 且可设 $x^b = x^s$. 又显然 $a \notin C_Q(y)$, 于是可设 $y^a = y^s$.

另外, $b \notin C_Q(y)$, 所以 $y^b = y^{s^i}$, 其中 $0 < i < q$. 这样 $C_Q(y) = \langle ab^k \rangle$, 其中 $ik \equiv -1(\bmod q)$, 从而得 G 的如下 $q-1$ 个不同构的构造:

$$\begin{aligned} G_8(i) = (\langle x \rangle \times \langle y \rangle) \rtimes (\langle a \rangle \times \langle b \rangle) \times \langle z \rangle,\ x^a = x,\ x^b = x^s, \\ y^b = y^{s^i},\ y^a = y^s,\ i \in \mathbb{Z}_q^*. \end{aligned} \tag{4.58}$$

当 $(q^2, p-1) = q^2$ 时, $C_Q(x)$ 与 $C_Q(y)$ 中至少有一个可假定是 $\langle b \rangle$. 不妨设 $C_Q(x) = \langle b \rangle$, 则必可设 $x^a = x^r$. 这时若 $b \in C_Q(y)$, 则必有 $y^a = y^{r^i}$, $0 < i < q^2$, 因此 G 有如下构造:

$$\begin{aligned} G_9(i) = ((\langle x \rangle \times \langle y \rangle) \rtimes \langle a \rangle) \times \langle b \rangle \times \langle z \rangle,\ x^a = x^r, \\ y^a = y^{r^i},\ 0 < i < q^2. \end{aligned} \tag{4.59}$$

在 (4.59) 式中, $G_9(i) \cong G_9(j)$ 当且仅当 $ij \equiv 1(\bmod q^2)$, 所以 (4.59) 式共表示 $\dfrac{q^2+q}{2}$ 个互不同构的 p^3q^3 阶群.

若 $b \notin C_Q(y)$, 则当 $C_Q(y) = \langle a \rangle$ 时, 可设 $y^b = y^s$, 于是 G 有构造:

$G_{10} = (\langle x \rangle \rtimes \langle a \rangle) \times (\langle y \rangle \rtimes \langle b \rangle) \times \langle z \rangle, x^a = x^r, y^b = y^s.$

2.5) 当 $b \notin C_Q(y)$ 时, 如果 $C_Q(y)$ 也是 q 阶群, 则不妨设 $C_Q(y) = \langle a^q b \rangle$, 由此得 $y^a = y^{r^i}$, $0 < i < q$, $y^b = y^{s^{q-i}}$, 于是 G 有如下 $q-1$ 个不同的构造:

$$\begin{aligned} G_{11}(i) = ((\langle x \rangle \times \langle y \rangle) \rtimes (\langle a \rangle \times \langle b \rangle)) \times \langle z \rangle,\ x^a = x^r, \\ x^b = x,\ y^a = y^{r^i},\ y^b = y^{s^{q-i}},\ i \in \mathbb{Z}_q^*. \end{aligned} \tag{4.60}$$

如果在 (4.60) 式中取 $y^a = y^{r^{i+kq}}$, 而 $0 < k < q$, 那么用 ab^j 代替 a 时 (其中 j 满足 $ij \equiv k(\bmod q)$), 即知所得 G 的构造与 (4.60) 式是同构的.

然后, 假定 $Q\langle x, y \rangle$ 不是超可解群, 那么 Q 在 $\langle x, y \rangle$ 上的作用是不可约的. 又 $\langle x, y \rangle$ 是 p 元域 $\mathbb{Z}_p$ 上的 2 维线性空间, 而 $1 \neq Q/C_Q(\langle x, y \rangle)$ 是循环群 (定理 3.3.4). 由此知 $\langle x, y \rangle$ 上有一个 q 阶可逆线性变换, 且这个变换的特征多项式 (记为 $f(\lambda)$) 是 $\mathbb{Z}_p$ 上的二次不可约多项式, 且 $f(\lambda)$ 整除 $\lambda^q - 1$. 另外, $\mathbb{Z}_p$ 上的全体二次不可约多项式之积是 $(\lambda^{p^2-1} - 1)/(\lambda^{p-1} - 1)$, 因此 $q | (p+1)$.

2.6) 当 $(q^2, p+1) = q$ 时, 如果 $C_Q(\langle x, y \rangle) = \langle a \rangle$, 类似于引理 4.1.6 (iii) 的讨论, 可得 G 的如下构造:

$G_{12} = ((\langle x \rangle \times \langle y \rangle) \rtimes \langle b \rangle) \times \langle a \rangle \times \langle z \rangle,\ x^b = y,\ y^b = x^{-1}y^{\beta}.$

如果 $C_Q(\langle x, y \rangle) = \langle a^q, b \rangle$, 则可得 G 的如下构造:

$$G_{13} = (((\langle x\rangle \times \langle y\rangle) \rtimes \langle a\rangle) \times \langle b\rangle \times \langle z\rangle,\ x^a = y,\ y^a = x^{-1}y^{\beta}.$$

在 G_{12} 与 G_{13} 中, $\beta \in \mathbb{Z}_p$ 且 $\lambda^2 - \beta\lambda + 1$ 是 $\mathbb{Z}_p$ 上 $\lambda^q - 1$ 的一个二次不可约因式.

2.7) 当 $(q^2, p+1) = q^2$ 时, 还可设 $C_Q(\langle x, y\rangle) = \langle b\rangle$, 即 G 还有如下构造:

$$G_{14} = (((\langle x\rangle \times \langle y\rangle) \rtimes \langle a\rangle) \times \langle b\rangle \times \langle z\rangle,\ x^a = y,\ y^a = x^{-1}y^{\gamma}.$$

其中 $\gamma \in \mathbb{Z}_p$ 且 $\lambda^2 - \gamma\lambda + 1$ 是 $\mathbb{Z}_p$ 上 $(\lambda^{q^2} - 1)/(\lambda^q - 1)$ 的一个二次不可约因式.

3) 若 $C_P(Q) = 1$ 且 G 是超可解群, 则可设 G 有正规群列:

$$G \rhd \langle x, y, z\rangle \rhd \langle y, z\rangle \rhd \langle z\rangle.$$

这时显然有 $q \mid (p-1)$, 由定理 2.6.11 知 Q 在 P 上的作用是完全可约的, 所以不妨假定 $\langle x\rangle$、$\langle y\rangle$ 与 $\langle z\rangle$ 都是 Q-不变的. 这时, $C_Q(x)$, $C_Q(y)$, $C_Q(z)$ 都必须是 Q 的 q^2 阶子群. 但当 $(q^2, p-1) = q^2$ 时, 它们也可为 q 阶子群使商群 $Q/C_Q(x)$, $Q/C_Q(y)$, $Q/C_Q(z)$ 为 q^2 阶循环群.

3.1) 若 $(q^2, p-1) = q$ 且 $C_Q(x) = C_Q(y) = C_Q(z) = \langle a\rangle$, 则可设 $x^b = x^s$, $y^b = y^{s^i}$, $z^b = z^{s^j}$, 其中 $0 < i, j < q$. 所以 G 有如下构造:

$$\begin{aligned} G_{15}(i,j) = (((\langle x\rangle \times \langle y\rangle \times \langle z\rangle) \rtimes \langle b\rangle) \times \langle a\rangle,\ x^b = x^s,\\ y^b = y^{s^i},\ z^b = z^{s^j},\ i, j \in \mathbb{Z}_q^*. \end{aligned} \tag{4.61}$$

在 (4.61) 式中, 当 $i = j$ 时, 存在唯一的 $k \in \mathbb{Z}_q$ 使得 $ik \equiv 1 (\mathrm{mod} q)$. 如果用 $b_1 = b^k$ 代替 b, 而将 x, y, z 分别替换为 z, y, x 时, 则 $G_{15}(i,i)$ 就变成了 $G_{15}(1,k)$. 故当 $i = j$ 时, (4.61) 式代表 $q-1$ 个不同构的 p^3q^3 阶群. 当 $1, i, j$ 关于 q 互不同余时, 类似于引理 4.2.8 的讨论, 可得如下结论: 若 $q \equiv 1$ 或 $-1(\mathrm{mod} 3)$, 则 (4.61) 式分别共代表 $1 + \dfrac{1}{3}\left(\dbinom{q-2}{2} - 1\right) = \dfrac{q^2 - 5q + 10}{6}$ 或 $\dfrac{1}{3}\dbinom{q-2}{2} = \dfrac{q^2 - 5q + 6}{6}$ 个互不同构的 p^3q^3 阶群.

因此, 当 $q = 3$, 或 $q \equiv 1(\mathrm{mod} 3)$, 或 $q \equiv -1(\mathrm{mod} 3)$ 时, (4.61) 式分别代表 2, $\dfrac{q^2 + q + 4}{6}$, $\dfrac{q^2 + q}{6}$ 个互不同构的 p^3q^3 阶群.

3.2) 若 $(q^2, p-1) = q$ 且 $C_Q(x) = C_Q(y) = C_Q(z) = \langle a^q, b\rangle$, 则可设 $x^a = x^s$, $y^a = y^{s^i}$, $z^a = z^{s^j}$, 其中 $0 < i, j < q$. 所以 G 有如下构造:

$$G_{16}(i,j) = (((\langle x\rangle \times \langle y\rangle \times \langle z\rangle) \rtimes \langle a\rangle) \times \langle b\rangle,\ x^a = x^s,$$

$$y^a = y^{s^i},\ z^a = z^{s^j},\ i, j \in \mathbb{Z}_q^*. \tag{4.62}$$

类似上面的 3.1), 当 $q = 3$, 或 $q \equiv 1(\text{mod}3)$, 或 $q \equiv -1(\text{mod}3)$ 时, (4.62) 式分别代表 2, $\dfrac{q^2+q+4}{6}$, $\dfrac{q^2+q}{6}$ 个互不同构的 p^3q^3 阶群.

3.3) 如果 $(q^2, p-1) = q$ 且 $C_Q(x) = C_Q(y) = \langle a\rangle$, $C_Q(z) = \langle a^q, b\rangle$, 则可得

$$\begin{aligned} G_{17}(i) = ((\langle x\rangle \times \langle y\rangle) \rtimes \langle b\rangle) \times (\langle z\rangle \rtimes \langle a\rangle),\ x^b = x^s,\\ y^b = y^{s^i},\ z^a = z^s,\ i \in \mathbb{Z}_q^*. \end{aligned} \tag{4.63}$$

在 (4.63) 式中 $G_{17}(i) \cong G_{17}(j)$ 当且仅当 $ij \equiv 1(\text{mod}q)$, 所以 (4.63) 式代表 $\dfrac{q+1}{2}$ 个互不同构的 p^3q^3 阶群.

3.4) 如果 $(q^2, p-1) = q$ 且 $C_Q(x) = \langle a\rangle$, $C_Q(y) = C_Q(z) = \langle a^q, b\rangle$, 则可得

$$\begin{aligned} G_{18}(i) = (\langle x\rangle \rtimes \langle b\rangle) \times ((\langle y\rangle \times \langle z\rangle) \rtimes \langle a\rangle),\ x^b = x^s,\\ y^a = y^{s^i},\ z^a = z^s,\ i \in \mathbb{Z}_q^*. \end{aligned} \tag{4.64}$$

在 (4.64) 式中 $G_{18}(i) \cong G_{18}(j)$ 当且仅当 $ij \equiv 1(\text{mod}q)$, 所以 (4.64) 式代表 $\dfrac{q+1}{2}$ 个互不同构的 p^3q^3 阶群.

3.5) 如果 $(q^2, p-1) = q$ 且 $C_Q(x)$ 与 $C_Q(y)$ 是两个不同的 q^2 阶循环子群, 不妨设 $C_Q(x) = \langle a\rangle$, $C_Q(y) = \langle ab^k\rangle$, $C_Q(z) = \langle a^q, b\rangle$, 其中 $0 < k < q$, 则可得

$$\begin{aligned} G_{19}(i,j) = (\langle x\rangle \times \langle y\rangle \times \langle z\rangle) \rtimes (\langle a\rangle \times \langle b\rangle),\ x^a = x,\ x^b = x^s,\\ y^a = y^s,\ y^b = y^{s^i},\ z^a = z^{s^j},\ z^b = z,\ i, j \in \mathbb{Z}_q^*. \end{aligned} \tag{4.65}$$

其中 $ik \equiv -1(\text{mod}q)$, 可见 (4.65) 式共代表 $(q-1)^2$ 个不同构的 p^3q^3 阶群.

3.6) 若 $(q^2, p-1) = q$ 且 $C_Q(x)$, $C_Q(y)$, $C_Q(z)$ 是三个互不相同的 q^2 阶循环子群, 则不妨设 $C_Q(x) = \langle a\rangle$, $x^b = x^s$. 又由 y, z 地位的对称性, 可设 $C_Q(y) = \langle ab^l\rangle$, $C_Q(z) = \langle ab^m\rangle$, $(0 < l < m < q)$. 于是可设 $y^a = y^s$, $y^b = b^{s^i}$, $z^a = z^{s^j}$, $z^b = z^{s^k}$, 其中 $0 < i, j, k < q$, $il \equiv -1(\text{mod}q)$, $j + mk \equiv 0(\text{mod}q)$. 由于 (l, m) 有 $\dfrac{(q-1)(q-2)}{2}$ 个不同取值, j 有 $q-1$ 个不同取值, 且对每个 (j, m) 有唯一的 $k \in \mathbb{Z}_q$ 与之对应, 所以 G 有如下 $\dfrac{(q-1)^2(q-2)}{2}$ 个不同的构造:

$$G_{20}(i,j,k) = (\langle x\rangle \times \langle y\rangle \times \langle z\rangle) \rtimes (\langle a\rangle \times \langle b\rangle),\ x^a = x,\ x^b = x^s,$$
$$y^a = y^s,\ y^b = y^{s^i},\ z^a = z^{s^j},\ z^b = z^{s^k},\ i,j,k \in \mathbb{Z}_q^*. \tag{4.66}$$

3.7) 若 $(q^2, p-1) = q^2$ 且 $C_Q(x) = C_Q(y) = C_Q(z) = \langle b\rangle$, 则可设 $x^a = x^r$, $y^a = y^{r^i}$, $z^a = z^{r^j}$, 其中 $0 < i,j < q^2$ 且 $(ij, q) = 1$. 这时得

$$G_{21}(i,j) = (((\langle a\rangle \times \langle b\rangle \times \langle c\rangle) \rtimes \langle x\rangle) \times \langle y\rangle,\ x^a = x^r,$$
$$y^a = y^{r^i},\ z^a = z^{r^j},\ i,j \in \mathbb{Z}_{q^2}^*. \tag{4.67}$$

类似上面的 3.1), 在 (4.67) 式中, 当 $i = j$ 时, 存在唯一的 $k \in \mathbb{Z}_{q^2}$ 使得 $ik \equiv 1(\mathrm{mod} q^2)$. 如果用 $a_1 = a^k$ 代替 a, 而将 x,y,z 分别替换为 z,y,x 时, 则 $G_{21}(i,i)$ 就变成了 $G_{21}(1,k)$, 故当 $i = j$ 时, (4.67) 式代表 $q^2 - q$ 个不同构的 p^3q^3 阶群. 当 $1,i,j$ 关于 q^2 互不同余时, 若 $q = 3$ 或 $q \equiv 1(\mathrm{mod}3)$, 则 (4.67) 式共代表 $1 + \dfrac{1}{3}\left(\begin{pmatrix} q^2-q-1 \\ 2\end{pmatrix} - 1\right) = 1 + \dfrac{q^2(q-1)^2 - 3q(q-1)}{6}$ 个互不同构的 p^3q^3 阶群; 若 $q \equiv -1(\mathrm{mod}3)$, 则 (4.67) 式共代表 $\dfrac{1}{3}\begin{pmatrix} q^2-q-1 \\ 2\end{pmatrix} = \dfrac{q^2(q-1)^2 - 3q(q-1) + 2}{6}$ 个互不同构的 p^3q^3 阶群. 总之, 当 $q = 3$, 或 $q \equiv 1(\mathrm{mod}3)$, 或 $q \equiv -1(\mathrm{mod}3)$ 时, (4.67) 共分别代表 10, $1 + \dfrac{q^2(q-1)^2+3q(q-1)}{6}$, $\dfrac{q^2(q-1)^2+3q(q-1)+2}{6}$ 个互不同构的 p^3q^3 阶群.

3.8) 若 $(q^2, p-1) = q^2$ 且 $C_Q(x) = C_Q(y) = \langle b\rangle$, 但 $C_Q(z) = \langle a^q b\rangle$, 则可设 $x^a = x^r$, $y^a = y^{r^i}$, $z^a = z^{r^j}$, $z^b = z^{s^{q-j}}$, 其中 $0 < i < q^2$ 且 $(i,q) = 1$, $0 < j < q$. 这时有

$$G_{22}(i,j) = (\langle x\rangle \times \langle y\rangle \times \langle z\rangle) \rtimes (\langle a\rangle \times \langle b\rangle),\ x^a = x^r,\ x^b = x,$$
$$y^a = y^{r^i},\ y^b = y,\ z^a = z^{r^j},\ z^b = z^{s^{q-j}},\ i \in \mathbb{Z}_{q^2}^*,\ j \in \mathbb{Z}_q^*. \tag{4.68}$$

如果 $ik \equiv 1(\mathrm{mod} q^2)$, 那么在 (4.68) 式中用 a^k, b^k 分别代替 a, b 并将 x, y 对调时, $G_{22}(i,j)$ 就变成了 $G_{22}(k, jk)$. 又当 $i = 1$ 时, $\{i,j\} = \{k,\ jk\}$; 当 $i \neq \pm 1$ 时, $\{i,j\} \cap \{k,\ jk\} = \phi$; 当 $i = -1$ 时, $\{i,j\} \neq \{k,\ jk\}$. 所以 (4.68) 式共表示 $\dfrac{(q^2-q+1)(q-1)}{2}$ 个互不同构的 p^3q^3 阶群.

3.9) 若 $(q^2, p-1) = q^2$ 且 $C_Q(x), C_Q(y), C_Q(z)$ 是三个不同的 q 阶循环子群, 则不妨设 $C_Q(x) = \langle b\rangle$, $C_Q(y) = \langle a^q b^l\rangle$, $C_Q(z) = \langle a^q b^m\rangle$, $0 < l < m < q$. 由此可设 $x^a = x^r$, $y^a = y^{r^i}$, $y^b = y^s$ (这里 $0 < i < q$, 因

为当 $y^a = y^{r^{i+uq}}$ 而 $0 < u < q$ 时, 可用 ab^v 代替 a, 其中 v 满足 $u+v \equiv 0(\mathrm{mod} q)$), $z^a = z^{r^j}$, $z^b = z^{s^k}$, 其中 $0 < j < q^2, 0 < k < q, (j,q) = 1$, 且 $i + l \equiv 0(\mathrm{mod} q)$, $j + mk \equiv 0(\mathrm{mod} q)$. 这时类似于 3.6), 可得 G 的如下 $\dfrac{q(q-1)^2(q-2)}{2}$ 个不同构造:

$$G_{23}(i,j,k) = (\langle x\rangle \times \langle y\rangle \times \langle z\rangle) \rtimes (\langle a\rangle \times \langle b\rangle),\ x^a = x^r,\ x^b = x,$$
$$y^a = y^{r^i},\ y^b = y^s,\ z^a = z^{r^j},\ z^b = z^{s^k},\ i,k \in \mathbb{Z}_q^*,\ j \in \mathbb{Z}_{q^2}^*,\ ik \neq j(\mathrm{mod} q). \tag{4.69}$$

3.10) 若 $(q^2, p-1) = q^2$ 且 $C_Q(x) = C_Q(y) = \langle b\rangle$, 但 $C_Q(z) = \langle a\rangle$, 则可设 $x^a = x^r$, $y^a = y^{r^i}$, $z^a = z$, $z^b = z^s$, 其中 $0 < i < q^2$ 且 $(i,q) = 1$. 这时有

$$\begin{aligned} G_{24}(i) = ((\langle x\rangle \times \langle y\rangle) \rtimes \langle a\rangle) \times (\langle z\rangle \rtimes \langle b\rangle),& \\ x^a = x^r,\ y^a = y^{r^i},\ z^b = z^s,\ i \in \mathbb{Z}_{q^2}^*.& \end{aligned} \tag{4.70}$$

其中 $G_{24}(i) \cong G_{24}(j)$ 当且仅当 $ij \equiv 1(\mathrm{mod} q^2)$, 所以 (4.70) 式共表示 $\dfrac{q^2-q}{2}$ 个互不同构的 p^3q^3 阶群.

3.11) 若 $(q^2, p-1) = q^2$ 且 $C_Q(x) = \langle b\rangle$, $C_Q(y) = \langle a^q b^l\rangle$, 但 $C_Q(z) = \langle a\rangle$ (其中 $0 < l < q$), 则可设 $x^a = x^r$, $y^a = y^{r^i}$, $y^b = y^{s^j}$, $z^a = c$, $z^b = z^s$, 其中 $0 < i, j < q, i + jl \equiv 0(\mathrm{mod} q)$. 这时 G 有如下 $(q-1)^2$ 个构造:

$$\begin{aligned} G_{25}(i,j) = ((\langle x\rangle \times \langle y\rangle) \rtimes \langle a\rangle) \times (\langle z\rangle \rtimes \langle b\rangle),\ x^a = x^r,\ x^b = x,& \\ y^a = y^{r^i},\ y^b = y^{s^j},\ z^a = z,\ z^b = z^s,\ i,j \in \mathbb{Z}_q^*.& \end{aligned} \tag{4.71}$$

3.12) 若 $(q^2, p-1) = q^2$ 且 $C_Q(x) = C_Q(y) = \langle b\rangle$, $C_Q(z) = \langle a^q, b\rangle$, 则可设 $x^a = x^r$, $y^a = y^{r^i}$, $z^a = z^{s^j}$, 其中 $0 < i < q^2$, $0 < j < q$ 且 $(i,q) = 1$. 这时有

$$\begin{aligned} G_{26}(i,j) = ((\langle x\rangle \times \langle y\rangle \times \langle z\rangle) \rtimes \langle a\rangle) \times \langle b\rangle,& \\ x^a = x^r,\ y^a = y^{r^i},\ z^a = z^{s^j},\ i \in \mathbb{Z}_{q^2}^*,\ j \in \mathbb{Z}_q^*.& \end{aligned} \tag{4.72}$$

在 (4.72) 式中, $G_{26}(i,j) \cong G_{26}(u,v)$ 当且仅当 $iu \equiv 1(\mathrm{mod} q^2)$ 且 $ju \equiv v(\mathrm{mod} q)$. 由此可知, 当 $i = 1$ 时, (4.72) 式表示 $q-1$ 个互不同构的 p^3q^3 阶群; 当 $i = q^2 - 1$, 因为 $j \neq q - j \pmod q$, 所以 (4.72) 式表示 $\dfrac{q-1}{2}$ 个互不同构的 p^3q^3 阶群; 当 $i \neq \pm 1(\mathrm{mod} q^2)$ 时, (4.72) 式表

示 $\dfrac{(q^2-q-2)(q-1)}{2}$ 个互不同构的 p^3q^3 阶群. 总起来, (4.72) 式表示 $\dfrac{(q^2-q+1)(q-1)}{2}$ 个互不同构的 p^3q^3 阶群.

3.13) 若 $(q^2, p-1) = q^2$ 且 $C_Q(x) = \langle b\rangle$, $C_Q(y) = \langle a^q b\rangle$, $C_Q(z) = \langle a^q, b\rangle$, 则可设 $x^a = x^r$, $y^a = y^{r^i}$, $y^b = y^{s^{q-i}}$, $z^a = z^{s^j}$, 其中 $0 < i, j < q$. 这时 G 有如下 $(q-1)^2$ 个不同构的构造:

$$G_{27}(i,j) = (\langle x\rangle \times \langle y\rangle \times \langle z\rangle) \rtimes (\langle a\rangle \times \langle b\rangle),\ x^a = x^r,\ x^b = x,$$
$$y^a = y^{r^i},\ y^b = y^{s^{q-i}},\ z^a = z^{s^j},\ z^b = z,\ i,j \in \mathbb{Z}_q^*. \tag{4.73}$$

3.14) 若 $(q^2, p-1) = q^2$ 且 $C_Q(x) = \langle b\rangle$, $C_Q(y) = C_Q(z) = \langle a^q, b\rangle$, 则可设 $x^a = x^r$, $y^a = y^{s^i}$, $z^a = z^{s^j}$, 其中 $0 < i \leqslant j < q$. 这时得 $\dfrac{q^2-q}{2}$ 个不同构的构造:

$$G_{28}(i,j) = ((\langle x\rangle \times \langle y\rangle \times \langle z\rangle) \rtimes \langle a\rangle) \times \langle b\rangle,\ x^a = x^r,$$
$$y^a = y^{s^i},\ z^a = z^{s^j},\ 0 < i \leqslant j < q. \tag{4.74}$$

3.15) 若 $(q^2, p-1) = q^2$ 且 $C_Q(x) = \langle b\rangle$, 但 $C_Q(y) = C_Q(z) = \langle a\rangle$, 则可设 $x^a = x^r$, $y^b = y^s$, $z^b = z^{s^i}$, 其中 $0 < i < q$. 这时有

$$G_{29}(i) = (\langle x\rangle \rtimes \langle a\rangle) \times ((\langle y\rangle \times \langle z\rangle) \rtimes \langle b\rangle),\ x^a = x^r,$$
$$y^b = y^s,\ z^b = z^{s^i},\ i \in \mathbb{Z}_q^*. \tag{4.75}$$

(4.75) 式中 $G_{29}(i) \cong G_{29}(j)$ 当且仅当 $ij \equiv 1 (\mathrm{mod} q)$, 所以 (4.75) 式表示 $\dfrac{q+1}{2}$ 个互不同构的 p^3q^3 阶群.

3.16) 若 $(q^2, p-1) = q^2$ 且 $C_Q(x) = \langle b\rangle$, $C_Q(y) = \langle a^q, b\rangle$, $C_Q(z) = \langle a\rangle$, 则可设 $x^a = x^r$, $y^a = y^{s^i}$, $z^b = z^s$, 其中 $0 < i < q$. 于是得 $q-1$ 个不同构的构造:

$$G_{30}(i) = ((\langle x\rangle \times \langle y\rangle) \rtimes \langle a\rangle) \times (\langle z\rangle \rtimes \langle b\rangle),\ x^a = x^r,$$
$$y^a = y^{s^i},\ z^b = z^s,\ i \in \mathbb{Z}_q^*. \tag{4.76}$$

3.17) 若 $(q^2, p-1) = q^2$ 且 $C_Q(x) = \langle b\rangle$, 而 $C_Q(y) \neq C_Q(z)$, 但 $C_Q(y)$ 与 $C_Q(z)$ 都是 q^2 阶循环群, 不妨设 $C_Q(y) = \langle a\rangle$, 于是可设 $x^a = x^r$, $y^b = y^s$. 又易见 $a, b \notin C_Q(z)$, 所以 $z^a = z^{s^i}$, $z^b = z^{s^j}$, 其中 $0 < i, j < q$. 又存在 k, 使得 $i + jk \equiv 0 (\mathrm{mod} q)$, 从而 $C_Q(z) = \langle ab^k\rangle$. 因此, 得 G 的如下 $(q-1)^2$ 个不同构的构造:

$$G_{31}(i,j) = ((\langle x\rangle \times \langle y\rangle \times \langle z\rangle) \rtimes (\langle a\rangle \times \langle b\rangle),\ x^a = x^r,\ x^b = x,$$

$$y^a = y,\ y^b = y^s,\ z^a = z^{s^i},\ z^b = z^{s^j},\ i, j \in \mathbb{Z}_q^*. \tag{4.77}$$

4) 如果 $C_P(Q) = 1$ 而 G 不是超可解群, 则不难证明 Q 在 P 上的作用是不可约的. 这时 $Q/C_Q(P)$ 是循环群, 且 $(p^2+p+1, q^2) \neq 1$. 当 $(p^2+p+1, q^2) = q$ 时, 若 $C_Q(P) = \langle a^q, b\rangle$, 则类似于引理 4.2.8 的讨论, 可得 G 的如下唯一构造:

$$G_{32} = (((\langle x\rangle \times \langle y\rangle \times \langle z\rangle) \rtimes \langle a\rangle) \times \langle b\rangle,\ x^a = y,\ y^a = z,\ z^a = xy^\gamma z^\beta.$$

若 $C_Q(P) = \langle a\rangle$, 则得 G 的构造:

$$G_{33} = (((\langle x\rangle \times \langle y\rangle \times \langle z\rangle) \rtimes \langle b\rangle) \times \langle a\rangle,\ x^b = y,\ y^b = z,\ z^b = xy^\gamma z^\beta.$$

在 G_{32} 与 G_{33} 中 β, $\gamma \in \mathbb{Z}_q$ 且 $\lambda^3 - \beta\lambda^2 - \gamma\lambda - 1$ 是 $\mathbb{Z}_p$ 上多项式 $(\lambda^q - 1)/(\lambda - 1)$ 的一个三次不可约因式. 若 $(p^2+p+1, q^2) = q^2$, 则还可设 $C_Q(P) = \langle b\rangle$, 这时 a 是 P 的一个 q^2 阶可逆线性变换, 从而又得 G 的如下构造:

$$G_{34} = (((\langle x\rangle \times \langle y\rangle \times \langle z\rangle) \rtimes \langle a\rangle) \times \langle b\rangle,\ x^a = y,\ y^a = z,\ z^a = xy^\gamma z^\beta.$$

其中 β, $\gamma \in \mathbb{Z}_q$ 且 $\lambda^3 - \beta\lambda^2 - \gamma\lambda - 1$ 是 $\mathbb{Z}_p$ 上多项式 $(\lambda^{q^2} - 1)/(\lambda^q - 1)$ 的一个三次不可约因式.

综上所述, 引理得证. □

引理 4.4.4 *设 p, q 为奇素数, 且 $p > q$, σ 是模 p^2 的一个原根, $r = \sigma^{\frac{p(p-1)}{q^2}}$, $s = \sigma^{\frac{p(p-1)}{q}}$. 设 G 是 p^3q^3 阶群, 如果 G 的 Sylow p-子群是指数为 p^2 的非交换 p-群 $P = \langle x, y \| x| = p^2, |y| = p, x^y = x^{p+1}\rangle$, 而 Sylow q-子群是交换 q-群 $Q = \langle a, b \| a| = q^2, |b| = q, [a, b] = 1\rangle$, 则*

(i) 当 $(q, p-1) = 1$ 时, G 仅有 1 种不同构的类型: $G_1 \cong P \times Q$.

(ii) 当 $(q^2, p-1) = q$ 时, G 共有 3 种不同构的类型, 除了 G_1 外, 还有下列两种不同构的类型:

$$G_2 = (\langle x\rangle \rtimes (\langle y\rangle \times \langle a\rangle)) \times \langle b\rangle,\ x^a = x^s,\ x^y = x^{p+1};$$

$$G_3 = (\langle x\rangle \rtimes (\langle y\rangle \times \langle b\rangle)) \times \langle a\rangle,\ x^b = x^s,\ x^y = x^{p+1}.$$

(iii) 当 $(q^2, p-1) = q^2$ 时, G 共有 4 种不同构的类型, 除 (ii) 中的 3 种不同类型外, G 还有下列构造类型:

$$G_4 = (\langle x\rangle \rtimes (\langle y\rangle \times \langle a\rangle)) \times \langle b\rangle,\ x^a = x^r,\ x^y = x^{p+1}.$$

证明 由引理 4.4.1 知 G 的 Sylow p-子群是正规的, 又类似引理 3.7.4, 可以证明 G 必是超可解群. 故不妨设 $\langle x\rangle$ 和 $\langle y\rangle$ 都是 Q-不变的.

当 $(q,\ p-1)=1$ 时, G 必是幂零群, 从而 G 仅有 1 种不同构的类型: $G_1 \cong P \times Q$.

当 $(q,\ p-1)=q$ 时, G 除构造 G_1 外, 还有其他构造. 令 $H=\langle y\rangle Q$, 显然 $H/C_H(x)$ 同构于 $\mathrm{Aut}(\langle x\rangle)$ 的一个子群, 于是 $H/C_H(x)$ 是循环群. 又 $y \notin C_H(x)$, 所以如果 $C_Q(x)=\langle a^q, b\rangle$, 那么可设 $x^a=x^s$ (否则只要用 a 的适当方幂代替 a 即可), 而必有 $y^a=y$, 其中 $s=\sigma^{\frac{p(p-1)}{q}}$, 而 σ 是模 p^2 与 p 的一个公共原根. 注意到 $x^b=x$, 所以将 b 作用在 $[x,y]=x^p$ 的两边后得, $[x,y^{s^i}]=x^p$, 于是 $ps^i \equiv p(\mathrm{mod} p^2)$, 从而 $s^i \equiv 1(\mathrm{mod} p)$, 于是必有 $i \equiv 0(\mathrm{mod} q)$, 故 $y^b=y$. 因此 G 有构造 G_2. 如果 $C_Q(x)=\langle a\rangle$, 类似于上面的分析, 可得 G 的构造 G_3. 如果 $C_Q(x)=Q$, 则将 a,b 依次作用在 $[x,y]=x^p$ 的两边后, 必有 $C_Q(y)=Q$, 从而得 $G \cong P \times Q$.

当 $(p-1,q^2)=q^2$ 时, G 除了构造 G_1、G_2 与 G_3 外, 还有别的构造. 这时 $Q/C_Q(x)$ 应是 q^2 阶循环群, 于是不妨设 $C_Q(x)=\langle b\rangle$, 从而可设 $x^a=x^r$, 其中 $r=\sigma^{\frac{p(p-1)}{q^2}}$, 而 σ 是模 p^2 的一个原根. 类似于上面的分析, 可得 $y^a=y^b=y$, 故得 G 的构造 G_4. 综上所述, 引理得证. □

引理 4.4.5 设 $p,\ q$ 为奇素数, 且 $p>q$, σ 是模 p 的一个原根, $r=\sigma^{\frac{p-1}{q^2}}$, $s=\sigma^{\frac{p-1}{q}}$. 设 G 是 p^3q^3 阶群, 如果 G 的 Sylow p-子群是指数为 p 的非交换 p-群 $P=\langle x,y,z \mid |x|=|y|=|z|=p, [x,y]=z, [x,z]=[y,z]=1\rangle$, 而 Sylow q-子群是交换 q-群 $Q=\langle a,b \mid |a|=q^2, |b|=q, [a,b]=1\rangle$, 则

(i) 当 $(q^2,p^2-1)=1$ 时, G 只有一种构造, 即 $G_1=P\times Q$.

(ii) 当 $(q^2,p-1)=q$ 时, G 共有 $2q+4$ 个不同构的类型, 除为 G_1 外, 还有下面的构造:

$$\begin{aligned}G_2(i)=&(((\langle x\rangle\times\langle z\rangle)\rtimes\langle y\rangle)\rtimes\langle b\rangle)\times\langle a\rangle,\ x^b=x^s,\ x^y=xz,\\&y^b=y^{s^i},\ z^b=z^{s^{i+1}},\ z^y=z,\ 0\leqslant i\leqslant q-1.\end{aligned}\tag{4.78}$$

在 (4.78) 式中, $G_2(i)\cong G_2(j)$ 当且仅当 $ij\equiv 1(\mathrm{mod} q)$, 所以 (4.78) 式共包含 $\dfrac{q+3}{2}$ 个不同构的 p^3q^3 阶群.

$$\begin{aligned}G_3(i)=&(((\langle x\rangle\times\langle z\rangle)\rtimes\langle y\rangle)\rtimes\langle a\rangle)\times\langle b\rangle,\ x^a=x^s,\ x^y=xz,\\&y^a=b^{s^i},\ z^a=c^{s^{i+1}},\ z^y=z,\ 0\leqslant i\leqslant q-1.\end{aligned}\tag{4.79}$$

在 (4.79) 式中, $G_3(i)\cong G_3(j)$ 当且仅当 $ij\equiv 1(\mathrm{mod} q)$, 所以 (4.79) 式共包含 $\dfrac{q+3}{2}$ 个不同构的 p^3q^3 阶群.

$$G_4(i) = (((\langle x\rangle \times \langle z\rangle) \rtimes \langle y\rangle) \rtimes (\langle a\rangle \times \langle b\rangle),\ x^a = x,\ x^b = x^s,\ x^y = xz,$$
$$y^a = y^s,\ y^b = b^{s^i},\ z^a = z^s,\ z^b = z^{s^{i+1}},\ z^y = z,\ 0 \leqslant i < q. \quad (4.80)$$

(4.80) 式共包含 q 个不同构的 p^3q^3 阶群.

(iii) 当 $(q^2, p-1) = q^2$ 时, G 共有 $\dfrac{q^2+7q+10}{2}$ 个不同构的类型, 除为 G_1, G_2, G_3, G_4 外, 还有下面的构造:

$$G_5(i) = ((((\langle x\rangle \times \langle z\rangle) \rtimes \langle y\rangle) \rtimes \langle a\rangle) \times \langle b\rangle,\ x^a = x^r,\ x^y = xz,$$
$$y^a = y^{r^i},\ z^a = z^{r^{i+1}},\ z^y = z,\ 0 \leqslant i \leqslant q^2 - 1. \quad (4.81)$$

在 (4.81) 式中, $G_5(i) \cong G_5(j)$ 当且仅当 $ij \equiv 1(\mathrm{mod} q^2)$, 所以 (4.81) 式共包含 $1 + \dfrac{q^2+q}{2}$ 个不同构的 p^3q^3 阶群.

$$G_6(i) = (((\langle x\rangle \times \langle z\rangle) \rtimes \langle y\rangle) \rtimes (\langle a\rangle \times \langle b\rangle),\ x^y = xz,\ x^a = x^r,\ x^b = x,$$
$$y^a = y^{r^i},\ y^b = y^s,\ z^y = z,\ z^a = z^{r^{i+1}},\ z^b = z^s,\ 0 \leqslant i < q. \quad (4.82)$$

(4.82) 式共包含 q 个不同构的 p^3q^3 阶群.

(iv) 当 $(q^2, p+1) = q$ 时, G 共有 3 种互不同构的类型, 除为构造 G_1 外, 还有下面 2 种构造:

$$G_7 = ((((\langle x\rangle \times \langle z\rangle) \rtimes \langle y\rangle) \rtimes \langle a\rangle) \times \langle b\rangle,\ x^y = xz;$$
$$z^y = z,\ x^a = y,\ y^a = x^{-1}y^\beta,\ z^a = z;$$
$$G_8 = ((((\langle x\rangle \times \langle z\rangle) \rtimes \langle y\rangle) \rtimes \langle b\rangle) \times \langle a\rangle,\ x^y = xz,$$
$$z^y = z,\ x^b = y,\ y^b = x^{-1}y^\beta,\ z^b = z.$$

在 G_7, G_8 中 $\beta \in \mathbb{Z}_p$ 使得 $\lambda^2 - \beta\lambda + 1$ 是 p-元域 $\mathbb{Z}_p$ 上多项式 $(\lambda^q - 1)/(\lambda - 1)$ 的一个二次不可约因式.

(v) 当 $(q^2, p+1) = q^2$ 时, G 共有 4 种互不同构的类型, 除 G_1, G_7, G_8 外, 还有下列构造:

$$G_9 = ((((\langle x\rangle \times \langle z\rangle) \rtimes \langle y\rangle) \rtimes \langle a\rangle) \times \langle b\rangle,\ x^y = xz,$$
$$z^y = z,\ x^a = y,\ y^a = x^{-1}y^\beta,\ z^a = z.$$

其中 $\beta \in \mathbb{Z}_p$ 使得 $\lambda^2 - \beta\lambda + 1$ 是 p-元域 $\mathbb{Z}_p$ 上多项式 $(\lambda^{q^2} - 1)/(\lambda^q - 1)$ 的一个二次不可约因式.

证明 由引理 4.4.1 知 G 的 Sylow p-子群是正规的. 又 $\Phi(P) = Z(P) = \langle z\rangle$, 于是 $\langle z\rangle \lhd G$, 从而 $P/\langle z\rangle$ 是 Q-不变的 p^2 阶初等交换 p-群. 当 $(p^2-1, q^2) = 1$ 时, 则 Q 在 P 上的作用是平凡的, 从而 G 的构造必是 $G_1 = P \times Q$.

1) 当 $(p-1, q^2) = q$ 时, 则 G 的构造除 G_1 外, 还有其他构造. 类似引理 3.7.5, 可以证明 G 是超可解的, 且可设 $\langle x\rangle$, $\langle y\rangle$ 都是 Q-不变的. 这时 $C_Q(x)$, $C_Q(y)$ 中至少有一个为 Q 的 q^2 阶子群.

1.1) 当只有一个为 Q 的 q^2 阶子群时, 不妨设它是 $C_Q(x)$. 如果 $C_Q(x) = \langle a\rangle$, $C_Q(y) = Q$, 那么 G 有构造 $G_2(0)$; 如果 $C_Q(x) = \langle a^q, b\rangle$, $C_Q(y) = Q$, 那么 G 有构造 $G_3(0)$.

1.2) 当 $C_Q(x) = C_Q(y) = \langle a\rangle$ 时, 可设 $x^b = x^s$, $y^b = y^{s^i}$, 其中 $1 \leqslant i \leqslant q-1$. 将 b 作用在 $[x, y] = z$ 的两边后, 得 $z^b = z^{s^{i+1}}$, 因此 G 有形如 (4.78) 式的构造. 又在 (4.78) 式中, 如果 $(i, q) = 1$, 则存在唯一的 $j \in \mathbb{Z}_q^*$, 使得 $ij \equiv 1(\mathrm{mod} q)$. 当用 b^j 代替 b, 用 z^{-1} 代替 z, 再将 x, y 对调时, $G_2(i)$ 就变成了 $G_2(j)$; 这就证明了 $G_2(i) \cong G_2(j)$ 当且仅当 $ij \equiv 1(\mathrm{mod} q)$. 因此当 $i \neq 0$ 时, (4.78) 式共包含 $\dfrac{(q+1)}{2}$ 个互不同构的 p^3q^3 阶群. 总之, (4.78) 式共包含 $\dfrac{q+3}{2}$ 个不同构的 p^3q^3 阶群.

1.3) 当 $C_Q(x) = C_Q(y) = \langle a^q, b\rangle$ 时, 可设 $x^a = x^s$, $y^a = b^{s^i}$, 其中 $1 \leqslant i \leqslant q-1$. 类似上面的分析, 可知 G 有形如 (4.79) 式的构造, 且 (4.79) 式共包含 $\dfrac{q+3}{2}$ 个不同构的 p^3q^3 阶群.

1.4) 当 $C_Q(x)$, $C_Q(y)$ 都为 Q 的 q^2 阶子群时, 若 $C_Q(x) \neq C_Q(y)$, 则当 $C_Q(x) = \langle a\rangle$, $C_Q(y) = \langle a^q, b\rangle$ 时, 可设 $x^b = x^s$, $y^a = y^s$. 再由 $[x, y] = z$ 得, $z^a = z^b = z^s$, 于是 G 有构造 (4.80) 式 (其中 $i = 0$). 当 $C_Q(x) = \langle a\rangle$, $C_Q(y) = \langle ab^k\rangle$ 时 $(0 < k < q)$, 可设 $x^b = x^s$, $y^a = y^s$, $y^b = y^{s^i}$, 其中 $ik \equiv -1(\mathrm{mod} q)$, 从而 G 有形如 (4.80) 式的构造 $(0 < i < q)$. 总之 (4.80) 式表示 q 个不同构的 p^3q^3 阶群.

2) 当 $(p-1, q^2) = q^2$ 时, 则 G 的构造除 G_1, (4.78) $\sim$ (4.80) 式外, 还有其他构造. 这时 $Q/C_Q(x)$, $Q/C_Q(y)$ 中至少有一个为 q^2 阶循环群, 即 $C_Q(x)$, $C_Q(y)$ 中至少有一个可设为 $\langle b\rangle$, 不妨设 $C_Q(x) = \langle b\rangle$, $x^a = x^r$.

2.1) 若 $b \in C_Q(y)$, 则可设 $y^a = y^{r^i}$, 从而 $z^a = z^{r^{i+1}}$, 其中 $0 \leqslant i \leqslant q^2 - 1$, 所以 G 有形如 (4.81) 式的构造. 在 (4.81) 式中, 当 $i = 0$ 时, 有 $C_Q(y) = Q$; 当 $(i, q) = q$ 时, 有 $C_Q(y) = \langle a^q, b\rangle$, 这时 (4.81) 式代表

$q-1$ 个不同构的 p^3q^3 阶群; 当 $(i,q)=1$ 时, 有 $C_Q(y)=\langle b\rangle$, 且有唯一的 $j\in\mathbb{Z}_{q^2}^*$, 使得 $ij\equiv 1(\mathrm{mod}q^2)$. 当用 b^j 代替 b, 用 z^{-1} 代替 z, 再将 x,y 对调时, $G_5(i)$ 就变成了 $G_5(j)$. 这就证明了 $G_5(i)\cong G_5(j)$ 当且仅当 $ij\equiv 1(\mathrm{mod}q^2)$, 即当 $(i,q)=1$ 时, (4.81) 式表示 $1+\dfrac{q^2-q}{2}$ 个不同构的 p^3q^3 阶群. 总之, (4.81) 式表示 $1+\dfrac{q^2+q}{2}$ 个不同构的 p^3q^3 阶群.

2.2) 当 $b\notin C_Q(y)$ 时, 可设 $y^b=y^s$ (否则只要用 b 的适当方幂代替 b 即可). 如果 $C_Q(y)=\langle a\rangle$, 那么 G 有形如 (4.82) 式的构造 (其中 $i=0$). 如果 $C_Q(y)\neq\langle a\rangle$, 那么可设 $y^a=y^{r^i}$, $0<i<q$, 则 $C_Q(y)=\langle a^qb^{q-i}\rangle$, 于是 G 有形如 (4.82) 式的构造 (其中 $0<i<q$). 总之, (4.82) 式表示 q 个不同构的 p^3q^3 阶群.

3) 当 $(p+1,q^2)=q$ 时, G 除为构造 G_1 外, 还有其他构造. 这时 G 不是超可解的, 于是 $G/\langle z\rangle$ 就是非超可解的, 且易见 $Q\langle z\rangle$ 是交换群. 类似于引理 4.2.8 中构造 (4.24) 式的讨论, 可知当 $C_Q(P)=\langle a^q,b\rangle$ 时, G 有构造 G_7; 当 $C_Q(P)=\langle a\rangle$ 时, G 有构造 G_8.

4) 当 $(p+1,q^2)=q^2$ 时, G 除为构造 G_1, G_7, G_8 外, 还有其他构造. 这时必有 $C_Q(P)=\langle b\rangle$, 而 G 的构造为 G_9. □

引理 4.4.6 设 p, q 为奇素数, 且 $p>q$, σ 是模 p^2 与模 p 的一个公共原根, $r=\sigma^{\frac{p(p-1)}{q}}$, $s=\sigma^{\frac{(p-1)}{q}}$. 设 G 是 p^3q^3 阶群, 如果 G 的 Sylow p-子群是交换 p-群 $P=\langle x,y\,\|\,|x|=p^2,|y|=p,[x,y]=1\rangle$, 而 Sylow q-子群是初等交换 q-群 $Q=\langle a,b,c\,\|\,|a|=|b|=|c|=q,[a,b]=[a,c]=[b,c]=1\rangle$, 则

(i) 当 $(q(q^2+q+1),p(p-1))=1$ 时, G 恰有 1 个不同构的类型: $G_1=P\times Q$.

(ii) 当 $(q,p-1)=q$ 时 (这时有两种可能 $(p,q^2+q+1)=1$ 或 p), G 共有 $q+3$ 个互不同构的类型, 除构造 G_1 外, 还有下列不同构的类型:

$$G_2(i)=(\langle x\rangle\rtimes\langle a\rangle)\times(\langle y\rangle\rtimes\langle b\rangle)\times\langle c\rangle,\ x^a=x^{r^i},\ y^b=y^s. \tag{4.83}$$

在 (4.83) 式中, $i=0,1$. 因此 (4.83) 式代表 2 个不同构的 p^3q^3 阶群.

$$G_3(i)=((\langle x\rangle\times\langle y\rangle)\rtimes\langle a\rangle)\times\langle b\rangle\times\langle c\rangle,\ x^a=x^r,\ y^a=y^{s^i}. \tag{4.84}$$

在 (4.84) 式中, $0\leqslant i\leqslant q-1$, 因此 (4.84) 式代表 q 个不同构的 p^3q^3

阶群.

(iii) 当 $p \equiv 1(\text{mod}3)$ 且 $(p, q^2+q+1) = p$ 时 (这时有两种可能 $(q, p-1) = 1$ 或 q), G 共有 3 个互不同构的类型, 除构造 G_1 外, 还有下列 2 种不同构的类型:

$G_4 = (((\langle a\rangle \times \langle b\rangle \times \langle c\rangle) \rtimes \langle x\rangle) \times \langle y\rangle,\ a^x = b,\ b^x = c,\ c^x = ab^\gamma c^\beta;$

$G_5 = (((\langle a\rangle \times \langle b\rangle \times \langle c\rangle) \rtimes \langle y\rangle) \times \langle x\rangle,\ a^y = b,\ b^y = c,\ c^y = ab^\gamma c^\beta.$

在 G_4 和 G_5 中, $\beta,\ \gamma \in \mathbb{Z}_q$ 使得 $\lambda^3 - \beta\lambda^2 - \gamma\lambda - 1$ 是 $\mathbb{Z}_q$ 上多项式 $(\lambda^p - 1)/(\lambda - 1)$ 的一个三次不可约因式.

证明 (a) 设 G 的 Sylow p-子群是正规子群. 这时, 类似于引理 3.7.2, 不难证明 G 是超可解的, 而且可设 $\langle x\rangle$ 与 $\langle y\rangle$ 都是 Q-不变的. 因为 $\text{Aut}(\langle x\rangle)$ 与 $\text{Aut}(\langle y\rangle)$ 分别是 $p(p-1)$, $p-1$ 阶循环群. 所以, 当 $(q,\ p-1) = 1$ 时, G 必是交换群且有构造 $G_1 = P \times Q$. 当 $(q,\ p-1) = q$ 时, G 除为 G_1 外还可能是非交换群. 而由于 $Q/C_Q(x) \lesssim \text{Aut}(\langle x\rangle)$, $Q/C_Q(y) \lesssim \text{Aut}(\langle y\rangle)$, 所以 $C_Q(x)$ 与 $C_Q(y)$ 中至少有一个不是 Q.

1) 当 $C_Q(x) = Q$ 而 $C_Q(y) \neq Q$ 时, 不妨设 $C_Q(y) = \langle a\rangle \times \langle c\rangle$, 则 $x^a = x^b = x^c = x$, $y^a = y^c = y$, 且可设 $y^b = y^s$ (否则只要用 b 的适当方幂代替 b 即可), 于是得 G 的构造为 $G_2(0)$.

2) 当 $C_Q(y) = Q$ 而 $C_Q(x) \neq Q$ 时, 不妨设 $C_Q(x) = \langle b\rangle \times \langle c\rangle$, 则 $x^b = x^c = x$, $y^a = y^b = y^c = y$, 且可设 $x^a = x^r$ (否则只要用 a 的适当方幂代替 a 即可), 于是得 G 的构造为 $G_3(0)$.

3) 当 $C_Q(x)$ 与 $C_Q(y)$ 都不是 Q 且 $C_Q(x) \neq C_Q(y)$ 时, 则不妨设 $C_Q(x) = \langle b, c\rangle$, $C_Q(y) = \langle a, c\rangle$, 则 $x^b = x^c = x$, $y^a = y^c = y$, 且可设 $x^a = x^r$ (否则只要用 a 的适当方幂代替 a 即可), $y^b = y^s$ (否则只要用 b 的适当方幂代替 b 即可), 于是得 G 的构造为 $G_2(1)$.

4) 当 $C_Q(x) = C_Q(y) \neq Q$ 时, 则不妨设 $C_Q(x) = C_Q(y) = \langle b, c\rangle$, 即 $x^b = x^c = x$, $y^b = y^c = y$, 且可设 $x^a = x^r$ (否则只要用 a 的适当方幂代替 a 即可), $y^a = y^{s^i}$, 其中 $1 \leqslant i \leqslant q-1$. 于是得 G 的构造为 $G_3(1),\ G_3(2),\ \cdots,\ G_3(q-1)$.

(b) 设 G 的 Sylow p-子群不是正规子群. 这时, 由 Sylow 定理可知, G 的 Sylow p-子群的个数是 q^3, 于是应有 $N_G(P) = P$. 但 P 是交换群, 所以 $N_G(P) = C_G(P)$. 由定理 2.5.4 知, G 的 Sylow q-子群是正规子群,

从而 $P/C_P(Q) \lesssim \mathrm{Aut}(Q)$. 由于 $\mathrm{Aut}(Q) \cong GL(3,q)$, 而 $GL(3,q)$ 的阶是 $q^3(q^3-1)(q^2-1)(q-1)$, 所以必有 $(p^3, q^2+q+1) = p$, 因此 $C_P(Q)$ 是 P 的 p^2 阶子群. 且由引理 4.2.3 的证明可知 Q 必是 G 的极小正规子群, 而 $p \equiv 1(\mathrm{mod}3)$. 当 $C_P(Q)$ 是循环群时, 不妨设 $C_P(Q) = \langle x\rangle$. 类似于引理 4.2.3, 可知 G 有构造 G_5. 当 $C_P(Q)$ 不是循环群时, 则 $C_P(Q) = \langle x^p, y\rangle$, G 有构造 G_4. 综上所述, 引理成立. □

引理 4.4.7 设 p, q 为奇素数, 且 $p > q$, σ 是模 p 的一个原根, $s = \sigma^{\frac{(p-1)}{q}}$ (若 q 整除 $(p-1)$). 设 G 是 p^3q^3 阶群, G 的 Sylow p-子群为 p^3 阶初等交换群 $P = \langle x,y,z \| x| = |y| = |z| = p, [x,y] = [x,z] = [y,z] = 1\rangle$, G 的 Sylow q-子群为 q^3 阶初等交换群 $Q = \langle a,b,c \| a| = |b| = |c| = q, [a,b] = [a,c] = [b,c] = 1\rangle$, 则

(i) 当 $(q(q^2+q+1),\ p(p^3-1)(p+1)) = 1$ 时, G 必是交换群且有构造 $G_1 = P \times Q$.

(ii) 当 $(q,\ p-1) = q$ 时 (这时有两种可能 $(p, q^2+q+1) = 1$ 或 p), G 除为交换群 G_1 外还有下列几种构造:

$$\begin{aligned} G_2(i,j) = &((\langle x\rangle \times \langle y\rangle \times \langle z\rangle) \rtimes \langle a\rangle) \times \langle b\rangle \times \langle c\rangle,\ x^a = x^s, \\ &y^a = y^{s^i},\ z^a = z^{s^j},\ 0 \leqslant i,\ j \leqslant q-1. \end{aligned} \tag{4.85}$$

当 $q = 3$ 时, (4.85) 式包含 5 个不同构的 p^3q^3 阶群; 当 $q \equiv 1(\mathrm{mod}3)$ 时, (4.85) 式包含 $\dfrac{q^2+4q+13}{6}$ 个不同构的 p^3q^3 阶群; 当 $q \equiv -1(\mathrm{mod}3)$ 时, (4.85) 式包含 $\dfrac{q^2+4q+9}{6}$ 个不同构的 p^3q^3 阶群.

$$\begin{aligned} G_3(i,j) = &((\langle x\rangle \times \langle y\rangle \times \langle z\rangle) \rtimes (\langle a\rangle \times \langle b\rangle)) \times \langle c\rangle,\ x^a = x^s,\ x^b = a, \\ &y^a = y,\ y^b = y^s,\ z^a = z^{s^i},\ z^b = z^{s^j},\ 0 \leqslant j \leqslant i \leqslant q-1. \end{aligned} \tag{4.86}$$

在 (4.86) 式中, $G_3(i,0) \cong G_3(k,0)$ 当且仅当 $ik \equiv 1(\mathrm{mod}q)$, 所以 (4.86) 式包含 $\dfrac{q^2+3}{2}$ 个不同构的 p^3q^3 阶群.

$$G_4 = (\langle x\rangle \rtimes \langle a\rangle) \times (\langle y\rangle \rtimes \langle b\rangle) \times (\langle z\rangle \rtimes \langle c\rangle),\ x^a = x^s,\ y^b = y^s,\ z^c = z^s.$$

(iii) 当 $(q,\ p+1) = q$ 时, G 除为交换群 G_1 外还有下列一种构造:

$$G_5 = ((\langle x\rangle \times \langle y\rangle) \rtimes \langle a\rangle) \times \langle z\rangle \times \langle b\rangle \times \langle c\rangle,\ x^a = y,\ y^a = x^{-1}y^{\beta}.$$

其中 $\beta \in \mathbb{Z}_p$ 使得 $\lambda^2 - \beta\lambda + 1$ 是 $\mathbb{Z}_p$ 上多项式 $\lambda^q - 1$ 的一个二次不可约因式.

(iv) 当 $q \equiv 1(\bmod 3)$ 且 $(q,\ p^2+p+1)=q$ 时, G 除为交换群 G_1 外还有下列一种构造:

$G_6=(((\langle x\rangle\times\langle y\rangle\times\langle z\rangle)\rtimes\langle a\rangle)\times\langle b\rangle\times\langle c\rangle,\ x^a=y,\ y^a=z,\ z^a=xy^{\beta}z^{\gamma}$.
其中 $\beta,\gamma\in\mathbb{Z}_p$ 使得 $\lambda^3-\gamma\lambda^2-\beta\lambda-1$ 是 $\mathbb{Z}_p$ 上多项式 $(\lambda^q-1)/(\lambda-1)$ 的一个三次不可约因式.

(v) 当 $p\equiv 1(\bmod 3)$ 且 $(q^2+q+1,\ p)=p$ 时, G 除为交换群 G_1 外还有下列一种构造:

$G_7=(((\langle a\rangle\times\langle b\rangle\times\langle c\rangle)\rtimes\langle x\rangle)\times\langle y\rangle\times\langle z\rangle,\ a^x=b,\ b^x=c,\ c^x=ab^{\gamma}c^{\beta}$.
其中 $\beta,\ \gamma\in\mathbb{Z}_q$ 使得 $\lambda^3-\beta\lambda^2-\gamma\lambda-1$ 是 $\mathbb{Z}_q$ 上多项式 $(\lambda^p-1)/(\lambda-1)$ 的一个三次不可约因式.

证明　因为 $\mathrm{Aut}(P)$ 是阶为 $(p^3-1)(p^3-p)(p^3-p^2)$ 的群, 而 $\mathrm{Aut}(Q)$ 是阶为 $(q^3-1)(q^3-q)(q^3-q^2)$ 的群, 又 $p>q$, 所以当 $(q(q^2+q+1),\ p(p^3-1)(p+1))=1$ 时, G 必是交换群且有构造 $G_1=P\times Q$. 但当 $(q(q^2+q+1),\ p(p^3-1)(p+1))\neq 1$ 时, G 还可能是非交换群.

(a) G 的 Sylow p-子群是正规子群.

这时, 由定理 2.6.8, 有 $P=C_P(Q)\times[P,Q]$.

1) 当 $C_P(Q)$ 是 p^2 阶群时, 不妨设 $C_P(Q)=\langle y,z\rangle,\ [P,\ Q]=\langle x\rangle$. 这时应有 $q\mid(p-1)$, 且 $C_Q(x)$ 是 q^2 阶群. 不妨设 $C_Q(x)=\langle b,\ c\rangle$, 则可设 $x^a=x^s$ (否则只要用 a 的适当方幂代替 a 即可), 于是 G 有构造 $G_2(0,0)$.

2) 如果 $C_P(Q)$ 是 p 阶群, 则不妨设 $C_P(Q)=\langle z\rangle,\ [P,Q]=\langle x,y\rangle$, 于是 Q 无不动点地作用在 $\langle x,y\rangle$ 上.

2.1) 假定 $Q\langle x,y\rangle$ 是超可解群, 于是不妨设 $\langle x\rangle$ 与 $\langle y\rangle$ 都是 Q-不变的, 从而必有 $q|(p-1)$, 且 $C_Q(x)$ 与 $C_Q(y)$ 都是 Q 的 q^2 阶子群.

2.1.1) 当 $C_Q(x)=C_Q(y)$ 时, 不妨设其为 $\langle b,c\rangle$. 这时必可设 $x^a=x^s,\ y^a=y^{s^i}$ (否则只要用 a 的适当方幂代替 a 即可), 于是 G 可有构造 $G_2(i,0),\ 1\leqslant i\leqslant q-1$. 不难证明在 (4.85) 式中, $G_2(i,0)\cong G_2(k,0)$ 当且仅当 $ik\equiv 1(\bmod q)$. 因为对每个 $i=1,2,\cdots,q-1$, 有唯一的 $k=1,2,\cdots,q-1$, 使 $ik\equiv 1(\bmod q)$, 所以当用 $a_1=a^k$ 代替 a, 而将 $y,\ x$ 对调时, 则 $G_2(i,0)$ 就变成了 $G_2(k,0)$. 又因 $i=2,\cdots,q-2$ 时,

$i \neq k$, 因此 (4.85) 式在 $j=0$ 时共代表 $\dfrac{q+1}{2}$ 个互不同构的 p^3q^3 阶群.

2.1.2) 当 $C_Q(x) \neq C_Q(y)$ 时, 不妨设 $C_Q(x) = \langle b, c\rangle$, $C_Q(y) = \langle a, c\rangle$, 而 $x^a = x^s$, $y^b = y^s$ (否则只要分别用 a, b 的适当方幂分别代替 a, b 即可), 于是 G 有构造 $G_3(0,0)$.

2.2) 假定 $Q\langle x, y\rangle$ 不是超可解群, 那么 Q 在 $\langle x, y\rangle$ 上的作用是不可约的. 又 $\langle x, y\rangle$ 是 p 元域 $\mathbb{Z}_p$ 上的 2 维线性空间, 而由定理 3.3.4 知, $Q/C_Q(\langle a, b\rangle)$ 是循环群. 所以不妨设 $C_Q(\langle x, y\rangle) = \langle b, c\rangle$, a 是 $\langle x, y\rangle$ 的一个 q 阶可逆线性变换. 于是 a 的特征多项式 (记为 $f(\lambda)$) 是 $\mathbb{Z}_p$ 上的二次不可约多项式, 且 $f(\lambda)$ 整除 $\lambda^q - 1$. 另外, 由数论的有关知识, $\mathbb{Z}_p$ 上的全体二次不可约多项式之积是 $(\lambda^{p^2-1}-1)/(\lambda^{p-1}-1)$, 因此 $q|(p+1)$. 设 a 的矩阵是 $\boldsymbol{M}$, 则 $|\boldsymbol{M}|^q \equiv 1(\text{mod}p)$. 又显然 $(q, p-1) = 1$ 且 $|\boldsymbol{M}|^{p-1} \equiv 1(\text{mod}p)$, 所以 $|\boldsymbol{M}| \equiv 1(\text{mod}p)$. 当 $q|(p+1)$ 时, 可设 $f(\lambda) = \lambda^2 - \beta\lambda + 1$, 它是 $(\lambda^q - 1)$ 的二次不可约因式, 从而 G 有构造 G_5. 显然, 对任何不被 q 整除的正整数 u, $Q = \langle a, b, c\rangle = \langle a^u, b, c\rangle$, 而且 a^u 的特征多项式 (记为 $f_u(\lambda)$) 都是二次不可约多项式, 且当 $i \neq j$ 时 $f_i(\lambda) = f_j(\lambda)$ 的充要条件是矩阵 $\boldsymbol{M}^i$ 与 $\boldsymbol{M}^j$ 相似, 亦即 $pi \equiv j(\text{mod}q)$ (因为 $f_i(\lambda) = (f_i(\sqrt[p]{\lambda}))^p = f_{pi}(\lambda)$). 因对任何 $i \in \{1, 2, \cdots, q-1\}$, 恰有一个 j, 使得 $pi \equiv j(\text{mod}q)$, 且显然 i, j 互不相等. 从而推知 $f_i(\lambda)$ $(1 \leqslant i \leqslant q-1)$ 中恰有 $(q-1)/2$ 个互不相等. 所以当 $f(\lambda)$ 是整除 $(\lambda^q - 1)/(\lambda - 1)$ 的任一个二次不可约多项式时, 按上述方法得到的 G 的构造必与 G_5 同构.

3) 如果 $C_P(Q) = 1$ 且 G 是超可解群, 则不妨设 G 有下列正规群列

$$G \rhd \langle x, y, z\rangle \rhd \langle y, z\rangle \rhd \langle z\rangle$$

这时显然有 $q \mid (p-1)$, 由定理 2.6.11 知 Q 在 P 上的作用是完全可约的, 所以不妨假定 $\langle x\rangle$, $\langle y\rangle$ 与 $\langle z\rangle$ 都是 Q-不变的. 这时, 显然 $C_Q(x)$, $C_Q(y)$, $C_Q(z)$ 都必须是 Q 的 q^2 阶子群.

3.1) 若 $C_Q(x) = C_Q(y) = C_Q(z)$, 不妨设它们是 $\langle b, c\rangle$, 则可设 $x^a = x^s$ (否则只要用 a 的适当方幂代替 a 即可), $y^a = y^{s^i}$, $z^a = z^{s^j}$, 其中 $0 < i, j < q$. 这时, G 有形如 (4.85) 式的构造.

在 (4.85) 式中, 当 $i=j$ 时, 存在唯一的 $k\in\mathbb{Z}_q$ 使得 $ik\equiv 1(\text{mod}q)$. 如果用 $a_1=a^k$ 代替 a, 而将 x,y,z 分别替换为 z,y,x 时, 则 $G_2(i,i)$ 就变成了 $G_2(1,k)$. 故当 $i=j$ 时, (4.85) 式代表 $q-1$ 个不同构的 p^3q^3 阶群. 当 $i,\ j=2,\ 3,\ \cdots,\ q-1$ 且 $i\neq j$ 时, 由于 a 作用在 P 上, 而 P 同构于 p 元域 $\mathbb{Z}_p$ 上的 3 维向量空间, $x,\ y,\ z$ 是其基底, 于是 a 可看成 $\mathbb{Z}_p$ 上的 3 阶对角矩阵 $[s,\ s^i,\ s^j]$. 设 $im\equiv 1\equiv jn(\text{mod}q)$, 则 $a^m,\ a^n$ 的矩阵分别是 $[s^m,\ s,\ s^{jm}]$ 与 $[s^n,\ s^{in},\ s]$, 从而在 (4.85) 式中有 $G_2(i,j)\cong G_2(m,jm)\cong G(n,in)$. 若在 q 元域 $\mathbb{Z}_q$ 上, 集合 $\{i,\ j\}=\{m,\ jm\}$, 则不难证明 $i\neq q-1$ 且 $m\neq i$. 于是 $m=j,\ jm=j^2=i$, 再由 $im\equiv 1\equiv jn(\text{mod}q)$ 得 $j^3\equiv 1(\text{mod}q),\ n=i$. 这说明在乘法群 $\mathbb{Z}_q^*$ 中有 3 阶子群 $\{1,\ i,\ j\}$, 从而 $q\equiv 1(\text{mod}3)$. 因此, 集合 $\{i,\ j\}=\{m,\ jm\}=\{n,\ in\}$, 必有 $q\equiv 1(\text{mod}3)$ 且 $i\equiv j^2(\text{mod}q)$, $\lambda^3-1=(\lambda-1)(\lambda-i)(\lambda-j)(\text{mod}q)$. 否则集合 $\{i,\ j\}$, $\{m,\ jm\}$, $\{n,\ in\}$ 是 3 个不同的集合. 反之, 若 $q\equiv 1(\text{mod}3)$, 则存在唯一的 $i\in\{2,\ 3,\ \cdots,\ q-1\}$ 使得 $\lambda^3-1=(\lambda-1)(\lambda-i)(\lambda-i^2)(\text{mod}q)$. 因而 $\{i,\ j\}$, $\{m,\ jm\}$, $\{n,\ in\}$ 是同一个集合当且仅当 $j=i^2$ 而 i 是上面的唯一值. 综上所述, 可知: 当 $q\equiv 1(\text{mod}3)$ 时, (4.85) 式共代表 $1+\dfrac{1}{3}\left(\dbinom{q-2}{2}-1\right)=\dfrac{q^2-5q+10}{6}$ 个互不同构的 p^3q^3 阶群; 当 $q\equiv -1(\text{mod}3)$ 时, (4.85) 式共代表 $\dfrac{1}{3}\dbinom{q-2}{2}=\dfrac{q^2-5q+6}{6}$ 个互不同构的 p^3q^3 阶群.

综上所述, 当 $ij\neq 0$ 时, 若 $q=3$, 则 (4.85) 式共代表 2 个互不同构的 p^3q^3 阶群; 若 $q\equiv 1(\text{mod}3)$, 则 (4.85) 式共代表 $(q-1)+1+\dfrac{1}{3}\left(\dbinom{q-2}{2}-1\right)=\dfrac{q^2+q+4}{6}$ 个互不同构的 p^3q^3 阶群; 若 $q\equiv -1(\text{mod}3)$, 则 (4.85) 式共代表 $(q-1)+\dfrac{1}{3}\dbinom{q-2}{2}=\dfrac{q^2+q}{6}$ 个互不同构的 p^3q^3 阶群.

3.2) 若 $C_Q(x)$, $C_Q(y)$, $C_Q(z)$ 恰有两个相同, 则不妨设 $C_Q(x)=C_Q(z)=\langle b,c\rangle\neq C_Q(y)=\langle a,c\rangle$, 于是可设 $x^a=x^s$ (否则只要用 a 的适当方幂代替 a 即可), $y^b=y^s$, $z^a=z^{s^i}$, 其中 $0<i<q$. 从而 G 有构造 $G_3(i,0)$. 不难证明, 在 (4.86) 式中, $G_3(i,0)\cong G_3(k,0)$ 当且仅当

$ik \equiv 1(\text{mod}q)$, 因此 (4.86) 式在 $j = 0$ 时共代表 $\dfrac{q+1}{2}$ 个互不同构的 p^3q^3 阶群.

3.3) 若 $C_Q(x), C_Q(y), C_Q(z)$ 两两不相同且 $C_Q(x) \cap C_Q(y) = C_Q(y) \cap C_Q(z) = C_Q(z) \cap C_Q(x)$, 则不妨设 $C_Q(x) = \langle b, c\rangle$, $C_Q(y) = \langle a, c\rangle$, $C_Q(z) = \langle ab^n, c\rangle$, 其中 $0 < n < q$. 与 3.2) 一样, 可令 $x^a = x^s$, $y^b = y^s$, $z^a = z^{s^i}$, $z^b = z^{s^j}$, 于是得 G 的形如 (4.86) 式的构造 (其中 $0 < i < q$, $i + nj \not\equiv 0(\text{mod}q)$).

由于 x 与 y 的地位是相同的, a 与 b 的地位也是相同的, 所以 $G_3(i,j) \cong G_3(j,i)$. 注意到 $i = j$ 时, $G_3(i,j)$ 与 $G_3(j,i)$ 是无区别的, 因此, 当 $i, j \in \mathbb{Z}_q^*$ 时, (4.86) 式恰代表 $\dfrac{(q-1)(q-2)}{2} + (q-1) = \dfrac{q^2-q}{2}$ 个互不同构的 p^3q^3 阶群. 再结合前面的讨论, 得 (4.86) 式共包含 $\dfrac{q^2+3}{2}$ 个互不同构的 p^3q^3 阶群.

3.4) 如果 $C_Q(x)$, $C_Q(y)$, $C_Q(z)$ 两两不相同且 $C_Q(x) \cap C_Q(y) \neq C_Q(y) \cap C_Q(z)$, 则不妨设 $C_Q(x) \cap C_Q(y) = \langle c\rangle$, $C_Q(y) \cap C_Q(z) = \langle a\rangle$, 于是 $C_Q(y) = \langle a, c\rangle$. 又不妨设 $C_Q(x) = \langle b, c\rangle$, 则 $C_Q(x) \cap C_Q(z) = \langle b\rangle$ 或 $\langle bc^n\rangle$, 这里 $0 < n < q$. 但在 $C_Q(x)$ 中 b 与 bc^n 的地位是相同的, 所以可设 $C_Q(z) = \langle a, b\rangle$. 因此可设 $x^a = x^s$, $y^b = y^s$, $z^c = z^s$ (否则只要用 a, b, c 的适当方幂分别代替 a, b, c 即可), 于是 G 有构造 G_4.

4) 如果 $C_P(Q) = 1$ 而 G 不是超可解群, 则不难证明 Q 在 P 上的作用是不可约的. 而由定理 3.3.4 得 $Q/C_Q(P)$ 是循环群. 不妨设 $C_Q(P) = \langle b, c\rangle$, a 是 P 的一个 q 阶可逆线性变换. 这时 a 可以看成 p 元域 $\mathbb{Z}_p$ 上的 3 阶矩阵, 而 a 没有非平凡的不变子空间, 于是 a 的特征多项式 $f(\lambda)$ 是 $\mathbb{Z}_p$ 上的三次不可约多项式. 又显然 $C_Q(P) \lhd G$ 且 $G/C_Q(P)$ 是补为 $Q/C_Q(P)$ 而核为 P 的 p^3q 阶 Frobenius 群, 所以 $q \mid (p^3-1)$. 显然 $\lambda^q - 1$ 是 a 的矩阵 $\boldsymbol{M}$ 的零化多项式, 所以 $f(\lambda)$ 是 $\lambda^q - 1$ 的因式. 众所周知, $\lambda^{p^3} - \lambda$ 是 $\mathbb{Z}_p$ 上的所有一次不可约多项式和三次不可约多项式的积, 于是 $f(\lambda)$ 也是 $\lambda^{p^3} - \lambda$ 的因式. 如果 $q \mid (p-1)$, 则 $\lambda^q - 1$ 是 $\lambda^{p-1} - 1$ 的因式. 而 $\lambda^{p-1} - 1$ 是 $p-1$ 个一次因式之积, 所以 $f(\lambda)$ 是 3 个不同的一次因式的积, 矛盾. 因此必有 $q \nmid (p-1)$.

但 $q \mid (p^3-1)$, 所以 $\mathbb{Z}_q^*$ 有 3 阶子群 $\{1, p, p^2\}$, 从而 $3 \mid (q-1)$ 且 $q \mid (p^2+p+1)$. 此时 $(\lambda^q-1, \lambda^{p-1}-1) = \lambda-1$, 而 $(\lambda^q-1)/(\lambda-1)$ 是 $(q-1)/3$ 个互不相同的三次不可约多项式之积. 我们用 $|\boldsymbol{M}|$ 表示 a 的矩阵 $\boldsymbol{M}$ 的行列式, 则 $|\boldsymbol{M}|^q \equiv 1(\mathrm{mod} p)$. 又 $|\boldsymbol{M}|^{p-1} \equiv 1(\mathrm{mod} p)$, 且 $(q, p-1) = 1$, 可知 $|\boldsymbol{M}| \equiv 1(\mathrm{mod} p)$, 从而可设 $\boldsymbol{M}$ 的特征多项式为 $f(\lambda) = \lambda^3 - \gamma\lambda^2 - \beta\lambda - 1$. 因此, 可得 G 的构造为 G_6. 类似于 2.2) 中的讨论, 当 $f(\lambda)$ 是整除 $(\lambda^q-1)/(\lambda-1)$ 的任一个三次不可约多项式时, 按上述方法得到的 G 的构造必与 G_6 同构.

(b) G 的 Sylow p-子群不是正规子群.

这时由 Sylow 定理可知, G 的 Sylow p-子群的个数是 q^3, 于是应有 $N_G(P) = P$. 但 P 是交换群, 所以 $N_G(P) = C_G(P)$. 由定理 2.5.4 知, G 的 Sylow q-子群是正规子群, 从而 $P/C_P(Q) \lesssim \mathrm{Aut}(Q)$. 由于 $\mathrm{Aut}(Q) \cong GL(3, q)$, 而 $GL(3, q)$ 的阶是 $q^3(q^3-1)(q^2-1)(q-1)$, 所以必有 $(p^3, q^2+q+1) = p$, 及 $C_P(Q)$ 是 P 的 p^2 阶子群. 类似引理 4.2.3, 可知 Q 必是 G 的极小正规子群, 而且有 $p \equiv 1(\mathrm{mod} 3)$ 与 $(p^3, q^2+q+1) = p$. 既然 $C_P(Q)$ 是 P 的 p^2 阶子群, 不妨设 $C_P(Q) = \langle y, z\rangle$, 于是 x 作用在 Q 上时诱导出 Q 的一个 p 阶自同构. 因此 G 有构造 G_7. □

由引理 4.4.7, 易得下面的推论.

推论 4.4.8 设 p 是大于 3 的奇素数, G 是 3^3p^3 阶群, 如果 G 的 Sylow 子群皆为初等交换群, 那么: 当 $p \equiv -1(\mathrm{mod} 3)$ 时, G 只有 2 个不同构的类型; 当 $p \equiv 1(\mathrm{mod} 3)$ 但 $p \neq 13$ 时, G 有 13 个不同构的类型; 当 $p = 13$ 时, G 有 14 个不同构的类型.

引理 4.4.9 设 p, q 为奇素数, 且 $p > q$, σ 是模 p^2 的一个原根, $r = \sigma^{\frac{p(p-1)}{q}}$ (若 q 整除 $(p-1)$). 设 G 是 p^3q^3 阶群, G 的 Sylow p-子群是指数为 p^2 的非交换群 $P = \langle x, y \| x| = p^2, |y| = p, [x, y] = x^p\rangle$, G 的 Sylow q-子群是初等交换群 $Q = \langle a, b, c \| a| = |b| = |c| = q, [a, b] = [a, c] = [b, c] = 1\rangle$, 则

(i) 当 $(p(p-1), q(q^2+q+1)) = 1$ 时, G 仅有构造: $G_1 \cong P \times Q$.

(ii) 当 $(p-1, q) = q$ 时, G 恰有 2 种不同构的构造, 除了构造 G_1, 还有下列构造:

$G_2 = ((\langle x\rangle \rtimes \langle y\rangle) \rtimes \langle a\rangle) \times \langle b\rangle \times \langle c\rangle$, $x^a = x^r$, $x^y = x^{p+1}$, $y^a = b$.

(iii) 当 $(p, q^2+q+1)=p$ 且 $p\equiv 1(\mathrm{mod}3)$ 时, G 恰有 $\dfrac{p+5}{3}$ 种不同构的构造, 除了构造 G_1, 还有下列构造:

$$G_3=(((\langle a\rangle\times\langle b\rangle\times\langle c\rangle)\rtimes\langle x\rangle)\rtimes\langle y\rangle,\ a^x=b,\ b^x=c,$$
$$c^x=ab^{\gamma}c^{\beta},\ [a,y]=[b,y]=[c,y]=1,\ x^y=x^{p+1}.$$

其中 $\beta,\ \gamma\in\mathbb{Z}_q$ 使得 $\lambda^3-\beta\lambda^2-\gamma\lambda-1$ 是 $\mathbb{Z}_q$ 上多项式 $(\lambda^p-1)/(\lambda-1)$ 的一个三次不可约因式.

$$G_4=((\langle a\rangle\times\langle b\rangle\times\langle c\rangle\times\langle x\rangle)\rtimes\langle y\rangle,\ a^y=b,$$
$$b^y=c,\ c^y=ab^{\gamma}c^{\beta},\ x^y=x^{p+1}. \tag{4.87}$$

其中 $\beta,\ \gamma\in\mathbb{Z}_q$ 使得 $\lambda^3-\beta\lambda^2-\gamma\lambda-1$ 是 $\mathbb{Z}_q$ 上多项式 $(\lambda^p-1)/(\lambda-1)$ 的一个三次不可约因式, 且 (4.87) 式共代表 $(p-1)/3$ 个不同构的 p^3q^3 阶群.

证明 首先, 我们断定 G 至少有一个 Sylow 子群是正规的. 若不然, 则 G 的最大正规 q-子群 $O_q(G)=1$. 因为, 当 $1<O_q(G)<Q$ 时, 易见 $G/O_q(G)$ 的 Sylow p-子群 $PO_q(G)/O_q(G)$ 是正规的, 从而 $PO_q(G)\lhd G$. 但注意到 $p>q$, 我们不难看出 P char $PO_q(G)$, 于是 $P\lhd G$, 矛盾. 由定理 2.5.8 知, G 是可解群, 所以 $1<O_p(G)<P$, 并且 $G/O_p(G)$ 的 Sylow p-子群是不正规的. 由 Sylow 定理可知, $G/O_p(G)$ 的 Sylow p-子群的个数有 q^3 个, 从而 $P/O_p(G)$ 是自正规的交换 p-群, 再由定理 2.5.4 知, $G/O_p(G)$ 的 Sylow q-子群 $QO_p(G)/O_p(G)$ 是正规的. 又 $QO_p(G)/O_p(G)\cong Q$, 而 $\mathrm{Aut}(Q)$ 的 Sylow p-子群的阶至多是 p, 所以 $O_p(G)$ 必是 p^2 阶群. 若 $O_p(G)$ 是循环群, 则其自同构群是交换群, 而 P 与 Q 都非平凡作用在 $O_p(G)$ 上, 所以 $[P,Q]\leqslant O_p(G)$, 这与 P 不正规的假设矛盾, 故 $O_p(G)$ 是 p^2 阶初等交换群. 令 $H=N_G(Q)$, 则因为 $QO_p(G)/O_p(G)\lhd G/O_p(G)$, 所以 $G=HO_p(G)$, 从而 $G/O_p(G)\cong H/H\cap O_p(G)$. 这说明存在 $g\in P-O_p(G)$, 使得 $g\in H$. 但 P 的 p^2 阶初等交换子群 $O_p(G)=\langle a^p,b\rangle$, 于是 $a\in H$, 从而 $|H|=p^2q^3$. 又此时 H 在 G 中的核 $H_G=H\cap O_p(G)=\langle a^p\rangle$, 所以 $p^2||G/H_G|$. 但 $[G:H]=p$, 于是 G/H_G 同构于对称群 S_p 的一个子群, 这是不可能的.

其次, 我们假设 G 的 Sylow p-子群是正规的. 这时类似引理 3.7.4, 不难证明 G 必是超可解群, 而且可设 $\langle x\rangle$ 和 $\langle y\rangle$ 都是 Q-不变的. 当 $(q,\ p-1)=1$ 时, 必有 $G\cong P\times Q$, 即 G 的构造为 G_1. 当 $(q,\ p-1)=q$

时, G 除构造 G_1 外, 还有其他构造. 这时不妨设 $x^a = x^{r^i}$, $y^a = y^{s^j}$, 其中 $r = \sigma^{\frac{p(p-1)}{q}}$, $s = \sigma^{\frac{p-1}{q}}$, 而 σ 是模 p^2 与 p 的一个公共原根. 将 a 作用在 $[x, y] = x^p$ 的两边得, $[x^{r^i}, y^{s^j}] = x^{pr^i}$, 于是 $r^i(s^j - 1) \equiv 0(\bmod p)$, 从而必有 $j = 0$, 即 $a \in C_Q(y)$. 同理有 $b, c \in C_Q(y)$, 因而必有 $C_Q(y) = Q$. 由此知, $C_Q(x)$ 是 q^2 阶群, 不妨设 $C_Q(x) = \langle b, c\rangle$, 而 $x^a = x^r$ (否则用 a 的适当方幂代替 a 即可), 这就得 G 的构造 G_2.

最后, 如果 G 的 Sylow p-子群不正规, 那么 G 的 Sylow q-子群是正规的. 这时, 必有 $(p, q^2+q+1) = p$ 且 $p \equiv 1(\bmod 3)$, 而 $C_P(Q)$ 是 p^2 阶群. 当 $C_P(Q) = \langle x^p, y\rangle$ 时, G 有构造 G_3, 且类似于引理 4.4.7 中的证明, 可知 G 的这种构造只有一种不同构的类型; 当 $C_P(Q) = \langle x\rangle$ 时, G 有形如 (4.87) 式的构造. 又在 (4.87) 式中, 由于 y 作用在 $\langle x\rangle$ 上是其 p 阶自同构, 而 y 作用在 Q 上也是其 p 阶自同构, 但 y 作用在 Q 上的方式与多项式 $(\lambda^p - 1)/(\lambda - 1)$ 的三次不可约因式是一一对应的, 因此 (4.87) 式共代表 $(p-1)/3$ 个不同构的 p^3q^3 阶群. □

引理 4.4.10 设 p, q 为奇素数, 且 $p > q$, σ 是模 p 的一个原根, $s = \sigma^{\frac{p-1}{q}}$ (若 q 整除 $(p-1)$). 设 G 是 p^3q^3 阶群, G 的 Sylow p-子群是指数为 p 的非交换群 $P = \langle x, y, z \| x| = |y| = |z| = p, [x, y] = z, [x, z] = [y, z] = 1\rangle$, G 的 Sylow q-子群是初等交换群 $Q = \langle a, b, c \| a| = |b| = |c| = q, [a, b] = [a, c] = [b, c] = 1\rangle$, 则

(i) 当 $(p(p^2-1), q(q^2+q+1)) = 1$ 时, G 只有一种构造, 即 $G_1 = P \times Q$.

(ii) 当 $(q,\ p-1) = q$ 时, G 共有 $\dfrac{q+7}{2}$ 个不同构的类型, 除为 G_1 外, 还有下面几种构造:

$$G_2(i) = ((((\langle x\rangle \times \langle z\rangle) \rtimes \langle y\rangle) \rtimes \langle a\rangle) \times \langle b\rangle \times \langle c\rangle,\ x^a = x^s,$$
$$x^y = xz,\ z^y = z,\ y^a = y^{s^i},\ z^a = z^{s^{i+1}},\ 0 \leqslant i \leqslant q-1. \tag{4.88}$$

在 (4.88) 式中 $G_2(i) \cong G_2(j)$ 当且仅当 $ij \equiv 1(\bmod q)$, 所以 (4.88) 式共包含 $\dfrac{q+3}{2}$ 个不同构的 p^3q^3 阶群.

$$G_3 = (((\langle x\rangle \times \langle z\rangle) \rtimes \langle y\rangle) \rtimes (\langle a\rangle \times \langle b\rangle)) \times \langle c\rangle,\ x^y = xz,\ z^y = z,$$
$$x^a = x^s,\ x^b = x,\ y^a = y,\ y^b = y^s,\ z^a = z^b = z^s.$$

(iii) 当 $(q,\ p+1) = q$ 时, G 共有 2 个不同构的类型, 除了构造 G_1,

还有下面的构造:

$$G_4 = ((((\langle x\rangle \times \langle z\rangle) \rtimes \langle y\rangle) \rtimes \langle a\rangle) \times \langle b\rangle \times \langle c\rangle,$$
$$x^y = xz,\ z^y = z,\ x^a = y,\ y^a = x^{-1}y^{\beta},\ z^a = z.$$

其中 $\beta \in \mathbb{Z}_p$ 使得 $\lambda^2 - \beta\lambda + 1$ 是 p-元域 $\mathbb{Z}_p$ 上多项式 $(\lambda^q - 1)/(\lambda - 1)$ 的一个二次不可约因式.

(iv) 当 $(p, q^2+q+1) = p$ 且 $p \equiv 1(\mathrm{mod}3)$ 时, G 共有 2 个不同构的类型, 除了构造 G_1, 还有下列构造:

$$G_5 = (\langle a\rangle \times \langle b\rangle \times \langle c\rangle \times \langle x\rangle \times \langle z\rangle) \rtimes \langle y\rangle,$$
$$a^y = b,\ b^y = c,\ c^y = ab^{\gamma}c^{\beta},\ x^y = xz,\ z^y = z.$$

其中 $\beta,\ \gamma \in \mathbb{Z}_q$ 使得 $\lambda^3 - \beta\lambda^2 - \gamma\lambda - 1$ 是 $\mathbb{Z}_q$ 上多项式 $(\lambda^p - 1)/(\lambda - 1)$ 的一个 3 次不可约因式.

证明 这时 G 至少有一个 Sylow 子群是正规的. 否则, 类似引理 4.4.9, 可知在 G 中, $O_q(G) = 1$, $O_p(G)$ 是 p^2 阶初等交换群. 不妨设 $O_p(G) = \langle y, z\rangle$. 令 $H = N_G(Q)$, 则类似引理 4.4.9, 可知 $G = HO_p(G)$, 从而 $G/O_p(G) \cong H/H \cap O_p(G)$. 这说明存在 $g \in P - O_p(G)$, 使得 $g \in H$. 不妨设 $x \in H$. 于是, $\langle x\rangle Q$ 是补为 $\langle x\rangle$ 而核为 Q 的 Frobenius 群, 显然 Q 是 $\langle x\rangle Q$ 的极小正规子群, 从而对任何 $g \in Q$, 只要 $g \neq 1$, 就有 $\langle g^{x^i} | i = 1, 2, \cdots, p\rangle = Q$. 又 Q 作用在 $O_p(G)$ 上, 如果这个作用是不可约的, 那么 $Q/C_Q(O_p(G))$ 是循环群, 于是 $C_Q(O_p(G)) \neq 1$, 所以存在 $1 \neq g \in Q$, 使得 g 平凡作用在 $O_p(G)$ 上. 如果 Q 在 $O_p(G)$ 上的作用是可约的, 那么在 $O_p(G)$ 中有两个 p 阶的 Q-不变子群 A 与 B, 使得 $O_p(G) = A \times B$, 于是, $Q/C_Q(A)$ 与 $Q/C_Q(B)$ 都是循环群, 由此得 $C_Q(A)$ 与 $C_Q(B)$ 都是 Q 的 q^2 阶子群. 易见 $C_Q(A) \cap C_Q(B) > 1$, 所以存在 $1 \neq g \in C_Q(A) \cap C_Q(B) \subset Q$, 使得 g 平凡作用在 $O_p(G) = A \times B$ 上. 总之, 存在 $1 \neq g \in Q$ 使 $z^g = z$. 但 $z^x = z$, 于是 g^{x^i} 都稳定 z, 从而 Q 中心化 z, 因而 $\langle z\rangle \lhd G$ 且 $z \in H$. 由此得 $|H| = p^2q^3$, 且 $H_G = H \cap O_p(G) = \langle z\rangle$. 因此 $[G : H] = p$, 于是 G/H_G 同构于对称群 S_p 的一个子群, 但这是不可能的.

现在设 G 的 Sylow p-子群 P 是正规的. 因为 $\Phi(P) = Z(P) = \langle z\rangle$, 于是 $\langle z\rangle \lhd G$, 从而 $P/\langle z\rangle$ 是 Q-不变的 p^2 阶初等交换 p-群. 若 $(q,\ p^2 - 1) = 1$, 则 Q 在 P 上的作用是平凡的, 从而 G 的构造必是 G_1.

若 $(q,\ p^2-1)\neq 1$, 则 G 的构造除 G_1 外, 还有其他构造. 如果 G 是超可解的, 那么必有 $(q,\ p-1)=q$, 而且类似引理 4.2.10 的证明, 不妨设 $\langle x\rangle, \langle y\rangle$ 都是 Q-不变的. 这时 $C_Q(x), C_Q(y)$ 中至少有一个不为 Q. 当只有一个不为 Q 时, 不妨设 $C_Q(x)=\langle b,\ c\rangle$, $C_Q(y)=Q$, 于是 G 应有形如 (4.88) 式的构造 (其中 $i=0$). 当 $C_Q(x), C_Q(y)$ 都不为 Q 时, 若 $C_Q(x)=C_Q(y)$, 则可设其为 $\langle b,\ c\rangle$, 于是可设 $x^a=x^s$, $y^a=y^{s^i}$, 其中 $1\leqslant i\leqslant q-1$. 将 a 作用在 $[x,y]=z$ 的两边后, 得 $z^a=z^{s^{i+1}}$, 因此 G 有形如 (4.88) 式的构造. 又在 (4.88) 式中, 如果 $(i,q)=1$, 则存在唯一的 $j\in\mathbb{Z}_q^*$, 使得 $ij\equiv 1(\mathrm{mod}q)$. 当用 a^j 代替 a, 用 z^{-1} 代替 z, 再将 x,y 对调时, $G_2(i)$ 就变成了 $G_2(j)$; 这就证明了 $G_2(i)\cong G_2(j)$ 当且仅当 $ij\equiv 1(\mathrm{mod}q)$. 因此当 $i\neq 0$ 时, (4.88) 式共包含 $\dfrac{(q+1)}{2}$ 个互不同构的 p^3q^3 阶群. 总之, (4.88) 式共包含 $\dfrac{q+3}{2}$ 个不同构的 p^3q^3 阶群. 当 $C_Q(x), C_Q(y)$ 都不为 Q 且 $C_Q(x)\neq C_Q(y)$ 时, 则可设 $C_Q(x)=\langle b,\ c\rangle$, $C_Q(y)=\langle a,\ c\rangle$, 从而 $x^a=x^s$, $y^b=y^s$. 再由 $[x,y]=z$ 得, $z^a=z^b=z^s$, 故 G 有构造 G_3.

如果 G 不是超可解的, 则 $G/\langle z\rangle$ 就是非超可解的. 类似于引理 4.4.7 中的讨论, 可知 $(q,\ p+1)=q$, 从而 $Q\langle z\rangle$ 是交换群, 因此 G 有构造 G_4.

最后, 如果 G 的 Sylow p-子群不正规, 那么 G 的 Sylow q-子群是正规的. 这时, 必有 $(p,q^2+q+1)=p$ 且 $p\equiv 1(\mathrm{mod}3)$, 而 $C_P(Q)$ 是 p^2 阶群. 不妨设 $C_P(Q)=\langle x,\ z\rangle$, 则 y 作用在 Q 上是 Q 的 p 阶自同构, 从而 G 有构造 G_5. □

引理 4.4.11　*设 $p,\ q$ 为奇素数, 且 $p>q$, 而 G 是 p^3q^3 阶群. 如果 G 的 Sylow q-子群是指数为 q^2 的非交换 q-群 $Q=\langle a,b \mid |a|=q^2, |b|=q, a^b=a^{q+1}\rangle$, 那么 G 的 Sylow p-子群必是 G 的正规子群.*

证明　不难看出, Q 中恰有 $(q^2-q)q$ 个阶为 q^2 的元和 q^2-1 个阶为 q 的元, 又每个 q^2 阶循环子群中恰有 $q-1$ 个阶为 q 的元, 从而 Q 的自同构群 $\mathrm{Aut}(Q)$ 的阶是 $(q^2-q)q((q^2-1)-(q-1))=q^3(q-1)^2$. 如果 G 的 Sylow q-子群 Q 是正规子群, 那么 G 的 Sylow p-子群 P 在 Q 上的作用是平凡的, 从而 $P\lhd G$. 如果 Q 不正规, 那么当 $1<O_q(G)<Q$ 时, 由 Sylow 定理易见 $G/O_q(G)$ 的 Sylow p-子群 $PO_q(G)/O_q(G)$ 是正规的,

从而 $PO_q(G)\lhd G$. 但注意到 $p>q$, 我们不难看出 $P\operatorname{char}PO_q(G)$, 于是 $P\lhd G$. 如果 $O_q(G)=1$, 则因为 G 是可解群, 所以 $O_p(G)>1$. 这时若 P 不正规, 则 $G/O_p(G)$ 的 Sylow p-子群是不正规的. 由 Sylow 定理可知, $G/O_p(G)$ 的 Sylow p-子群的个数有 q^3 个, 从而 $P/O_p(G)$ 是自正规的交换 p-群, 再由定理 2.5.4 知, $G/O_p(G)$ 的 Sylow q-子群 $QO_p(G)/O_p(G)$ 是正规的. 又 $QO_p(G)/O_p(G)\cong Q$, 而 p 不整除 $\mathrm{Aut}(Q)$ 的阶, 所以 $P/O_p(G)$ 平凡作用在 Q 上, 这说明 $P/O_p(G)\lhd G/O_p(G)$, 从而 $P\lhd G$, 矛盾. □

引理 4.4.12 设 p, q 为奇素数, 且 $p>q$, 而 G 是 p^3q^3 阶群. 设 σ 是模 p^2 与模 p 的一个公共原根, 若 $(q,p-1)=q$, 则令 $s=\sigma^{\frac{p(p-1)}{q}}$, $t=\sigma^{\frac{p-1}{q}}$, 如果 G 的 Sylow p-子群是交换群 $P=\langle x,y||x|=p^2,|y|=p,[x,y]=1\rangle$, 而 G 的 Sylow q-子群是指数为 q^2 的非交换 q-群 $Q=\langle a,b||a|=q^2,|b|=q,a^b=a^{q+1}\rangle$, 那么

(i) 当 $(q,p-1)=1$ 时, G 恰有 1 个不同构的类型: $G_1\cong P\times Q$.

(ii) 当 $(q,p-1)=q$ 时, G 有 $2q^2+q$ 个不同构的类型, 其中除了构造 G_1 外, 还有如下构造:

$$G_2(i)=(\langle x\rangle\times\langle y\rangle\times\langle a\rangle)\rtimes\langle b\rangle,\ x^b=x,\ y^b=y^{t^i},\ a^b=a^{1+q},\ 0<i<q. \tag{4.89}$$

(4.89) 式共表示 $q-1$ 个互不同构的 p^3q^3 阶群.

$$G_3=\langle x\rangle\times(\langle y\rangle\rtimes(\langle a\rangle\rtimes\langle b\rangle)),\ y^a=y^t,\ y^b=y,\ a^b=a^{1+q}.$$

$$G_4(i)=(((\langle x\rangle\times\langle a\rangle)\rtimes\langle b\rangle))\times\langle y\rangle,\ x^b=x^{s^i},\ a^b=a^{1+q},\ 0<i<q. \tag{4.90}$$

(4.90) 式共表示 $q-1$ 个互不同构的 p^3q^3 阶群.

$$G_5=(\langle x\rangle\rtimes(\langle a\rangle\rtimes\langle b\rangle))\times\langle y\rangle,\ x^a=x^s,\ x^b=x,\ a^b=a^{1+q}.$$

$$G_6(i)=(\langle x\rangle\times\langle y\rangle)\rtimes(\langle a\rangle\rtimes\langle b\rangle),\ x^a=x^s,\ x^b=x,\ y^a=y,\ y^b=y^{t^i},\ a^b=a^{1+q},\ 0<i<q. \tag{4.91}$$

(4.91) 式共表示 $q-1$ 个互不同构的 p^3q^3 阶群.

$$G_7(i)=(\langle x\rangle\times\langle y\rangle)\rtimes(\langle a\rangle\rtimes\langle b\rangle),\ x^a=x,\ x^b=x^{s^i},\ y^a=y^t,\ y^b=y,\ a^b=a^{1+q},\ 0<i<q. \tag{4.92}$$

(4.92) 式共表示 $q-1$ 个互不同构的 p^3q^3 阶群.

$$G_8(i,j)=(\langle x\rangle\times\langle y\rangle)\rtimes(\langle a\rangle\rtimes\langle b\rangle),\ x^a=x,$$

$$x^b = x^{s^i},\ y^a = y^t,\ y^b = y^{t^j},\ a^b = a^{1+q},\ 0 < i, j < q. \tag{4.93}$$

(4.93) 式共表示 $(q-1)^2$ 个互不同构的 p^3q^3 阶群.

$$G_9(i) = (\langle x\rangle \times \langle y\rangle) \rtimes (\langle a\rangle \rtimes \langle b\rangle),\ x^a = x^s,$$
$$x^b = x,\ y^a = y^{t^i},\ y^b = y,\ a^b = a^{1+q},\ 0 < i < q. \tag{4.94}$$

(4.94) 式共表示 $q-1$ 个互不同构的 p^3q^3 阶群.

$$G_{10}(i,j) = (\langle x\rangle \times \langle y\rangle \times \langle a\rangle) \rtimes \langle b\rangle,$$
$$x^b = x^{s^i},\ y^b = y^{t^j},\ a^b = a^{1+q},\ 0 < i, j < q. \tag{4.95}$$

(4.95) 式共表示 $(q-1)^2$ 个互不同构的 p^3q^3 阶群.

证明 由引理 4.4.11 知 G 的 Sylow p-子群是正规子群, 所以类似于引理 3.7.2, 不难证明 G 是超可解的, 而且可设 $\langle x\rangle$ 与 $\langle y\rangle$ 都是 Q-不变的. 因为 $\mathrm{Aut}(\langle x\rangle)$ 与 $\mathrm{Aut}(\langle y\rangle)$ 分别是 $p(p-1)$, $p-1$ 阶循环群, 所以

(i) 当 $(q,\ p-1) = 1$ 时, G 只有构造 $G_1 = P \times Q$.

(ii) 当 $(q,\ p-1) = q$ 时, G 除为 G_1 外还有其他构造. 而由于 $Q/C_Q(x) \lesssim \mathrm{Aut}(\langle x\rangle)$, $Q/C_Q(y) \lesssim \mathrm{Aut}(\langle y\rangle)$, 所以 $C_Q(x)$ 与 $C_Q(y)$ 或为 Q 或为 Q 的 q^2 阶正规子群. 又易见 Q 的 q^2 阶正规子群中有一个初等交换群 $\langle a^q, b\rangle$ 与 q 个循环群: $\langle ab^k\rangle$, $0 \leqslant k \leqslant q-1$, 所以

1) 当 $C_Q(x) = Q$ 而 $C_Q(y) \neq Q$ 时, 如果 $C_Q(y)$ 是 q^2 阶循环子群, 则不妨设 $C_Q(y) = \langle a\rangle$, 于是 $x^a = x^b = x$, $y^a = y$, 且可设 $y^b = y^{t^i}$ $(0 < i < q)$, 因此得 G 的 $(q-1)$ 个形如 (4.89) 式的构造. 若 $C_Q(y)$ 是 q^2 阶初等交换子群, 则必有 $C_Q(y) = \langle a^q, b\rangle$, 于是 $x^a = x^b = x$, $y^b = y$, 且可设 $y^a = y^t$ (否则只要用 a 的适当方幂代替 a 即可), 故得构造 G_3.

2) 当 $C_Q(y) = Q$ 而 $C_Q(x) \neq Q$ 时, 如果 $C_Q(x)$ 是 q^2 阶循环子群, 则不妨设 $C_Q(x) = \langle a\rangle$, 于是 $x^a = x$, $y^a = y^b = y$, 且可设 $x^b = x^{s^i}$ $(0 < i < q)$, 因此得 G 的 $(q-1)$ 个形如 (4.90) 式的构造. 如果 $C_Q(x)$ 是 q^2 阶初等交换子群, 则必有 $C_Q(x) = \langle a^q, b\rangle$, 于是 $x^b = x$, $y^a = y^b = y$, 且可设 $x^a = x^s$ (否则只要用 a 的适当方幂代替 a 即可), 因此得 G 的构造 G_5.

3) 当 $C_Q(x)$ 与 $C_Q(y)$ 都不是 Q 且 $C_Q(x) \neq C_Q(y)$ 时, 则由于 Q 中只有一个 q^2 阶初等交换子群 $\langle a^q, b\rangle$, 但有 q 个不同的 q^2 阶循环子群 $\langle ab^k\rangle$, $k = 0, 1, \cdots, q-1$, 所以如果 $C_Q(x) = \langle a^q, b\rangle$ 而 $C_Q(y) = \langle ab^i\rangle$, 那么必有 $x^b = x$ 且可设 $x^a = x^s$, $y^b = y^{t^i}$ $(0 < i < q)$, 再由 $y^{ab^k} = y$ 可

得 $y^a=y^{t^j}$, 其中 j 是 $ik+j\equiv 0(\text{mod}q)$ 的唯一解 $(0<j<q)$. 又注意到 $\langle a\rangle\rtimes\langle b\rangle\cong\langle ab^k\rangle\rtimes\langle b\rangle$, 所以当把 ab^k 换回为 a 时得 G 的 $(q-1)$ 个形如 (4.91) 式的构造. 如果 $C_Q(x)=\langle ab^k\rangle$ 而 $C_Q(y)=\langle a^q,b\rangle$, 那么必有 $y^b=y$ 且可设 $y^a=y^t$, $x^b=x^{s^i}$ $(0<i<q)$, 再由 $x^{ab^k}=x$ 可得 $x^a=x^{s^j}$, 其中 $0<j<q$ 是 $ik+j\equiv 0(\text{mod}q)$ 的唯一解. 当把 ab^k 换回为 a 时, 得 G 的 $(q-1)$ 个形如 (4.92) 式的构造. 如果 $C_Q(x)$ 与 $C_Q(y)$ 是 Q 中两个不同的 q^2 阶循环子群, 则不妨设 $C_Q(x)=\langle a\rangle$ 而 $C_Q(y)=\langle ab^k\rangle$, $k=1,2,\cdots,q-1$, 那么必有 $x^a=x$ 且可设 $x^b=x^{s^i}$ $(0<i<q)$, $y^a=y^t$, $y^b=y^{t^j}$, 这里 $jk\equiv -1(\text{mod}q)$, 由此得 G 的 $(q-1)^2$ 个形如 (4.93) 式的构造.

4) 当 $C_Q(x)=C_Q(y)\neq Q$ 时, 则当 $C_Q(x)=C_Q(y)=\langle a^q,b\rangle$ 时, 有 $x^b=x$, $y^b=y$, 且可设 $x^a=x^s$ (否则只要用 a 的适当方幂代替 a 即可), $y^a=y^{t^i}$, 其中 $0<i<q$, 于是得 G 的 $(q-1)$ 个形如 (4.94) 式的构造. 当 $C_Q(x)=C_Q(y)$ 是循环子群时, 不妨设为 $\langle a\rangle$, 即有 $x^a=x$, $y^a=y$, 且可设 $x^b=x^{s^i}$, $y^b=y^{t^j}$, 其中 $0<i,j<q$, 于是得 G 的 $(q-1)^2$ 个形如 (4.95) 式的构造. 综上所述, 引理得证. □

引理 4.4.13　设 p, q 为奇素数, 且 $p>q$, 而 G 是 p^3q^3 阶群. 如果 G 的 Sylow p-子群为 p^3 阶初等交换群 $P=\langle x,y,z\,||x|=|y|=|z|=p,[x,y]=[x,z]=[y,z]=1\rangle$ 而 Sylow q-子群为指数是 q^2 的非交换群 $Q=\langle a,b\,||a|=q^2,|b|=q,a^b=a^{1+q}\rangle$, 那么

(i) 当 $(q,(p^3-1)(p+1))=1$ 时, G 只有一种不同构的类型, 即 $P\times Q$.

(ii) 当 $(q,p-1)=q$ 时,

1) 如果 $q=3$, 则 G 有 39 种不同构的类型;

2) 如果 $q\equiv 1(\text{mod}3)$, 则 G 有

$$\frac{(q-1)(3q^3+q^2+2q+2)}{6}-q^3+4q^2-q+1$$

种不同构的类型;

3) 如果 $q\equiv -1(\text{mod}3)$, 则 G 有

$$\frac{q^2(3q+1)(q+1)}{6}-2q^3+4q^2-q$$

种不同构的类型.

(iii) 当 $(q,p+1)=q$ 时, G 有 $\dfrac{q+3}{2}$ 种不同构的类型.

(iv) 当 $q\equiv 1(\mathrm{mod}3)$ 且 $(q,p^2+p+1)=q$ 时, G 有 $\dfrac{q+5}{3}$ 种不同构的类型.

证明　令 σ 是模 p 的一个原根, 若 $(q,p-1)=q$, 则令 $t=\sigma^{\frac{p-1}{q}}$, 因为 $\mathrm{Aut}(P)$ 是阶为 $(p^3-1)(p^3-p)(p^3-p^2)$ 的群, 而 $\mathrm{Aut}(Q)$ 是阶为 $q^3(q-1)^2$ 的群, 又 $p>q$, 所以当 $(q,\ (p^3-1)(p+1))=1$ 时, G 仅有构造 $G_1=P\times Q$. 但当 $(q,\ (p^3-1)(p+1))\neq 1$ 时, G 还有其他构造.

首先, 由引理 4.4.11 知 G 的 Sylow p-子群是正规子群, 所以由定理 2.6.8, 有 $P=C_P(Q)\times[P,Q]$.

1) 当 $C_P(Q)$ 是 p^2 阶群时, 不妨设 $C_P(Q)=\langle y,z\rangle$, $[P,\ Q]=\langle x\rangle$, 这时应有 $q\mid(p-1)$, 且 $C_Q(x)$ 必是 q^2 阶群.

① 若 $C_Q(x)=\langle a^q,b\rangle$, 则可设 $x^a=x^t$ (否则只要用 a 的适当方幂代替 a 即可), 于是 G 有如下构造

$G_2=(\langle x\rangle\rtimes(\langle a\rangle\rtimes\langle b\rangle))\times\langle y\rangle\times\langle z\rangle,\ x^a=x^t,\ x^b=x,\ a^b=a^{1+q}.$

② 若 $C_Q(x)=\langle a\rangle$, 则可设 $x^b=x^{t^i}$ $(0<i<q)$, 于是得 G 的如下 $q-1$ 个构造:

$$\begin{aligned}G_3(i)=&((\langle x\rangle\times\langle a\rangle)\rtimes\langle b\rangle)\times\langle y\rangle\times\langle z\rangle,\\&x^b=x^{t^i},\ a^b=a^{1+q},\ 0<i<q.\end{aligned}\tag{4.96}$$

2) 如果 $C_P(Q)$ 是 p 阶群, 则不妨设 $C_P(Q)=\langle z\rangle$, $[P,Q]=\langle x,y\rangle$, 于是 Q 无不动点地作用在 $\langle x,y\rangle$ 上.

首先, 假定 $Q\langle x,y\rangle$ 是超可解群, 于是不妨设 $\langle x\rangle$ 与 $\langle y\rangle$ 都是 Q-不变的, 从而必有 $q|(p-1)$. 这时, $C_Q(x)$ 与 $C_Q(y)$ 都是 Q 的 q^2 阶子群.

① 如果 $C_Q(x)=C_Q(y)=\langle a\rangle$, 则可得 G 的如下构造:

$$\begin{aligned}G_4(i,j)=&((\langle x\rangle\times\langle y\rangle\times\langle a\rangle)\rtimes\langle b\rangle)\times\langle z\rangle,\\&x^b=x^{t^i},\ y^b=y^{t^j},\ a^b=a^{1+q},\ 0<i,j<q.\end{aligned}\tag{4.97}$$

在 (4.97) 式中, 由 $x,\ y$ 的对称性得, $G_4(i,j)\cong G_4(j,i)$, 所以 (4.97) 式共代表 $\dfrac{q(q-1)}{2}$ 个互不同构的 p^3q^3 阶群.

② 如果 $C_Q(x)=C_Q(y)=\langle a^q,b\rangle$, 则可得 G 的如下构造:

$$G_5(i)=(((\langle x\rangle\times\langle y\rangle)\rtimes(\langle a\rangle\rtimes\langle b\rangle))\times\langle z\rangle,\ x^a=x^t,$$
$$y^a=y^{t^i},\ x^b=x,\ y^b=y,\ a^b=a^{1+q},\ 0<i<q. \quad (4.98)$$

在 (4.98) 式中 $G_5(i)\cong G_5(j)$ 当且仅当 $ij\equiv 1(\mathrm{mod}q)$, 所以 (4.98) 式共代表 $\dfrac{q+1}{2}$ 个互不同构的 p^3q^3 阶群.

③ 如果 $C_Q(x)\neq C_Q(y)$, 且其中有一个是初等交换群, 则不妨设 $C_Q(x)=\langle a^q,b\rangle$, $C_Q(y)=\langle a\rangle$, 于是得 G 的如下 $q-1$ 个构造:

$$G_6(i)=(\langle x\rangle\rtimes((\langle a\rangle\times\langle y\rangle)\rtimes\langle b\rangle))\times\langle z\rangle,\ x^a=x^t,$$
$$x^b=x,\ x^y=x,\ y^b=y^{t^i},\ a^b=a^{1+q},\ 0<i<q. \quad (4.99)$$

④ 如果 $C_Q(x)\neq C_Q(y)$, 但它们都是循环群, 则不妨设 $C_Q(x)=\langle a\rangle$, 则 $x^a=x$, 且可设 $x^b=x^{t^i}(0<i<q)$. 又显然 $a\notin C_Q(y)$, 于是可设 $y^a=y^t$ (否则只要用 a 的适当方幂代替 a 即可). 另外, $b\notin C_Q(y)$, 所以 $y^b=y^{t^j}$, 其中 $0<j<q$. 这样 $C_Q(y)=\langle ab^k\rangle$, 其中 $jk\equiv -1(\mathrm{mod}q)$, 从而得 G 的如下 $(q-1)^2$ 个构造:

$$G_7(i,j)=(((\langle x\rangle\times\langle y\rangle)\rtimes(\langle a\rangle\rtimes\langle b\rangle))\times\langle z\rangle,\ x^a=x,$$
$$x^b=x^{t^i},\ y^b=y^{t^j},\ y^a=y^t,\ a^b=a^{1+q},\ 0<i,j<q. \quad (4.100)$$

然后, 假定 $Q\langle x,y\rangle$ 不是超可解群, 那么 Q 在 $\langle x,y\rangle$ 上的作用是不可约的. 又 $\langle x,y\rangle$ 是 p 元域 $\mathbb{Z}_p$ 上的 2 维线性空间, 而 $1\neq Q/C_Q(\langle x,y\rangle)$ 是循环群 (定理 3.3.4). 由此知 $\langle x,y\rangle$ 上有一个 q 阶可逆线性变换, 且这个变换的特征多项式 (记为 $f(\lambda)$) 是 $\mathbb{Z}_p$ 上的二次不可约多项式, 且 $f(\lambda)$ 整除 λ^q-1. 另外, 由数论的有关知识, $\mathbb{Z}_p$ 上的全体二次不可约多项式之积是 $(\lambda^{p^2-1}-1)/(\lambda^{p-1}-1)$, 因此 $q|(p+1)$. 且此时 λ^q-1 中有 $\mathbb{Z}_p$ 上的 $\dfrac{q-1}{2}$ 个不同的二次不可约因式, 于是:

⑤ 当 $(q,p+1)=q$ 时, 如果 $C_Q(\langle x,y\rangle)=\langle a\rangle$, 类似于引理 4.3.5 (iii) 的证明过程, 可得 G 的如下构造:

$$G_8=((\langle x\rangle\times\langle y\rangle\times\langle a\rangle)\rtimes\langle b\rangle)\times\langle z\rangle, x^b=y, y^b=x^{-1}y^\beta, a^b=a^{1+q}. \quad (4.101)$$

其中 $\beta\in\mathbb{Z}_p$ 使得 $\lambda^2-\beta\lambda+1$ 是 $\mathbb{Z}_p$ 上多项式 $(\lambda^q-1)/(\lambda-1)$ 的一个二次不可约因式. 由于 b 作用在 $\langle a\rangle$ 上是 $\langle a\rangle$ 的一个 q 阶自同构, 而多

项式 $(\lambda^q-1)/(\lambda-1)$ 有 $\dfrac{q-1}{2}$ 个不同的二次不可约因式, 因此 (4.101) 式表示 $\dfrac{q-1}{2}$ 个不同构的 p^3q^3 阶群.

⑥ 当 $(q,p+1)=q$ 时, 如果 $C_Q(\langle x,y\rangle)=\langle a^q,b\rangle$, 可得 G 的如下构造:

$$G_9=(((\langle x\rangle\times\langle y\rangle)\rtimes(\langle a\rangle\rtimes\langle b\rangle))\times\langle z\rangle, x^a=y,$$
$$y^a=x^{-1}y^{\beta}, x^b=x, y^b=y, a^b=a^{1+q}.$$

其中 $\beta\in\mathbb{Z}_p$ 使得 $\lambda^2-\beta\lambda+1$ 是 $\mathbb{Z}_p$ 上多项式 $(\lambda^q-1)/(\lambda-1)$ 的一个二次不可约因式.

3) 若 $C_P(Q)=1$ 且 G 是超可解群, 则不妨设 G 有如下正规群列

$$G\rhd\langle x,y,z\rangle\rhd\langle y,z\rangle\rhd\langle z\rangle$$

这时显然有 $q\mid(p-1)$, 由 Maschke 定理 (定理 2.6.11) 知 Q 在 P 上的作用是完全可约的, 所以不妨假定 $\langle x\rangle$、$\langle y\rangle$ 与 $\langle z\rangle$ 都是 Q-不变的. 这时, 显然 $C_Q(x)$, $C_Q(y)$, $C_Q(z)$ 都必须是 Q 的 q^2 阶子群 (因为 Q 没有 q^2 阶循环商群).

① 如果 $(q,p-1)=q$ 且 $C_Q(x)=C_Q(y)=C_Q(z)=\langle a\rangle$, 那么可设 $x^b=x^{t^i}$, $y^b=b^{t^j}$, $z^b=c^{t^k}$, 又由于 x,y,z 的对称性, 所以不妨设 $0<i\leqslant j\leqslant k<q$. 故得 G 的如下 $\dbinom{q+1}{3}=\dfrac{q^3-q}{6}$ 个构造:

$$G_{10}(i,j,k)=(\langle x\rangle\times\langle y\rangle\times\langle z\rangle\times\langle a\rangle)\rtimes\langle b\rangle, x^b=x^{t^i},$$
$$y^b=y^{t^j}, z^b=z^{t^k}, a^b=a^{1+q}, 0<i\leqslant j\leqslant k<q. \quad (4.102)$$

② 如果 $(q,p-1)=q$ 且 $C_Q(x)=C_Q(y)=C_Q(z)=\langle a^q,b\rangle$, 那么可设 $x^a=x^t$ (否则只要用 a 的适当方幂代替 a 即可), $y^a=y^{t^i}$, $z^a=z^{t^j}$, 其中 $0<i,j<q$. 这时, G 有如下构造:

$$G_{11}(i,j)=(\langle x\rangle\times\langle y\rangle\times\langle z\rangle)\rtimes(\langle a\rangle\rtimes\langle b\rangle), x^a=x^t,$$
$$y^a=y^{t^i}, z^a=z^{t^j}, a^b=a^{1+q}, 0<i,j<q. \quad (4.103)$$

在 (4.103) 式中, 当 $i=j$ 时, 存在唯一的 $k\in\mathbb{Z}_q$ 使得 $ik\equiv1(\text{mod}q)$. 如果用 $a_1=a^k$ 代替 a, 而将 x,y,z 分别替换为 z,y,x 时, 则 $G_{11}(i,i)$ 就变成了 $G_{11}(1,k)$, 故当 $i=j$ 时, (4.103) 式代表 $q-1$ 个不同构的 p^3q^3 阶群. 当 $1,i,j$ 关于 q 互不同余时, 由于 a 作用在 P 上, 而 P 同构于 p 元域 $\mathbb{Z}_p$ 上的 3 维向量空间, x, y, z 是其基底, 于是 a 可看成 $\mathbb{Z}_p$ 上

的 3 阶对角矩阵 $[t,\ t^i,\ t^j]$. 设 $im\equiv 1\equiv jn(\mathrm{mod}q)$, 则 x^m, x^n 的矩阵分别是 $[t^m,\ t,\ t^{jm}]$ 与 $[t^n,\ t^{in},\ t]$, 从而在 (4.103) 式中有 $G_{11}(i,j)\cong G_{11}(m,jm)\cong G_{11}(n,in)$. 若在 q 元域 $\mathbb{Z}_q$ 上, 集合 $\{i,\ j\}=\{m,\ jm\}$, 则不难证明 $i\neq q-1$ 且 $m\neq i$. 于是 $m=j$, $jm=j^2=i$, 再由 $im\equiv 1\equiv jn(\mathrm{mod}q)$ 得 $j^3\equiv 1(\mathrm{mod}q)$, $n=i$. 这说明在乘法群 $\mathbb{Z}_q^*$ 中有 3 阶子群 $\{1,\ i,\ j\}$, 从而 $q\equiv 1(\mathrm{mod}3)$. 因此, 集合 $\{i,\ j\}=\{m,\ jm\}=\{n,\ in\}$, 必有 $q\equiv 1(\mathrm{mod}3)$ 且 $i\equiv j^2(\mathrm{mod}q)$, $\lambda^3-1=(\lambda-1)(\lambda-i)(\lambda-j)(\mathrm{mod}q)$, 否则集合 $\{i,\ j\}$, $\{m,\ jm\}$, $\{n,\ in\}$ 是三个不同的集合. 反之, 若 $q\equiv 1(\mathrm{mod}3)$, 则存在唯一的 $i\in\{2,\ 3,\ \cdots,\ q-1\}$ 使得 $\lambda^3-1=(\lambda-1)(\lambda-i)(\lambda-i^2)(\mathrm{mod}q)$, 从而 $\{i,\ j\}$, $\{m,\ jm\}$, $\{n,\ in\}$ 是同一个集合当且仅当 $j=i^2$ 而 i 是上面的唯一值. 综上所述, 当 $1,i,j$ 关于 q 互不同余时, 若 $q\equiv 1(\mathrm{mod}3)$, 则 (4.103) 式共代表 $1+\dfrac{1}{3}\left(\dbinom{q-2}{2}-1\right)=\dfrac{q^2-5q+10}{6}$ 个互不同构的 p^3q^3 阶群; 若 $q\equiv -1(\mathrm{mod}3)$, 则 (4.103) 式共代表 $\dfrac{1}{3}\dbinom{q-2}{2}=\dfrac{q^2-5q+6}{6}$ 个互不同构的 p^3q^3 阶群.

总而言之, 若 $q=3$, 则 (4.103) 式共代表 2 个互不同构的 p^3q^3 阶群; 若 $q\equiv 1(\mathrm{mod}3)$, 则 (4.103) 式共代表 $(q-1)+1+\dfrac{1}{3}\left(\dbinom{q-2}{2}-1\right)=\dfrac{q^2+q+4}{6}$ 个互不同构的 p^3q^3 阶群; 若 $q\equiv -1(\mathrm{mod}3)$, 则 (4.103) 式共代表 $(q-1)+\dfrac{1}{3}\dbinom{q-2}{2}=\dfrac{q^2+q}{6}$ 个互不同构的 p^3q^3 阶群.

③ 如果 $(q,p-1)=q$ 且 $C_Q(x)=C_Q(y)=\langle a\rangle$, $C_Q(z)=\langle a^q,b\rangle$, 则可得 G 的如下构造:

$$G_{12}(i,j)=(\langle x\rangle\times\langle y\rangle\times\langle z\rangle)\rtimes(\langle a\rangle\rtimes\langle b\rangle),\ x^a=x,\ y^a=y,\ x^b=x^{t^i},$$
$$y^b=y^{t^j},\ z^a=z^t,\ z^b=z,\ a^b=a^{1+q},\ 0<i\leqslant j<q. \tag{4.104}$$

易见 (4.104) 式代表 $\dfrac{q^2-q}{2}$ 个互不同构的 p^3q^3 阶群.

④ 如果 $(q,p-1)=q$ 且 $C_Q(x)=\langle a\rangle$, $C_Q(y)=C_Q(z)=\langle a^q,b\rangle$, 则可得 G 的如下构造:

$$G_{13}(i,j)=(\langle x\rangle\times\langle y\rangle\times\langle z\rangle)\rtimes(\langle a\rangle\rtimes\langle b\rangle),\ x^a=x,\ x^b=x^{t^i},\ y^a=y^t,$$
$$y^b=y,\ z^a=z^{t^j},\ z^b=z,\ a^b=a^{1+q},\ 0<i,j<q. \tag{4.105}$$

在 (4.105) 式中 $G_{13}(i,j) \cong G_{13}(m,n)$ 当且仅当 $i \equiv m(\mathrm{mod}q)$ 而 $jn \equiv 1(\mathrm{mod}q)$, 所以 (4.105) 式代表 $\dfrac{q^2-1}{2}$ 个互不同构的 p^3q^3 阶群.

⑤ 如果 $(q,p-1)=q$ 且 $C_Q(x)$ 与 $C_Q(y)$ 是两个不同的 q^2 阶循环子群, 不妨设 $C_Q(x)=\langle a\rangle$, $C_Q(y)=\langle ab^m\rangle$, $C_Q(z)=\langle a^q,b\rangle$, 其中 $0<m<q$, 则可得 G 的如下构造:

$$\begin{aligned} G_{14}(i,j,k) = (\langle x\rangle \times \langle y\rangle \times \langle z\rangle) \rtimes (\langle a\rangle \rtimes \langle b\rangle),\ x^a = x,\\ x^b = x^{t^i},\ y^a = b^t,\ y^b = y^{t^j},\ z^a = z^{t^k},\ z^b = z,\\ a^b = a^{1+q},\ 0<i,j,\ k<q. \end{aligned} \tag{4.106}$$

在 (4.106) 式中 $jm \equiv -1(\mathrm{mod}q)$, $0<m<q$. 可见 (4.106) 式共代表 $(q-1)^3$ 个不同构的 p^3q^3 阶群.

⑥ 如果 $(q,p-1)=q$ 且 $C_Q(x)$, $C_Q(y)$, $C_Q(z)$ 是三个互不相同的 q^2 阶循环子群, 不妨设 $C_Q(x)=\langle a\rangle$, $x^b = x^{t^i}$ $(0<i<q)$. 又可设 $C_Q(y)=\langle ab^m\rangle$ $(0<m<q)$, 则因为 $a,b \notin C_Q(y)$, 于是可设 $y^a = y^t$, $y^b = y^{t^j}$, 其中 $jm \equiv -1(\mathrm{mod}q)$. 再设 $C_Q(z)=\langle ab^n\rangle(0<n<q)$, 则必有 $z^a = z^{t^k}$, $z^b = z^{t^l}$, 其中 $m \neq n(\mathrm{mod}q)$, 且 $k+ln \equiv 0(\mathrm{mod}q)$. 由上可得 G 的如下构造:

$$\begin{aligned} G_{15}(i,j,k,l) = (\langle x\rangle \times \langle y\rangle \times \langle z\rangle) \rtimes (\langle a\rangle \rtimes \langle b\rangle),\ x^a = x,\ x^b = x^{t^i},\\ y^a = y^t, y^b = y^{t^j}, z^a = z^{t^k}, z^b = z^{t^l}, a^b = a^{1+q}, 0<i,j,k,l<q. \end{aligned} \tag{4.107}$$

由 y,z 的对称性, 以及 i,j,k,l,m,n 的取值范围与关系: $jm \equiv -1(\mathrm{mod}q)$ 与 $k+ln \equiv 0(\mathrm{mod}q)$, 可见 (4.107) 式共代表 $\dfrac{(q-1)^3(q-2)}{2}$ 个不同构的 p^3q^3 阶群.

4) 如果 $C_P(Q)=1$ 而 G 不是超可解群, 则不难证明 Q 在 P 上的作用是不可约的. 这时易见 $Q/C_Q(P)$ 无不动点作用在 P 上, 于是由定理 3.3.7 得, $P \rtimes Q/C_Q(P)$ 是 Frobenius 群. 再由定理 3.3.8 得, $Q/C_Q(P)$ 是循环群, 从而 $Q/C_Q(P)$ 必为 q 阶循环群. 所以 $C_Q(P)$ 或为 q^2 阶循环群或为 q^2 阶初等交换群.

① 若 $C_Q(P)$ 为 q^2 阶初等交换群, 则必有 $C_Q(P)=\langle a^q,b\rangle$, 于是 a 是 P 的一个 q 阶可逆线性变换. 这时 a 可以看成 p 元域 $\mathbb{Z}_p$ 上的 3 阶矩阵, 而 a 没有非平凡的不变子空间, 于是 a 的特征多项式 $f(\lambda)$ 是 $\mathbb{Z}_p$ 上

的三次不可约多项式. 又 $G/C_Q(P)$ 是补为 $Q/C_Q(P)$ 而核为 P 的 p^3q 阶 Frobenius 群, 所以 $q \mid (p^3-1)$. 又由于 a^q 在 P 上的作用是平凡的, 所以 λ^q-1 是 a 的矩阵 $\boldsymbol{M}$ 的零化多项式, 于是 $f(\lambda)$ 是 λ^q-1 的因式. 众所周知, $\lambda^{p^3}-\lambda$ 是 $\mathbb{Z}_p$ 上的所有一次不可约多项式和三次不可约多项式的积, 于是 $f(\lambda)$ 也是 $\lambda^{p^3}-\lambda$ 的因式. 如果 $q \mid (p-1)$, 则 λ^q-1 是 $\lambda^{p-1}-1$ 的因式, 而 $\lambda^{p-1}-1$ 是 $p-1$ 个一次因式之积. 所以 $f(\lambda)$ 是 3 个不同的一次因式的积, 矛盾. 因此必有 $q \nmid (p-1)$, 从而由 $q \mid (p^3-1)$ 可知 $\mathbb{Z}_q^*$ 有 3 阶子群 $\{1,p,p^2\}$, 所以 $3 \mid (q-1)$ 且 $q \mid (p^2+p+1)$, 此时 $(\lambda^q-1,\lambda^{p-1}-1)=\lambda-1$, 而 $(\lambda^q-1)/(\lambda-1)$ 是 $(q-1)/3$ 个互不相同的三次不可约多项式之积. 我们用 $|\boldsymbol{M}|$ 表示 a 的矩阵 $\boldsymbol{M}$ 的行列式, 则 $|\boldsymbol{M}|^q \equiv 1(\mathrm{mod}p)$. 又 $|\boldsymbol{M}|^{p-1} \equiv 1(\mathrm{mod}p)$, 且 $(q,p-1)=1$, 可知 $|\boldsymbol{M}| \equiv 1(\mathrm{mod}p)$, 从而可设 $\boldsymbol{M}$ 的特征多项式为 $f(\lambda)=\lambda^3-\gamma\lambda^2-\beta\lambda-1$. 因此, 可得 G 的如下构造:

$$G_{16}=(\langle x\rangle\times\langle y\rangle\times\langle z\rangle)\rtimes(\langle a\rangle\rtimes\langle b\rangle),\ x^a=y,\ y^a=z,$$
$$z^a=xy^\gamma z^\beta,\ x^b=x,\ y^b=y,\ z^b=z,\ a^b=a^{1+q}.$$

在 G_{16} 中 $\beta,\ \gamma\in\mathbb{Z}_p$, 使得 $\lambda^3-\beta\lambda^2-\gamma\lambda-1$ 是 $\mathbb{Z}_p$ 上多项式 $(\lambda^q-1)/(\lambda-1)$ 的一个三次不可约因式.

显然, 对任何不被 q 整除的正整数 u, a^u 都是 $\langle a\rangle$ 的生成元, 而且 a^u 的特征多项式 (记为 $f_u(\lambda)$) 都是三次不可约多项式, 且当 $i\neq j$ 时 $f_i(\lambda)=f_j(\lambda)$ 的充要条件是矩阵 $\boldsymbol{M}^i$ 与 $\boldsymbol{M}^j$ 相似, 亦即 $pi\equiv j(\mathrm{mod}q)$ 或 $p^2i\equiv j(\mathrm{mod}q)$. 因在 $\big\{1,2,\cdots,q-1\big\}$ 中, 对任何固定的 i, 恰有一个 j 与一个 k, 使得 $pi\equiv j(\mathrm{mod}q)$ 与 $p^2i\equiv k(\mathrm{mod}q)$, 且显然 i,j,k 互不相等. 从而推知 $f_i(\lambda)$ $(1\leqslant i\leqslant q-1)$ 中恰有 $(q-1)/3$ 个互不相等, 所以当 $f(\lambda)$ 是整除 $(\lambda^q-1)/(\lambda-1)$ 的任一个三次不可约多项式时, 按上述方法得到的 G 的构造必与 G_{16} 同构.

② 若 $C_Q(P)$ 为 q^2 阶循环群, 则不妨设 $C_Q(P)=\langle a\rangle$. 于是 b 是 P 的一个 q 阶可逆线性变换. 类似于 ① 的讨论, 可得 $3\mid(q-1)$ 且 $q\mid(p^2+p+1)$, 而 G 有如下构造:

$$G_{17}=(\langle x\rangle\times\langle y\rangle\times\langle z\rangle\times\langle a\rangle)\rtimes\langle b\rangle,\ x^b=y,$$
$$y^b=z,\ z^b=xy^\gamma z^\beta,\ a^b=a^{1+q}. \tag{4.108}$$

其中 $\beta,\ \gamma\in\mathbb{Z}_p$, 使得 $\lambda^3-\beta\lambda^2-\gamma\lambda-1$ 是 $\mathbb{Z}_p$ 上多项式 $(\lambda^q-1)/(\lambda-1)$

的一个三次不可约因式. 由于 b 作用在 $\langle a\rangle$ 上是 $\langle a\rangle$ 的一个 q 阶自同构, 而多项式 $(\lambda^q-1)/(\lambda-1)$ 有 $\dfrac{q-1}{3}$ 个不同的三次不可约因式, 因此 (4.108) 式表示 $\dfrac{q-1}{3}$ 个不同构的 p^3q^3 阶群. □

引理 4.4.14　设 p, q 为奇素数, 且 $p>q$. 设 G 是 p^3q^3 阶群, G 的 Sylow p-子群是指数为 p^2 的非交换群 $P=\langle x,y \| x|=p^2,|y|=p,[x,y]=x^p\rangle$, G 的 Sylow q-子群是指数为 q^2 的非交换群 $Q=\langle a,b\|a|=q^2,|b|=q,a^b=a^{1+q}\rangle$. 令 σ 是模 p^2 与模 p 的一个公共原根, 若 $q|(p-1)$, 则令 $s=\sigma^{\frac{p(p-1)}{q}}$, 那么

(i) 当 $(p-1,q)=1$ 时, G 仅有构造: $G_1\cong P\times Q$.

(ii) 当 $(p-1,q)=q$ 时, G 有 $q+1$ 个互不同构的构造, 除了 G_1, 还有下列构造:

$$\begin{aligned}
G_2&=\langle x\rangle\rtimes(\langle y\rangle\times(\langle a\rangle\rtimes\langle b\rangle)),\ x^y=x^{p+1},\\
&\quad x^a=x^s,\ x^b=x,\ a^b=a^{1+q}.\\
G_3(i)&=\langle x\rangle\rtimes(\langle y\rangle\times(\langle a\rangle\rtimes\langle b\rangle)),\ x^y=x^{p+1},\\
&\quad x^a=x,\ x^b=x^{s^i},\ a^b=a^{1+q},\ 0<i<q.
\end{aligned}\tag{4.109}$$

这里 (4.109) 式表示 $q-1$ 个互不同构的 p^3q^3 阶群.

证明　由引理 4.4.11 知, G 的 Sylow p-子群是正规的, 且不难证明 G 是超可解群, 并可设 $\langle x\rangle$ 和 $\langle y\rangle$ 都是 Q-不变的. 当 $(q,\ p-1)=1$ 时, Q 在 P 上的作用必是平凡的, 所以 G 仅有构造: $G_1\cong P\times Q$. 当 $(q,\ p-1)=q$ 时, G 除构造 G_1 外, 还有其他构造. 令 $H=\langle y\rangle Q$, 显然 $H/C_H(x)$ 同构于 $\mathrm{Aut}(\langle x\rangle)$ 的一个子群, 于是 $H/C_H(x)$ 是循环群. 又 $y\notin C_H(x)$, 所以如果 $C_Q(x)=\langle a^q,b\rangle$, 那么可设 $x^a=x^s$ (否则只要用 a 的适当方幂代替 a 即可), 而必有 $y^a=y$, 其中 $s=\sigma^{\frac{p(p-1)}{q}}$, 而 σ 是模 p^2 与 p 的一个公共原根. 注意到 $x^b=x$, 所以将 b 作用在 $[x,y]=x^p$ 的两边后得, $[x,y^{t^i}]=x^p$, 于是 $pt^i\equiv p(\mathrm{mod} p^2)$, 从而必有 $t^i\equiv 1(\mathrm{mod} p)$, 即 $i\equiv 0(\mathrm{mod} p)$, 故 $y^b=y$. 因此 G 有构造 G_2. 如果 $C_Q(x)=\langle a\rangle$, 类似于上面的分析, 可得 G 有形如 (4.109) 式的构造. 如果 $C_Q(x)=Q$, 则将 a,b 依次作用在 $[x,y]=x^p$ 的两边后, 必有 $C_Q(y)=Q$, 从而得 $G\cong P\times Q$. □

引理 4.4.15　设 p, q 为奇素数, 且 $p>q$. 设 G 是 p^3q^3 阶群, G

的 Sylow p-子群是指数为 p 的非交换群 $P=\langle x,y,z||x|=|y|=|z|=p,[x,y]=z,[x,z]=[y,z]=1\rangle$, G 的 Sylow q-子群是指数为 q^2 的非交换群 $Q=\langle a,b||a|=q^2,|b|=q,a^b=a^{1+q}\rangle$. 令 σ 是模 p 的一个原根, 若 $q|(p-1)$, 则令 $t=\sigma^{\frac{(p-1)}{q}}$, 那么

(i) 当 $(p^2-1,q)=1$ 时, G 只有一种构造, 即 $G_1\cong P\times Q$.

(ii) 当 $(p-1,q)=q$ 时, G 有 $\dfrac{3(q^2+1)}{2}$ 个互不同构的构造, 除了构造 G_1, 还有如下构造:

$$\begin{aligned}G_2(i)=(((\langle x\rangle\times\langle z\rangle)\rtimes\langle y\rangle)\rtimes(\langle a\rangle\rtimes\langle b\rangle),\ x^y=xz,\\ x^a=x,\ x^b=x^{t^i},\ y^a=y^b=y,\ z^y=z^a=z,\\ z^b=z^{t^i},\ a^b=a^{1+q},\ 0<i<q.\end{aligned}\tag{4.110}$$

$$\begin{aligned}G_3=(((\langle x\rangle\times\langle z\rangle)\rtimes\langle y\rangle)\rtimes(\langle a\rangle\rtimes\langle b\rangle),\ x^y=xz,\ x^a=x^t,\\ x^b=x,\ y^a=y^b=y,\ z^a=z^t,\ z^y=z^b=z,\ a^b=a^{1+q}.\end{aligned}$$

$$\begin{aligned}G_4(i)=(((\langle x\rangle\times\langle z\rangle)\rtimes\langle y\rangle)\rtimes(\langle a,b\rangle),\ x^y=xz,\\ x^a=x,\ x^b=x^{t^i},\ y^a=y^t,\ y^b=y,\ z^y=z,\\ z^a=z^t,\ z^b=z^{t^i},\ a^b=a^{1+q},\ 0<i<q.\end{aligned}\tag{4.111}$$

$$\begin{aligned}G_5(i,j)=(((\langle x\rangle\times\langle z\rangle)\rtimes\langle y\rangle)\rtimes(\langle a,b\rangle),\ x^y=xz,\\ x^a=x,\ x^b=x^{t^i},\ y^a=y^t,\ y^b=y^{t^j},\ z^y=z,\\ z^a=z^t,z^b=z^{t^{i+j}},a^b=a^{1+q},0<i,j<q.\end{aligned}\tag{4.112}$$

$$\begin{aligned}G_6(i,j)=((((\langle x\rangle\times\langle z\rangle)\rtimes\langle y\rangle)\times\langle a\rangle)\rtimes\langle b\rangle,\ x^y=xz,\ z^y=z,\\ x^b=x^{t^i},\ y^b=y^{t^j},\ z^b=z^{s^{i+j}},\ a^b=a^{1+q},\ 0<i,j<q.\end{aligned}\tag{4.113}$$

$$\begin{aligned}G_7(i)=(((\langle x\rangle\times\langle z\rangle)\rtimes\langle y\rangle)\rtimes(\langle a\rangle\rtimes\langle b\rangle),\ x^y=xz,\\ z^y=z,\ x^a=x^t,\ x^b=x,\ y^a=y^{t^i},\ y^b=y,\\ z^a=z^{t^{i+1}},\ z^b=z,\ a^b=a^{1+q},\ 1<i<q.\end{aligned}\tag{4.114}$$

其中 (4.110) 式与 (4.111) 式各表示 $(q-1)$ 个不同构的 p^3q^3 阶群, (4.112) 式表示 $(q-1)^2$ 个不同构的 p^3q^3 阶群, (4.113) 式表示 $\dfrac{q^2-q}{2}$ 个不同构的 p^3q^3 阶群, (4.114) 式表示 $\dfrac{q+1}{2}$ 不同构的 p^3q^3 阶群.

(iii) 当 $(p+1,q)=q$ 时, G 有 $\dfrac{q+3}{2}$ 个互不同构的构造, 除了构造 G_1, 还有如下构造:

$$G_8=(((\langle x\rangle\times\langle z\rangle)\rtimes\langle y\rangle)\rtimes(\langle a\rangle\rtimes\langle b\rangle),\ x^y=xz,\ z^y=z,\ x^a=y,$$

$$y^a = x^{-1}y^{\beta},\ z^a = z,\ x^b = x,\ y^b = y,\ z^b = z,\ a^b = a^{1+q}.$$

其中 $\beta \in \mathbb{Z}_p$ 使得 $\lambda^2 - \beta\lambda + 1$ 是 p-元域 $\mathbb{Z}_p$ 上多项式 $(\lambda^q - 1)/(\lambda - 1)$ 的一个二次不可约因式.

$$G_9 = (((\langle x\rangle \times \langle z\rangle) \rtimes \langle y\rangle) \rtimes (\langle a\rangle \rtimes \langle b\rangle),\ x^y = xz,\ z^y = z,\ x^a = x,$$
$$y^a = y,\ z^a = z,\ x^b = y,\ y^b = x^{-1}y^{\beta},\ z^b = z,\ a^b = a^{1+q}. \quad (4.115)$$

其中 $\beta \in \mathbb{Z}_p$ 使得 $\lambda^2 - \beta\lambda + 1$ 是 p-元域 $\mathbb{Z}_p$ 上多项式 $(\lambda^q - 1)/(\lambda - 1)$ 的一个二次不可约因式, (4.115) 式共表示 $\dfrac{q-1}{2}$ 个不同构的 p^3q^3 阶群.

证明　由引理 4.4.11 知, G 的 Sylow p-子群是正规的. 因为 $\Phi(P) = Z(P) = \langle z\rangle$, 于是 $\langle z\rangle \lhd G$, 从而 $P/\langle z\rangle$ 是 Q-不变的 p^2 阶初等交换 p-群.

(i) 当 $(p^2 - 1, q) = 1$ 时, 则 Q 在 P 上的作用是平凡的, 从而 G 是幂零群, 其构造必是 $G_1 \cong P \times Q$.

(ii) 当 $(p-1, q) = q$ 时, 则 G 的构造除 G_1 外, 还有其他构造. 这时 G 是超可解的, 且可设 $\langle x\rangle$, $\langle y\rangle$ 都是 Q-不变的. 这时 $C_Q(x)$, $C_Q(y)$ 中至少有一个为 Q 的 q^2 阶子群. 当只有一个为 Q 的 q^2 阶子群时, 不妨设它是 $C_Q(x)$. 如果 $C_Q(x) = \langle a\rangle$, $C_Q(y) = Q$, 那么 G 应有构造 (4.110) 式. 如果 $C_Q(x) = \langle a^q, b\rangle$, $C_Q(y) = Q$, 那么 G 应有构造 G_3.

当 $C_Q(x)$, $C_Q(y)$ 都为 Q 的 q^2 阶子群时, 若 $C_Q(x) \neq C_Q(y)$ 且其中只有一个是循环群, 则不妨设 $C_Q(x) = \langle a\rangle$, $C_Q(y) = \langle a^q, b\rangle$, 从而可设 $x^b = x^{t^i}(0 < i < q)$, $y^a = y^t$. 再由 $[x, y] = z$ 得, $z^a = z^t$, $z^b = z^{t^i}$, 从而 G 有构造 (4.111) 式. 如果 $C_Q(x) \neq C_Q(y)$, 但它们都是循环群, 则不妨设 $C_Q(x) = \langle a\rangle$, 则 $x^a = x$, 且可设 $x^b = x^{t^i}(0 < i < q)$. 又显然 $a \notin C_Q(y)$, 于是可设 $y^a = y^t$ (否则只要用 a 的适当方幂代替 a 即可). 另外, $b \notin C_Q(y)$, 所以 $y^b = y^{t^j}$, 其中 $0 < j < q$. 这样 $C_Q(y) = \langle ab^k\rangle$, 其中 $jk \equiv -1(\mathrm{mod} q)$, 从而得 G 的形如 (4.112) 式的 $(q-1)^2$ 个构造. 当 $C_Q(x) = C_Q(y) = \langle a\rangle$ 时, 可设 $x^b = x^{t^i}$, $y^b = y^{t^j}$, 其中 $0 < i, j < q$. 将 b 作用在 $[x, y] = z$ 的两边后, 得 $z^b = z^{t^{i+j}}$, 因此 G 有形如 (4.113) 式的构造. 由于在 (4.113) 式中 x, y 是对称的, 所以 (4.113) 式共包含 $\dfrac{q(q-1)}{2}$ 个互不同构的 p^3q^3 阶群.

当 $C_Q(x) = C_Q(y) = \langle a^q, b\rangle$ 时, 可设 $x^a = x^t$, $y^a = y^{t^i}$, 其中 $0 < i < q$. 类似上面的分析, 可知 G 有形如 (4.114) 式的构造. 在

(4.114) 式中, 对于 $1 < i < q$, 存在唯一的 $j \in \mathbb{Z}_q^*$, 使得 $ij \equiv 1(\bmod q)$. 当用 a^j 代替 a, 用 z^{-1} 代替 z, 再将 x, y 对调时, $G_7(i)$ 就变成了 $G_7(j)$; 这就证明了 $G_7(i) \cong G_7(j)$ 当且仅当 $ij \equiv 1(\bmod q)$. 因此 (4.114) 式共包含 $\dfrac{(q+1)}{2}$ 个互不同构的 p^3q^3 阶群.

(iii) 当 $(p+1, q) = q$ 时, G 除为构造 G_1 外, 还有其他构造. 这时 G 不是超可解的, 于是 $G/\langle z\rangle$ 就是非超可解的, 且易见 $Q\langle z\rangle$ 是交换群. 当 $C_Q(P) = \langle a^q, b\rangle$ 时, G 有构造 G_8. 当 $C_Q(P) = \langle a\rangle$ 时, G 有形如 (4.115) 式的构造. 在 (4.115) 式中 $\beta \in \mathbb{Z}_p$ 使得 $\lambda^2 - \beta\lambda + 1$ 是 p-元域 $\mathbb{Z}_p$ 上多项式 $(\lambda^q - 1)/(\lambda - 1)$ 的一个二次不可约因式. 由于这样的多项式有 $\dfrac{q-1}{2}$ 个, 所以 (4.115) 式共表示 $\dfrac{q-1}{2}$ 个互不同构的 p^3q^3 阶群. □

引理 4.4.16 *设 p, q 为奇素数, 且 $p > q$. 设 G 是 p^3q^3 阶群, 如果 G 的 Sylow q-子群是指数为 q 的 q^3 阶非交换 q-群 $Q = (\langle a\rangle \times \langle c\rangle) \rtimes \langle b\rangle$, 其中 $|a| = |b| = |c| = q$, $[a, b] = c$, $[a, c] = [b, c] = 1$, 那么 G 的 Sylow p-子群必是 G 的正规子群.*

证明 显然 Q 的 Frattini 子群 $\Phi(Q) = \langle c\rangle$, 于是由定理 3.2.7 得, Q 的每个最小生成系恰由 2 个元素组成, 而 $Q - \Phi(Q)$ 中每个元都至少属于一个最小生成系. 因而 Q 的自同构群 $\mathrm{Aut}(Q)$ 的阶是 $(q^3 - q)(q^3 - q^2) = q^3(q-1)^2(q+1)$. 由此可知, 如果 G 的 Sylow q-子群正规, 即 $O_q(G) = Q$, 那么 G 的 Sylow p-子群在 Q 上的作用是平凡的, 从而 $P \lhd G$. 如果 $1 < O_q(G) < Q$, 则易见 $G/O_q(G)$ 的 Sylow p-子群 $PO_q(G)/O_q(G)$ 是正规的, 从而 $PO_q(G) \lhd G$. 但注意到 $p > q$, 我们不难看出 $P \operatorname{char} PO_q(G)$, 于是 $P \lhd G$. 如果 $O_q(G) = 1$, 则因为 G 是可解群, 所以 $O_p(G) > 1$. 这时若 P 不正规, 则 $G/O_p(G)$ 的 Sylow p-子群也是不正规的. 由 Sylow 定理可知, $G/O_p(G)$ 的 Sylow p-子群的个数有 q^3 个, 从而 $P/O_p(G)$ 是自正规的交换 p-群, 再由定理 2.5.4 知, $G/O_p(G)$ 的 Sylow q-子群 $QO_p(G)/O_p(G)$ 是正规的. 但 $QO_p(G)/O_p(G) \cong Q$, 而 p 不整除 $\mathrm{Aut}(Q)$ 的阶, 所以 $P/O_p(G)$ 平凡作用在 Q 上, 这说明 $P/O_p(G) \lhd G/O_p(G)$, 从而 $P \lhd G$, 矛盾. □

引理 4.4.17 *设 p, q 为奇素数, 且 $p > q$, 而 G 是 p^3q^3 阶群. 设*

σ 是模 p^2 与模 p 的一个公共原根，若 $(q,p-1)=q$，则令 $s=\sigma^{\frac{p(p-1)}{q}}$，$t=\sigma^{\frac{p-1}{q}}$，如果 G 的 Sylow p-子群是交换群 $P=\langle x,y \| x|=p^2, |y|=p, [x,y]=1\rangle$，而 G 的 Sylow q-子群是指数为 q 的非交换 q-群 $Q=\langle a,b,c \| a|=|b|=|c|=q, [a,b]=c, [a,c]=[b,c]=1\rangle$，那么

(i) 当 $(q,p-1)=1$ 时，G 恰有 1 个不同构的类型：$G_1\cong P\times Q$.

(ii) 当 $(q,p-1)=q$ 时，G 共有 $q+3$ 种不同构的类型，除 G_1 外，还有下列构造：

$$
\begin{aligned}
&G_2=\langle x\rangle\times(((\langle y\rangle\times\langle a\rangle\times\langle c\rangle)\rtimes\langle b\rangle),\ y^b=y^t,\ a^b=ac,\ c^b=c;\\
&G_3=\langle y\rangle\times(((\langle x\rangle\times\langle a\rangle\times\langle c\rangle)\rtimes\langle b\rangle),\ x^b=x^s,\ a^b=ac,\ c^b=c;\\
&G_4=(\langle x\rangle\times\langle y\rangle)\rtimes(((\langle c\rangle\times\langle a\rangle)\rtimes\langle b\rangle),\ x^a=x^s,\ x^b=x,\ x^c=x,\\
&\qquad y^a=y,\ y^b=y^t,\ y^c=y,\ a^b=ac,\ c^b=c;\\
&G_5(i)=(\langle x\rangle\times\langle y\rangle\times\langle a\rangle\times\langle c\rangle)\rtimes\langle b\rangle,\ x^b=x^s,\ y^b=y^{t^i},\\
&\qquad a^b=ac,\ c^b=c,\ 0<i<q.
\end{aligned}
\tag{4.116}
$$

(4.116) 式表示 $q-1$ 个互不同构的 p^3q^3 阶群的构造.

证明　由引理 4.4.16 知，G 的 Sylow p-子群是正规子群，于是类似于引理 3.7.2，易得 G 是超可解的，而且可设 $\langle x\rangle$ 与 $\langle y\rangle$ 都是 Q-不变的. 因为 $\mathrm{Aut}(\langle x\rangle)$ 与 $\mathrm{Aut}(\langle y\rangle)$ 分别是 $p(p-1)$, $p-1$ 阶循环群，所以我们可作如下讨论:

1) 当 $(q,p-1)=1$ 时，G 只有 1 种构造 $G_1\cong P\times Q$.

2) 当 $(q,p-1)=q$ 时，G 除为 G_1 外还有其他构造. 而由于 $Q/C_Q(x)\lesssim \mathrm{Aut}\ (\langle x\rangle)$, $Q/C_Q(y)\lesssim \mathrm{Aut}\ (\langle y\rangle)$，所以 $C_Q(x)$ 与 $C_Q(y)$ 必为 Q 或 Q 的 q^2 阶子群.

① 当 $C_Q(x)=Q$ 而 $C_Q(y)\neq Q$ 时，不妨设 $C_Q(y)=\langle a,c\rangle$，于是可设 $y^b=y^s$ (否则只要用 b 的适当方幂代替 b 即可)，因此得 G 的构造为 G_2.

② 当 $C_Q(y)=Q$ 而 $C_Q(x)\neq Q$ 时，不妨设 $C_Q(x)=\langle a,c\rangle$, $x^b=x^s$，因此得 G 的构造为 G_3.

③ 当 $C_Q(x)$ 与 $C_Q(y)$ 都不是 Q 且 $C_Q(x)\neq C_Q(y)$ 时，不妨设 $C_Q(x)=\langle b,c\rangle$ 而 $C_Q(y)=\langle a,c\rangle$，那么可设 $x^a=x^s$, $y^b=y^s$，所以 G 有构造 G_4.

④ 当 $C_Q(x) = C_Q(y) \neq Q$ 时, 不妨设 $C_Q(x) = C_Q(y) = \langle a, c\rangle$, 于是可设 $x^b = x^s$, $y^b = y^{s^i}$, 其中 $0 < i < q$, 于是 G 有形如 (4.116) 式的 $q-1$ 个互不同构的构造. □

引理 4.4.18　设 p, q 为奇素数, 且 $p > q$, 而 G 是 p^3q^3 阶群. 如果 G 的 Sylow p-子群为 p^3 阶初等交换群 $P = \langle x, y, z \| x| = |y| = |z| = p, [x, y] = [x, z] = [y, z] = 1\rangle$ 而 Sylow q-子群是指数为 q 的非交换群 $Q = \langle a, b, c \| a| = |b| = |c| = q, [a, b] = c, [a, c] = [b, c] = 1\rangle$, 那么

(i) 当 $(q, (p^3-1)(p+1)) = 1$ 时, G 只有一种不同构的类型, 即 $P \times Q$.

(ii) 当 $(q, p-1) = q$ 时, 令 σ 是模 p 的一个原根, $t = \sigma^{\frac{p-1}{q}}$, 则:

1) 如果 $q = 3$, 则 G 共有 15 种不同构的类型;

2) 如果 $q \equiv 1(\mathrm{mod}3)$, 则 G 共有 $q^2 + 4 + \dfrac{q^2+q+4}{6}$ 种不同构的类型;

3) 如果 $q \equiv -1(\mathrm{mod}3)$, 则 G 共有 $q^2 + 4 + \dfrac{q^2+q}{6}$ 种不同构的类型.

(iii) 当 $(q, p+1) = q$ 时, G 共有 2 种不同构的类型.

(iv) 当 $q \equiv 1(\mathrm{mod}3)$ 且 $(q, p^2+p+1) = q$ 时, G 共有 2 种不同构的类型.

证明　由引理 4.4.16 知 G 的 Sylow p-子群是正规子群.

(a) 当 $(q, (p^3-1)(p+1)) = 1$ 时, 显然 G 只有 1 种构造 $G_1 = P \times Q$.

(b) 当 $(q, (p^3-1)(p+1)) \neq 1$ 时, G 还可能有其他构造. 这时由定理 2.6.8, 有 $P = C_P(Q) \times [P, Q]$.

① 当 $C_P(Q)$ 是 p^2 阶群时, 不妨设 $C_P(Q) = \langle y, z\rangle$, $[P, Q] = \langle x\rangle$, 于是 $q \mid (p-1)$, 且 $C_Q(x)$ 必是 q^2 阶群. 不妨设 $C_Q(x) = \langle a, c\rangle$, $x^b = x^t$, 所以 G 有如下构造:

$G_2 = ((\langle x\rangle \times \langle a\rangle \times \langle c\rangle) \rtimes \langle b\rangle) \times \langle y\rangle \times \langle z\rangle$, $x^b = x^t$.

② 如果 $C_P(Q)$ 是 p 阶群, 则不妨设 $C_P(Q) = \langle z\rangle$, $[P, Q] = \langle x, y\rangle$, 于是 Q 无不动点地作用在 $\langle x, y\rangle$ 上.

首先, 假定 $Q\langle x, y\rangle$ 是超可解群, 于是不妨设 $\langle x\rangle$ 与 $\langle y\rangle$ 都是 Q-不变的, 从而必有 $q|(p-1)$.

1) 如果 $C_Q(x) = C_Q(y) = \langle a, c\rangle$, 则可得 G 的如下构造:

$$G_3(i) = (((\langle x\rangle \times \langle y\rangle \times \langle a\rangle \times \langle c\rangle) \rtimes \langle b\rangle) \times \langle z\rangle,$$
$$x^b = x^t,\ y^b = y^{t^i},\ 0 < i < q. \tag{4.117}$$

在 (4.117) 式中 $G_3(i) \cong G_3(j)$ 当且仅当 $ij \equiv 1(\bmod q)$, 所以 (4.117) 式共代表 $\dfrac{q+1}{2}$ 个互不同构的 p^3q^3 阶群.

2) 如果 $C_Q(x) = \langle b, c\rangle$, $C_Q(y) = \langle a, c\rangle$, 则可得 G 的如下构造:

$$G_4 = (((\langle x\rangle \times \langle y\rangle \times \langle c\rangle) \rtimes \langle a, b\rangle) \times \langle z\rangle,$$
$$x^a = x^t,\ x^b = x,\ y^a = y,\ y^b = y^t.$$

其次, 假定 $Q\langle x, y\rangle$ 不是超可解群, 那么 Q 在 $\langle x, y\rangle$ 上的作用是不可约的. 又 $\langle x, y\rangle$ 是 p 元域 $\mathbb{Z}_p$ 上的 2 维线性空间, 而 $1 \neq Q/C_Q(P)$ 是循环群 (定理 3.3.4). 由此知 $\langle x, y\rangle$ 上有一个 q 阶可逆线性变换, 且这个变换的特征多项式 (记为 $f(\lambda)$) 是 $\mathbb{Z}_p$ 上的二次不可约多项式, 且 $f(\lambda)$ 整除 $\lambda^q - 1$. 另外, 由数论的有关知识, $\mathbb{Z}_p$ 上的全体二次不可约多项式之积是 $(\lambda^{p^2-1} - 1)/(\lambda^{p-1} - 1)$, 因此 $q|(p+1)$. 这时不妨设 $C_Q(P) = \langle a, c\rangle$, 于是 b 作用在 $\langle x, y\rangle$ 上是一个 q 阶可逆线性变换, 从而 G 有如下构造:

$$G_5 = (((\langle x\rangle \times \langle y\rangle \times \langle a\rangle \times \langle c\rangle) \rtimes \langle b\rangle) \times \langle z\rangle,\ x^b = y,\ y^b = x^{-1}y^{\beta}.$$

在 G_5 中 $\beta \in \mathbb{Z}_p$ 使得 $\lambda^2 - \beta\lambda + 1$ 是 $\mathbb{Z}_p$ 上多项式 $\lambda^q - 1$ 的一个二次不可约因式. 显然, 对任何不被 q 整除的正整数 u, $\langle a, b\rangle = \langle a, b^u\rangle$, 而且 b^u 的特征多项式 (记为 $f_u(\lambda)$) 都是二次不可约多项式. 且当 $i \neq j$ 时, $f_i(\lambda) = f_j(\lambda)$ 的充要条件是矩阵 $\boldsymbol{M}^i$ 与 $\boldsymbol{M}^j$ 相似, 亦即 $pi \equiv j(\bmod q)$ (因为 $f_i(\lambda) = (f_i(\sqrt[p]{\lambda}))^p = f_{pi}(\lambda)$), 这里 $\boldsymbol{M}$ 是线性变换 b 对应的矩阵. 因对任何 $i \in \{1, 2, \cdots, q-1\}$, 恰有一个 j, 使得 $pi \equiv j(\bmod q)$, 且显然 i, j 互不相等. 从而推知 $f_i(\lambda)$ $(1 \leqslant i \leqslant q-1)$ 中恰有 $(q-1)/2$ 个互不相等, 所以当 $f(\lambda)$ 是整除 $(\lambda^q - 1)/(\lambda - 1)$ 的任一个二次不可约多项式时, 按上述方法得到的 G 的构造必与 G_5 同构.

③ 如果 $C_P(Q) = 1$ 且 G 是超可解群时, 则不妨设 G 有正规群列

$$G \rhd \langle x, y, z\rangle \rhd \langle y, z\rangle \rhd \langle z\rangle.$$

这时显然有 $q \mid (p-1)$, 由 Maschke 定理 (定理 2.6.11) 知 Q 在 P 上的作用是完全可约的, 所以不妨假定 $\langle x\rangle$, $\langle y\rangle$ 与 $\langle z\rangle$ 都是 Q-不变的. 这时,

显然 $C_Q(x), C_Q(y), C_Q(z)$ 都必须是 Q 的 q^2 阶初等交换子群.

1) 如果 $C_Q(x)=C_Q(y)=C_Q(z)=\langle a,c\rangle$, 那么可设 $x^b=x^t$ (否则只要用 b 的适当方幂代替 b 即可), $y^b=y^{t^i}$, $z^b=z^{t^j}$, 其中 $0<i,j<q$. 这时, G 有如下构造:

$$\begin{aligned}G_6(i,j)=(\langle x\rangle\times\langle y\rangle\times\langle z\rangle\times\langle a\rangle\times\langle c\rangle)\rtimes\langle b\rangle,\ x^b=x^t,\\ y^b=y^{t^i},\ z^b=z^{t^j},\ 0<i,j<q.\end{aligned}\tag{4.118}$$

在 (4.118) 式中, 当 $i=j$ 时, 存在唯一的 $k\in\mathbb{Z}_q$ 使得 $ik\equiv1(\mathrm{mod}q)$. 如果用 $b_1=b^k$ 代替 b, 而将 x,y,z 分别替换为 z,y,x 时, 则 $G_6(i,i)$ 就变成了 $G_6(1,k)$, 故当 $i=j$ 时, (4.118) 式代表 $q-1$ 个不同构的 p^3q^3 阶群. 当 $1,i,j$ 关于 q 互不同余时 (此时必有 $q>3$), 由于 b 作用在 P 上, 而 P 同构于 p 元域 $\mathbb{Z}_p$ 上的 3 维向量空间, x,y,z 是其基底, 于是 b 可看成 $\mathbb{Z}_p$ 上的 3 阶对角矩阵 $[t,t^i,t^j]$. 设 $im\equiv1\equiv jn(\mathrm{mod}q)$, 则 b^m, b^n 的矩阵分别是 $[t^m,t,t^{jm}]$ 与 $[t^n,t^{in},t]$, 从而在 (4.118) 式中有 $G_6(i,j)\cong G_6(m,jm)\cong G_6(n,in)$. 若在 q 元域 $\mathbb{Z}_q$ 上, 集合 $\{i,j\}=\{m,jm\}$, 则不难证明 $i\neq q-1$ 且 $m\neq i$. 于是 $m=j$, $jm=j^2=i$, 再由 $im\equiv1\equiv jn(\mathrm{mod}q)$ 得 $j^3\equiv1(\mathrm{mod}q), n=i$. 这说明在乘法群 $\mathbb{Z}_q^*$ 中有 3 阶子群 $\{1,i,j\}$, 从而 $q\equiv1(\mathrm{mod}3)$. 因此, 集合 $\{i,j\}=\{m,jm\}=\{n,in\}$, 必有 $q\equiv1(\mathrm{mod}3)$ 且 $i\equiv j^2(\mathrm{mod}q)$, $\lambda^3-1=(\lambda-1)(\lambda-i)(\lambda-j)$ $(\mathrm{mod}\ q)$, 否则集合 $\{i,j\}$, $\{m,jm\}$, $\{n,in\}$ 是三个不同的集合. 反之, 若 $q\equiv1\ (\mathrm{mod}\ 3)$, 则存在唯一的 $i\in\{2,3,\cdots,q-1\}$ 使得 $\lambda^3-1=(\lambda-1)(\lambda-i)(\lambda-i^2)(\mathrm{mod}q)$, 从而 $\{i,j\}$, $\{m,jm\}$, $\{n,in\}$ 是同一个集合当且仅当 $j=i^2$ 而 i 是上面的唯一值. 综上所述, 当 $1,i,j$ 关于 q 互不同余时, 若 $q\equiv1(\mathrm{mod}3)$, 则 (4.118) 式共代表 $1+\dfrac{1}{3}\left(\dbinom{q-2}{2}-1\right)=\dfrac{q^2-5q+10}{6}$ 个互不同构的 p^3q^3 阶群; 若 $q\equiv-1(\mathrm{mod}3)$, 则 (4.118) 式共代表 $\dfrac{1}{3}\dbinom{q-2}{2}=\dfrac{q^2-5q+6}{6}$ 个互不同构的 p^3q^3 阶群.

总而言之, 若 $q=3$, 则 (4.118) 式共代表 2 个互不同构的 p^3q^3 阶群; 若 $q\equiv1(\mathrm{mod}3)$, 则 (4.118) 式共代表 $(q-1)+1+\dfrac{1}{3}\left(\dbinom{q-2}{2}-1\right)=\dfrac{q^2+q+4}{6}$ 个互不同构的 p^3q^3 阶群; 若 $q\equiv-1(\mathrm{mod}3)$, 则 (4.118) 式共

代表 $(q-1)+\frac{1}{3}\binom{q-2}{2}=\frac{q^2+q}{6}$ 个互不同构的 p^3q^3 阶群.

2) 如果 $(q,p-1)=q$ 且 $C_Q(x)=C_Q(y)=\langle a,c\rangle$, $C_Q(z)=\langle b,c\rangle$, 则可得 G 的如下构造:

$$\begin{aligned}G_7(i)=(\langle x\rangle\times\langle y\rangle\times(\langle z\rangle\rtimes\langle a\rangle)\times\langle c\rangle)\rtimes\langle b\rangle,\ x^b=x^t,\\ y^b=y^{t^i},\ z^a=z^t,\ z^b=z,\ 0<i<q.\end{aligned}\tag{4.119}$$

在 (4.119) 式中 $G_7(i)\cong G_7(j)$ 当且仅当 $ij\equiv 1(\bmod q)$, 所以 (4.119) 式代表 $\frac{q+1}{2}$ 互不同构的 p^3q^3 阶群.

3) 如果 $(q,p-1)=q$ 且 $C_Q(x), C_Q(y), C_Q(z)$ 是三个互不相同的 q^2 阶子群, 不妨设 $C_Q(x)=\langle a,c\rangle$, $x^b=x^t$. 又可设 $C_Q(y)=\langle b,c\rangle$, $y^a=y^t$. 再设 $C_Q(z)=\langle ab^k,c\rangle$, 其中 $0<k<q$, 且 $i+jk\equiv 0(\bmod q)$. 则可得 G 的如下构造:

$$\begin{aligned}G_8(i,j)=(\langle x\rangle\times\langle y\rangle\times\langle z\rangle)\rtimes(((\langle a\rangle\times\langle c\rangle)\rtimes\langle b\rangle),\ x^a=x^c=x,\ x^b=x^t,\\ y^a=y^t,\ y^b=y^c=y,\ z^a=z^{s^i},\ z^b=z^{s^j},\ 0<i,j<q.\end{aligned}\tag{4.120}$$

(4.120) 式共代表 $(q-1)^2$ 个不同构的 p^3q^3 阶群.

④ 如果 $C_P(Q)=1$ 而 G 不是超可解群, 则不难证明 Q 在 P 上的作用是不可约的. 这时 $Q/C_Q(P)$ 无不动点作用在 P 上, 于是由定理 3.3.7 得, $P\rtimes Q/C_Q(P)$ 是 Frobenius 群. 再由定理 3.3.8 得, $Q/C_Q(P)$ 是循环群, 从而 $Q/C_Q(P)$ 必为 q 阶循环群, 且由定理 3.3.6 得 $q\mid(p^3-1)$. 不妨设 $C_Q(P)=\langle a,c\rangle$, 则 $C_Q(P)\lhd G$ 且 b 是 P 的一个 q 阶可逆线性变换. 这时 b 可以看成 p 元域 $\mathbb{Z}_p$ 上的 3 阶矩阵, 而 b 没有非平凡的不变子空间, 于是 b 的特征多项式 $f(\lambda)$ 是 $\mathbb{Z}_p$ 上的三次不可约多项式. 如果 $q\mid(p-1)$, 则 λ^q-1 是 $\lambda^{p-1}-1$ 的因式, 而 $\lambda^{p-1}-1$ 是 $p-1$ 个一次因式之积. 又显然 λ^q-1 是 b 的矩阵 $\boldsymbol{M}$ 的零化多项式, 于是 $f(\lambda)$ 是 λ^q-1 的因式. 众所周知, $\lambda^{p^3}-\lambda$ 是 $\mathbb{Z}_p$ 上的所有一次不可约多项式和三次不可约多项式的积, 于是 $f(\lambda)$ 也是 $\lambda^{p^3}-\lambda$ 的因式. 所以 $f(\lambda)$ 是 3 个不同的一次因式的积, 这与 $f(\lambda)$ 是 $\mathbb{Z}_p$ 上的三次不可约多项式的结论相矛盾. 因此必有 $q\nmid(p-1)$, 故 $(p^2+p+1,q)=q$. 由 $q\mid(p^3-1)$ 可知 $\mathbb{Z}_q^*$ 有 3 阶子群 $\{1,p,p^2\}$, 所以 $3\mid(q-1)$ 且 $q\mid(p^2+p+1)$, 此时 $(\lambda^q-1,\lambda^{p-1}-1)=\lambda-1$, 而 $(\lambda^q-1)/(\lambda-1)$ 是 $(q-1)/3$ 个互不相同的三次不可约多项式之积. 我们用 $|\boldsymbol{M}|$ 表示 b 的矩阵 $\boldsymbol{M}$ 的行列

式, 则 $|\boldsymbol{M}|^q \equiv 1(\text{mod}p)$. 又 $|\boldsymbol{M}|^{p-1} \equiv 1(\text{mod}p)$, 且 $(q,p-1)=1$, 可知 $|\boldsymbol{M}| \equiv 1(\text{mod}p)$, 从而可设 $\boldsymbol{M}$ 的特征多项式为 $f(\lambda)=\lambda^3-\gamma\lambda^2-\beta\lambda-1$. 因此, 可得 G 的如下构造:

$$G_9=((\langle x\rangle\times\langle y\rangle\times\langle z\rangle\times\langle a\rangle\times\langle c\rangle)\rtimes\langle b\rangle, x^b=y, y^b=z, z^b=xy^\gamma z^\beta.$$

其中 β, $\gamma\in\mathbb{Z}_q$ 使得 $\lambda^3-\beta\lambda^2-\gamma\lambda-1$ 是 $\mathbb{Z}_p$ 上多项式 $(\lambda^q-1)/(\lambda-1)$ 的一个三次不可约因式.

类似构造 G_5 后面的讨论, 不难证明当 $f(\lambda)$ 是整除 $(\lambda^q-1)/(\lambda-1)$ 的任一个三次不可约多项式时, 按上述方法得到的 G 的构造与 G_9 同构. □

引理 4.4.19 设 p, q 为奇素数, 且 $p>q$. 设 G 是 p^3q^3 阶群, G 的 Sylow p-子群是指数为 p^2 的非交换群 $P=\langle x,y \| |x|=p^2, |y|=p, [x,y]=x^p\rangle$, G 的 Sylow q-子群是指数为 q 的非交换群 $Q=\langle a,b,c \| |a|=|b|=|c|=q, [a,b]=c, [a,c]=[b,c]=1\rangle$. 令 σ 是模 p^2 与模 p 的一个公共原根, 若 $q|(p-1)$, 则令 $s=\sigma^{\frac{p(p-1)}{q}}$, 那么

(i) 当 $(p-1,q)=1$ 时, G 仅有 1 种构造: $G_1\cong P\times Q$;

(ii) 当 $(p-1,q)=q$ 时, G 恰有 2 种不同的构造, 除 G_1 外, 还有下面 1 种构造:

$$G_2=(((\langle x\rangle\rtimes\langle y\rangle)\times\langle a\rangle\times\langle c\rangle)\rtimes\langle b\rangle, x^y=x^{p+1}, x^b=x^s, y^b=y.$$

证明 由引理 4.4.16 知 G 的 Sylow p-子群是正规的, 类似引理 3.7.4 的证明可知, G 必是超可解群, 而且可设 $\langle x\rangle$ 和 $\langle y\rangle$ 都是 Q-不变的. 当 $(q,p-1)=1$ 时, Q 只能平凡作用在 P 上, 所以 G 的构造必为 $G_1\cong P\times Q$. 当 $(q,p-1)=q$ 时, G 除了构造 G_1 外, 还有其他构造. 令 $H=\langle y\rangle Q$, 显然 $H/C_H(x)$ 同构于 $\text{Aut}(\langle x\rangle)$ 的一个子群, 于是 $H/C_H(x)$ 是循环群. 又 $y\notin C_H(x)$, 所以如果 $C_Q(x)=\langle a,c\rangle$, 那么可设 $x^b=x^s$ (否则只要用 b 的适当方幂代替 b, 再用 c 的同样方幂代替 c 即可). 但 $H/C_H(x)$ 是交换群, 所以必有 $y^b=y$. 注意到 $x^a=x$, 所以将 a 作用在 $[x,y]=x^p$ 的两边后得, $[x,y^{s^i}]=x^p$. 于是 $ps^i\equiv p(\text{mod}p^2)$, 从而必有 $i\equiv 0(\text{mod}q)$, 即 $y^a=y$. 因此 G 的构造为 G_2. □

引理 4.4.20 设 p, q 为奇素数, 且 $p>q$. 设 G 是 p^3q^3 阶群, G 的 Sylow p-子群是指数为 p 的非交换群 $P=\langle x,y,z \| |x|=|y|=|z|=p, [x,y]=z, [x,z]=[y,z]=1\rangle$, G 的 Sylow q-子群是指数为 q 的非交换

群 $Q = \langle a, b, c || a| = |b| = |c| = q, [a, b] = c, [a, c] = [b, c] = 1\rangle$. 令 σ 是模 p 的一个原根, 若 $q|(p-1)$, 则令 $t = \sigma^{\frac{(p-1)}{q}}$, 那么

(i) 当 $(p^2-1, q) = 1$ 时, G 只有一种构造, 即 $G_1 \cong P \times Q$.

(ii) 当 $(p-1, q) = q$ 时, G 恰有 $\dfrac{q+7}{2}$ 个不同的构造, 除 G_1 外, 还有下列构造:

$$G_2 = (((\langle x\rangle \times \langle z\rangle) \rtimes \langle y\rangle) \times \langle a\rangle \times \langle c\rangle) \rtimes \langle b\rangle,\ x^y = xz,$$
$$x^b = x^t,\ y^b = y,\ z^b = z^t.$$

$$G_3(i) = (((\langle x\rangle \times \langle z\rangle) \rtimes \langle y\rangle) \times \langle a\rangle \times \langle c\rangle) \rtimes \langle b\rangle,\ x^y = xz,$$
$$x^b = x^t,\ y^b = y^{t^i},\ z^b = z^{t^{i+1}},\ 1 \leqslant i \leqslant q-1. \tag{4.121}$$

在 (4.121) 式中 $G_3(i) \cong G_3(j)$ 当且仅当 $ij \equiv 1(\mathrm{mod} q)$, 所以 (4.121) 式共包含 $\dfrac{q+1}{2}$ 个不同构的 p^3q^3 阶群.

$$G_4 = ((\langle x\rangle \times \langle z\rangle) \rtimes \langle y\rangle) \rtimes ((\langle a\rangle \times \langle c\rangle) \rtimes \langle b\rangle),\ x^y = xz,\ x^a = x^c = x,$$
$$x^b = x^t,\ y^a = y^t,\ y^b = y^c = y,\ z^y = z,\ z^a = z^b = z^t,\ z^c = z.$$

(iii) 当 $(p+1, q) = q$ 时, G 恰有 2 个不同的构造, 除 G_1 外, 还有下列构造:

$$G_5 = (((\langle x\rangle \times \langle z\rangle) \rtimes \langle y\rangle) \times \langle a\rangle \times \langle c\rangle) \rtimes \langle b\rangle,\ x^y = xz,$$
$$x^b = y,\ y^b = x^{-1}y^{\beta},\ z^y = z,\ z^b = z.$$

其中 $\beta \in \mathbb{Z}_p$ 使得 $\lambda^2 - \beta\lambda + 1$ 是 p-元域 $\mathbb{Z}_p$ 上多项式 $(\lambda^q - 1)/(\lambda - 1)$ 的一个二次不可约因式.

证明　由引理 4.4.16 知 G 的 Sylow p-子群是正规的. 因为 $\Phi(P) = Z(P) = \langle z\rangle$, 于是 $\langle z\rangle \lhd G$, 从而 $P/\langle z\rangle$ 是 Q-不变的 p^2 阶初等交换 p-群.

(i) 当 $(p^2-1, q) = 1$ 时, 则 Q 在 P 上的作用是平凡的, 从而 G 的构造必是 $G_1 \cong P \times Q$.

(ii) 当 $(p-1, q) = q$ 时, 则 G 的构造除 G_1 外, 还有其他构造. 这时 G 是超可解的, 可设 $\langle x\rangle$, $\langle y\rangle$ 都是 Q-不变的, 且 $C_Q(x)$, $C_Q(y)$ 中至少有一个为 Q 的 q^2 阶子群.

① 当只有一个为 Q 的 q^2 阶子群时, 不妨设 $C_Q(x) = \langle a, c\rangle$, $C_Q(y) = Q$, 可设 $x^b = x^t$, 由此得 $z^b = z^t$. 故 G 有构造 G_2.

② 当 $C_Q(x)$, $C_Q(y)$ 都是 Q 的 q^2 阶子群且 $C_Q(x) = C_Q(y) = \langle a, c\rangle$ 时, 那么可设 $x^b = x^t$, $y^b = y^{t^i}$, 由此得 $z^b = z^{t^{i+1}}$. 故 G 有形如 (4.121)

式构造.

③ 当 $C_Q(x)$, $C_Q(y)$ 都是 Q 的 q^2 阶子群但 $C_Q(x) \neq C_Q(y)$ 时, 不妨设 $C_Q(x) = \langle a, c\rangle$, $C_Q(y) = \langle b, c\rangle$, 从而可设 $x^b = x^t$, $y^a = y^t$. 再由 $[x, y] = z$ 得, $z^a = z^b = z^t$. 所以 G 有构造 G_4.

(iii) 当 $(p+1, q) = q$ 时, G 除为构造 G_1 外, 还有其他构造. 这时 G 不是超可解的, 于是 $G/\langle z\rangle$ 就是非超可解的, 且易见 $Q\langle z\rangle$ 是交换群. 类似于引理 4.4.18 中构造 G_5 的证明, 可知当 $C_Q(P) = \langle a, c\rangle$ 时, G 有构造 G_5. □

由本节所证明的若干引理及定理 4.2.6 和定理 4.2.11 可知, 我们已经完成了阶为 p^3q^3 的有限群的同构分类, 即得到下面的定理.

定理 4.4.21 设 p, q 为奇素数, 且 $p > q$, 而 G 是 p^3q^3 阶群. 则:

(i) 当 $q > 3$ 时

1) 若 $(q,\ (p^3-1)(p+1)) = 1$ 且 $(q^2+q+1,\ p) = 1$, 则 G 恰有 25 个不同构的类型.

2) 若 $(q^3,\ p+1) = q^m > 1$, 则必有 $(q, p^3-1) = 1$ 且 $(q^2+q+1, p) = 1$. 当 $m = 1,\ 2,\ 3$ 时, G 分别恰有 $q+36$、$q+40$、$q+42$ 个不同构的类型.

3) 若 $(q^3,\ p^2+p+1) = q^m > 1$ 且 $(q^2+q+1,\ p) = p$, 则必有 $(q, p^2-1) = 1$ 及 $q \equiv 1(\mathrm{mod}3)$ 和 $p \equiv 1(\mathrm{mod}3)$. 当 $m = 1,\ 2,\ 3$ 时, G 分别恰有 $36 + \dfrac{p+q+1}{3}$, $38 + \dfrac{p+q+1}{3}$, $39 + \dfrac{p+q+1}{3}$ 个不同构的类型.

4) 若 $(q^2+q+1,\ p) = p$ 但 $(q, p^3-1) = 1$ (这时必有 $(q, p+1) = 1$ 及 $p \equiv 1(\mathrm{mod}3)$), 则 G 恰有 $30 + \dfrac{p+2}{3}$ 个不同构的类型.

5) 若 $q \equiv 1(\mathrm{mod}3)$ 且 $(q^3,\ p-1) = q^m > 1$, 则必有 $(q^2+q+1, p) = 1$ 及 $(q, (p+1)(p^2+p+1)) = 1$. 当 $m = 1,\ 2,\ 3$ 时, G 分别恰有

$$67 + 9q^2 + \frac{3q^4 - 5q^3 + 5q + 3}{6},$$

$$77 + 23q + 13q^2 + \frac{4q^4 + 5q^3 + q^2 - q + 3}{6},$$

$$82 + 23q + 15q^2 + 3q^3 + \frac{q^6 + q^5 + 5q^4 - q^3 + q^2 - q}{6}$$

个不同构的类型.

6) 若 $q \equiv -1(\text{mod}3)$, $(q^3,\ p-1) = q^m > 1$ 但 $(q^2+q+1, p) = 1$ (这时必有 $(q, (p+1)(p^2+p+1)) = 1$), 则当 $m = 1,\ 2,\ 3$ 时, G 分别恰有

$$63 + 17q + 9q^2 + \frac{3q^4 - 5q^3 - q + 3}{6},$$

$$73 + 23q + 13q^2 + \frac{4q^4 + 5q^3 + q^2 - q - 1}{6},$$

$$76 + 23q + 15q^2 + 3q^3 + \frac{q^6 + q^5 + 5q^4 - q^3 + q^2 - q + 4}{6}$$

个不同构的类型.

7) 若 $q \equiv -1(\text{mod}3)$, $(q^3,\ p-1) = q^m > 1$ 且 $(q^2+q+1, p) = p$ (这时必有 $(q, (p+1)(p^2+p+1)) = 1$ 及 $p \equiv 1(\text{mod}3)$), 则当 $m = 1,\ 2,\ 3$ 时, G 分别恰有

$$69 + 17q + 9q^2 + \frac{3q^4 - 5q^3 - q + 2p + 1}{6},$$

$$78 + 23q + 13q^2 + \frac{4q^4 + 5q^3 + q^2 - q + 2p + 3}{6},$$

$$82 + 23q + 15q^2 + 3q^3 + \frac{q^6 + q^5 + 5q^4 - q^3 + q^2 - q + 2p + 2}{6}$$

个不同构的类型.

(ii) 当 $q = 3$ 时, G 是 $3^3 \cdot p^3$ 阶群

1) 若 $(3^3,\ p+1) = 3^m > 1$, 则当 $m = 1,\ 2,\ 3$ 时, G 分别恰有 39, 43, 45 个不同构的类型;

2) 若 $(3^3,\ p-1) = 3^m > 1$, 但 $p \neq 13$, 则当 $m = 1,\ 2,\ 3$ 时, G 分别恰有 214, 308, 589 个不同构的类型;

3) 若 $p = 13$, 即 G 是 $3^3 \cdot 13^3$ 阶群, 则 G 恰有 224 个不同构的类型. □

参 考 文 献

蔡琼. 2^3p^3 阶群的构造 [J]. 数学杂志, 2005, 25 (4): 449–452.

陈松良, 蒋启燕, 崔忠伟. 一类有可换 Sylow 2-子群的 $8p^3$ 阶群的完全分类 [J]. 井冈山大学学报 (自然科学版), 2015, 36(4): 1–6.

陈松良, 蒋启燕, 莫贵圈, 等. 关于 72 阶群的同构分类 [J]. 商丘师范学院学报, 2014, 30(9): 4–9.

陈松良, 蒋启燕. 关于 $8p^3$ 阶群的一个注记 [J]. 唐山师范学院学报, 2016, 38(2): 1–4.

陈松良, 蒋启燕. 关于 108 阶群的完全分类 [J]. 郑州大学学报 (理学版), 2013, 45(1): 10–14.

陈松良, 蒋启燕. 关于 Sylow p-子群循环的 $12p^n$ 阶群的构造 [J]. 烟台大学学报 (自然科学与工程版), 2013, 26(3): 157–159.

陈松良, 蒋启燕. 论 Sylow 2-子群是 Q_8 的 $8p^3$ 阶群的构造 [J]. 阜阳师范学院学报 (自然科学版), 2015, 32(1): 16–19.

陈松良, 黎先华. p^3q^3 阶群的完全分类 [J]. 吉林大学学报 (理学版), 2018, 56(4): 793–798.

陈松良, 黎先华. 有交换 Sylow q-子群的 p^3q^3 阶群的分类 [J]. 江西师范大学学报 (自然科学版), 2017, 41(4): 367–371.

陈松良, 李惊雷, 欧阳建新. 论 p^3q 阶群的构造 [J]. 山东大学学报 (理学版), 2013, 48(2): 27–31.

陈松良, 莫贵圈. 论 Sylow p-子群循环的 $18p^n$ 阶群的同构分类 [J]. 贵州师范学院学报, 2013, 29(6): 4–6.

陈松良, 石昌梅, 欧阳建新, 等. 120 阶群的完全分类 [J]. 唐山师范学院学报, 2021, 43(6): 3-6.

陈松良, 欧阳建新, 李惊雷. pq^3 阶群的完全分类 [J]. 海南师范大学学报 (自然科学版), 2010, 23(3): 253–255.

陈松良, 欧阳建新, 李惊雷. 论 60 阶群的构造 [J]. 唐山师范学院学报, 2012, 34(2): 22–24.

陈松良, 欧阳建新, 李惊雷. 论 Sylow 2-子群是 D_8 的 $8p^3$ 阶群的完全分类 [J]. 周口师范学院学报, 2015, 32(5): 1–5.

陈松良, 欧阳建新, 莫贵圈. 论 Sylow 2-子群是循环群的 $8p^3$ 阶群的完全分类 [J]. 贵州师范学院学报, 2014, 30(12): 1–5.

陈松良, 石昌梅, 张俊忠, 等. 168 阶群的完全分类 [J]. 贵州师范学院学报, 2019, 35(9): 1–6.

陈松良, 汪少祖, 石昌梅. 论 Sylow p-子群循环的 p^nq^2 阶群的分类 [J]. 贵州师范学院学报, 2017, 33(6): 29–31.

陈松良, 张传军. 关于"p^2q^2 阶群的完全分类"一文的注记 [J]. 华中师范大学学报 (自然科学版), 2012, 46(2): 137–139.

陈松良. Sylow 子群皆为初等交换群的 p^3q^3 阶群的完全分类 [J]. 吉林大学学报 (理学版), 2015, 53 (2): 173–176.

陈松良. $4p^2$ 阶群的构造 [J]. 汉中师范学院学报 (自然科学), 2001, 19 (1): 13–18.

陈松良. p^2q 阶群的完全分类 [J]. 山西大学学报 (自然科学版), 2010, 33(4): 493–495.

陈松良. p^2q^2 阶群的完全分类 [J]. 华中师范大学学报 (自然科学版), 2009, 43(4): 531–533.

陈松良. 2744 阶群的构造 [J]. 数学学报 (中文版), 2013, 56 (6): 993–1008.

陈松良. 36 阶群的完全分类 [J]. 烟台师范学院学报 (自然科学版), 2002, 18(4): 249–253.

陈松良. Sylow q-子群循环的 p^3q^n 阶群的分类 [J]. 东北师大学报 (自然科学版), 2015, 47(4): 11–17.

陈松良. 关于 216 阶群的完全分类 [J]. 数学杂志, 2017, 37(1): 185–192.

陈松良. 关于 Sylow 子群皆交换的 p^2q^3 阶群的构造 [J]. 武汉大学学报 (理学版), 2013, 59(3): 295–300.

陈松良. 具有 p^m 阶循环子群的 p^mq^2 阶有限群 [J]. 遵义师范学院学报, 2001, 3(4): 62–63.

陈松良. 具有非交换 Sylow 子群的 p^2q^3 阶群的构造 [J]. 山东大学学报 (理学版), 2015, 50(12): 93–97.

陈松良. 论 p^3q^2 阶群的构造 [J]. 华中师范大学学报 (自然科学版), 2016, 50(3): 321–325.

陈松良. 论 Sylow p-子群循环的 p^nq^3 阶群的构造 [J]. 东北师大学报 (自然科学版), 2013, 45(2): 35–38.

陈松良. 一类 Sylow 子群皆交换的 p^3q^3 阶群的构造 [J]. 西南大学学报 (自然科学版), 2015, 37(10): 72–78.

陈松良. 一类 Sylow q-子群超特殊的 p^3q^3 阶有限群的完全分类 [J]. 吉林大学学报 (理学版), 2016, 54(4): 753–758.

陈松良. 一类有初等交换 Sylow p-子群的 p^3q^3 阶群 [J]. 云南大学学报 (自然科学版), 2015, 37(3): 329–334.

陈松良. 有初等交换 Sylow q-子群的 p^3q^3 阶群的构造 [J]. 郑州大学学报 (理学版),

2017, 49(4): 11–15.

陈松良. 有限群子群的性质对群结构的影响 [D]. 武汉: 华中师范大学, 2009.

古鲁峰, 黄若静, 张林兰. 一类 $4pq(p > q \neq 3)$ 阶群的构造 [J]. 武汉大学学报 (理学版), 2005, 51(S2): 37–39.

黄强. $2^3 3^2$ 阶群的构造 [J]. 数学杂志, 1986, 6(1): 51–58.

李圣国, 黄本文, 詹环. 一类阶为 $2qp^n$ 的群的构造 [J]. 武汉大学学报 (理学版), 2005, 51(S2): 43–45.

李圣国, 黄本文. 一类阶为 $2 \cdot 11 \cdot p^n$ 的群的构造 [J]. 武汉大学学报 (理学版),2007, 53(3): 271–273.

刘立, 景乃桓. 2^2p^3 阶群的构造 [J]. 应用数学, 1989, (3): 91–96.

欧阳建新, 陈松良. 一类有非交换 Sylow p-子群的 p^4q 阶群的分类 [J]. 吉林大学学报 (理学版), 2017,55(2): 201–204.

尚新翠, 陈松良, 余江, 等. 有限群论在初等数论中的若干应用 [J]. 贵州师范学院学报, 2018, 34(12): 37–39.

肖文俊, 谭忠. 阶为 2^3p^3 的群的构造 [J]. 厦门大学学报 (自然科学版), 1995, 34(5): 845–846.

徐明曜, 黄建华, 李慧陵, 等. 有限群导引: 下 [M]. 北京: 科学出版社, 1999.

徐明曜. 有限群导引: 上 [M]. 2 版. 北京: 科学出版社, 1999.

张远达. 有限群构造: 上 [M]. 北京: 科学出版社, 1982.

张远达. 有限群构造: 下 [M]. 北京: 科学出版社, 1982.

郑华杰, 黄本文, 赵丽英. 一类 rq^2p^n 阶群的构造 [J]. 河南科技大学学报 (自然科学版), 2007, 28(5): 83–86.

ALPERIN J L, BELL B B. Groups and Representations[M]. New York: Springer, 1995.

BURNSIDE W. Theory of groups of finite order[M]. Cambridge University Press, 1911.

CHEN S L, FAN Y. Finite groups whose norm quotient groups have cyclic Sylow subgroups[J]. Journal of Mathematical Reasearch with Applications, 2022, 42(2): 153–161.

DIETRICH H, EICK B. On the groups of cube-free order[J]. Journal of Algebra, 2005, 292(1): 122–137.

DOERK K, HAWKES T O. Finite Soluble Groups[M]. Berlin: De Gruyter, 2011.

FEIT W, THOMPSON J G. Solvability of groups of odd order[J]. Pacific journal of mathematics, 1963, 13(3): 775–1029.

HÖLDER O. Die Gruppen der Ordnung p^3, pq^2, pqr, p^4[J]. Mathematische Annalen, 1893, 43: 301–412.

HUPPERT B. Endliche Gruppen I[M]. Berlin: Springer, 1967.

JING N H. Addendum to "The structures of finite groups of order 2^3p^2n"[J]. Chin. Ann. of Math. 1985, 6B(4): 383-384.

KLEINER I. A History of Abstract Algebra[M]. Berlin: Birkhäuser, 2007.

KURZWEIL H, STELLMACHER B. The Theory of Finite Groups[M]. New York: Springer, 2004.

LI C H, QIAO S H. Finite groups of fourth-power-free order[J]. Journal of group theory, 2013, 16(2): 275–298.

LIN H L. On groups of orders p^2q, p^2q^2[J]. Tamkang journal of mathematics, 1974, 5(2): 167–190.

MILLER G A. Determination of all the abstract groups of order 72[J]. American journal of mathematics, 1929, 51(3): 491–494.

NATHANSON M B. Elementary Methods in Number Theory[M]. Beijing: World Publishing Corporation, 2003.

QIAO S H, LI C H. The finite groups of cube-free order[J]. Journal of algebra, 2011, 334(1): 101–108.

ROBINSON D J S. A course in the theory of groups[M]. Verlag, New York: Springer, 1982.

TRIPP M O. Groups of order p^3q^2[M]. Lancaster: The New Printing Company. 1909.

WESTERN A E. Groups of order p^3q[J]. Proceedings of the London mathematics society, 1898, 30(2): 209–263.

ZHANG Y D. The structures of groups of order 2^3p^2 [J]. Chinese annals of mathematics, 1983, 4B(1): 77–93.

索　引

其他